LEHRBUCH DER DRAHTLOSEN NACHRICHTENTECHNIK

HERAUSGEGEBEN VON

NICOLAI v. KORSHENEWSKY UND **WILHELM T. RUNGE**
BERLIN BERLIN

ERSTER BAND

GRUNDLAGEN UND MATHEMATISCHE HILFSMITTEL
DER HOCHFREQUENZTECHNIK

Springer-Verlag Berlin Heidelberg GmbH
1940

GRUNDLAGEN UND MATHEMATISCHE HILFSMITTEL DER HOCHFREQUENZTECHNIK

BEARBEITET VON

DR. HANS GEORG MÖLLER

O. PROFESSOR AN DER UNIVERSITÄT HAMBURG

MIT 353 TEXTABBILDUNGEN

Springer-Verlag Berlin Heidelberg GmbH

1940

ISBN 978-3-662-27179-7 ISBN 978-3-662-28662-3 (eBook)
DOI 10.1007/978-3-662-28662-3

Ursprünglich erschienen bei Julius Springer in Berlin 1940
Softcover reprint of the hardcover 1st edition 1940

Vorwort der Herausgeber.

Das vorliegende „Lehrbuch der drahtlosen Nachrichtentechnik" ist in erster Linie für den Kreis der Fachingenieure und Physiker bestimmt, die tiefer in das Wesen der Hochfrequenzphysik und ihrer technischen Anwendungen, soweit sie den Aufgaben der drahtlosen Nachrichtenübermittlung dienen, eindringen wollen.

Der Gesamtstoff ist nach Sachgebieten geordnet, die gesondert behandelt werden, und in folgenden Einzelbänden erscheinen:

I. Grundlagen und mathematische Hilfsmittel der Hochfrequenztechnik.

II. Ausstrahlung, Ausbreitung und Aufnahme elektromagnetischer Wellen.

III. Elektronenröhren.

IV. Verstärker und Empfänger.

V. Sender.

VI. Fernsehtechnik.

Jeder Band stellt ein in sich geschlossenes Ganzes dar, indem das in ihm behandelte Gebiet so dargestellt wird, daß ein Zurückgreifen oder eine Bezugnahme auf den Inhalt anderer Bände nicht erforderlich ist.

Jedes Sachgebiet wird von einem anderen Autor bearbeitet. Diese Unterteilung hielten wir für erforderlich, da die drahtlose Nachrichtentechnik in den letzten Jahren eine starke Spezialisierung nach den einzelnen Gebieten erfahren hat und daher jeweils ein mit dem in Frage kommenden Spezialgebiet besonders vertrauter Fachmann zu dem Leser sprechen sollte. In bezug auf die Bearbeitung der einzelnen Bände ist den Autoren weitgehende Freiheit gelassen, so auch hinsichtlich der Wahl der Berechnungsmethoden, verschiedener Bezeichnungen, der Schreibweise von Formeln usw. Um jedoch die Anwendung der Formeln für die Praxis zu erleichtern, werden die Endformeln durchweg im praktischen Maßsystem gebracht. Es ist selbstverständlich, daß infolge der Eigenart jedes Autors die Darstellungsweise in den einzelnen Bänden verschieden sein wird. Dieser äußere Mangel der Einheitlichkeit des Gesamtwerkes schien uns aber gegenüber den Vorteilen der fachmännischen Behandlung des Inhaltes und im Hinblick auf den vorgesehenen Leserkreis wenig bedenklich. Das Schwergewicht legten wir auf eine exakte und eingehende Behandlung sowohl der allgemeinen Lehrsätze wie auch der praktischen Aufgaben der Funktechnik.

Die mathematischen Ableitungen der Formeln werden meist vollständig gebracht. Gleichzeitig aber wird besonderer Wert darauf gelegt, die errechneten Resultate physikalisch anschaulich zu deuten, und es werden nach Möglichkeit die Erscheinungen zusammengefaßt, die sich unter einem gemeinsamen Gesichtspunkt betrachten lassen.

Man wird in dem vorliegenden Werk eine über das Allgemeine hinausgehende Behandlung der Ultrakurzwellen vermissen. Tatsächlich gehört die

Ultrakurzwellentechnik nach Umfang und Bedeutung, die ihr zukommt, in einen speziellen Band. Daß ein solcher Band noch nicht angegeben ist, ist durch die gegenwärtigen Zeitumstände bedingt, da die neuen Ergebnisse der Forschung und Entwicklung auf diesem Spezialgebiet noch nicht erschöpfend erfaßt und veröffentlicht werden können. Die Hinzufügung eines Bandes über Ultrakurzwellentechnik sei daher einem späteren Zeitpunkt vorbehalten.

Wir danken allen Mitarbeitern dafür, daß sie alle trotz der großen Überlastung durch Beruf und Sonderaufgaben unermüdlich an der Fertigstellung des Werkes in dem von Anfang an vorgesehenen Umfang weitergearbeitet haben, so daß das Erscheinen des Lehrbuchs sichergestellt werden konnte. Der Verlagsbuchhandlung sprechen wir unseren Dank für die stets bereitwillige Unterstützung und die gediegene Ausstattung des Lehrbuches aus und nicht zuletzt auch für die Geduld, die durch die verschiedenen Änderungen der Dispositionen und durch wiederholte Terminverschiebungen auf eine harte Probe gestellt worden war.

Wir übergeben hiermit das „Lehrbuch der drahtlosen Nachrichtentechnik" der Öffentlichkeit mit dem Wunsch, daß es der Fachwelt dienen möge.

Berlin, im Juli 1940.

N. v. KORSHENEWSKY, W. RUNGE.

Vorwort zum ersten Band.

In dem einleitenden Bande wird ein kurzer Überblick über die verschiedenen Gebiete gegeben, die in dem Gesamtwerk behandelt werden. Hierzu sind aus jedem Abschnitte ein oder zwei Beispiele herausgegriffen, die für das Gebiet typisch sind, um an ihnen die Art zu zeigen, wie die Probleme angefaßt werden. So ist z. B. in dem Kapitel über die Heaviside-Schicht nur die Dielektrizitätskonstante, die Strahlkrümmung und die Gruppengeschwindigkeit berechnet, dafür aber der Begriff der Wellengruppe ausführlich erläutert.

Um den Lesern des Werkes auch die physikalischen und mathematischen Grundlagen in kurzer Form an die Hand zu geben, sind als Anhang Abschnitte über Vektorrechnung, Elektrizitätslehre und das Rechnen mit komplexen Amplituden angefügt.

Für die Durchsicht des Manuskriptes und wertvolle Ratschläge zur Verbesserung der Darstellung danke ich den Herren Studienrat K. HECKER und Dipl.-Ing. H. G. MÖLLER, für das Lesen der Korrekturen den Herren Dr. FACK, Dr. BRÜNING, Ingenieur BACHOR und namentlich Herrn HECKER.

Hamburg-Bergedorf, im Oktober 1940.

H. G. MÖLLER.

Inhaltsverzeichnis.

Seite

Einleitung 1

1. Warum müssen für die drahtlose Telegraphie Hochfrequenzströme verwendet werden? 1
2. Die Herstellung von Hochfrequenzströmen und ihr Empfang. Überblick über ältere Methoden 3
   1. Feddersen, Hertz. S. 3. — 2. Markoni. S. 4. — 3. Braun. S. 4. — 4. Wien. S. 5. — 5. Der Lichtbogengenerator. S. 5. — 6. Drahtlose Telephonie. S. 6. — 7. Hochfrequenzmaschinen. S. 6. — a) Alexanderson. S. 6. — b) Frequenzvervielfältigung in der Goldschmidtmaschine. S. 7. — c) Statische Frequenzvervielfältigung. S. 8. — 8. Die Pungssche Modulationsdrossel. S. 8. — 9. Die Elektronenröhren. S. 8.
10. Zusammenfassung 9
11. Schema einer drahtlosen Nachrichtenübermittelung 9

I. Der Schwingungskreis 12

A. Der ungedämpfte Schwingungskreis 12
B. Die gedämpfte Schwingung 14
C. Die Erregung ungedämpfter Schwingungen 17
D. Untersuchung der Resonanzerscheinungen 18
   1. Amplituden- und Phasenresonanzkurven, reelle Behandlung 18
   2. Komplexe Behandlung 20
   3. Darstellung durch Vektoren 22
   4. Benutzung des Schwingungskreises als Wellenmesser 23
      a) Verbesserung der Formeln für C und L 23
      b) Kontrolle des Wellenmessers durch Beobachtung der Schwebungen . . . 25
      c) Eichung des Wellenmessers mit der Stimmgabel nach Weller 26
      Meßfehler und Dämpfung des Wellenmesserkreises. 28
   5. Verbesserung der Resonanzschärfe. 28
      Induktive Kopplung 29
   6. Elimination des Rückwirkungswiderstandes bei der Messung kleiner Dämpfungen 30
E. Resonanz als Siebmittel 31
F. Berechnung und Untersuchung von Verlusten 32
   1. Verluste durch die Kapselung der Spulen 32
   2. Verluste durch Wirbelströme 34
      a) In der Spule 34
         1. Lösung durch ein Korrekturverfahren 34
         2. Kontrolle der Rechnung durch Reihenentwicklung der Lösung der Differentialgleichung 38
      b) Die Erhöhung des Widerstandes von geraden Drähten durch Wirbelströme 39
   3. Hysteresisverluste 42
   4. Dielektrische Verluste 43
   5. Verluste durch ungenügende Isolation 44
G. Der Schwingungskreis in Parallelschaltung 44
   1. Berechnung und Vektordiagramme 44
   2. Vergleich von Spannungs- und Stromresonanz 46
   3. Anwendung des Sperrkreises 47
H. Kopplungen 51
   Die Berechnung von L_{12} 53
I. Rückwirkungen angekoppelter Kreise 54
   Bedeutung der kritischen Kopplung für den Zwischenkreissender. 57
K. Das Bandfilter 57
L. Transformatoren-Resonanzen 61
   Überschlagsrechnung 63

Seite

II. Die Elektronenröhren 64

Einleitung 64

Das Steuergitter 67

Der mehrstufige Verstärker 70

Der Röhrensender 71

Der Röhrengleichrichter und seine Verwendung zum Empfang der Wellen . . 71

A. Die Physik der Röhre 72

1. Zahlenwerte über das Elektron 72
2. Ableitung der RICHARDSONschen Gleichung 73
3. Instabilitäten 75
4. Thor- und Bariumfilm-Kathoden 75
5. Aufgaben beim Bau von Kathoden 76
6. Kontaktpotentiale 76
7. Der Anlaufstrom 76
8. Die Raumladung und die LANGMUIRsche Formel 77
   a) Der Bereich zwischen Kathode und Potentialminimum 78
   b) Berechnung des Potentialverlaufes zwischen Potentialminimum und Anode 80
9. Abrundung des oberen Knickes 82

B. Das Steuergitter 83

1. Die Potentialaufgabe und die Deutung des Durchgriffes als Verhältnis der Teilkapazitäten 83
2. Anschauliche Deutung der „Steuerspannung" 84
   Zusammenfassung 85
3. Potentialflächen- und Kraftlinienverlauf. Inselbildung. Der Gummimembran-Apparat. Anwendung auf Fragen des Plations 86

Anhang 89

1. Die Gitterströme 89
2. Der Gasgehalt von Röhren; das Ionisationsmanometer 90
3. Einiges vom Pumpen 90
4. Die Bestimmung des Durchgriffes aus Strommessungen 91
5. Die Messung der Röhrenkapazitäten 92

C. Das Verhalten der Röhre im Verstärker 94

I. Der Vorverstärker (kleine Amplituden) 94
   1. Maximale Leistung, Röhrengüte 94
   2. Günstigster Durchgriff bei Verwendung eines Ausgangstransformators . 95
   3. Günstigster Kopplungswiderstand beim Widerstandsverstärker 95
   4. Die doppelte Rolle des Durchgriffes 96
   5. Schirmgitterröhren 96
   6. Die Gitterseite. Die scheinbare Röhrenkapazität 97
   7. Das Bremsgitter, die Pentode 97
   8. Sekundärelektronen und ihre Anwendung im Dynatron und im Prellgitterverstärker 98
   9. Das Raumladungszerstreuungsgitter 99
   10. Die Kennlinie der Raumladegitterröhren 100
   11. Mehrfachsteuerungen. Die Oktode 101

II. Der Kraftverstärker (Große Amplituden, ohne Gitterströme) 102
   a) Verzerrungen bleiben zunächst unberücksichtigt 103
      1. Die Grenzen der Aussteuerung, die Anpassung des Verbrauches. S. 103. — 2. Günstiger Durchgriff. S. 104. — 3. Dimensionierung bei festgelegter Anodenverlustleistung. S. 105.
   b) Verzerrungen 105
      1. Klirrfaktor und Modulationsfaktor. S. 105. — 2. Messung von Klirrfaktor und Modulationsfaktor. S. 107. — 3. Berechnung des Modulations- und Klirrfaktors für die $u^{3/2}$-Kurve. S. 108. — 4. Anwendung auf die Endpentode. S. 108.
   c) Der Sendeverstärker (mit Gitterströmen) 108
      1. Formfaktor und Spannungsaussteuerung. S. 108. — 2. Aufgaben. S. 111.

D. Der rückgekoppelte Generator 113

1. Die Amplituden- und Phasenbilanz 113
2. Die Schwinglinie 114
   a) Durchführung der Schwinglinienkonstruktion 114

Seite

b) Rückkopplungsgerade, „Rückkopplung", BARKHAUSENscher Rückkopplungsfaktor . . . 115
c) Konstruktion der Amplitude im Schwingliniendiagramm . . . 115
3. Konstruktion der Anfachung im Schwingliniendiagramm . . . 115
4. Erklärung des Folgens, Reißens und Springens mit Hilfe der Schwinglinien, RUKOPsche Reißdiagramme . . . 116
5. Berechnung der Frequenz auf Grund der Phasenbilanz für verschiedene Rückkopplungsschaltungen . . . 117
6. Zwei Zahlenbeispiele zur Amplitudenbilanz . . . 118
7. Aufgabe aus dem Empfängerbau. Dämpfung eines Kreises durch eine angekoppelte Röhre . . . 119
8. Der gemischt erregte Generator bei phasenreiner Erregung . . . 120
9. Der gemischt erregte Generator bei nicht phasenreiner Erregung; Theorie des Mitnahmebereiches . . . 121
a) Experimentelles . . . 121
b) Berechnung der Breite des Mitnahmebereiches . . . 122
10. Die Entdämpfung durch Rückkopplung, Aufgabe aus der Theorie der Empfänger 123
11. Der Empfang modulierter Wellen . . . 125
12. Behandlung des Telephoniesenders mit Hilfe der Schwinglinien . . . 126

E. Die Röhre als Gleichrichter . . . 127
Einleitung: Gleichrichtung mit Kennlinienkrümmung . . . 127
1. Das HOHAGEsche Röhrenvoltmeter (Diode) . . . 127
2. Die Anodengleichrichtung mit einer Eingitterröhre . . . 127
3. Die Gittergleichrichtung oder Audiongleichrichtung . . . 128
4. Die DÖHLERsche Gleichrichtung . . . 129
5. Der Empfang modulierter Wellen. Einfluß des Gitterkondensators C_{ii} und des Ableitwiderstandes R_{ii} auf Lautstärke und Sprachklarheit . . . 130

F. Der Audionwellenmesser . . . 131
1. Die Energieentziehungsmethode . . . 132
2. Die Verstimmungsmethode . . . 132
3. Dämpfungsmessungen . . . 133
4. Messung von Frequenzen einfallender Schwingungen . . . 134

G. Die BARKHAUSEN-Schwingungen . . . 134
1. Die Entdeckung der Schwingungen . . . 134
2. Die Frequenz der Barkhausenschwingungen . . . 134
3. Die Fragestellung . . . 135
4. Verschiedene Schwingungsmechanismen . . . 135
5. Plan zur Berechnung des Phaseneinsortierfaktors . . . 137
6. Ausführung der Berechnung . . . 138
7. Experimentelle Prüfung der Theorie . . . 143
8. Der Fall gleich-phasiger Schwingungen der Anode und Kathode gegen das Gitter . . . 145
9. Faustregel zur Berechnung der Leistung . . . 145

H. Der Habanngenerator oder das Magnetron . . . 146
Einleitung . . . 146
1. Physikalisches . . . 147
a) Die Bewegungsgleichungen für das Elektron . . . 147
b) Die Umkehrentfernung . . . 149
c) Die statische Kennlinie . . . 149
d) Die Raumladung . . . 150
e) Berechnung der Bahn für den einfachen Fall ruhender Anodenpotentiale und sehr dünnen Glühfadens . . . 151
f) Der Glühdraht ist nicht mehr sehr dünn . . . 152
g) Berechnung der Raumladung und des Potentialverlaufes zwischen Ringstrom und Anode . . . 153
h) Zusammenfassung . . . 154
i) Berechnung und Messung des Magnetfeldes des Elektronenringstromes . 154
k) Gestörte Bahnen; Berechnung der inneren Umkehrpunkte . . . 156
2. Die negative Ableitung und die Erregung langwelliger Schwingungen . . . 158
a) Der Gedankengang . . . 158
b) Die Berechnung der Umkehrentfernungen . . . 159
c) Berechnung der Anodenwechselströme und der negativen Ableitung A . 160
d) Berechnung der Schwingungsamplitude . . . 161

Seite
3. Die Erregung von Barkhausenschwingungen 161
Angenäherte Berechnung der Lage der Umkehrpunkte 162
4. Die Influenzstromerregung im Vierschlitzmagnetron 163
a) Gang der Untersuchung 164
b) Berechnung der Umkehrentfernungen unter Berücksichtigung der zeitlichen Veränderung der Anodenspannungen während des Elektronenfluges 164
c) Berechnung der „Schwingkraft“ 166
d) Die Grenzen des Influenzstromanregungsbereiches 167
e) Bemerkungen über den Leistungstransport 168
f) Ausblick auf eine Theorie zur Berechnung der Amplituden 168

III. Wellenausbreitung 170
A. Das Lecher-System 171
1. Darstellung unter Benutzung des heuristischen Gedankens von einer endlichen Ausbreitungsgeschwindigkeit des Ladungszustandes 171
a) Der Schaltstoß 171
b) Impuls beliebiger Form 172
c) Reflexionen 174
d) Die Formeln für die Sinuswellen 175
e) Aufstellung der Differentialgleichung für Lecher-Systeme beliebiger Leiterform 176
f) Einfluß des Dielektrikums und der Permeabilität 177
g) Einfluß des Widerstandes und der Ableitung (R und A) 177
2. Darstellung unter Benutzung eines Korrektionsverfahrens 178
a) Erläuterungen der Idee dieses Korrektionsverfahrens an der Pendelschwingung 178
b) Übertragung des Korrektionsgedankens auf die Wellenausbreitung . . 179
c) Wie ist nun U_a zu bestimmen? 180
Zusammenfassung 181
B. Die Strahlung der Antenne 181
1. Versuch, die Antennenstrahlung aus der geführten Welle zu entwickeln. 181
a) Herstellung der freien, ebenen Welle durch unendlich weites Auseinanderrücken der Platten 181
b) Versuch, die Antennenstrahlung aus der Strahlung zwischen Metallkegeln zu entwickeln 182
2. Das Korrektionsverfahren 182
a) Das quasistationäre Feld des Dipoles 183
b) Energiebewegungen im statischen Felde E_{stat} und H_{stat} 184
c) Angenäherte Ausführung des Korrektionsverfahrens zunächst für den Spezialfall der Wellenausbreitung senkrecht zur Dipolachse 184
d) Durchführung des Verfahrens 184
e) Die Feldstärken in schräger Richtung 186
f) Berechnung des Strahlungswiderstandes 186
g) Kontrolle der Formel für den Strahlungswiderstand 187
3. Die strenge Lösung 187
a) Einführung der retardierten Potentiale an Hand einer einfachen, eindimensionalen Aufgabe 187
b) Allgemeine Ableitung der Differentialgleichung für die retardierten Potentiale und ihre Lösung durch die retardierten Potentiale 190
c) Die Formel für die Strahlung einer linearen Antenne 192
1. Die Strahlung des frei im Raume befindlichen Dipols in großer horizontaler Entfernung senkrecht zur Dipolachse. S. 192. — 2. Das Strahlungsfeld in schräger Richtung. S. 193. — 3. Die Ableitung aller Glieder. S. 194. — 5. Die Hertzsche Ableitung. S. 195. — 6. Die lineare Antenne auf gutleitender Erde. S. 196.
d) Der Strahlungswiderstand der Antenne 197
e) Die effektive Antennenhöhe 198
1. Der Fall des Sendens. S. 198. — 2. Der Fall des Empfanges. S. 198.
f) Der Rahmenempfang (Feldstärkemeßgeräte) 199
g) Die Ausbreitung der Wellen auf schlecht leitendem Erdboden 200
h) Antennenformen 202
1. Vorbemerkung über Spannungs- und Leistungsbilanz in der Antenne 202
2. Komplizierte Antennensysteme 203

Seite
3. Allgemeiner Beweis des Satzes: Empfangsgüte = Sendegüte 204
4. Die Ultrakurzwellenantenne im Zylinderparabelspiegel 209
5. Der Strahlwerfer 211
i) Einiges über die Heavisideschicht 214
1. Darstellung von Wellengruppen mit Hilfe von FOURIERschen Integralen 216
2. Die Wellengruppe im A-ω-Diagramm 216
3. Anwendung auf die Heavisideschicht 217
k) Rohrwellen 218
1. Einleitung 218
2. Die Differentialgleichung für den HERTZschen Vektor $\mathfrak{Z}$ und die Grenzbedingungen 218
3. Die erste Wellenform: $\operatorname{div} \mathfrak{Z} = 0$ 219
4. Diskussion der gefundenen Speziallösung 220
5. Wellenlänge und Phasengeschwindigkeit in der Z-Richtung 221
6. Physikalische Deutung des Vorganges 221
7. Eine zweite Wellenform $\operatorname{div} \mathfrak{Z} \neq 0$, $\mathfrak{Z}_x = \mathfrak{Z}_y = 0$ 223
8. Darstellung der elektrischen und magnetischen Kraftlinien 224
9. Ein dritter Ansatz: $\operatorname{div} \mathfrak{Z} \neq 0$; $\operatorname{rot}_z \mathfrak{Z} = 0$ 224
10. Wellen höherer Ordnung 225
11. Übergang auf den runden Querschnitt 226
12. Herstellung ebener Wellen mit Hilfe angesetzter Trichter 226
13. Erregung der verschiedenen Wellentypen 226
14. Bemerkung über die Phasen- und Gruppengeschwindigkeit 226

Anhang. Die Grundlagen aus dem Gebiete der Elektrizitätslehre, der Vektorrechnung und der Behandlung von Schwingungsaufgaben mit komplexen Amplituden 227

A. Vektorrechnung 227
1. Vektoralgebra 227
a) Grundvorstellungen und Grundformeln der Vektorrechnung 227
b) Hilfsformeln 228
c) Addition von Vektoren 229
d) Multiplikation von Vektoren. (Mit einem Skalar. — Mit einem Vektor. — Inneres oder skalares Produkt. — Äußeres oder vektorielles Produkt) . 229
e) Algebra der Zahlentripel 230
f) Produkte von mehr als 2 Vektoren 230
g) Differentiationen nach der Zeit 231
2. Vektoranalysis 232
a) Vektorfelder, Divergenz, Rotation, Scheerung 232
b) Der Gradient 234
c) Eine zweite Definition von Divergenz und Rotation 234
d) Die Bedingung dafür, daß ein Vektor ein Potential hat 236
e) Die Bedeutung des Potentialbegriffes 237
f) Die Zirkulation 239
g) Grundaufgaben der Potentialtheorie 239
h) Berechnung des Vektorfeldes, wenn die räumliche Verteilung der Rotation gegeben ist 242
a) Vorbereitung. S. 242. — b) Lösung von $\operatorname{rot} \mathfrak{v} = \mathfrak{V}(x, y, z)$. S. 243. — c) Anwendung der Lösung auf einen linearen Stromlauf. S. 244. — d) Berechnung des Potentiales einer Strömung mit Zirkulation. S. 244.

B. Die Grundvorstellungen und Grundformeln der Elektrizitätslehre 245
1. Elektrostatik 245
a) Das COULOMBsche Gesetz 245
b) Die Ladungseinheit 246
c) Die Feldstärke 246
d) Kraftlinien, Kraftfluß, Influenzkonstante 246
e) Potential oder Spannung 247
f) Allgemeiner Beweis der Regel: $Q = \varepsilon_0 \Phi$. 247
g) Die Feldstärke, allgemein darstellbar durch die Kraftliniendichte 248
h) Kraftröhre; Feldstärke und Verschiebung als Maß des Feldes 248
i) Die Kapazität 249
k) Die Dielektrizitätskonstante 249

Seite
l) Die Dielektrizitätskonstante bei schnellen Schwingungen 249
m) Die Bewegung der Elektronen in elektrischen Feldern 250
n) MAXWELLsche Spannungen und Feldenergie 250
o) Das Brechungsgesetz der Kraftlinien 252
p) Die Spannungen an schräg zu den Kraftlinien laufenden Flächen . . 252

2. Magnetismus 253

3. Magnetische Felder stromdurchflossener Leiter in Luft 253
1. Gerader Draht 253
2. Solenoid 253
3. Magnetische Spannung oder magnetomotorische Kraft 253
4. $\oint \mathfrak{H}\, ds = 4\pi I$ 253
5. Die erste MAXWELLsche Gleichung 254
6. $\oint \mathfrak{H}\, ds = 4\pi I$, aus der MAXWELLschen Gleichung abgeleitet 254
7. Das Vektorpotential 254
8. Das Magnetfeld des linearen Stromlaufes (BIOT-SAVART) 255
9. Mehrdeutige Potentiale stromdurchflossener Leiter 255
10. Äquivalenz von Stromlauf und Doppelfläche 256
11. Beispiele für das Vektorpotential 256
12. Physikalische Bedeutung von $\operatorname{div} \mathfrak{A} = 0$ 257
13. Die Kraftformeln 257
14. Das Drehmoment auf einen im Magnetfelde liegenden Stromkreis 258
15. Die Kraft auf ein bewegtes Elektron 258
16. Das Induktionsgesetz 259
17. Feld und Induktion. Elektromagnetisches und technisches Maßsystem. 259
18. Die MAXWELLschen Gleichungen 260
19. Versuche mit dem ROGOWSKI-Gürtel 261
20. Ersatz des COULOMBschen Gesetzes und der Beziehung $K = \mathfrak{H} \cdot m$ durch die Kraftformeln 261
21. Die magnetischen MAXWELLschen Spannungen 262
22. Die Feldenergie 262
23. Die MAXWELLsche Zugspannung 263
24. Zwei Beispiele zur Handhabung der MAXWELLschen Spannungen . . . 264
25. Der POYNTINGsche Vektor 265
26. Allgemeine Ableitung des POYNTINGschen Vektors 266
27. Ein Übungsbeispiel 266

4. Der Magnetismus im Eisen 267
1. Die Magnetisierungskurve 267
2. Der Einfluß des Luftspaltes 267
3. $\mathfrak{H}_0$ und $\mathfrak{H}$, $\mathfrak{H}$ im Eisen und $\mathfrak{H}$ zwischen Eisen und Spule 267
4. Das magnetische OHMsche Gesetz 267
5. Beziehungen zwischen $\mathfrak{H}$, $\mathfrak{H}_0$ und $\mathfrak{B}$ 268
6. Das Kraftlinienbrechungsgesetz 269
7. Unipolarmaschinen 269
8. Mehrdeutigkeit magnetischer Potentiale 270
9. Gauß und Örstedt 270
10. Die Berechnung permanenter Magnete 270
11. Der Transformator; EMDES Beweis für $L_{12} = L_{21}$ 271
12. Messung von Gegeninduktivitäten 271

5. Das OHMsche Gesetz 272

6. Stromverzweigungen 272

C. Einführung in das Rechnen mit komplexen Amplituden und Vektoren 273
1. Einleitung 273
2. Handlichkeit des Rechnens mit $e^{j\omega t}$ 275
3. Vergleich reeller und komplexer Rechenweise 275
4. Anwendbarkeit der Rechnung 276
5. Die Multiplikation mit komplexen Faktoren 277
6. Die Darstellung der komplexen Amplituden durch Vektoren 278
7. Dauernde Gleichheit zweier schwingender Größen 278
8. Einige Anwendungen 278
a) WHEATSTONsche Brücke 278
b) Messung von Gegeninduktivitäten im Potentiometer 279

Seite

9. Resonanzerscheinungen 280
10. Lechersysteme 282
   1. Aufstellung der Differentialgleichung 282
   2. Das Kabelstück 282
   3. Das Lechersystem als Schwingungskreis 283
   A. Am Ende geschlossene Leitung. S. 283. — a) Sehr kurze Leitung. S. 284. — b) Spannungsresonanz bei $l = \frac{n\lambda}{2}$. S. 284. — c) Stromresonanz bei $l = \frac{2n+1}{4} \cdot \lambda$. S. 284. — B. Am Ende offene Leitung. S. 285. — C. Mit einer Kapazität abgeschlossenes Lechersystem. S. 285.
11. Schallabstrahlung von einer Lautsprechermembran 286
   a) Aufstellung der Differentialgleichung 287
   b) Berechnung der Druckschwankung und des Reibungskoeffizienten . . . 287
   c) Die Bedeutung der Koordinate x und der „mittlere“ Druck im Schallstrahl 288

Namen- und Sachverzeichnis 289

Die hauptsächlichsten Bezeichnungen.

A Amplituden
B Induktion
C Kapazität
D Durchgriff, Direktionskraft
$\mathcal{E}$ EMK
E Feldstärke
F Fläche
G Gewicht
H magnetische Feldstärke
I Gleichstromanteil
K Kraft, evtl. molekulare Gaskonstante
L Induktivität
M Drehmoment
N Anzahl
P Punkt, Aufpunkt
Q Ladung
R Widerstand, evtl. Gaskonstante
S Steilheit
T Temperatur
U Spannung, konstanter Wert
V Volumen
W Wärmemenge

a, b, Strecken
c Lichtgeschwindigkeit
d Dämpfungsmaß $= R/\omega L$
e Logarithmenbasis
e_1 Elektronenladung
f Funktion
g Erdbeschleunigung
h PLANCKsches Wirkungsquantum
i Momentanstrom bzw. Stromdichte
j $= \sqrt{-1}$
k Kopplungsfaktor
l Länge
m Masse
n Anzahl pro Längeneinheit oder pro Volumeneinheit
p Federkonstante
q Ladungsdichte
r Radius
s Strecke
t Zeit
u Umfang
v Geschwindigkeit
w evtl. Geschwindigkeitskomponenten u, v, w
x, y, z Koordinaten

$\mathfrak{A}$ Vektorpotential
$\mathfrak{B}$ Induktion als Vektor
$\mathfrak{C}$ Ballistische Galvanometerkonstante
$\mathfrak{E}$ Feldstärke als Vektor.
$\mathfrak{F}$ Fläche als Vektor
$\mathfrak{H}$ Magnetfeldstärke als Vektor oder komplexe Amplitude
$\mathfrak{J}$ Stromstärke, kompl. Ampl.
$\mathfrak{K}$ Kraft
$\mathfrak{L}$ Kompl. Permeabilität
$\mathfrak{M}$ Magnetomotorische Kraft
$\mathfrak{N}$ Leistung
$\mathfrak{Q}$ Ladungsamplitude
$\mathfrak{R}$ Kompl. Widerstand
$\mathfrak{S}$ POYNTINGscher Vektor
$\mathfrak{U}$ Spannungsamplitude
$\mathfrak{V}$ Verstärkungsgrad
$\mathfrak{W}$ Wärmestrom
$\mathfrak{Z}$ Wellenwiderstand

$\mathfrak{a}$ Anfachung
$\mathfrak{b}$ Beschleunigung
$\mathfrak{d}$ Dämpfung
$\mathfrak{i}$ Amplitude der Stromdichte
$\mathfrak{r}$ Radiusvektor
$\mathfrak{s}$ Verschiebungsvektor
$\mathfrak{v}$ Geschwindigkeit

	Momentanwert	Amplitude	Komplexe Amplitude oder Vektor	Gleichstromanteil
Strom	i	I_0	$\mathfrak{J}$	I
Spannung	u	U_0	$\mathfrak{U}$	U
Ladung	Q		$\mathfrak{Q}$	
Magnetische Feldstärke	H		$\mathfrak{H}$	
Elektrische Feldstärke	E		$\mathfrak{E}$	
Ladungsdichte auf der Fläche	q		$\mathfrak{q}$	
Stromdichte	i		$\mathfrak{i}$	
Fläche	F		$\mathfrak{F}$	

$\alpha\ \beta\ \gamma$ Winkel
δ Variation
ε Dielektrizitätskonstante
ε_0 Influenzkonstante
ζ (ξ, η, ζ) Verschiebungskoordinaten
ϑ logarithmisches Dekrement
η Wirkungsgrad
$\varkappa$ Wellenzahl
λ Wellenlänge
μ Permeabilität
μ_0 Induktionskonstante des Raumes
ν Frequenz
ξ Verschiebungskomponente
ϱ Ladungsdichte
σ spezifischer Widerstand
τ Schubspannung
φ Potential
ψ, χ Phasenwinkel
ω Kreisfrequenz $= 2\pi\nu$

Γ Zirkulationskonstante
Δ Diminutiv bzw. $\Delta = \frac{\partial^2}{\partial x^2} + \frac{\partial^2}{\partial y^2} + \frac{\partial^2}{\partial z^2}$
Θ Trägheitsmoment
Λ Leitwert
N Schwebungsfrequenz
Σ Summe
Φ magnetischer Kraftfluß
Ψ magnetisches Potential
Ω Schwebungskreisfrequenz

Indices

a Anodenkreis, z. B. i_a Anodenstrom
e Emissions, z. B. i_e Emissionsstrom
g Gitter, z. B. u_g Gitterspannung
h Heiz, z. B. i_h Heizstrom
st Steuer, z. B. U_{st} Steuerspannung
$ü$ Überbrückungs, z. B. $R_ü$ Überbrückungswiderstand bei blockiertem Gitter

Einleitung.

1. Warum müssen für die drahtlose Telegraphie Hochfrequenzströme verwendet werden?

Zur drahtlosen Nachrichtenübermittlung müssen wir uns elektrischer oder magnetischer Felder bedienen, die von Ladungen oder Strömen ausgehend in die Ferne reichen. Statische, elektrische und magnetische Felder sind dazu ungeeignet, denn ihre Wirkung nimmt mit $1/r^3$ ab.

Wir erkennen das am Falle eines elektrischen Dipoles. Im freien Raum befinde sich eine Stange von der Länge $2h$. An ihren Enden trage sie zwei Kugeln mit den Ladungen $+Q$ und $-Q$ Coulomb. Berechne die Feldstärke im Aufpunkte P. Jede Ladung erregt nach dem COULOMBschen Gesetze eine Feldstärke

$$\mathfrak{E}_1 = \frac{Q}{4\pi\varepsilon_0 r^2};$$

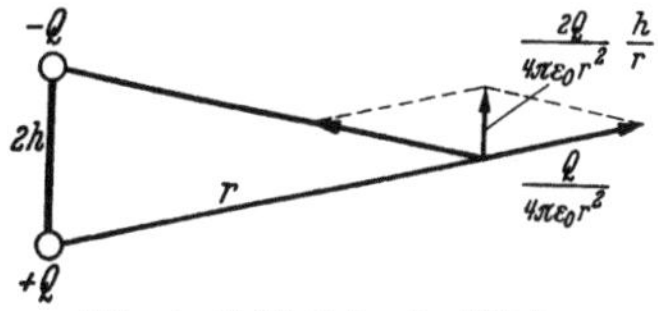

Abb. 1. Feldstärke des Dipols.

beide setzen sich nach dem Kräfteparallelogramm zusammen (s. Abb. 1). Die resultierende Feldstärke wird dann

$$\mathfrak{E} = \frac{-2Qh}{4\pi\varepsilon_0 r^3}.$$

Wenn man in einer schrägen Richtung, z. B. unter dem Winkel ϑ, zum Antennendraht fortschreitet, so erhält man ebenfalls eine Abnahme der Feldstärke mit $1/r^3$.

[Zwischenrechnung: Das Potential des Dipols ist

$$2\pi\varepsilon_0\varphi = hQ\frac{\partial\frac{1}{r}}{\partial z} = \frac{-hQz}{r^3}.$$

Als Koordinaten führen wir z in Richtung der Antenne und ϱ senkrecht zur Antenne ein. Wir erhalten für die Feldstärkekomponenten

$$2\pi\varepsilon_0\mathfrak{E}_\varrho = 2\pi\varepsilon_0\frac{\partial\varphi}{\partial\varrho} = +\frac{hQ3z\varrho}{r^5} = \frac{3hQ}{r^3}\sin\vartheta\cos\vartheta$$

und

$$2\pi\varepsilon_0\mathfrak{E}_z = 2\pi\varepsilon_0\frac{\partial\varphi}{\partial z} = \frac{hQ}{r^3}\left(\frac{3z^2}{r^2} - 1\right) = \frac{hQ}{r^3}(3\cos^2\vartheta - 1)\Big].$$

Man erhält eine solche Abnahme auch für statische Magnetfelder stromdurchflossener Leiter.

Nun gibt es aber noch eine dritte Möglichkeit elektrischer Fernwirkung, die elektromagnetischen Wellen. HEINRICH HERTZ hatte gefunden, daß sich die elektrischen und magnetischen Feldstärken auch wellenmäßig ausbreiten können. Abb. 2 zeigt eine Momentphotographie einer solchen Welle. Das Bild schreitet mit Lichtgeschwindigkeit nach rechts fort.

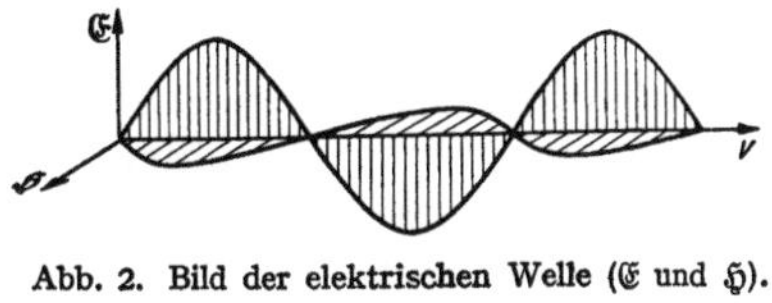

Abb. 2. Bild der elektrischen Welle (𝔈 und 𝔋).

Dabei sind die elektrische Feldstärke, elektrostatisch gemessen, und die magnetische Feldstärke, magnetisch in Gauß gemessen, der Zahl nach gleich. Sie sind in Phase und stehen im Raume senkrecht aufeinander und auf der Fortpflanzungsrichtung der Welle.

HERTZ hatte weiter gefunden, daß diese elektromagnetischen Wellen mit den Lichtwellen identisch sind.

Aus diesen Feststellungen können wir nun durch eine einfache Überlegung die Abnahme der Feldstärken mit der Entfernung in der elektrischen Welle ermitteln.

Nach den Messungen mit dem Photometer nimmt die Helligkeit eines Lichtes mit der Entfernung mit $1/r^2$ ab. Dabei wird die Helligkeit durch die Lichtleistung je cm^2 bestrahlter Fläche definiert. Diese ist, nach der POYNTINGschen Formel:

$$\mathfrak{S} = [\mathfrak{E} \cdot \mathfrak{H}]\ \mathrm{W/cm^2},$$

dem Quadrat der elektrischen bzw. magnetischen Feldstärke proportional, da ja $\mathfrak{E}$ und $\mathfrak{H}$ der Zahl nach gleich sind. Wenn nun das Quadrat der Feldstärke umgekehrt proportional mit dem Quadrat der Entfernung abnimmt, so nimmt die Feldstärke umgekehrt mit der ersten Potenz von r ab.

$$\mathfrak{H} \sim \frac{1}{r}\,; \qquad \mathfrak{E} \sim \frac{1}{r}\,{}^{*}.$$

Die Benutzung der elektromagnetischen Wellen ist wesentlich günstiger als die statischer Felder. Ein Zahlenbeispiel möge die Überlegenheit erläutern.

Ich will annehmen, daß ich mit einer Antenne, die statisch auf 10 V aufgeladen wird, eine Reichweite von 1 km erzielen könnte. Wenn ich eine Reichweite von 100 km erhalten will, müßte ich sie, da die Feldstärke auf $\frac{1}{100^3}$ abnimmt, 100^3 mal so stark aufladen, also mit 10000000 V arbeiten.

Wenn ich hingegen mit elektrischen Wellen arbeite, bei denen die Feldstärke nur auf $\frac{1}{100}$ abnimmt, so brauche ich die 100fache Spannung. Das sind 1000 V, d. h. eine Spannung, die sich ohne Schwierigkeiten in einer Antenne herstellen läßt.

Diese Vorüberlegungen führen uns auf die Frage: Welche Frequenz muß der Wechselstrom haben, den ich der Antenne zuführe? HERTZ hatte zur Berechnung der elektrischen Feldstärke in einer von einer Antenne ausgehenden Welle in der Entfernung r von der Antenne folgende Formel aufgestellt (Abb. 3):

$$\mathfrak{E} = \frac{120\pi I h}{\lambda r}\,\frac{\mathrm{V}}{\mathrm{m}}\ (I_{\mathrm{Amp}},\ h,\ \lambda,\ r \text{ in m}).$$

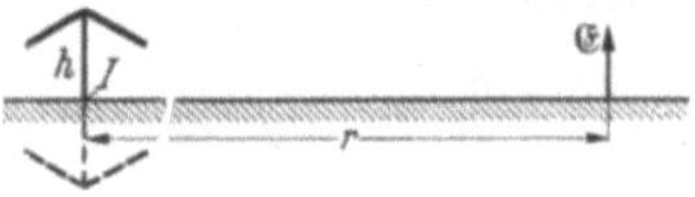

Abb. 3. Zur Antennenformel: $\mathfrak{E} = \frac{120\pi I h}{\lambda r}\,\frac{\mathrm{V}}{\mathrm{m}}$.

Diese Formel soll im dritten Teile des Buches ausführlich abgeleitet werden. Sie gilt für Antennen, deren Höhe klein gegen die Wellenlänge ist. Die Wellenlänge steht im Nenner. Die Formel weist uns darauf hin, daß wir kurze Wellen verwenden müssen, um starke Felder zu erzielen. — Wenn die Antenne auf der Erde steht, so ist es am günstigsten, die Wellenlänge nur zweimal so lang wie die Antenne zu wählen[1]. Hiernach müßte man bei Benutzung einer 20 m hohen Antenne am besten die Wellenlänge auf 40 m verkürzen. Würde man eine Wellenlänge von 80 m benutzen, so würde zunächst der Antennenstrom bei gleicher Antennenspannung auf die Hälfte sinken ($I = \omega C U$!) und die

* Die Proportionalität von $\mathfrak{E}$ und $\mathfrak{H}$ mit $1/r$ folgt letzten Endes aus der Fortleitung der Energie auf gradlinigen divergierenden Strahlen in den Lichtwellen und den wesensgleichen elektrischen Wellen. Aus dieser Ausbreitung folgt, daß die Leistungsdichte (Leistung pro cm^2) mit $1/r^2$, $\mathfrak{E}$ und $\mathfrak{H}$ dann mit $1/r$ abnehmen.

[1] Ableitung dieser Mitteilung im Abschnitt III: Wellenausbreitung, S. 192.

Feldstärke nach der HERTZschen Formel[1] abermals auf die Hälfte heruntergehen, so daß die Feldstärken bei 80 m Wellenlänge nur $^1/_4$, die übertragene Leistung nach der POYNTINGschen Formel nur $(1/2)^4 = {}^1/_{16}$ wäre.

Nun stehen aber Wellenlänge λ, Lichtgeschwindigkeit c und Frequenz ν in der Beziehung:
$$\lambda = c/\nu.$$
Setzen wir die Zahlen ein, so erhalten wir:
$$\nu = \frac{c}{\lambda} = \frac{300\,000 \text{ km/sec}}{40 \text{ m}} = 0{,}75 \cdot 10^7 \text{ Hertz}$$
als günstig für unsere 20 m-Antenne. Da bei gleicher Antennenspannung die Strahlung der vierten Potenz der Frequenz proportional ist, so erhalten wir für die Empfangsleistung $\mathfrak{N}$, wenn wir die günstigste Frequenz mit ν_{opt} bezeichnen und $\mathfrak{N}_{\text{opt}}$ die Empfangsleistung bei günstigster Frequenz ist:
$$\mathfrak{N} = \mathfrak{N}_{\text{opt}} \cdot \left(\frac{\nu}{\nu_{\text{opt}}}\right)^4.$$

Eine kleine Tabelle zeige das völlige Versagen von Nieder- und Mittelfrequenz:

Da das Buch den heutigen Stand der Technik darstellen soll, möge in der Einleitung nur ein kurzer Überblick über die älteren Methoden der Herstellung und des Empfanges von Hochfrequenzströmen gegeben werden. Die heutigen Methoden und ihre physikalischen Grundlagen sollen dann ausführlich behandelt werden.

Tabelle.

ν	$\mathfrak{N}/\mathfrak{N}_{\text{opt}}$ für $\nu_{\text{opt}} = 7{,}5 \cdot 10^6$/sec
50	$1{,}98 \cdot 10^{-21}$
5 000	$1{,}98 \cdot 10^{-13}$
500 000	$1{,}98 \cdot 10^{-5}$
5 000 000	$0{,}198$

Für den Leser, der sich noch nicht mit drahtloser Telegraphie beschäftigt hat, ist dieser historische Überblick reichlich knapp gefaßt und daher wohl schwer verständlich. Ihm wird empfohlen, zunächst den Abschnitt über den Schwingungskreis zu lesen, der ja auch bei den älteren Methoden immer angewendet wird, und dann erst den historischen Überblick vorzunehmen.

2. Die Herstellung von Hochfrequenzströmen und ihr Empfang. Überblick über ältere Methoden.

1. FEDDERSEN, HERTZ. HELMHOLTZ hatte die Preisaufgabe gestellt, experimentell das Vorhandensein eines Magnetfeldes von Verschiebungsströmen nachzuweisen. HEINRICH HERTZ konnte diese Aufgabe erst in Angriff nehmen, als ihm durch die Versuche von FEDDERSEN eine Methode zur Herstellung von Hochfrequenzströmen bekanntgeworden war.

FEDDERSEN hatte beobachtet, daß man einen stark leuchtenden Funken erhält, wenn man die Leidener Flasche durch einen dicken Draht mit der Funkenstrecke verbindet, daß hingegen der Funken schwach ist, wenn man in die Verbindung zwischen Funkenstrecke und Kondensator einen hohen Widerstand, z. B. einen nassen Bindfaden einschaltet. Die Verschiedenheit der Funken ist auffällig, da ja in beiden Fällen die Ladungsmenge die gleiche ist und auch die Spannung an der Funkenstrecke beidesmal der Durchbruchsspannung gleicht. Die Erscheinung war nur zu erklären, wenn im ersteren Fall (dicker Kupferdraht) der Funke oszillierend mehrfach überging. Um dieses vermutete Oszillieren des Funkens nachzuweisen, betrachtete FEDDERSEN den Funken in einem rotierenden Spiegel und konnte im Spiegel zunächst eine Verbreiterung des Funkens, durch weitere Steigerung der Drehgeschwindigkeit schließlich auch die vermutete oszillatorische Entladung beobachten.

---
[1] Die hier, wie bemerkt, aber nicht mehr streng gilt.

Diese von FEDDERSEN entdeckte Methode zur Herstellung von Hochfrequenzschwingungen benutzte dann HERTZ zu seinen berühmten Untersuchungen „Über die Ausbreitung der elektrischen Kraft". Es sei sehr empfohlen, das Buch von HERTZ zu lesen. Es ist ein hoher Genuß, die systematische Forscherarbeit von HERTZ mitzuerleben. Dabei ist das Buch bis auf einige theoretische Kapitel so leichtverständlich und einfach geschrieben, daß man es fast als populär im besten Sinne bezeichnen kann.

2. MARCONI. Das Verdienst, als erster die von HERTZ entdeckten elektrischen Wellen zur Nachrichtenübermittlung auf größere Entfernung benutzt zu haben, gebührt dem Italiener MARCONI, einem Schüler des um die Erforschung der elektromagnetischen Wellen ebenfalls hochverdienten A. RIGHI. Er vergrößerte den HERTZschen Dipol und gelangte so zur Antenne. Aus dem HERTZschen Funkenmikrometer entwickelte er den Fritter. Abb. 4 und 5 zeigen eine MARCONIsche Sende- und Empfangsstation. Der im Luftleiter liegenden Funkenstrecke wird der Strom eines Induktoriums zugeführt, die Morsetaste liegt im Primärkreise des Induktoriums. Es bedeuten in der Abbildung B die Batterie, T die Morsetaste, U den Unterbrecher des Induktoriums, I das Induktorium, F die Funkenstrecke und L_1 den Sendeluftleiter.

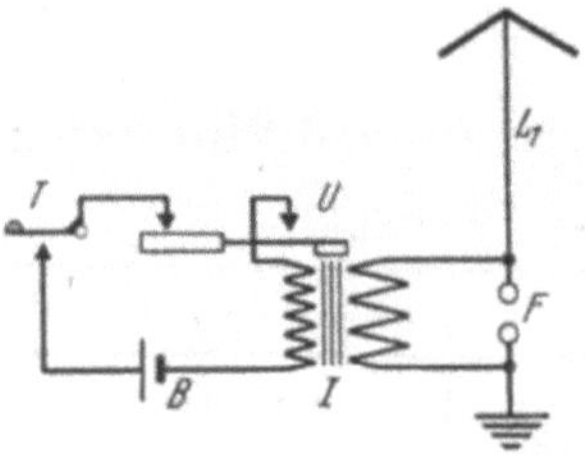
Abb. 4. MARCONI-Sender.

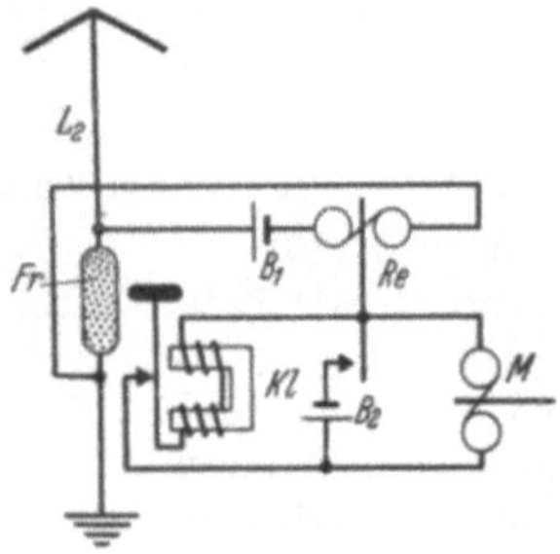
Abb. 5. MARCONI-Empfänger.

Die Fünkchen des HERTZschen Funkenmikrometers wurden dazu benutzt, um im Fritter Fr der Abb. 5 Eisenfeilspäne zusammenzuschmelzen. Die Leitfähigkeit des Fritters wird dadurch stark heraufgesetzt und so der Stromkreis des Relais Re und der Batterie B_1 geschlossen. Durch das Relais wird schließlich der Morseapparat M in Tätigkeit gesetzt. Damit die Leitfähigkeit des Fritters immer wieder aufgehoben wird, wird er durch den Klopfer Kl erschüttert.

Um die Spannung zur Bildung der verschweißenden Fünkchen im Fritter zu erhöhen, wurde der Fritter nicht direkt in die Antenne gelegt, sondern ein auf Resonanz abgestimmter Sekundärkreis angekoppelt, in dem die Spannung erhöht wurde.

3. BRAUN. Da die Funkenstrecke die Antenne sehr stark dämpfte, benutzte BRAUN einen besonderen Funkenkreis I, dem die Antenne angekoppelt war. Er erhielt dadurch stärkere Antennenströme, aber infolge der Kopplungsschwingungen eine Zweiwelligkeit. Die BRAUNschen Versuche lösten dann ein umfassendes Studium der Kopplungsschwingungen aus. Es ist hier namentlich auf die Arbeiten von BJERKNESS hinzuweisen. Einen BRAUNschen Sender zeigt Abb. 6.

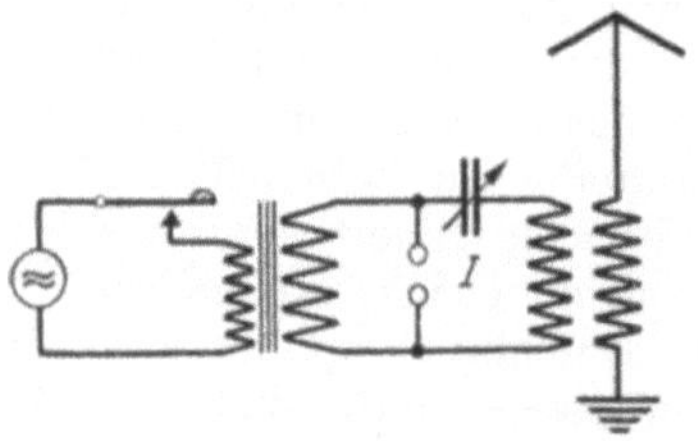
Abb. 6. BRAUNscher Sender.

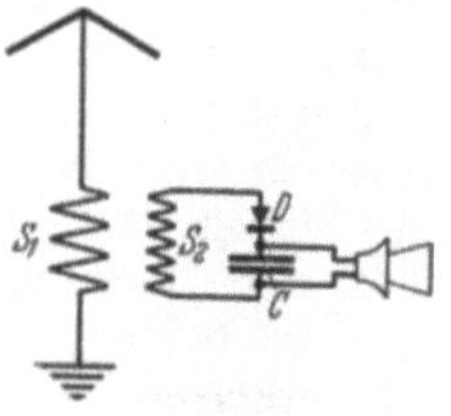
Abb. 7. BRAUNscher Empfänger.

Ferner entdeckte BRAUN den Kristalldetektor. Da der Detektor einen hohen Widerstand hat, legte er ihn nicht direkt in die Empfangsantenne, die er zu stark gedämpft hätte, sondern koppelte den Detektorkreis wie in Abb. 7 an.

Es bedeuten in der Abbildung S_1 und S_2 die beiden Kopplungsspulen, D den Detektor und C eine Kapazität, welche dem Detektor die Hochfrequenzströme zuführt.

4. Wien. Um die lästige Zweiwelligkeit der Braunschen Sender zu beseitigen, vergrößerte Max Wien die Löschfähigkeit der Funkenstrecke. Er erreichte dadurch, daß in dem Zeitpunkt, in dem die Energie des Funkenkreises in den Antennenkreis übergegangen war, die Leitfähigkeit der Funkenstrecke erlosch und die Leistung nicht wieder aus dem Antennenkreis in den Funkenkreis zurückpendeln konnte. Mit dem Erlöschen des Funkenkreises hörten also die zweiwelligen Schwebungen zwischen Funken- und Antennenkreis auf, und die Schwingung klang in dem verhältnismäßig schwach gedämpften Antennenkreis langsam als einwellige Schwingung ab. Die Ausbildung einer solchen Wienschen Löschfunkenstrecke zeigt Abb. 8. Der Funke wird in eine große Zahl sehr kurzer Einzelfunken zwischen gut kühlenden Metallflächen unterteilt, so daß die Ionisation der Funkenstrecke sehr rasch erlischt, da einmal das ionisierte Gas gut gekühlt wird, ferner die Ionen nur einen sehr kurzen Weg bis zum Metall haben, wo sie sich entladen. Den Zusammenbau eines Wienschen Löschfunkensenders zeigt Abb. 9. Der Betriebsstrom wird von einer 500-Periodenmaschine geliefert, in deren Stromkreise auch die Morsetaste liegt. Nachdem der Strom auf etwa 10000 V hochtransformiert ist, wird er der Funkenstrecke zugeführt. Der Stoßkreis I wird erregt. Es entsteht zunächst für sehr kurze Zeit eine zweiwellige Schwebung. Sowie aber nach einer Halbschwebung die Energie an den Antennenkreis II abgegeben ist, erlischt die Schwingung im Stoßkreis.

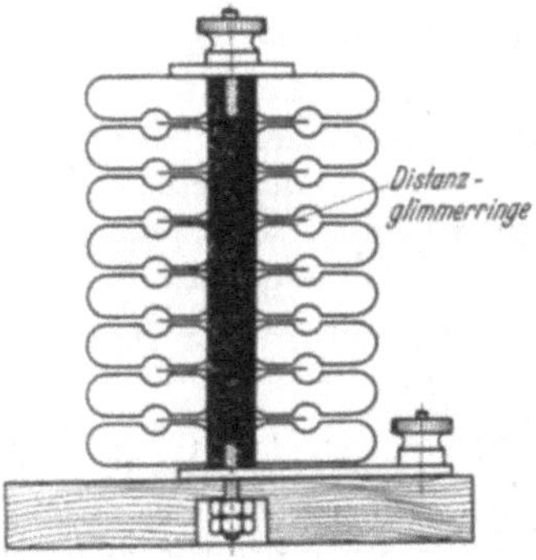

Abb. 8. Löschfunkenstrecke.

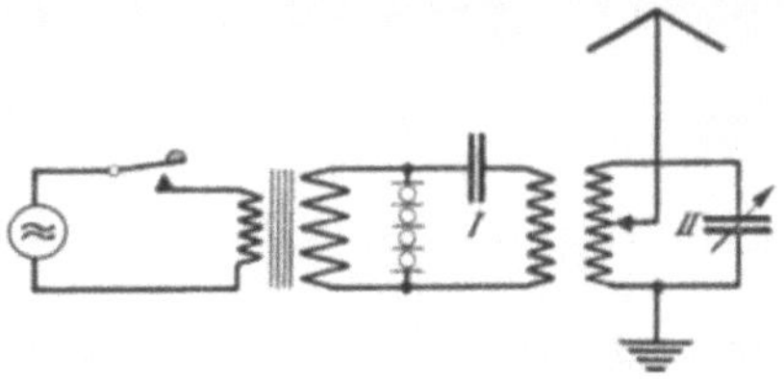

Abb. 9. Wienscher Löschfunkensender.

Beim Empfang der Wienschen Löschfunkenschwingungen hört man einen musikalischen Ton von der Frequenz 1000, der sich sehr gut aus dem zischenden Geräusch der Luftstörungen heraushebt.

Der Wiensche tönende Löschfunken verdrängte sehr bald die alten Marconi-Knallfunkenstationen und die zweiwelligen Braunschen Sender. Wien hatte mit seiner Erfindung den Grund für die Weltgeltung von Telefunken gelegt.

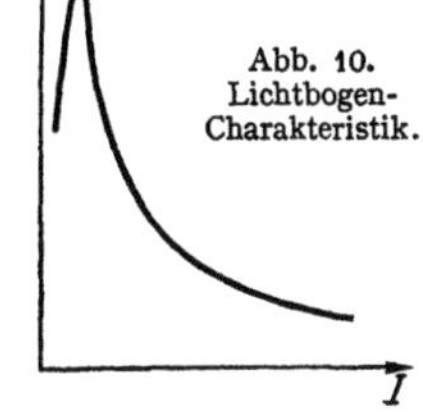

Abb. 10. Lichtbogen-Charakteristik.

5. Der Lichtbogengenerator. Mißt man Strom und Spannung an einem Lichtbogen, so findet man den durch Abb. 10 dargestellten Zusammenhang. Wenn die Stromstärke steigt, wird der Krater des Bogens heißer, er sendet mehr Elektronen aus, die Leitfähigkeit des Bogens steigt und infolgedessen sinkt die Bogenspannung. Der Bogen verhält sich also umgekehrt wie ein gewöhnlicher Ohmscher Widerstand, an dem die Spannung steigt, wenn die Stromstärke zunimmt. Er wirkt wie ein „negativer Widerstand". Hiernach ist es verständlich, daß man mit einem Lichtbogen Schwingungen anfachen kann. Ein normaler Widerstand verzehrt Energie und dämpft die Schwingungen des Kreises, in den er eingeschaltet ist, ein negativer Widerstand liefert Energie und facht die Schwingungen an. Dabei entnimmt der Lichtbogen die Energie, die er in den Schwingungskreis liefert, der Gleichstromquelle, die ihn speist.

Will man mit einem Lichtbogen Hochfrequenzschwingungen erzeugen, so muß man für sehr gute Kühlung sorgen, da ja die fallende Charakteristik des Lichtbogens (Abb. 10) gerade auf den Temperaturänderungen des Lichtbogens beruht. Ferner ist es günstig, den Bogen durch ein Magnetgebläse immer erneut auf kühle Stellen zu führen. Auf Grund dieser Überlegungen ist die technische Ausführung der Poulsenlampe entstanden, die in Abb. 11 dargestellt ist. Die hohe Wärmeleitfähigkeit des Wasserstoffes, der sich aus dem eintropfenden Alkohol entwickelt, sorgt für rasche Kühlung. Das Magnetgebläse führt den Bogen auf der ringförmigen Elektrode herum. Der am Gehäuse liegende positive Pol des Bogens besteht aus einem Kupferring. Die untere Schraube dient zum Einstellen der Bogenlänge.

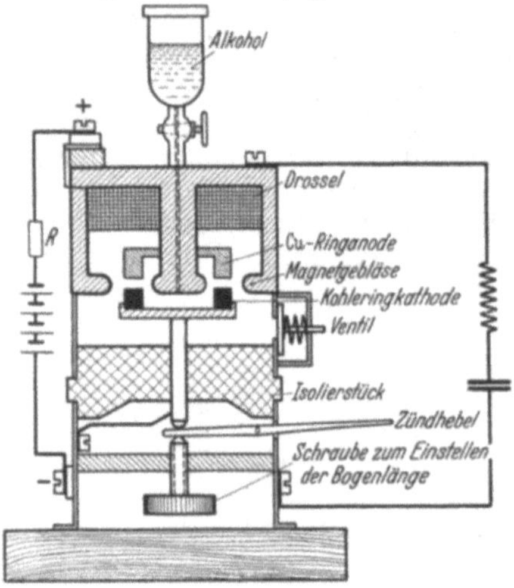

Abb. 11. POULSEN-Lampe.

Einzelheiten über die verschiedenen Formen der Lichtbogenschwingungen enthält das Buch von BARKHAUSEN: Schwingungserzeugung.

6. Möglichkeit der drahtlosen Telephonie. Mit den Funkensendern wurden gedämpfte Wellenzüge ausgesendet. Beim Empfang hörte man immer einen Ton. Die Möglichkeit einer drahtlosen Telephonie war nicht gegeben. Der Lichtbogen sendet kontinuierliche Wellen aus. Beim Empfang eines Lichtbogensenders liefert der Detektor einen Gleichstrom. Im Telephon ist nichts zu hören. Man kann nun aber den vom Lichtbogen gelieferten Wechselstrom durch ein Mikrophon leiten und damit im Takte der Schallschwingungen die Stromstärke ändern. Man kommt so zur drahtlosen Telephonie.

Ein weiterer wesentlicher Vorteil der kontinuierlichen Schwingungen liegt in der günstigeren Energieausnutzung. Man kann etwa annehmen, daß die Schwingungen in der Antenne eines Löschfunkensenders nach 60 Schwingungen abgeklungen sind. Bei einer Wellenlänge von 100 m ($\nu = 3 \cdot 10^6$ Hz) dauert also ein Schwingungszug etwa $2 \cdot 10^{-5}$ sec. Die Schwingungszüge mögen in einem Abstand von 10^{-3} sec aufeinanderfolgen. Es sind dann nur 2% der Gesamtzeit von Schwingungen ausgefüllt. Wenn man mit kontinuierlichen Wellen arbeitet, so wird die Gesamtzeit zur Energieübertragung vom Sender zum Empfänger benutzt. Die Amplitude der Ströme und Spannungen kann somit auf $^1/_{50}$ herabgesetzt werden.

7. Hochfrequenzmaschinen. Die Stationen wurden größer, die Antennengebilde höher und somit geeigneter, auch längere Wellen auszustrahlen. Die Lichtbögen brannten unruhig, so daß sich immer Störungen und Wellenlängenschwankungen ergaben. Man versuchte daher, Hochfrequenzströme mit Maschinen herzustellen.

7a. ALEXANDERSON. Als Vorläufer der Hochfrequenzmaschinen ist die Maschine von ALEXANDERSON zu nennen. Damit der sehr schnell umlaufende Anker möglichst einfach wurde, wählte man die „Induktortype“. Der Anker besteht nur aus einer gezahnten Scheibe ohne Wicklung (Abb. 12a). Abb. 12b zeigt einen Längsschnitt und Abb. 12c einen Querschnitt durch das Gehäuse mit den beiden Wicklungen. ALEXANDERSON gelangte schließlich zu folgenden Abmessungen: Polteilung 3,2 mm, Luftspalt 0,3 mm, Scheibendurchmesser 305 mm, also 300 Zähne. Tourenzahl 20000. Die Maschine lieferte 100000 Perioden und 2 kW. Sie stellt die Grenze mechanischer Festigkeit und Präzision dar. Dabei ist die Wellenlänge von 3000 m noch ziemlich lang.

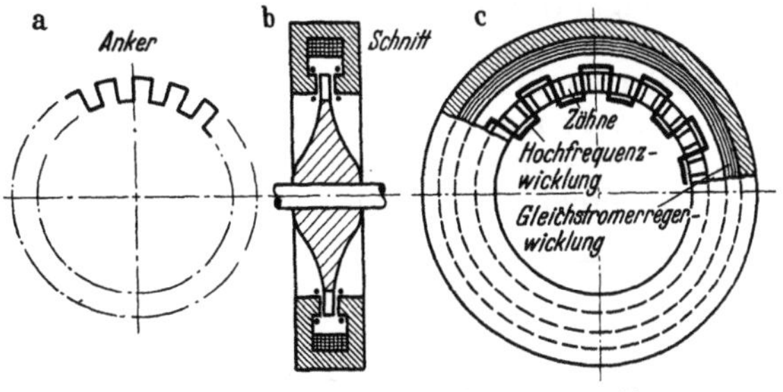

Abb. 12. ALEXANDERSONsche Hochfrequenzmaschine.

7b. Frequenzvervielfältigung in der GOLDSCHMIDTschen Maschine. Es ist günstiger, zunächst eine niedrigere Frequenz herzustellen und diese dann zu vervielfachen. Diese Vervielfältigung kann in einer Maschine dadurch geschehen, daß man als Magnetfeld nicht ein Gleichstromfeld, sondern ein Drehfeld benutzt, das dem Anker entgegenläuft. Die im Anker entstehende Frequenz ist dann der Summe der Umlaufsfrequenzen des Ankers und des Feldes proportional. GOLDSCHMIDT verwendete diese Gedanken, indem er zunächst mit einem ruhenden Feld und einem mit der elektrischen Winkelgeschwindigkeit ω (= Polzahl mal mechanische Winkelgeschwindigkeit des Ankers) umlaufenden Anker einen Wechselstrom von der Frequenz ω herstellte, dann mit diesem Wechselstrom ein Drehfeld erzeugte und den Anker diesem Drehfeld entgegenlaufen ließ. Hierdurch bekam er *einen Wechselstrom* von der Frequenz 2ω, diesen benutzte er wieder zur Herstellung eines Drehfeldes von der Frequenz 2ω, diesen ließ er dem Anker mit der elektrischen Winkelgeschwindigkeit ω entgegenlaufen und bekam eine Frequenz 3ω und so fort. Durch geschickten Zusammenbau konnte für alle Stufen dieselbe Anker- und Feldwicklung benutzt werden. Abb. 13 zeigt die Schaltung der Maschine:

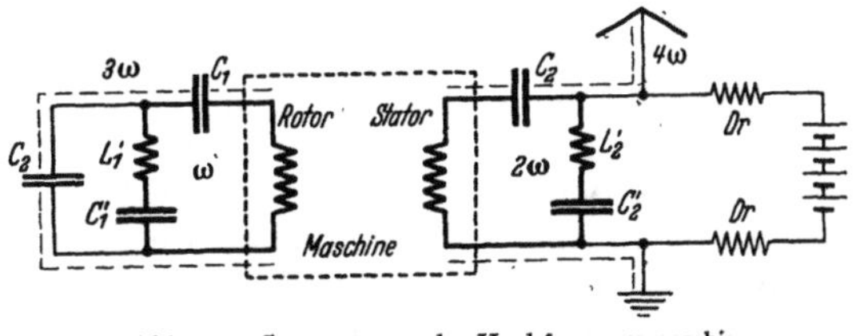

Abb. 13. GOLDSCHMIDTsche Hochfrequenzmaschine.

1. Stufe: Der Stator wird mit Gleichstrom gespeist. Im Rotor wird ein Wechselstrom von der Frequenz ω erregt. Rotor und C_1, L_1' und C_1' sind auf die Frequenz ω abgestimmt, so daß der Strom den dickgezeichneten Kreis durchfließt. Dieser in dem laufenden Rotor fließende Wechselstrom erzeugt nun im Stator ein Feld von der Frequenz 2ω. Da Stator und C_2, L_2' und C_2' auf die Frequenz 2ω abgestimmt sind, durchläuft der Wechselstrom von der Frequenz 2ω den dickgezeichneten Kreis. Er erregt ein Statorfeld von der Frequenz 2ω, diesem läuft wieder der Anker entgegen, so daß im Anker ein Strom von der Frequenz 3ω entsteht, der den auf diese Frequenz abgestimmten gestrichelten Kreis durchläuft. Der Ankerstrom von der Frequenz 3ω erzeugt schließlich im Stator einen Strom von der Frequenz 4ω, der dann den auf ihn abgestimmten, gestrichelt gezeichneten Antennenkreis durchströmt.

Diese Maschinen wurden für die Aussendung der Langwellen (12 km Wellenlänge) in Nauen verwendet. $\lambda = 12$ km entspricht einer Frequenz von 25000 Hz. Die Grundfrequenz der Maschine muß bei einer Vervierfachung 6250 Hz sein. Bei 3000 Touren = 50 U/sec sind dann 125 Polpaare nötig.

7c. Statische Frequenzvervielfältigung. Zur Frequenzvervielfältigung benutzt man hier eine bis zu Sättigung magnetisierte Drossel. Abb. 14a zeigt die Magnetisierungskurve, Abb. 14b den zeitlichen Verlauf der Induktion. Abb. 14c den zeitlichen Verlauf von $d\mathfrak{B}/dt$ bzw. der in einer Sekundärwicklung induzierten Spannung.

Schließt man an die Sekundärwicklung einen z. B. auf die fünfte Oberwelle (5ω) abgestimmten Schwingungskreis an, so wird dieser aller $2^1/_2$ Schwingungen neu angeregt. Man erhält dann in dem Schwingungskreise einen fast kontinuierlichen Schwingungszug Abb. 14d. Durch Hintereinanderschaltung zweier solcher Stufen kann man die Frequenz auf das 125fache steigern. Man erhält dann eine Anordnung Abb. 15.

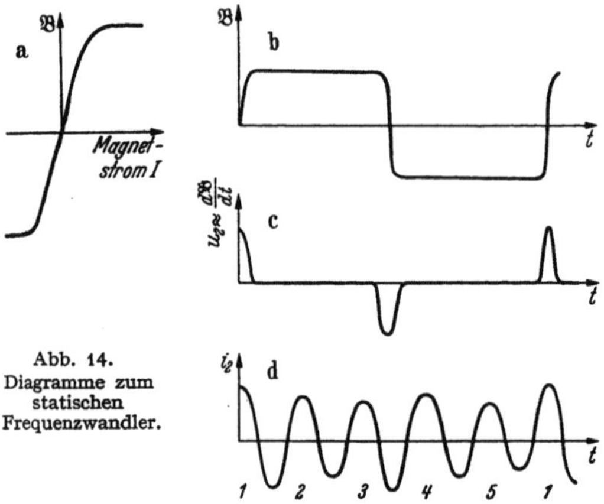

Abb. 14. Diagramme zum statischen Frequenzwandler.

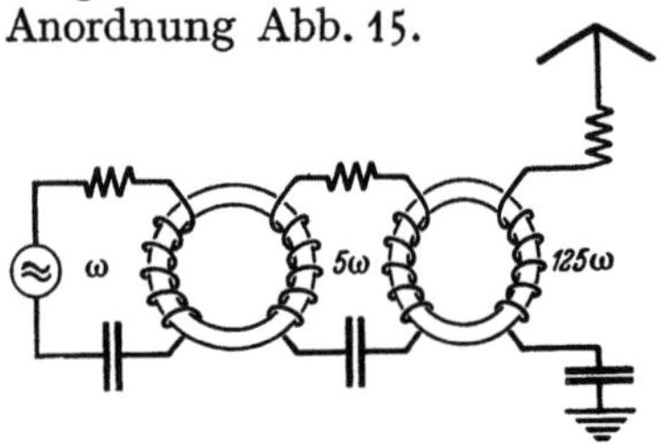

Abb. 15. Schaltung des statischen Frequenzwandlers.

Wenn die Tourenzahl der Maschine wieder 3000 ist (50 U/sec) und wenn 100 Polpaare verwendet werden, so erhält man eine Grundfrequenz von 5000 Hz, und eine Hochfrequenz von 625000 Hz, die einer Wellenlänge von 480 m entspricht.

8. Die Pungssche Modulationsdrossel. Während zur Modulation der kontinuierlichen Schwingungen ein Mikrophon nur zu brauchen ist, solange es sich um kleine Energien handelt, benutzte Pungs zur Steuerung großer Leistungen ebenfalls eine eisengefüllte Drossel. Die Permeabilität dieser Drosseln hängt vom Grade der Sättigung ab. Ist die Drossel gesättigt, so ist die Permeabilität und mit ihr die Selbstinduktion klein, gleichzeitig sind auch die Hysteresisverluste gering. (Es ist gewissermaßen gar keine Ummagnetisierung da, die Induktivität und Hysteresisverluste hervorbringt.)

Ist die Vormagnetisierung gering, so wird eine Hysteresisschleife durchlaufen. Induktivität und Verluste treten auf. Ohne Vormagnetisierung durch den Mikrophonstrom verstimmte und dämpfte die Pungsdrossel den Antennenkreis. Die ausgestrahlte Leistung war gering.

Damit die Hochfrequenzströme keine Energie an den Mittelfrequenzkreis abgaben, wurden zwei Pungsdrosseln in Hintereinanderschaltung benutzt. Die Gleichstromkreise hatten dann solchen Wicklungssinn, daß sich die in ihnen induzierten Hochfrequenzspannungen aufhoben. Die Anordnung ist in Abb. 16 dargestellt.

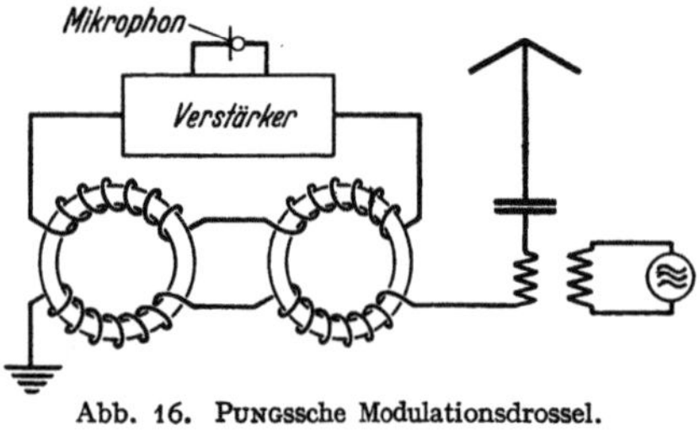

Abb. 16. Pungssche Modulationsdrossel.

9. Die Elektronenröhren. Im Kriege kam dann die Elektronenröhre auf, die den Röhrenverstärker, den Röhrensender und den Röhrengleichrichter ermöglichte. Sie hat heute alle die hier kurz beschriebenen älteren Methoden verdrängt.

Zusammenfassung.

Dieser historische Überblick zeigt uns die wesentlichen Gedanken und Bestandteile einer drahtlosen Verbindung.

1. Wir brauchen hochfrequente elektrische Schwingungen. Gleichströme oder langsam veränderliche Ströme und Spannungen sind unbrauchbar. Daher sind auf der Sendeseite folgende Bestandteile wesentlich: a) eine Hochfrequenzquelle und b) eine Antenne, welche die Wellen ausstrahlt.

2. Diese Hochfrequenzströme und die von ihnen erregten Wellen müssen mit der Nachricht beladen werden. Hierbei bedient man sich der aus der Drahtnachrichtentechnik bekannten Geräte: Morsetaste, Mikrophon evtl. in Verbindung mit einem Verstärker. Um mit den Mikrophonströmen die Hochfrequenzströme zu beeinflussen, sind besondere Geräte (Röhren, Pungsdrossel) nötig.

Diese Beladung der Ströme mit der Nachricht nennt man allgemein: „Modulation der Hochfrequenzströme".

3. Auf der Empfangsseite braucht man wieder eine Antenne, um die im Raume befindlichen hochfrequenten elektrischen Feldstärken „aufzufangen" und in hochfrequente Wechselströme in der Antenne zu verwandeln (Ausstrahlung und Einstrahlung).

4. Man könnte nun die Hochfrequenzströme direkt wahrnehmbar machen, z. B. mit einem Saitenelektrometer und photographischer Registrierung bei Telegraphie oder mit einem Kondensatormikrophon bei Telephonie. Man tut dieses aber nicht, sondern richtet die Hochfrequenzströme zunächst mit einem Detektor oder einer Röhre oder mit Hilfe der Überlagerung gleich. Man erhält dadurch wieder den Anschluß an die bekannten Aufnahmeapparate der Drahtnachrichtentechnik, an den Morseschreiber und das Telephon. Diese Gleichrichtung bezeichnet man auch als „Demodulation der Hochfrequenzströme".

Daß man diesen Umweg einer direkten Sichtbar- oder Hörbarmachung der Hochfrequenzströme vorzieht, hat nicht nur seinen Grund darin, daß man den Anschluß an die bereits ausgearbeiteten Geräte der Drahtnachrichtentechnik suchte, sondern namentlich daran, daß diese Geräte wesentlich empfindlicher waren als direkte Hochfrequenzanzeigegeräte. Und dieses wieder liegt daran, daß man für niederfrequente Ströme Geräte mit eisenkerngefüllten Spulen mit vielen Windungen verwenden kann, da Induktivitäten nicht so hohe Widerstände ergeben wie bei Hochfrequenz, und daß man auch Kapazitäten als unerwünschte Nebenschlüsse nicht zu fürchten braucht, da diese bei Niederfrequenz viel geringere Leitwerte ergeben als bei Hochfrequenz.

Erst durch die Einführung der Demodulatoren gelang die Aufnahme schwacher Wellen. Man nannte daher diese Geräte mit gutem Rechte „Detektoren", Entdecker der Wellen.

5. Die Resonanzkreise, die zum Aussieben der gewünschten Welle aus dem Wellengewirr im Äther dienen, sind gewiß sehr wichtig, aber nicht lebensnotwendig für eine drahtlose Verbindung.

Schema einer drahtlosen Nachrichtenübermittlung.

Bestandteile der Sendeseite:

Hochfrequenzstromquelle, Antenne als Mittel zur Verwandlung der Hochfrequenzströme in Wellen. Modulationsmittel im Anschluß an die Drahtnachrichtentechnik: Taste, Mikrophon.

Bestandteile der Empfangsseite:

Aufnahmeantenne als Mittel der Zurückverwandlung der Wellen in Hochfrequenzwechselströme, Demodulationsmittel (Detektor, Röhre) zur Herstellung niederfrequenter Ströme aus den Hochfrequenzströmen und Anschluß an die Geräte der Drahtnachrichtentechnik: Morseschreiber mit Relais, Telephon mit Niederfrequenzverstärker.

Dieser Überblick über die wesentlichen Bestandteile einer drahtlosen Verbindung möge dem Leser dazu dienen, jederzeit die Bedeutung der einzelnen im Buche behandelten Gegenstände für die Gesamtaufgabe der Nachrichtenübermittlung zu überblicken. Namentlich im zweiten Abschnitt, in dem der „Alleskönner" Elektronenröhre behandelt werden soll, wird dieser Überblick die Grundlage der Stoffeinteilung bilden.

Wenn wir die hier kurz dargestellte Entwicklung der drahtlosen Telegraphie überblicken, so erkennen wir, daß immer der Schwingungskreis eine hervorragende Rolle spielt. Wir werden also in erster Linie die Wechselströme im Schwingungskreise gründlich zu studieren haben. Ein zweites Kapitel soll dann der Elektronenröhre gewidmet sein, und ein drittes der Ausbreitung der Wellen von einer Antenne aus. Im Anfang dieses Kapitels soll auch die Fortpflanzung von elektrischen Wellen längs Drähten besprochen werden, die heute für Breitbandkabel immer wichtiger sind.

Für die drahtlose Telegraphie ist zweifellos die Wellenausbreitung das wichtigste. Sie ist ja, wie einleitend dargestellt, durch diese Wellenausbreitung überhaupt erst möglich geworden. Man könnte daher erwarten, daß die Darstellung in einem Buche über drahtlose Telegraphie auch mit dem Wichtigsten, über das der Leser ja auch zuerst orientiert sein möchte, begänne.

Statt dessen stelle ich den Schwingungskreis an den Anfang. Dies geschieht lediglich deswegen, weil der Schwingungskreis einfacher zu verstehen ist als die Wellenausbreitung. Diese Einfachheit beruht darauf, daß in jedem Querschnitte der Spulen und Widerstände des Schwingungskreises der Strom derselbe ist. Der Strom verhält sich also bezüglich seiner räumlichen Verteilung wie ein Gleichstrom oder ein stationärer Strom. Da die Strömung nun ja nicht ein Gleichstrom, sondern ein Wechselstrom ist, die sich nur hinsichtlich ihrer räumlichen Verteilung „so wie" ein Gleichstrom verhält, so nennt man diese Strömungsvorgänge „quasistationär".

Bei der Wellenausbreitung sind die Stromstärken hingegen nicht mehr räumlich konstant. Es sammeln sich an einzelnen Stellen Ladungen an, diese zeitlich veränderlichen Ladungen bilden dann Quellen der Ströme. Der Stromverlauf heißt jetzt „nichtstationär".

Das Vorhandensein dieser Quellen kompliziert die Rechnungen wesentlich, daher werden die nichtstationären Wellenausbreitungsvorgänge erst später behandelt.

Mathematisch kann man den Unterschied zwischen den stationären und quasistationären Strömungen und den nichtstationären durch folgende Gleichungen ausdrücken:

Bei wirklichen Gleichströmen gilt streng und bei quasistationären Strömen mit guter Annäherung die einfache Gleichung

$$\operatorname{div} i = 0,$$

während bei nichtstationären Strömungen die zeitliche Veränderung der Ladungsdichte nicht zu vernachlässigen ist und die komplizierte Gleichung

$$\operatorname{div} i = -\frac{\partial \varrho}{\partial t}$$

zu behandeln ist. Dementsprechend werden auch die Gleichungen für das elektrische Potential und das Vektorpotential zur Berechnung der Magnetfelder komplizierter. Für stationäre oder Gleichströme und quasistationäre Ströme gelten die Gleichungen

$$\varepsilon_0 \Delta \varphi = \varrho \quad \text{und} \quad \Delta \mathfrak{A} = i,$$

und zwar für Gleichströme exakt und für quasistationäre Ströme in guter Annäherung, während man für nichtstationäre Ströme die verwickelteren Gleichungen

$$\varDelta\varphi - \frac{1}{c^2}\,\frac{\partial^2\varphi}{\partial t^2} = \frac{\varrho}{\varepsilon_0}\,; \qquad \varDelta\mathfrak{A} - \frac{1}{c^2}\,\frac{\partial^2\varphi}{\partial t^2} = i$$

benutzen muß. Daß bei den stationären und quasistationären Strömen und Feldern die Glieder $\frac{\partial\varrho}{\partial t}$, $\frac{\partial^2\varphi}{\partial t^2}$, $\frac{\partial^2\mathfrak{A}}{\partial t^2}$ wegfallen oder vernachlässigt werden können, liegt daran, daß zeitliche Veränderungen entweder streng nicht vorhanden sind (stationäre Vorgänge) oder so langsam verlaufen (quasistationäre Vorgänge), daß man sie vernachlässigen kann.

Die Ableitung der hier angeführten Gleichungen für die nichtstationären Vorgänge finden sich im Abschnitt über die Wellenausbreitung, die für die stationären Vorgänge im Abschnitt über Elektrizitätslehre, S. 191 und 254.

Als Anhang sei ein Abschnitt über Vektorrechnung angefügt, ferner der schon mehrfach erwähnte Abschnitt über Elektrizitätslehre, und schließlich sei die elegante Methode des Rechnens mit komplexen Amplituden, die wir im Buche verwenden wollen, kurz erläutert und an einigen Übungsbeispielen eingeübt.

I. Der Schwingungskreis.

A. Der ungedämpfte Schwingungskreis.

Wir gehen von den Schwingungen des Federpendels, Abb. 17, aus. Wenn man es aus seiner Ruhelage auslenkt, wird die Feder gespannt. Die Feder liefert eine Kraft, welche das Pendel in die Ruhelage zurücktreibt. Sie wirkt nach rechts und nach links, je nach der Auslenkung. Eine solche *elastische* Kraft mit Vorzeichen*wechsel* beim Durchschreiten der Ruhelage ist ein notwendiger Bestandteil einer Apparatur, die Schwingungen ausführen soll. Der zweite Bestandteil ist die *Trägheit* des Pendelkörpers. Ohne eine solche Trägheit würde das Pendel der Wirkung der elastischen Kraft bis in die Ruhelage folgen und dort stehenbleiben. Die Trägheit des Pendelkörpers treibt es über die Ruhelage hinaus, spannt die Feder in entgegengesetztem Sinne, so daß die Bewegung von neuem beginnen kann. Messen wir die elastische Kraft einer Feder, so finden wir sie proportional zur Auslenkung x: $\mathfrak{K}_e = -px$ (Minuszeichen, da sie den Körper in die Ruhelage $x = 0$ zurückführt). Messen wir die Trägheitskraft der Pendelmasse, so finden wir nach dem Newtonschen Trägheitsgesetz für die der treibenden Kraft entgegengesetzte Reaktionskraft $\mathfrak{K}_r$, die von der trägen Masse m ausgeht,

Abb. 17. Federpendel.

$$\mathfrak{K}_r = -mx''.$$

Da sich das Pendel immer so bewegt, daß die Summe aller Kräfte, in unserem Falle Trägheitskraft und Federkraft gleich Null ist, erhalten wir als Bewegungsgleichung für die Pendelschwingung

$$\sum \mathfrak{K} = 0, \qquad \mathfrak{K}_r + \mathfrak{K}_e = 0, \qquad -mx'' - px = 0.$$

Alle Schwingungsgleichungen haben dieselbe Form. Stelle die Schwingungsgleichung für die Torsionsschwingung einer an einem Draht hängenden Scheibe: $\Theta\alpha'' + D\alpha = 0$ (Θ = Trägheitsmoment, D = Direktionskraft, α = Drehwinkel), für die Schwingung einer Wassersäule im U-Rohr: $\frac{\gamma}{g} l x'' + \gamma x = 0$; $\frac{l}{g} x'' + x = 0$; oder für das Uhrpendel: $\Theta\alpha'' + lG\alpha = 0$; oder für das mathematische Pendel: $\alpha'' + \frac{g}{l}\alpha = 0$ auf. Immer ist eine mit dem zweiten Differentialquotienten der schwingenden Größe multiplizierte „Trägheit" und eine mit der schwingenden Größe selbst multiplizierte „Federkonstante" in der Differentialgleichung zu finden.

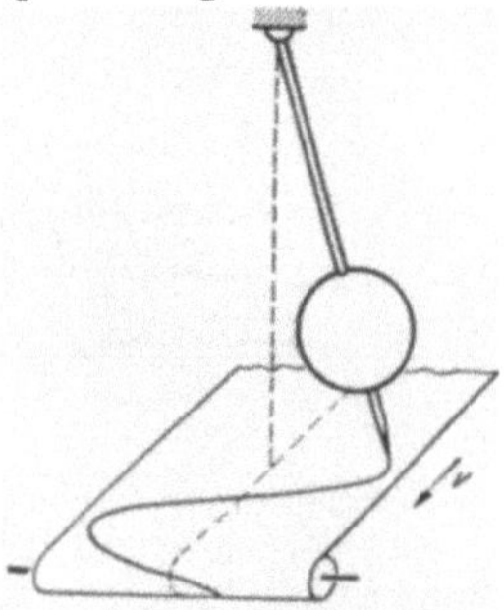
Abb. 18. Aufzeichnung der Sinuslinie mit einem Pendel.

Die Schwingungsbewegung in Abhängigkeit von der Zeit ist in Abb. 18 dargestellt. Man könnte sie experimentell aufnehmen, indem man an dem schwingenden Pendel einen Pinsel befestigt und diesen auf einem mit gleichmäßiger Geschwindigkeit laufenden Papier schreiben läßt. Die aufgenommene Kurve erinnert an eine Sinuskurve. Wir versuchen daher die Lösung unserer Differentialgleichung durch den Ansatz: $x = A\cos(\omega t + \psi)$. Wie man durch Einsetzen in die Bewegungsgleichung $mx'' + px = 0$ sieht, erfüllt dieser Ansatz die Differentialgleichung, wenn $\omega = \sqrt{p/m}$. A und ψ werden von der Differentialgleichung nicht bestimmt. Wir berechnen sie aus den Anfangsbedingungen:

$$x_{t=0} = x_0 = A\cos\psi\,; \qquad x'_{t=0} = v_0 = -\omega A \sin\psi$$

zu

$$A = \sqrt{x_0^2 + \frac{v_0^2}{\omega^2}}\,; \qquad \psi = -\operatorname{arctg}\frac{v_0}{\omega x_0},$$

so daß dann die Lösung

$$x = \sqrt{x_0^2 + \frac{v_0^2}{\omega^2}}\cos\left(\omega t - \operatorname{arctg}\frac{v_0}{\omega x_0}\right)$$

lautet.

Wenn wir nun eine elektrische Ladung schwingen lassen wollen, so müssen wir, da zu jeder Schwingung Trägheit und quasielastische Kraft gehört, die Elektrizität unter die Wirkung einer quasielastischen Kraft stellen und ihr Trägheit erteilen.

Die quasielastische Kraft liefert uns der Kondensator. Die Formel, welche Kondensatorspannung und Ladung verknüpft, $U_c = +\frac{Q}{C}$, gleicht formal $\mathfrak{K}_e = -px$. An Stelle der Kraft tritt formal die Spannung, an Stelle der Pendelauslenkung die Ladung, an Stelle der Federkonstante $1/C$.

Für das Trägheitsgesetz $\mathfrak{K}_r = -mx''$ muß eine Gleichung von der Form

$$U = -XQ''$$

treten. $-Q' =$ Strom i; $-Q'' = di/dt$. Wir suchen einen Vorgang, der eine Stromänderung mit einer Spannung verbindet, wir finden diesen im Induktionsvorgang in einer Spule. Für diesen gilt das Gesetz:

$$U_i = -L\frac{di}{dt},$$

$L =$ Induktivität der Spule. Schalten wir also Spule und Kondensator zu einem Kreis zusammen, so gilt für die Bewegung der Elektrizität in diesem Kreis nach der Kirchhoffschen Regel

$$\sum U = 0\,; \qquad U_i + U_c = 0$$

im geschlossenen Stromkreise

$$L\frac{d^2Q}{dt^2} + \frac{Q}{C} = 0.$$

Diese Schwingungsgleichung, die formal mit

$$m\frac{d^2x}{dt^2} + px = 0$$

übereinstimmt, ist mathematisch ebenso durch einen Ansatz

$$Q = Q_0\cos(\omega t + \psi)$$

zu lösen. Der Ansatz erfüllt die Gleichung, falls

$$\omega = \frac{1}{\sqrt{LC}} \qquad \left(\omega = \sqrt{\frac{p}{m}}\right)$$

gilt. Wir haben jetzt durch systematische Durchführung der mathematischen Analogie gefunden, daß es möglich sein muß, mit Hilfe des sog. Schwingungskreises, der aus Kapazität (Federkonstante) und Selbstinduktionsspule (Trägheit) zusammengeschaltet ist, die elektrische Ladung zum Pendeln zu bringen.

Da nun mathematische Deduktionen wohl überführen, aber meist nicht überzeugen, sei der wichtige Vorgang des Schwingens einer Ladung in einem aus L und C bestehenden Schwingungskreise noch einmal erläutert, indem wir den Verlauf eines bestimmten Experimentes verfolgen (Abb. 19):

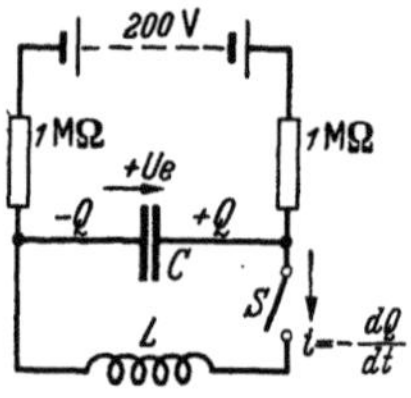

Abb. 19. Aufladen des Schwingungskreises mit elektrischer Energie.

Schalter S sei zunächst offen. Die Kapazität C sei über zwei Hochohmwiderstände, welche so hoch sind, daß sie den Schwingungsvorgang nicht stören, aufgeladen. Nun werde der Schalter S geschlossen. Es beginnt in L ein Strom zu fließen. Der Stromanstieg di/dt regelt sich nach dem Induktions- (Trägheits-) Gesetz: $di/dt = U/L$. Der Strom entlädt den Kondensator; somit sinkt U und di/dt. Ist der Kondensator leer ($Q = 0$, $U = 0$), so hört ein weiterer Anstieg des Stromes auf, i hat sein Maximum i_0 erreicht. Da zunächst keine den Strom bremsende Gegenkraft vorhanden ist, fließt er weiter und lädt den Kondensator entgegengesetzt auf. Mit wachsender Aufladung wird der Strom zunehmend abgebremst, bei einer bestimmten Ladung und Gegenspannung (die Rechnung zeigt, daß diese Gegenspannung gerade den Wert der Anfangsspannung hat, unsere qualitative Überlegung kann solche quantitative Angabe prinzipiell nicht geben) ist $i = 0$ geworden, der Kondensator umgeladen, und der Vorgang beginnt aufs neue.

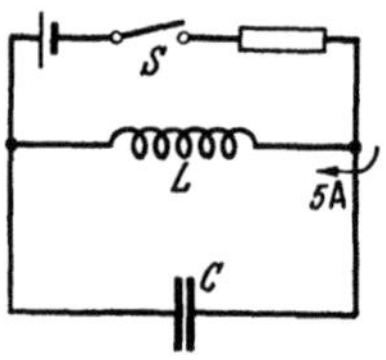

Abb. 20. Aufladen des Schwingungskreises mit magnetischer Energie.

Bemerkung: Statt den Kondensator mit elektrischer Energie zu laden, kann man auch die Spule mit magnetischer Energie laden (Abb. 20). Solange der Schalter S geschlossen ist, fließt in der Spule ein Gleichstrom. Da die Spule einen sehr geringen Widerstand hat, ist der Spannungsabfall Null und der Kondensator ungeladen. Nun wird der Schalter geöffnet. Der Strom fließt zunächst in der Spule weiter und da ihm der Weg über Schalter und Batterie verbaut ist, fließt er in den Kondensator. Dort erzeugt die Ladung eine Gegenspannung $U = Q/C$, bremst den Strom ab, und die Schwingungen erfolgen weiter wie oben. Auf diese Weise werden noch heute alle älteren Wellenmesser erregt.

B. Die gedämpfte Schwingung.

In praxi sind die Spulen nicht widerstandslos. Die Schwingungen behalten nicht ihre Amplitude bei, sondern klingen ab. In

$$\sum U = 0; \qquad U_i + U_c = 0$$

ist noch ein drittes Glied

$$U_R = iR = -R\frac{dQ}{dt}$$

aufzunehmen. Wir erhalten die Gleichung

$$LQ'' + RQ' + \frac{Q}{C} = 0.$$

Bevor wir die Lösung der Gleichung ausrechnen, wollen wir sie überlegen: Durch den Widerstand wird ein Teil der Energie des Kondensators in Wärme umgesetzt. Die Größe dieser verlorenen Energie und damit der Abnahme der Amplitude hängt von der vorhandenen Amplitude ab. Ist diese groß, so ist auch die Abnahme groß. Ist die Amplitude klein, so ist auch die Abnahme klein. Wir haben also nicht gleiche absolute Amplitudenabnahmen von Schwingung zu Schwingung zu erwarten, sondern gleiche prozentische Abnahmen (Abb. 21).

Die Amplitude wird nach einer Schwingung auf den $p$ten Teil, nach zwei Schwingungen auf den p^2ten, nach n-Schwingungen oder nach der Zeit $t = nT$ (T = Schwingungsdauer) auf den p^nten Teil oder — wir wollen hier die Abnahme der Amplitude nicht mit der Zahl der Schwingungen, sondern mit der Zeit wissen —, nach der Zeit t auf den $p^{t/T}$ten Teil abgenommen haben. Wir gelangen also zu dem Ansatz

$$Q = Q_0 p^{-\frac{t}{T}} \cos(\omega t + \psi).$$

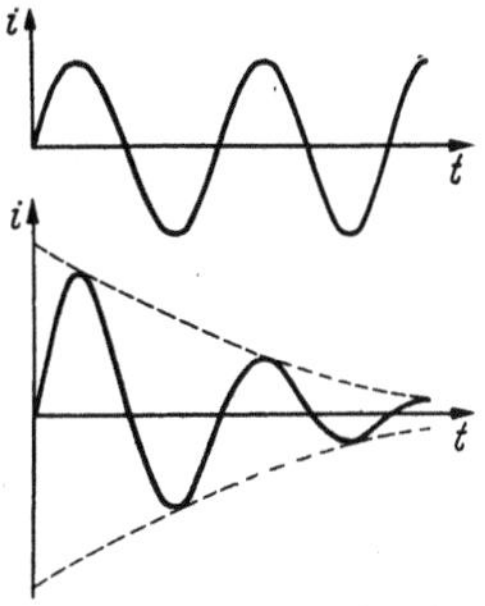

Abb. 21. Bild der gedämpften Schwingung.

Man verifiziere diesen Ansatz; die Verifikation ergibt, daß der Ansatz richtig ist, wenn

$$\omega = \sqrt{\frac{1}{LC} - \frac{R^2}{4L^2}} \quad \text{und} \quad \frac{1}{T}\ln p = +\frac{R}{2L}.$$

Anleitung zur Verifikation: Für $p^{-\frac{t}{T}}$ schreibe $e^{-\frac{\pi d \cdot t}{T}}$.

Letzteres läßt sich einfacher nach t differenzieren als $p^{-\frac{t}{T}}$. Für d erhält man dann $R/\omega L$. Man nennt d das Dämpfungsmaß. Unter Einführung dieses „Dämpfungsmaßes d" erhält unser Ansatz die Form:

$$Q = Q_0 e^{-\frac{\omega}{2} d t} \cos(\omega t + \psi).$$

$\frac{\omega}{2} d$ nennt man vielfach auch „Dämpfung $\mathfrak{d}$". Sie berechnet sich zu $\mathfrak{d} = \frac{R}{2L}$; der Ansatz lautet

$$Q = Q_0 e^{-\mathfrak{d} t} \cos(\omega t + \psi); \qquad \mathfrak{d} = \ln \frac{Q_0}{Q_{1\,\mathrm{sec}}}.$$

Q_0 ist die Amplitude am Anfang, $Q_{1\,\mathrm{sec}}$ am Ende von 1 sec.

Man kann für p auch $e^{+\vartheta}$ schreiben:

$$\vartheta = \ln \frac{Q_0}{Q_1}.$$

Q_0 und Q_1 sind zwei aufeinanderfolgende Maximalausschläge. ϑ heißt „logarithmisches Dekrement". Der Ansatz lautet dann:

$$Q = Q_0 e^{-\frac{\vartheta t}{T}} \cos(\omega t + \psi); \qquad \mathfrak{d} = \frac{R}{2L}; \qquad \vartheta = \frac{\mathfrak{d}}{\nu} = \frac{R}{2L\nu} = \pi \frac{R}{\omega L};$$

$$d = \frac{R}{\omega L} = \frac{\vartheta}{\pi} = \frac{\mathfrak{d}}{\pi \nu} = \frac{2\mathfrak{d}}{\omega}.$$

$\mathfrak{d}$ = Dämpfung; ϑ = Dekrement; d = Dämpfungsmaß.

Wesentlich eleganter ist der komplexe Ansatz

$$Q = \mathfrak{Q} e^{\gamma t}.$$

Setzt man ihn ein, findet man

$$\mathfrak{Q}\left(\gamma^2 L + \gamma R + \frac{1}{C}\right) e^{\gamma t} = 0; \quad \gamma^2 L + \gamma R + \frac{1}{C} = 0; \quad \gamma = -\frac{R}{2L} \pm \sqrt{\frac{1}{LC} - \frac{R^2}{4L^2}};$$

$$\gamma = -\mathfrak{d} \pm j\omega; \quad \mathfrak{d} = \frac{R}{2L}; \quad \omega = \sqrt{\omega_0^2 - \mathfrak{d}^2} \text{ mit } \omega_0 = \frac{1}{\sqrt{LC}} = \text{Resonanzfrequenz.}$$

Reeller Teil von $\mathfrak{Q} e^{\gamma t}$ ist wieder

$$Q = Q_0 e^{-\mathfrak{d} t} \cos(\omega t + \psi) \quad (\mathfrak{Q} = Q_0 e^{j\psi}).$$

Bestimmung von Q_0 und ψ aus den Grenzbedingungen.

a) Fall der Abb. 19: Zur Zeit $t=0$ ist $Q=Q_1$ und $i=\frac{dQ}{dt}=0$. Setzen wir in $Q=Q_0\cos(\omega t+\psi)\,e^{-\mathfrak{d}t}$ und $i=\frac{dQ}{dt}=Q_0 e^{-\mathfrak{d}t}(-\mathfrak{d}\cos(\omega t+\psi)-\omega\sin(\omega t+\psi))$ $t=0$ ein, so erhalten wir die beiden Gleichungen

$$Q_1=Q_0\cos\psi \quad \text{und} \quad 0=Q_0(\mathfrak{d}\cos\psi+\omega\sin\psi)\,^{*} \quad \text{mit den Lösungen}$$

$$\operatorname{tg}\psi=-\frac{\mathfrak{d}}{\omega} \quad \text{und} \quad Q_0=\frac{Q_1}{\cos\psi}=\frac{Q_1}{\cos\left(\operatorname{arc\,tg}\frac{-\mathfrak{d}}{\omega}\right)}=\frac{Q_1\sqrt{\mathfrak{d}^2+\omega^2}}{\omega}.$$

Komplexe Rechnung: $Q=\mathfrak{Q}\,e^{(-\mathfrak{d}+j\omega)t}$; $\mathfrak{J}=(-\mathfrak{d}+j\omega)\mathfrak{Q}$. $\mathfrak{Q}=Q_r+jQ_i$. $Q_1=\text{Reell}\,\mathfrak{Q}=Q_r$; $0=\text{Reell}\,(Q_r+jQ_i)(-\mathfrak{d}+j\omega)=-\mathfrak{d}Q_r-\omega Q_i$. $Q_i=-\frac{\mathfrak{d}}{\omega}Q_r$ $=-\frac{\mathfrak{d}}{\omega}Q_1$. $Q_0=\sqrt{Q_r^2+Q_i^2}=\frac{Q_1\sqrt{\mathfrak{d}^2+\omega^2}}{\omega}$ wie oben.

b) Fall der Abb. 20. Zur Zeit $t=0$ ist die Ladung $Q=0$ und der Strom $i=i_1$. Durch Einsetzen erhalten wir:

$$Q_1=0=Q_0\cos\psi^{**}. \quad \cos\psi=0 \quad \text{und} \quad i_1=\left(\frac{dQ}{dt}\right)_{t=0}=-Q_0(\mathfrak{d}\cos\psi+\omega\sin\psi);$$

$$Q_0=-\frac{i_1}{\omega}.$$

Komplexe Rechnung: $Q_1=Q_r=0$; $i_1=-\omega Q_i$; $Q_i=-\frac{i_1}{\omega}$; $Q_0=Q_i=-\frac{i_1}{\omega}$.

Zahlenbeispiel: Wir untersuchten die Schwingungskreise, weil wir hofften, mit ihnen die für die drahtlose Telegraphie nötigen hohen Frequenzen herstellen zu können. Ein Zahlenbeispiel soll uns die Dimensionierung eines Schwingungskreises für die 40 m-Welle zeigen. Wir hatten für

$$\lambda=40\,\text{m}, \quad \nu=0{,}75\cdot10^7\,\text{Hz}, \quad \omega=2\pi\cdot0{,}75\cdot10^7=4{,}71\cdot10^7/\text{sec}$$

gefunden. Wir wollen einen aus fünf Zwischenräumen von 1 mm, also sechs Platten von 10 cm² bestehenden Kondensator benutzen,

$$C=\frac{\varepsilon_0 nF}{a}=\frac{8{,}83\cdot10^{-14}\cdot5\cdot10}{0{,}1}\,\text{Farad}=44\cdot10^{-12}\,F=44\,pF^{***};$$

da $\omega^2=1/LC$, ist

$$L=\frac{1}{C\omega^2}=\frac{1}{44\cdot10^{-12}\cdot22{,}3\cdot10^{14}}=1{,}02\cdot10^{-5}\,\text{Henry}.$$

Rechnen wir die Selbstinduktion nach der einfachen Formel

$$L=\frac{\mu_0 F n^2}{l}$$

und wählen wir F zu 20 cm², l zu 5 cm, so erhalten wir

$$L=\frac{1{,}25\cdot10^{-8}\,20\,n^2}{5}=1{,}02\cdot10^{-5}; \quad n^2=203; \quad n\cong14.$$

Der berechnete Schwingungskreis würde für einen Empfänger oder kleinen Sender brauchbar sein. Für größere Sender, die mit höheren Spannungen und Strömen arbeiten, würde man vielleicht Kondensatorflächen und Plattenabstand, Spulenfläche und Länge je auf das 10fache vergrößern; L, C und somit ω bleiben dann erhalten.

---

* und ** Die zweite mögliche Lösung $Q_0=0$ wird durch die erste bzw. zweite Grenzbedingung ausgeschlossen.

*** Leser, die in der Ausführung von elektrotechnischen Rechnungen ungeübt sind, werden gebeten, den Abriß über Elektrizitätslehre im Anhang zu Hilfe zu nehmen.

Zusammenfassung.

1. Ein Schwingungskreis muß eine Kapazität und eine Induktivität enthalten. $U_e = -\frac{Q}{C} \to$ quasielastische Kraft; $U_i = -L\frac{d^2Q}{dt^2} \to$ Trägheit.

2. Wenn kein Widerstand vorhanden ist, entstehen *ungedämpfte* Schwingungen: $Q = Q_0 \cos(\omega t + \psi)$; $\omega = \frac{1}{\sqrt{LC}}$; Q_0 und ψ ist aus den Grenzbedingungen zu errechnen.

3. Wenn Widerstand vorhanden ist, entstehen gedämpfte Schwingungen:

$$Q = Q_0 e^{-\mathfrak{b}t} \cos(\omega t + \psi); \quad \mathfrak{b} = \frac{R}{2L}; \quad \omega = \sqrt{\omega_0^2 - \mathfrak{b}^2}; \quad \omega_0 = \frac{1}{\sqrt{LC}}.$$

$\mathfrak{b}$ heißt Dämpfung: $\mathfrak{b} = \ln\frac{Q_{t=0}}{Q_{t=1\,\text{sec}}}$; $\vartheta = \frac{\mathfrak{b}}{\nu}$ logarithmisches Dekrement $= \ln\frac{Q_0}{Q_1}$; $d =$ Dämpfungsmaß $= R/\omega L$.

4. Zwei in Wellenmessern übliche Erregungsarten für gedämpfte Schwingungen werden beschrieben.

5. Schwingungskreise für die hohen Frequenzen der drahtlosen Telegraphie lassen sich bequem herstellen.

C. Die Erregung ungedämpfter Schwingungen.

Allgemein bekannt sind aus dem Gebiete der Mechanik die Schwingungen des Kolbens in der Dampfmaschine. Der Einfachheit halber betrachten wir eine einfach wirkende Maschine. Der Dampf treibt den Kolben vor, der Kolben betätigt das Rad, das Rad den Steuerschieber und der läßt wieder im richtigen Moment den Dampf ein. Können wir diesen Mechanismus mit elektrischen Mitteln nachahmen? Da es sich um eine sehr rasche Steuerung handelt (Hochfrequenzschwingungen), liegt die Benutzung der trägheitslosen Röhre nahe[1]. Wenn wir die Schwingungen in einem Kreise unterhalten wollen, muß die Röhre eine den Strom in der Spule nach unten antreibende Kraft liefern, wenn der Strom nach unten läuft. Es ist das dieselbe Überlegung, die man bei einer Schaukel anstellt: Will man die Schwingungen der Schaukel aufrechterhalten, so muß man eine nach rechts gerichtete Kraft wirken lassen, wenn die Schaukel nach rechts fliegt (Abb. 22).

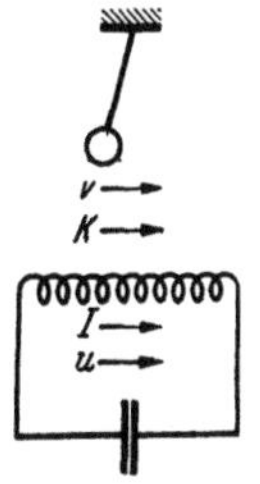

Abb. 22. Phase von v und k beim Pendel, $\mathfrak{J}$ und $\mathfrak{U}$ beim Schwingungskreis, wenn k bzw. $\mathfrak{U}$ die Schwingungen aufrechterhalten sollen.

Wir haben nun zwei Möglichkeiten, unsere Röhre, die ja wie eine Wechselstrommaschine arbeitet, einzubauen. Wir können sie direkt in den Kreis schalten oder über einen Transformator mit dem Kreise verbinden (Abb. 23). Wir erinnern uns, daß die Röhren hohe innere Widerstände haben. Ein direktes Einschalten ist daher ungünstig, da wir mit der Röhre auch ihren hohen Widerstand mit einschalten. Wir kommen somit zur Ankopplung über einen Transformator, der den Röhrenstrom herauf-, die Röhrenspannung heruntertransformiert (Abb. 24).

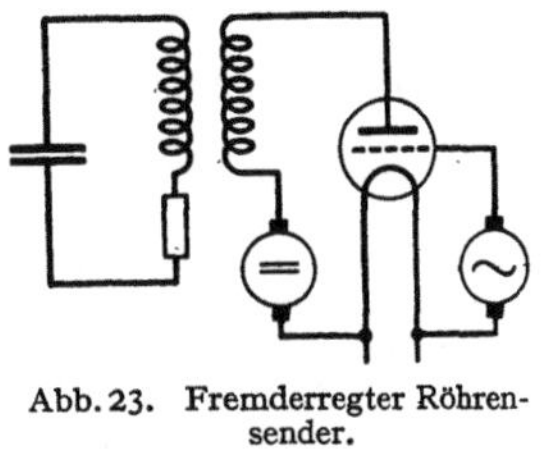

Abb. 23. Fremderregter Röhrensender.

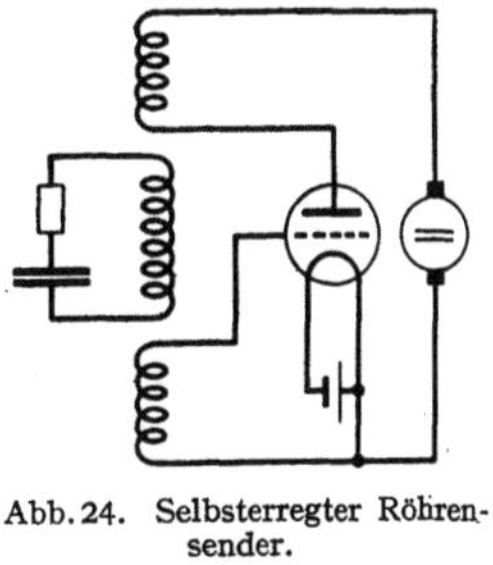

Abb. 24. Selbsterregter Röhrensender.

Phase des Anodenstromes zum Schwingstrom. Die in den Schwingungskreis herüberinduzierte Spannung $\left(u = L_{12}\frac{di_a}{dt}\right)$ eilt dem Anodenstrom um

[1] Man lese hier den Anfang des Abschnittes II, Elektronenröhren, S. 64, nach.

90° voraus. Wenn der Schwingungskreis auf Resonanz abgestimmt ist ($\omega \cdot L$ und $1/\omega C$ heben sich auf, R bleibt allein als Widerstand übrig), so ist der Strom im Schwingungskreis ($i = u/R$) in Phase mit u. Die vom Schwingungskreis in den Anodenkreis zurückinduzierte Spannung hat weitere 90° Phasenverschiebung $\left(u_{\text{rück}} = L_{12}\frac{di}{dt}\right)$. Sie hat somit gegen den Anodenstrom 180° Phasenverschiebung. Der angekoppelte Kreis wirkt somit bei Resonanzabstimmung wie ein ohmscher Widerstand im Anodenkreis der Röhre.

Herstellung der Gitterspannung. Wir haben nun die Aufgabe, einen Steuermechanismus zu erfinden, der einen Anodenstrom hervorbringt, der dem Strom im Schwingungskreise um 90° nacheilt. Denn das war ja die Phase eines Anodenstromes, der Energie in den Schwingungskreis liefert. Da der Anodenstrom wesentlich von der Gitterspannung abhängt, so müssen wir eine um 90° nacheilende Gitterspannung erzeugen. Das geschieht am einfachsten durch Kopplung einer zwischen Kathode und Gitter liegenden zweiten Spule mit dem Schwingungskreise (Abb. 24). Ihre Polung muß umgekehrt der Polung der ersten Spule sein. Anodenwechselspannung und Gitterwechselspannung werden dann immer entgegengesetztes Vorzeichen haben. Da diese Kopplungsspule die zum Steuern nötige Spannung aus dem Schwingungskreise wieder zurückführt, nennt man sie Rückkopplungsspule. Wir haben damit die MEISSNERsche Rückkopplungsschaltung abgeleitet und können uns nun zur Untersuchung der Schwingungskreise des „MEISSNERschen Röhrengenerators" bedienen.

Eine genauere Behandlung der Röhrengeneratoren wird später im Abschnitt II, Elektronenröhren, erfolgen.

D. Untersuchung der Resonanzerscheinungen.

1. Amplituden- und Phasenresonanzkurven, reelle Behandlung.

Einleitend bemerkten wir, daß wir die Resonanz eines Empfangsschwingungskreises zum Aussieben der zu empfangenden Welle aus dem Wellengewirr im Äther benutzen wollen. Wir haben daher die Frage der Anregung eines Schwingungskreises durch eine Wechsel-$\mathfrak{E}$ in Abhängigkeit von seiner Abstimmung zu studieren. Als Versuchsanordnung käme die der Abb. 25 in Frage:

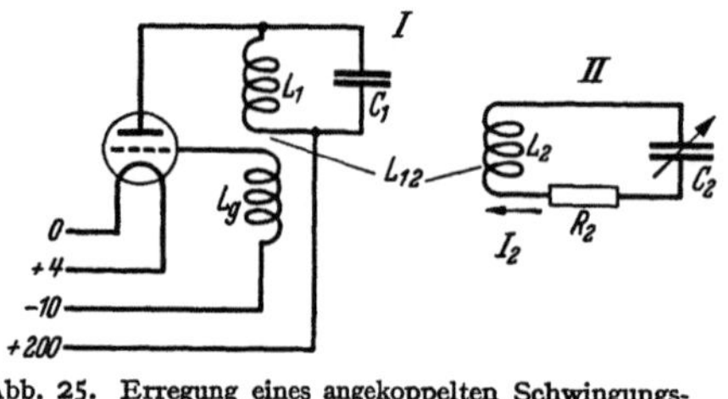

Abb. 25. Erregung eines angekoppelten Schwingungskreises mit dem Röhrensender.

Wir wollen annehmen, der Röhrengenerator liefere einen Wechselstrom fester Frequenz und Amplitude[1]. Dann wird in den Sekundärkreis eine feste Spannung $U_2 = L_{12}\frac{di_1}{dt}$ herüberinduziert. Wir können unsere Frage vereinfachen:

[1] 1. In Abb. 25 sind Anodenkreis- und Schwingkreisspule zu einer Spule vereinigt. Wir haben statt des Transformators zwischen Anodenkreis und Schwingkreis einen „Spartransformator" mit dem Übersetzungsverhältnis 1 : 1 benutzt.

2. Wenn die Kopplung zwischen dem Röhrengenerator und dem Meßkreis II fest ist, so wird die vom Meßkreise rückinduzierte Spannung den Röhrengenerator merklich stören: Bei Abstimmung sinkt die Amplitude des Röhrensenders infolge Energieentziehung. Bei Verstimmung ändert sich die Frequenz des Generators. Diese Verhältnisse werden später im Kapitel Ziehtheorie ausführlich besprochen werden. Wenn die Kopplung lose ist, so kann man die Rückwirkungen vernachlässigen. Auf alle Fälle schalte man in den Schwingungskreis des Generators ein Amperemeter ein und kontrolliere, ob sich die Wechselstromamplitude nicht ändert. Ferner stelle man einen Überlagerungsempfänger auf und stelle damit die Konstanz der Frequenz fest.

Welchen Strom i_2 erregt eine Spannung u_2 von konstanter Amplitude und Frequenz im Kreise II? Wie hängt dieser Strom von L, C, R ab? Nach dem KIRCHHOFFschen Satze: $\sum U = 0$ erhalten wir

$$L\frac{di}{dt} + Ri + \frac{\int_{t_0}^{t} i\,dt}{C} = u_2 = U_0 \cos\omega t - U_0 \cos\omega t_0\,^*.$$

Um auf diese Gleichung zu kommen, könnte man sich auch vorstellen, daß in den Kreis II eine widerstands- und selbstinduktionsfreie Wechselstrommaschine eingeschaltet wäre, wenn es eine solche Maschine gäbe.

Da in dem Kreise sich nach längerer Zeit ein Wechselstrom mit der Frequenz ω einstellen wird, benutzen wir den Ansatz:

$$i = I_0 \cos(\omega t + \psi)$$

und erhalten:

$$-L\omega I_0 \sin(\omega t + \psi) + RI_0 \cos(\omega t + \psi) + \frac{I_0}{\omega C}\sin(\omega t + \psi) = U_0 \cos\omega t.$$

Bevor wir rechnen, wollen wir uns die möglichen Lösungen physikalisch qualitativ anschauen. Man dreht bei jedem Radioapparat zunächst einmal am Drehkondensator. Wir wollen also auch damit beginnen, C zu verändern und L und R konstant zu halten. Ist $C = 0$, so kann kein Strom fließen. Ist C sehr klein, so wird ein kleiner Strom fließen, dieser erregt an L und R nur geringe Spannungen, an C die gegenüber den anderen Spannungen große Spannung $U_c = \frac{I_0 \sin(\omega t + \psi)}{\omega C}$. Wir können I_0 in guter Annäherung aus der Gleichung

$$\frac{I_0 \sin(\omega t + \psi)}{\omega C} = U_0 \cos\omega t$$

berechnen und finden

$$I_0 = \omega C U_0 \quad \text{und} \quad \psi = 90^\circ$$

voreilend. Bei weiterer Vergrößerung von C wächst I, der induktive Spannungsabfall, der 180° Phasenverschiebung gegen den kapazitiven hat, wächst und erreicht bei der Abstimmung

$$\omega L = \frac{1}{\omega C}$$

die Größe des kapazitiven Spannungsabfalles. Beide Blindspannungen heben sich auf. Der Strom berechnet sich aus

$$RI_0 \cos(\omega t + \psi) = U_0 \cos\omega t \quad \text{zu} \quad I_0 = \frac{U_0}{R} \quad \text{und} \quad \psi = 0.$$

Er hat sein Maximum erreicht. Vergrößere ich C weiter, sinkt der Strom und für $C = \infty$ (Kurzschluß) erhalten wir I aus

$$[-L\omega \sin(\omega t + \psi) + R\cos(\omega t + \psi)]\, I_0 = U_0 \cos\omega t.$$

---

* Das zeitlich konstante Glied $U_0 \cos\omega t_0$ und die ihm entsprechende Ladung Q_0 interessiert für Wechselstromvorgänge nicht und sei weiterhin weggelassen. Zur vollständigen Lösung der Differentialgleichung gehört außer dem $U_0 \cos\omega t_0$ noch die homogene Lösung

$$I_h e^{-\frac{R}{2L}t} \cos\left(\sqrt{\frac{1}{LC} - \frac{R^2}{4L^2}}\, t + \psi_1\right).$$

Die Integrationskonstanten I_h und ψ_1 sind aus den Anfangsbedingungen zu bestimmen. Wir nehmen an, daß dieses gedämpfte homogene Glied bereits abgeklungen sei.

Wenn $R \ll \omega L$, erhalten wir $I_0 = U_0/\omega L$; $\psi = 90°$ nacheilend. Es ist also das Diagramm 26 zu erwarten. Die Veränderung von L diskutiere der Leser selbst. Man erhält das Diagramm 27.

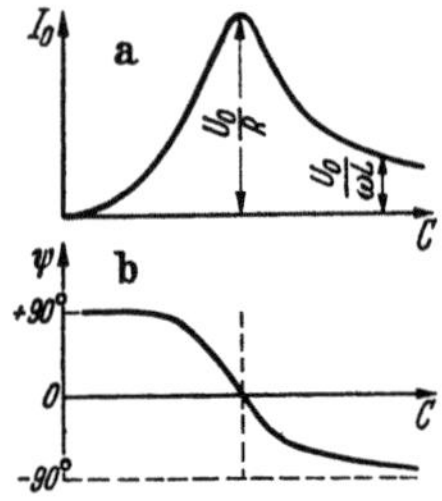

Abb. 26. a, b. Amplituden- und Phasenresonanzkurve bei Veränderung von C.

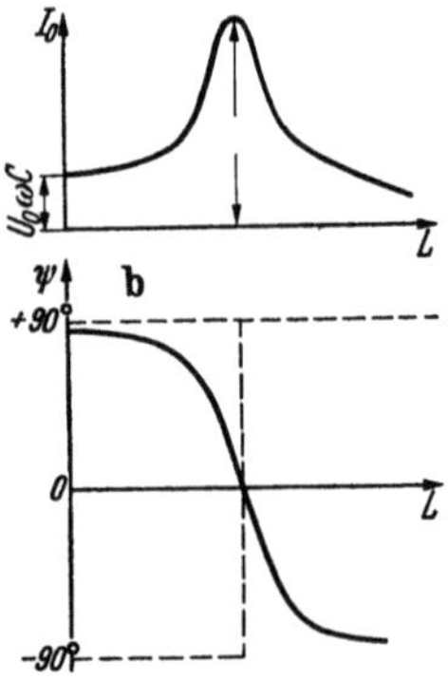

Abb. 27. a, b. Amplituden- und Phasenresonanzkurve bei Veränderung von L.

Nachdem wir jetzt qualitativ wissen, wie das Resultat der Rechnung aussieht, beginnen wir zu rechnen:

Wir zerspalten $\sin(\omega t + \psi)$ und $\cos(\omega t + \psi)$ nach den trigonometrischen Formeln in

$$\sin\omega t\cos\psi + \cos\omega t\sin\psi$$

bzw. $\cos\omega t\cos\psi - \sin\omega t\sin\psi$.

Wenn die Gleichung *dauernd*, d. h. für beliebige Wertepaare von $\cos\omega t$ und $\sin\omega t$ gelten soll, müssen die Faktoren von $\cos\omega t$ und $\sin\omega t$ einzeln gleich sein. Die Gleichung:

$$-L\omega I_0\sin\omega t\cos\psi - L\omega I_0\cos\omega t\sin\psi + RI_0\cos\omega t\cos\psi$$
$$-RI_0\sin\omega t\sin\psi + \frac{I_0}{\omega C}\sin\omega t\cos\psi + \frac{I_0}{\omega C}\cos\omega t\sin\psi = U_0\cos\omega t$$

zerfällt in die zwei Gleichungen:

$$1.\quad I_0\left(-\omega L\cos\psi - R\sin\psi + \frac{\cos\psi}{\omega C}\right) = 0$$

und

$$2.\quad I_0\left(-\omega L\sin\psi + R\cos\psi + \frac{\sin\psi}{\omega C}\right) = U_0.$$

Aus 1. folgt

$$\operatorname{tg}\psi = \frac{-\omega L + \frac{1}{\omega C}}{R};\qquad \sin\psi = \frac{-\omega L + \frac{1}{\omega C}}{\sqrt{\left(\omega L - \frac{1}{\omega C}\right)^2 + R^2}};\qquad \cos\psi = \frac{R}{\sqrt{\left(\omega L - \frac{1}{\omega C}\right)^2 + R^2}}.$$

Dies in 2. eingesetzt, ergibt:

$$I_0\frac{\left(\omega L - \frac{1}{\omega C}\right)^2 + R^2}{\sqrt{\left(\omega L - \frac{1}{\omega C}\right)^2 + R^2}} = U_0;\qquad I_0 = \frac{U_0}{\sqrt{\left(\omega L - \frac{1}{\omega C}\right)^2 + R^2}}.$$

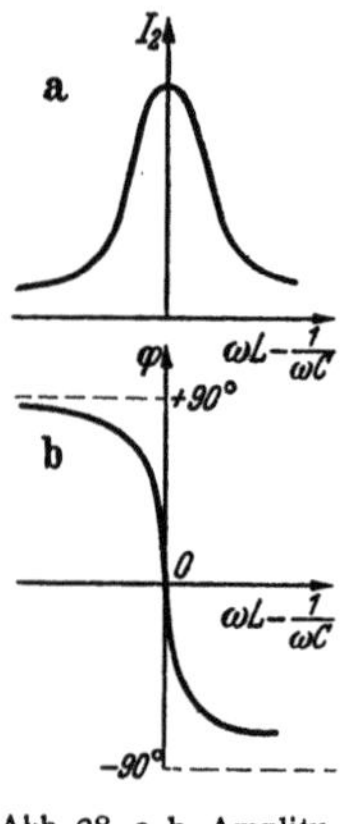

Abb. 28. a, b. Amplituden und Phase in Abhängigkeit von $\omega L - \frac{1}{\omega C}$.

Unsere Formel ergibt in der Tat für $\omega L = \frac{1}{\omega C}$ ein Maximum und für $L =$ konst. und $C = 0$, $C = \infty$ sowie für $C =$ konst. $L = 0$, $L = \infty$ die überlegten Grenzwerte. Die Formel führt uns darauf, als Abszisse statt L oder C besser $\left(\omega L - \frac{1}{\omega C}\right)$ aufzutragen, man erhält dann eine symmetrische Kurve (Abb. 28a und b).

2. Komplexe Behandlung.

Eleganter ist die komplexe Rechnung:

$$\mathfrak{U} = \left(j\omega L + R + \frac{1}{j\omega C}\right)\mathfrak{J};\qquad \mathfrak{J} = \frac{\mathfrak{U}}{j\omega L + R + \frac{1}{j\omega C}},$$

die komplexe Zahl $j\left(\omega L - \frac{1}{\omega C}\right) + R$ stellen wir in der Form $|\mathfrak{R}|\, e^{j\psi}$ dar mit

$$|\mathfrak{R}| = \sqrt{\left(\omega L - \frac{1}{\omega C}\right)^2 + R^2}$$

und

$$\psi = \operatorname{arctg} \frac{\omega L - \frac{1}{\omega C}}{R},$$

wie aus Abb. 29 abzulesen, und erhalten

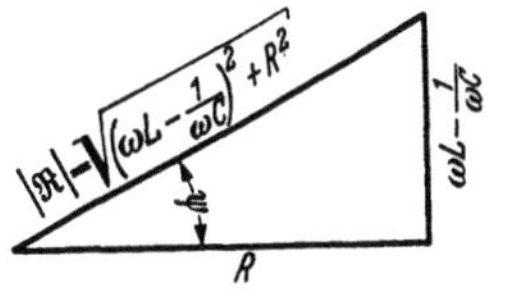

Abb. 29. Zusammenhang von reellem und imaginärem Teil, Amplitude (Betrag) und Phase.

$$\mathfrak{J} = \frac{\mathfrak{U}\, e^{-j \operatorname{arctg} \frac{\omega L - \frac{1}{\omega C}}{R}}}{\sqrt{\left(\omega L - \frac{1}{\omega C}\right)^2 + R^2}}$$

ohne alle Rechnung.

$\omega L - \frac{1}{\omega C}$ können wir auch durch Veränderung von ω variieren, indem wir am Kondensator unseres Röhrensenders drehen. Wir sorgen dabei wieder dafür, daß I_1 konstant bleibt oder, was auf dasselbe herauskommt, wir tragen statt I_2 I_2/I_1 als Ordinate auf. Wir finden, daß dann das Maximum *nicht* mehr bei $\omega L - \frac{1}{\omega C} = 0$ liegt. Dieses Resultat liefert auch die Rechnung, wenn wir unser Experiment *genau* durch die Formel beschreiben; diese lautet:

$$L_{12} \frac{d i_1}{d t} = U_2 = L_2 \frac{d i_2}{d t} + i_2 R_2 + \frac{\int i_2\, dt}{C_2}.$$

Wir rechnen der Einfachheit halber von vornherein komplex und erhalten:

$$\mathfrak{J}_1 j \omega L_{12} = \mathfrak{J}_2\left(j \omega L_2 + R_2 + \frac{1}{j \omega C_2}\right); \qquad |\mathfrak{J}_2| = \frac{|\mathfrak{J}_1|\, \omega L_{12}}{\left| j \omega L_2 + R_2 + \frac{1}{j \omega C_2} \right|}.$$

Wir finden das Maximum von $\mathfrak{J}_2$, wenn

$$\frac{\left| j \omega L_2 + R_2 + \frac{1}{j \omega C_2} \right|}{\omega L_{12}}$$

ein Minimum hat, aus

$$\frac{\partial}{\partial \omega} \left| j L_2 + \frac{R_2}{\omega} + \frac{1}{j \omega^2 C_2} \right| = 0$$

bei einem $\omega_{\max}$, das sich aus

$$\frac{\partial}{\partial \omega} \sqrt{\frac{R_2^2}{\omega^2} + \left(L_2 - \frac{1}{\omega^2 C_2}\right)^2} = 0$$

oder

$$-\frac{2 R_2^2}{\omega^3} + 2\left(L_2 - \frac{1}{\omega^2 C_2}\right)\left(\frac{+2}{\omega^3 C_2}\right) = 0$$

zu $\omega^2 = \frac{1}{L_2 C_2} \frac{1}{\left(1 - \frac{C_2}{L_2} \frac{R_2^2}{2}\right)}$ berechnet. Die günstigste Frequenz liegt also etwas höher als $\omega_0^2 = \frac{1}{L_2 C_2}$. Für die Lösung $\omega = \infty$ erhalten wir ein Minimum.

Der Grund für die Abweichung liegt darin, daß jetzt $\mathfrak{J}_1$, aber nicht $\mathfrak{U}_2$ konstant ist. Würde man $\mathfrak{U}_2$ konstant gehalten haben bzw. $I_2/\omega I_1$ aufgetragen haben, so hätte man wieder das Maximum bei $\omega L - \frac{1}{\omega C} = 0$ gefunden.

Eine *gefährliche* anschauliche Deutung der Bedingung für die Abstimmung auf größten Sekundärstrom $\omega L = 1/\omega C$ sei hier erwähnt. Man vermutet, daß ein Pendel dann am besten schwingt, wenn man es in der Frequenz anstößt, in der es seine freien Eigenschwingungen ausführt. Diese Frequenz hatten wir zu

$$\omega_e = \sqrt{\frac{1}{LC} - \frac{R^2}{4L^2}} \quad \text{(Index } e\text{: Eigenschwingung)}$$

berechnet. Diese Frequenz der freien Schwingung stimmt *nicht* mit der „Resonanzfrequenz“ (bei der maximaler Strom auftritt) überein:

$$\omega_r = \frac{1}{\sqrt{LC}} \neq \omega_e \quad \text{(Index } r\text{: Resonanzschwingung)},$$

$$\omega_e^2 = \omega_r^2 - \mathfrak{d}^2.$$

Die Vorgänge bei beiden Schwingungen sind prinzipiell verschieden. Bei der freien Schwingung wird der Spannungsabfall über den Widerstand R_i von der Differenz $L\frac{di}{dt} + \frac{\int i\,dt}{C}$ geliefert. Das Vorhandensein einer solchen Differenz ist wesentlich, während bei der Resonanz der Spannungsbedarf ein Minimum sein soll. Dieses wird erreicht, wenn sich $L\frac{di}{dt}$ und $\frac{\int i\,dt}{C}$ genau aufheben. Bei kontinuierlichen Schwingungen kann man die beiden Blindspannungen $L\frac{di}{dt}$ und $\frac{\int i\,dt}{C}$ nie mit iR in Phase bringen und zum Aufheben der Blindspannungen benutzen. Bei abklingenden Schwingungen sind $L\frac{di}{dt}$ und $\frac{\int i\,dt}{C}$ keine Blindspannungen, sondern vermögen Energie in den Widerstand zu liefern.

Der Leser zeichne sich U_C, U_L, U_R und i als $f(t)$ für eine abklingende Schwingung auf und berechne die Leistungen: $u_C \cdot i$, $u_L \cdot i$, $u_R \cdot i$ als $f(t)$. Der Leser zeichne sich ebenfalls für eine Abstimmung außerhalb der Resonanz und für Resonanz u_C, u_L, u_R, u, i als $f(t)$ auf und untersuche den Übergang der Energie aus dem Wechselstromgenerator in L, C und R!

Leider fällt für den *gedachten* Fall der Dämpfungsfreiheit ω_e und ω_r zusammen: Das Betrachten eines Falles, den es physikalisch nicht gibt, hat zu dem Satze verführt: Die „Resonanzfrequenz“ gleicht der „Eigenfrequenz“, wobei man dann bei dem Worte „*Eigen*frequenz“ an die Frequenz der freien Schwingung zu denken verführt ist.

3. Darstellung durch Vektoren.

Es sei hier auf die im Abschnitt über das komplexe Rechnen besprochene Darstellung von schwingenden Größen durch Vektoren, auf die Kreisdiagramme und die Konstruktion der Resonanzkurven hingewiesen.

Deutung von $\omega L - \frac{1}{\omega C}$ *als* $2L\delta\omega$ *für kleine Verstimmungen.*

Wir wollen die Resonanzfrequenz $\omega_r = \frac{1}{\sqrt{LC}}$ einführen und formen daher um:

$$\omega L - \frac{1}{\omega C} = \omega L\left(1 - \frac{1}{\omega^2 LC}\right) = \omega L\left(1 - \frac{\omega_r^2}{\omega^2}\right) = \frac{L(\omega^2 - \omega_r^2)}{\omega}$$

$$= \frac{L(\omega + \omega_r)(\omega - \omega_r)}{\omega} \cong 2L(\omega - \omega_r) = 2L\,\delta\omega\,.$$

Wir nennen $\omega - \omega_r = \delta\omega$ die Verstimmung und schreiben 2ω für

$$\omega + \omega_r \qquad (\omega + \omega_r = 2\omega - \delta\omega \cong 2\,\omega)\,,$$

indem wir $\delta\omega$ neben 2ω vernachlässigen. Dann erhalten wir $\omega L - \frac{1}{\omega C} \cong 2L\delta\omega$. Wir erinnern uns, daß die Dämpfung $\mathfrak{d}$ durch $R/2L$ definiert war. Führen wir

$\mathfrak{d}$ und $\delta\omega$ in die Formel für die Resonanzkurve ein, so erhalten wir aus unserer Gleichung

$$\mathfrak{J} = \frac{\mathfrak{U}}{j\omega L + \frac{1}{j\omega C} + R}$$

die angenäherte Lösung:

$$\mathfrak{J} = \frac{\mathfrak{U}}{2L(j\delta\omega + \mathfrak{d})}; \qquad |\mathfrak{J}|^2 = \frac{\mathfrak{U}^2}{4L^2(\delta\omega^2 + \mathfrak{d}^2)}.$$

Für die Resonanz gilt:

$$|\mathfrak{J}_r|^2 = \frac{\mathfrak{U}^2}{4L^2\mathfrak{d}^2},$$

so daß wir

$$\frac{|\mathfrak{J}|^2}{|\mathfrak{J}_r|^2} = \frac{1}{1 + \left(\frac{\delta\omega}{\mathfrak{d}}\right)^2} \cong 1 - \left(\frac{\delta\omega}{\mathfrak{d}}\right)^2,$$

also eine Parabel als Form der Resonanzkurven„spitze" erhalten. Die Resonanzkurve wird um so spitzer, je kleiner die Dämpfung ist.

4. Benutzung des Schwingungskreises als Wellenmesser.

Man baue sich einen Drehkondensator und eine Spule, berechne C nach $C = \varepsilon_0 \frac{F}{d}$, L nach $L = \mu_0 n^2 \frac{F}{l}$ und schalte sie mit einem Anzeigeinstrument, z. B. Hitzdrahtinstrument, zu einem Kreise zusammen. Dann hat man einen Apparat, mit dem man Frequenzen oder Wellenlängen messen kann.

1. Aufgabe: Messung der Frequenz eines Wechselstromes, der z. B. von einem Röhrensender geliefert wird: Man stelle den Drehkondensator des Wellenmessers auf maximales $\mathfrak{J}_2$ ein, dann ist $\omega = \frac{1}{\sqrt{LC}}$. Da L und C bekannt, kann man ω berechnen. Für genaue Messungen sind die Formeln für L und C zu ungenau.

a) Verbesserung der Formeln für C und *L*.

Die oben benutzte einfache Formel für den Kondensator war abgeleitet unter der Annahme, daß die elektrischen Kraftlinien bis zum Kondensatorrand gleiche Dichte haben, dann aber plötzlich aufhören (Abb. 30a). In Wirklichkeit ist das

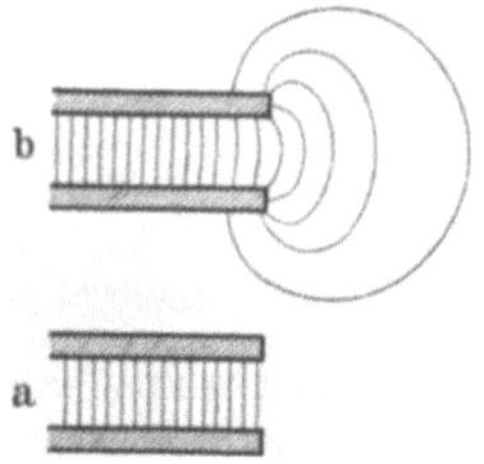

Abb. 30. Vereinfachtes und wirkliches Kondensatorfeld am Plattenrande.

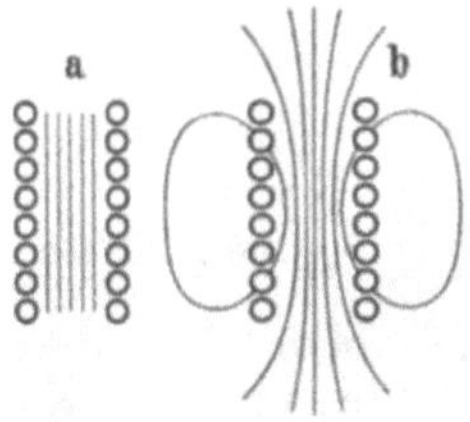

Abb. 31. Vereinfachtes und wirkliches Spulenfeld.

Feld am Rande durch Abb. 30b darzustellen. Berücksichtigt man die „Streukraftlinien" mit, so erhält man die genauere Formel

$$C = \frac{\varepsilon_0 \pi r^2}{d} + r\varepsilon_0 \left[\ln \frac{16\pi(d+b)r}{d^2} + \frac{b}{d}\ln\frac{d+b}{b} + 1\right].$$

r = Radius, d = Plattenabstand, b = Plattendicke.

Formel für L. Die einfache Formel war für den Idealfall Abb. 31a abgeleitet; die Berücksichtigung der Streukraftlinien ergibt für eine kurze, weite einlagige Spule

$$L = \mu_0 r\left\{n(n-1)\left(\ln\frac{8r}{d} - 2\right) + n\left(\ln\frac{8r}{r_0} - \frac{7}{4}\right) - 2\ln(1!\,2!\,3!\,\ldots(n-1)!)\right\}.$$

r = Spulenradius, d = Abstand der Mittelpunkte zweier benachbarter Drahtquerschnitte, r_0 = Drahtradius.

Am genauesten ist ein Normalkondensator zu bauen. Seine Fläche ist sehr leicht auf Bruchteile eines $^0/_{00}$ genau zu messen. Der Plattenabstand ist durch kleine, auf Lichtwellenlängen genau geschliffene Glaszylinderchen herzustellen. Am schwierigsten ist es, die Flächen der beiden Metallscheiben hinreichend eben und durchbiegungsfrei zu erhalten. Den zu benutzenden Drehkondensator eicht man dann in der WHEATSTONEschen Brücke mit dem Normalkondensator.

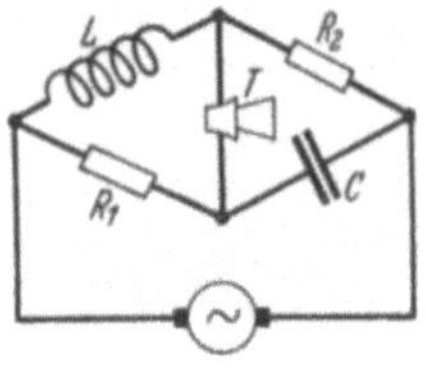

Abb. 32. Vergleich von L und C in der Brücke.

Auch die Spulen gleicht man in der Brücke mit dem Normalkondensator ab (Abb. 32). Die Brückenbeziehung

$$\frac{j\omega L_x}{R_1} = \frac{R_2}{\frac{1}{j\omega C_N}} \; *$$

liefert

$$L_x = C_N R_1 R_2 .$$

Dimensionskontrolle: $1 \text{ Farad} \cdot 1 \text{ Ohm}^2 = \frac{1 \text{ Coulomb}}{\text{Volt}} \cdot \frac{1 \text{ Volt}^2}{1 \text{ Amp}^2} = \frac{1 \text{ Volt}}{1 \text{ Amp/sec}}$ $= 1$ Henry. Man kann auch die Induktivitäten gegen die SIEMENSschen Normalinduktivitäten abgleichen.

Diese sehr häufig im Laboratorium vorkommende Messung sei hier beschrieben: Bei genauen Messungen muß darauf Rücksicht genommen werden, daß

a) die Spulen auch einen ohmschen Widerstand haben,

b) daß der Brückendraht auch Induktivität besitzt,

c) daß Erdkapazitäten vorhanden sind.

Zu a). Man führt eine Doppeleinstellung aus, indem man den Schleifkontakt C und den Widerstand R_N solange verändert, bis das Telephon schweigt.

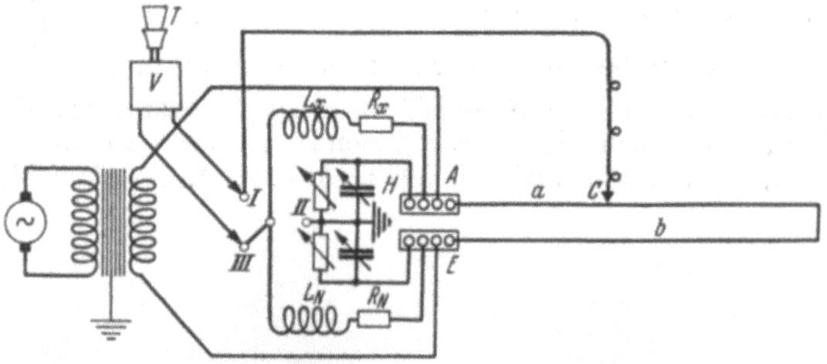

Abb. 33. WAGNERsche Doppelbrücke mit Ausgleich der Erdkapazitäten.

Zu b). Man bildet den Brückendraht als Lechersystem aus, so daß zwischen seinen Enden und dem Kontakt Widerstände und Selbstinduktionen liegen, die *beide* im Verhältnis $a:b$ stehen (Abb. 33).

Zu c). Erdkapazitäten hat im wesentlichen das über einen Verstärker V betriebene Telephon T und die Wechselstrommaschine. Um diese unschädlich zu machen, legt man den Schleifkontakt C durch Einstellen der Hilfsbrücke H an Erde. Zu diesem Zwecke schaltet man den Verstärker mit Lautsprecher auf die Buchsen I, II und reguliert die Hilfsbrücke so, daß T schweigt. A und E (Anfang und Ende) des Brückendrahtes haben dann zwei Spannungen gegen Erde, die im Verhältnis $a:b$ stehen und gleichphasig sind. Schaltet man wie in Abb. 33, so liegt C und damit der Verstärker wieder genau auf Erdpotential, wenn T schweigt. Über etwa vorhandene Erdkapazitäten können dann keine störenden Ströme laufen.

* Ableitung siehe Anhang: Komplexes Rechnen.

b) Kontrolle des Wellenmessers durch Beobachtung der Schwebungen.

Vorbemerkung über Gleichrichtung bei Röhren. Wir sehen, daß die Röhre eine krumme Kennlinie hat. Wird einer Gittergleichspannung eine Wechselspannung überlagert, so liefert die Röhre nicht nur einen zusätzlichen Wechselstrom, sondern es verändert sich auch der Mittelwert des Gleichstromes, siehe Abb. 34. Die Veränderung $\delta \bar{i}$ des Gleichstromes heißt „Gleichrichtereffekt".

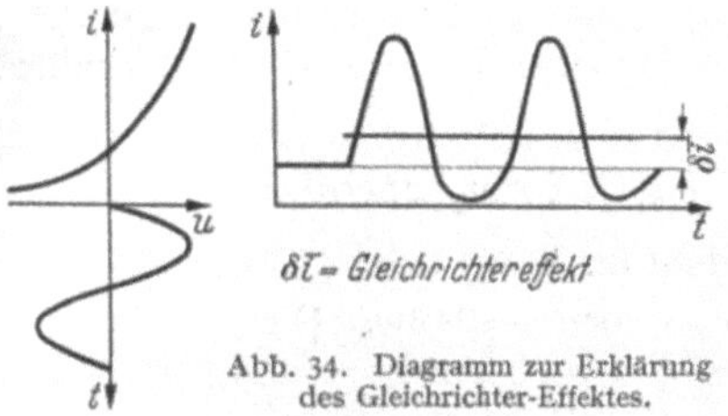

Abb. 34. Diagramm zur Erklärung des Gleichrichter-Effektes.

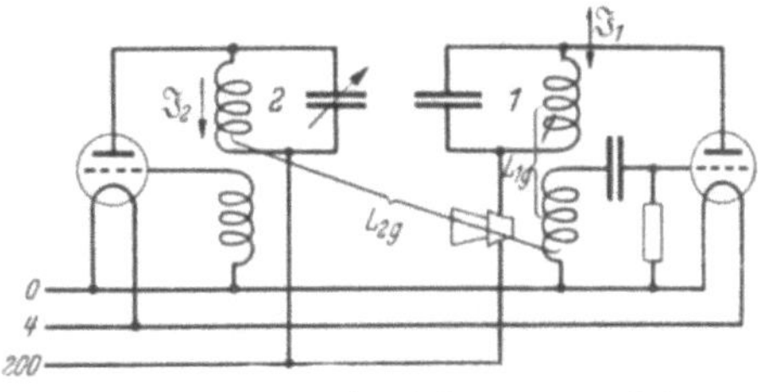

Abb. 35. Zur Kontrolle des Wellenmessers nach der Schwebungsmethode.

Werden nun zwei Röhrengeneratoren (Abb. 35) miteinander gekoppelt, so liegt am Gitter des Generators *1* eine Spannung:

$$u_g = L_{1g} \frac{d i_1}{dt} + L_{2g} \frac{d i_2}{dt},$$

$$u_g = \omega_1 L_{1g} I_1 \cos\omega_1 t + \omega_2 L_{2g} I_2 \cos\omega_2 t = A \cos\omega_1 t + B \cos\omega_2 t.$$

Dies können wir umformen zu

$$(A - B) \cos\omega_1 t + 2B\left(\cos\frac{\omega_1 + \omega_2}{2} t \cdot \cos\frac{\omega_1 - \omega_2}{2} t\right).$$

Haben die beiden Hochfrequenzen ω_1 und ω_2 nur eine kleine Differenz von Tonfrequenzhöhe, so wird der Gleichrichtereffekt tonfrequent schwanken und diese Schwankung, die sog. „Schwebung", in einem Telephon hörbar sein. Mit Hilfe dieses akustischen Schwebungstones, den man ja leicht auf 10 Schwingungen pro sec durch Abhören mit einer Stimmgabel vergleichen kann, kann man die Frequenzdifferenz zweier Sender prozentisch sehr genau messen. Bei $\lambda = 300$ m; $f = 10^6$ Hz sind $\Delta f = 10$ Hz eine Genauigkeit von $\frac{1}{100}$ ‰! zu erzielen.

Derartige Schwebungen erhält man auch, wenn die Frequenzen nahezu im Verhältnis 1 : 2, 1 : 3, 2 : 3 usw. stehen.

Bei der Behandlung von Gleichrichteraufgaben nähert man gewöhnlich die Kennlinie durch eine Parabel an:

$$i_a = i_{a_0} + a_1 u_g + a_2 u_g^2.$$

Fallen zwei Wechselspannungen verschiedener Frequenz auf das Gitter

$$u_g = U_{g_1} \cos\omega_1 t + U_{g_2} \cos\omega_2 t,$$

so erhält man

$$i_a = \underset{(1)}{i_{a_0}} + a_1 (U_{g_1} \cos\omega_1 t + \underset{(2)}{U_{g_2}} \cos\omega_2 t)$$

$$+ a_2 [\underset{(3)}{U_{g_1}^2 \cos^2\omega_1 t} + \underset{(4)}{U_{g_2}^2 \cos^2\omega_2 t} + \underset{(5)}{2 U_{g_1} U_{g_2} \cos\omega_1 t \cos\omega_2 t}].$$

Das dritte und vierte Glied gibt eine Erhöhung des Anodenstromes um

$$a_2 \frac{U_{g_1}^2}{2} \quad \text{bzw.} \quad a_2 \frac{U_{g_2}^2}{2},$$

denn

$$\cos^2\alpha = \frac{1 + \cos 2\alpha}{2}.$$

Das fünfte Glied ist zu

$$a_2 U_{g_1} U_{g_2} (\cos(\omega_1 + \omega_2) t + \cos(\omega_1 - \omega_2) t)$$

umzuformen. Sind ω_1 und ω_2 nur um die niedrige Frequenz $\delta\omega = \omega_1 - \omega_2$ verschieden, entsteht die niederfrequente Anodenstromschwebung

$$a_2 U_{g_1} U_{g_2} \cos(\omega_1 - \omega_2) t .$$

Eine Schwebung zwischen zwei Frequenzen, die z. B. im Verhältnis 1 : 2 stehen, ist mit einer rein parabolischen Kennlinie nicht zu erhalten. Setzen wir die Reihenentwicklung für die Anodenstromkennlinie fort mit dem Gliede $a_3 u_g^3$, so können wir eine Schwebung zwischen ω_1 und $\omega_2 = 2\omega_1 + \delta\omega$ erhalten. u_g^3 enthält Glieder, die

$$U_{g_1} U_{g_2}^2 \cos\omega_1 t \cos^2\omega_2 t \,* \quad \text{und} \quad U_{g_2} U_{g_1}^2 \cos\omega_2 t \cos^2\omega_1 t$$

proportional sind. Wir formen nur das erste um.

$$U_{g_1} U_{g_2}^2 \cos\omega_1 t \cos^2\omega_2 t = U_{g_1} U_{g_2}^2 \frac{\cos\omega_1 t (\cos 2\omega_2 t + 1)}{2} .$$

Dieses Glied enthält:

$$U_{g_1} U_{g_2}^2 \frac{\cos\omega_1 t \cos 2\omega_2 t}{2}$$

und das enthält wieder

$$\frac{U_{g_1} U_{g_2}^2}{4} \cos(\omega_1 - 2\omega_2) t .$$

Wird also $\omega_1 = 2\omega_2 + \delta\omega$, so enthält der Anodenstrom einen Schwebungsanteil

$$\frac{3 a_3}{4} U_{g_1} U_{g_2}^2 \cos\delta\omega t .$$

Dieser Beweis läßt sich verallgemeinern.

Hat in der Reihenentwicklung für i_a der Koeffizient a_{n+m} noch einen merklichen Wert, so treten Glieder auf, die

$$U_{g_1}^n U_{g_2}^m \cos^n\omega_1 t \cos^m\omega_2 t$$

proportional sind.

$\cos^m\omega_2 t$ enthält ein $\cos m\omega_2 t$, $\cos^n\omega_1 t$ ein $\cos n\omega_1 t$ proportionales Glied. Aus dem Produkte $\cos m\omega_2 t \cos n\omega_1 t$ entsteht u. a. ein Glied $\cos(m\omega_2 - n\omega_1) t$. Wir erhalten eine Schwebung, wenn $m\omega_2 - n\omega_1 = \delta\omega$, oder rechts und links der Stelle $\omega_2/\omega_1 = n/m$.

Auf diese Weise kann man eine Reihe von Frequenzen, deren Verhältnis genau bekannt ist, herstellen und so das Arbeiten des Wellenmessers kontrollieren. Insbesondere muß diese Kontrolle ergeben: Wenn die Frequenzen im Verhältnis $n_1 : n_2 : n_3 : \ldots$ stehen, so müssen die Kapazitäten im Verhältnis $n_1^2 : n_2^2 : n_3^2 : \ldots$ stehen. Führt man diese Kontrolle aus, so wird man finden, daß sie nicht stimmt. Man erhält wohl im $1/\omega^2$-C-Diagramm eine Gerade, sie geht aber nicht durch den Nullpunkt, wie man nach der Formel $\omega^2 = 1/LC$ erwarten sollte (Abb. 36).

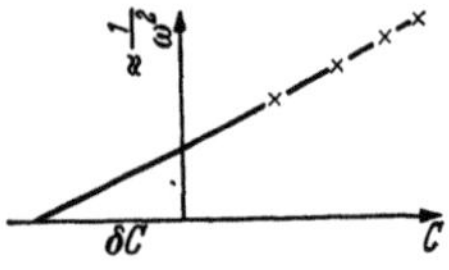

Abb. 36. Diagramm zur Messung der Spulenkapazitäten.

Der Schwingungskreis verhält sich so, als wenn zum Drehkondensator noch ein kleiner Kondensator δC zugeschaltet wäre. Dieses ist die Spulenkapazität.

c) Eichung des Wellenmessers mit der Stimmgabel nach Weller.

Unter Berücksichtigung der Spulenkapazität δC kennt man nun die Kapazität genau. Man kann L auf folgende Weise messen. Man verstimmt den einen

* $a_3 u_g^3 = a_3 (U_{g_1}^3 \cos^3\omega_1 t + 3 U_{g_1}^2 U_{g_2} \cos^2\omega_1 t \cos\omega_2 t + 3 U_{g_1} U_{g_2}^2 \cos\omega_1 t \cos^2\omega_2 t + U_{g_2}^3 \cos^3\omega_2 t)$.

der Sender (Abb. 35) unter Beobachtung des Schwebungstones N um $2N$, indem man ihn einmal auf eine kürzere, einmal auf eine längere Welle als den Sender II einstimmt, so daß beide Male der Schwebungston N zu hören ist, liest die beiden C-Werte und damit die Veränderung von $C : \Delta C$ ab. Es gilt dann:

$$N = \frac{1}{\sqrt{L}}\left(\sqrt{\frac{1}{C+\delta C}} - \sqrt{\frac{1}{C+\delta C+\Delta C}}\right) = \frac{1}{\sqrt{L(C+\delta C)}}\left(1 - \frac{1}{\sqrt{1+\frac{\Delta C}{C+\delta C}}}\right).$$

Da $\frac{\Delta C}{C+\delta C}$ die Größenordnung 10^{-3} bis 10^{-4} hat, kann man $\frac{1}{\sqrt{1+\frac{\Delta C}{C+\delta C}}}$ nach

$$\frac{1}{\sqrt{1+\varepsilon}} = 1 - \frac{\varepsilon}{2} + \frac{\varepsilon^2}{8} - \frac{\varepsilon^3}{16} + \cdots$$

und N zu

$$N = \frac{1}{\sqrt{L}}\left(\frac{1}{\sqrt{C+\delta C}}\cdot\left\{\frac{\Delta C}{2(C+\delta C)} - \frac{(\Delta C)^2}{8(C+\delta C)^2} + \cdots\right\}\right)$$

berechnen und die Reihe hinter dem Gliede $\varepsilon^2/8$ abbrechen. Hierdurch erhält man L und damit die gesuchten Daten des Wellenmesserkreises.

Über die Eichung des Wellenmessers nicht in Frequenzen, sondern in Wellenlängen mit Hilfe von Lechersystemen soll bei Besprechung der Lechersysteme berichtet werden.

Erwähnt sei die Eichung mit Hilfe von Leuchtquarzen, die als Wellennormalien dienen. Ein Quarzstäbchen ist in seiner Mitte zwischen zwei Elektroden gefaßt und in ein Rohr mit verdünntem Neon-Gas eingeschmolzen (Abb. 37). Hat die elektrische Schwingung die Resonanzfrequenz des Quarzes erreicht, so wird dieser infolge des Piezoeffektes zu starken mechanischen Schwingungen erregt und lädt sich, wieder infolge des Piezoeffektes, so stark elektrisch auf, daß das Neon zum Leuchten kommt. Da die Dämpfung des Quarzes sehr gering ist, so ist die Spitze seiner Resonanzkurve sehr scharf; man kann den Generator sehr genau auf die Welle des Quarznormales abstimmen. Näheres über den Piezoeffekt des Quarzes findet man im Senderband.

Abb. 37. Leucht-Quarz.

2. Aufgabe: Messung der Resonanzfrequenz eines Kreises. Man stimmt den Sender auf maximales $\mathfrak{J}_2/\omega\mathfrak{J}_1$ ab, er schwingt dann in der Resonanzfrequenz des zu messenden Kreises. Man mißt die Senderfrequenz nach Aufgabe 1 mit dem Wellenmesser.

3. Aufgabe: Messung von Induktivitäten oder Kapazitäten, wenn Kapazität bzw. Induktivität bekannt sind.

Man schalte L_x mit C_N zu einem Kreise zusammen, messe dessen Resonanzfrequenz ω_r und berechne L_x zu $L_x = 1/\omega_r^2 C_N$.

4. Aufgabe: Messung von L_A und C_A einer Antenne. Wenn man eine Antenne an einer Stelle P auftrennt und Spannungen verschiedener Frequenz anlegt, so zeigt der Antennenstrom Resonanzkurven ähnlich denen eines Schwingungskreises (Abb. 38). Man kann also wenigstens in der Nähe der Resonanz die Antenne durch einen Schwingungskreis ersetzen und von einem L und C der Antenne sprechen, die mit der statischen Kapazität der Antenne oder mit der Selbstinduktion einer Drahtschleife von der Länge des Antennendrahtes nichts zu tun haben. Um dieses L und C der Antenne zu messen, schalten wir zwei Spulen ein, einmal L_1, einmal L_2 und ermitteln durch

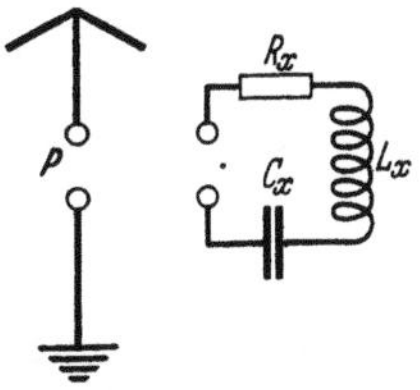

Abb. 38. Zur Messung von L_A und C_A der Antenne.

Auftragen von $\mathfrak{J}_A/\mathfrak{J}_1\omega$ gegen ω beide Male die Resonanzfrequenzen ω_1 und ω_2. Wir erhalten dann die Gleichungen

$$\frac{1}{\omega_1^2} = (L_x + L_1)C_x; \quad \frac{1}{\omega_2^2} = (L_x + L_2)C_x,$$

aus denen L_x und C_x zu ermitteln sind. Man kann statt der Verlängerungsspulen L_1 und L_2 auch einmal eine Kombination einer Verlängerungsspule mit einem Verkürzungskondensator $\left(\text{Kombinationsinduktivität } L_C = L_1 - \frac{1}{\omega^2 C_1}\right)$ benutzen.

Meßfehler und Dämpfung des Wellenmesserkreises.

Wir berechneten, daß die Spitze der Resonanzkurve durch eine Parabel darstellbar ist (Abb. 39):

$$\frac{I_r^2 - I_2^2}{I_r^2} = \frac{\delta\omega^2}{\mathfrak{d}^2} = \left(\frac{\delta\omega}{\omega}\right)^2 \cdot \frac{\omega^2}{\mathfrak{d}^2} = \left(\frac{\delta\omega}{\omega}\right)^2 \left(\frac{2}{d}\right)^2.$$

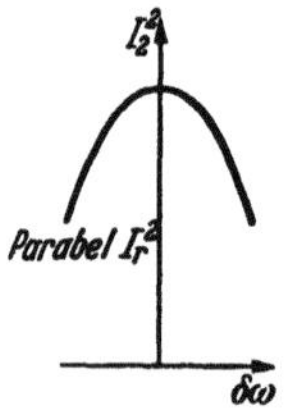

Abb. 39. Parabolische Form der Resonanzkurven-Spitze.

$\frac{I_r^2 - I_2^2}{I_r^2}$ ist der prozentische Fehler in der Ablesung des Hitzdrahtinstrumentes F_{I^2}, $\delta\omega/\omega$ der prozentische Fehler in der Frequenz F_ω. Wir erhalten

$$F_\omega = \frac{d}{2}\sqrt{F_{I^2}}.$$

Die Ablesung wird um so genauer, je kleiner das Dämpfungsmaß $d = R/\omega L$ ist. Wir müssen also, um den Wellenmesser zu verbessern, d herabdrücken.

5. Aufgabe. Messung von d bzw. $\mathfrak{d} = d\frac{2}{\omega} = \frac{d}{\pi\nu}$.

a) Wir nehmen (unter *Kontrolle* der *Frequenz* mit einem Überlagerungsempfänger die Resonanzkurve

$$\frac{\mathfrak{J}_2}{\mathfrak{J}_1} = f(\delta\omega), \qquad \delta\omega = \frac{\omega^2 - \omega_r^2}{2\omega}$$

auf. Wir formen die Normalform

$$\frac{\mathfrak{J}_2}{\mathfrak{J}_1} = \frac{j\omega L_{12}}{2L_2(j\delta\omega + \mathfrak{d})}; \qquad \frac{|\mathfrak{J}_2|^2}{|\mathfrak{J}_1|^2} = \frac{\omega^2 L_{12}^2}{4L_2^2(\delta\omega^2 + \mathfrak{d}^2)},$$

um zu

$$\delta\omega^2 + \mathfrak{d}^2 = \frac{\omega^2 L_{12}^2}{4L_2^2}\,\frac{|\mathfrak{J}_1|^2}{|\mathfrak{J}_2|^2}.$$

$\mathfrak{d}^2$ ist dann aus dem Diagramm Abb. 40 ablesbar (KIEBITZ-PAULIsche Methode). Aus $R = 2L\mathfrak{d}$ ist dann R zu berechnen.

b) Will man R direkt messen, so schalte man verschiedene Widerstände zu und messe die Resonanzausschläge: I_{2r}/I_1. Trägt man I_1/I_{2r} gegen die Zusatzwiderstände R_z auf, so kann man den Dämpfungswiderstand R_x der Abb. 41 entnehmen. Bei diesen Normal-Zusatzwiderständen sind die Widerstandserhöhungen durch Wirbelstrom zu berücksichtigen. Siehe Abschnitt über komplexes Rechnen.

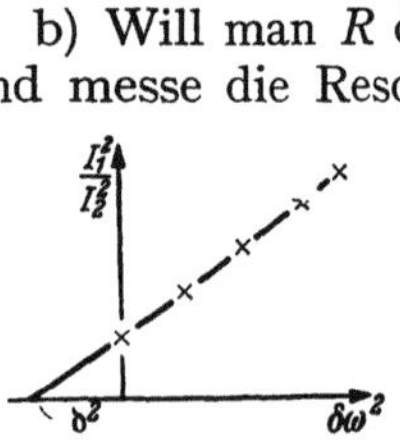

Abb. 40. Diagramm zur KIEBITZ-PAULIschen Dämpfungsmessung.

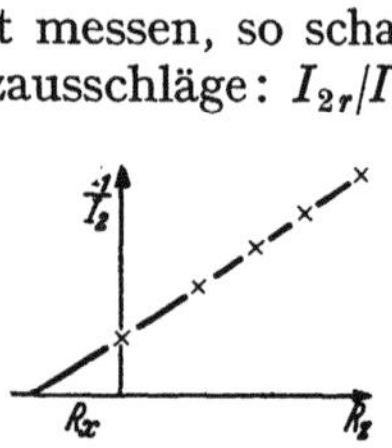

Abb. 41. Dämpfungsmessung mit Normalwiderständen.

5. Verbesserung der Resonanzschärfe.

Die Messungen zeigen uns, daß das Meßinstrument fast immer den Hauptanteil zur Dämpfung liefert.

Es stehen nun zwei Wege zur Verbesserung der „Resonanzschärfe" offen:

a) Man baut Meßinstrumente mit sehr geringem Widerstand.

b) Man schließt das Meßinstrument über einen Transformator an, der den Widerstand heruntertransformiert. Wenn auch die Kenntnis der Theorie des Niederfrequenztransformators vorausgesetzt werden kann, sei hier einiges über die

Induktive Kopplung

vorbereitend mitgeteilt. Wenn wir die Anordnung Abb. 42 in einem Kasten einschließen und an die herausragenden Klemmen eine Spannung anlegen, so werden wir finden, daß ein dieser Spannung proportionaler Strom fließt. Dieses konstante Verhältnis der Amplituden $\mathfrak{U}/\mathfrak{J}$ nennen wir einen Widerstand $\mathfrak{R}$

$$\mathfrak{R} = \frac{\mathfrak{U}}{\mathfrak{J}}.$$

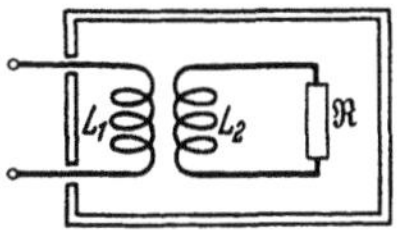

Abb. 42. Der Rückwirkungswiderstand.

Wir bedienen uns der Einfachheit halber der komplexen Rechnungsweise. Es sei hier nur noch einmal besonders darauf hingewiesen, daß $\mathfrak{R}$ nicht wie der ohmsche Widerstand das Verhältnis der Momentanwerte u/i, sondern der Amplituden ist[1]. Sonst sei auf den Abschnitt komplexe Rechnung oder für den, der sie eingehender erlernen will, auf H. G. MÖLLER, „Schwingungsaufgaben", bei Hirzel, 2. Auflage, verwiesen. Wir erhalten dann nach dem Prinzip $\sum U = 0$ im geschlossenen Stromkreise:

$$\begin{aligned} &\text{Kreis 1:} \quad \mathfrak{U}_1 = \mathfrak{J}_1 j\omega L_1 + \mathfrak{J}_2 j\omega L_{12} \\ &\text{Kreis 2:} \quad 0 = \mathfrak{J}_1 j\omega L_{12} + \mathfrak{J}_2 (j\omega L_2 + \mathfrak{R}_2) \end{aligned} \quad \Bigg| \quad \mathfrak{U}_1 = \mathfrak{J}_1\left(j\omega L_1 + \frac{\omega^2 L_{12}^2}{j\omega L_2 + \mathfrak{R}_2}\right).$$

---

[1] Anmerkung zum Begriff des Widerstandes. Der Begriff des Widerstandes tritt zunächst in der Gleichstromtechnik auf. Er ist dort als das Verhältnis $R = u/i$ definiert. Man hat diesem Verhältnis einen besonderen Namen gegeben, da es von der Größe u und i im einzelnen unabhängig und somit für den Leiter charakteristisch ist. Man muß nur dafür sorgen, daß sich der Zustand des Leiters bei Stromdurchgang nicht ändert, z. B. seine Temperatur durch Kühlung konstant halten. Bei Gleichstrom gibt es nur ohmschen Widerstand, u ist die Spannung zwischen den Enden des Widerstandes und i der Strom im Widerstand.

Schalten wir einen ohmschen Widerstand in einen Wechselstromkreis ein, so können wir wieder schreiben: $R = u/i$. u und i sind jetzt die Strom- und Spannungswerte in gleichen Zeitmomenten. Wir können auch schreiben: $R = U_0/I_0$, denn Strom und Spannung gleichen ihren Amplituden in gleichen Zeitmomenten.

Den induktiven Widerstand ωL können wir aber nicht mehr durch den Quotienten u/i ausdrücken, denn dieser schwankt zwischen $-\infty$ und $+\infty$. Wir definieren ωL durch das Verhältnis der Amplituden U_0/I_0, also durch zwei Strom- und Spannungswerte, die nicht mehr gleichzeitig, sondern in Zeiten eintreten, die um $T/4$ (T = Schwingungsdauer) verschieden sind. Dieses Verhältnis ist dann wieder von U_0 und I_0 im einzelnen unabhängig und charakteristisch für die betreffende Spule.

Analog hat man den kapazitiven Widerstand $1/\omega C$ definiert.

Hat man gemischte Widerstände, z. B. den einer Spule mit ohmschem Widerstand, kann man diese Definition beibehalten und schreiben

$$R_w = \sqrt{\omega^2 L^2 + R^2} = \frac{U_0}{I_0}.$$

$u = U_0$ und $i = I_0$ tritt jetzt auch wieder zu verschiedenen, nur nicht gerade um $T/4$ verschobenen Zeiten ein.

Analog ist auch der komplexe Widerstand $\mathfrak{R}$ als der Quotient zwischen der komplexen Spannungsamplitude und der komplexen Stromamplitude definiert. Er ist selbst eine komplexe Zahl mit der Bezeichnung Ohm.

Das Verhältnis $\mathfrak{R} = \mathfrak{U}/\mathfrak{J}$ ist immer dann charakteristisch für den betreffenden Leiter, wenn die Gleichungen, welche u und i verbinden, linear sind. Bei nichtlinearen Gleichungen (z. B. bei Lichtbögen, Elektronenröhren, Drosseln mit Eisenkernen) verliert der Begriff des Widerstandes seine volle Bedeutung. Man kann dann von einem Widerstand nur noch solange sprechen, als die Wechselströme so schwach sind, daß sich die Krümmung der u-i-Kurve noch nicht bemerkbar macht. Der „innere Widerstand einer Elektronenröhre" ist also streng genommen nur für unendlich kleine Amplituden anzugeben. Für größere Amplituden müßte man mit Mittelwerten rechnen, die sich mit der Größe der Amplitude ändern.

Der Kasten verhält sich wie ein Widerstand $j\omega L_1$, der induktive Widerstand der Spule mit dem ein Widerstand

$$\frac{\omega^2 L_{12}^2}{j\omega L_2 + \mathfrak{R}_2},$$

in Reihe geschaltet ist, den wir Rückwirkungswiderstand des angekoppelten Kreises:

$$\mathfrak{R}_r = \frac{\omega^2 L_{12}^2}{j\omega L^2 + \mathfrak{R}_2}$$

nennen wollen. Dieser Rückwirkungswiderstand zerfällt im allgemeinen in ein reelles und ein imaginäres Glied: Mit

$$\mathfrak{R}_2 = R_{21} + jR_{22}$$

erhalten wir

$$\mathfrak{R}_r = \frac{\omega^2 L_{12}^2}{j(\omega L_2 + R_{22}) + R_{21}} = \frac{\omega^2 L_{12}^2 R_{21}}{(\omega L_2 + R_{22})^2 + R_{21}^2} - \frac{j(\omega L_2 + R_{22})\omega^2 L_{12}^2}{(\omega L_2 + R_{22})^2 + R_{21}^2}.$$

Dieser Rückwirkungswiderstand wird um so kleiner, je größer $\mathfrak{R}_2$ ist.

Das Meßinstrument wird die Dämpfung des Kreises um so weniger erhöhen, je loser es angekoppelt ist und je höheren Widerstand es hat.

Die Forderung an die Meßinstrumente, entweder α) Betrieb mit dem vollen Kreisstrom bei niedrigem Widerstand oder β) Betrieb mit der schwachen, in der Kopplung erzeugten Spannung $\mathfrak{U}_2 = j\omega L_{12}\mathfrak{J}_1$ bei hohem Widerstand läßt sich zusammenfassen zu der Forderung, das Instrument sei möglichst leistungsempfindlich, sein Widerstand ist gleichgültig.

Als Meßinstrumente kommen nun Hitzdrahtinstrumente, Thermokreuze, Barretter, Detektoren oder Röhrengleichrichter in Frage. Alle diese Instrumente sind dann besonders empfindlich zu bauen, wenn man sie hochohmig baut.

Das führt dazu, daß man die Instrumente ankoppelt. Da diese Instrumente ohmsche Widerstände sind, ist ihr Rückwirkungswiderstand

$$\mathfrak{R}_r = \frac{-j\omega^3 L_{12}^2 L_2}{\omega^2 L_2^2 + R_2^2} + \frac{\omega^2 L_{12}^2 R_2}{\omega^2 L_2^2 + R_2^2}.$$

Die Induktivität der Kreise wird etwas erniedrigt, der Dämpfungswiderstand erhöht.

6. Elimination des Rückwirkungswiderstandes bei der Messung kleiner Dämpfungen.

Man messe den gesamten Dämpfungswiderstand R_s einschließlich des Rückwirkungswiderstandes bei verschiedenen L_{12} zwischen Meßkreis und Instrumen-

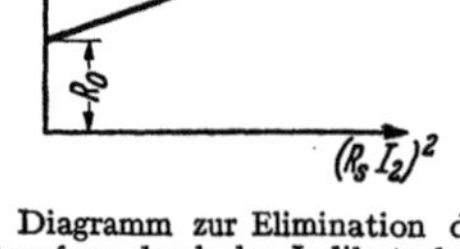

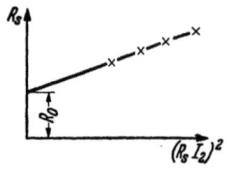

Abb. 43. Diagramm zur Elimination der Zusatzdämpfung durch den Indikatorkreis.

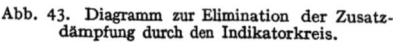

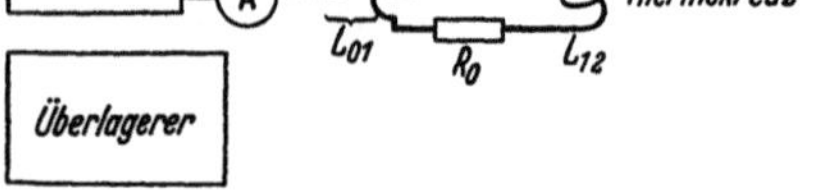

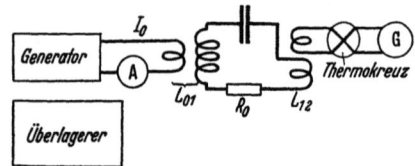

Abb. 44. Schaltung zur Dämpfungsmessung.

tenkreis und trage R_s über $R_s^2|\mathfrak{J}_2|^2$ auf. Man erhält dann das Diagramm Abb. 43, aus dem der Dämpfungswiderstand R_0 (ohne Instrumentenkreis) zu entnehmen ist.

Die Versuchsanordnung zeigt Abb. 44.

Die Kopplung zwischen Generator und Meßkreis ist konstant zu halten, die Konstanz der Frequenz mit einem Überlagerer zu kontrollieren. Ableitung bei H. G. MÖLLER, „Schwingungsaufgaben", 2. Auflage.

E. Resonanz als Siebmittel.

Bereits einleitend wurde bemerkt, daß wir die Resonanzeigenschaften der Schwingungskreise zum Aussieben der zu empfangenden Welle aus dem Gewirr der den Raum durchziehenden Wellen benutzen wollen. Wir wollen diese „Trennschärfe" des Resonanzkreises an einem Zahlenbeispiel erläutern.

Zwei Sender haben den „Abstand" von 9000 Hz, ihre Frequenzen seien 10^6 und $1{,}009\ 10^6$ Hz. Die am Empfangsort einfallenden Feldstärken beider Sender seien gleich. Wenn man den Kreis auf 10^6 Hz einstimmt, soll $1{,}009 \cdot 10^6$ Hz nur noch mit $^1/_{100}$ der Resonanzamplitude erregt werden. Wie ist dieser Kreis zu bauen?

$$\mathfrak{J}_r = \frac{\mathfrak{U}}{2L\mathfrak{d}}; \quad \mathfrak{J}_1 = \frac{\mathfrak{U}}{2L(\mathfrak{d} + j\,\delta\omega)}; \quad \frac{|\mathfrak{J}_1|^2}{|\mathfrak{J}_r|^2} = \frac{1}{1 + \left(\frac{\delta\omega}{\mathfrak{d}}\right)^2} = \frac{1}{100^2};$$

$$\frac{\delta\omega}{\mathfrak{d}} \cong 100; \quad \mathfrak{d} = \frac{\delta\omega}{100}.$$

Die Formel zeigt, daß es unabhängig von der Frequenz nur auf die Dämpfung $\mathfrak{d}$ ankommt. In unserem Zahlenbeispiel soll

$$\mathfrak{d} = 2\pi \cdot 9000/100 = 2\pi 9 \cdot 10^1 = 5{,}7 \cdot 10^2/\text{sec}$$

sein. Wenn $L = 10^{-4}$ H wäre, so müßte $R = 2L\mathfrak{d} = 2 \cdot 10^{-4}\, 5{,}7 \cdot 10^2 = 0{,}114\,\Omega$ sein[1]. Wegen der starken Erhöhung des Wirkwiderstandes durch Wirbelströme ist eine Spule mit so geringem Widerstand selbst mit sehr fein unterteilter Litze nicht mehr herzustellen.

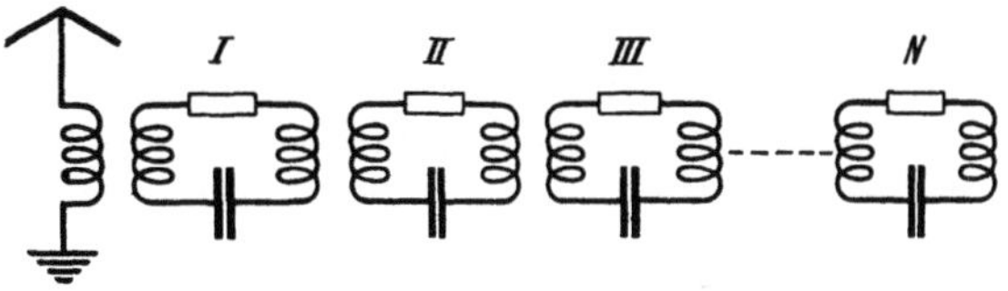

Abb. 45. Mehrfache Anwendung des Schwingungskreises als Siebmittel.

Es liegt die Idee nahe, den Resonanzkreis als Sieb mehrfach anzuwenden (Abb. 45). Die Wirkungsweise dieser mehrfachen Resonanzabstimmung sei durch die Aufgabe erläutert:

Von einer Antenne aus werde in dem Kreise I eine Spannung U einmal von Resonanzfrequenz, einmal von $\Delta\omega$ Frequenzabstand induziert. Wie groß sind die von beiden Spannungen induzierten Ströme in den einzelnen Kreisen?

Wir wollen zunächst annehmen, die Kopplung der Kreise sei so lose, daß man den Rückwirkungswiderstand der Kreise aufeinander vernachlässigen kann. Wir können dann die vereinfachten Gleichungen:

---

[1] Man kann an Stelle der Dämpfung $\mathfrak{d} = \frac{R}{2L}$ auch das Dämpfungsmaß $d = \frac{R}{\omega L} = \frac{2\mathfrak{d}}{\omega}$ einführen. Man erhält dann folgende Formeln:

$$I_r = \frac{U/L\omega}{d}; \quad I_1 = \frac{U/L\omega}{d + 2j\,\delta\omega/\omega}; \quad \frac{|I_1^2|}{|I_r^2|} = \frac{1}{1 + \left(\frac{\delta\omega}{\omega}\,\frac{2}{d}\right)^2} = \frac{1}{100^2};$$

$$d = \frac{2}{100}\,\frac{\delta\omega}{\omega} = \frac{2}{100}\,\frac{\delta\nu}{\nu}.$$

Wenn wir die Zahlen einsetzen, erhalten wir

$$d = \frac{2}{100} \cdot \frac{9000}{10^6} = 18 \cdot 10^{-5} = 0{,}018\,\%,$$

$$R = d \cdot \omega L = 18 \cdot 10^{-5} \cdot 2\pi \cdot 10^6 \cdot 10^{-4} = 0{,}114 \text{ Ohm}.$$

Kreis 1: $\mathfrak{U} = \mathfrak{J}_1 2L_1(j\delta\omega + \mathfrak{d}_1)$	. . . Kreis N:
Kreis 2: $j\omega L_{12}\mathfrak{J}_1 = \mathfrak{J}_2 \cdot 2L_2(j\delta\omega + \mathfrak{d}_2)$	$j\omega L_{n-1,n}\mathfrak{J}_{n-1} = \mathfrak{J}_n 2L_n(j\delta\omega + \mathfrak{d}_n)$

anschreiben, und erhalten

$$\mathfrak{J}_n = \frac{\mathfrak{U}(j\omega)^n L_{12} \cdot L_{23} \cdot L_{34} \ldots L_{n-1,n}}{2^n L_1 L_2 L_3 \ldots L_n (j\delta\omega + \mathfrak{d}_1)(j\delta\omega + \mathfrak{d}_2)(j\delta\omega + \mathfrak{d}_3) \ldots (j\delta\omega + \mathfrak{d}_n)}.$$

Wenn der Einfachheit halber alle L_{12}, alle L_n und alle $\mathfrak{d}_n$ gleich sind, erhalten wir:

$$\mathfrak{J}_n = \frac{\mathfrak{U}(j\omega)^n L_{12}^{n-1}}{2^n L^n (j\delta\omega + \mathfrak{d})^n}; \qquad |\mathfrak{J}_n| = \frac{|\mathfrak{U}|\,\omega^n L_{12}^{n-1}}{2^n L^n \sqrt{\delta\omega^2 + \mathfrak{d}^2}^{\,n}}.$$

$$\frac{|\mathfrak{J}_{n\,\mathrm{res}}|}{|\mathfrak{J}_{n1}|} = \left[1 + \left(\frac{\delta\omega}{\mathfrak{d}}\right)^2\right]^{\frac{n}{2}}, \quad \text{und wenn } \frac{\delta\omega}{\mathfrak{d}} \gg 1 \quad \frac{|\mathfrak{J}_{n\,\mathrm{res}}|}{|\mathfrak{J}_{n1}|} = \left(\frac{\delta\omega}{\mathfrak{d}}\right)^n.$$

Ist $\delta\omega/\mathfrak{d}$ z. B. $= 10$, so wird im ersten Kreise der gewünschte Sender gegenüber dem auszusiebenden um das 10fache, im dritten Kreise um das 1000fache, im $n$ten Kreise um das 10^nfache herausgehoben. In Abb. 46 ist zum Vergleich die Resonanzkurve mit der Dämpfung $\mathfrak{d} = \frac{\mathfrak{d}_0}{\sqrt{n}}$ eingezeichnet, welche die gleiche Scheitelform wie die Resonanzkurve für n-Kreise hat.

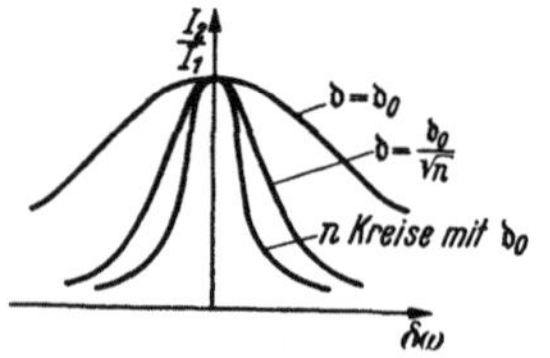

Abb. 46. Diagramm zu Abb. 45.

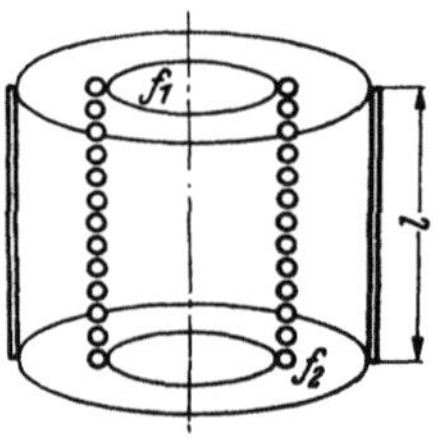

Abb. 47. Spulenkapselung.

Diese einfache Theorie gilt allerdings nur bei *sehr* losen Kopplungen, wie sie etwa durch Schirmgitterröhren oder neutrodynisierte Trioden als Kopplungsglieder hergestellt werden können; bei den festeren röhrenlosen Kopplungen sind die Rückwirkungswiderstände wesentlich. Diese Fälle werden später behandelt werden.

F. Berechnung und Untersuchung von Verlusten.

Alle Verluste lassen sich durch die Wirkkomponenten von Rückwirkungswiderständen darstellen und als solche messen. Wir wollen die Verlustwiderstände in möglichst einfacher Weise berechnen, um das Prinzip der Berechnung zu zeigen. Genauere Methoden werden später in den entsprechenden technischen Bänden mitgeteilt werden.

1. Verluste durch die Kapselung der Spulen.

Um ungewollte Induzierungen von einer Spule auf eine in der Nähe befindliche zweite, die vielleicht zu Rückkopplungen und zum Pfeifen eines Empfängers führen oder die Aussiebung der gewünschten Wellen stören könnten, zu vermeiden, werden die Spulen gekapselt. In der Kapsel wird dann ein Strom induziert, der das Magnetfeld der Spule außerhalb der Kapsel möglichst aufheben soll. Der Strom in der Kapsel verbraucht Energie und erhöht den Wirkwiderstand der Spule genau wie der angekoppelte Kreis des Meßinstrumentes.

Um ganz einfache Verhältnisse zu haben, betrachten wir Spule und Kapsel der Abb. 47 als lange Solenoide, für die die einfache Beziehung

$$\mathfrak{H}_{\mathrm{Sp}} = \frac{N I_1}{l} = \mathfrak{H}_1 \quad \text{bzw.} \quad \mathfrak{H}_{\mathrm{Ka}} = \frac{I_2}{l} = \mathfrak{H}_2$$

gilt. Die Induktivitäten berechnen sich zu

$$L_{\mathrm{Sp}} = \frac{\mu_0 N^2 f_1}{l} = L_1, \qquad L_{\mathrm{Ka}} = \frac{\mu_0 f_2}{l} = L_2,$$

die Gegeninduktivität $L_{12} = \frac{\mu_0 N f_1}{l}$.

Wenn in der Spule der Strom $\mathfrak{J}_1$ fließt, so fließt in der Kapsel:

$$-\mathfrak{J}_2 = \frac{j\omega L_{12}\mathfrak{J}_1}{j\omega L_2 + R}.$$

Wir betrachten zunächst den Fall, daß $\omega L_2 \gg R$ (R = Widerstand der Kapsel). Wir erhalten dann $\mathfrak{J}_2 = -\mathfrak{J}_1 \frac{L_{12}}{L_2}$. Der gesamte Kraftfluß, der die die Kapsel umgebenden Leiter durchsetzt, ist dann:

$$\begin{aligned}\Phi_a &= \mu_0 f_1 \mathfrak{H}_1 + \mu_0 f_2 \mathfrak{H}_2 = \mu_0 f_1 \frac{N}{l}\mathfrak{J}_1 + \mu_0 \frac{f_2}{l}\mathfrak{J}_2 = \mu_0 f_1 \frac{N}{l}\mathfrak{J}_1 - \mu_0 \frac{f_2}{l}\mathfrak{J}_1 \frac{L_{12}}{L_2} \\ &= \mu_0 \frac{\mathfrak{J}_1}{l}\left\{ f_1 N - f_2 \frac{\frac{\mu_0 f_1 N}{l}}{\frac{\mu_0 f_2}{l}} \right\} = 0.\end{aligned}$$

Eine widerstandslose Kapsel bildet einen vollkommenen Schirm. Berücksichtigen wir den Widerstand, so erhalten wir

$$\begin{aligned}\Phi_a &= \mu_0 \frac{f_1 N \mathfrak{J}_1}{l}\left(1 - \frac{f_2}{N f_1}\frac{j\omega L_{12}}{j\omega L_2 + R}\right) = \mu_0 \frac{f_1 N \mathfrak{J}_1}{l}\left(1 - \frac{1}{1 + \frac{R}{j\omega L_2}}\right) \\ &\cong \mu_0 \frac{f_1 N \mathfrak{J}_1}{l}\left(\frac{R}{j\omega L_2}\right) = -\mu_0 \frac{f_1 N \mathfrak{J}_1}{l} j d,\end{aligned}$$

(R neben ωL_2 vernachlässigt). Der Restkraftfluß ist gegen den der abzuschirmenden Spule phasenverschoben und beträgt nur noch den $R/\omega L_2$ten Teil des ursprünglichen. Je höher die Frequenz, um so besser die Abschirmung. Gleichstrommagnetfelder hingegen lassen sich durch Kupferhüllen gar nicht mehr abschirmen.

2. Frage: Wie verändert die Hülle Induktivität und Wirkwiderstand der Spule? Diese Frage beantwortet der Rückwirkungswiderstand, den wir ja bereits berechnet haben und hinschreiben können:

$$\mathfrak{R}_r = \frac{\omega^2 L_{12}^2}{j\omega L_2 + R_2} = -\frac{j\omega^3 L_{12}^2 L_2}{\omega^2 L_2^2 + R_2^2} + \frac{\omega^2 L_{12}^2 R_2}{\omega^2 L_2^2 + R_2^2} \cong -\frac{j\omega L_{12}^2}{L_2} + R_2 \frac{L_{12}^2}{L_2^2}.$$

Die Induktivität wird erniedrigt. Die prozentische Erniedrigung ist

$$-\frac{L_{12}^2}{L_1 L_2} = -k^2 = -\frac{\mu_0^2 N^2 \frac{f_1^2}{l^2}}{\frac{\mu_0 N^2 f_1}{l}\,\frac{\mu_0 f_2}{l}} = -\frac{f_1}{f_2}.$$

Der Wirkwiderstand

$$\text{Reeller Teil von } \mathfrak{R}_r = R_2 \frac{\mu_0^2 N^2 \frac{f_1^2}{l^2}}{\mu_0^2 \frac{f_2^2}{l^2}} = R_2 \left(\frac{f_1}{f_2}\right)^2 N^2.$$

Wenn sich z. B. die Flächen wie 1:4 verhalten, so wird durch die Hülle die Induktivität auf $^3/_4$ ihres ursprünglichen Wertes herabgesetzt, während nur $N^2/16$ des Hüllenwiderstandes als Zusatzwirkwiderstand in der Spule auftritt. Für die Abschirmung ist ein geringer Widerstand der Hülle wesentlich, daher Stoßfuge des zusammengebogenen Bleches verlöten!

Bei genaueren Rechnungen kann man natürlich nicht mit den einfachen Formeln für lange Solenoide arbeiten. Sie wurden hier angewandt, um ohne viel mathematischen Aufwand die Methode der Behandlung zu zeigen.

2. Verluste durch Wirbelströme.

a) In der Spule.

1. Lösung durch ein Korrekturverfahren.

α) Qualitativ. Auch bei diesem zweiten Problem handelt es sich darum, mit geringem Aufwand an Mathematik das Prinzip der Behandlung zu zeigen. Wir wollen daher folgende Vereinfachungen einführen:

1. Die Spule sei so lang, daß man die einfache Solenoidformel verwenden kann.

2. Der Draht sei viereckig, so daß sich die Windungen zu einem Metallzylinder zusammenfügen (Abb. 48).

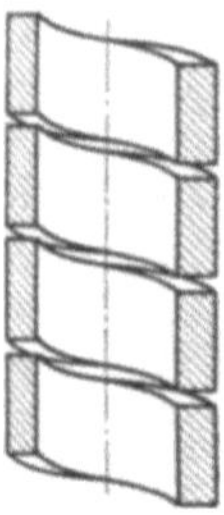

Abb. 48. Bild der Spule.

3. Der Drahtdurchmesser sei klein gegen den Spulenradius, so daß man für den Abstand r eines Punktes im Drahte von der Spulenachse immer r_0, den mittleren Radius, setzen kann.

Die Stromverteilung können wir dadurch berechnen, daß wir die Differentialgleichung für $i(x)$ aufstellen. Wir werden eine Schwingungsgleichung mit komplexen Koeffizienten erhalten.

Zur Aufstellung der Differentialgleichung betrachten wir ein Drahtstück von der Länge l (Abb. 49). Wenden wir $I = \oint \mathfrak{H}\, ds$ auf den Integrationsweg 1, 2, 4, 3, 1 an, so erhalten wir, da nur die Z-Komponente von $\mathfrak{H}$ vorkommt,

$$b\left(\mathfrak{H} + \frac{\partial \mathfrak{H}}{\partial x} dx - \mathfrak{H}\right) = i b\, dx \quad \text{oder} \quad i = \frac{\partial \mathfrak{H}}{\partial x}.$$

Ferner betrachten wir den Integrationsweg 3, 4, 5, 6, 3 und wenden darauf das Induktionsgesetz an. Die elektrische Feldstärke $\mathfrak{E}$ hat nur eine y-Komponente in Richtung des Drahtes.

$$-\oint \mathfrak{E}\, ds = \mu_0 \frac{\partial \mathfrak{H}}{\partial t} F; \quad -\left(\mathfrak{E} + \frac{\partial \mathfrak{E}}{\partial x} dx - \mathfrak{E}\right) l = \mu_0 \frac{\partial \mathfrak{H}}{\partial t} l\, dx; \quad \frac{\partial \mathfrak{E}}{\partial x} = -\mu_0 j \omega \mathfrak{H}.$$

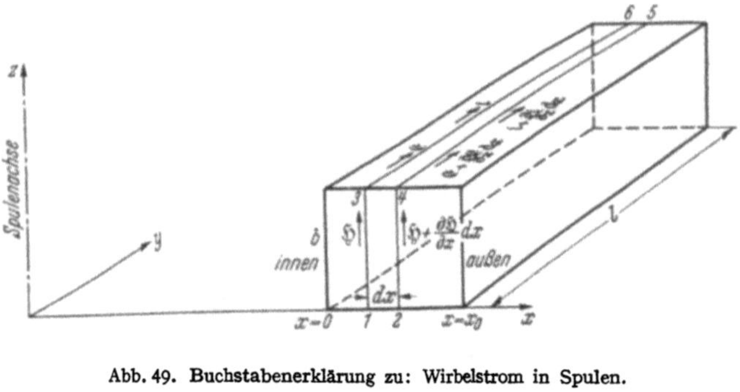

Abb. 49. Buchstabenerklärung zu: Wirbelstrom in Spulen.

Die elektrische Feldstärke im Drahte rührt vom ohmschen Spannungsabfall her, $\mathfrak{E} = -\sigma i$. Sie ändert sich, wenn man in der x-Richtung weiterschreitet, mit der Stromdichte i:

$$\frac{\partial \mathfrak{E}}{\partial x} = -\sigma \frac{\partial i}{\partial x}.$$

Im Drahte muß in jedem Querschnitt $b\,dx$ konstante Spannung herrschen, sonst müßten Ströme senkrecht zur Drahtachse fließen. Es müssen daher auch die Spannungsdifferenzen zwischen den Punkten zweier Querschnitte, die sich aus induktivem (U_1) und ohmschem (U_0) Spannungsabfall zusammensetzen, konstant sein; dies führt auf $\frac{\partial (U_i + U_0)}{\partial x} = 0$ oder nach Division mit l auf $\frac{\partial (\mathfrak{E}_i + \mathfrak{E}_0)}{\partial x} = 0$ oder

$$\sigma \frac{\partial i}{\partial x} = j\omega\mu_0\mathfrak{H}\,.$$

Damit haben wir die beiden Ausgangsgleichungen

1. $i = \frac{\partial \mathfrak{H}}{\partial x}$ (1. MAXWELLsche Gleichung $i = \operatorname{rot} \mathfrak{H}$) und

2. $\sigma \frac{\partial i}{\partial x} = j\omega\mu_0\mathfrak{H}$ (2. MAXWELLsche Gleichung $\frac{\partial \mathfrak{B}}{\partial t} = -\operatorname{rot}\mathfrak{E}$ oder Induktionsgesetz) gefunden.

Als Grenzbedingungen ist für $x = x_0$: $\mathfrak{H} = 0$ oder $\partial i/\partial x = 0$ zu verwenden. i selbst ist z. B. für $x = 0$ gegeben.

Der Gesamtstrom ist dann $I = b\int\limits_0^{x_0} i\,dx$.

Die über den Querschnitt gleiche Spannung u berechnen wir am einfachsten an der Spuleninnenseite

$$u = l\sigma i + \frac{d\Phi}{dt}\,.$$

Schließlich ist der Wirkwiderstand R_w

$$R_w = \text{Reell}\,\frac{\mathfrak{U}}{\mathfrak{I}}$$

nach Reihenentwicklung der Ausdrücke für $\mathfrak{U}$ und $\mathfrak{I}$ auszurechnen.

Reihenentwicklungen sind, physikalisch gesehen, immer von Stufe zu Stufe verfeinerte Korrektionsrechnungen. Wir können also mit geringerem mathe-

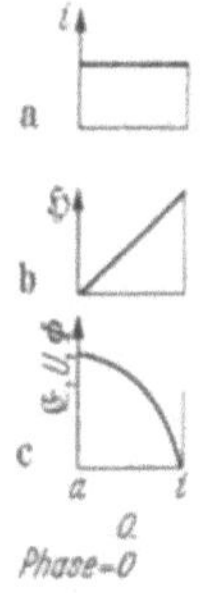

Abb. 50. a, b, c. i, $\mathfrak{H}$, $\Phi(U, \mathfrak{E})$ 0. Näherung.

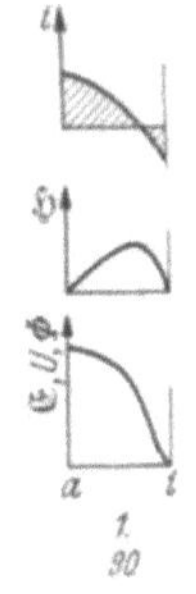

Abb. 51. a, b, c. i, $\mathfrak{H}$, $\Phi(U, \mathfrak{E})$ 1. Näherung.

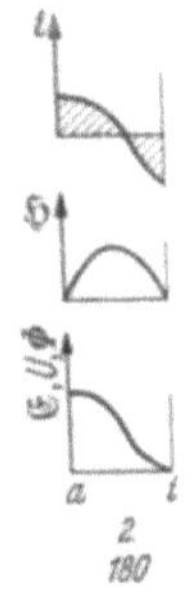

Abb. 52. a, b, c. i, $\mathfrak{H}$, $\Phi(U, \mathfrak{E})$ 2. Näherung.

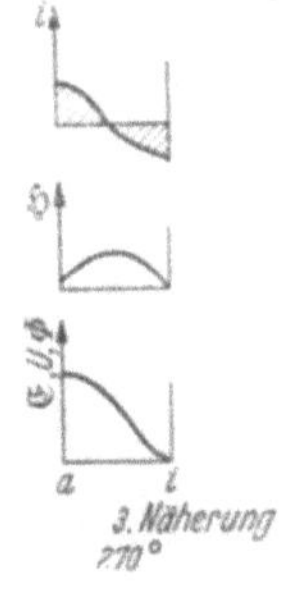

Abb. 53. a, b, c. 3. Näherung.

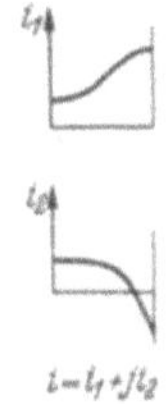

Abb. 54. a, b. $i = i_1 + j i_2$.

matischen Aufwand und Stufe für Stufe physikalisch anschaulich die Reihen durch ein Korrektionsverfahren herstellen. — Bevor wir rechnen, wollen wir das Resultat qualitativ aufzeichnen. Vgl. die Abb. 50—53 a, b, c.

Wenn die Frequenzen nicht zu hoch sind, so ist in gröbster Annäherung die Stromverteilung konstant, die Stromdichte überall i_0 (Abb. 50a). Das Magnetfeld nimmt von innen vom Werte

$$\mathfrak{H}_i = i_0 x_0$$

linear nach außen ab (Abb. 50b; außen liegt links)

$$\mathfrak{H} = i_0(x_0 - x)\,.$$

Dieses Magnetfeld induziert eine Spannung pro cm Drahtlänge

$$u = \frac{d\Phi}{dt}.$$

Φ und u nehmen erst rasch und außen, wo $\mathfrak{H} = 0$ wird, gar nicht mehr zu (Abb. 50c). Wenn man das Magnetfeld allein berücksichtigt, so würde über einen Drahtquerschnitt die Spannung ungleich sein, wenn sie am Drahtanfang z. B. durch eine gut leitende Platte gleichgemacht war. Es muß ein Querstrom eintreten, der für eine ungleichmäßige Stromverteilung sorgt. Innen wird ein stärkerer Strom fließen, so daß ein stärkerer ohmscher Spannungsabfall entsteht als außen. Die Differenz der ohmschen Spannungsabfälle wird dann die Differenz der induzierten Spannungen ausgleichen. Dem von außen hereingeschickten gleichmäßigen Strome i_0 überlagert sich ein Wirbelstrom i_1, der innen hinläuft, den Spannungsabfall verstärkend, außen zurück ihn schwächend, und der in den Silberplatten am einen Drahtende nach außen, am anderen nach innen fließt. (Die Silberplatten sind nicht wesentlich. Ohne sie würde die Stromverteilung an den Drahtenden über einen längeren Bereich gestört; sie waren nur hinzugefügt, damit wir uns um diese Störung von vornherein nicht zu kümmern brauchen.) Dieser u proportionale Wirbelstrom läuft nicht nach außen:

$$\int_0^{x_0} i_1\, dx = 0.$$

Die beiden schraffierten Flächen (Abb. 51a) sind durch Heben oder Senken der i_1-x-Kurve gleichzumachen. Dieser Wirbelstrom hat als Induktionsstrom 90° Phasenverschiebung gegen den Strom i_0.

Durch diesen Wirbelstrom wird aber nun wieder das Magnetfeld verändert. Wir berechnen nach der Solenoidformel auch für $\mathfrak{H}$ ein Korrektionsglied

$$\mathfrak{H}_1 = \int_x^{x_0} i_1\, dx.$$

$\mathfrak{H}_1$ beginnt innen mit 0, erreicht sein Maximum bei $i_1 = 0$ und ist auch außen $= 0$ (s. Abb. 51b). Es muß innen mit 0 beginnen, weil sich das Gesamtfeld richtig ohne Sprung an das Feld im Inneren der Spule anschließen muß, und ist auch außen Null, da der aus i_1 berechnete Gesamtstrom $\int_0^{x_0} i_1 dx = 0$ ist.

Dieses Feld induziert nun wieder eine Spannung u_2 (Abb. 51c), und diese liefert ein zweites Korrektionsglied für die Stromverteilung. $u_2 = \int_0^x \frac{\partial \mathfrak{H}_1}{\partial t} dx$ (Abb. 51c). Der Verlauf des zweiten Korrektionsgliedes ist wieder so einzurichten, daß $\int_0^{x_0} i_2 dx = 0$ (s. Abb. 52a). Wir erhalten dann im Inneren einen um i_2 größeren Strom, der nun mit i_0 wieder in Phase liegt. So könnte man weiter korrigieren und verfeinern. (Vgl. die weiteren Abbildungen bis Abb. 54b). Für eine Formel zweiter Näherung genügt aber die erzielte Verfeinerung.

Um den Energie verbrauchenden Anteil des Widerstandes, den „Wirkwiderstand" der Spule, zu berechnen, müssen wir den Spannungsanteil ermitteln, der mit dem Gesamtstrom in Phase liegt, und diesen Spannungsanteil dann durch den Gesamtstrom dividieren.

$$R_{\text{Wirk}} = \frac{U_{0 \parallel I_0}}{I_0}.$$

Da die Korrektionsströme keinen Anteil zum Gesamtstrom geben, ist

$$I_0 = b \cdot x_0 i_0.$$

Wir suchen uns nun ein Leiterelement, an dem wir $U_{0\,\|\,I_0}$ oder $U_{0\,\|\,i_0}$ besonders bequem berechnen können. Wir finden es auf der Innenseite des Drahtes bei $x = 0$. Der induzierte Spannungsanteil rührt da nur von den magnetischen Kraftlinien im Innern der Spule her und steht senkrecht (90° Phasenverschiebung) auf I_0 und i_0. Der ohmsche Spannungsanteil ist $U_{0\,\|} = (i_0 + i_2)\sigma l$.

Da im Falle des Gleichstromes $i_2 = 0$, so ist $U_{0=} = i_0 \sigma l$ und

$$\frac{U_{0\,\|}}{U_{0=}} = \frac{R_{\text{Wirk}}}{R_0} = \frac{\text{Wirkwiderstand}}{\text{Gleichstromwiderstand}} = \frac{i_0 + i_2}{i_0} = 1 + \frac{i_2}{i_0},$$

und für die Erhöhung des Wirkwiderstandes δR durch die Wirbelströme gilt

$$\delta R = R_0 \frac{i_2}{i_0}.$$

Wir bekommen das richtige Resultat natürlich auch dann, wenn wir einen beliebigen anderen Stromfaden zur Berechnung von $U_{0\,\|}$ wählen. Wenn wir z. B. den äußeren Stromfaden bei $x = x_0$ betrachtet hätten, so würden wir gefunden haben, daß sich die Spannung aus 2 Teilen zusammensetzt, aus $U_{01\,\|} = (i_0 + i_{2(x=x_0)})\sigma l$ und der induzierten Spannung $\int\limits_0^{x_0} \frac{\partial \mathfrak{H}(x)}{\partial t} dx\, l$. Wir sehen nachträglich, daß es praktisch war, $x = 0$ nach innen zu legen, da wir dadurch $U_{0\,\|}$ besonders bequem berechnen konnten.

β) Rechnerisch. Nachdem wir nun wissen, wie die Rechnung läuft, und uns durch Kontrolle jedes Schrittes vor dem Verrechnen schützen können, sei die Rechnung selbst durchgeführt.

$\mathfrak{H}$ hatten wir schon berechnet.

$$\mathfrak{H} = i_0 (x_0 - x).$$

$\mathfrak{U}$ pro cm Drahtlänge ergibt nach dem Induktionsgesetz

$$\mathfrak{U}_1 = \mu_0 \frac{\partial}{\partial t} \int\limits_0^x \mathfrak{H}\, dx = i_0 \left(x_0 x - \frac{x^2}{2}\right) j \omega \mu_0,$$

$$i_1 = \frac{\mathfrak{U}_1}{\sigma} + \frac{j \omega \mu_0 i_0}{\sigma} c_1.$$

Die Konstante c_1 ist so einzurichten, daß

$$\int\limits_0^{x_0} i_1\, dx = 0$$

gibt. Wir erhalten für c_1

$$\frac{j\omega\mu_0}{\sigma} i_0 \left(\frac{x_0^3}{2} - \frac{x_0^3}{6} + c_1 x_0\right) = 0; \qquad c_1 = -\frac{x_0^2}{3}.$$

Aus diesem i_1 berechnen wir das Korrektionsglied $\mathfrak{H}_1$ nach der Solenoidformel

$$\mathfrak{H}_1 = \int\limits_x^{x_0} i_1\, dx = \frac{i_0 j \omega \mu_0}{\sigma} \left(\frac{x_0^3}{2} - \frac{x_0 x^2}{2} - \frac{x_0^3}{6} + \frac{x^3}{6} - \frac{x_0^3}{3} + \frac{x_0^2 x}{3}\right)$$

$$= \frac{i_0 j \omega \mu_0}{\sigma} \left(-\frac{x_0 x^2}{2} + \frac{x^3}{6} + \frac{x_0^2 x}{3}\right).$$

Es ist, wie erwartet, bei $x = 0$ und $x = x_0$ Null. Dieses $\mathfrak{H}_1$ induziert eine Spannung

$$u_2 = \mu_0 \frac{\partial}{\partial t} \int_0^x \mathfrak{H}_1 dx .$$

$$\mathfrak{U}_2 = i_0 \frac{\mu_0^2 (j\omega)^2}{\sigma} \left(-\frac{x_0 x^3}{6} + \frac{x^4}{24} + \frac{x_0^2 x^2}{6} \right),$$

Diese Spannung treibt das zweite Stromkorrektionsglied

$$i_2 = i_0 \left(\frac{\mu_0 j\omega}{\sigma}\right)^2 \left\{ \frac{-x_0 x^3}{6} + \frac{x^4}{24} + \frac{x_0^2 x^2}{6} + c_2 \right\},$$

c_2 ist wieder so einzurichten, daß $\int\limits_0^{x_0} i_2\, dx = 0$

$$\int_0^{x_0} i_2\, dx = 0 = i_0 \left(\frac{j\omega\mu_0}{\sigma}\right)^2 \left[-\frac{x_0^5}{24} + \frac{x_0^5}{120} + \frac{x_0^5}{18} + c_2 x_0 \right]; \qquad c_2 = -\frac{x_0^4}{45}.$$

Zwischenrechnung:

$$-\frac{1}{24} + \frac{1}{120} + \frac{1}{18} = \frac{1}{6}\left(-\frac{1}{4} + \frac{1}{20} + \frac{1}{3}\right) = \frac{1}{6\cdot 60}\left[-15 + 3 + 20\right] = \frac{8}{6\cdot 60} = \frac{8}{360} = \frac{1}{45},$$

$$i_{2(x=0)} = -i_0 \left(\frac{j\omega\mu_0}{\sigma}\right)^2 \frac{x_0^4}{45} = +\left(\frac{\mu_0\omega}{\sigma}\right)^2 \frac{x_0^4}{45} i_0 .$$

Dies ist unser i_2, das in Phase mit i_0 liegt.

Wir erhalten als Endresultat:

$$\frac{\delta R}{R} = \left(\frac{\mu_0 \omega}{\sigma}\right)^2 \frac{x_0^4}{45} .$$

2. *Kontrolle der Rechnung durch Reihenentwickluug der Lösung der Differentialgleichung.*

Wir legen jetzt günstiger $x = 0$ an den äußeren Rand des Spulendrahtes. Damit dreht sich die Fortschreitungsrichtung von x und das Vorzeichen um. Die beiden Ausgangsgleichungen lauten dann

$$1.\ -\frac{\partial \mathfrak{H}}{\partial x} = i \quad \text{und} \quad 2.\ -\sigma \frac{\partial i}{\partial x} = j\omega\mu_0 \mathfrak{H} .$$

Die Elimination von $\mathfrak{H}$ ergibt:

$$3.\ \frac{\partial^2 i}{\partial x^2} = \frac{j\omega\mu_0 i}{\sigma} = jki .$$

k ist zur Abkürzung für $\omega\mu_0/\sigma$ gesetzt.

Die Grenzbedingungen lauten:

4. $\mathfrak{H} = 0$ für $x = 0$ und somit nach 2. $\left(\frac{\partial i}{\partial x}\right)_{x=0} = 0$ und 5. $I_0 = \int\limits_0^{x_0} b i\, dx .$

Wir setzen als Lösung eine Potenzreihe an:

$$6.\ i = i_0 (1 + \alpha x + \beta x^2 + \gamma x^3 + \delta x^4 + \cdots) .$$

Setzen wir diesen Ansatz in die Differentialgleichung (3) ein, so erhalten wir:

$$2\beta + 6\gamma x + 12\delta x^2 + \cdots = jk(1 + \alpha x + \beta x^2 + \cdots).$$

Die 1. Grenzbedingung (4) führt auf $\alpha = 0$. Durch Koeffizientenvergleich erhalten wir:

$$\beta = \frac{jk}{2}; \quad \gamma = 0; \quad \delta = -\frac{k^2}{24}; \quad i = i_0\left(1 + \frac{jk}{2}x^2 - \frac{k^2}{24}x^4 + \cdots\right).$$

Die 2. Grenzbedingung (5) liefert den Wert für i_0.

$$I_0 = b\int_0^{x_0} i\,dx = b i_0 x_0\left(1 + \frac{jkx_0^2}{6} - \frac{k^2x_0^4}{120} + \cdots\right); \quad i_0 = \frac{I_0}{bx_0}\,\frac{1}{1 + \frac{jkx_0^2}{6} - \frac{k^2x_0^4}{120}}.$$

Da $\mathfrak{H}_i$ im Innern der Spule: $\mathfrak{H}_i = I_0/b$ ist, erhält man für die Spannung an 1 Windung (Länge $2\pi r$)

$$\mathfrak{U} = \frac{j\omega\mathfrak{J}_0 F\mu_0}{b} + i_{(x=x_0)}\sigma 2\pi r = \frac{j\omega\mu_0\mathfrak{J}_0}{b}\pi r^2 + \frac{\mathfrak{J}_0\sigma 2\pi r}{bx_0}\left(\frac{1 + \frac{jkx_0^2}{2} - \frac{k^2x_0^4}{24} + \cdots}{1 + \frac{jkx_0^2}{6} - \frac{k^2x_0^4}{120} + \cdots}\right)$$

$$= \frac{j\omega\mu_0\mathfrak{J}_0}{b}\pi r^2 + \frac{\mathfrak{J}_0\sigma 2\pi r}{bx_0}\left(1 + \frac{jkx_0^2}{3} + \frac{k^2x_0^4}{45} + \cdots\right).$$

Wir setzen den Gleichstromwiderstand $W_0 = \frac{2\pi r\sigma}{bx_0}$ und $k = \frac{\omega\mu_0}{\sigma}$ ein:

$$W = \frac{j\omega\mu_0}{b}\left(\pi r^2 + \frac{2\pi}{3}rx_0\right) + W_0\left(1 + \left(\frac{\omega\mu_0}{\sigma}\right)^2\frac{x_0^4}{45}\right).$$

Die Widerstandserhöhung ist wieder die obige. Da $\pi\left(r + \frac{x_0}{3}\right)^2 \approx \pi r^2 + \frac{2\pi r x_0}{3}$, so zeigt die Formel zugleich, daß man als Radius zur Berechnung der Spulenfläche den inneren Radius r vermehrt um $^1/_3$ der Drahtdicke (nicht um $^1/_2$ Drahtdicke, wie man zunächst denkt) einzusetzen hat.

(Zahlenbeispiel: $\nu = 500$ Hz, $\sigma = 1{,}8\cdot 10^{-6}\ \Omega$/cm, $x_0 = 4$ mm: $W = W_0\,1{,}286$.)

Unsere Formel zeigt den für Wirbelströme charakteristischen Anstieg des Widerstandes mit ω^2. Sie zeigt ferner einen Anstieg mit x_0^4. Durch Verwendung verdrillter Litzen kann man die Wirbelströme sehr stark herabsetzen. Allerdings kann man durch Aufbau des Leiters aus 100 Einzeldrähten von der Stärke $x_0/10$ nicht auf den $(1/10)^4$ten Teil der Widerstandserhöhung kommen, da dann die einzelnen Drähte auch im Feld der anderen Drähte liegen. Die Formel ist gültig für Tonfrequenzen und lange Wellen, so lange der Draht nicht zu dick ist.

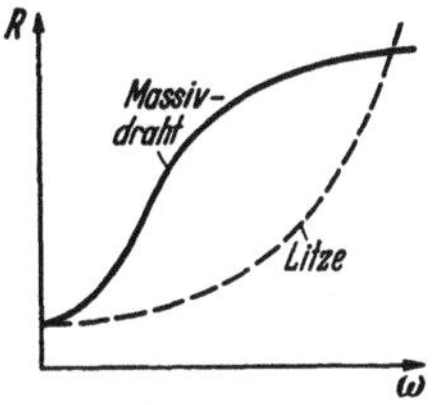

Abb. 55. Wirkwiderstand von Massivdraht und Litze in Abh. von ω.

Für sehr hohe Frequenzen muß man weitere Glieder der Reihe ausrechnen bzw. mit $\sin\sqrt{\frac{j\omega\mu_0}{\sigma}}\,x$ arbeiten. Der Widerstand steigt schließlich nur noch mit $\sqrt{\omega}$ an (s. Abb. 55) und der anfänglich viel geringere Widerstand einer Litze gleichen Gesamtquerschnittes überholt den Widerstand des Massivdrahtes. Deshalb ist bei Kurzwellen evtl. vergoldetes Kupferrohr vorzuziehen.

b) Die Erhöhung des Widerstandes von geraden Drähten durch Wirbelströme.

Bei Dämpfungs- und Leistungsmessungen an Hochfrequenzkreisen kommt es häufig vor, daß man die Erhöhung des Wirkwiderstandes durch Wirbelströme berücksichtigen muß. Es sei daher die Ableitung der Formeln für die Widerstandserhöhung an dieser Stelle mitgeteilt. Diese Ableitung diene zugleich als Beispiel für die wiederholte Anwendung des komplexen Ansatzes in der Form $e^{j\omega t}$ und e^{jkr}.

Die Differentialgleichungen des Problems lesen wir aus Abb. 56 ab. Die Formel für das Magnetfeld eines geraden stromdurchflossenen Leiters ergibt:

$$\mathfrak{H} = \frac{2\mathfrak{J}}{r} = \frac{4\pi}{r}\int_0^r i r\, dr\,; \qquad r\frac{\partial \mathfrak{H}}{\partial r} + \mathfrak{H} = 4\pi r i$$

(1. Maxwellsche Gleichung im elektromagnetischen Maßsystem).

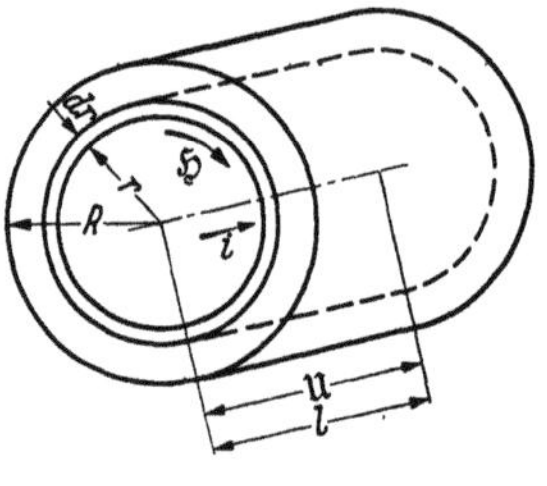

Abb. 56. Widerstandserhöhung im Massivdraht. Erklärung der Buchstaben.

Das Induktionsgesetz ergibt:

$$\mathfrak{U} = -\frac{d\Phi_a}{dt} + l\int_r^R \frac{d\mathfrak{H}}{dt}\, dr + l\sigma i$$

(2. Maxwellsche Gleichung).

[σ = spez. Widerstand, Φ_a = Kraftfluß außen um den Draht.]

Da $\mathfrak{U}$ über den Querschnitt konstant ist, erhält man durch Differenzieren:

$$\frac{d\mathfrak{U}}{dr} = 0 = l\left(-\frac{d\mathfrak{H}}{dt} + \sigma\frac{di}{dr}\right).$$

Wir können nun entweder i oder $\mathfrak{H}$ eliminieren und erhalten:

$$\frac{\partial^2 i}{\partial r^2} + \frac{1}{r}\frac{\partial i}{\partial r} - \frac{4\pi}{\sigma}\frac{\partial i}{\partial t} = 0 \quad \text{oder} \quad \frac{\partial^2 i}{\partial r^2} + \frac{1}{r}\frac{\partial i}{\partial r} - jk^2 i = 0$$

oder

$$\frac{\partial^2 \mathfrak{H}}{\partial r^2} + \frac{1}{r}\frac{\partial \mathfrak{H}}{\partial r} - \frac{\mathfrak{H}}{r^2} - \frac{4\pi}{\sigma}\frac{\partial \mathfrak{H}}{\partial t} = 0 \quad \text{mit} \quad \frac{4\pi\omega}{\sigma} = k^2.$$

Wir behandeln die einfachere Gleichung für i und berechnen zunächst die Abhängigkeit des i von r und dann den Wirkwiderstand aus der Beziehung

$$W = \text{Reell}\,\frac{\mathfrak{U}}{\mathfrak{J}}, \qquad \mathfrak{J} = \int_0^R 2\pi r i\, dr.$$

Da der Wechselstrom im Drahte zeitlich sinusförmig verlaufen soll, setzen wir an:

$$i = i(r)\, e^{j\omega t}.$$

An Stelle des Differentialzeichens $\partial/\partial t$ tritt also $j\omega$. Als Grenzbedingungen kommen in Frage: $i = i_0$, $\partial i/\partial r = 0$* für $r = 0$. Die Differentialgleichung lautet dann:

$$\frac{d^2 i}{dr^2} + \frac{1}{r}\frac{di}{dr} - jk^2 i = 0 \quad \text{mit} \quad k^2 = \frac{4\pi\omega}{\sigma}.$$

1. Die Wirbelströme sind nur schwach, die Frequenz niedrig.

Wir benutzen eine Potenzreihe:

$$i = i_0 + \alpha r^2 + \beta r^4 + \gamma r^6 + \cdots *.$$

Setzen wir diesen Ansatz in die Differentialgleichung ein, so erhalten wir:

$$2\alpha + 4\cdot 3\beta r^2 + 6\cdot 5\gamma r^4 + 2\alpha + 4\beta r^2 + 6\gamma r^4 + \cdots - jk^2 i_0 - jk^2\alpha r^2 - jk^2\beta r^4 - \cdots = 0.$$

* Da die Stromverteilung rotationssymmetrisch um $r = 0$ ist, kommen nur gerade Potenzen von r vor. Man könnte auch eine Potenzreihe ansetzen, welche die ungeraden Potenzen von r mitenthielte. Man würde dann aus der Grenzbedingung $\partial i/\partial r = 0$, $r = 0$ finden, daß der Koeffizient von r Null sein muß, und hieraus weiter ausrechnen können, daß die Koeffizienten aller ungeraden Potenzen von r verschwinden müssen, da die ersten beiden Glieder der Differentialgleichung sich vom letzten um den Faktor r^2 unterscheiden, und durch die Rekursionsformel immer die Koeffizienten von Gliedern, die sich um r^2 unterscheiden, verbunden sind.

Durch Vergleich der Koeffizienten gleicher Potenzen von r folgt:

$$\alpha = \frac{j k^2 i_0}{4}; \quad \beta = \frac{j k^2 \alpha}{16} = -\frac{k^4 i_0}{64}; \quad \gamma = \frac{j k^2 \beta}{36} = -\frac{j k^6 i_0}{2304},$$

$$i = i_0\left(1 + \frac{j k^2 r^2}{4} - \frac{k^4 r^4}{64} - \frac{j k^6 r^6}{2304} + \cdots\right).$$

Den Gesamtstrom finden wir durch Integration:

$$\mathfrak{J} = \int_0^R 2\pi r i\, dr = \pi i_0 \int_0^R \left(2 r\, dr + \frac{j k^2 r^3 dr}{2} - \frac{k^4 r^5 dr}{32} - \cdots\right) = \pi R^2 i_0\left[1 + \frac{j k^2 R^2}{8} - \frac{k^4 R^4}{192} - \cdots\right].$$

Die Ausrechnung des reellen Teiles von $\frac{\mathfrak{U}}{\mathfrak{J}} = W$ ergibt unter Vernachlässigung höherer als 4. Potenzen von r*:

$$W = \text{Reell}\,\frac{\mathfrak{U}}{\mathfrak{J}} = \text{Reell}\,\frac{\sigma l}{\pi R^2}\,\frac{1 + \frac{j k^2 R^2}{4} - \frac{k^4 R^4}{64}}{1 + \frac{j k^2 R^2}{8} - \frac{k^4 R^4}{192}} = W_0\left(1 + \frac{1}{3}\,\frac{k^4 R^4}{64}\right),$$

mit $W_0 = \sigma l/\pi R^2$ = Gleichstromwiderstand. Kürzen wir $kR/2\sqrt{2}$ mit $\varkappa$ ab, so erhalten wir als Schlußformel:

$$W = W_0\left(1 + \frac{\varkappa^4}{3}\right).$$

2. *Die Frequenzen sind sehr hoch, die Wirbelströme sehr stark.*

Strom und Magnetfeld dringen dann von außen als starkgedämpfte Welle nur sehr wenig in den Draht ein. Im Innern ist der Draht stromfrei. Man könnte statt des Drahtes ebensogut ein dünnes Kupferrohr nehmen. Um diese Wellennatur auszudrücken, setzen wir als erste Näherung an:

$$i = A\, e^{j\mathfrak{k} r}.$$

Dieser Ansatz würde zum Ziel führen, wenn wir uns auf einen Bereich beschränken, in dem sich $1/r$ praktisch nicht ändert. Wollen wir die Änderung von $1/r$ auch noch berücksichtigen, so setzen wir nach der Methode der Variation der Parameter A als Funktion von r an und erhalten dann für A die Differentialgleichung:

$$-\mathfrak{k}^2 A + 2j\mathfrak{k} A' + A'' + \frac{1}{r}\, j\mathfrak{k} A + \frac{1}{r}\, A' - j k^2 A = 0.$$

Wir bedenken nun, daß k ein sehr großer Wert ist. Wählen wir $-\mathfrak{k}^2 = +j k^2$, so heben sich die größten k^2 proportionalen Glieder weg. Das von k freie Glied können wir als klein streichen. Wir behalten also für A die Differentialgleichung

$$2A' + \frac{1}{r}\, A = 0$$

mit der Lösung:

$$\ln A = -\frac{1}{2}\ln r + \ln C; \qquad A = \frac{C}{\sqrt{r}}.$$

Diese Lösung gilt nur in der Nähe der Drahtoberfläche. Im Drahtmittelpunkt würde nach dieser Näherungslösung der Strom unendlich groß werden, während er, wie wir überlegten, in Wirklichkeit Null wird. Das Integral zur Berechnung des Gesamtstromes erstrecken wir in Rücksicht auf dieses Versagen der Näherungslösung nicht bis $r = 0$, sondern nur bis zu einem wenig

* Der vom äußeren Magnetfelde induzierte Spannungsanteil ist von vornherein weggelassen, da er gegen den Gesamtstrom 90° Phasenverschiebung hat, und daher keinen Beitrag zur Wirkspannung liefert.

unter der Oberfläche gelegenen r_1, bei dem aber $e^{j\mathfrak{k}r_1}$ schon verschwindend klein gegen $e^{j\mathfrak{k}r}$ geworden ist. Hiernach berechnet sich der Gesamtstrom zu

$$\mathfrak{J}=\int_{r_1}^{R} 2\pi r i\,dr=\int_{r_1}^{R} 2\pi r \frac{C e^{j\mathfrak{k}r}}{\sqrt{r}}\,dr=\pi C\left[\left(\frac{2\sqrt{r}}{j\mathfrak{k}}+\frac{1}{\mathfrak{k}^2\sqrt{r}}\right)e^{j\mathfrak{k}r}\right]_{r_1}^{R}=\frac{2\pi C\sqrt{R}}{j\mathfrak{k}}\left(1-\frac{1}{2j\mathfrak{k}R}\right)e^{j\mathfrak{k}R}.$$

(Integriere partiell!) Die untere Grenze verschwindet angenähert. Die Spannung gleicht wieder der Spannung längs eines Stromfadens an der Oberfläche:

$$\mathfrak{U}=\frac{l\sigma C e^{j\mathfrak{k}r}}{\sqrt{R}}.$$

Die zur Wirkspannung nichts beitragende vom äußeren Felde induzierte Spannung ist wieder von vorn herein weggelassen.

Der Wirkwiderstand ist dann:

$$W=\text{Reell}\,\frac{\mathfrak{U}}{\mathfrak{J}}=\text{Reell}\,\frac{l\sigma}{2\pi R}\,j\mathfrak{k}\left(1+\frac{1}{2j\mathfrak{k}R}\right)=\text{Reell}\,\frac{l\sigma}{\pi R^2}\left(\frac{j\mathfrak{k}R}{2}+\frac{1}{4}\right)$$

$$\left(\text{nach } \frac{1}{1-\varepsilon}=1+\varepsilon\,!\right)$$

und mit $\text{Reell}\, j\mathfrak{k}=\text{Reell}\, j\sqrt{-jk^2}=\frac{k}{\sqrt{2}}$:

$$W=W_0\left(\frac{kR}{2\sqrt{2}}+\frac{1}{4}\right).$$

Führen wir wieder die Abkürzung $\varkappa=\frac{kR}{2\sqrt{2}}$ ein, so erhalten wir als Endformel

$$W=W_0\left(\varkappa+\frac{1}{4}\right).$$

Die Formeln sind damit auf die Form gebracht, wie sie sich in den Funktionstafeln von JAHNKE und EMDE, S. 142, finden.

Zahlenbeispiele: 1. Kleiner $\varkappa$-Wert. Die Wellenlänge sei 1 m, $\nu=3\cdot 10^8$/sec; $\omega=2\pi\cdot 3\cdot 10^8\sim 2\cdot 10^9$/sec. Als Widerstand diene ein Konstantandraht von $^1/_{20}$ mm Durchmesser mit dem spezifischen Widerstand von $\sigma=5\cdot 10^{-5}\,\Omega$cm $=5\cdot 10^4$ cm²/sec (elektromagnetisches Maßsystem). Für $\varkappa$ erhalten wir dann die unbenannte Zahl

$$\varkappa=\frac{R}{2\sqrt{2}}\sqrt{\frac{4\pi\omega}{\sigma}}=R\sqrt{\frac{\pi\omega}{2\sigma}}=\frac{1}{400}\sqrt{\frac{\pi\cdot 2\cdot 10^9}{2\cdot 5\cdot 10^4}}=\frac{1}{4}\sqrt{2\pi}=0{,}63\,,$$

$$W=W_0\left(1+\frac{\varkappa^4}{3}\right)=W_0\left(1+\frac{0{,}63^4}{3}\right)=W_0(1+0{,}053)\,.$$

Die Widerstandserhöhung ist trotz der hohen Frequenz nur 5,3%.

2. Großer $\varkappa$-Wert. Als Widerstand diene ein Kupferdraht von 1 mm Durchmesser bei 100 m Wellenlänge. $R=\frac{1}{20}$ cm; $\sigma=2\cdot 10^3$ cm²/sec; $\omega=2\cdot 10^7\,\text{sec}^{-1}$.

$$\varkappa=R\sqrt{\frac{\pi\omega}{2\sigma}}=\frac{1}{20}\sqrt{\frac{\pi\cdot 2\cdot 10^7}{2\cdot 2\cdot 10^3}}=5\sqrt{\frac{\pi}{2}}=6{,}26\,,$$

$$W=W_0(\varkappa+\tfrac{1}{4})=W_0(6{,}26+0{,}25)=W_0\,6{,}51.$$

Obwohl die Frequenz viel niedriger ist, ist der $\varkappa$-Wert doch höher wegen des großen Durchmessers und auch wegen der höheren Leitfähigkeit des Kupfers.

3. Hysteresisverluste.

Ist eine Spule mit einem Eisenkern gefüllt, so entstehen auch in den Lamellen des Kernes Wirbelströme. Die Berechnung der durch diese Wirbelströme bedingten Widerstandserhöhung lese man in H. G. MÖLLER, Schwingungsaufgaben, 2. Auflage, S. 77, nach. Die Hysteresis kann man durch eine komplexe Permeabilität einführen und erhält, ebenda S. 22, einen proportional mit ω ansteigenden Wirkwiderstand.

4. Dielektrische Verluste.

Wir gehen von der Vorstellung aus[1], daß in einem Dielektrikum die Elektronen durch quasielastische Kräfte an die Moleküle gebunden sind. Eine Feldstärke $\mathfrak{E}$ verschiebt sie um $x = \mathfrak{E} e_1/p$ (p = Federkonstante). Die Stirnflächenladung auf 1 cm² ist dann $\frac{N\mathfrak{E} e_1^2}{p}$ (N = Elektronenzahl pro cm³) und die Gesamtladung

$$\frac{Q}{1\ \text{cm}^2} = \left(\varepsilon_0 + \frac{N e_1^2}{p}\right)\mathfrak{E},$$

so daß die Dielektrizitätskonstante

$$\varepsilon_r \varepsilon_0 = \varepsilon_0\left(1 + \frac{N e_1^2}{\varepsilon_0 p}\right)$$

wird. Wenn nun die Elektronen noch einer Reibung unterworfen sind, erhalten wir statt $p x = \mathfrak{E} e_1$

$$p x + \varrho x' = \mathfrak{E} e_1$$

und für Schwingungen ($m x''$ vernachlässigt):

$$x_0 = \frac{\mathfrak{E}_0 e_1}{p + j\omega\varrho}. \quad \mathfrak{E}_0 = \text{Amplitude von } \mathfrak{E}, \quad x_0 = \text{Amplitude von } x.$$

Für die Dielektrizitätskonstante erhalten wir dann

$$\varepsilon_r = 1 + \frac{N e_1^2}{\varepsilon_0 (p + j\omega\varrho)} = 1 + \frac{N e_1^2 p}{\varepsilon_0 (p^2 + \omega^2 \varrho^2)} - \frac{j\omega\varrho N e_1^2}{\varepsilon_0 (p^2 + \omega^2\varrho^2)}.$$

Der kapazitive Widerstand ergibt sich dann zu

$$\Re = \frac{1}{j\omega C} \quad \text{und mit} \quad C = \frac{F\varepsilon_0\varepsilon_r}{a} = \frac{F\varepsilon_0}{a}\left(1 + \frac{N e_1^2 p}{\varepsilon_0 (p^2 + \omega^2\varrho^2)} - \frac{j\omega\varrho N e_1^2}{\varepsilon_0 (p^2 + \omega^2\varrho^2)}\right)$$

zu

$$\Re = \frac{1}{\frac{j\omega F\varepsilon_0}{a}\left(1 + \frac{N e_1^2}{\varepsilon_0 (p^2 + \omega^2\varrho^2)}(p - j\omega\varrho)\right)} = \frac{1}{\frac{j\omega F\varepsilon_0}{a}\left(1 + \frac{N e_1^2 p}{\varepsilon_0 (p^2 + \omega^2\varrho^2)}\left(1 - \frac{j\omega\varrho}{p}\right)\right)}.$$

Nun vernachlässigen wir $\omega^2\varrho^2$ neben p^2 und führen die Dielektrizitätskonstante für Gleichstrom $\varepsilon_1 = 1 + \frac{N e_1^2}{\varepsilon_0 p}$ ein, so erhalten wir:

$$\Re \cong \frac{1}{\frac{j\omega F\varepsilon_0}{a}} \frac{1}{\left(\varepsilon_1 - \frac{N e_1^2 j\omega\varrho}{\varepsilon_0 p^2}\right)} = \frac{1}{\frac{j\omega F\varepsilon_0\varepsilon_1}{a}} \frac{1}{\left(1 - \frac{N e_1^2 j\omega\varrho}{\varepsilon_0\varepsilon_1 p^2}\right)}.$$

Da $F\varepsilon_0\varepsilon_1/a$ die Gleichstromkapazität C_1 ist, erhalten wir

$$\Re = \frac{1}{j\omega C_1} \frac{1}{1 - \frac{N e_1^2 j\omega\varrho}{\varepsilon_0\varepsilon_1 p^2}}.$$

Da $\frac{N e_1^2 j\omega\varrho}{\varepsilon_0\varepsilon_1 p^2} \ll 1$, wenden wir $\frac{1}{1-\varepsilon} = 1 + \varepsilon$ an:

$$\Re \cong \frac{1}{j\omega C_1}\left(1 + \frac{N e_1^2 j\omega\varrho}{\varepsilon_0\varepsilon_1 p^2}\right) = \frac{1}{j\omega C_1} + \frac{N e_1^2 \varrho}{\varepsilon_0\varepsilon_1 p^2 C_1} = \frac{1}{j\omega C_1} + R_{\text{ers}},$$

[1] Siehe Anhang: Elektrizitätslehre, S. 249.

wobei der Ersatzwiderstand für die Berücksichtigung reibender Elektronen

$$R_{\mathrm{ers}} = \frac{N e_1^2 \varrho}{\varepsilon_0 \varepsilon_1 p^2 C_1}$$

ist. Kontrolliere die Dimension!

Dimension von

$$\frac{N e_1^2 \varrho}{\varepsilon_0 \varepsilon_1 p^2 C_1} = \frac{\frac{1}{\mathrm{cm}^3}\,\mathrm{C}^2\,\frac{\mathrm{dyn}}{\mathrm{cm/sec}}}{\frac{\mathrm{C}}{\mathrm{V\,cm}}\cdot 1 \cdot \frac{\mathrm{dyn}^2}{\mathrm{cm}^2}\,\frac{\mathrm{C}}{\mathrm{V}}} = \frac{\mathrm{V^2\,sec}}{\mathrm{dyn\,cm}} = \frac{\mathrm{V^2\,sec}}{\mathrm{erg}}.$$

Da $\mathrm{V} = \frac{\mathrm{erg}}{\mathrm{C}}$, wird die Dimension

$$\frac{\mathrm{V\cdot erg\,sec}}{\mathrm{C\cdot erg}} = \frac{\mathrm{V}}{\mathrm{A}} = \Omega.$$

Die dielektrischen Verluste infolge der Elektronenreibung sind also durch einen vor den Kondensator geschalteten frequenzunabhängigen Widerstand zu ersetzen und durch Messungen des Dämpfungswiderstandes zu gewinnen.

5. Verluste durch ungenügende Isolation.

Hat der Kondensator eine Ableitung Λ, die klein gegen ωC sein möge, so macht auch diese sich als Dämpfungswiderstand bemerkbar. Denn für $\frac{1}{j\omega C + \Lambda}$ können wir

$$\frac{1}{j\omega C\left(1 + \frac{\Lambda}{j\omega C}\right)} = \frac{1}{j\omega C}\,\frac{1 - \frac{\Lambda}{j\omega C}}{1 + \frac{\Lambda^2}{\omega^2 C^2}} \approx \frac{1}{j\omega C} + \frac{\Lambda}{\omega^2 C^2}$$

schreiben. Der Ersatzwiderstand $\Lambda/\omega^2 C^2$ nimmt dann mit wachsender Frequenz ab.

G. Der Schwingungskreis in Parallelschaltung.

1. Berechnung und Vektordiagramme.

Der Schwingungskreis mit Parallelschaltung von Spule und Kondensator ist uns bereits beim Röhrengenerator begegnet. Wir hatten ihn dort als einen gewöhnlichen Schwingungskreis (mit Hintereinanderschaltung von Spule und Kondensator) aufgefaßt, der über einen Spartransformator mit dem Windungszahl-Verhältnis 1:1 betrieben wird. Diese Betrachtungsweise erläuterte den Übergang von Abb. 24 zu Abb. 25.

Wir wollen ihn jetzt als Stromverzweigung auffassen.

Wenn Spulen- und Kondensatorzweig widerstandsfrei sind und wenn die Frequenz des Wechselstromes der Resonanzfrequenz

$$\omega = \omega_r \qquad \left(\frac{1}{\omega C} = \omega L\right)$$

gleicht, so fließen in den Zweigen gleiche, um 180° phasenverschobene Ströme:

$$I_C = U\omega C \cos\omega t\,; \qquad I_L = -\frac{U}{\omega L}\cos\omega t\,.$$

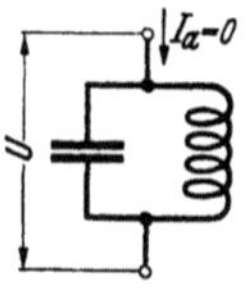

Abb. 57. Schwingungskreis in Parallelschaltung.

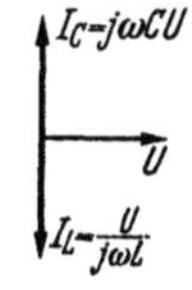

Abb. 58. Vektordiagramm hierzu (ohne Dämpfung).

Es bleibt keine Differenz I_a übrig, welche in der Zuleitung fließen könnte (Abb. 57, 58). Ist aber z. B. im Spulenzweig noch Widerstand vorhanden, so wird der Strom I_L ein wenig kleiner als I_C und bekommt eine Phasenverschiebung gegen I_c. Die Verhältnisse sind in dem Vektordiagramm Fall A, Abb. 59/60 dargestellt. (Beachte die Ähnlichkeit der Dreiecke 0 1 2, 0 1′ 2′!) Der Strom in der Zuleitung liegt

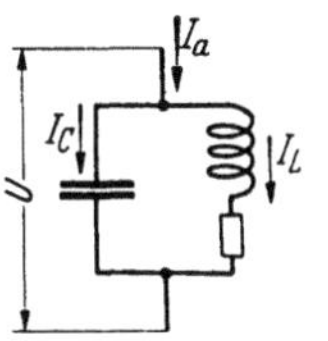

Abb. 59. Widerstand im Spulenkreis.

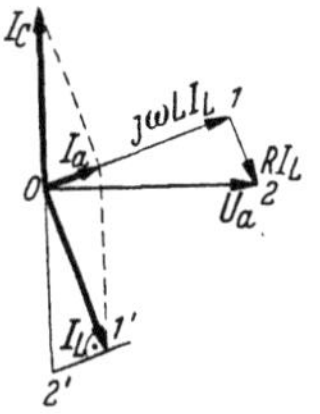

Abb. 60. Diagramm zu 56.

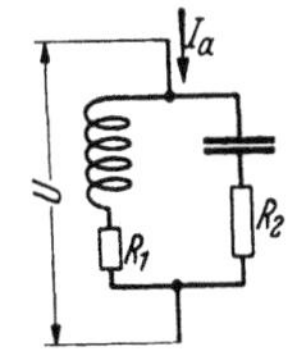

Abb. 61. Widerstand in beiden Zweigen.

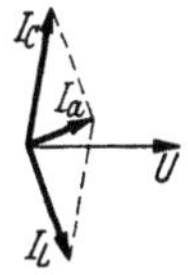

Abb. 62. Diagramm zu 58.

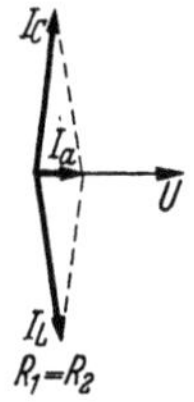

Abb. 63. $R_L = R_C$ Vektordiagramme.

fast in Phase mit der Spannung. Das Diagramm für Widerstand in beiden Zweigen ist ebenfalls entworfen (Fall B, Abb. 62); sind beide Widerstände gleich, so ist $\mathfrak{J}_a$ bei Resonanz genau mit $\mathfrak{U}_a$ in Phase (Abb. 63). Ebenso sind Diagramme für Verstimmung wiedergegeben (Abb. 64 und 65). Durch geeignete Verstimmung lassen sich $\mathfrak{U}_a$ und $\mathfrak{J}_a$ in Phase bringen (Abb. 66).

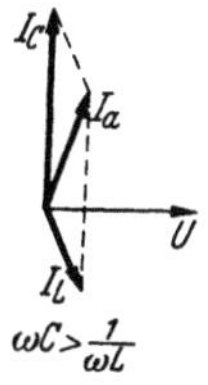

Abb. 64. $\omega C < \frac{1}{\omega L}$ Vektordiagramme.

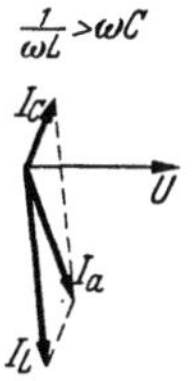

Abb. 65. $\omega C < \frac{1}{\omega L}$ Vektordiagramme.

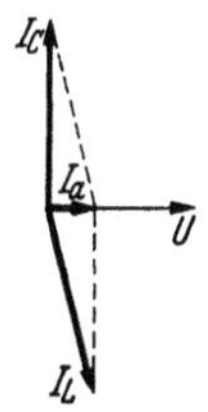

Abb. 66. Phasenreine Erregung bei Abweichung von $\omega L = 1/\omega C$.

Nachdem wir die Resultate kennen, können wir sie in mathematische Form bringen. Um das Verhältnis von $\mathfrak{U}_a/\mathfrak{J}_a$ zu finden, brauchen wir nur die Formel für den Kombinationswiderstand $\mathfrak{R}_c$

$$\frac{\mathfrak{U}_a}{\mathfrak{J}_a} = \mathfrak{R}_c = \frac{\mathfrak{R}_L \mathfrak{R}_C}{\mathfrak{R}_L + \mathfrak{R}_C}$$

anzuschreiben und für $\mathfrak{R}_L$: $j\omega L + R_1$, für $\mathfrak{R}_C$: $\frac{1}{j\omega C} + R_2$ einzusetzen

$$\mathfrak{R}_c = \frac{(j\omega L + R_1)\left(\frac{1}{j\omega C} + R_2\right)}{j\omega L + \frac{1}{j\omega C} + R_1 + R_2} = \frac{L\left(1 - j\frac{R_1}{\omega L}\right)(1 + j\omega C R_2)}{2LC(j\delta\omega + \mathfrak{d})} = \frac{1 + j\left(\omega C R_2 - \frac{R_1}{\omega L}\right) + \frac{R_1 R_2 C}{L}}{2C(j\delta\omega + \mathfrak{d})}.$$

Hierbei sind wieder die Abkürzungen:

$$\delta\omega = \frac{\omega^2 - \omega_r^2}{2\omega}; \quad \omega_r^2 = \frac{1}{LC}; \quad \mathfrak{d} = \frac{R_1 + R_2}{2L}$$

benutzt (Fall B, Abb. 62).

Diskussion: Für sehr kleine Dämpfungen

$$\frac{R_1}{\omega L} \ll 1 \quad \text{und} \quad \omega C R_2 \ll 1$$

erhalten wir

$$\mathfrak{R}_c = \frac{1}{2C(j\delta\omega + \mathfrak{d})},$$

bei Resonanz

$$\mathfrak{R}_{c\,\mathrm{res}} = \frac{1}{2C\mathfrak{d}} = \frac{L}{CR}.$$

Sind $R_1 = R_2$, so sind bei Resonanz $(1/\omega L = \omega C)$

$$1 - j\frac{R_1}{\omega L} \quad \text{und} \quad 1 + j\omega C R_1$$

konjugiert komplexe Zahlen mit reellem Produkt:

$$1 + \frac{R_1^2 C}{L},$$

$\mathfrak{R}_e$ wird bei Abstimmung reell

$$\mathfrak{R}_e = \left(1 + R_1^2 \frac{C}{L}\right) \frac{L}{RC}$$

(Fall C, Abb. 63). Liegt nur im Spulenzweig Widerstand, so wird

$$\mathfrak{R}_e = \frac{\left(1 + \frac{R_1}{j\omega L}\right)}{2C(j\delta\omega + \mathfrak{d})}.$$

$\mathfrak{R}_e$ wird reell, wenn

$$\delta\omega = -\frac{R_1 \mathfrak{d}}{\omega L} = -\mathfrak{d} \cdot d$$

(Fall D, Abb. 66).

2. Vergleich von Spannungs- und Stromresonanz.

1. Spannungsresonanz. In der Spannungsresonanzschaltung (Abb. 67) liefert die Wechselstrommaschine den vollen Strom. $\mathfrak{U}$ ist aber kleiner als $\mathfrak{U}_C$ oder $\mathfrak{U}_L$. Wir berechnen

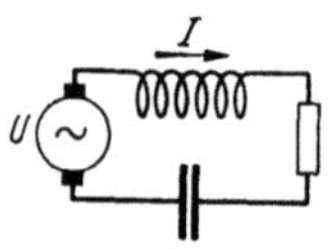

Abb. 67. Spannungsresonanz.

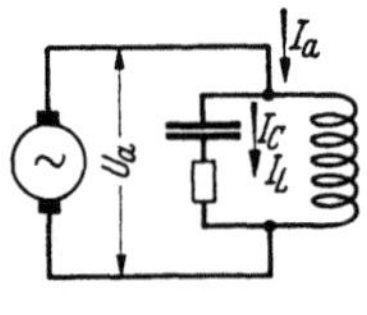

Abb. 68. Stromresonanz.

$$\mathfrak{U}_C = \frac{\mathfrak{U}}{j\omega CR}\,; \quad \mathfrak{U}_L = \frac{\mathfrak{U}j\omega L}{R}.$$

Die *Spannungs*erhöhung ist

$$\left|\frac{\mathfrak{U}_C}{\mathfrak{U}}\right| = \left|\frac{\mathfrak{U}_L}{\mathfrak{U}}\right| = \frac{\omega L}{R} = \frac{1}{\omega CR} = \frac{1}{d}.$$

Daher der Name *Spannungsresonanz* oder, da L und C in Reihe liegen, *Reihenresonanz*.

2. Die Stromresonanz. Beim Sperrkreis liefert die Maschine die volle Spannung, aber einen geringen Strom (Abb. 68). Das Verhältnis der Ströme berechnet sich unter Vernachlässigung von R neben ωL bzw. $1/\omega C$ zu

$$\mathfrak{J}_C = j\omega C\mathfrak{U}_a, \qquad \left|\frac{\mathfrak{J}_C}{\mathfrak{J}_a}\right| = \frac{\omega CL}{CR} = \frac{1}{d},$$

$$\mathfrak{J}_L = \frac{\mathfrak{U}_a}{j\omega L},$$

$$\mathfrak{J}_a = \mathfrak{U}_a \frac{RC}{L}. \qquad \left|\frac{\mathfrak{J}_L}{\mathfrak{J}_a}\right| = \frac{1}{\omega L} \cdot \frac{L}{CR} = \frac{\omega^2 L}{\omega R} = \frac{1}{d}.$$

Das Dämpfungsmaß gibt also in beiden Fällen die Erhöhung der Spannung bzw. des Stromes im Resonanzfalle an. Da beim Sperrkreis der Schwingkreisstrom ($\mathfrak{J}_L$, $\mathfrak{J}_C$) höher als der Speisestrom $\mathfrak{J}_a$ ist, nennt man ihn auch *Stromresonanzschaltung*, oder da L und C zueinander im Nebenschluß liegen, *Nebenschluß*- oder *Parallelresonanzschaltung*.

Wenn man bei Resonanzabstimmung auf den betreffenden Wechselstrom einen dämpfungsfreien Schwingungskreis in eine Leitung einschaltet,

so ändert er bei Spannungsresonanzschaltung den Strom nicht. Er wirkt wie ein Widerstand vom Werte Null oder ein unendlicher Leitwert.

Bei Stromresonanz sperrt er die Leitung. Er wirkt wie ein unendlicher Widerstand oder ein Leitwert Null. Daher nennt man den Schwingungskreis in Stromresonanzschaltung auch *Sperrkreis*. Der Leistungsverbrauch des ungedämpften Sperrkreises ist ebenso wie der eines unendlichen Widerstandes $= 0$ $\left(\lim_{R=\infty} \frac{U^2}{R} = 0!\right)$.

Für Ströme anderer Frequenzen haben die dämpfungsfreien Schwingungskreise reine Blindwiderstände.

Die geschilderten Eigenschaften bedingen die Verwendung der beiden Schwingungskreisarten.

Die Elektronenröhre ist ein Wechselstromgenerator, der wohl eine hohe Spannung ($\mathfrak{U}_g/D$), aber infolge des hohen Innenwiderstandes einen nur geringen

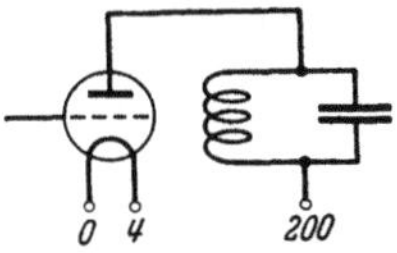

Abb. 69. Verwendung der Stromresonanzschaltung im Röhrensender.

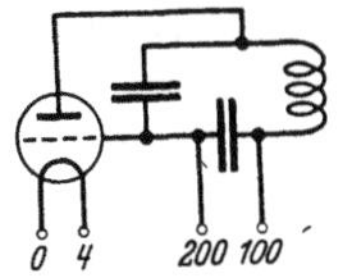

Abb. 70. Verwendung der Stromresonanzschaltung im Dynatron.

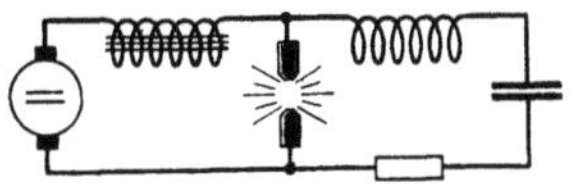

Abb. 71. Verwendung der Spannungsresonanzschaltung beim Lichtbogen.

Strom liefert. Man verwendet den Schwingungskreis in Stromresonanzschaltung (s. Abb. 69).

Das Dynatron stellt einen *hohen* negativen Widerstand dar; auch hier wird der Schwingungskreis in Stromresonanzschaltung benutzt (Abb. 70).

Der Lichtbogen ist auch ein negativer Widerstand, er liefert im Gegensatz zum Dynatron viel Strom und nur geringe Spannung. Der Schwingungskreis wird daher hier in Spannungsresonanzschaltung gebraucht (Abb. 71).

3. Anwendung des Sperrkreises.

Um einen starken Störsender, z. B. den Ortssender, beim Empfang von fernen Stationen vom Apparat fernzuhalten, schaltet man einen auf den Ortssender abgestimmten Sperrkreis in die Antenne. Um die Wirkungsweise des Sperrkreises zu erläutern, behandeln wir folgende Übungsaufgabe:

Berechne die in den Empfänger hereininduzierte Spannung einmal mit abgestimmtem Sperrkreis und einmal ohne Sperrkreis.

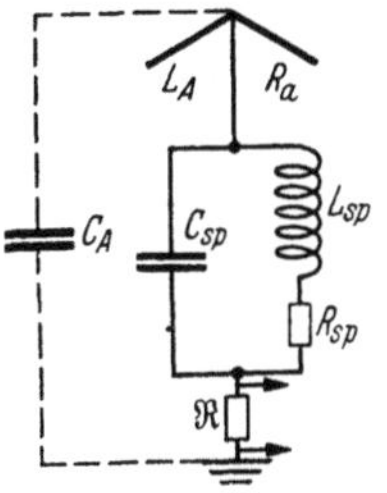

Abb. 72. Der Sperrkreis in der Antenne.

Wir benutzen eine kleine Rundfunkantenne (Abb. 72), deren Induktivität einschließlich der Kopplungsspule und deren Kapazität klein ist, so daß in dem Widerstand des Antennenkreises

$$j\omega L_A + R_A + \frac{1}{j\omega C_A} + \mathfrak{R}$$

immer noch $1/j\omega C_A$ überwiegt.

Wenn $\mathfrak{R}$ der Kopplungswiderstand zur 1. Röhre ist und wenn die Antenne die Spannung $\mathfrak{U}_1 = h_{\text{eff}} \cdot \mathfrak{E}$* aus dem Strahlungsfelde aufnimmt, so kann man für die Gitterspannung $\mathfrak{U}_g$ an der 1. Röhre angenähert schreiben:

$$\mathfrak{U}_g = \frac{\mathfrak{U}_1}{\dfrac{1}{j\omega C_A}}\,\mathfrak{R}.$$

Schaltet man den Sperrkreis L_{Sp}, C_{Sp}, R_{Sp} ein, so tritt zu $1/j\omega C_A$ noch der Kombinationswiderstand des Sperrkreises:

$$\frac{L_{\text{Sp}}}{C_{\text{Sp}} R_{\text{Sp}}} = \frac{1}{\omega^2 C_{\text{Sp}}^2 R_{\text{Sp}}}.$$

$\mathfrak{U}_g$ sinkt im Verhältnis:

$$V = \frac{\dfrac{1}{j\omega C_A} + \dfrac{1}{\omega^2 C_{\text{Sp}}^2 R_{\text{Sp}}}}{\dfrac{1}{j\omega C_A}} = 1 + \frac{j\omega C_A}{\omega^2 C_{\text{Sp}}^2 R_{\text{Sp}}}; \qquad |V| \approx \frac{C_A}{\omega C_{\text{Sp}}^2 R_{\text{Sp}}}.$$

* h_{eff} = effektive Antennenhöhe, s. Abschnitt über Wellenausbreitung, S. 198.

Zahlenbeispiel: Es sei $\omega = 10^7/\text{sec}$; $C_A = 200\,\text{pF} = 2 \cdot 10^{-10}\,\text{F}$, $C_{Sp} = 100\,\text{pF} = 10^{-10}\,\text{F}$, $R_{Sp} = 5\,\Omega$. Dann wird V

$$V = \frac{2 \cdot 10^{-10}}{10^7 \cdot 10^{-20}\, 5} = \frac{2}{5} 10^{-10-7+20} = \frac{2}{5} 10^3 = 400,$$

d. h. der Sperrkreis vermindert die Störspannung am Gitter der 1. Röhre auf $\frac{1}{400}$.

a) Der Sperrkreis als Kopplungselement. Nimmt man vom Sperrkreis die Gitterspannung der ersten Röhre ab, so erhält man praktisch die volle Antennenspannung $\mathfrak{U}_1$ (Abb. 73).

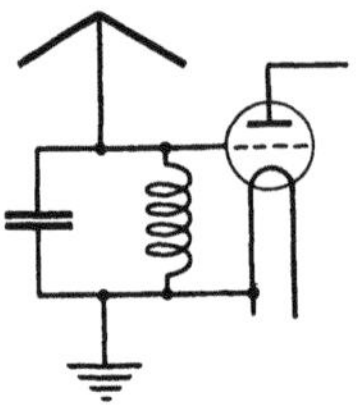

Abb. 73. Der Sperrkreis als Kopplungselement.

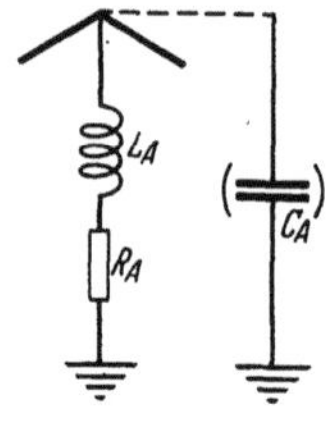

Abb. 74. Ersatz-L_A, C_A, R_A für eine Antenne.

b) Der Sperrkreis als Abstimmittel für *kleine* Antennen. Die Antenne pflegten wir durch eine Spule mit Widerstand (Induktivität des Antennendrahtes, Summe des ohmschen, Strahlungs- und Erdungswiderstandes) und die Kapazität Schirm-Erde zu ersetzen, so daß wir als Ersatzgrößen L_A, C_A, R_A normieren können (Abb. 74). Da unsere Antenne klein sein soll, so liegt ihre Resonanzfrequenz wesentlich höher als die zu empfangende. Wir müssen eine Verlängerungsspule einschalten, an der wir dann die Spannung für die erste Röhre abnehmen können.

Zahlenbeispiel: $\lambda = 1200$ m. $C_A = 300$ pF. $L_A = \frac{1}{2} 10^{-5}$ H. $R = 30\,\Omega$. Die für Resonanz nötige Induktivität ist nach

$$\omega^2 = \left(\frac{2\pi c}{\lambda}\right)^2 = \frac{1}{LC},$$

$$L = \frac{1}{C} \frac{\lambda^2}{(2\pi c)^2} = \frac{1 \cdot 1{,}2^2 \cdot 10^{10}}{3 \cdot 10^{-10} (2\pi)^2\, 9 \cdot 10^{20}} = \frac{1{,}44}{3\,(6{,}28)^2 \cdot 9} = 1{,}35 \cdot 10^{-3}\,\text{H}.$$

Um diese 1,35 mHy herzustellen, braucht man eine recht umfangreiche und unhandliche Spule, die auch noch weiteren Widerstand hereinbringt.

(Abschätzung: $10^{-3}\,\text{H} = \mu_0 N^2 \frac{F}{l}$. $F = 60\,\text{cm}^2$. $l = 15$ cm. Umfang $\cong 28$ cm.

$$N^2 = \frac{10^{-3} \cdot 15}{1{,}25 \cdot 10^{-8} \cdot 60} = \frac{1}{4 \cdot 1{,}25} \frac{10^{-3}}{10^{-8}} = 2 \cdot 10^4.$$

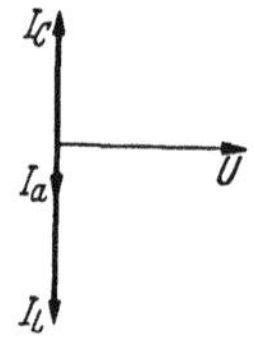

Abb. 75. Der wenig verstimmte Sperrkreis als große Drossel (Induktivität).

$N = 140$; Drahtlänge $= 140 \cdot 28\,\text{cm} = 39$ m.

Der Hochfrequenz-Wirkwiderstand ist auf weitere $10\,\Omega$ zu schätzen, so daß insgesamt $40\,\Omega$ in der Antenne liegen. Bei einer Antennenspannung $h_{\text{eff}} \cdot \mathfrak{E} = 6$ mV erhalten wir einen Antennenstrom von $\mathfrak{J}_A = \frac{6}{40}$ mA $= 1{,}5 \cdot 10^{-4}$ A und eine Empfängereingangsspannung von

$$|j\omega L \mathfrak{J}_A| = 1{,}5 \cdot 10^{-4} \cdot 1{,}5 \cdot 10^6 \cdot 1{,}35 \cdot 10^{-3} \cong 0{,}3\,\text{V}.$$

$$\left[\text{Es war } \omega = \frac{2\pi}{4} 10^6 = 1{,}5 \cdot 10^6;\ L = 1{,}35 \cdot 10^{-3}\,\text{H}\right]\Big).$$

Wir können aber eine hohe Induktivität auch herstellen, wenn wir einer Spule eine Kapazität parallel schalten. Das Vektordiagramm der Stromverzweigung zunächst ohne Berücksichtigung der Widerstände zeigt Abb. 75. Wenn wir z. B. den kapazitiven Leitwert

$$\omega C = \frac{9}{10} \frac{1}{\omega L}$$

$= \frac{9}{10}$ des induktiven Leitwertes wählen, ist

$$\mathfrak{J}_C = \tfrac{9}{10} \mathfrak{J}_L \quad \text{und} \quad \mathfrak{J}_A = \tfrac{1}{10} \mathfrak{J}_L.$$

Die induzierte Spannung ist aber

$$|\mathfrak{U}| = \omega L \mathfrak{J}_L = 10 \omega L \mathfrak{J}_A .$$

Die Parallelschaltung der Kapazität wirkt also wie eine Erhöhung der Induktivität auf das 10fache. Diese Überlegung führt uns auf die Idee, einen Sperrkreis statt einer Spule in die Antenne einzuschalten. Die Induktivität des Sperrkreises braucht dann nur 10^{-4} H zu haben, die sich leicht herstellen lassen $\left(\text{Windungszahl } N = \frac{140}{\sqrt{10}} \cong 45\right)$.

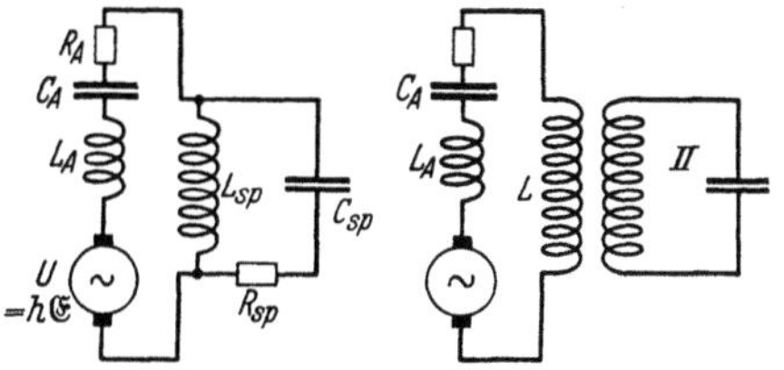

Abb. 76. Der Sperrkreis als induktiv durch einen Spartrafo 1:1 angekoppelter Spannungsresonanzkreis aufgefaßt.

Etwas komplizierter werden die Verhältnisse, wenn man noch näher an die Resonanzabstimmung $\omega L = 1/\omega C$ herangeht. Wie wir aus den Überlegungen im Anfang dieses Abschnittes wissen, dreht sich die Phase von $\mathfrak{J}_A$ immer mehr parallel zu $\mathfrak{U}$, der Sperrkreis wirkt wie $j\omega L^* + R^*$, wobei in Resonanznähe $R^* > \omega L^*$. Der Sperrkreis ist also zur Herstellung einer Spule mit hohem L und kleinem R schließlich nicht mehr brauchbar[1].

Bevor wir rechnen, wollen wir die Anordnung noch von einer anderen Seite her ansehen. Wir ersetzen die Anordnung durch das Schema Abb. 76. Der Schwingungskreis ist durch einen streuungslosen Trafo mit Windungszahlverhältnis 1:1 angekoppelt. Da $j\omega L_A$ und namentlich $1/j\omega C_A$ groß gegen $j\omega L$ ist, können wir angenähert den Antennenstrom durch

$$\mathfrak{J}_A = \frac{\mathfrak{U}_1}{j\omega L_A + \dfrac{1}{j\omega C_A}}$$

berechnen. Die in den Kreis hereininduzierte Spannung ist

$$\frac{\mathfrak{J}_A}{j\omega L_{12}} = \mathfrak{U}_2 \quad (L_{12} = L!),$$

und die Spannung an der Spule erreicht ihr Maximum $= \frac{\mathfrak{U}_2}{d} = \frac{\mathfrak{U}_2 \omega L}{R}$. ($d$ = Dämpfungsmaß), falls der Kreis abgestimmt ist. Diese Überlegung führt in erster Näherung zu der Vorschrift: Stimme den Sperrkreis ab. Bei einer verfeinerten Betrachtung müssen wir die Störung durch die parallel liegende Antenne mit berücksichtigen und die Vorschrift verfeinern: Stimme den Sperrkreis so ab, daß die Resonanzfrequenz des ganzen Systems: des von der Antenne gestörten

---

[1] Ersatzinduktivität L^* und Ersatzwiderstand R^* erhalten wir, wenn wir

$$\mathfrak{R} = \frac{(j\omega L + R)/j\omega C}{j\omega L + R + \dfrac{1}{j\omega C}}$$

in reellen und imaginären Teil zerlegen zu

$$R^* = \frac{L\mathfrak{d} + R\dfrac{\delta\omega}{\omega}}{2LC(\delta\omega^2 + \mathfrak{d}^2)},$$

bei Resonanz ($\delta\omega = 0$): $R^*_{\text{res}} = \frac{L}{CR}$ und

$$L^* = -\frac{\left(L\dfrac{\delta\omega}{\omega} + \dfrac{\mathfrak{d}R}{\omega^2}\right)}{2LC(\delta\omega^2 + \mathfrak{d}^2)}$$

bei Resonanz: $L^* = -\frac{1}{\omega^2 C}$; für $\delta\omega = -\mathfrak{d}d$ wird $L^* = 0$.

Sperrkreises der Frequenz der zu empfangenden Welle gleicht. Nachdem wir nunmehr qualitativ die Resultate der Rechnung kennen, wollen wir die Rechnung durchführen: Wir finden die Ausgangsgleichungen immer wieder durch Benutzung von $\sum U = 0$. Alle unsere Rechnungen verlaufen nach demselben Schema F. Das Rechnen ist also eigentlich viel leichter als das Überlegen.

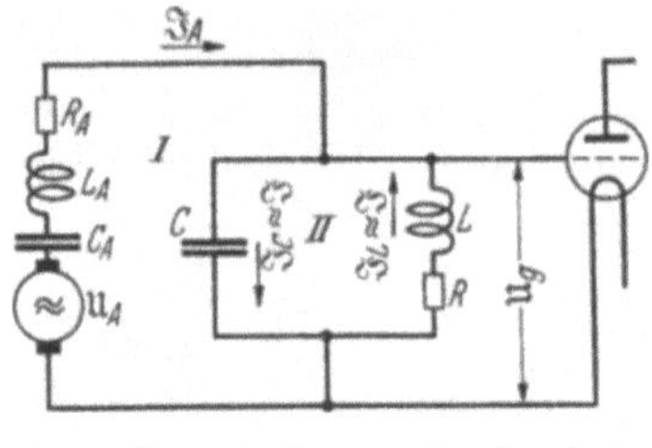

Abb. 77. Ersatzschaltung zu: Der Sperrkreis als Abstimm-Mittel für kurze Antennen.

Wir setzen die beiden fast gleichen Ströme $\mathfrak{J}_L$ und $\mathfrak{J}_C$ beide $= \mathfrak{J}$.

Wir lesen aus der Abb. 77 ab:

Für Kreis I:

$$\left(j\omega L_A + \frac{1}{j\omega C_A} + R_A + \frac{1}{j\omega C}\right)\mathfrak{J}_A + \frac{1}{j\omega C}\mathfrak{J} = \mathfrak{U}_A,$$

und wenn wir abkürzen:

$$j\omega L_A + \frac{1}{j\omega C_A} + R_A + \frac{1}{j\omega C} = \mathfrak{R}_A; \qquad \mathfrak{U}_A = \mathfrak{J}_A\mathfrak{R}_A + \frac{\mathfrak{J}}{j\omega C}.$$

Für Kreis II:

$$2L(j\delta\omega + \mathfrak{d})\mathfrak{J} + \frac{1}{j\omega C}\mathfrak{J}_A = 0.$$

Die Elimination von $\mathfrak{J}_A$ ergibt:

$$\mathfrak{U}_A = \mathfrak{J}\left(\frac{1}{j\omega C} - 2\mathfrak{R}_A L(j\delta\omega + \mathfrak{d})j\omega C\right); \qquad \mathfrak{J} = \frac{\mathfrak{U}_A}{\frac{1}{j\omega C} - \mathfrak{R}_A j\omega C\, 2L(j\delta\omega + \mathfrak{d})},$$

$$\mathfrak{U}_g = \frac{\mathfrak{J}}{j\omega C} = \frac{\mathfrak{U}_A}{1 - \mathfrak{R}_A(j\omega C)^2\, 2L(j\delta\omega + d)} \cong \frac{\frac{-\mathfrak{U}_A}{\mathfrak{R}_A(j\omega C)^2}}{2L(j\delta\omega + d) - \frac{1}{\mathfrak{R}_A(j\omega C)^2}}.$$

Die Einführung der Resonanzfrequenz ω_r unserer kurzen Antenne und die Vernachlässigung ihres Widerstandes ergibt:

$$j\omega C\mathfrak{R}_A = j\omega C\left(j\omega L_A + \frac{1}{j\omega C_A} + \frac{1}{j\omega C}\right) = \frac{C}{C_A}\left(1 - \frac{\omega^2}{\omega_r^2}\right) + 1 = G = 1 + \frac{C}{C_A'}.$$

Da $\frac{\omega^2}{\omega_r^2} \ll 1$, ergibt sich:

$$C_A' = \frac{C_A}{1 - \frac{\omega^2}{\omega_r^2}} \approx C_A$$

und $G > 1$:

$$\mathfrak{U}_g = \frac{\frac{-\mathfrak{U}_A}{j\omega CG}}{2L(j\delta\omega + d) - \frac{1}{j\omega CG}} = \frac{\frac{-\mathfrak{U}_A}{j\omega CG}}{j\omega L + R + \frac{1}{j\omega C} - \frac{1}{j\omega CG}} = \frac{\frac{-\mathfrak{U}_A}{j\omega CG}}{j\omega L + R + \frac{1}{j\omega C}\left(1 - \frac{1}{G}\right)}.$$

Umformung von $\frac{1}{j\omega C}\left(1 - \frac{1}{G}\right)$:

$$\frac{1}{j\omega C}\left(1 - \frac{1}{G}\right) = \frac{1}{j\omega C}\left(1 - \frac{1}{1 + \frac{C}{C_A'}}\right)$$

$$= \frac{1}{j\omega C}\left(1 - \frac{C_A'}{C + C_A'}\right) = \frac{1}{j\omega C}\cdot\frac{C + C_A' - C_A'}{C + C_A'} = \frac{1}{j\omega(C + C_A')}.$$

Setzen wir den Wert ein, so erhalten wir als Schlußresultat:

$$\mathfrak{U}_g = \frac{\dfrac{-\mathfrak{U}_A}{j\omega C G}}{j\omega L + R + \dfrac{1}{j\omega(C + C'_A)}}.$$

Der Kreis mit der angekoppelten Antenne verhält sich also so, als wenn seinem Abstimmkondensator eine Kapazität C'_A parallel läge.

Hinzu kommt noch eine kleine Erhöhung der Dämpfung durch die in unserer Rechnung vernachlässigte Dämpfung des Antennenkreises.

Die kurze Rechnung von einer halben Seite ersetzt zwei Seiten Überlegungen. Es empfiehlt sich also doch, das bequeme Hilfsmittel der komplexen Rechnung zu erlernen.

Einsetzen der Zahlen.

Bei Abstimmung gilt:

$$|\mathfrak{U}_g| = \frac{|\mathfrak{U}_A|}{\omega C G R}.$$

Als Zahlen seien gegeben:

$$\mathfrak{U}_A + 6\,\mathrm{mV}, \quad G = 1 + \frac{1000\,pF}{300\,pF} \cong 4, \quad \omega = 1{,}5 \cdot 10^6/\mathrm{sec}, \quad C = 10^{-9}\,\mathrm{F}, \quad R = 2{,}5\,\Omega.$$

Wir erhalten dann durch Einsetzen:

$$|\mathfrak{U}_g| = \frac{6 \cdot 10^{-3}}{1{,}5 \cdot 10^6 \cdot 10^{-9} \cdot 4 \cdot 2{,}5} = \frac{6}{15}\,10^{-3-6+9} = 0{,}40\,\mathrm{V},$$

gegen 0,3 V bei Benutzung der großen Antennenspule.

H. Kopplungen.

Wir haben die induktive und die kapazitive Kopplung zweier Kreise bereits mehrfach benutzt und werden sie auch weiterhin oft brauchen. Es ist daher notwendig, einiges über Kopplungen im Zusammenhang zu sagen:

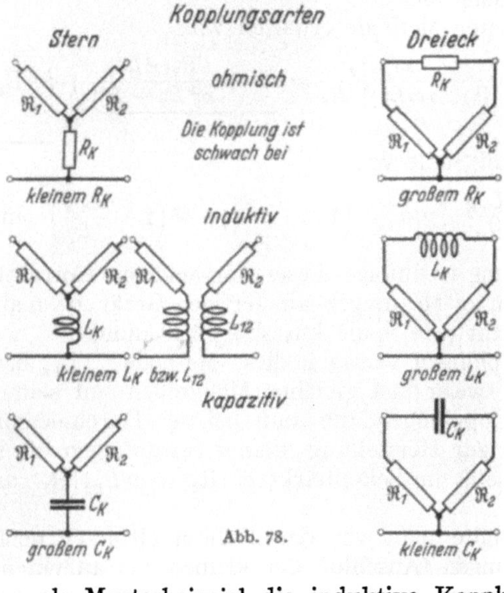

Abb. 78.

Wir besprechen als Musterbeispiel die induktive Kopplung und beginnen mit ihrer Messung:

1. Methode. Man schalte die beiden gekoppelten Spulen hintereinander:

$$L_H = L_1 + L_2 + 2L_{12}$$

und gegeneinander

$$L_G = L_1 + L_2 - 2L_{12},$$

messe L_H und L_G in Brücke oder Schwingungskreis und berechne L_{12} aus $L_H - L_G = 4L_{12}$.

2. Methode. Man messe L_1 und L_2 einzeln, schließe dann die Sekundärspule kurz und messe die Kurzschlußinduktivitäten L_{1K}, L_{2K}. Es berechnet sich dann aus den Gleichungen:

$$\mathfrak{U}_1 = \mathfrak{J}_1 j\omega L_1 + \mathfrak{J}_2 j\omega L_{12};$$

$$0 = \mathfrak{J}_1 j\omega L_{12} + \mathfrak{J}_2 j\omega L_2;$$

$$\frac{\mathfrak{U}_1}{\mathfrak{J}_1} = j\omega L_1 - \frac{j\omega L_{12}^2}{L_2} = j\omega L_1(1 - k^2).$$

Dabei ist k der Kopplungsfaktor

$$k^2 = \frac{L_{12}^2}{L_1 L_2},$$

$$\frac{\mathfrak{U}_1}{\mathfrak{J}_1} = j\omega L_{1K} = j\omega L_1(1 - k^2), \qquad 1 - k^2 = \frac{L_{1K}}{L_1}.$$

Dasselbe gilt für:

$$\frac{L_{2K}}{L_2} = 1 - k^2.$$

Berücksichtigung der Spulenwiderstände: Unter Berücksichtigung der Spulenwiderstände erhält man nach Methode 1:

$$\mathfrak{R}_H = j\omega L_1 + j\omega L_2 + 2j\omega L_{12} + R_1 + R_2.$$

Da man im Kreis sowie in der Brücke

$$j\omega(L_1 + L_2 + 2L_{12})$$

von $R_1 + R_2$ getrennt mißt, beeinträchtigt das Vorhandensein von Widerständen die Messung nicht.

Nach der zweiten Methode erhalten wir:

$$\frac{\mathfrak{U}_1}{\mathfrak{J}_1} = R_1 + j\omega L_1 + \frac{\omega^2 L_{12}^2}{j\omega L_2 + R_2} = \underbrace{R_1 + \frac{R_2\omega^2 L_{12}^2}{\omega^2 L_2^2 + R_2^2}}_{R_r} + \underbrace{j\omega L_1\left(1 - \frac{k^2}{1 + \frac{R_2^2}{\omega^2 L_2^2}}\right)}_{j\omega L'_{1K}}.$$

Wir bekommen an Stelle von

$$k^2 = 1 - \frac{L_{1K}}{L_1}, \qquad k^2 = \left(1 - \frac{L'_{1K}}{L_1}\right) + d^2\left(1 - \frac{L'_{1K}}{L_1}\right) \quad \text{mit} \quad d = \frac{R_2}{\omega L_2}.$$

Die zweite Messung ist infolge dieser notwendigen Korrektur etwas ungenauer, aber sehr bequem zu Messungen am fertigen Gerät, da man durch Anklemmen eines Drahtes leicht jede Spule kurzschließen kann.

Für lose Kopplungen versagen diese Methoden. L_{12} bzw. k^2 erscheinen als kleine Differenz zweier fast gleicher Meßgrößen mit sehr großen Fehlern behaftet. Kleine Kopplungen, die man bei der Durchmessung von Verstärkern und Empfängern zur Herstellung kleiner Spannungen oft braucht, messe man mit Röhrenvoltmeter im Sekundärkreis $|\mathfrak{U}_2| = \omega L_{12} |\mathfrak{J}_1|$ und Amperemeter im Primärkreis $|\mathfrak{J}_1|$.

Eventuell schalte man vor das Röhrenvoltmeter noch einen Verstärker. Bei Relativmessungen (Anschluß der kleinen L_{12} an ein nach den ersten Methoden gemessenes großes L_{12}) braucht man nur das Amperemeter zu eichen. Verstärker und Röhrenvoltmeter brauchen nicht geeicht zu sein, müssen nur während der Messung ihre Empfindlichkeit behalten. Bei gleichem $\mathfrak{U}_2$ gilt: $L_{12a} \cdot \mathfrak{J}_{1a} = L_{12b} \cdot \mathfrak{J}_{1b}$. (Für Messungen schwacher Wechselspannungen benutze man das Audionvoltmeter mit Umgehungskreis, in dem der gegen den zu messenden Gleichrichtereffekt große Ruhestrom an dem empfindlichen Strommesser vorbeigeführt wird.) (Abb. 79.)

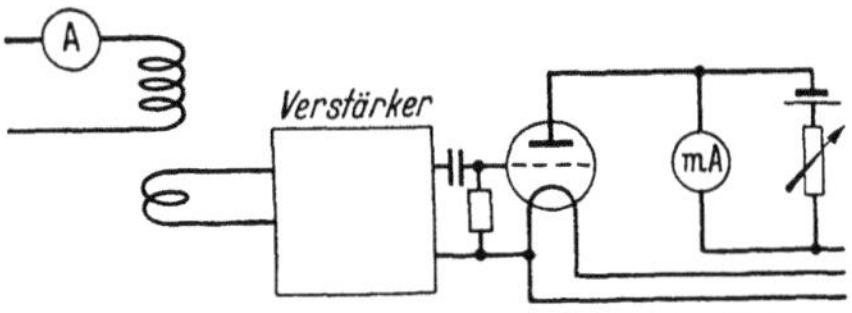

Abb. 79. Messung loser Kopplungen mit Primär-Amperemeter.

3. Methode. Messung von L_{12} mit dem Potentiometer (Abb. 80).

Grundgedanke:

$$\mathfrak{J}_L = \frac{\mathfrak{U}}{j\omega L_1}, \qquad \mathfrak{U}_1 = \mathfrak{J}_L j\omega L_{12} = \frac{L_{12}}{L_1}\mathfrak{U}, \qquad \mathfrak{U}_1' = \mathfrak{U}\frac{a}{l}.$$

Das Telephon schweigt, wenn

$$\mathfrak{U}_1 = \mathfrak{U}_1'; \qquad \frac{L_{12}}{L} = \frac{a}{l}.$$

Leider zeigt die Praxis, daß das Telephon nicht zum Schweigen zu bringen ist, denn die Spule hat auch noch einen Widerstand R_1 und die gegen $\mathfrak{U}$ phasenverschobene Spannung

$$\frac{\mathfrak{U} j\omega L_{12}}{j\omega L_1 + R_1}$$

ist nie durch eine mit $\mathfrak{U}$ in Phase liegende Spannung $\mathfrak{U}\frac{a}{b}$ zu kompensieren. Wir müssen die Methode verbessern, indem wir die Phase von $\mathfrak{U}_1$ korrigieren. Das kann durch Einschalten eines Widerstandes R_a geschehen (Abb. 81).

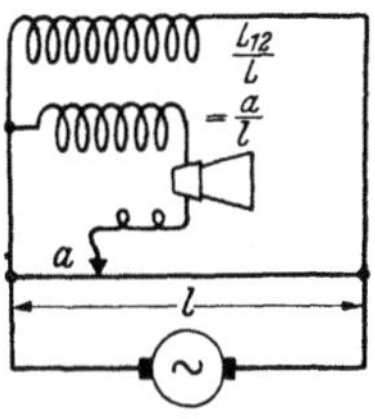

Abb. 80. Messung loser Kopplungen mit Potentiometer.

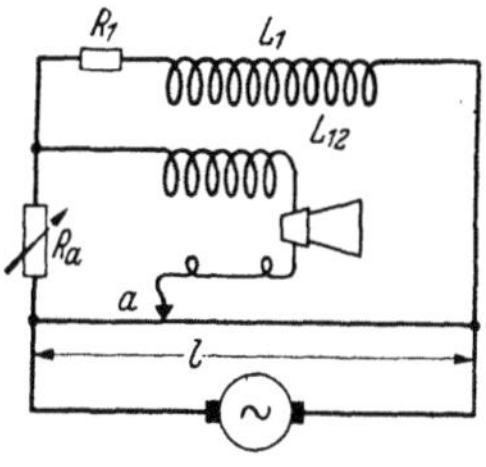

Abb. 81. Messung loser Kopplungen mit Potentiometer und Phasenausgleich.

Wir erhalten dann

$$\mathfrak{U}_1 = \frac{j\omega L_{12} + R_a}{j\omega L_1 + R_a + R_1} \cdot \mathfrak{U}.$$

$\mathfrak{U}_1$ liegt mit $\mathfrak{U}$ in Phase, wenn $\frac{R_a}{L_{12}} = \frac{R_1 + R_a}{L_1}$. R_a und a können durch einen Doppelabgleich, wie wir ihn von der WHEATSTONEschen Brücke her kennen, eingestellt werden. Wir erhalten dann aus $\mathfrak{U}_1 = \mathfrak{U}_1'$

$$\frac{j\omega L_{12} + R_a}{j\omega L_1 + R_1 + R_a} = \frac{a}{l}; \text{ das in } \frac{a}{l} = \frac{L_{12}}{L_1} \quad \text{und} \quad \frac{a}{l} = \frac{R_a}{R_1 + R_a}$$

aufzuspalten ist.

Berechnung der Größe von R_a. Zahlenbeispiel: $L_1 = 10^{-5}$ H. $R_1 = 1\,\Omega$. $L_{12} = 10^{-7}$ H.

$$\frac{L_{12}}{L_1} = \frac{1}{100} = \frac{R_a}{1 + R_a}, \qquad R_a \cong \frac{1}{100}\,\Omega.$$

Nichteinschalten des R_a ergibt bei 1 A Spulenstrom eine Restspannung von $\frac{1}{100}$ V am Telephon, die noch recht gut hörbar ist.

Behandlung dieser Methode mit Vektoren und Abschätzung der Fehler siehe H. G. MÖLLER, Schwingungsaufgaben, 2. Auflage.

Die Berechnung von L_{12}.

Es sei zur Erläuterung des Prinzipes hier nur die Berechnung einer festen und einer losen Kopplung mitgeteilt.

1. Eine feste Kopplung (Abb. 82): Die äußere Spule sei so lang, daß man $\mathfrak{H} = N_1 I_1 / l$ setzen kann. Dann ist Φ_2 in der inneren Spule

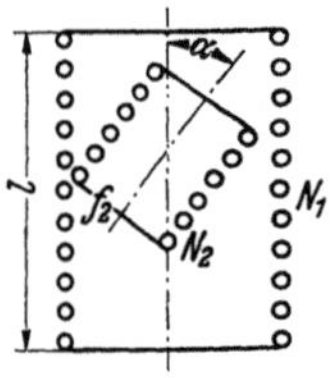

Abb. 82. Variometer mit Drehspule.

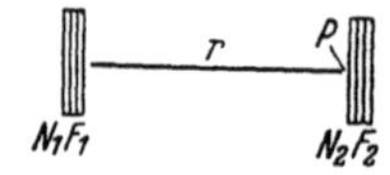

Abb. 83. Lose Kopplung koaxialer Spulen.

$$\Phi_2 = \frac{f_2 \cos\alpha \, N_1 I_1}{l} \mu_0$$

und

$$U_2 = \frac{N_1 N_2 \mu_0 \cos\alpha \, f_2 \, d I_1}{l \, d t};$$

$$L_{12} = \frac{U_2}{\frac{d I_1}{d t}} = \frac{\mu_0 N_1 N_2 \cos\alpha \, f_2}{l}.$$

(f_2 = Querschnitt der inneren Spule. Auf den Querschnitt der äußeren Spule kommt es nicht an.)

2. Eine sehr lose Kopplung. Das magnetische Potential ψ eines Stromkreises (Abb. 83; s. Abschnitt über Elektrizitätslehre, S. 259) ist $\frac{I}{4\pi}\Omega$, wobei I die Gesamtamperewindungen $N_1 I_1$ sind und Ω der räumliche Winkel, unter dem vom Aufpunkt P aus Spule 1 gesehen wird.

$$\Omega = \frac{F_1}{r^2}; \quad \mathfrak{H} \text{ in Punkt } 1 = \frac{\partial \psi}{\partial r} = -\frac{2 F_1 N_1 I_1}{4\pi r^3}; \quad \Phi = \mu_0 \frac{2 F_1 F_2 I_1 N_1}{4\pi r^3}$$

und

$$U_2 = \frac{2 F_1 F_2 N_1 N_2 \, d I_1}{4\pi r^3 \, d t} \mu_0; \quad L_{12} = \frac{U_2}{\frac{d I_1}{d t}} = \frac{2 \mu_0 F_1 F_2 N_1 N_2}{4\pi r^3}.$$

Die Formel gilt ($\Omega = F_1/r^2$!) für kurze Spulen.

Zahlenbeispiel: $N_1 = 100$ Windungen. $F_1 = 30\ \mathrm{cm}^2$, $F_2 = 35\ \mathrm{cm}^2$, $N_2 = 80$ Wdg., $r = 80$ cm, $\mu_0 = 1{,}25 \cdot 10^{-8}$ Henry/cm.

$$L_{12} = \frac{2 \cdot 100 \cdot 80 \cdot 30 \cdot 35 \cdot 1{,}25 \cdot 10^{-8}}{4\pi 80^3} = \frac{2 \cdot 0{,}8 \cdot 3 \cdot 3{,}5 \cdot 1{,}25 \cdot 10^{-8}}{4\pi 0{,}8^3}$$

$$\cong 3{,}4 \cdot 10^{-8} \text{ Henry}.$$

Ebenso leicht kann man die Kopplung zweier auf dem Tisch liegender Flachspulen berechnen (Abb. 84).

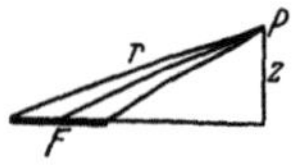

Abb. 84. Magnetisches Potential von Kreisringen.

$$\psi = \frac{N_1 I_1 \Omega}{4\pi} = \frac{N_1 I_1}{4\pi} \frac{F \frac{z}{r}}{r^2}; \quad \mathfrak{H}_z = \frac{\partial \psi}{\partial z} = \frac{N_1 I_1 F}{4\pi} \left(\frac{1}{r^3} - \frac{3 z^2}{r^5}\right),$$

$$\text{für } z = 0 \quad \mathfrak{H}_z = \frac{I_1 F N_1}{4\pi r^3}; \quad \Phi = \frac{\mu_0 F_1 F_2 N_1 N_2}{4\pi r^3}.$$

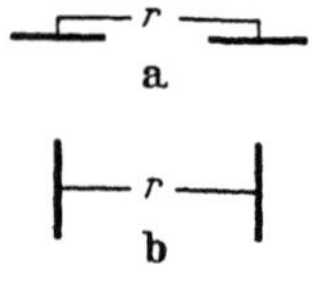

Abb. 85. Gegeninduktivität von koaxialen und komplanaren Spulen.

Da sich die Kraftflüsse wie 1:2 verhalten, tun dies auch die Gegeninduktivitäten.

$$L_{12} = \mu_0 \frac{F_1 F_2 N_1 N_2}{4\pi r^3} \quad \text{Spulenflächen in 1 Ebene (Abb. 85a).}$$

$$L_{12} = 2 \mu_0 \frac{F_1 F_2 N_1 N_2}{4\pi r^3} \quad \text{Spulenflächen} \perp r \text{ (Abb. 85b).}$$

I. Rückwirkungen angekoppelter Kreise.

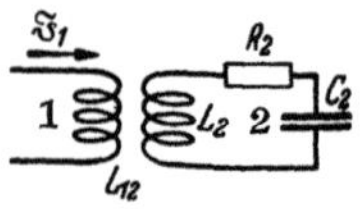

Abb. 86. Rückwirkungswiderstand.

1. Der Rückwirkungswiderstand $\mathfrak{R}_r$. Wenn in einem Kreis 1 ein Kreis 2 eingekoppelt ist, so wird in 2 eine $\mathfrak{J}_1$ proportionale Spannung induziert:

$$\mathfrak{U}_2 = j\omega L_{12} \mathfrak{J}_1, \text{ vgl. Abb. 86.}$$

welche einen $\mathfrak{J}_1$ proportionalen Strom erregt:

$$\mathfrak{J}_2 = \frac{\mathfrak{U}}{\mathfrak{R}} = \frac{j\omega L_{12}\mathfrak{J}_1}{\mathfrak{R}},$$

der rückwärts in den Kreis 1 eine Spannung

$$\mathfrak{U}_r = j\omega L_{12}\mathfrak{J}_2 = \frac{-\omega^2 L_{12}^2\mathfrak{J}_1}{\mathfrak{R}}$$

induziert, die ebenfalls $\mathfrak{J}_1$ proportional ist. Immer wenn dem Strom proportionale Spannungen auftreten, wirkt die Anordnung wie ein Widerstand

$$\mathfrak{R}_r = \frac{-\mathfrak{U}_r}{\mathfrak{J}_1}.$$

In unserem Falle ist

$$\mathfrak{R}_r = \frac{\omega^2 L_{12}^2}{\mathfrak{R}}.$$

Der angekoppelte Kreis wirkt wie sein Rückwirkungswiderstand $\mathfrak{R}_r$.

2. Anwendung auf die Berechnung der Frequenzänderungen im Zwischenkreisröhrensender. Wir hatten abgeleitet, daß ein Röhrensender praktisch in der Resonanzfrequenz seines Schwingungskreises schwingt. Diese ist durch das Verschwinden der induktiven Widerstände gekennzeichnet. Zum Schwingkreiswiderstand gehört jetzt auch der Rückwirkungswiderstand

$$\mathfrak{R}_r = \frac{\omega^2 L_{12}^2}{\mathfrak{R}} = \frac{\omega^2 L_{12}^2}{2L_2(j\delta\omega_2 + \mathfrak{d}_2)}$$

des angekoppelten 2. Kreises (meist des Antennenkreises).

Wir werden also die sich einstellende Frequenz $\omega_r + \delta\omega$ aus der Bedingung

$$\text{Imag.}\left[2L_1(j\delta\omega_1 + \mathfrak{d}_1) + \frac{\omega^2 L_{12}^2}{2L_2(j\delta\omega_2 + \mathfrak{d}_2)}\right] = 0$$

oder

$$\delta\omega_1 - \frac{\omega^2 k^2}{4\mathfrak{d}_2}\,\frac{\dfrac{\delta\omega_2}{\mathfrak{d}_2}}{1 + \left(\dfrac{\delta\omega_2}{\mathfrak{d}_2}\right)^2} = 0. \tag{1}$$

berechnen. Hierin sind $\delta\omega_1$, $\delta\omega_2$ Abweichungen der sich wirklich einstellenden Frequenz ω von den Resonanzfrequenzen $\delta\omega_1 = \omega - \omega_1$; $\delta\omega_2 = \omega - \omega_2$

$$\omega_1 = \frac{1}{\sqrt{L_1 C_1}} \quad \text{und} \quad \omega_2 = \frac{1}{\sqrt{L_2 C_2}}$$

der beiden Kreise. Nun sind die am Sekundärkreis-Kondensator abzulesenden Verstimmungen — der Kondensator möge nach Frequenzen geeicht sein —

$$v = \omega_2 - \omega_1 = \delta\omega_1 - \delta\omega_2. \tag{2}$$

Wir können also die Verstimmung $\delta\omega_1$ der sich einstellenden Schwingung gegen die Resonanzfrequenz ω_1 des ersten Kreises aus Gl. (1) und (2) berechnen.

Etwas übersichtlicher werden die Verhältnisse, wenn wir die beiden Gleichungen mit $\mathfrak{d}_2$ dividieren und die reduzierten Verstimmungen

$$\frac{\delta\omega_1}{\mathfrak{d}_2} = z; \quad \frac{\delta\omega_2}{\mathfrak{d}_2} = x; \quad \frac{\delta\omega_1 - \delta\omega_2}{\mathfrak{d}_2} = \frac{v}{\mathfrak{d}_2} = w$$

einführen. Die beiden Gleichungen lauten dann:

$$z = G^2\frac{x}{1+x^2}; \quad z - x = -w; \quad G = \frac{\omega k}{2\mathfrak{d}_2}.$$

Wir lösen sie graphisch, indem wir im x-z-Diagramm die Kurve $z = G^2\dfrac{x}{1+x^2}$

und die Gerade $z - x = -w$ eintragen (Abb. 87). Lösung sind die Koordinaten x, z des Schnittpunktes der Kurve

$$z = G^2 \frac{x}{1 + x^2}$$

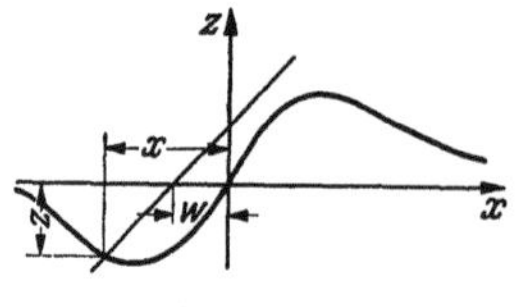

Abb. 87. Zur Ziehtheorie z-x-Diagramm.

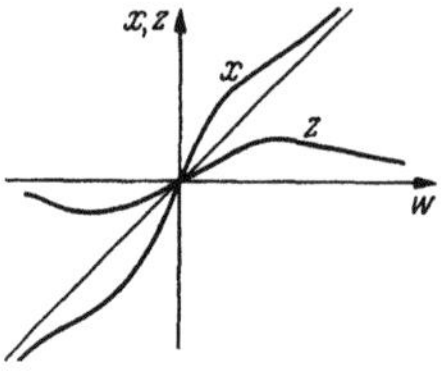

Abb. 88. z-w- und x-w-Diagramm.

mit der Geraden $z - x = -w$. Durch Verschieben der Geraden können wir für verschiedene w-Werte die x- und z-Werte finden (Abb. 88). Die im Sekundärkreise beobachtete Resonanzkurve ($|\mathfrak{J}_2/\mathfrak{J}_1|^2$-$\delta\omega_2$-Kurve) hat die Form

$$\left|\frac{\mathfrak{J}_2}{\mathfrak{J}_1}\right|^2 = \frac{\omega^2 L_{12}^2}{4 L_2^2(\delta\omega_2^2 + \mathfrak{d}_2^2)} = \frac{L_1}{L_2}\,\frac{\omega^2 k^2}{4\mathfrak{d}_2^2}\,\frac{1}{(1 + x^2)},$$

$$\left|\frac{\mathfrak{J}_2}{\mathfrak{J}_1}\right|^2 = \frac{L_1}{L_2}\,\frac{G^2}{1 + x^2}.$$

Sie hat die normale Form (Kurve 1) der Abb. 89. Wir lesen aber nicht $x = \delta\omega_2/\mathfrak{d}_2$ = Abweichung der Sekundärresonanzfrequenz gegen die sich dauernd ändernde Frequenz der entstehenden Schwingung, sondern

$$w = \frac{v}{\mathfrak{d}_2} = \frac{\delta\omega_1 - \delta\omega_2}{\mathfrak{d}_2}$$

Abweichung der Sekundärresonanzfrequenz gegen die Frequenz des durch einen Sekundärkreis nicht gestörten Röhrengenerators an der Sekundärkreiskondensatorteilung ab. Die

$$\left|\frac{\mathfrak{J}_2}{\mathfrak{J}_1}\right|^2\text{-}w\text{-Kurve}$$

hat also nicht die Gestalt einer normalen Resonanzkurve, sondern ist spitzer. Diese

$$\left|\frac{\mathfrak{J}_2}{\mathfrak{J}_1}\right|^2\text{-}w\text{-Kurve}$$

ist leicht mit Hilfe der gewonnenen Beziehung zwischen x und w zu finden. Zu diesem Zwecke zeichne man die w-Achse unter die Abb. 89, verbinde entsprechend Abb. 88 zusammengehörige x- und w-Werte durch schräge Striche und trage den für ein x aus der normalen Resonanzkurve abgelesenen Wert $|\mathfrak{J}_2/\mathfrak{J}_1|^2$ als Ordinate über dem dazugehörigen

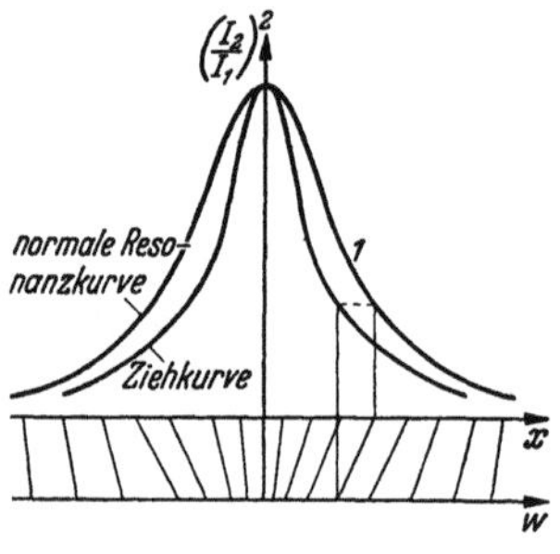

Abb. 89. Ziehresonanzkurve, unterkritische Kopplung.

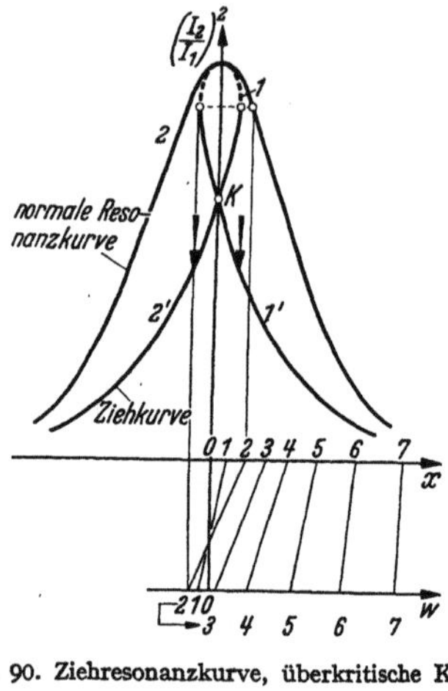

Abb. 90. Ziehresonanzkurve, überkritische Kopplung.

w-Wert auf. Wenn $G = 1$ wird, wird die x-w-Kurve für $w = 0$; $x = 0$ senkrecht, die $|\mathfrak{J}_2/\mathfrak{J}_1|^2$-$w$-Kurve erhält eine Spitze. Für $G > 1$ erhält, wie man durch Ausführen der Konstruktionen sieht, die „Resonanzkurve" die Form der Abb. 90. Der punktierte obere Teil ist instabil. Beim Verstimmen des Sekundärkreises treten von 1 nach 1′ auf dem Hinwege, von 2 nach 2′ auf dem Rückwege Sprünge ein.

Die mitgeteilten Überlegungen sind im Kapitel Ziehtheorie, H. G. MÖLLER, Elektronenröhren, 3. Auflage, S. 105, ausgeführt.

Die zu $G = 1$ gehörende Kopplung $k = \frac{2\mathfrak{d}_2}{\omega} = d_2$ nennt man kritische Kopplung.

Bedeutung der kritischen Kopplung für den Zwischenkreissender.

Unterhalb der kritischen Kopplung kann man die Antennenabstimmung durchführen, ohne daß dabei ein Springen des Antennenstromes beobachtbar ist. Maximaler Antennenstrom ($\mathfrak{J}_2/\mathfrak{J}_1$ max) entspricht $w = 0$; $x = 0$. Dieser Maximalwert tritt beim Tasten des Senders wieder auf. Oberhalb der kritischen Kopplung kann man den Antennenstrom weiter „hochziehen“, wenn man beim Abstimmen $w = 0$ überschreitet. $w = 0$ fällt nicht mehr mit $x = 0$ zusammen. Nach dem Tasten stellt sich nicht wieder der hohe Strom (Punkt 1 oder 2), sondern der niedrige (Punkt 1′ oder 2′) ein.

Für den praktischen Betrieb (Tasten oder Modulieren) ist die bei überkritischer Kopplung hochgezogene Antennenstromstärke leider nicht ausnutzbar.

Als einfache Regel merke man sich folgende qualitative Anschauung: Ist ein Sekundärkreis auf Resonanz abgestimmt, so wirkt er wie ein ohmscher Widerstand. Ist er z. B. durch Verkleinern der Kapazität auf eine höhere Frequenz abgestimmt, so ist

$$j\omega L + R + \frac{1}{j\omega C}$$

im wesentlichen kapazitiv, der Strom im Sekundärkreis und mit ihm die Rückspannung $\mathfrak{U}_r$ eilt $\mathfrak{J}_2$ und $\mathfrak{U}$ im Resonanzfalle voraus. Der Sekundärkreis wirkt wie eine im Primärkreis eingeschaltete Induktivität, an der ja auch eine vorauseilende Spannung entsteht. Zuschalten von Induktivität im Primärkreis erniedrigt aber die Frequenz. Die sich einstellende Frequenz weicht also der Frequenz des Sekundärkreises aus, gewissermaßen in der tückischen Absicht, möglichst wenig Leistung an den Sekundärkreis (die Antenne) abzugeben.

K. Das Bandfilter.

Auch bei der Theorie des „Bandfilters“ (Abb. 93) handelt es sich um die Veränderung der Resonanzkurve durch Kopplung zweier Kreise. Das ideale

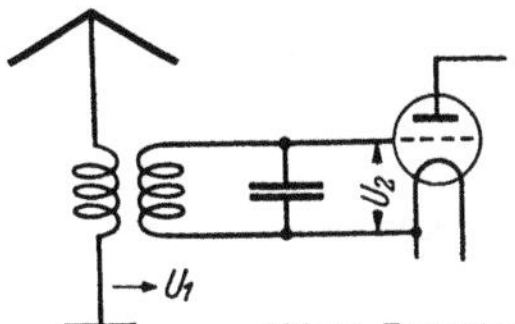

Abb. 91. Resonanzkreis als Siebmittel (Schaltung).

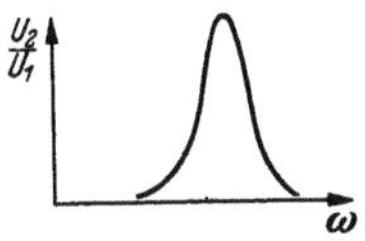

Abb. 92. Durchlaßkurve von 91.

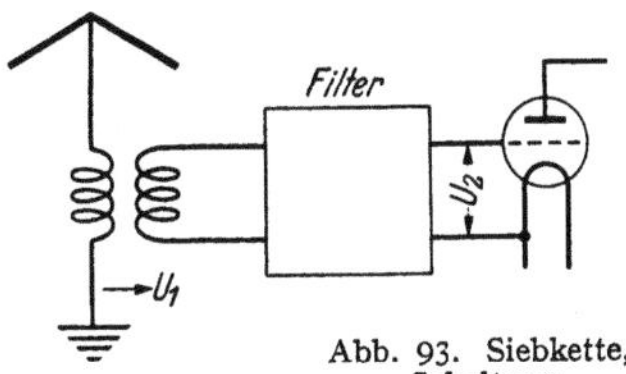

Abb. 93. Siebkette, Schaltung.

Bandfilter wäre eine Leiterkombination mit einer Durchlaßkurve von der Form Abb. 94.

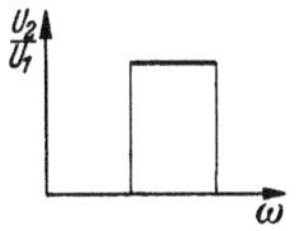

Abb. 94. Ideale Durchlaßkurve von 93.

Die Resonanzauslese (Abb. 91) mit der Resonanzkurve als Durchlaßkurve (Abb. 92) ist wohl brauchbar zur Aussiebung einzelner Frequenzen. Bei der Übertragung von Musik genügen aber nicht einzelne Frequenzen, sondern es müssen Frequenzbänder[1] von größerer Breite (9000 Hz für den Rundfunk) übertragen werden. Eine Dämpfung der Kreise verbreitert wohl die Spitze der Resonanzkurven,

[1] *Begriff des Frequenzbandes, die Frequenz einer modulierten Welle.* Wenn ein Sender eine Hochfrequenzspannung aussendet (Hochfrequenz $= \omega$), die im Takte einer niederfrequenten Schallwelle moduliert ist (Niederfrequenz $= \Omega$), so schreiben wir

$$u = U_0 (1 + \alpha \cos \Omega t) \cos \omega t$$

oder mit unterdrücktem Träger ($U_0 \cos \omega t$)

$$u^* = \alpha U_0 \cos \Omega t \cos \omega t.$$

Hierin nennt man α den Modulationsgrad.

Diesen Ausdruck für die modulierte Welle können wir umformen zu

$$u = U_0 \cos \omega t + \frac{\alpha U_0}{2} (\cos (\omega + \Omega) t + \cos (\omega - \Omega) t)$$

bzw.

$$u^* = \frac{\alpha U_0}{2} (\cos (\omega + \Omega) t + \cos (\omega - \Omega) t).$$

Bei dieser mathematischen Umformung ist nun für u^* die ursprüngliche Frequenz ω gänzlich verschwunden und an ihre Stelle sind die beiden Frequenzen $\omega + \Omega$ und $\omega - \Omega$ getreten. Es entsteht nun zunächst die Frage, welche Frequenz ist denn nun eigentlich in der modu-

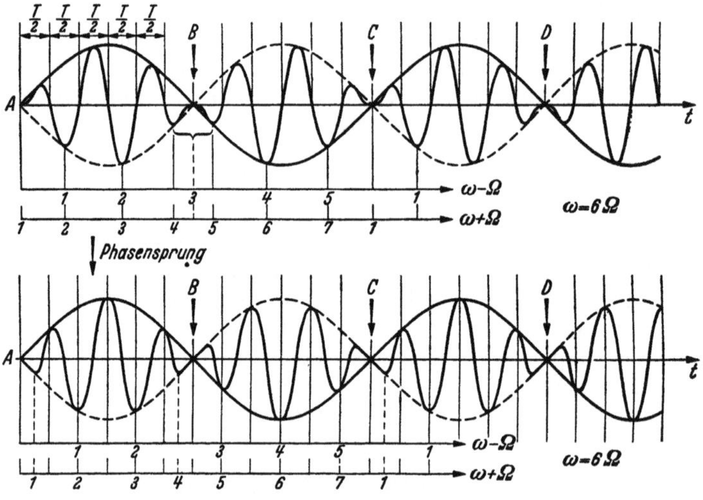

Abb. 95. Phasenumkehr bei der Schwebung.

lierten Welle vorhanden? Sollen wir unsern Empfänger auf ω oder auf $\omega + \Omega$ oder auf $\omega - \Omega$ abstimmen? Oder muß er alle drei Frequenzen ω, $\omega + \Omega$, $\omega - \Omega$ aufnehmen?

Betrachten wir uns zunächst einmal die Oszillogramme Abb. 95. Wenn wir die Zeitabschnitte $T/2$ zwischen den Nulldurchgängen der Spannung messen und daraus nach der Formel $\omega = 2\pi/T$ die Frequenz berechnen, so erhalten wir ω. Der Sender, der den Hochfrequenzstrom liefert, der dann moduliert werden soll, muß ebenfalls die Frequenz ω haben.

Wenn wir hingegen einen Kreis nehmen und diesen so abstimmen, daß in ihm ein maximaler Strom erregt wird, so werden wir ihn auf die Frequenzen $\omega + \Omega$ oder $\omega - \Omega$ abzustimmen haben. Wenn die Trägerfrequenz wie in den Oszillogrammen Abb. 95 unterdrückt ist — in den Oszillogrammen ist nicht

$$u = U_0 \left[\cos \omega t + \frac{\alpha}{2} (\cos (\omega + \Omega) t + \cos (\omega - \Omega) t) \right],$$

sondern nur

$$u^* = \frac{U_0 \alpha}{2} [\cos (\omega + \Omega) t + \cos (\omega - \Omega) t]$$

aufgetragen — so wird der Empfänger bei verschwindender Dämpfung bei einer Abstimmung auf ω sogar gar nicht ansprechen.

Das liegt daran, daß die Schwingung in den Punkten $A, B, C \ldots$ einen Phasensprung von 180° ausführt, und die Energie, die der ungedämpfte Empfänger in der Zeit A, B aufgenommen hat, in der Zeit B, C wieder verlorengeht. Verstimmt man hingegen den Emp-

unterdrückt aber die Schwingungen außerhalb des Bandes nicht mehr genügend. Man benutzt daher zwei meist kapazitiv gekoppelte Kreise (Abb. 96). Die Form der Resonanzkurve finden wir am besten, wenn wir die Aufgabe lösen: Dem ersten Kreise wird ein Strom von unveränderlicher Amplitude von der vorhergehenden Schirmgitterröhre aus zugeführt. Wie hängt die Gitterspannung der zweiten Röhre von der Frequenz ab? Wir können wieder nach unserem

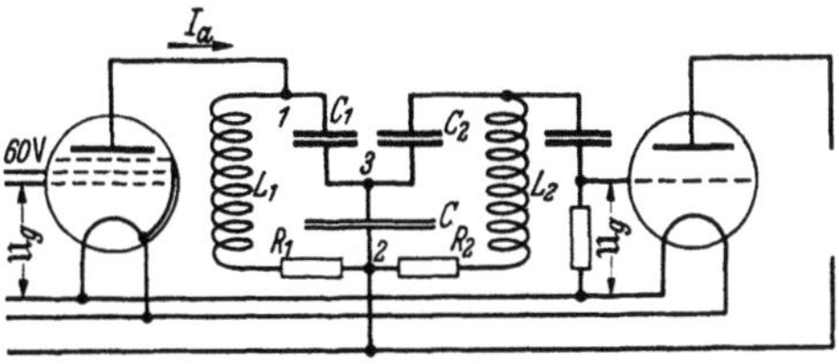

Abb. 96. Bandfilterschaltung.

---

fänger so, daß die Empfängerschwingung in der Zeit A, B den Phasensprung der modulierten Welle aufholt — man braucht hierzu gerade die Frequenz $\omega + \Omega$ —, so wird er in beiden Zeiten A, B und B, C Energie aufnehmen können.

Da man nun einem Phasensprung von 180° nicht ansehen kann, ob er ein Vorwärts- oder ein Rückwärtsspringen der Phase bedeutet, so wird auch die zweite Einstellung des Empfängers auf die niedrigere Frequenz $\omega - \Omega$ günstig sein, weil er dann das Zurückspringen der Phase um 180° einspart.

Wir erkennen nunmehr den Sinn der mathematischen Umformung

$$u = U_0(1 + \alpha\cos\Omega t)\cos\omega t = U_0\cos\omega t + \frac{U_0\alpha}{2}[\cos(\omega+\Omega)t + \cos(\omega-\Omega)t].$$

Die linke Seite der Gleichung zeigt uns die modulierte Welle, in der Form, wie sie der Sender herstellt. Zunächst ist ein Wechselstrom von konstanter Amplitude und der Frequenz ω da, dessen Amplitude dann moduliert wird, so daß aus der konstanten Amplitude die mit der Zeit veränderliche Amplitude $U_0(1 + \alpha\cos\Omega t)$ wird.

Die rechte Seite zeigt uns die modulierte Welle so, wie sie ein ungedämpfter Empfänger sieht. Für ihn sind drei getrennte Schwingungen mit drei verschiedenen Frequenzen da, die aber jede eine konstante Amplitude haben.

Was geschieht nun bei der Demodulation?

Wir wollen einen Detektor mit quadratischer Kennlinie annehmen. Die Spannung

$$u = U_0\cos\omega t + \frac{\alpha U}{2}[\cos(\omega+\Omega)t + \cos(\omega-\Omega)t = U_0\cos\omega t + A\cos(\omega+\Omega)t + B\cos(\omega-\Omega)t]$$

erregt einen Strom

$$\begin{aligned}
i &= i_0 + Su + Ku^2 = i_0 + S[U_0\cos\omega t + A\cos(\omega+\Omega)t + B\cos(\omega-\Omega)t]\\
&\quad + K[U_0^2\cos^2\omega t + A^2\cos^2(\omega+\Omega)t + B^2\cos^2(\omega-\Omega)t + 2U_0A\cos\omega t\cos(\omega+\Omega)t\\
&\quad + 2U_0B\cos\omega t\cos(\omega-\Omega)t + 2AB\cos(\omega+\Omega)t\cos(\omega-\Omega)t\\
&= i_0 + S(\cdots) + K\left[\frac{U_0^2 + A^2 + B^2}{2} + U_0^2\cos 2\omega t + A^2\cos(2\omega+2\Omega)t\right.\\
&\quad + B^2\cos(2\omega-2\Omega)t + U(A+B)\cos\Omega t + UA\cos(2\omega+\Omega)t\\
&\quad \left. + UB\cos(2\omega-\Omega)t + AB\cos 2\omega t + AB\cos 2\Omega t\right].
\end{aligned}$$

Durch Drosseln, Parallelkapazitäten und die Trägheit der Membran des Telephonhörers werden die hohen Frequenzen ausgeschieden, so daß nur $i_0 + K\left(\frac{U_0^2 + A^2 + B^2}{2} + U(A+B)\cos\Omega t\right)$ übrig bleibt. Wenn wir die Nachricht wieder richtig bekommen wollen, so müssen wir einen Empfänger haben, der wenigstens die Trägerfrequenz und eine Seitenfrequenz $\omega + \Omega$ oder $\omega - \Omega$ aufnimmt.

Bei der Aufnahme beider Seitenfrequenzen wird das Signal doppelt so laut. Es tritt aber auch noch eine Verzerrung $AB\cos 2\Omega t$ von doppelter Frequenz auf. Wenn die Aussteuerung nicht sehr groß ist (A und $B \ll U$), so ist diese Verzerrung gering. Bei Aufnahme eines Seitenbandes ist sie bei rein quadratischer Gleichrichtung ganz zu vermeiden.

Wenn man nun Töne aller Frequenzen zwischen 0 und Ω aufnehmen will, so muß der Empfänger alle Frequenzen zwischen $\omega - \Omega$ und $\omega + \Omega$ oder wenn eine Seitenfrequenz unterdrückt wird, wenigstens zwischen ω und $\omega + \Omega$ aufnehmen. Einen solchen Frequenzbereich nennt man ein *Frequenzband*. Ω bzw. 2Ω ist dann die Breite des Frequenzbandes. Der Empfänger soll nun möglichst so gebaut werden, daß er das ganze Frequenzband mit voller gleichmäßiger Stärke empfängt, alle Frequenzen außerhalb des Bandes aber möglichst völlig abschneidet, so daß man das Band des nächsten Senders dicht an das Frequenzband des ersten grenzen lassen kann. Die ideale Durchlaßkurve für ein „Bandfilter" ist daher die der Abb. 94.

Schema verfahren und nach $\sum U = 0$ die Gleichungen für beide Kreise aufstellen. Unter Verwendung des Rückwirkungswiderstandes können wir aber die Endformel sofort hinschreiben:

$$\mathfrak{U}_g = \mathfrak{J}_a \frac{1}{2C_1\left(j\delta\omega_1 + \mathfrak{d}_1 + \underbrace{\frac{1}{4\omega^2 C^2 L_1 L_2 (j\delta\omega_2 + \mathfrak{d}_2)}}\right)} \cdot \frac{\frac{1}{C}}{\frac{1}{C} + \frac{1}{C_1}} \cdot \frac{1}{2L_2(j\delta\omega_2 + \mathfrak{d}_2)} \cdot \frac{1}{j\omega C_2}$$

$1/2\,L_1 \times$ Rückwirkungswiderstand

$\mathfrak{J}_a \cdot \mathfrak{R}_1$

$\mathfrak{U}_1 \cdot$ kapazitive Spannungsteilung

$\mathfrak{U}_2 \cdot 1/\mathfrak{R}_2$

$\mathfrak{J}_2 \cdot 1/j\omega C_2$

$\mathfrak{U}_g$

Hierin ist $\mathfrak{R}_1$ der Kombinationswiderstand der beiden Zweige des Kreises 1:

$$\mathfrak{R}_1 = \frac{\frac{L_1}{C_1}}{j\omega L_1 + R_1 + \frac{1}{j\omega C_1} + R_{\text{rück}}}.$$

Die Entstehung der Formel ist angedeutet. Für die Beurteilung der Frequenzabhängigkeit von $\mathfrak{U}_g/\mathfrak{J}_a$ interessiert uns nur der Nenner.

$$N = (j\delta\omega_1 + \mathfrak{d}_1)(j\delta\omega_2 + \mathfrak{d}_2) + \frac{\frac{1}{\omega^2 C^2}}{4L_1L_2}.$$

Hierin ist

$$\frac{1}{\omega^2 C^2 4 L_1 L_2} = \frac{k^2\omega^2}{4},$$

worin k der Kopplungsfaktor ist. (Bei induktiver Kopplung $k^2 = L_{12}^2/L_1L_2$).

Drücken wir $\mathfrak{d}$ durch die kritische Kopplung k_k: $\mathfrak{d} = k_k\omega/2$ aus und setzen wir $\mathfrak{d}_1 = \mathfrak{d}_2 = \mathfrak{d}$, $\delta\omega_1 = \delta\omega_2 = \delta\omega$, so erhält $|N|^2$ (zur Berechnung des Absolut-

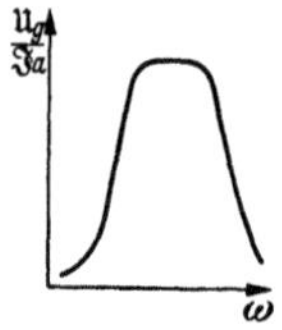

Abb. 97. Bandfilter-Durchlaßkurve bei kritischer Kopplung $k = k_k$.

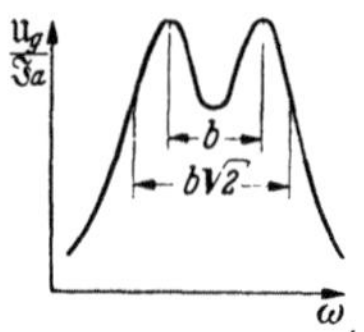

Abb. 98. Bandfilter bei überkritischer Kopplung $k > k_k$.

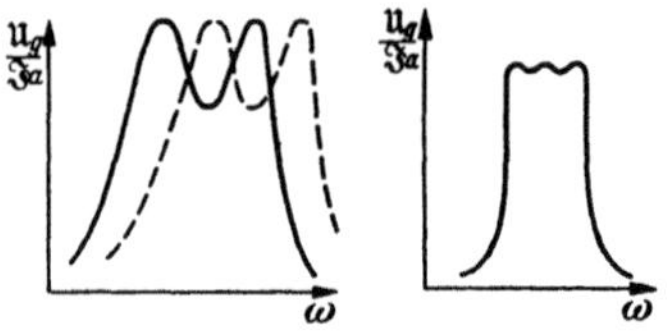

Abb. 99. Hintereinanderschaltung von 2 verstimmten Bandfiltern.

wertes von $\mathfrak{U}_g$ kommt $|N|^2$ in Frage, die Phase interessiert nicht) den Wert:

$$N = \mathfrak{d}^2 - \delta\omega^2 + j2\mathfrak{d}\,\delta\omega + \frac{k^2\omega^2}{4}; \quad |N|^2 = \left(\mathfrak{d}^2 - \delta\omega^2 + \frac{k^2\omega^2}{4}\right)^2 + 4\delta\omega^2\mathfrak{d}^2$$

$$= \left(-\delta\omega^2 + (k_k^2 + k^2)\frac{\omega^2}{4}\right)^2 + \delta\omega^2\omega^2 k_k^2.$$

Für $k < k_k$ hat der Nenner nur ein Minimum bei $\delta\omega = 0$ (Abb. 97). Für $k > k_k$ hat er bei $\delta\omega = 0$ ein Maximum, bei

$$\delta\omega = \pm\frac{\omega}{2}\sqrt{k^2 - k_k^2} = \pm b$$

je ein Minimum und erreicht bei $\delta\omega \doteq b\sqrt{2}$ wieder den Wert von $\delta\omega = 0$. Also verläuft die Durchlaß-$\left(\frac{\mathfrak{U}_g}{\mathfrak{J}_a}\text{-}\delta\omega\right)$-Kurve wie Abb. 98.

Wenn der Wert $|\mathfrak{U}_g/\mathfrak{J}_a|$ für $\delta\omega = 0$ gleich 1 gesetzt wird, so hat $|\mathfrak{U}_g/\mathfrak{J}_a|$ in den beiden Spitzen für $\delta\omega = b$ den Wert $|\mathfrak{U}_g/\mathfrak{J}_a| = k/k_k$ für $\delta\omega = b\sqrt{2}$ wieder den Wert 1, für $\delta\omega = 2b$ ungefähr den Wert $1/\sqrt{3}$. Durch Verstimmung der beiden Kreise des Bandfilters gewinnt man keine Vorteile. Durch Kombination zweier Bandfilter, bei denen je eine Spitze in dem Mittelminimum des anderen liegt, kann man die Durchlaßkurve verbessern. Man bekommt dann drei Maxima und zwei Minima dazwischen (Abb. 99). Um noch größere Frequenzbereiche, wie das beim Fernsehen nötig ist, durchzulassen, muß man Siebketten anwenden. (Siehe unter Lechersystemen.)

L. Transformatoren-Resonanzen.

Es ist anzunehmen, daß die in Abb. 100 dargestellte Anordnung eine Resonanzerscheinung zeigt, da sie Induktivitäten und Kapazitäten enthält. C_{sch}

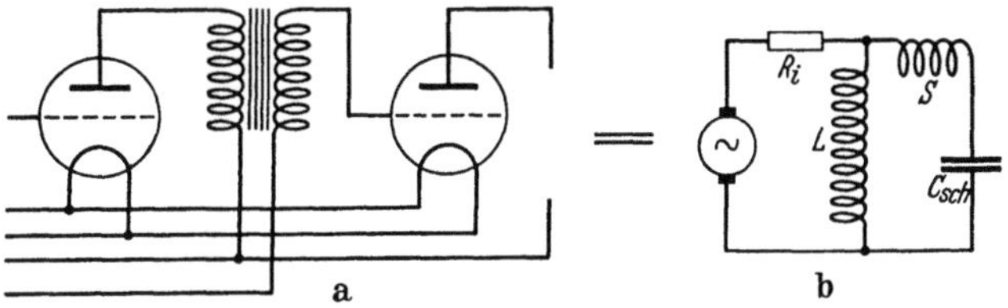

Abb. 100. Ersatzschema für 2 Röhren mit Trafo-Kopplung.

soll neben der Röhren- und Leitungskapazität auch die Spulenkapazität enthalten, die bei Verstärkertrafos zu 1000 cm angenommen werden kann, also die Hauptrolle spielt.

Normalerweise findet man in der Literatur folgende Überlegung: Man ersetze den Trafo durch einen Spartransformator (Abb. 101), dann kann der entstehende Schwingungskreis zu einer Resonanz ziemlich tiefer Lage angeregt werden. Nun findet man aber noch bei recht hohen Schwingungen eine zweite Resonanz, die man als Streuresonanz deutet, und nun meint man, daß der ausgezogene Kreis Abb. 101 Resonanzschwingungen ausführe. Diese Streuresonanzspitze kann aber wegen der hohen Dämpfung durch den inneren Widerstand der Röhre kaum bemerkt werden. Zu ihrer Erklärung muß man noch die Kapazität der Primärspule heranziehen. Man kann sich dann vorstellen, daß der dick ausgezogene Kreis Abb. 102 Resonanzschwingungen ausführt. Als Kapazität kommt eine Kapazität in Frage, die durch Hintereinanderschaltung der Primär- und Sekundärspulenkapazität entsteht, wobei die Primärspulenkapazität noch im Quadrat des Windungszahlverhältnisses verkleinert werden muß. Die Streuresonanz wird sich dann um so besser ausbilden, je höher der innere Widerstand der Röhre ist.

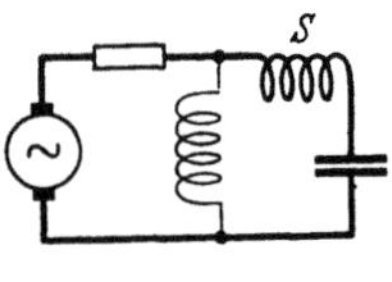

Abb. 101. Fälschliche Streuresonanz.

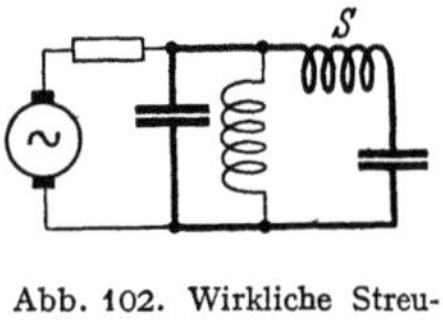

Abb. 102. Wirkliche Streuresonanz.

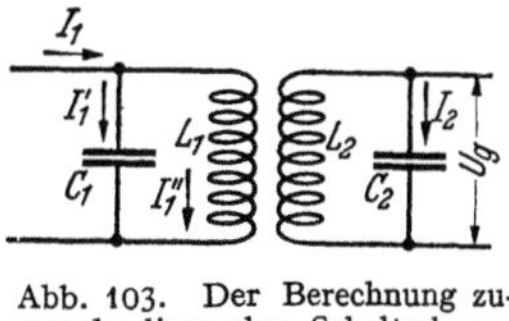

Abb. 103. Der Berechnung zugrunde liegendes Schaltschema.

Wir gewinnen wieder unsere Ausgangsgleichungen in der üblichen Weise aus den Kirchhoffschen Regeln: $\sum U = 0$; $\sum I = 0$ (Abb. 103)

$$1. \quad \mathfrak{J}_1 = \mathfrak{J}_1' + \mathfrak{J}_1'',$$

$$2. \quad \frac{\mathfrak{J}_1'}{j\omega C_1} = \mathfrak{J}_1''\left(j\omega L_1 + \frac{\omega^2 L_{12}^2}{j\omega L_2 + \frac{1}{j\omega C_2}}\right).$$

Die Dämpfungswiderstände der Spulen seien vernachlässigt. Aus 1. und 2. folgt:

$$3.\quad \mathfrak{J}_1'' = \frac{\mathfrak{J}_1}{1 - \omega^2 L_1 C_1 + \dfrac{j\omega^3 L_{12}^2 C_1}{j\omega L_2 + \dfrac{1}{j\omega C_2}}},$$

$$4.\quad \mathfrak{U}_g = \frac{\mathfrak{J}_1'' j\omega L_{12}}{j\omega C_2\left(j\omega L_2 + \dfrac{1}{j\omega C_2}\right)} = \frac{\mathfrak{J}_1'' j\omega L_{12}}{1 - \omega^2 L_2 C_2}.$$

3. in 4. eingesetzt, ergibt

$$5.\quad \mathfrak{U}_g = \frac{\mathfrak{J}_1 j\omega L_{12}}{(1 - \omega^2 L_2 C_2)\left(1 - \omega^2 L_1 C_1 + \dfrac{\omega^4 L_{12}^2 C_1 C_2}{1 - \omega^2 L_2 C_2}\right)}$$

$$= \frac{\mathfrak{J}_1 j\omega L_{12}}{(1 - \omega^2 L_1 C_1)(1 - \omega^2 L_2 C_2) + \omega^4 L_{12}^2 C_1 C_2}.$$

4. entstand aus $\mathfrak{U}_2 = \mathfrak{J}_1'' j\omega L_{12}$

$$\mathfrak{J}_2 = \frac{\mathfrak{U}_2}{j\omega L_2 + \dfrac{1}{j\omega C_2}}; \qquad \mathfrak{U}_g = \frac{\mathfrak{J}_2}{j\omega C_2}.$$

Führen wir die Resonanzfrequenzen

$$\omega_1^2 = \frac{1}{L_1 C_1}; \qquad \omega_2^2 = \frac{1}{L_2 C_2} \quad \text{und} \quad k^2 = \frac{L_{12}^2}{L_1 L_2}$$

ein, so erhalten wir

$$6.\quad \mathfrak{U}_g = \frac{\mathfrak{J}_1 j\omega L_{12}}{\left(1 - \dfrac{\omega^2}{\omega_2^2}\right)\left(1 - \dfrac{\omega^2}{\omega_1^2}\right) - \dfrac{\omega^4 k^2}{\omega_1^2 \omega_2^2}}.$$

Resonanzen liegen bei den Frequenzen, für die der Nenner:

$$1 - \omega^2\left(\frac{1}{\omega_1^2} + \frac{1}{\omega_2^2}\right) + \omega^4 \frac{1 - k^2}{\omega_1^2 \omega_2^2} = 0$$

wird. Die Kopplung ist fest, $1 - k^2$ ist klein (im Zahlenbeispiel nehmen wir $1 - k^2 = \varepsilon = 0{,}06$).

Die Gleichung für $\omega^2 = x$ hat die Form:

$$0 = 1 - x\left(\frac{1}{a} + \frac{1}{b}\right) + \frac{x^2 \varepsilon}{ab}; \qquad a = \omega_1^2; \qquad b = \omega_2^2$$

mit den angenäherten Lösungen:

$$x_1 = \frac{a+b}{\varepsilon}; \qquad x_2 = \frac{ab}{a+b}; \qquad \omega_a = \sqrt{x_1} = \sqrt{\frac{\omega_1^2 + \omega_2^2}{\varepsilon}}; \qquad \omega_b = \sqrt{x_2} = \sqrt{\frac{\omega_1^2 \omega_2^2}{\omega_1^2 + \omega_2^2}}.$$

[Zwischenrechnung: Die strenge Lösung der quadratischen Gleichung lautet:

$$x = \frac{a+b}{2\varepsilon} \pm \sqrt{\left(\frac{a+b}{2\varepsilon}\right)^2 - \frac{ab}{\varepsilon}} = \frac{a+b}{2\varepsilon}\left(1 \pm \sqrt{1 - \frac{4ab\varepsilon}{(a+b)^2}}\right).$$

Entwickelt man die Wurzel in eine Potenzreihe, erhält man:

$$\sqrt{1-\frac{4ab\varepsilon}{(a+b)^2}} = 1 - \frac{2ab\varepsilon}{(a+b)^2} - \frac{2a^2b^2\varepsilon^2}{(a+b)^4} - \frac{4a^3b^3\varepsilon^3}{(a+b)^6} - \cdots \quad \text{und}$$

$$x_1 = \frac{a+b}{\varepsilon} - \frac{ab}{a+b} - \frac{a^2b^2\varepsilon}{(a+b)^3} - \cdots$$

$$x_2 = \frac{ab}{a+b} + \frac{a^2b^2\varepsilon}{(a+b)^3} + \frac{2a^3b^3\varepsilon^2}{(a+b)^5} + \cdots\Big].$$

Zahlenbeispiele: Es sei $\omega_1 = 200/\text{sec}$, $\omega_2 = 1000/\text{sec}$, $\varepsilon = 0{,}06$; wir erhalten dann:

$$\omega_b = 200\sqrt{\frac{1000^2}{200^2+1000^2}} = \frac{200}{\sqrt{1+0{,}2^2}} \approx 200/\text{sec},$$

$$\omega_a = \sqrt{\frac{\omega_1^2+\omega_2^2}{\varepsilon}} = \sqrt{\frac{1000^2+200^2}{0{,}06}} \cong \frac{1000}{\sqrt{0{,}06}} \cong \frac{1000}{0{,}25} = 4000/\text{sec}.$$

Obwohl die Resonanzfrequenzen der beiden Kreise sich nur wie $\frac{1}{5}$ verhalten, sind die Resonanzfrequenzen des gekoppelten Systems um den Faktor $\frac{1}{20}$ verschieden.

Überschlagsrechnung.

Wenn auf beiden Seiten dieselbe Spulenkapazität liegen soll und die Resonanzfrequenzen der einzelnen Kreise sich wie 1:5 verhalten sollen, so müssen sich die Induktivitäten wie $\frac{1}{25}$ verhalten. $\frac{1}{25}$ ist dann auch das Quadrat des Übersetzungsverhältnisses, mit dem die Primärspulenkapazität zu multiplizieren ist, wenn man sie in den Sekundärkreis eingeschaltet denken will. Der Streuresonanzkreis hat dann eine um das 25fache kleinere Kapazität und seine Induktivität $S = L(1-k^2) = L\varepsilon$ ist 0,06 oder $\frac{1}{16}$ der Induktivität des tiefen Resonanzkreises Abb. 100. $\frac{\omega_a^2}{\omega_b^2}$ ist also $16 \times 25 = 400$, ω_a also 20mal größer als ω_b.

Überschlagsrechnung hat somit die strenge Rechnung bestätigt.

II. Die Elektronenröhren.

Einleitung.

Diesem Abschnitt soll eine längere Einleitung vorausgeschickt werden. Diese hat einen doppelten Zweck.

Bereits im 1. Abschnitt über den Schwingungskreis wurde die Röhre in den dort beschriebenen Versuchsanordnungen mehrfach benutzt. Für den Leser dieses 1. Abschnittes genügt ein ganz kurzer Überblick über die Wirkungsweise der Röhre. Diesen soll die Einleitung enthalten. Andererseits sollen aber bei diesem Überblick die Fragen aufgerollt werden, die in dem 2. Abschnitt systematisch behandelt werden sollen. Auf diese Weise soll das Verständnis für den Stoff des 2. Abschnittes vorbereitet werden. Der Leser soll wissen, warum er die verschiedenen physikalischen Fragen der Röhrentechnik studieren muß, und wozu er die Untersuchungen über die Röhren braucht.

Als man die Telegraphie über größere Entfernungen ausbaute, zeigte es sich, daß durch den hohen Widerstand der langen Leitungen der Strom stark geschwächt wurde, so daß er den Morseschreiber nicht mehr betätigen konnte. Man hatte die Betriebsspannungen bereits auf 50 V vergrößert, man hätte sie zur Überwindung der 10fachen Entfernung auf 500 V vergrößern müssen, ein Weg, der schließlich nicht mehr gangbar war. Da erfand man das Relais.

Mit Hilfe des schwachen über die Leitung kommenden Stromes betätigte man einen Schalter, der dann den Kreis einer am Empfangsort stehenden Stromquelle schloß und so dem Morseschreiber einen Strom zuführte, der leicht das 100fache des über die Leitung ankommenden Fernstromes sein konnte.

Der Wunsch, schwache „Fernströme“ mit Hilfe einer am Empfangsort stehenden Stromquelle zu erhöhen, trat selbstverständlich auch sehr bald in der Telephonie auf.

Nur ist hier leider die Aufgabe in doppelter Hinsicht schwieriger. Bei der Telegraphie genügte es, verhältnismäßig langsam einen Strom entweder ganz einzuschalten oder den Kreis ganz zu unterbrechen. Bei der Telephonie soll aber das An- und Abschwellen der Sprechwechselströme genau in vergrößertem Maßstabe abgebildet werden (formgetreue Wiedergabe), und außerdem handelt es sich um wesentlich größere Arbeitsgeschwindigkeiten. Die Sprechfrequenzen erstrecken sich ja bis 10000 Hz, während in der Telegraphie 100 Stromschlüsse/sec zumeist ausreichen. Mit mechanischen Anordnungen war wegen der Trägheit der Anker nicht mehr weiterzukommen. Man mußte schon versuchen, die praktisch trägheitslose Elektrizität direkt anzugreifen. Der elektrische Strom in einem Leiter bietet keine Angriffspunkte. Man versuchte es mit anderen Strömungen, mit Gasentladungen und mit reinen Elektronenströmen im Hochvakuum. Die letzteren sind die physikalisch wesentlich einfacheren. Sie brachten die Lösung.

Wir müssen uns zunächst einmal einen solchen Elektrizitätstransport durch das Vakuum ansehen und wollen dann überlegen, wie wir ihn mit möglichst geringen Energien beeinflussen können.

Es war durch die Untersuchungen von RICHARDSON und WEHNELT bekannt, daß ein glühender Draht, die „Kathode“, Elektronen in das Vakuum aussendet, die im Vakuum zu einer positiv geladenen „Anode“ hinfliegen.

Vielleicht konnte man zwischen Glühdraht und Anode irgendeine Einrichtung anbringen, welche den Lauf der vorbeifliegenden Elektronen, die ja durch elektrische Felder ablenkbar sind, so verändert, daß eine rein elektrische Stromsteuerung zustande kommt. Vielleicht war mit diesem Elektronenstrome, der immerhin auch bei kleinen Röhren einige Milliampere betrug und für Telephonzwecke langte, etwas anzufangen.

Sehen wir uns erst einmal das Arbeiten der einfachen Anordnung Glühdraht-Anode an (Abb. 104).

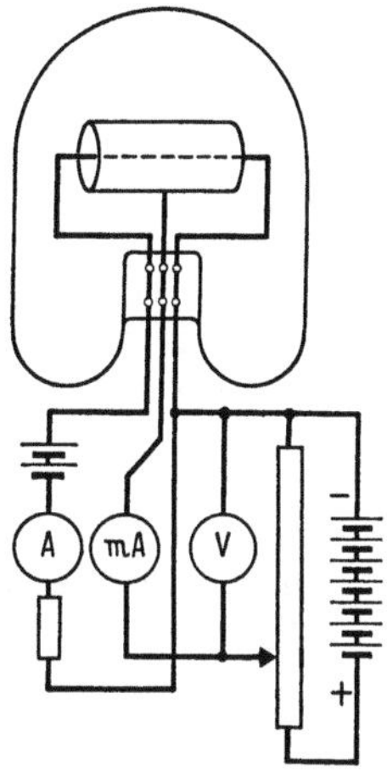

Abb. 104. Diodenmessung.

Die Röhre sei auf Hochvakuum ausgepumpt, so fein, daß eine Ionenleitung nicht mehr vorhanden ist. Ist der Glühdraht kalt, so fließt kein Strom durch die Röhre, wenn man eine Spannung zwischen Anode und Kathode legt, weder wenn dabei die Anode positiv, noch wenn sie negativ ist. Wird aber der Draht geheizt, so vermag er Elektronen auszusenden. Liegen zwischen Glühdraht und Anode z. B. 300 V, so daß die Anodenspannung +300 V ist — als Nullpunkt für alle Spannungsangaben gilt die Kathode —, so fliegen alle Elektronen, die austreten, zur Anode. Der Strom wächst mit der Kathodentemperatur genau wie der Dampfstrom, der aus einem erhitzten nassen Schwamm austritt. Der Vergleich ist so gut, daß man die Gesetze für die Verdampfung des Wassers quantitativ auf die Verdampfung der Elektronen übertragen kann. (Siehe später Physikalischer Teil!)

Man sollte nun annehmen, daß dieser Strom negativer Elektronen wohl durch eine negative Anodenspannung unterdrückt wird, welche die Temperaturgeschwindigkeit der Elektronen abbremst, daß aber der volle Strom fließt, sobald die Anode gegenüber dem Glühdrahte positiv wird. Das Experiment zeigt, daß diese Annahme nicht zutrifft. Wenn nämlich die Anode positiv wird, so *beginnt* wohl in der Röhre Strom zu fließen. Der Strom erreicht aber erst bei verhältnismäßig hohen Anodenspannungen (z. B. 20 V) seine volle Stärke, seinen „Sättigungsstrom“ (von z. B. 10 mA).

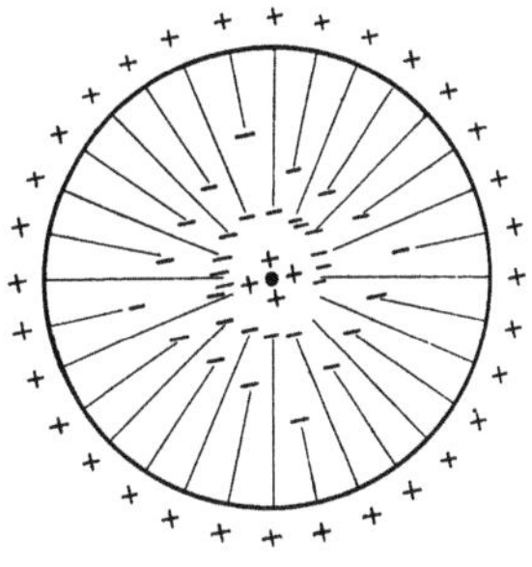
Abb. 105. Raumladung.

Das liegt nun daran, daß die Elektronen auf ihrem Wege zur Anode eine wandernde negative Raumladung bilden (Abb. 105). (Da Ionen nicht vorhanden sind, bleibt die elektrostatische Wirkung dieser Raumladung unkompensiert.) Auf dieser Raumladung endigen nicht nur alle von den positiven Ladungen der Anode ausgehenden Kraftlinien, sondern es gehen sogar noch rückwärts gerichtete weitere Kraftlinien von der Raumladung zum Glühdraht hin, welche die langsamen Elektronen zurückhalten, so daß nur der Bruchteil der Elektronen, deren Temperaturgeschwindigkeit so groß ist, daß sie gegen diese Bremskraftlinien anlaufen können, in die Raumladung vorstoßen kann. Steigt die Anodenspannung weiter, so muß sich die Raumladung verdichten und der Strom steigen, damit noch Überschußkraftlinien von der Raumladung ausgehen und die langsamen Elektronen bremsen. Es werden jetzt bereits langsamere in die Raumladung kommen und nur die langsamsten gebremst werden.

Wenn nun das elektrische Feld an der Kathode zunächst negativ ist, erst in einer bestimmten Entfernung — sie sei mit $x_{\min}$ bezeichnet — Null wird und dann erst bis zur Anode hin positiv ist, so muß die Spannung, der wir auf der Kathode den Wert 0 zuschreiben wollen, nach der Beziehung:

$$\varphi = \int \mathfrak{E}\, dx$$

zunächst bis zur Stelle $x_{\min}$ absinken. Da bei $x_{\min}$ die Feldstärke 0 ist, so ändert sich die Spannung an der Stelle $x_{\min}$ nicht; sie überschreitet ein Minimum. Wir wollen den Wert dieses Potentialminimums mit $\varphi_{\min}$ bezeichnen. Dann steigt die Spannung bis zur Anode an. Als quantitative Angabe, die später im physikalischen Teil abgeleitet werden soll, sei hier mitgeteilt: Der Wert des Potentialminimums beträgt, wenn die Röhre etwa auf der Mitte der Kennlinie arbeitet, nur 0,1 bis 0,2 V; $x_{\min}$, der Abstand Kathode-Potentialminimum ist sehr gering, in der Größenordnung von $^1/_{100}$ mm.

Wenn man nun die Anodenspannung steigert, so wird die Feldstärke und nach der Beziehung $q = \varepsilon_0 \mathfrak{E}$ auch die Ladung auf der Anode steigen. Es muß also auch der Teil der Raumladung steigen, auf der die von der Anode ausgehenden Kraftlinien endigen. Diese Steigerung der Raumladung kommt dadurch zustande, daß einmal das Potentialminimum noch etwas weiter auf die Kathode zurückt. Hierdurch nehmen Teile der Raumladung, die vorher ihre Kraftlinien von der Kathode her durch das Bremsfeld erhielten, einen Teil der neuen Kraftlinien auf. Dieser Betrag ist aber nur gering. Andererseits wird die Dichte der Raumladung zwischen Potentialminimum und Anode steigen, um die Kraftlinien aufnehmen zu können.

Die Anodenstromdichte i berechnet sich nun durch

$$i = \varrho v,$$

wobei ϱ die Ladungsdichte und v die Geschwindigkeit ist. Die Geschwindigkeit wächst mit der Spannung. Es wachsen also beide Faktoren ϱ und v bei einer Steigerung der Anodenspannung und mit ihnen i.

Wenn nun aber das Potentialminimum näher an die Kathode heranrückt, so wird auch sein Betrag geringer. Der Berg, über den die von der Kathode mit maxwellisch verteilter Temperaturgeschwindigkeit ausgeschleuderten Elektronen herüberfliegen müssen, wird niedriger. Es werden also auch langsamere Elektronen, die vor der Steigerung der Anodenspannung noch vor dem hohen Potentialminimumberg umkehrten, über das Potentialminimum herüberkommen, so daß die besprochene Stromerhöhung möglich wird.

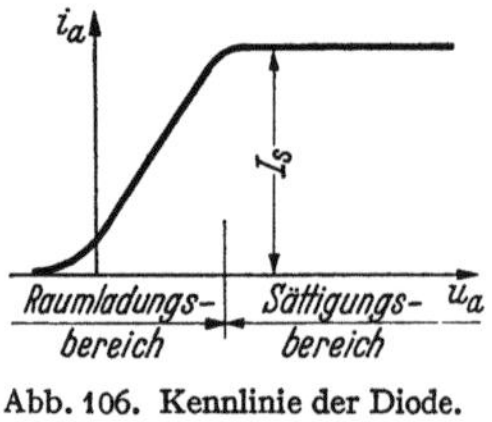

Abb. 106. Kennlinie der Diode.

Steigert man die Anodenspannung weiter, so rückt das Potentialminimum auf die Kathode. Sein Betrag wird dabei Null. Es ist kein bremsendes Feld mehr vorhanden. Alle Elektronen, welche der Glühdraht bei der betreffenden Temperatur zu emittieren vermag, fliegen zur Anode. Es fließt Sättigungsstrom I_s (Abb. 106). Die Feldstärke auf der Kathode ist in diesem Moment Null. Die Ladung der Kathode, die bisher ebenso wie die der Anode positiv war, ist Null geworden. Steigert man die Anodenspannung und mit ihr die Geschwindigkeit der Elektronen noch weiter, so wird nach der bereits benutzten Beziehung $i = \varrho v$ die Raumladungsdichte geringer (i kann ja nicht mehr steigen, da die Kathode nicht mehr Elektronen liefert). Ein zunehmender Teil der Kraftlinien endet auf der Kathode, deren Oberfläche nun negativ geladen ist. Raumladung ist aber auch im Sättigungsgebiet vorhanden. ϱ würde erst bei $u_a = \infty$ und $v = \infty$ verschwinden.

Ein Rückstrom von der kalten, keine Elektronen aussendenden Anode kann beim Umpolen der Spannung nicht fließen (unipolare Leitung).

Das Steuergitter.

Das zunächst rein wissenschaftliche und daher scheinbar zwecklose Studium der physikalischen Vorgänge zeigt uns, wie wir einen Steuermechanismus einrichten müssen. Wir haben gesehen, daß der Anodenstrom von seiner vollen Höhe i_s auf einen Bruchteil herabgedrückt wird, wenn die Kraftlinien, die von den positiven Ladungen auf der Anode ausgehen, auf ihrem Wege zum Glühdrahte zum Teil durch negative Ladungen abgefangen werden. Also Aufgabe: Man bringe zwischen Glühdraht und Anode ein Gebilde an, das man von außen mehr oder weniger negativ laden kann, das aber Löcher hat, so daß Elektronen vom Glühdraht zur Anode gelangen können. Ein solches Gebilde ist ein Blechzylinder mit Löchern oder ein Gitter aus Drahtgeflecht, einer Drahtspirale oder Stäben. Somit sind wir zur Erfindung des Steuergitters gelangt. Je nachdem man auf das Gitter stärkere oder schwächere negative Ladungen heraufbringt, kann man den Anodenstrom mehr oder weniger schwächen.

Wir erinnern uns nun der Bedingungen unserer Aufgabe. Der Röhre, d. h. ihrem Gitter, sollte ein möglichst *schwacher* Strom zugeführt werden, um den Anodenstrom zu steuern. Damit nun möglichst wenige Elektronen auf das Gitter kommen, werden wir es an Spannungen zu legen haben, die negativ gegen die Kathode sind[1]. Es muß so weitmaschig sein, daß z. B. bei $u_g = -1$ V erst wenige Kraftlinien von der Anode weggefangen werden, so daß fast noch der Sättigungsstrom fließt, daß aber z. B. bei $u_g = -20$ V alle Kraftlinien weggefangen werden und somit der Elektronenstrom unterdrückt wird. Dann brauchen wir dem Gitter zu seiner Betätigung nur noch den minimalen Ladestrom zuzuführen. Wir haben eine Anordnung entwickelt, die praktisch ohne Strombedarf, d. h. leistungslos den aus der Anodenbatterie kommenden Strom steuert. Wir haben ein reines und dazu noch trägheitsloses Relais. — Ferner ist darauf hinzuweisen, daß sich alle Vorgänge im Hochvakuum abspielen. Eine Funkenbildung kann

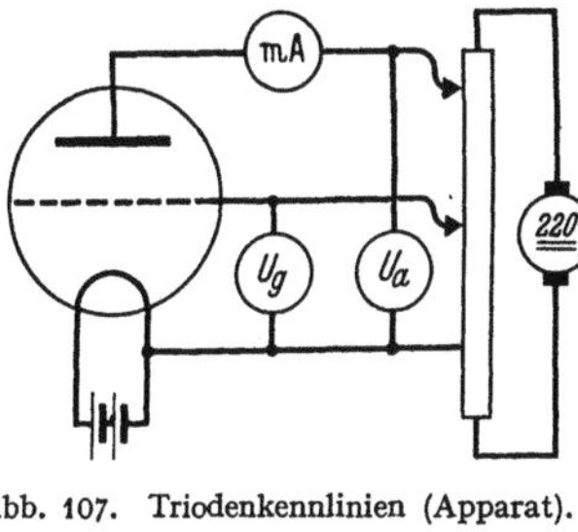

Abb. 107. Triodenkennlinien (Apparat).

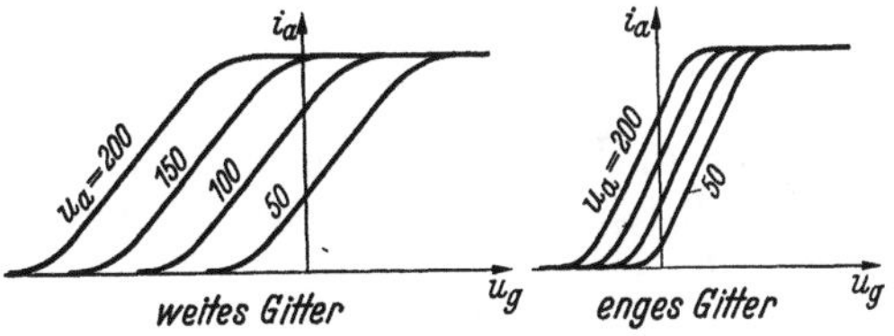

Abb. 108. Kennlinien.

bei einer gut gepumpten Röhre nicht vorkommen. Wir können mit hohen Spannungen und damit trotz der verhältnismäßig kleinen Ströme auch mit großen Leistungen arbeiten. Die drei hervorragenden Eigenschaften:

1. Reine Relaiswirkung (bei dauernd negativer Gitterspannung),
2. Trägheitslosigkeit (bis zu $\lambda =$ etwa 3 m herunter),
3. die Funkenlosigkeit (Beherrschung hoher Spannungen und damit großer Leistungen)

bedingen den Erfolg der Elektronenröhre in der gesamten Elektrotechnik.

Die Untersuchung der Röhre wird uns einige für ihren Gebrauch bequeme Regeln liefern. Wir setzen sie in eine Anordnung Abb. 107, welche Gitter und Anodenspannung zu ändern gestattet, und beginnen zu messen. Tragen wir i_a gegen u_g mit u_a als Parameter auf, erhalten wir die Kennlinienbilder Abb. 108.

[1] Wir wollen im folgenden immer als Nullpunkt der Spannungen die Kathodenspannung wählen.

Den geradlinigen mittleren Teil kann man durch die einfache Formel, die später abgeleitet werden soll:

$$i_a = S_0 \frac{(u_g + D u_a)}{1 + D} = \frac{S_0}{1 + D} u_{st}$$

darstellen. 1. BARKHAUSENsche Röhrenformel. BARKHAUSEN nannte $S = \frac{S_0}{1 + D}$ die Steilheit, D den Durchgriff, u_{st} die Steuerspannung. Der Durchgriff wird um so kleiner, je engmaschiger das Gitter ist. — Hält man die Gitterspannung konstant und vergrößert man die Anodenspannung, so steigt der Anodenstrom. Die Röhre verhält sich wie ein ohmscher Widerstand von der Größe $\Delta u_a / \Delta i_a = R_i$. R_i nennt man inneren Widerstand der Röhre.

Man kann die Kennlinienschar auch durch ein Raumdiagramm mit $u_g(x)$, $u_a(y)$, $i_a(z)$ darstellen und erhält die schrägliegende Fläche Abb. 109.

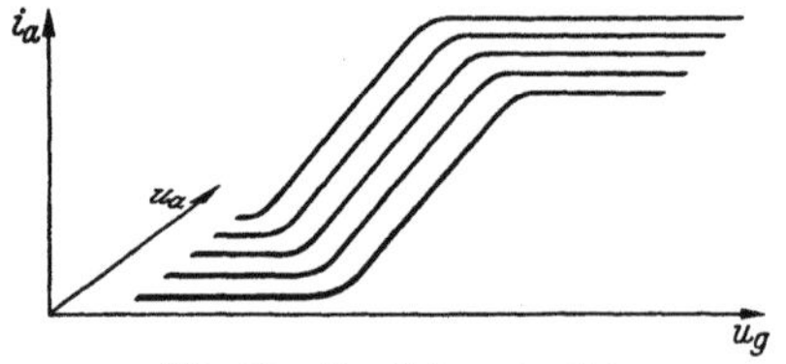

Abb. 109. Kennlinien, räumlich.

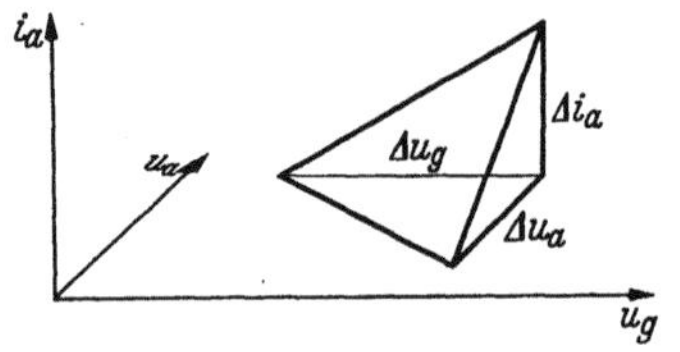

Abb. 110. Diagramm Δi_a, Δu_a, Δu_g zu $S D R_i = 1$.

Wir denken aus der schrägliegenden Fläche ein kleines Tetraeder (Abb. 110) herausgeschnitten. An ihm lesen wir ab:

$$S = \frac{\Delta i_a}{\Delta u_g} = \left(\frac{\partial i_a}{\partial u_g}\right)_{u_a}; \quad D = \frac{\Delta u_g{}^*}{\Delta u_a} = \left(\frac{\partial u_g}{\partial u_a}\right)_{i_a}; \quad R_i = \frac{\Delta u_a}{\Delta i_a} = \left(\frac{\partial u_a}{\partial i_a}\right)_{u_g};$$

$S D R_i = 1$. 2. BARKHAUSENsche Röhrenformel.

An Stelle von Δu_g, Δu_a, Δi_a kann man beim Arbeiten mit Wechselströmen kleiner Amplitude auch die Spannungs- und Stromamplituden setzen:

$$\mathfrak{J}_a = S(\mathfrak{U}_g + D\mathfrak{U}_a) = \frac{S_0(\mathfrak{U}_g + D\mathfrak{U}_a)}{1 + D}.$$

Arbeitet die Röhre auf einen ohmschen Widerstand als Verbraucher, so ist $\mathfrak{U}_a = -R_a \mathfrak{J}_a$. (—Zeichen, da Spannungs*ab*fall!) Setzt man dies ein, so erhält man

$$\mathfrak{J}_a = \frac{S\mathfrak{U}_g}{1 + R_a S D} = \frac{S}{1 + R_a/R_i} \mathfrak{U}_g; \quad S_A = \frac{S}{1 + R_a/R_i}$$

ist die Steilheit der Arbeitslinie.

$$\mathfrak{J}_a = \frac{S\mathfrak{U}_g}{1 + R_a/R_i} = \frac{S R_i \mathfrak{U}_g}{R_i + R_a} = \frac{\mathfrak{U}_g}{D} \cdot \frac{1}{R_i + R_a}.$$

Die Röhre verhält sich wie ein Generator mit der Wechsel-EMK. $\mathfrak{U}_g/D$ und dem inneren Widerstand R_i. (Ist R_a komplex, so wird die Arbeitskurve eine Ellipse, Abb. 111.) Um die Handhabung der Begriffe S, D, R_i zu zeigen und mit den Größen vertraut zu machen, sei ein Beispiel behandelt.

An eine Röhre mit $R_i = 50000\,\Omega$ sei ein dynamischer Lautsprecher (Abb. 112) angeschlossen: Spulenumfang $u = 10$ cm. Luftspaltfeld $\mathfrak{H} = 10^4$ A/cm, Luftdämpfung $\varrho = 6000 \frac{\text{dyn}}{\text{cm/sec}}$**. Wieviel Windungen N sind auf die Tauchspule zu

---

* Δu_g ist hierbei die Gitterspannung*erniedrigung*. Diese Erniedrigung wird verabredungsgemäß positiv gezählt, damit D einen positiven Wert bekommt.

** Hierbei ist angenommen, daß die Luftdämpfung eine der Geschwindigkeit proportionale Kraft liefert. Vergleiche im Abschnitt über das komplexe Rechnen das Beispiel: Strahlungsdämpfung einer Membran.

bringen? Der Einfachheit halber nehmen wir an, der Lautsprecher sei auf Resonanz abgestimmt, so daß die Trägheitskraft gerade durch die Federkraft aufgehoben wird und sich die Bewegungsgleichung zu $K = \varrho \frac{dx}{dt}$ (x = Auslenkung der Spule) vereinfacht.

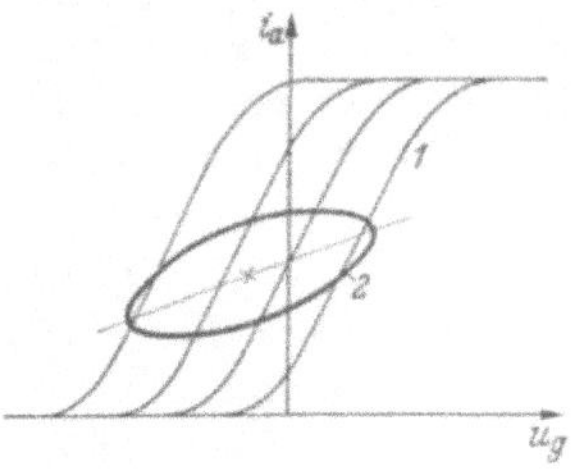

Abb. 111. Arbeitskurven.

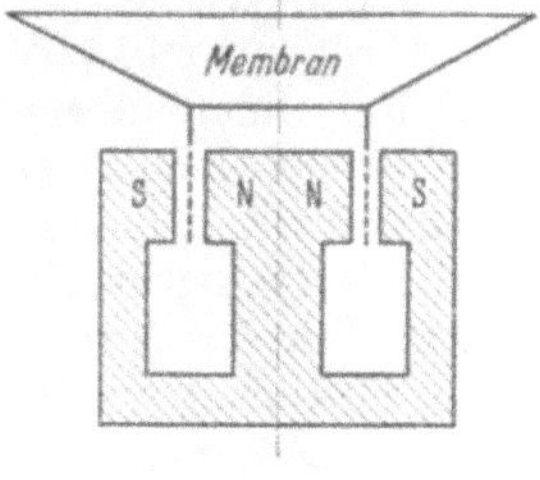

Abb. 112. Lautsprecher.

K berechnen wir nach der Formel: $K = \mathfrak{B} l I$. Für l ist die Länge des auf der Tauchspule aufgewickelten Drahtes $l = Nu$ einzusetzen. Wir erhalten dann: $K = Nu\mathfrak{H}\mathfrak{J}_a\mu_0$; $x' = \frac{Nu\mathfrak{H}\mathfrak{J}_a\mu_0}{\varrho}$. Die induzierte Spannung ist nach dem Induktionsgesetz:

$$\mathfrak{U} = Nu\mu_0\mathfrak{H}\cdot x' = \frac{N^2u^2\mu_0^2\mathfrak{H}^2}{\varrho}\mathfrak{J}_a.$$

Sie ist proportional zu $\mathfrak{J}_a$ und mit $\mathfrak{J}_a$ in Phase. Der Lautsprecher wirkt also wie ein ohmscher Widerstand von der Größe

$$R_a = \frac{N^2u^2\mu_0^2\mathfrak{H}^2}{\varrho}.$$

Wir können R_a durch Wahl von N beliebig einrichten. (Der wirkliche ohmsche Widerstand der Spule ist so gering, daß wir ihn vernachlässigten, ebenso die Induktivität der Spule.) Der Lautsprecher soll nun bei einer vorgegebenen Gitterwechselspannung an der Röhre möglichst laut tönen. Er wird dies tun, wenn die von der Röhre gelieferte Energie ein Maximum wird.

$$\mathfrak{N} = I_a^2 R_a = \frac{U_g^2}{D^2}\frac{R_a}{(R_a+R_i)^2}$$

soll Maximum werden. Wir finden den günstigsten R_a-Wert aus

$$\frac{d}{dR_a}\left(\frac{R_a}{(R_a+R_i)^2}\right) = 0 \quad \text{zu} \quad R_a = R_i.$$

R_a muß also $50000\,\Omega$ sein.

Wir können nun N aus der Gleichung:

$$R_a = \frac{N^2\mu_0^2\mathfrak{H}^2u^2}{\varrho} \quad \text{zu} \quad N = \frac{\sqrt{\varrho\cdot R_a}}{\mu_0\mathfrak{H}u}$$

berechnen.

Zahlenwerte. $R_a = 50000\,\Omega$. $\varrho = 6000\,\frac{\text{g}}{\text{sec}} = 6000\,\frac{\text{dyn}}{\text{cm/sec}}$. $u = 10\,\text{cm}$.

$$\mathfrak{H} = 10^4\,\frac{\text{A}}{\text{cm}};\quad \mu_0 = 1{,}25\cdot 10^{-8}\,\frac{\text{V sec}}{\text{A cm}}.$$

$$N = \frac{\sqrt{5\cdot 10^4\,\frac{\text{V}}{\text{A}}\,6\cdot 10^3\,\frac{\text{g}}{\text{sec}}}}{1{,}25\cdot 10^{-8}\,\frac{\text{V sec}}{\text{A cm}}\,10^4\,\frac{\text{A}}{\text{cm}}\cdot 10\,\text{cm}} = \frac{\sqrt{3\cdot 10^8}}{1{,}25\cdot 10^{-3}}\sqrt{\frac{\text{g}\cdot\text{cm}^2}{\text{sec}^3\,\text{V}\cdot\text{A}}}.$$

Da nun $1\,\text{V}\cdot\text{A} = 10^7\,\frac{\text{erg}}{\text{sec}} = 10^7\,\frac{\text{g}\cdot\text{cm}^2}{\text{sec}^3}$, erhalten wir

$$N = \frac{\sqrt{3\cdot 10^8}}{1{,}25}\,10^3\sqrt{\frac{\text{g}\cdot\text{cm}^2/\text{sec}^3}{10^7\,\text{g}\,\text{cm}^2/\text{sec}^3}} = \frac{\sqrt{30}}{1{,}25}\,10^3 = 4384.$$

Die Windungszahl ist so hoch, daß man sie auf der Tauchspule nicht unterbringen kann. Man muß zwischen Röhre und Spule einen Ausgangstransformator schalten. Wenn dieser das Übersetzungsverhältnis 1:100 hat, so genügt es, $\frac{4384}{100}$ oder rund 44 Windungen auf die Tauchspule zu wickeln.

Bei einer Membranamplitude von $\frac{1}{10}$ mm und einem Ton von 800 Hz ($\omega = 5000$/sec) müßte mit den Daten unseres Zahlenbeispieles in den 44 Windungen der Tauchspule ein Strom von etwa 0,7 A fließen.

Die Berücksichtigung der Membranträgheit verändert das Resultat wesentlich. Der Leser rechne die Aufgabe selbst. Wenn m die Membranmasse und ω die Frequenz und $\omega m \gg \varrho$, erhält man

$$R_a = \frac{N^2 u^2 \mu_0^2 \mathfrak{H}^2}{(j\omega m + \varrho)} \cong N^2 u^2 \mu_0^2 \mathfrak{H}^2 \left(\frac{\varrho}{\omega^2 m^2} + \frac{1}{j\omega m}\right)^* .$$

Der Lautsprecher wirkt wie ein mit $1/\omega^2$ abnehmender Dämpfungswiderstand mit in Reihe liegender Kapazität, also wie $R + \frac{1}{j\omega C}$. Die Leistung ist dann

$$\mathfrak{N} = \frac{U_g^2}{D^2} \, \frac{R}{(R + R_i)^2 + \frac{1}{\omega^2 C^2}};$$

$\left(R + \frac{1}{j\omega C}\right)$ ist proportional zu N^2.

Der mehrstufige Verstärker.

Unser Übungsbeispiel führte uns zur Verwendung der Röhre im einstufigen Verstärker. Wenn die Eingangsenergie zu klein ist, um die erforderliche Gitterwechselspannung zu liefern, schaltet man mehrere Verstärkerstufen hintereinander. Man kann dann zur Kopplung der einzelnen Stufen bei Niederfrequenz Transformatoren (Abb. 113) oder Widerstände (Abb. 114, 115), bei Hoch-

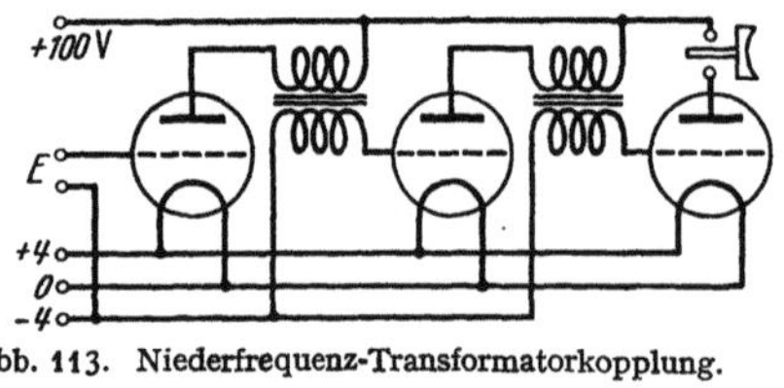

Abb. 113. Niederfrequenz-Transformatorkopplung.

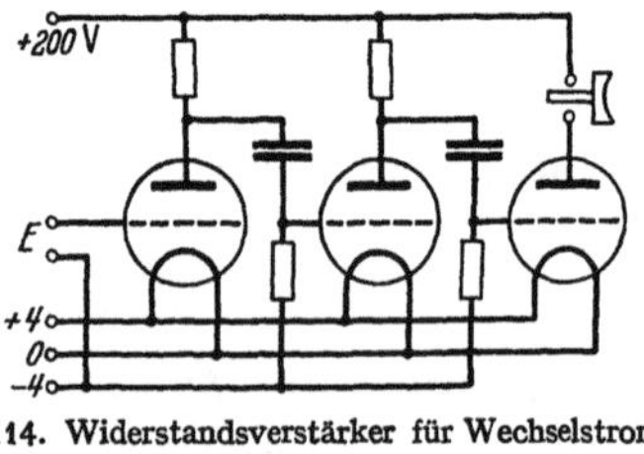

Abb. 114. Widerstandsverstärker für Wechselstrom.

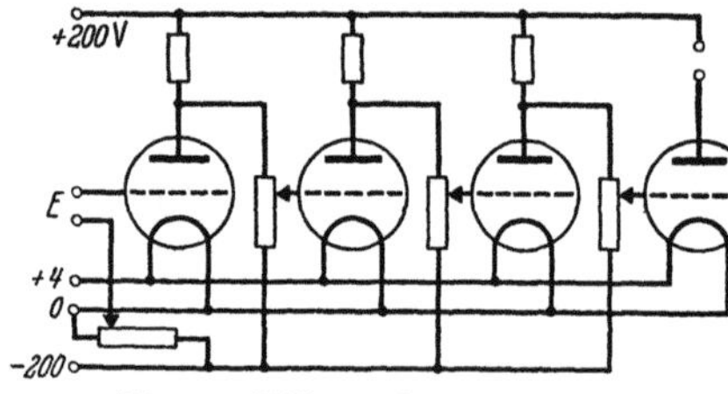

Abb. 115. Widerstandsverstärker für Gleichstrom.

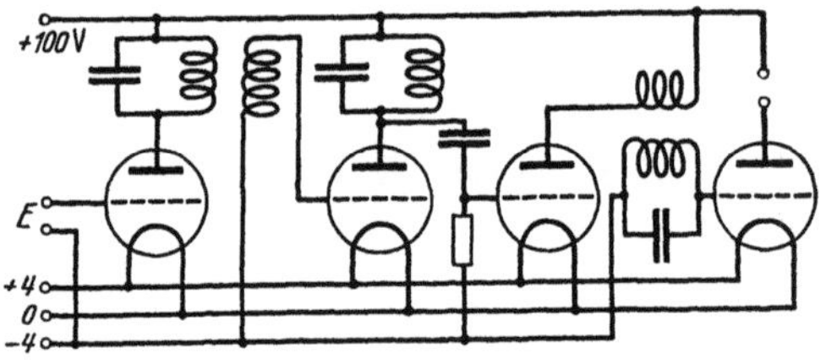

Abb. 116. Schwingkreiskopplung.

frequenz Schwingdrosseln benutzen (Abb. 116). Auch hier treten uns wieder die Fragen entgegen: Wie sind die Kopplungselemente an die Röhren und die Spannungen günstig anzupassen? Wie berechnen sich die Verstärkungsgrade? Welche Rolle spielen die im Gitterkreise verbrauchten Leistungen, die Röhrenkapazitäten usw.?

* Zwischenrechnung $\frac{1}{j\omega m + \varrho} = \frac{\varrho - j\omega m}{\varrho^2 + \omega^2 m^2} \cong \frac{\varrho - j\omega m}{\omega^2 m^2} = \frac{\varrho}{\omega^2 m^2} + \frac{1}{j\omega m}$.

Der Röhrensender.

Wir wissen jetzt schwache Wechselströme aller Frequenzen zu verstärken. Wenn wir eine schwache Hochfrequenzquelle haben, so können wir also einen Röhrensender beliebiger Energie bauen. Es entsteht nun die Frage: Kann man nicht die besondere Energiequelle zur Erregung des Röhrensenders vermeiden und eine „Selbsterregung“ finden? Wir haben ja Energie genug zur Verfügung, so daß man leicht einen Teil dieser Energie an Stelle der schwachen Fremdenergie der Hochfrequenzquelle zur Steuerung benutzen könnte.

Sehen wir uns also in der Technik um, ob es Apparate gibt, die einen Teil der erzeugten Schwingungsenergie zur Steuerung der antreibenden Stromquelle benutzen.

Wir finden eine ganze Reihe Beispiele: die Dampfmaschine, den Mikrophonsummer, den altbekannten WAGNERschen Hammer.

Wie arbeitet dieser? Er besitzt ein schwingendes System, den Anker mit dem Hammer, der an einer Feder befestigt ist. Vom Anker wird die an ihm befestigte Kontaktfeder bewegt, die den Strom einer Batterie im Takte der Ankerschwingungen öffnet und schließt. Dieser gesteuerte Strom durchfließt die Wicklung eines Magneten, der den Anker bewegt. Wir haben also ein schwingendes System. Dieses betreibt einen Steuermechanismus, der den Strom einer Batterie öffnet und schließt. Dieser zerhackte Gleichstrom wird wieder zum Betreiben des schwingenden Systems benutzt. — In unserem Falle kennen wir bereits den Steuermechanismus: die Röhre, das schwingende System: den Schwingungskreis und seine Verbindung mit der Röhre, die dem Magneten beim WAGNERschen Hammer entspricht. Es fehlt uns nur noch die Rückverbindung des Schwingsystems mit dem Steuermechanismus, die beim WAGNERschen Hammer einfach darin bestand, daß die Kontaktfeder mechanisch mit dem Hammer verbunden war.

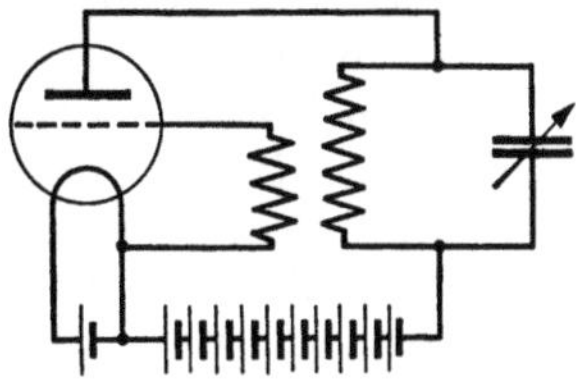

Abb. 117. Röhrensender.

Die gesuchte Verbindung soll im Falle der Röhre eine Wechselspannung zwischen Kathode und Gitter legen, die den Anodenstrom im Takte des Wechselstromes im Schwingungskreise öffnet und schließt.

ALEXANDER MEISSNER schuf diese Verbindung in einfachster Weise durch die Rückkopplungsspule (s. Abb. 117).

Hier erheben sich nun wieder zahlreiche Fragen für ein genaueres Studium des „rückgekoppelten Röhrensenders“. Wie ist die günstigste Phase durch die „Rückkopplung“ herzustellen? Gibt es noch andere Schaltungen als die ursprüngliche MEISSNERsche? Wie kommt das Anschwingen zustande? Wie stark muß die Rückkopplung sein? Welche Amplitude und welche Frequenz stellt sich ein?

Wir interessieren uns für die Frage der Tastung. Soll sie im Anoden- oder im Gitterkreise liegen?

Wir wollen auch mit unserem Röhrensender drahtlos telephonieren. Wie können wir dann die Amplitude der Hochfrequenzströme im Takte der Sprechströme modulieren?

Der Röhrengleichrichter und seine Verwendung zum Empfang der Wellen.

Zum Empfang benutzte man die gleichrichtende Wirkung des Detektors. Sie beruht darauf, daß seine Stromspannungskurve keine Gerade ist. Würde sie, wie beim gewöhnlichen ohmschen Widerstand, eine Gerade sein, so würde eine an diesen Widerstand gelegte sinusförmige Wechselspannung auch einen sinusförmigen Wechselstrom hervorrufen, dessen zeitlicher Mittelwert Null wäre.

Ein in den Kreis eingeschaltetes Gleichstrominstrument würde nichts anzeigen. Anders liegen die Verhältnisse bei einer krummen Kennlinie. Wir entnehmen sie der Abb. 118. Abb. 118a zeigt die Kennlinie. Darunter (Abb. 118b) ist der mit der Zeit sinusförmige Verlauf der Spannung gezeichnet und daneben in Abb. 118c der zeitliche Verlauf des Stromes graphisch konstruiert. Der Mittelwert des Stromes ist eingezeichnet. Er ist nicht mehr 0, sondern $\delta\bar{i} = \frac{1}{T}\int_0^T i(t)\,dt$. $\delta\bar{i}$ heißt: „Gleichrichtereffekt“.

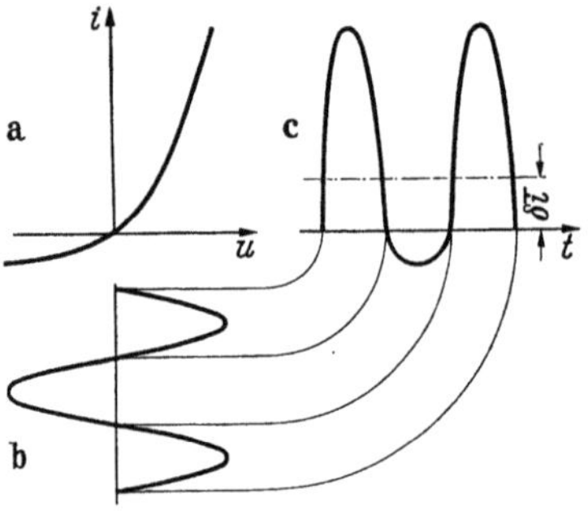

Abb. 118. Gleichrichtung.

Wir stellen fest: Wesentlich für die Gleichrichtung ist die Krümmung der Kennlinie. Nun hat auch eine aus Glühdraht und Anode bestehende „Diode“ eine Kennlinie mit einer oberen und unteren Krümmung. Auch sie ist somit zur Gleichrichtung zu brauchen.

Es ergeben sich die Fragen: Wie berechnet sich der Gleichrichtereffekt aus der Kennlinie? Wie hängt er von der Amplitude der Wechselspannung ab? Benutzt man eine Röhre mit Gitter, so hat man 2 Stromkreise mit krummer Kennlinie: den Anoden- und den Gitterkreis. Wir werden dann die Anoden- und Gittergleichrichtung zu studieren haben.

Nachdem wir nunmehr einen Überblick über die Arbeitsweise und die Anwendungsmöglichkeiten der Röhre gewonnen haben und zahlreiche Fragestellungen kennengelernt haben, können wir an eine systematische Darstellung herangehen, ohne befürchten zu müssen, daß der Leser nicht weiß, wozu er die verschiedenen Kenntnisse, die ihm übermittelt werden, braucht.

Wir beginnen mit einem kurzen physikalischen Abschnitt und behandeln dann den Vorverstärker (kleine Amplituden), den Endverstärker (große Amplituden mit Rücksicht auf die Verzerrungen) und den Sender (große Amplituden und ihre Begrenzung durch Gitter- und Anodenverluste) und die Gleichrichtungen. Als Anhang seien kurz Barkhausen- und Magnetronschwingungen besprochen.

A. Die Physik der Röhre.

1. Zahlenwerte über das Elektron.

Elementarladung eines Elektrons: $e_1 = 1{,}591 \cdot 10^{-19}$ Coulomb.

Masse des Elektrons: $m = 9{,}033 \cdot 10^{-28}$ gr.

$e_1/m = 1{,}768 \cdot 10^8$ Coulomb/gr.

Mittlere Temperaturgeschwindigkeit des Elektrons: $v_T = 6{,}72\sqrt{T}\,\frac{\text{km}}{\text{sec}\sqrt{\text{grad}}}$.

Geschwindigkeit nach Durchlaufen von U Volt, mit $v = 0$ beginnend: $v = 5{,}936 \cdot 10^7 \sqrt{U}$ cm/sec.

Temperaturgeschwindigkeit in Volt umgerechnet:

$$U_T = 1{,}289 \cdot 10^{-4}\, T \text{ Volt/grad.}$$

$$U_T \text{ für } T = 2000^\circ \text{ (Wo-Faden)} = 0{,}258 \text{ Volt.}$$

LOSCHMIDTsche Zahl = Zahl der Moleküle im Mol = $N = 6{,}065 \cdot 10^{23}$.

Die Gaskonstante: $R = 8{,}314 \cdot 10^7$ erg/grad Molzahl.

Die molekulare Gaskonstante: $k = R/N = 1{,}370 \cdot 10^{-16}$ erg/grad und Molekülzahl: $k/e_1 = 8{,}55 \cdot 10^{-5}$ Volt/grad.

Ladung eines Elektronenmols = $9{,}45 \cdot 10^4$ Coulomb.

2. Ableitung der Richardsonschen Gleichung:

$$i_s = \frac{60{,}2\ \mathrm{A}}{\mathrm{cm}^2\,\mathrm{grad}^2}\, T^2 e^{-\frac{e_1 \Phi_0}{kT}}.$$

Wir hatten das Verdampfen der Elektronen aus dem Metall mit dem Verdampfen von Wasser aus einem erhitzten Schwamme verglichen. Wir wollen auf Grund dieses Vergleiches jetzt die Richardsonsche Formel ableiten.

a) Abhängigkeit der Verdampfungswärme von der Temperatur. Wir nehmen für die Elektronen die Gültigkeit der Gasgesetze an:

$$p V_{\mathrm{mol}} = RT \quad \text{und} \quad U_2 - U_1 = c_v (T_2 - T_1) \quad (U \text{ hier: Innere Energie}).$$

Wenn wir 1 Mol des zu verdampfenden Stoffes (in unserem Falle der Elektronen) von Punkt 1 über 2 nach 3 bringen (Abb. 119), so ist die Wärme $c(T_2 - T_1) + Q_2$ (c = spezifische Wärme der Flüssigkeit, Q_2 = Verdampfungswärme bei der Temperatur T_2) zuzuführen. Als mechanische Arbeit ist $p_3(v_3 - v_2)$ und, da v_2 sehr klein ist, $p_3 v_3 = RT_2$ geleistet, so daß der „Wärmeinhalt" des Stoffes gegen den Zustand 1 um $Q_2 + c(T_2 - T_1) - RT_2$ gestiegen ist. Führen wir den Prozeß über den Punkt 2', so ist der Wärmeinhalt um $Q_1 - RT_1 + c_v(T_2 - T_1)$ gestiegen. Dabei wird $c_v(T_2 - T_1)$ teils durch Kompressionsarbeit auf der Grenzkurve (Stück 2'—3), teils durch Abkühlung zugeführt. Aus der Gleichheit der Zunahmen des Wärmeinhaltes folgt:

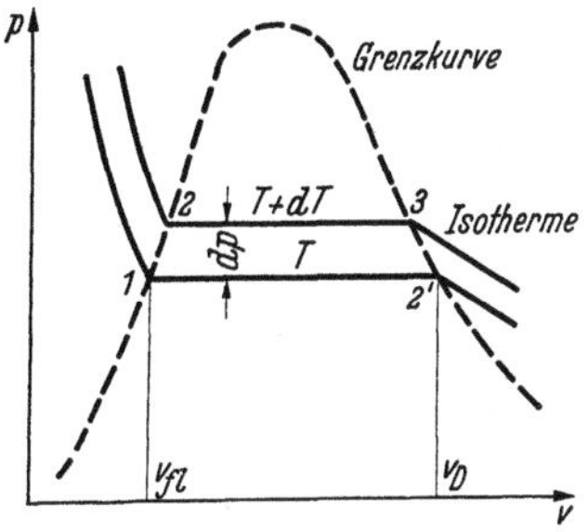

Abb. 119. Verdampfungskurve.

$$Q_2 + c(T_2 - T_1) - RT_2 = Q_1 - RT_1 + c_v(T_2 - T_1).$$

Da die spezifische Wärme der Elektronenflüssigkeit im Metall gering ist (die Elektronen befinden sich auch bei etwa 3000° noch im entarteten Zustand nach der Fermistatistik), so können wir $c(T_2 - T_1)$ vernachlässigen und erhalten mit $c_v + R = c_p$

$$Q_2 = Q_1 + c_p(T_2 - T_1),$$

und mit der Abkürzung $Q_1 - c_p T_1 = Q_0$:

$$Q_2 = Q_0 + c_p T_2, \quad \text{allgemein:} \quad Q = Q_0 + c_p T.$$

b) Die Clausuis-Clapeyronsche Gleichung für die Elektronenverdampfung. Nach dem Satze vom Carnotschen Wirkungsgrad gilt für den Kreisprozeß der Abb. 119 mit $T_2 - T_1 = \delta T$

$$\delta A = (v_3 - v_2)\,\delta p = Q \frac{\delta T}{T}.$$

Wenn wir das Flüssigkeitsvolumen wieder gegen das Gasvolumen vernachlässigen, erhalten wir: $v\,\delta p = Q\,\delta T/T$;

$$\frac{\delta p}{p\,\delta T} = \frac{Q}{pvT} = \frac{Q}{RT^2} = \frac{Q_0}{RT^2} + \frac{c_p}{RT}.$$

Da $c_p/R = 5/2$ für einatomige Gase, erhält man nach Integration:

$$\ln\frac{p}{p_0} = -\frac{Q_0}{RT} + \frac{5}{2}\ln\frac{T}{1^\circ} \quad \left(\frac{Q_0}{R\,1^\circ} = -\ln p_0!\right).$$

Die Integrationskonstante p_0 könnte als Gasdruck bei $T = 1°$ gedeutet werden.

$$p = p_0 \left(\frac{T}{1^\circ}\right)^{5/2} e^{-\frac{Q_0}{RT}}.$$

Die Verdampfungswärme Q_0 bezeichnet man meist als „Austrittsarbeit“. Mißt man diese in Volt (Φ_0 V), so erhält man für $Q/R = e_1 \Phi_0 / k$.

c) *Berechnung der Elektronen und Ladungsdichte nach der Gasgleichung*

$$p V_{\text{mol}} = R T\,; \qquad \varrho_m = \frac{p}{RT} \frac{\text{Elektronenmol}}{\text{cm}^3}.$$

Die Dichte der elektrischen Raumladung ϱ erhalten wir daraus durch Multiplikation mit der Ladung pro Elektronenmol $Q/\text{Mol} = 9{,}45 \cdot 10^4$ Coulomb/Mol

$$\varrho = 9{,}45 \cdot 10^4 \frac{p_0}{RT} \left(\frac{T}{1^\circ}\right)^{5/2} e^{-\frac{e_1 \Phi_0}{kT}} \frac{\text{Coulomb}}{\text{cm}^3}.$$

d) *Die Stromdichte* $i_s = \varrho v_T$. Es war $v_T = 6{,}72 \sqrt{T}$ km/sec$\sqrt{\text{grad}}$, also

$$i_s = 9{,}45 \cdot 10^4 \frac{p_0}{8{,}314 \cdot 10^7 \,\text{erg}/1^\circ} \frac{T^2}{(1^\circ)^{5/2}} 6{,}72 \frac{\text{km}}{\sec\sqrt{1^\circ}} e^{-\frac{e_1 \Phi_0}{kT}} \text{C}.$$

Da p_0 die Dimension dyn/cm² hat, so erhält der Zahlenfaktor richtig die Dimension A/cm² grad². Sein Wert berechnet sich quantentheoretisch (ohne Berücksichtigung des Elektronenspins) zu 60,2 A/cm² grad², so daß die RICHARDSONsche Formel lautet:

$$i_s = \frac{60{,}2 \text{ A}}{\text{cm}^2 \text{grad}^2} T^2 e^{-\frac{e_1 \Phi_0}{kT}}.$$

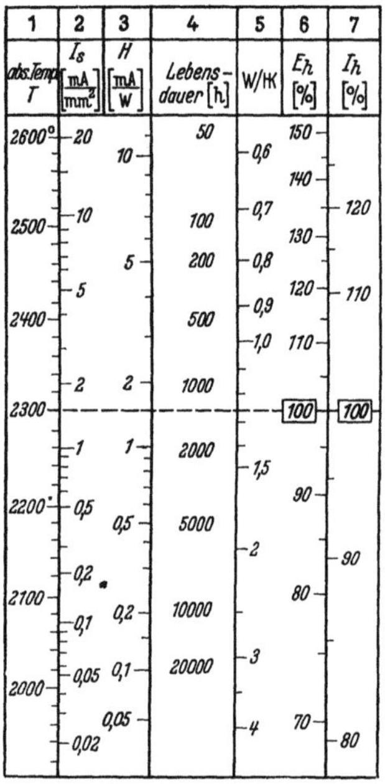

Abb. 120. Zusammenhang zwischen absoluter Temperatur T. Sättigungsstromdichte I_s, Heizmaß H, Lebensdauer, Leistungsaufwand pro Hefnerkerze, Heizspannung in Prozent, Heizstrom in Prozent nach PIRANI.

Näheres über die quantentheoretische Ausrechnung und über die SCHOTTKYschen Kreisprozesse siehe H. G. MÖLLER, Elektronenröhren, 3. Aufl., S. 226ff.

Zahlenbeispiel: Für Wolfram ist $\Phi_0 = 4{,}6$ V. Steigert man die Temperatur des Fadens von 2200° auf 2300° K (K = Kelvin, d. h.: die Temperatur ist vom absoluten Nullpunkt aus gezählt), so erniedrigt sich der Exponent $e_1 \Phi_0 / kT$ von $\frac{4{,}6 \cdot 10^5}{8{,}55 \cdot 2200} = 24{,}5$ auf $\frac{4{,}6 \cdot 10^5}{8{,}55 \cdot 2300} = 23{,}4$. Der Sättigungsstrom steigt um das $e^{1,1} = 3$fache. Der Faktor T^2 hingegen macht nur 9% aus.

Der Anstieg mit der Temperatur ist sehr beträchtlich. Da die Heizleistung neben der kleinen Verdampfungswärme der Elektronen im wesentlichen nur die mit T^4 proportionale abgestrahlte Wärme ersetzen muß, wird man möglichst hohe Temperaturen anwenden, um mit geringer Heizleistung einen Sättigungsstrom verlangter Stärke herzustellen. Die Wirtschaftlichkeit einer Elektronenquelle ist durch das sog. Heizmaß H, den Quotienten aus Emissionsstrom und der Heizleistung in Watt, bestimmt. H steigt sehr stark mit der Temperatur an. Allerdings sinkt mit wachsender Temperatur die Lebensdauer des Fadens. Man wird also das Heizmaß so zu wählen haben, daß die Stromkosten und die Kosten für den Röhrenersatz ein Minimum ergeben. — Einen Überblick über die Verhältnisse gibt die PIRANIsche Tafel (Abb. 120) (entnommen aus BARKHAUSEN, Elektronenröhren, Bd. 1, S. 15).

3. Instabilitäten.

1. Beim Betrieb mit hohen Spannungen wird die Anode glühend. Sie strahlt Wärme auf den Glühfaden zurück. Dadurch steigt die Emission des Glühfadens, hierdurch wieder die Hitze der Anode und durch Rückstrahlung auch der Kathode und so fort. Wenn nicht schließlich der Anodenstrom durch die Raumladung begrenzt wird, brennt das Rohr durch.

2. Am negativen Heizfadenende addieren sich Heizstrom und Anodenstrom. Am positiven Ende verringert der Elektronenstrom den Heizstrom. Auch diese Nachheizung am negativen Heizfadenende kann instabil werden. Sie ist durch Wechselstromheizung zu vermeiden.

3. Bei Oxydfäden muß der Anodenstrom den hohen Widerstand der Oxydschicht durchqueren. Auch hierdurch entsteht eine Aufheizung.

4. Thor- und Bariumfilm-Kathoden.

Es kann die Temperatur des Glühfadens herabgesetzt und damit die Heizleistung verringert und die Lebensdauer der Röhre erhöht werden, wenn es gelingt, Kathoden mit kleinerer Austrittsarbeit zu finden. Zur Lösung dieses Problemes beschritt man folgende Wege:

1. Alle einigermaßen hochschmelzenden Metalle wurden untersucht, ihre Austrittsarbeit und ihre Verdampfungsgeschwindigkeit im Vakuum gemessen. Wie die Tabelle 1 zeigt, ist Niob besonders günstig. Es wird als Niobrohr für Großsender-Röhren verwendet.

Tabelle 1.

Stoff	Austrittsarbeit in Volt	Konstante in $Amp/cm^2 grad^2$
Thor, massiv	3,39	70
Thor, als einatomige Schicht .	2,62 bis 2,68	3 bis 7
Wolfram	4,31 bis 4,57	60,2 bis 100
Molybdän	4,38 mittel	60,2 bis 65
Tantal	4,2 mittel	50,2
Niob	3,5	57,0
	Oxydkathoden	
Calcium.	1,77 bis 2,5	—
Strontium.	1,27 bis 2,15	
Barium	0,99 bis 1,85	—

2. Wehnelt hatte gefunden, daß Erdalkalimetalloxyde gut emittieren.

3. Langmuir fand, daß thorhaltige Wolframfäden bei besonders gutem Vakuum wesentlich besser emittieren als reines Wolfram. Er erklärte diese Erscheinung durch die Bedeckung des Wolframfadens mit einen monomolekularen Film von Thoriumionen.

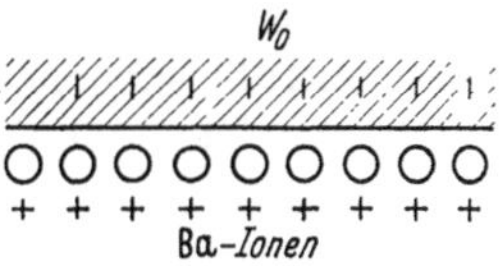

Abb. 121. Filmkathode.

4. Möller übertrug diese Vorstellung auf die bei Oxydkathoden beobachtete Formierung. Auf seine Veranlassung pumpte Detels die beim Formierprozeß entstehenden Gase in ein Geißlerrohr ab und wies nach, daß Sauerstoff entstand. Auch wurde im Elektronenrohr metallisches Ba (Fluoreszenz der Anode) nachgewiesen (1923). Beim Formieren sank die Austrittsarbeit um etwa 2 V; ließ man in die Röhre wieder Sauerstoff ein, so stieg Φ_0 wieder um 2 V. Hinsch schlug auf sauber entgasten Pt-Fäden Ba (aus Bariumazid entwickelt) nieder und wies nach, daß dann ebenfalls die Austrittsarbeit um 2 V sank. Die positiven Alkalimetallionen bilden dann auf der Oberfläche des Unterlagemetalls eine Doppelschicht, die den beobachteten Potentialsprung von 2 V bedingt (Abb. 121). Zu ähnlichen Resultaten kam auch Espe in seinen bekannten Arbeiten.

5. Aufgaben beim Bau von Kathoden.

1. Das Unterlagemetall sei schwer schmelzbar, möglichst Wolfram.
2. Die Ionenschicht soll fest haften. Sie haftet auf elektronegativen Metallen und Oxyden fester als auf elektropositiven Metallen.
3. Ionenschichten werden durch Bombardement mit Gasionen leicht zerstört. Da Gasreste trotz besten Pumpens unvermeidbar sind, muß sich der Ionenfilm regenerieren können. Als Vorrat kommen Oxyde oder Legierungen in Frage.

6. Kontaktpotentiale.

Stellt man einer Wolframkathode eine Wolframanode gegenüber, so folgt der Strom der angelegten Spannung, so wie es die Theorie verlangt. Insbesondere erreicht die Fortsetzung des linearen Teiles der Anlaufkurve (Abb. 122)

$$\ln \frac{i_a}{i_s} = -\frac{e_1 u_a}{kT},$$

bei $u_a = 0$ den Sättigungsstrom. Wiederholt man den Versuch mit einer Oxydkathode und z. B. einer Nickelanode, so erhält man eine Verschiebung des Punktes S um einige Zehntel Volt. Diese Verschiebung stellt das Kontaktpotential zwischen Oxyd und Nickel dar.

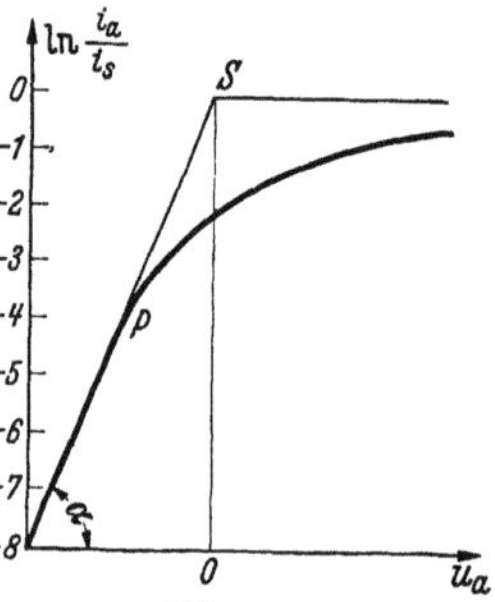

Abb. 122. Kontaktpotentialmessung.

Verdampft beim Betrieb Barium, und beschlägt dieses z. B. das Steuergitter, so ändert sich dessen Kontaktpotential. Man erkennt dies daran, daß sich die Kennlinie um den Wert des Kontaktpotentials verschiebt. (Problem des Gitterstromeinsatzpunktes.) Die Darstellung der Schottkyschen Forschungen über die Kontaktpotentiale, die hier zu weit in die Thermodynamik hereinführen würde, sei dem Röhrenbande vorbehalten.

7. Der Anlaufstrom.

Genau wie die Moleküle eines heißen Gases besitzen die Elektronen eine Geschwindigkeitsverteilung. Es ist dies die Fermische Verteilung, die für große Energiewerte in die Maxwellsche übergeht. Da nur Elektronen mit großen Energiewerten die Austrittsarbeit überwinden können, so können wir mit der Maxwell-Verteilung rechnen. Es falle auf das Geschwindigkeitsintervall zwischen v und $v + dv$ bzw. auf die kinetische Energie zwischen u und $u + du$ die Anzahl von dn Elektronen pro cm^3

$$dn = N_0 e^{-\frac{mv^2}{2kT}} dv.$$

Diese und alle schnelleren Elektronen können gegen eine Spannung von $u = mv^2/2e_1$ anlaufen. Die von diesen Elektronen transportierte Stromdichte i berechnet sich zu

$$i = \int_{v_0}^{\infty} v e_1 dn = \int_{v_0}^{\infty} e_1 v N_0 e^{-\frac{mv^2}{2kT}} dv.$$

Führen wir $-e_1 u = mv^2/2$; $v^2 = -2e_1 u/m$; $v\,dv = -e_1 du/m$ ein, so erhalten wir

$$i = \int_{v_0}^{\infty} e_1 N_0 \frac{kT}{m} e^{-\frac{mv^2}{2kT}} \frac{mv\,dv}{kT} = \int_{-u_0}^{\infty} e_1 N_0 \frac{kT}{m} e^{+\frac{e_1 u}{kT}} d\frac{e_1 u}{kT} = e_1 N_0 \frac{kT}{m} e^{+\frac{e_1 u_0}{kT}}.$$

Wenn $u_0 = 0$ ist, werden alle Elektronen übertreten; wir erhalten den Sättigungsstrom $i_s = e_1 N_0 kT/m$. Berechnen wir aus der Formel für den Sättigungsstrom N_0, so erhalten wir für den sog. „Anlaufstrom", der gegen negative Anodenspannungen anläuft:

$$i = i_s e^{+\frac{e_1 u}{kT}} \quad \text{(BOLTZMANNsches } e\text{-Gesetz).}$$

Die Steilheit der Anlaufkurve ist:

$$S = \frac{di}{du} = \frac{e_1}{kT} i_s e^{+\frac{e_1 u}{kT}}.$$

Zahlenbeispiel.

$$i_s = 30\,\text{mA}; \quad T = 1100°; \quad \frac{e_1}{k} = \frac{10^5\,\text{grad}}{8{,}55\,\text{V}}.$$

u	$-0{,}5$	-1	$-1{,}5$	-2	$-2{,}5$ V
S	$1{,}5$	$7{,}4 \cdot 10^{-3}$	$3{,}6 \cdot 10^{-5}$	$1{,}4 \cdot 10^{-7}$	$0{,}88 \cdot 10^{-9}$ milli Siemens

Damit der Gitterwiderstand der Röhre auf 1 MΩ steigt, muß man wenigstens 1,5 V negative Gitterspannung aufwenden.

Messungen: Trägt man die gemessenen $\ln i_a$-Werte über u auf, so erhält man eine Gerade mit der Steigung $\operatorname{tg}\alpha = e_1/kT$. Arbeitet man mit Äquipotentialkathoden und Schutzringanoden (Abb. 123), so kann man mit Hilfe dieser Messungen die Temperatur des Fadens bestimmen. Theoretisch sollte die Gerade bis $u = 0$ weiterlaufen und dort mit einem Knick in $\ln i = \ln i_s$ übergehen. Sie weicht aber von einem bestimmten Punkte P* (Abb. 122) von der Geraden ab.

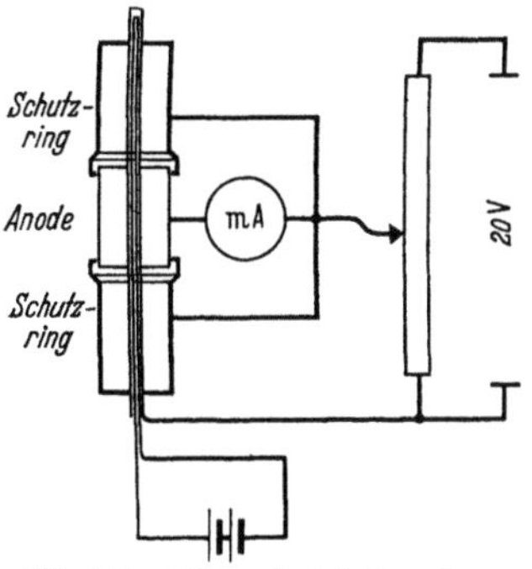

Abb. 123. Röhre mit Schutzanoden.

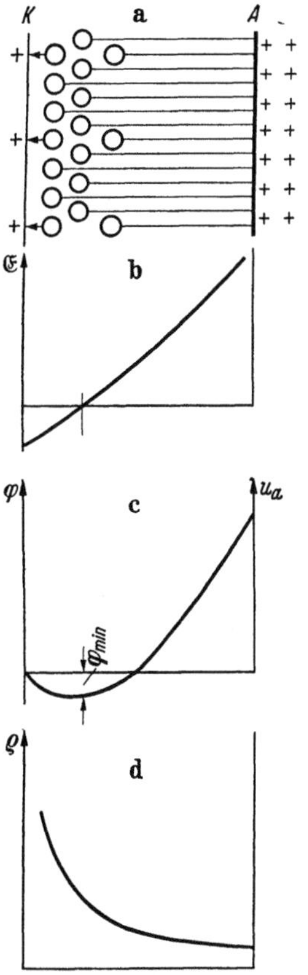

Abb. 124. Raumladung φ, ϱ, $\mathfrak{E}(x)$-Kurven.

8. Die Raumladung und die LANGMUIRsche Formel.

Die Vorstellungen über die Raumladung, die Abhängigkeit des Potentialverlaufes von der Raumladung, die Ausbildung des Potentialminimums und die Abhängigkeit des Stromes von dem Wert des Minimumpotentials, der Verlauf von Raumladungsdichte und Geschwindigkeit zwischen Anode und Kathode wurden in der Einleitung entworfen. Das Resultat dieser Überlegungen ist in Abb. 124 für eine „ebene" Anordnung (ebenes Glühblech gegenüber einer parallelen Anode, eindimensionaler Fall, ϱ, φ, v nur von x abhängig) nochmals dargestellt. Abb. 124a zeigt die Verteilung der Elektronen (Kreise), die von den Elektronen ausgehenden Kraftlinien und die positiven Ladungen (Kreuze) auf Anode und Kathode, auf denen die Kraftlinien enden. Abb. 124b zeigt den Verlauf der Feldstärke, Abb. 124c den des Potentials $\varphi = \int_0^x \mathfrak{E}\,dx$ mit dem Potentialminimum $\varphi_{\min}$, und Abb. 124d den Verlauf der Raumladungsdichte ϱ.

* Bei P liegt das Potentialminimum gerade auf der Anode.

Wir haben nun den Verlauf des Potentials zwischen Kathode und Potentialminimum und zwischen Potentialminimum und Anode zu berechnen. Diese Rechnungen sind nur angenähert möglich.

a) Der Bereich zwischen Kathode und Potentialminimum.

Aus der Kathode treten die Elektronen mit maxwellisch verteilter Temperaturgeschwindigkeit aus. Für eine aus einem ebenen Glühblech und einer ebenen parallelen Anode bestehende Anordnung (eindimensionales Problem, nur eine Urvariable x) lautet die Gleichung für die Maxwell-Verteilung

$$dn = N e^{-\frac{m v^2}{2kT}} dv\,.$$

Hierbei ist dn die Zahl der Elektronen pro cm^3, deren Geschwindigkeits-x-Komponente v zwischen v und $v + dv$ liegt. Die y- und z-Komponenten der Geschwindigkeit interessieren nicht, da sie weder die Stromdichte i noch die Raumladungsdichte ϱ beeinflussen.

Wenn die Anfangsgeschwindigkeit (Austrittsgeschwindigkeit) v durch das elektrische Feld auf v' abgebremst ist, ist nach der Kontinuitätsgleichung die Dichte auf

$$dn' = dn \frac{v}{v'}$$

gestiegen. Die hin- (in $+x$-Richtung) laufenden Elektronen ergeben einen Betrag i_h zur Stromdichte

$$i_h = e_1 \int\limits_{v_0}^{\infty} v' dn' = e_1 \int\limits_{v_0}^{\infty} v' dn \cdot \frac{v}{v'} = e_1 \int\limits_{v_0}^{\infty} v\, dn\,.$$

Hierbei ist die untere Grenze des Integrals v_0 diejenige Austrittsgeschwindigkeit, die zur Überwindung des Gegenpotentials φ an der betrachteten Stelle x nötig ist.

$$v_0 = \sqrt{\frac{2 e_1 \varphi}{m}}\,.$$

Ferner fluten die Elektronen, die zwischen der betrachteten Stelle und dem Potentialminimum umkehren, zurück und bilden den Rückstrom i_r

$$i_r = e_1 \int\limits_{v_0}^{v_{\min}} v' dn' = e_1 \int\limits_{v_0}^{v_{\min}} v\, dn\,.$$

Die gesamte Stromdichte wird dann

$$i_a = i_h - i_r = e_1 \int\limits_{v_0}^{\infty} v\, dn - e_1 \int\limits_{v_0}^{v_{\min}} v\, dn = e_1 \int\limits_{v_{\min}}^{\infty} v\, dn\,.$$

Sie ist, wie nach Verwendung der Kontinuitätsgleichung zu erwarten, räumlich konstant.

Berechnung der Raumladungsdichte. Die Raumladungsdichte setzt sich wieder aus den Anteilen ϱ_h und ϱ_r zusammen, die sich aus den hin- und rücklaufenden Elektronen ergeben:

$$\varrho = \varrho_h + \varrho_r \quad \text{(Pluszeichen, im Gegensatz zu } i = i_h - i_r\text{)},$$

$$\varrho_h = e_1 \int\limits_{v_0}^{\infty} dn \frac{v}{v'}\,; \qquad \varrho_r = e_1 \int\limits_{v_0}^{v_{\min}} dn \frac{v}{v'}\,.$$

$v_{\min}$ ist hierbei die Austrittsgeschwindigkeit, die nötig ist, damit das Elektron das Minimumpotential $\varphi_{\min}$ erreicht. Elektronen, deren Geschwindigkeit größer als $v_{\min} = \sqrt{\frac{2 e_1 \varphi_{\min}}{m}}$ ist, gelangen über das Potentialminimum hinaus zur Anode und geben keinen Anteil zu ϱ_r.

Wenn wir für die Austrittsgeschwindigkeit v die Geschwindigkeit v' an der betrachteten Stelle nach der Beziehung:

$$v'^2 = v^2 - \frac{2 e_1 \varphi}{m}; \qquad v^2 = v'^2 + \frac{2 e_1 \varphi}{m}; \qquad v\,dv = v'\,dv'; \qquad dv = \frac{v'\,dv'}{v}$$

einführen, erhalten wir schließlich:

$$\varrho = \int_0^\infty e_1 N e^{-\frac{e_1 \varphi}{kT}} e^{-\frac{m v'^2}{2kT}} dv' + \int_0^{v'_m} e_1 N e^{-\frac{e_1 \varphi}{kT}} e^{-\frac{m v'^2}{2kT}} dv'.$$

Hierbei ist v'_m die Geschwindigkeit, die ein Elektron an der betrachteten Stelle haben muß, um das Potentialminimum zu erreichen.

Annäherung für sehr hohe Werte des Minimumpotentials. Wenn wir v'_m angenähert gleich ∞ setzen können, erhalten wir

$$\varrho_1 = e_1 2 N e^{-\frac{e_1 \varphi}{kT}} \int_0^\infty e^{-\frac{m v'^2}{2kT}} dv'.$$

Die Verteilung ist an jeder Stelle maxwellisch, die Dichte der hin- und rücklaufenden Elektronen ist praktisch gleich groß.

Annäherung an der Stelle des Potentialminimums.

$$\varrho_2 = e_1 N e^{-\frac{e_1 \varphi}{kT}} \int_0^\infty e^{-\frac{m v'^2}{2kT}} dv'.$$

Die rückkehrenden Elektronen trugen nichts mehr zur Dichte bei. Die Verteilung ist streng maxwellisch und halb so groß wie die nach der Formel für ϱ_1 berechnete.

Die Gesamtdichte ist immer im Verhältnis $e^{-\frac{e_1 \varphi}{kT}}$ verkleinert.

Angenäherte Berechnung des Potentialverlaufes. Man kann nun ϱ_1 oder ϱ_2 als angenäherten Wert der Dichte für den *ganzen* Bereich zwischen Glühblech und Potentialminimum wählen. Wir wollen beschließen, ϱ_1 zu nehmen und das Integral $e_1 2 N \int_0^\infty e^{-\frac{m v'^2}{2kT}} dv'$ mit A bezeichnen. Wir haben dann die Gleichung

$$\varepsilon_0 \frac{d^2 \varphi}{dx^2} = A e^{-\frac{e_1 \varphi}{kT}}$$

zu lösen.

Zur bequemeren Lösung der Gleichung empfiehlt es sich, als Nullpunkt für die Potentiale und die räumliche Koordinate das Potentialminimum einzuführen. Wir nennen die neue Spannung ψ und die neuen Koordinaten ξ. Die Differentialgleichung erhält die Gestalt:

$$\varepsilon_0 \frac{d^2 \psi}{d\xi^2} = B e^{+\frac{e_1 \psi}{kT}}$$

mit den Grenzbedingungen:

Für $\xi = 0$: $\quad \psi = 0$ und $\quad \frac{d\psi}{d\xi} = 0$.

B berechnet sich aus dem Betriebsstrom i zu

$$B = i_a \sqrt{\frac{\pi m}{2kT}}$$

$$\left(\text{aus den Beziehungen: } B = e_1 N \int_0^\infty e^{-\frac{mv^2}{2kT}} dv \quad \text{und} \quad i_a = e_1 N \int_0^\infty v e^{-\frac{mv^2}{2kT}} dv\right).$$

Nach Multiplikation mit $d\psi/d\xi$ und Integration erhalten wir

$$\frac{\varepsilon_0}{2}\left(\frac{d\psi}{d\xi}\right)^2 = \frac{kTB}{e_1}\left(e^{+\frac{e_1\psi}{kT}} - 1\right).$$

Die Integrationskonstante -1 ist bereits der Grenzbedingung $d\psi/d\xi = 0$ entsprechend gewählt.

Zur Ausführung der 2. Integration benutze man die Substitution:

$$\frac{e_1\psi}{kT} = -2\ln y.$$

Man erhält dann unter Benutzung der Grenzbedingung: $\psi = 0$ für $\xi = 0$:

$$\frac{e_1\psi}{2kT} = -\ln\cos\left(\sqrt{\frac{e_1 i_a}{2kT\varepsilon_0}\sqrt{\frac{\pi m}{2kT}}} \cdot \xi\right).$$

Zahlenbeispiel. Wir wollen annehmen, daß wir etwa auf der Mitte der Kennlinie arbeiten. Wir können dann für $e_1\psi/2kT$ den Wert $\frac{1}{4}$ wählen. Die Anodenstromdichte wäre dann

$$i_a = i_s e^{-\frac{e_1\psi}{kT}} = i_s e^{-\frac{1}{2}} \cong 0{,}6\, i_s.$$

Wir erhalten

$$\cos\left(\sqrt{\frac{e_1 i_a}{2kT\varepsilon_0}\sqrt{\frac{\pi m}{2kT}}} \cdot \xi\right) = e^{-\frac{1}{4}} \approx 0{,}78$$

und

$$\sqrt{\cdots}\;\xi = 0{,}68; \qquad \xi = 0{,}68\sqrt{\frac{2kT\varepsilon_0}{e_1 i_a}\sqrt{\frac{2kT}{\pi m}}}.$$

Wir setzen für kT/e_1 den Wert 0,2 V (s. S. 73) ein, und wählen für i_a den Wert 40 mA/cm². Ferner ist

$$\varepsilon_0 = 8{,}82 \cdot 10^{-14}\,\frac{\text{Coulomb}}{\text{V cm}} \quad \text{und} \quad \frac{e_1}{m} = 1{,}77 \cdot 10^8\,\frac{\text{Coulomb}}{\text{g}}.$$

Setzt man diese Zahlenwerte ein, so erhält man für ξ rund

$$\xi \cong 0{,}03 \text{ mm}.$$

Das Potentialminimum liegt also im allgemeinen recht dicht an der Kathode. Will man das Potentialminimum weiter wegrücken, etwa bis auf die Anode, so daß man dann in der Formel für die Anlaufkurve die Anodenspannung einsetzen kann, so muß man i_a stark verkleinern.

b) Berechnung des Potentialverlaufes zwischen Potentialminimum und Anode.

Wir zählen x vom Potentialminimum an, ebenso das Potential φ. Wir erhalten dann die Grenzbedingungen:

Für $x = 0$ gilt $\varphi = 0$ und $\frac{d\varphi}{dx} = 0$.

Die Beziehung zwischen φ und ϱ:

$$\varepsilon_0 \frac{d^2\varphi}{dx^2} = \varrho$$

werden wir wieder benutzen.

Die Beziehungen zwischen ϱ und v sowie zwischen v und φ wollen wir aber wesentlich vereinfachen. Hierzu benutzen wir die Tatsache, daß die Temperaturgeschwindigkeiten im Potentialminimum im Verhältnis zu den Geschwindigkeiten zwischen Potentialminimum und Anode recht klein sind. Wir setzen sie angenähert gleich 0 und vernachlässigen damit die komplizierte Maxwell-Verteilung vollständig. Alle Elektronen haben dann immer an Ort und Stelle eine einheitliche Geschwindigkeit v.

Zur Berechnung von v erhalten wir die einfache Beziehung:

$$v = \sqrt{\frac{2e_1\varphi}{m}} \cdot 10^7 \quad \text{Energiesatz als 1. Integral der Bewegungsgleichung.}$$

Auch die Beziehung zwischen ϱ und v wird jetzt sehr einfach:

$$\varrho = \frac{i}{v} \quad \text{und } i \text{ räumlich konstant (Kontinuitätsgleichung).}$$

Zusammenfassung der Gleichungen.

1. $\varepsilon_0 \frac{d^2\varphi}{dx^2} = \varrho$ POISSONsche Gleichung (COULOMBsches Gesetz).

2. $v = \sqrt{\frac{2e_1\varphi}{m}} \cdot 10^7$ Bewegungsgleichung (1 mal integriert).

3. $\varrho = \frac{i}{v}$; $i = \text{konst.}$ Kontinuitätsgleichung.

Für $x = 0$: $\varphi = 0$ und $\frac{d\varphi}{dx} = 0$. Anfangsbedingungen.

Bemerkung: Gewöhnlich tritt uns die Frage nach der Potential- und Raumladungsverteilung in folgender Form entgegen: „Gegeben sind die Dimensionen der Röhre: Fläche F und Abstand a zwischen Anode und Kathode und die Anodenspannung; gesucht ist der Anodenstrom I bzw. die Stromdichte $i = I/F$.

Wir formen die Frage um: „Gegeben sind die Dimensionen der Röhre und der Anodenstrom I bzw. die Stromdichte i; gesucht ist die nötige Anodenspannung."

Die Elimination von ϱ und v ergibt:

$$\frac{d^2\varphi}{dx^2} = \frac{i/\varepsilon_0}{\sqrt{\frac{2e_1\varphi}{m}\,10^7}}.$$

Die Anfangsbedingungen lauteten: Im Potentialminimum:

$$x = 0; \quad \varphi = 0; \quad \frac{d\varphi}{dx} = 0.$$

Wir lösen die Gleichung durch einen Potentialansatz und finden:

$$\boldsymbol{i_a = \frac{4\varepsilon_0 u_a^{3/2}}{9a^2\sqrt{\frac{m}{2e_1}\,10^{-7}}} = 2{,}34\cdot 10^{-6}\frac{u_a^{3/2}}{a^2}} \quad \textbf{LANGMUIRsche Formel.}$$

$$\text{Ansatz:} \quad \varphi = C x^{4/3}; \qquad u_a' = C a^{4/3}.$$

Das Einsetzen des Ansatzes ergibt:

$$C\frac{4}{3}\,\frac{1}{3}\,x^{-2/3} = \frac{i}{\varepsilon_0\sqrt{\frac{2e_1 10^7}{m}}\,x^{2/3}\cdot C^{1/2}}; \qquad C^{3/2} = \left(\frac{u_a'}{a^{4/3}}\right)^{3/2} = \frac{9i}{4\varepsilon_0\sqrt{\frac{2e_1 10^7}{m}}}.$$

Die Ableitung der strengen Formel unter Berücksichtigung der Anfangsgeschwindigkeit siehe H. G. MÖLLER, Elektronenröhren, 3. Aufl., Seite 181.

Die Anodenspannung ist dann $u_a = u'_a - \varphi_{\min}$. Abschätzung des Wertes von $\varphi_{\min}$: Es sei z. B. $i = i_s/2$, e_1/kT wie in dem Zahlenbeispiel für die Anlaufkurve 10,6 V/grad. Dann gilt:

$$\ln\frac{i_s}{i} = \frac{e_1\varphi_{\min}}{kT} = \ln 2 = 0{,}7 = 10{,}6\,\varphi_{\min}; \qquad \varphi_{\min} = 0{,}07\ \text{V}.$$

Falls man nicht sehr hohe Genauigkeit anstrebt, ist $\varphi_{\min}$ zu vernachlässigen und $u_a = u'_a$.

Zylindrische Röhren. Für zylindrische Röhren erhalten wir an Stelle von

$$\frac{d^2\varphi}{dx^2} = \frac{\varrho}{\varepsilon_0} \text{ die Formel: } \frac{d^2\varphi}{dr^2} + \frac{1}{r}\frac{d\varphi}{dr} = \frac{\varrho}{\varepsilon_0}$$

und an Stelle von $i = \varrho v$; $I_a = 2\pi r l \varrho v$ (l = Glühdrahtlänge), und infolgedessen die Differentialgleichung:

$$\frac{d^2\varphi}{dr^2} + \frac{1}{r}\frac{d\varphi}{dr} = \frac{I_a}{2\pi\varepsilon_0 r l\sqrt{\frac{2e_1\varphi}{m}10^7}}$$

mit den Grenzbedingungen: $\varphi = 0$; $d\varphi/dr = 0$ für $r = r_0$ (Glühdrahtradius) ≈ 0. Man löst diese Differentialgleichung zunächst ohne Rücksicht auf die 2. Grenzbedingung durch einen Potenzansatz: $\varphi = C r^{2/3}$ und erhält:

$$\boldsymbol{I_a = \frac{8\pi\varepsilon_0}{9}\sqrt{\frac{2e_1 10^7}{m}}\,\frac{l}{r_a}\,u_a^{3/2}} \quad \text{und mit} \quad \varepsilon_0 = \frac{1}{4\pi 9\cdot 10^{11}} = 8{,}84\cdot 10^{-14}\,\frac{\text{A}\cdot\text{sec}}{\text{Vcm}},$$

$$I_a = \frac{2\cdot 10^{-11}}{81}\sqrt{2\cdot 1{,}768\cdot 10^8\, 10^7}\,\frac{l}{r_a}\,u_a^{3/2} = \boldsymbol{1{,}465\cdot 10^{-5}\,\frac{l}{r_a}\,u_a^{3/2}\,\text{A}}.$$

Diese Lösung ist noch zu korrigieren, damit die Grenzbedingung erfüllt wird. Für dünne Drähte ist diese Korrektur unwesentlich. (Berechnung dieser Korrektur siehe H. G. MÖLLER, Elektronenröhren, 3. Aufl.)

Angenähert gilt auch für beliebige Anordnungen der Elektroden $i_a = C u_a^{3/2}$. C ist dann die experimentell zu bestimmende Röhrenkonstante.

Zusammenfassung. Für Anodenspannungen, die so stark negativ sind, daß das Potentialminimum noch außerhalb der Anode liegt, gilt die Anlaufstromformel. Für positive Anodenspannungen geht die Charakteristik in die Raumladekurve $i_a = C u_a^{3/2}$ über. Dann sollte theoretisch mit einem scharfen Knick der Sättigungsstrom erreicht werden.

9. Abrundung des oberen Knickes.

Bei der experimentellen Aufnahme der Kennlinie findet man, daß der obere Knick abgerundet ist und daß auch die untere Krümmung flacher, als bisher berechnet, verläuft (Abb. 125). Wir erhalten die richtigen Kurven, wenn wir den Spannungsabfall des Glühdrahtes und die ungleichmäßige Temperaturverteilung berücksichtigen. Letztere hat eine ungleichmäßige Verteilung des spezifischen Sättigungsstromes (Sättigungsstrom pro cm Drahtlänge) zur Folge.

i_a berechnet sich dann als Summe der von den einzelnen Drahtstückchen von der Länge dx ausgehenden Ströme. Als Anodenspannung kommt für ein Drahtstückchen dx in der Entfernung x vom negativen Ende des Glühdrahtes $u_a - u_h\frac{x}{l}$ in Frage. Es ist dann

$$d i_a = C\left(u_a - u_h\frac{x}{l}\right)^{3/2} dx \quad \text{in Abschnitt I}$$

oder

$$d i_a = i_s\, dx \quad \text{falls} \quad C\left(u_a - u_h\frac{x}{l}\right)^{3/2} > i_s \quad \text{in Abschnitt II.}$$

Das Integral lösen wir am einfachsten graphisch. Zu diesem Zwecke zeichnen wir für die verschiedenen u_a-Werte die $C\left(u_a - u_h \frac{x}{l}\right)^{3/2}$-Kurven auf und ebenso die $i_s(x)$-Kurve (gestrichelt). i_a finden wir dann durch Planimetrieren der schraffierten Flächen (Abb. 126).

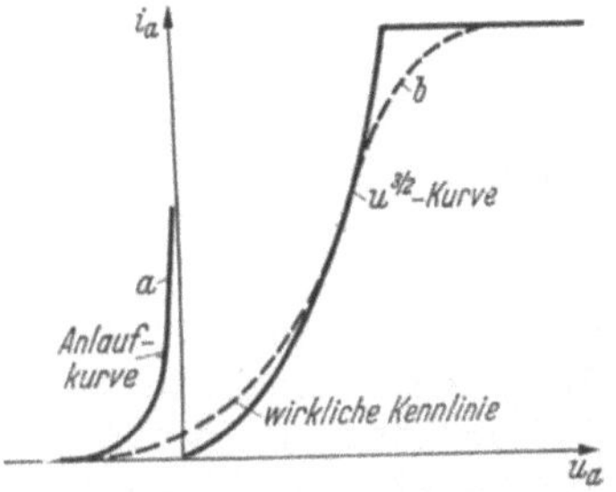

Abb. 125. Kennlinien.

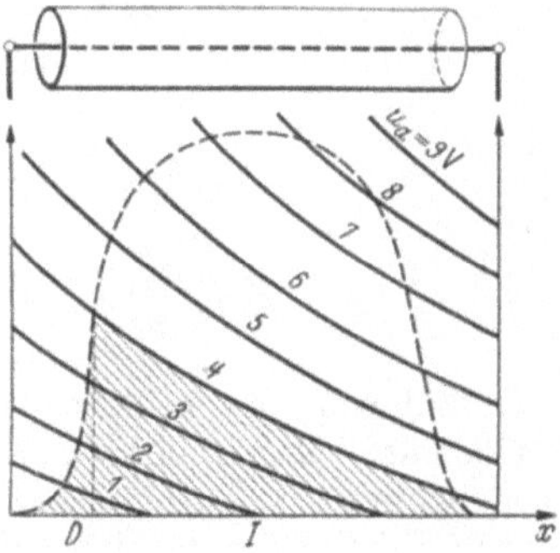

Abb. 126. Abrundung des oberen Knickes.

B. Das Steuergitter.

1. Die Potentialaufgabe und die Deutung des Durchgriffes als Verhältnis der Teilkapazitäten.

Wir hatten bei der Besprechung der Wirkung der Raumladung bereits festgestellt, daß negative Ladungen zwischen Anode und Kathode den Elektronenstrom verringern. Wenn wir also den Strom steuern wollen, so müssen wir einen negativ geladenen Körper zwischen Anode und Kathode anbringen, der einen Teil der von der Anode ausgehenden Kraftlinien wegfängt. Dieser Körper muß andererseits auch Löcher haben, um die Elektronen durchzulassen. Einen solchen Körper kann man als durchlochtes Blech, Netz, Spirale, Stabgitter ausbilden. Man nennt ihn „Gitter" oder „Steuergitter". Wir hatten gesehen, daß Dichte und Geschwindigkeit der Raumladung von der Zahl der Kraftlinien abhängt, die von der Anode ausgehen. Dementsprechend wird die Steuerwirkung des Gitters davon abhängen, wieviel Kraftlinien von der Anode durch das Steuergitter in den Kathodenraum treten. Die Aufgabe, die Steuerwirkung des Gitters zu berechnen, ist also identisch mit der Aufgabe: die Kraftlinienzahl zu berechnen, die in den Kathodenraum tritt. Die Raumladung liegt dicht am Glühdraht. Im Gitter ist sie schon praktisch Null. Unsere Aufgabe ist also auf die einfachere elektrostatische Aufgabe zurückgeführt, Lösungen von $\Delta\varphi = 0$ zu suchen. Da nun die Kraftlinienzahl $Z = F \cdot \mathfrak{E}$ und die Kathodenladung durch die Beziehung $Q_k = \varepsilon_0 Z$ verbunden sind, so ist unsere Aufgabe identisch mit der Aufgabe, die Ladung Q_k der Kathode zu berechnen. Dafür stehen uns aber die beiden Teilkapazitäten C_{gk} und C_{ka} zur Verfügung:

$$Q_k = C_{kg} u_g + C_{ka} u_a$$

und

$$i_a = f(Z) = f\left(\frac{Q_k}{\varepsilon_0}\right) = f\left(\frac{1}{\varepsilon_0}\left[C_{kg} u_g + C_{ka} u_a\right]\right) = f\left(\frac{1}{\varepsilon_0} C_{kg}\left[u_g + D u_a\right]\right),$$

wobei $D = C_{ka}/C_{kg}$ der Durchgriff ist.

Ein Bedenken: In der arbeitenden Röhre liegt nun die Ladung gar nicht auf der Kathode, sondern als Raumladung nur in der Nähe der Kathode. Hierdurch steigt die Kapazität bei einer ebenen Anordnung z. B. auf 4/3 der Kapazität ohne Raumladung[1]. Da der Schwerpunkt der Raumladung bei $x = a/4$ liegt, so wird der Plattenabstand auf $3/4\,a$ reduziert.

Anmerkung: Lage des Raumladungsschwerpunktes

$$x_S = \frac{\int\limits_0^a F \cdot x\varrho\, dx}{Q} \quad \text{mit} \quad \varrho = \varepsilon_0 \frac{d^2\varphi}{dx^2} = \frac{4}{9}\varepsilon_0 u_a \frac{x^{-2/3}}{a^{4/3}},$$

$$x_S = \frac{\frac{4}{9}\varepsilon_0 F u_a \int\limits_0^a x^{1/3}\, dx}{\frac{4}{9}\varepsilon_0 \frac{F u_a}{a^{4/3}} \int\limits_0^a x^{-2/3}\, dx} = \frac{1}{3}\,\frac{3}{4}\,\frac{a^{4/3}}{a^{4/3}}\, a = \frac{1}{4}\, a.$$

Diese Veränderung der Teilkapazitäten im einzelnen ist aber ohne Wirkung auf ihr Verhältnis. Man rechne z. B. mit Hilfe der Formeln in H. G. MÖLLER, Elektronenröhren, 3. Aufl., S. 202, nach![2] Man kann also den Durchgriff von vornherein durch Kapazitätsmessungen bestimmen, die an der kalten Röhre ausgeführt werden können. Man muß bei diesen Messungen nur die Kapazität der Zuleitungen abziehen.

2. Anschauliche Deutung der „Steuerspannung".

Da die Kapazität der mit Raumladung gefüllten Röhre ein vom Strom unabhängiger Wert ist, so lange man im Raumladebereich arbeitet, so kann man an Stelle von Q_k auch eine Q_k proportionale Ersatzspannung einführen. Diese Ersatzspannung soll an der Anode einer „Ersatzröhre" liegen. Der Wert dieser Ersatzspannung hängt von der Lage der Ersatzanode (r_a) ab. Die Röhre mit Gitter und Anode und den Spannungen u_a und u_g ist also mit einer Ersatzröhre zu vergleichen, die nur Kathode und Anode besitzt und den gleichen Strom wie die ursprüngliche Röhre liefert, wenn man die „Ersatzspannung" u_{st}, die Steuerspannung, an die Ersatz-Anode anlegt. Da nun der gleiche Strom fließt, wenn die

---

[1] Zwischenrechnung: Die Kapazität ist definiert durch

$$C = \frac{Q}{U}.$$

In dem aus Glühblech und Anode gebildeten Kondensator liegt die positive Ladung auf der Anodenoberfläche, die gleich große negative als Raumladung im Vakuum verteilt. Wir berechnen am einfachsten die Ladung auf der Anode nach der Beziehung

$$Q = \varepsilon_0 F \mathfrak{E}_{\text{anode}}.$$

Wir erhalten dann

a) Ohne Raumladung:

$$\varphi = U\frac{x}{a}; \quad \mathfrak{E} = \frac{d\varphi}{dx} = \frac{U}{a}; \quad \mathfrak{E}_{\text{anode}} = \frac{U}{a}; \quad Q = \varepsilon_0 F \frac{U}{a}; \quad C_1 = \frac{Q}{U} = \frac{\varepsilon_0 F}{a}.$$

b) Mit Raumladung:

$$\varphi = U\frac{x^{4/3}}{a^{4/3}}; \quad \mathfrak{E} = \frac{d\varphi}{dx} = \frac{4}{3}U\frac{x^{1/3}}{a^{4/3}}; \quad \mathfrak{E}_{\text{anode}} = \frac{4}{3}\frac{U}{a}; \quad Q = \frac{4}{3}\varepsilon_0 F\frac{U}{a};$$

$$C_2 = \frac{Q}{U} = \frac{4}{3}\frac{\varepsilon_0 F}{a} = \frac{4}{3}C_1.$$

[2] SCHOTTKY berechnet den Durchgriff für ebene Anordnungen für den Fall eines dünnen Glühdrahtes. In seiner Endformel:

$$D \parallel \frac{d}{2\pi h}\ln\frac{1}{2\sin\pi\frac{\varrho}{d}}$$

d = Abstand der Gitterdrähte, h = Abstand Gitter—Anode, ϱ = Gitterdrahtradius kommt die Dicke des Glühdrahtes nicht vor. D ist von ihr unabhängig. Da die Raumladung nichts anderes tut als den Glühdraht etwas „verdicken", ist D auch von der Raumladung unabhängig.

Kraftlinienzahl, die in den Kathodenraum eintritt und wenn die Ladung $Q_k = \varepsilon_0 Z$ dieselbe ist, so muß gelten:

$$Q_k = C_{\text{ers}} u_{st} = C_{kg}(u_g + D u_a)\,; \qquad u_{st} = \frac{C_{gk}}{C_{\text{ers}}}(u_g + D u_a)\,,$$

wenn C_{ers} die Scheinkapazität (einschließlich der Raumladung) zwischen Anode und Kathode der Ersatzröhre ist. Wir wollen nun die Lage der Ersatzanode so *wählen*, daß $C_{\text{ers}} = C_{gk} + C_{ak} = C_{gk}(1 + D)$. Wir erhalten dann $u_{st} = \frac{u_g + D u_a}{1 + D}$. Die Ersatzanode liegt dann zwischen Gitter und Anode der ursprünglichen Röhre, bei engem Gitter aber sehr nahe am Gitter der zu ersetzenden Röhre und bei sehr weitem Gitter fast auf der Anode, so daß man mit guter Annäherung sagen kann, die Ersatzanode liege in der Gitterfläche der ursprünglichen Röhre.

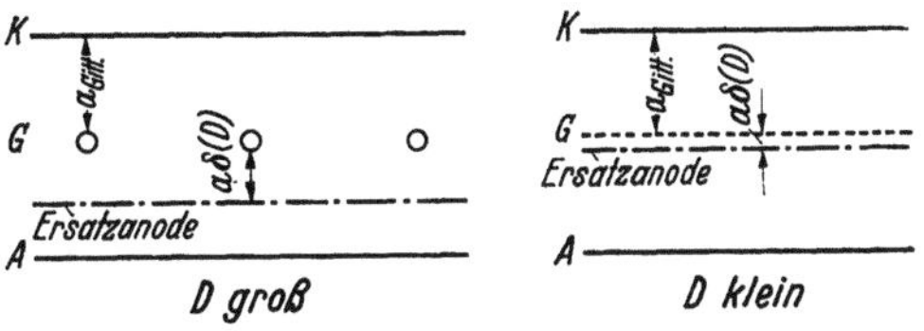

Abb. 127. Lage der Ersatzanode (Sattellage).

Auf Grund dieser Anschauungen von der Ersatzanode erhalten wir (Abb. 127)

1. Für die ebenen Anordnungen:

$$I_a = \frac{4\varepsilon_0}{9}\sqrt{\frac{2e_1 10^7}{m}}\left(\frac{u_g + D u_a}{1 + D}\right)^{3/2} \frac{F}{a^2_{\text{gitter}}(1 + \delta(D))^2}\,,$$

2. Für zylindrische Anordnungen:

$$I_a = \frac{8\pi\varepsilon_0}{9}\sqrt{\frac{2e_1 10^7}{m}}\left(\frac{u_g + D u_a}{1 + D}\right)^{3/2} \frac{l}{r_g(1 + \delta_1(D))}\,,$$

worin die prozentischen Verlagerungen der Ersatzsteuerebenen $\delta(D)$ bzw. $\delta_1(D)$ für kleine Durchgriffe praktisch 0 sind.

Bemerkung: Die *Wahl* $C_{\text{ers}} = C_{kg} + C_{ka}$ entspricht der *Forderung*, daß u_{st} um 1 V steigen soll, wenn u_g und u_a um je 1 V steigen. Man kann die Betrachtung auch mit dieser Forderung beginnen und ableiten, daß dann $C_{\text{ers}} = C_{kg} + C_{ka}$ gelten muß.

Zusammenfassung.

1. Ausgangspunkt aller Überlegungen: Beim Vorhandensein von Raumladung hängt der von der Kathode ausgehende Emissionsstrom (= Anodenstrom bei Gitterstrom Null) nur von der Form der Kathode und der Zahl der in den Kathodenraum eintretenden Kraftlinien ab.

2. Diese Kraftlinienzahl ist der Ladung Q_k im Kathodenraum proportional

$$Q_k = Z\varepsilon_0.$$

3. Diese Ladung Q_k berechnet sich aus den Teilkapazitäten:

$$Q_k = C'_{kg} u_g + C'_{ka} u_a = C'_{kg}(u_g + D u_a) \quad \text{mit} \quad D = \frac{C'_{ka}}{C'_{kg}}\,.$$

Die Teilkapazitäten sind dabei unter Berücksichtigung der Raumladung berechnet.

4. Das Verhältnis der Teilkapazitäten ist unabhängig von der Lage der Kathode (bei ebenen Anordnungen) oder der Dicke des Glühdrahtes und auch unabhängig davon, ob man *mit* Raumladung arbeitet oder *ohne* Raumladung.

5. Gitter und Anode ersetzen wir durch eine Ersatzanode (Abb. 127), an die die „Steuerspannung" u_{st} gelegt wird. Von dieser Ersatzanode fordern wir

entweder: $C_{ers} = C_{gk} + C_{ak}$ oder: u_{st} steige um 1 V, wenn u_g und u_a um 1 V steigen. Sind diese Forderungen erfüllt, so resultiert:

$$u_{st} = \frac{u_g + D u_a}{1 + D}$$

und: Die Ersatzanode liegt zwischen Gitter und Anode der ursprünglichen Röhre, bei engen Gittern aber sehr nahe dem Gitter.

3. Potentialflächen- und Kraftlinienverlauf. Inselbildung. Der Gummimembran-Apparat. Anwendung auf Fragen des Plations.

Das Problem der Berechnung der Teilkapazitäten und des Durchgriffes ist ein potentialtheoretisches. In den Fällen, in denen die Funktionentheorie anwendbar ist, ist diese Rechnung durchführbar. Bequemer ist es, die Potentialflächen zu messen. Hierzu kann man sich des elektrolytischen Troges bedienen. Für die Stromdichte gilt die Kontinuitätsgleichung: $\operatorname{div} i = 0$, und da $i = \mathfrak{E}/\sigma$, so gilt auch $\operatorname{div} \mathfrak{E} = 0$. Im ladungsfreien Vakuum gilt auch $\operatorname{div} \mathfrak{E} = 0$. Die Felder und die Verteilung des Potentials sind somit im Vakuum und im elektrolytischen Trage identisch. Diese Messungen können mit der nebenstehenden Anordnung durchgeführt werden. Bei Stabgittern baue man sich in entsprechender Vergrößerung (z. B. 1:100) die Gitterstäbe, Anode und Glühdraht wie in Abb. 128, bei Spiralgittern wie in Abb. 129 in dem schräggestellten Troge auf.

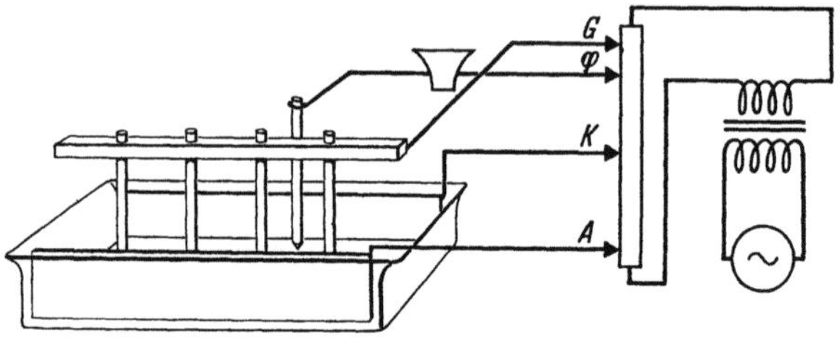

Abb. 128. Elektrolytischer Trog.

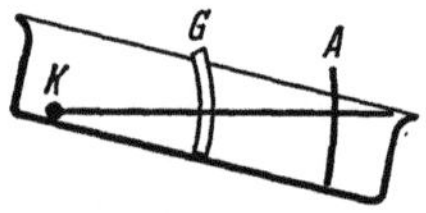

Abb. 129. Elektrolytischer Trog.

Im letzteren Falle bildet der Elektrolyt einen Keil, der als Teil des zylindrischen Raumes um den Glühdraht anzusehen ist. Auf dem Grunde des Troges liegt eine Mattglasscheibe. Nun legt man die an einem Potentiometer abgegriffenen Spannungen an die Elektroden und die Spannung, für die man die Potentiallinien aufnehmen will, über einen Lautsprecher oder Milliamperemeter an einen Bleistift. Führt man den Bleistift so, daß das Telephon schweigt oder das Instrument auf Null steht, so erhält man eine Potentiallinie aufgezeichnet.

Diese Bilder geben mancherlei Aufschluß über den Lauf der Elektronen in der Röhre. Es ist daher eine Serie für Spiralgitter und einige für Stabgitter mitgeteilt und zwar die Potentiallinien (Höhenlinien des Potentialgebirges und die Schnitte durch das „Gebirge" an den Stellen I u. II d. h. durch die Steuergittergipfel, und die Sättel. (Abb. 130.) Es bedeutet K Kathode, G Steuergitter, A Anode, S Schutznetz, B Bremsgitter.

Abb. 130 zeigt die Erscheinung der sog. Inselbildung. Zu einigen Teilen des Glühdrahtes führen noch Kraftlinien von der Anode aus hin, zu anderen führen Kraftlinien anderen Vorzeichens, die vom Gitter kommen. Diese Teile emittieren nicht. Es kann der Fall vorkommen, daß die *Gesamt*ladung des Glühdrahtes Null ist, und doch emittieren noch die Inseln. Die Regel: Elektronenstrom = Funktion der *Gesamt*kraftlinienzahl gilt nicht mehr.

Der Gummimembran-Apparat. Zum Studium der Verhältnisse in Stabgitterröhren baue man sich den Gummimembran-Apparat Abb. 131 (Seite 88). Glühdraht, Gitter und Anode sind durch Stäbe bzw. einen Ring dargestellt, über die eine Gummimembran gespannt ist. Die Höhe der Stabenden in cm gleicht der

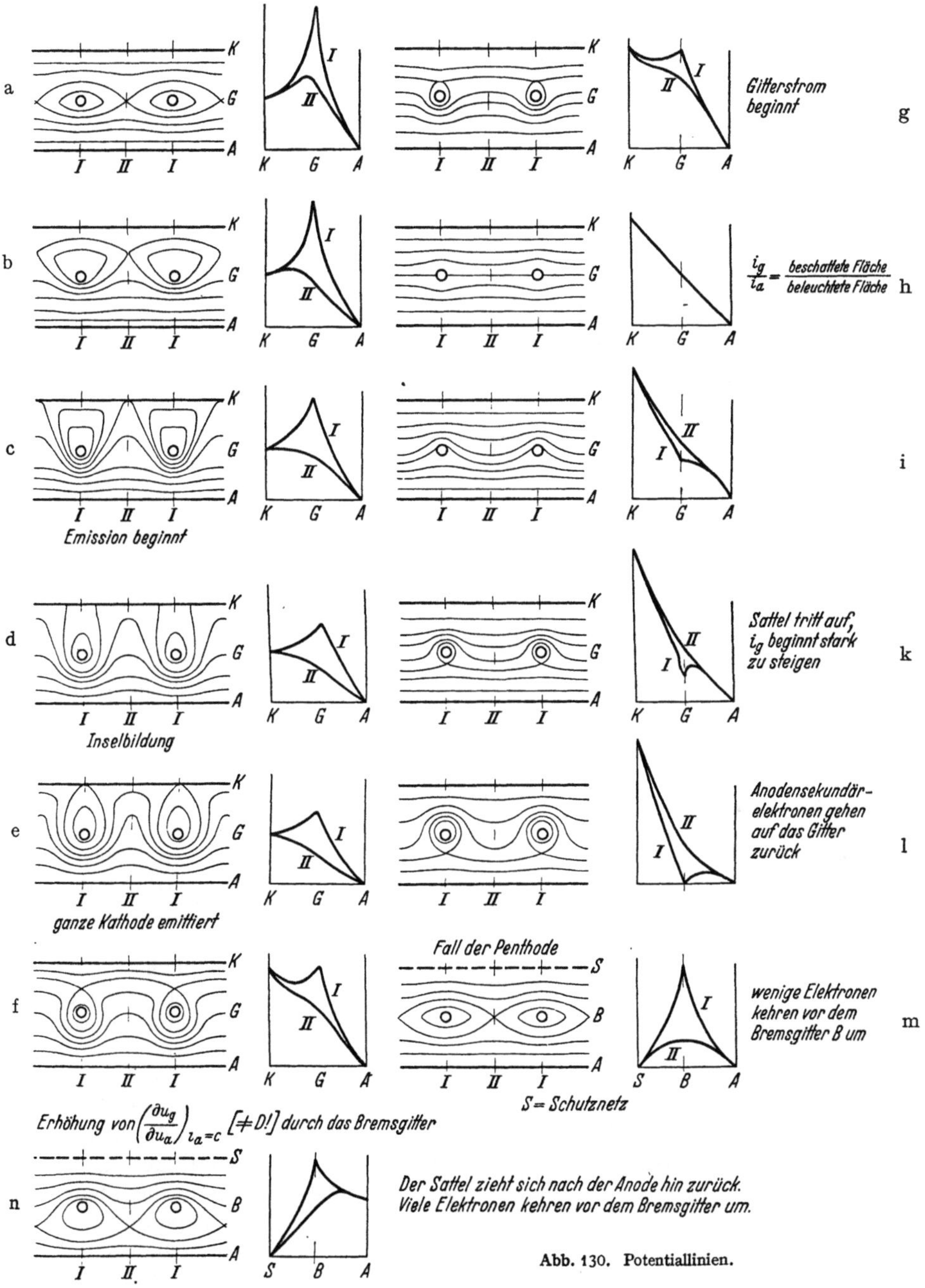

Abb. 130. Potentiallinien.

Elektronenspannung z. B. in Volt. Da die Gummimembran eine Minimalfläche darstellt, für die $\frac{\partial^2 h}{\partial x^2} + \frac{\partial^2 h}{\partial y^2} = 0$ gilt, so gibt die Höhe der Gummimembran überall den Potentialwert an. Die Gummimembran stellt also bereits das Potentialgebirge dar, das wir in der Abb. 132 durch Höhenschichtlinien darstellten.

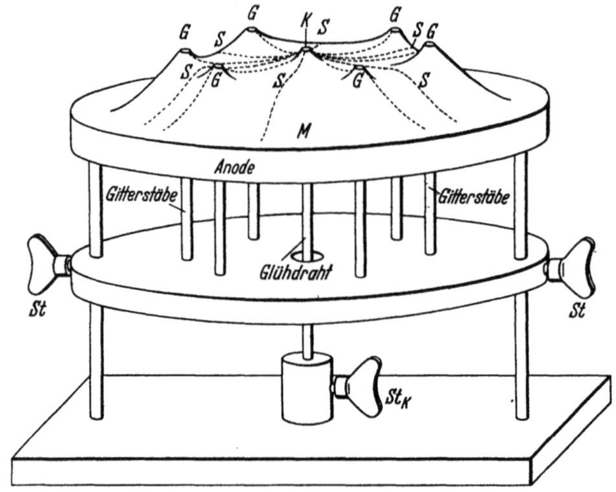

Abb. 131. Gummimembran-Gestell für Doppelgitterröhren.
A Anodenring, *G* Gitterstäbe, *K* Kathodenstab, *M* Gummituch, *P* obere Grundplatte, P_1, P_2 verschiebbare Platten, verbunden mit den Gitterstäben, P_3, P_4 feste Grundplatten zur Führung der Gitterstäbe, *S* Schrauben zum Festklemmen von Kathodenstab und Gitterplatten.

Die Bewegungsgleichung eines Elektrons lautet:

$$m\frac{d^2 s}{d t^2} = e \nabla \varphi .$$

Die Bewegungsgleichung einer reibungslos auf der Membran gleitenden Kugel lautet:

$$m\frac{d^2 s}{d t^2} = G \nabla h .$$

Läßt man also vom Glühdrahte aus eine Kugel laufen, so durchmißt sie (wegen der Reibung und Rollenergie angenähert) die Bahn eines Elektrons. Durch Verstellen der an Ringen befestigten Gitterstäbe und des Kathodenstabes kann man mit wenigen Handgriffen die Potentialverteilung ändern und die Elektronenbahnen bei wechselnder Gitterspannung vorführen.

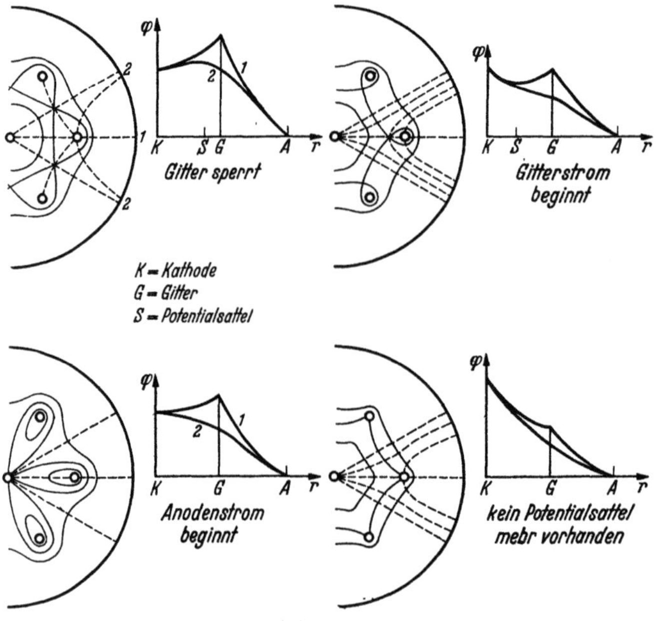

Abb. 132.

Das Plation. Das Plation ist ein Verstärkerrohr mit einer ebenen Anode und einer zu dieser parallelen Steuerplatte. Der Glühdraht liegt zwischen den beiden Platten, und zwar möglichst nahe an der Steuerplatte. Die Wirkungsweise dieser Röhre kann man sich durch einen entsprechenden Gummimembran-Apparat klarmachen. Senkt man die Steuerplattenspannung, d. h. hebt man die linke, die Steuerplatte darstellende Leiste, an der die Gummimembran befestigt ist, so bildet der Glühdraht eine Einsenkung in der Membran. Die Kugeln bleiben am Glühdraht liegen, der Elektronenstrom ist gesperrt.

Hebt man die Steuerplattenspannung, d. h. senkt man die linke Leiste, so bildet der Glühdraht einen Berg in der Membran. Die Kugeln können zur Anode rollen, der Anodenstrom fließt. Dabei kann die Steuerplattenleiste immer noch höher als der Glühdrahtgipfel liegen, so daß kein Gitterstrom fließt. — Der Durchgriff ist um so kleiner, je näher der Glühdraht an der Steuerplatte liegt.

Aus demselben Grunde kann man auch eine Plationröhre nicht als Doppelweggleichrichter benutzen.

Anhang.

1. Die Gitterströme.

Die Versuche mit der auf der Gummimembran laufenden Kugel geben auch eine gute Anschauung vom Zustandekommen der Gitterströme. So lange die Gitterstabsgebirgsspitzen höher als der Glühdrahtmittelgipfel ist, können die Elektronenkugeln, die praktisch mit der Geschwindigkeit Null vom Glühdrahtmittelgipfel loslaufen, nicht auf die Gittergipfel kommen.

Wird das Gitter schwach positiv, Abb. 130g so werden nur die Elektronen, deren Richtung recht genau auf die Gitterdrähte hinweist, auf das Gitter fliegen. Der Gitterstrom entspricht ungefähr der Schattenwirkung des Gitters und bleibt nahezu derselbe Prozentsatz des Anodenstromes, bis die Gittergipfel gerade in das Niveau des Berghanges vom Gleichdrahtgipfel zum Anodental gekommen sind. Dann ist die Schattenwirkung genau erreicht (Abb. 130h). Es gilt

Gitterstrom : Anodenstrom = beschattete Fläche : beleuchtete Fläche. Wird in diesem Gebiete bereits der Sättigungsstrom erreicht, so bleibt der Gitterstrom trotz weiterer Steigerung der Gitterspannung fast konstant. Ist der Sättigungsstrom noch nicht erreicht, so steigen Gitter- und Anodenstrom in gleichem Verhältnis weiter an.

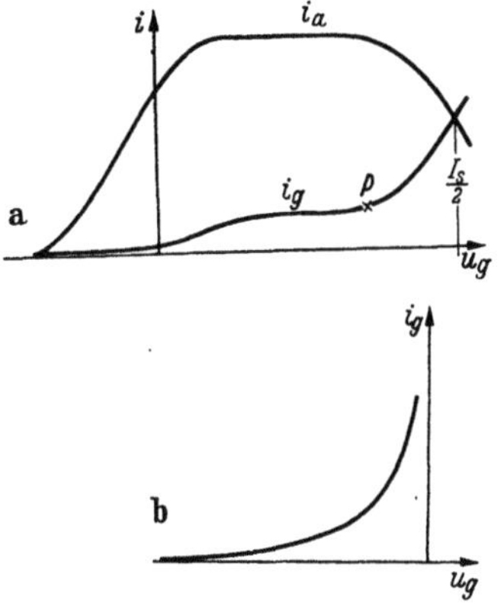

Abb. 133. Gitterströme.

Steigert man nun die Gitterspannung über den Punkt P (Abb. 133) hinaus weiter, so bilden die Gitterstäbe im Berghang Löcher. Die Zahl der weggefangenen Elektronen steigt stark an. Bei einer Senderendstufe wird man daher die Gitterspannung sicher nicht über diesen Wert hinaus steigern bzw. die Anodenspannung unter diesen Wert herabsinken lassen, da sonst zu hohe Verluste im Gitterkreise und eine zu hohe Verminderung des Anodenstromes durch die auf das Gitter abgezweigten Elektronen entsteht.

Den Verlauf des Gitterstromes zeigt für den Fall, daß Sättigung eintritt, Abb. 133. Punkt P würde ohne Raumladung bei einer ebenen Anordnung bei $u_g = \frac{r_g}{r_a} u_a$ liegen, bei einer zylindrischen bei $u_g = u_a \frac{\ln r_g/\varrho}{\ln r_a/\varrho}$, ϱ ist der Glühdrahtradius. Die Raumladung (den Glühdraht „verdickend“) verschiebt P etwas nach links.

Tritt keine Sättigung auf, so findet, dem Emissionsstromanstieg entsprechend, auch links von P ein Anstieg der Gitterstromkurve statt. Der Knick bei P verwischt sich.

Im Gebiete negativer Gitterspannungen ist i_g sehr klein. (In Abb. 133b in vergrößerten Ordinatenmaßstab eingetragen.) Auch hier gilt eine Exponentialformel:

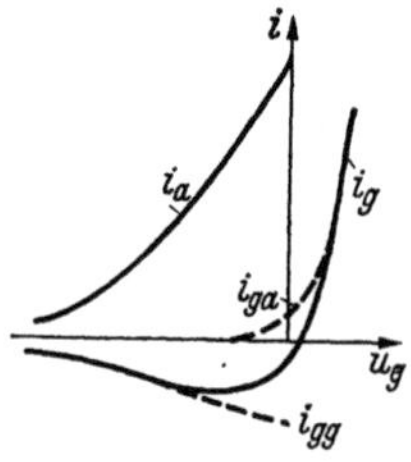

Abb. 134. Gitterströme gashaltiger Röhren.

$$i_g = I_s a e^{-\frac{e_1 u_g}{kT}},$$

wobei a der Schattenwirkung entsprechend, klein gegen 1 ist.

2. Der Gasgehalt von Röhren; das Ionisationsmanometer.

Bei der Aufnahme der Gitterstromkurven erhält man oft die Form Abb. 134. Diese sind auf den Gasgehalt der Röhre zurückzuführen. Der Anodenstrom bildet durch Stoßionisation pro sec eine Menge Ionen, die dem Anodenstrom und dem Gasdruck proportional sind. Diese laufen als positive Teilchen auf das Gitter als den negativsten Pol und bilden einen Gitterstrom $-i_{gg}$. (—-Zeichen im Gegensatz zu dem positiv gezählten Elektronenstrom.) Aus der Überlagerung von i_{gg} und dem Elektronenstrom i_{ga} entsteht dann die beobachtete Kurve i_g.

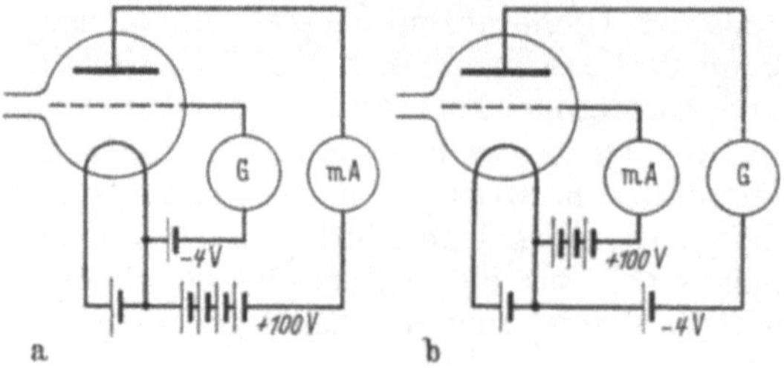

Abb. 135. Ionisationsmanometer.

Diese Gaskurve stellt im Gitterkreise eine negative Ableitung dar, die mit dem Gasgehalte wächst und Schwingungen anregen kann (Gaspfeifen). In der Beziehung $i_g/i_a = V = cp$ nennt man V den Vakuumfaktor. Dieser ist dem Gasdrucke proportional. Der Beiwert c hängt von der Elektrodenanordnung ab. V soll etwa den Wert von 10^{-4} nicht überschreiten.

Das Ionisationsmanometer. Die geschilderte Erscheinung führt auf die Idee, die Röhre als Manometer zu benutzen. Hierbei sind die beiden Schaltungen der Abb. 135a und b möglich. Die Schaltung mit positivem Gitter ist die empfindlichere. Sie hat die größere Konstante c, da die ionisierenden Elektronen den gasgefüllten Raum nicht nur einmal durchlaufen, sondern mehrfach durch das Gitter pendeln. Die Ionisationsmanometer müssen mit Hilfe eines MacLeod-Manometers für die betreffende Gassorte geeicht werden.

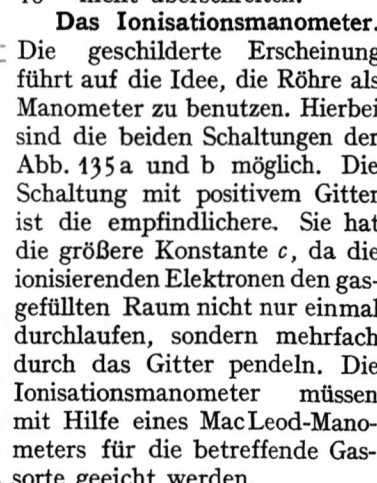

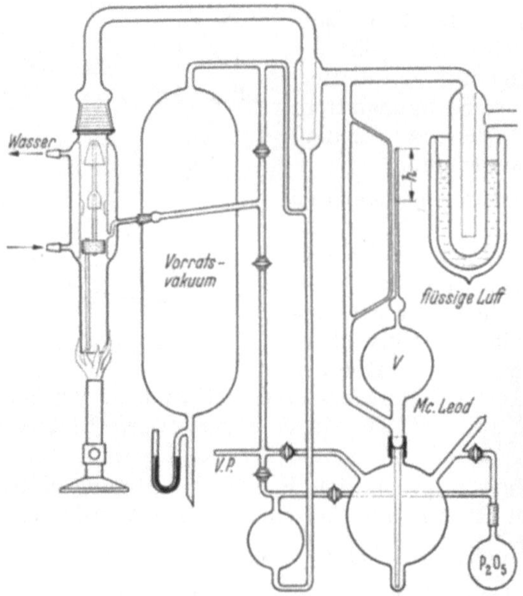

Abb. 136. Pumpanordnung.

3. Einiges vom Pumpen.

Eine Pumpapparatur mit Ölvorpumpe (VP), Vorratsvorvakuum, Diffusionspumpe, MacLeod-Manometer und Quecksilberabschluß und Ausfriergefäß für Hg-Dämpfe zeigt Abb. 136. Wenn die Röhre schon fast fertig gepumpt ist, kann man die Ölpumpe abschalten und die Diffusionspumpe auf das Vorratsvorvakuum arbeiten lassen. Das Vorratsvakuum kann mit der Ölpumpe oder mit der Diffusionspumpe hergestellt werden. Im letzteren Falle arbeitet die Diffusionspumpe rascher und zieht auf höheres Vakuum.

Bei dem gezeichneten Stand h des Quecksilbers im MacLeod ist der Gasinhalt der Kugel mit dem Volumen V auf den hq/V ten Teil verkleinert. (q = Querschnitt der Kapillare.) Der Gasdruck p in der Apparatur ist also hq/V mal kleiner als der abgelesene Druck von h mm Hg in der Kapillare:

$$p = \frac{hq}{V} h \text{ mm Hg}.$$

Zahlenbeispiel. $V = 500 \text{ cm}^3$; $q = \frac{1}{20} \text{ mm}^2$.

$$p = \frac{q}{V} h^2 = \frac{\frac{1}{20} h^2}{500 \cdot 10^3} = h^2 10^{-7} \text{ mm Hg}; \quad h \text{ in mm}.$$

Der Druck einer gut gepumpten Röhre soll 10^{-6} mm nicht überschreiten.

4. Die Bestimmung des Durchgriffes aus Strommessungen.

Unsere Formel $i_a = f(u_g + D u_a)$ lehrt, daß $\delta u_g + D \delta u_a = 0$ gehalten werden muß, wenn bei einer Veränderung der Spannungen der Strom konstant bleiben soll. Wir können also den Durchgriff auch aus $D = -\left(\frac{\delta u_g}{\delta u_a}\right)_{i_a = \text{konst.}}$ bestimmen. Diese Durchgriffsmessung ist aber nur so lange richtig, als der Anodenstrom i_a *nur* von der Kraftlinienzahl Z abhängt, die in den Kathodenraum eintritt. Diese Voraussetzung ist aber oft nicht erfüllt, so z. B.:

a) Wenn bei positivem u_g Gitterströme auftreten. Der Abstand zweier um δu_a unterschiedener Kennlinien ist im Gebiete negativer Gitterspannungen kleiner als im Gebiete positiver Gitterspannungen. Die nach $D = -\left(\frac{\partial u_g}{\partial u_a}\right)_{i_a}$ berechneten Durchgriffe fallen für positive und negative Gitterspannungen verschieden aus (Abb. 137).

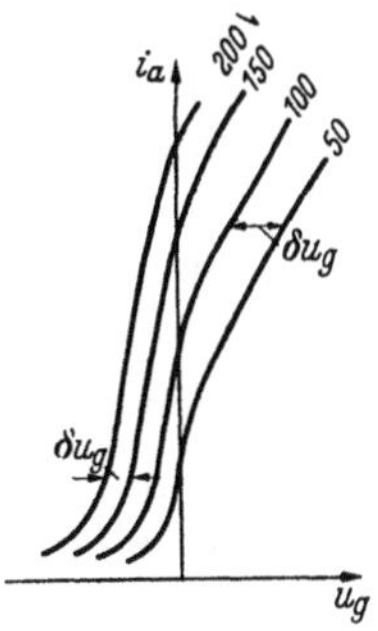

Abb. 137. Kennlinien bei Berücksichtigung der Gitterströme.

b) Bei Inselbildung (weitmaschige Gitter). D ist im Bereiche I kleiner als im Bereiche II, in dem die Inselbildung auftritt (s. Abb. 138a). Die Inselbildung und damit die Abnahme der Steilheit (es emittiert nicht mehr der Draht in seiner ganzen Länge, sondern nur die Inseln) tritt um so kräftiger ein, je höher die Anodenspannung und je negativer die Gitterspannung ist. Um die Verhältnisse recht klar hervorzuheben, seien die Kennlinien durch Gerade dargestellt, die an der gestrichelten Grenze der Inselbildung mit einem Knick zusammengefügt sind (Abb. 138b).

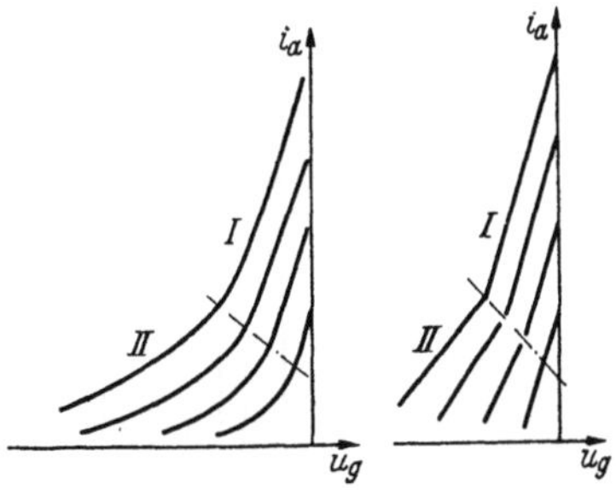

Abb. 138. Kennlinien bei Inselbildung.

Bemerkung: Ein gutes Hilfsmittel zur Veranschaulichung der Vorgänge bei der Inselbildung ist folgendes: Man denke sich die Röhre in Bereiche a und b zerlegt. Die Bereiche a liegen unter den Gitterdrähten, die Bereiche b zwischen den Gitterdrähten. Würde man nur die Bereiche a zusammensetzen, so erhielte man eine Röhre mit kleinem Durchgriff. Würden nur die Bereiche b ermittieren, so hätte man eine Röhre mit großem Durchgriff. Die Gesamtröhre wirkt dann wie eine Parallelschaltung von 2 Teilröhren mit großem und kleinem Durchgriff.

Bei stark negativer Gitterspannung arbeitet nur die Teilröhre mit dem großen Durchgriff; bei weniger negativer Gitterspannung beginnt auch die Teilröhre mit dem kleinen Durchgriff zu emittieren. Der Leistung der *beiden* parallelgeschalteten Röhren entsprechend steigt jetzt die Steilheit.

c) *Wenn die Anode negativ und das Gitter positiv ist.* So lange der Emissionsstrom I_e *nur* von der Steuerspannung u_{st} abhängt, erhält man, wenn man für konstantgehaltenes I_e zusammengehörige Werte von u_g und u_a aufträgt, die Geraden

$$u_{st} = u_g + D \cdot u_a.$$

Wenn aber die Gitterspannung stark positiv und die Anodenspannung niedrig oder gar negativ ist, so fangen die Elektronen vom Glühdraht durch das Gitter und vor der Anode umkehrend, wieder durch das Gitter zurück zum Glühdraht zu pendeln an. Hierdurch tritt eine erhöhte Raumladung auf. Um den gleichen Emissionsstrom zu erhalten, muß man höhere Steuerspannungen anwenden. Die zusammengehörigen Werte von u_g und u_a liegen jetzt nicht mehr *auf*, sondern *über* der Geraden. Die Kurven erhalten die in Abb. 139 gezeichneten Buckel. Wird schließlich u_g sehr hoch, so werden die Elektronen bereits beim ersten Pendeln von den Gitterdrähten weggefangen. Die Raumladung wird wieder normal und die ursprüngliche Gerade wieder erreicht.

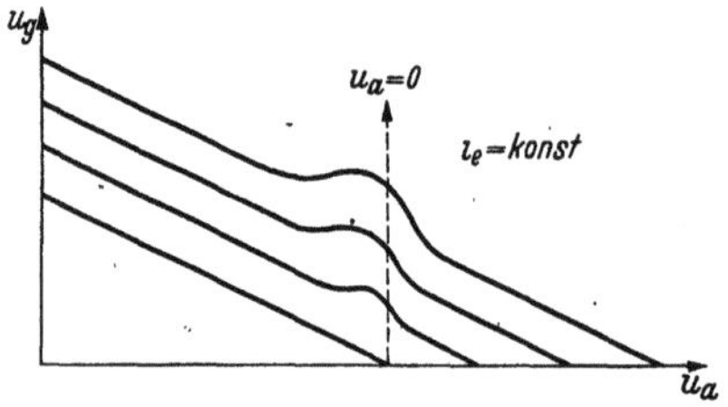

Abb. 139. $u_g - u_a$-Kurven.

d) *Beim Arbeiten mit sehr schwachen Elektronenströmen rückt das Potentialminimum dem Gitter immer näher.* Infolgedessen tritt auch bei engmaschigen Gittern in diesem Gebiete Inselbildung auf und eine Vergrößerung des Durchgriffes ein. Die Messung des Durchgriffes mit Hilfe der Beziehung $D = -\left(\frac{\partial u_g}{\partial u_a}\right)_{i_a}$ ist nur mit Vorsicht anzuwenden. *Immer* richtig ist die Bestimmung aus den Teilkapazitäten.

5. Die Messung der Röhrenkapazitäten.

Zur Messung der recht kleinen Teilkapazitäten in den Röhren haben sich folgende zwei Methoden bewährt:

a) Eine umständlichere Präzisionsmethode. Die Versuchsanordnung ist in Abb. 140 dargestellt. Man stimme den Sender S und den Schwebungsempfänger

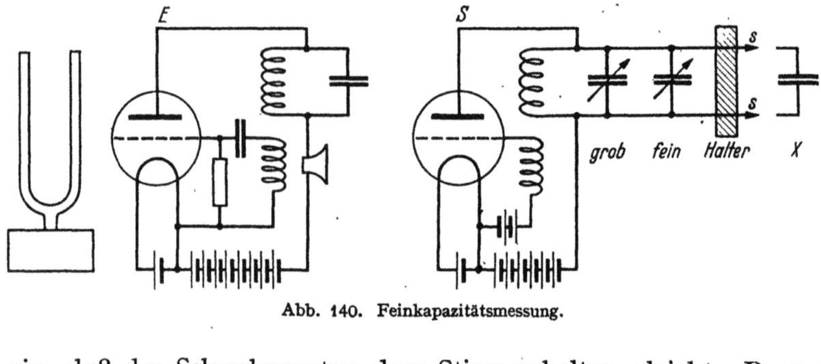

Abb. 140. Feinkapazitätsmessung.

E so ein, daß der Schwebungston dem Stimmgabelton gleicht. Dann schalte man den kleinen zu messenden Kondensator X zu und drehe den Feinkondensator zurück, bis wieder derselbe Ton erklingt. Die Veränderung des geeichten Feinkondensators gleicht dann C_x. Die Röhrenkapazitäten sind nun aber Teilkapazitäten, und zwar sind bei 3 Elektroden die 3 Teilkapazitäten C_{12}, C_{13}, C_{23}, bei 4 Elektroden die Teilkapazitäten

$$\begin{array}{ccc} C_{12}, & C_{13}, & C_{14}, \\ & C_{23}, & C_{24}, \\ & & C_{34}, \end{array}$$

bei n Elektroden $n(n-1)/2$ Teilkapazitäten vorhanden. Um sie zu messen, verbinde man die Elektroden m und p miteinander und die übrigen miteinander und messe die entstehenden Summenkapazitäten

$$C_a = \sum C_{mq} + C_{pq}. \quad (q = 1, 2, 3 \ldots m-1, \ m+1 \ldots p-1, \ p+1 \ldots n)$$

Aus den so erhaltenen $n(n-1)/2$-Messungen sind dann die Teilkapazitäten zu finden. Die Genauigkeit der Methode ist hoch. Die Frequenz von z. B. $3 \cdot 10^6$ ($\lambda = 100$ m) läßt sich leicht auf 3 Schwebungen pro sec, also auf 10^{-6} genau messen. Wenn die gesamte Schwingkreiskapazität 100 pF ist, so ist C_x auf $100 \cdot 10^{-6} = 10^{-4}$ pF genau zu messen.

b) Eine Methode zur direkten Messung der Teilkapazitäten zeigt Abb. 141. Die 3 Teilkapazitäten einer Eingitterröhre sind mit C_{12}, C_{13}, C_{13} bezeichnet, der Normal-

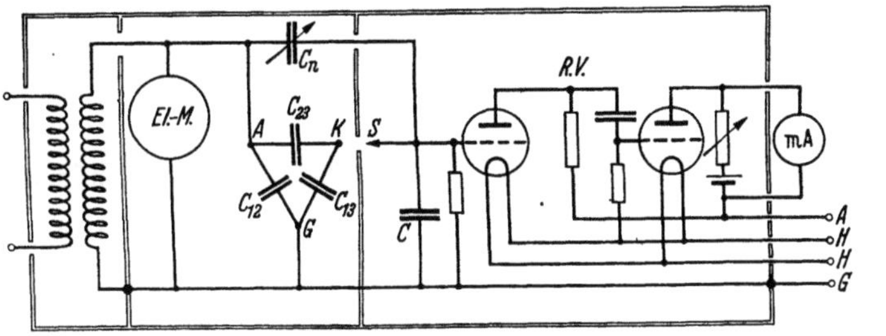

Abb. 141. Direkte Messung der Teilkapazitäten.

kondensator mit C_n. *El.M.* ist ein Elektrometer zum Anzeigen der Spannung. *R.V.* ein Röhrenvoltmeter, dem noch eine größere Kapazität C parallel geschaltet ist. C und *R.V.* sollen möglichst einen reinen kapazitiven Widerstand $\frac{1}{j\omega C'} = \frac{1}{j\omega(C + C_{R.V.})}$ haben. Die Spannung U des Elektrometers soll während der Messung konstant gehalten werden. Bei der Messung schließt man den Schalter S und drückt den Röhrenvoltmeterausschlag durch Zurückdrehen des Normalkondensators wieder auf seinen alten Wert, den er vor dem Schalterschluß hatte. Die Verkleinerung Δ des Normalkondensators gleicht dann angenähert C_x. Der Methode haftet die Ungenauigkeit an, daß vor dem Schalterschluß C' in Serie zu C_n, während nach dem Schalterschluß die Parallelschaltung C', C_{13} in Serie zur Parallelschaltung C_n, C_{23} liegt. Wenn $C \gg C_{13}$, so ist der Fehler gering. Wünscht man diesen Fehler auszugleichen, so wiederhole man die Messung mit verschiedenen C_n und trage die Δ über C_n auf. Man erhält dann eine Gerade (Abb. 142). Der Schnittpunkt dieser Geraden mit der Ordinatenachse ergibt dann den genauen C_x-Wert. Vorbedingung ist, daß das Röhrenvoltmeter eine reine Kapazität darstellt.

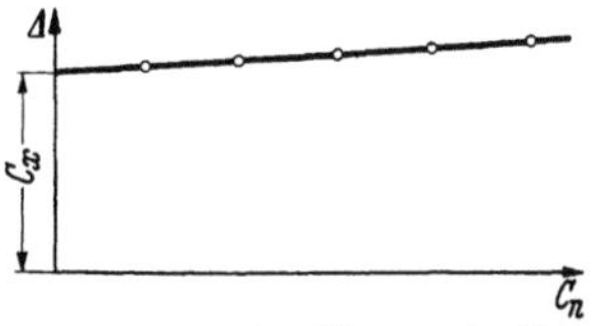

Abb. 142. Direkte Messung der Teilkapazitäten.

Dann berechnet sich die Röhrenvoltmeterspannung U_1 vor dem Schalterschluß zu

$$U_1 = U \frac{\frac{1}{C'}}{\frac{1}{C_n} + \frac{1}{C'}} = \frac{U}{1 + \frac{C'}{C_n}}$$

und nach Schalterschluß und Abgleich zu

$$U_2 = U \frac{\frac{1}{C' + C_{13}}}{\frac{1}{C_n + C_{23} - \Delta} + \frac{1}{C' + C_{13}}} = \frac{U}{1 + \frac{C' + C_{13}}{C_n + C_{23} - \Delta}}.$$

Δ war so eingestellt, daß beide Spannungen U_1 und U_2 gleich sind; daraus ergibt sich

$$\frac{C_n}{C'} = \frac{C_n + C_{23} - \Delta}{C' + C_{13}} \quad \text{oder} \quad C'C_n + C_n C_{13} = C'C_n + C'(C_{23} - \Delta) \quad \text{oder} \quad \frac{C_n C_{13}}{C'} = C_{23} - \Delta.$$

$$\Delta = C_{23} - C_n \frac{C_{13}}{C'} \approx C_{23} \quad \text{da} \quad \frac{C_{13}}{C'} \ll 1 \quad \text{und } C_n \text{ von der Größenordnung } \Delta.$$

Trägt man in einem Diagramm Abb. 142 Δ über C_n auf, so erhält man eine Gerade. Δ hat für $C_n = 0$ den Wert $C_x = C_{23}$.

Die scheinbare Röhrenkapazität. Die Ladung Q_e des Gitters berechnet sich zu $Q_e = C_{ga}(\mathfrak{U}_g - \mathfrak{U}_a) + C_{gk}\mathfrak{U}_g$. $\mathfrak{U}_a$ schwankt beim Arbeiten des Verstärkers proportional zu $\mathfrak{U}_g$, und zwar sinkt $\mathfrak{U}_a$, wenn $\mathfrak{U}_g$ und der Anodenstrom steigt: $\mathfrak{U}_a = -V\mathfrak{U}_g$.

$Q_e = (C_{gk} + C_{ga}(V+1))\mathfrak{U}_g$.

$Q_e/\mathfrak{U}_g$ nennt man die Scheinkapazität: $C_{\text{sch}} = C_{gk} + (V+1)C_{ga}$.

C. Das Verhalten der Röhre im Verstärker.

I. Der Vorverstärker (kleine Amplituden).

Der „Vorverstärker" sei dadurch gekennzeichnet, daß die Amplituden der Ströme und Spannungen so klein sind, daß die Kennlinien in dem benutzten Bereiche noch als geradlinig angesehen werden können. Für die Amplituden gilt dann

$$\mathfrak{J}_a = S(\mathfrak{U}_g + D\mathfrak{U}_a) \quad \text{1. Barkhausen-Gleichung und}$$

$$SDR_i = 1 \quad \text{2. Barkhausen-Gleichung.}$$

1. Maximale Leistung, Röhrengüte.

Gegeben ist S im Schwingungsmittelpunkt, D, $\mathfrak{U}_g$. Der Gleichstromwiderstand des Ausgangstransformators sei Null, sein Übersetzungsverhältnis 1:1, der Leerlaufstrom verschwindend klein (Abb. 143). Die Leistung im Verbrauchswiderstand soll ein Maximum werden. Wie groß ist der Verbrauchswiderstand R_a zu wählen?

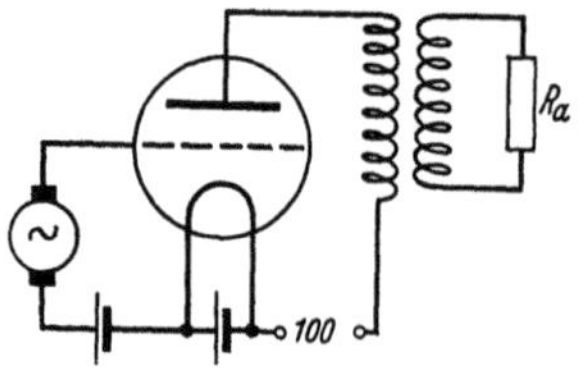

Abb. 143. Verstärker mit Ausgangstrafo.

Wir erhalten aus

$$\mathfrak{J}_a = S(\mathfrak{U}_g + D\mathfrak{U}_a) = S(\mathfrak{U}_g - DR_a\mathfrak{J}_a)$$

$$\mathfrak{J}_a = \frac{S\mathfrak{U}_g}{1 + SDR_a} = \frac{S\mathfrak{U}_g}{1 + \frac{R_a}{R_i}} = D\frac{\mathfrak{U}_g}{R_a + R_i}$$

und für die Leistung $\mathfrak{N}_\sim = R_a|\mathfrak{J}_a|^2/2$

$$\mathfrak{N}_\sim = \frac{|\mathfrak{U}_g|^2}{2D^2}\frac{R_a}{(R_a + R_i)^2}.$$

Die Leistung wird ein Maximum, wenn $R_a = R_i$. Der Verbraucher ist dann der Röhre angepaßt.

$$\mathfrak{N}_{\max} = \frac{|\mathfrak{U}_g|^2}{2D^2 4R_i} = \frac{|\mathfrak{U}_g|^2}{8}\frac{S}{D}.$$

S/D nannte BARKHAUSEN „Röhrengüte".

2. Günstigster Durchgriff bei Verwendung eines Ausgangstransformators.

Gegeben ist die Röhrenkonstante c in $i_a = c u_{st}^{3/2}$, ferner die Spannung der Anodenbatterie U_{a0} und U_g (U_g sollte ja (s. S. 77) wenigstens -2 V sein, damit der Röhreneingangswiderstand etwa 2 MΩ erreicht). Bei welchem Durchgriff wird die Röhrengüte ein Maximum? (Abb. 143).

Mit $S = \frac{3}{2} c \sqrt{u_g + D u_a}$ wird die Röhrengüte $G_r = \frac{3c}{2}\sqrt{\frac{u_g}{D^2} + \frac{u_a}{D}}$. Wir erhalten maximales G_r, wenn $\frac{\partial}{\partial D}\left(\frac{u_g}{D^2} + \frac{u_a}{D}\right) = 0$ oder $-\frac{2u_g}{u_a} = D$.

Zahlenbeispiel: $u_g = -2$ V; $u_a = 100$ V; $D_{\text{opt}} = 4\%$.

3. Günstigster Kopplungswiderstand beim Widerstandsverstärker.

Welches ist der günstigste Widerstand für Widerstandsverstärker? (Abb. 144.) Es soll jetzt $\mathfrak{U}_{g2}/\mathfrak{U}_{g1}$ ein Maximum werden. $\mathfrak{U}_{g1}$ ist die Gitterspannung an der untersuchten, $\mathfrak{U}_{g2}$ an der folgenden Röhre. Durch Vergrößern von R_a sinkt die Anodengleichspannung $U_{a0} = E - R_a I_a$ (E = Batteriespannung) und damit $U_{st} = U_g + D U_{a0}$ und die Steilheit $S = \frac{3}{2} c \sqrt{U_{st}}$. Der Durchgriff D und die Röhrenkonstante c seien gegeben. Wir nehmen ferner an, daß $C_{ü}$ sehr groß sei, so daß für den Anodengleichstrom R_a, für den Anodenwechselstrom das kleinere

$$R'_a = \frac{1}{\frac{1}{R_a} + \frac{1}{R_{ü}} + \frac{1}{R_g}} \approx R_a$$

in Frage kommt. $\mathfrak{U}_{g2}/\mathfrak{U}_{g1}$ ist dann $\approx \mathfrak{U}_a/\mathfrak{U}_{g1}$.

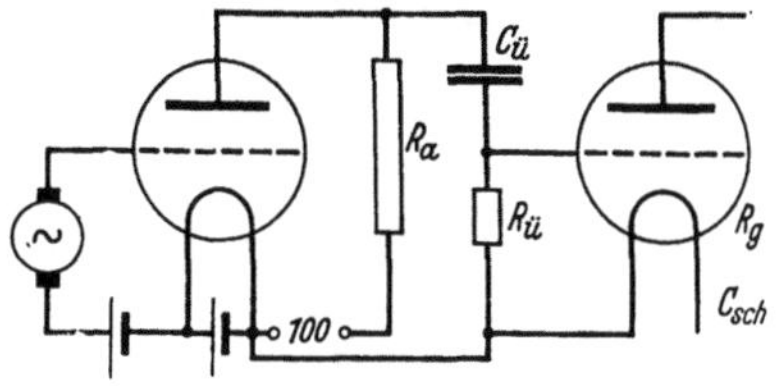

Abb. 144. Widerstandsverstärker.

$$\mathfrak{U}_a = R'_a \mathfrak{J}_a \quad \text{und} \quad \mathfrak{J}_a = \frac{\mathfrak{U}_{g1}}{D(R_i + R'_a)}; \quad \mathfrak{U}_a = \frac{\mathfrak{U}_{g1} R'_a}{D(R_i + R'_a)} = \frac{\mathfrak{U}_{g1}}{D + \frac{D R_i}{R'_a}} = \frac{\mathfrak{U}_{g1}}{D + \frac{1}{R'_a S}}.$$

Um die Steilheit S zu ermitteln, konstruieren wir die Lage des Schwingungsmittelpunktes als Schnittpunkt der Kurve $i_a = f(u_{st})$ und $u_{st} = U_g + D(E - i_a R_a)$ oder

$$i_a = \frac{U_g + DE - u_{st}}{D R_a}; \quad \operatorname{tg}\alpha = \frac{1\,\mathfrak{i}}{R_a D \mathfrak{u}},$$

wobei $\mathfrak{i}$ der Strommaßstab, z. B. $^1/_2$ mA/cm und $\mathfrak{u}$ der Spannungsmaßstab, z. B. 2 V/cm ist. Die Steilheit der Kurve $i_a = f(u_{st})$ im Schnittpunkt, die aus dem Diagramm Abb. 145 abgelesen werden kann, ist dann die Steilheit S, welche man in die Formel für das Verstärkungsverhältnis einzusetzen hat.

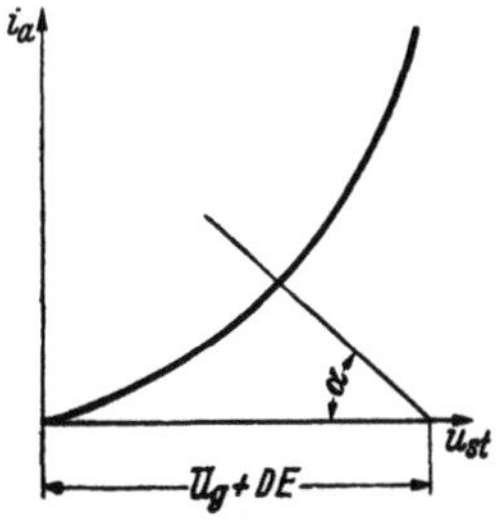

Abb. 145. Widerstandsverstärker-Diagramm.

Diese Konstruktion ist für die verschiedenen R'_a- und D-Werte zu wiederholen und das Optimum aufzusuchen. Man findet, daß man mit R'_a möglichst hoch gehen soll. R'_a ist schließlich durch die Kapazität der folgenden Röhre und durch $R_{ü}$ begrenzt. Wird nämlich $R_{ü}$ zu groß, so entlädt sich $C_{ü}$, das z. B. durch eine Fortissimostelle oder eine kräftige Luftstörung stark aufgeladen sein möge, zu langsam und der Verstärker bleibt zu lange gesperrt. Gibt man aber für $R_ü$, C_{sch} und R_g bestimmte Werte vor, so findet man mit Hilfe dieser Konstruktion ein günstigstes D und R_a. Die Ausführung der Einzelheiten findet sich im Verstärker-Band.

4. Die doppelte Rolle des Durchgriffes.

Wenn wir die Aufgaben überblicken, so sehen wir, daß es einmal wünschenswert ist, den Durchgriff zu verkleinern. Wenn die Röhre auf einen Verbraucher, z. B. auf einen ohmschen Widerstand arbeitet, so sinkt die Anodenspannung infolge des Spannungsabfalles $\mathfrak{J}_a R$, wenn die Gitterspannung und mit ihr der Anodenstrom steigen. Das Glied $-D\mathfrak{U}_a = -DR\mathfrak{J}_a$ ist von der Gitterspannung abzuziehen. Es beeinträchtigt die Steuerwirkung der Röhre. Man nennt diese Erscheinung „Anodenrückwirkung".

Auf diese Anodenrückwirkung ist es auch zurückzuführen, daß die Steilheit der Arbeitskurve S_A geringer als die Kennliniensteilheit ist. Die Formel für S_A

$$S_A = \frac{S}{1 + \frac{R}{R_i}} = \frac{S}{1 + RSD}$$

zeigt, daß S_A um so kleiner ist, je größer der Durchgriff ist.

Aus diesem Grunde tritt auch in dem Ausdruck für die Röhrengüte

$$G_r = \frac{S}{D}$$

der Durchgriff in den Nenner. Das Verstärkungsverhältnis

$$\frac{\mathfrak{U}_{g2}}{\mathfrak{U}_{g1}} = \frac{1}{D + \frac{1}{R_a' S}}$$

enthält ebenfalls D im Nenner.

Andererseits müssen wir mit Rücksicht auf die Gitterverluste mit negativer Gittervorspannung arbeiten und die Kennlinie möglichst weit in das Gebiet negativer Gitterspannung verschieben, damit die Steilheit groß bleibt. Die Steilheit steht im Zähler der Röhrengüte bzw. im Nenner des 2. Nennergliedes des Ausdruckes für das Verstärkungsverhältnis V. Diese Verschiebung ist aber DU_a, also D proportional. D soll hiernach groß sein.

Der Durchgriff spielt also eine doppelte Rolle: Einmal erhöht der Durchgriff die Anodenrückwirkung und erniedrigt dadurch die Steilheit der Arbeitskurve und damit die Verstärkung; schädliche Rolle. Andererseits verschiebt er die Kennlinie um DU_a ins Negative und ermöglicht ein Arbeiten auf einem steileren Teile der Kennlinie; günstige Rolle. Diese doppelte Rolle des Durchgriffes begründet, daß es einen günstigsten Durchgriff gibt.

5. Schirmgitterröhren.

Die Doppelrolle des Durchgriffes führt auf den Gedanken, diese Rolle zu teilen. Man benutze statt der einen Anode zwei getrennte Elektroden A und S. Die Elektrode S habe einen großen Durchgriff D_{sg} durch das Gitter. An ihr liege die Spannung U_s. Sie wird zur Herstellung einer hinreichend großen Verschiebungsspannung benutzt. Die zweite Elektrode A ist die eigentliche Anode. Sie hat einen kleinen Durchgriff durch das Gitter und eine durch den kleinen Wert $-D_{ag}\mathfrak{U}_a$ gekennzeichnete kleine Anodenrückwirkung.

Diesen Gedanken führte SCHOTTKY dadurch aus, daß er zwischen Anode und Steuergitter ein Schutznetz anbrachte, das einen großen Durchgriff durch das Steuergitter hat. An dieses Schutznetz wird eine zeitlich konstante Spannung U_s angelegt, welche die Verschiebungsspannung $U_s D$ liefert. Die hinter dem Schutznetz liegende Anode führt die Anodenwechselspannung. Sie hat, noch vom Schutznetz abgeschirmt, einen sehr kleinen Durchgriff durch das Steuergitter, so daß die Rückwirkung der Anodenwechselspannung die Steilheit der Arbeitskurve nicht mehr herabdrückt. Wenn D_{sg} der Durchgriff des Schutznetzes durch das Steuergitter, D_{as} der Durchgriff der Anode durch das Schutznetz ist, so gilt angenähert (die Durchgriffe neben 1 zu vernachlässigen)

$$D_{ag} = D_{as} \cdot D_{sg}.$$

Die genaue Ableitung der Formel siehe H. G. MÖLLER, Elektronenröhren 3. Aufl., S. 210.

Zahlenbeispiel: $D_{sg} = 25\%$, $u_s = 60$ V, $D_{as} = 4\%$, $u_a = 100\,\text{V} + u_{a\sim}$, $u_{st} = u_g + 15\,\text{V} + 0{,}01\,(100 + u_{a\sim}) \approx u_g + 16\,\text{V}$; $u_{a\sim}$ = Wechselstromanteil. Durch die Verteilung der Doppelrolle des Durchgriffes auf Schutznetz und Anode haben wir also die Möglichkeit gewonnen, eine große Verschiebungsspannung mit einer kleinen Störung des Verstärkungsvorganges durch die Rückwirkung der Anodenwechselspannung zu vereinigen.

6. Die Gitterseite. Die scheinbare Röhrenkapazität.

Beim Widerstandsverstärker hatten wir festgestellt, daß sich der Anodenwechselstromwiderstand R'_a nicht beliebig steigern läßt, unter anderem in Rücksicht auf den Eingangswiderstand der nächsten Röhre, obwohl eine solche Steigerung wünschenswert gewesen wäre. Es ist also nötig, im Widerstandsverstärker den Eingangswiderstand der Röhren möglichst hochzuhalten. Das gleiche gilt für den Transformatorenverstärker. Wenn nämlich ein Transformator mit einem Widerstand R_g belastet ist, so kann man sein Windungszahlverhältnis im günstigsten Falle so einrichten, daß er eine Sekundärspannung $\mathfrak{U}_g = \sqrt{2 R_g \mathfrak{N}}$ (aus $\mathfrak{N} = \mathfrak{U}_g \mathfrak{J}_g / 2 = |\mathfrak{U}_g|^2 / 2 R_g$) liefert, wenn ihm eine Leistung von $\mathfrak{N}$ Watt zugeführt wird. Dabei ist vorausgesetzt, daß der Energieverbrauch im Transformator vernachlässigt werden kann, sein Wirkungsgrad also 100% ist. Auf alle Fälle ist also ein hoher Eingangswiderstand der Röhre nötig.

Zu diesem Zwecke muß man das Gitter so weit vorspannen, daß die Gitterspannung bei ihrem Hin- und Herschwingen -2 V nach der positiven Seite nicht überschreitet. Hieraus folgt für die Gittervorspannung U_g: $-U_g = -|\mathfrak{U}_g| - 2\,\text{V}$. Andererseits muß man die Röhrenkapazität verringern. Wir sahen, daß der Hauptanteil der Scheinkapazität $C_{\text{sch}} = C_{kg} + (V+1) C_{ag}$ der Wert $(V+1) C_{ga}$ war. Wir müssen diesen Teil also gering halten. Auch hierzu dient das Schirmgitter. Die Scheinkapazität einer Schirmgitterröhre ist $C_{\text{sch}} = C_{gk} + C_{gs} + (V+1) C_{ga}$. Die Teilkapazität C_{ga} kann aber bei Schirmgitterröhren durch Verwendung eines engmaschigen Schirmgitters so gering gehalten werden, daß das Glied selbst bei großen Verstärkungen $V = \mathfrak{U}_{g2}/\mathfrak{U}_{g1}$ vernachlässigt werden kann.

Bemerkungen: Bei gashaltigen Röhren wird der Gitterwiderstand negativ und kann zur Schwingungsanregung dienen (Gaspfeifen).

Bei Transformatorenverstärkern ist der Transformator auch mit seiner eigenen Spulenkapazität belastet. Über Transformatorresonanzen siehe den Abschnitt über das komplexe Rechnen.

7. Das Bremsgitter, die Pentode.

Läßt man von einem Schirmgitterrohr stärkere Anodenwechselspannungen liefern, so kann es vorkommen, daß die Anodenspannung unter die Schirmgitterspannung heruntersinkt. Wenn nun an der Anode Sekundärelektronen ausgelöst werden, so gelangen diese zu dem positiveren Schirmgitter. Der Anodenstrom steigt weniger steil an, wenn u_a u_s unterschreitet; bei starker Sekundäremission kann es sogar vorkommen, daß er fast gar nicht mehr ansteigt.

Um nun diese störenden Sekundärelektronen auf die Anode zurückzuwerfen, legt man zwischen Anode und Schutznetz das sog. „Bremsgitter". Seine Spannung u_b muß niedriger als die geringste im Betrieb vorkommende Anodenspannung $u_b \leqq u_a - |\mathfrak{U}_a|$ sein. Oft verbindet man es in der Röhre einfach mit dem Glühdrahte. Somit sind wir zur Pentode gekommen, die 5 Elektroden hat: Glühdraht, Steuergitter, Schutznetz, Bremsgitter und Anode.

Man sollte erwarten, daß das Bremsgitter die Anodenrückwirkung weiter verringere. Merkwürdigerweise ist das Gegenteil der Fall. Ist die Anodenspannung hoch, so werden die Sättel im Bremsgitter tief liegen, und von den aus dem Schutznetze kommenden Elektronen werden nur wenige vor den Bremsgitterdrähten umkehren. Wenn aber die Anodenspannung niedrig ist, so liegen die Sättel auch niedrig und die Zahl der umkehrenden Elektronen wird größer. Diese Verteilungssteuerung erhöht die Anodenrückwirkung.

Alle positiven Gitter nehmen Elektronen auf und verringern den Anodenstrom. Das gilt namentlich für das stark positive Schirmgitter. Um den Schirmgitterstrom zu verringern, lege man die Schirmgitterdrähte in den Schatten der negativen Steuergitterdrähte. (Man studiere diese Verhältnisse mit dem Gummimembran-Apparat!)

8. Sekundärelektronen und ihre Anwendung im Dynatron und im Prellgitterverstärker.

Das Verhältnis $\frac{\text{Sekundärelektronenstrom}}{\text{Primärelektronenstrom}}$ steigt mit der Spannung und erreicht bei den meisten Metallen etwa bei 100 V 100%. Bei weiterer Spannungssteigerung kann es bei Elektroden mit monomolekularen Caesiumschichten bis zum 10fachen ansteigen. Bei sehr hohen Spannungen (einige 1000 V) fällt dieses Verhältnis wieder unter 100% (Abb. 146). Legt man also an das Gitter einer Eingitterröhre fest 200 V und steigert man die Anodenspannung, so erhält man, wie zu erwarten, zunächst einen Anstieg des Anodenstromes. Bei Punkt 1 ist etwa die Sättigung erreicht (Abb. 147). Bei weiterer Steigerung von u_a werden zunehmend Sekundärelektronen an der Anode ausgelöst. Der Anodenstrom sinkt, weil der Sekundärelektronenstrom abzuziehen ist, und der Gitterstrom steigt. Hat $i_{\text{sec}}/i_{\text{prim}}$ 100% erreicht, so ist der Anodenstrom Null geworden und $i_g = I_s$. Der Anodenstrom kann sogar negativ werden (Abb. 147 rechts von Punkt 2 ab). Bei weiterer Steigerung von u_a langt schließlich $u_g - u_a$ nicht mehr, um aus der Raumladung der Sekundärelektronen vor der Anode den vollen Sekundärelektronenstrom abzusaugen, und bei $u_g = u_a$ ist der Sekundärelektronenstrom praktisch ganz unterdrückt, da die Sekundärelektronen nur eine geringe Geschwindigkeit haben und nur gegen ein geringes $u_g - u_a$ anlaufen können. Zwischen Punkt 1 und 3 hat der Anodenstrom eine fallende Charakteristik, die zur Verstärkung und Schwingungs-

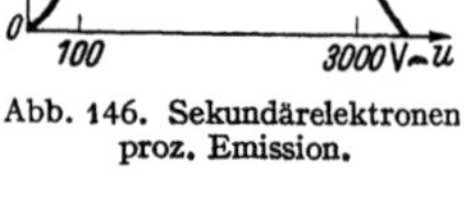

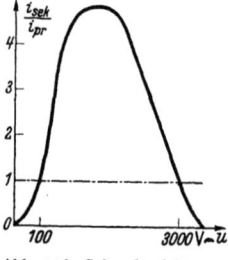

Abb. 146. Sekundärelektronen proz. Emission.

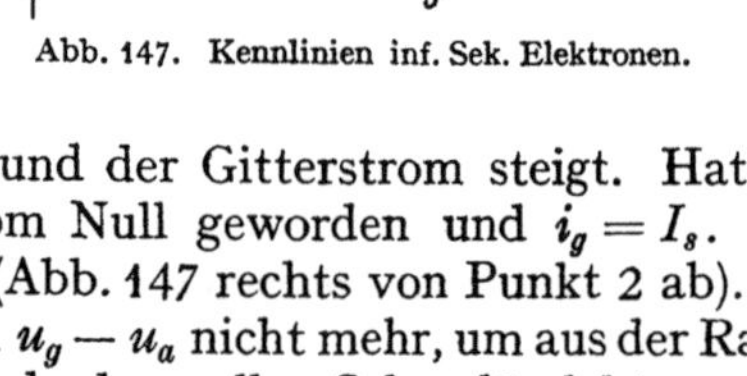

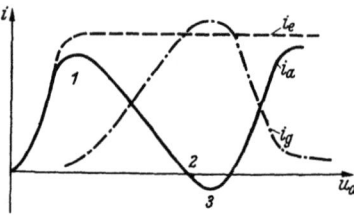

Abb. 147. Kennlinien inf. Sek. Elektronen.

erzeugung benutzt werden kann. Eine im Bereiche 1 bis 3 betriebene Eingitterröhre nennt man ein „Dynatron".

Der Prellgitterverstärker von Zworokyn (Abb. 148). Sekundärelektronen können auch an Gittern ausgelöst werden. Man stelle eine Reihe mit monomolekularen Caesiumschichten bedeckter Gitter *b* hintereinander und lege an jedes folgende Gitter weiter 100 V. Das erste Gitter sei von Elektronen getroffen, die von einer Photokathode ausgelöst werden. Der Elektronenstrom betrage z. B. 10^{-7} A. Wenn nun $I_{\text{sec}}/I_{\text{prim}} = 10$ ist, so wird vom 1. zum 2. Gitter ein Strom von $10 \cdot 10^{-7}$ A, von *n*ten zum $n+1$ten Gitter ein Strom von $10^n\, 10^{-7}$ A fließen. Mit derartigen Prellgitterverstärkern sollen Verstärkungen von $i_{\text{ausg}}/i_{\text{eing}} = 10^6$ erreicht worden sein*.

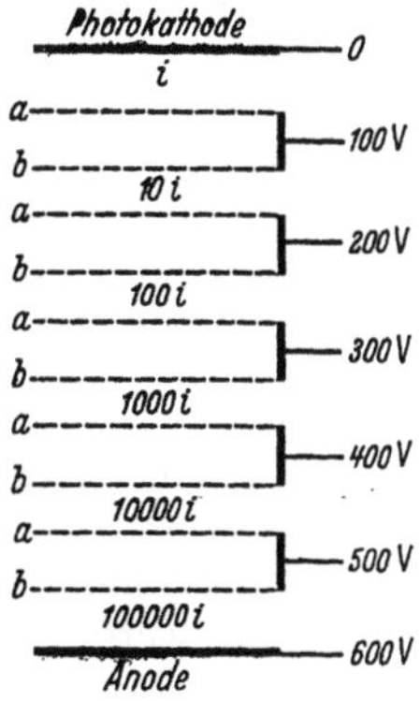

Abb. 148. Prellgitterverstärker.

Andere Formen solcher Sekundärelektronenverstärker siehe Abschnitt über das Fernsehen. Diese Verstärker sind bisher nur für die Verstärkung von Photoströmen brauchbar, da sie den gesamten Strom, nicht nur die Stromschwankungen verstärken.

9. Das Raumladungszerstreuungsgitter.

Unsere Aufgaben über das Verhalten der Röhre im Verstärker zeigten, daß es auf alle Fälle wünschenswert ist, die Steilheit S zu steigern:

$$G_r = \frac{S}{D}; \quad V = \frac{1}{D + \frac{1}{R_a' S}} = \frac{R_a' S}{1 + D R_a' S}\ **.$$

Bei sehr großem R_a' und S ist die größtmögliche Verstärkung $1/D$ erreichbar. Bei der Besprechung der Raumladung sahen wir, daß eine Röhre ohne Raumladung bei $u_{st} = 0$ die Steilheit $I_s \frac{e_1}{kT}$ haben könnte.

Zahlenbeispiel: $I_s = 50$ mA, $T = 1000°$, $\frac{e_1}{k} = \frac{10^5\,\text{grad}}{8{,}55\,\text{V}}$.

$$S = \frac{e_1}{kT} I_s = \frac{50\,\text{mA} \cdot 10^5\,\text{grad}}{8{,}55\,\text{V} \cdot 1000°} = 585\,\frac{\text{mA}}{\text{V}} \approx 0{,}6\,\frac{\text{A}}{\text{V}},$$

während die Raumladung die Steilheit auf 1 bis 2 mA/V herabdrückt. Es entsteht somit die Aufgabe, die Raumladung zu beseitigen. Diese Aufgabe lösten Langmuir und Schottky durch Einbau eines Raumladezerstreuungsgitters, kurz „Raumladegitter" genannt, zwischen Glühdraht und Steuergitter. Den Potentialverlauf sehen wir uns wieder am Gummimembran-Apparat an. Vom Zentralberg (Abb. 149): Kathode rollen die Elektronen zunächst in das Raumladegittertal (*RL.*), laufen infolge ihres Schwunges am Steuergitterberghang (*St.G.*) herauf und kehren nun, je nach der Höhe der Sättel, ins Raumladegittertal zurück oder überschreiten die Sättel und gelangen in das Anodental (*A.*) (Abb. 149).

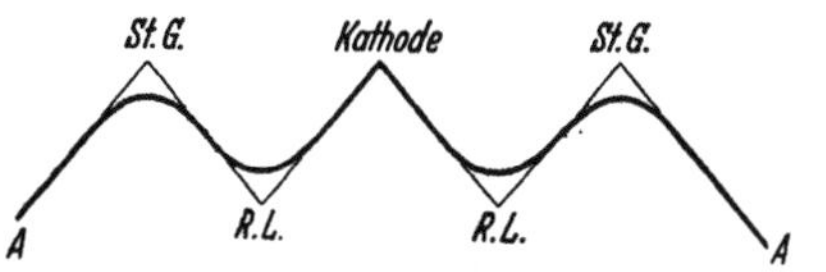

Abb. 149. Potentialverlauf im Raumladegitterrohr.

Wir wollen nun zunächst das Problem idealisieren: Das Raumladegittertal soll keine Löcher haben, sondern eine glatte ringförmige Rinne sein. Ebenso

* Die weitmaschigen Gitter *a* schirmen die Sperrfelder der vorhergehenden Stufen ab.

** R_a' ist der gesamte Widerstand im Anodenkreise, einschließlich der parallel geschalteten Röhre der nächsten Stufe.

soll die Steuergitterbergkette keine Gipfel haben, sondern ein glatter Bergwall sein. Die Elektronen werden dann rein radiale Bahnen haben. Wir wollen ferner annehmen, daß alle Elektronen mit der Geschwindigkeit Null vom Glühdrahte ablaufen. Der Steuergitter-Ringwall sei zunächst höher als der Glühdrahtgipfel. Die Elektronen werden dann alle am Hange in Glühdrahthöhe umkehren. Sie werden an der Umkehrstelle eine sehr dichte, in unserem Idealfalle unendlich dichte Raumladung bilden. Die Integration der Differentialgleichung für die Raumladung zeigt aber am Falle der ebenen Anordnung, daß trotz der hohen Raumladung kein Potentialminimum auftritt, wenn der Abstand Raumladegitter-Steuergitter kleiner ist als der Abstand Glühblech-Raumladegitter. Das Resultat dieser Rechnung können wir durch folgende Überlegung ableiten: Wir denken uns beide Hänge des Raumladegittertales gleich steil (Entfernung Kathode-Raumladegitter = Entfernung Raumladegitter-Steuergitter). Dann ist es gleichgültig, ob wir annehmen, daß die Elektronen von der Kathode oder vom Steuergitter, das z. B. auch heizbar sein könnte, ausgehen. Würde man nun das Steuergitter heranrücken und verlangen, daß dabei kein größerer Strom emittiert werde, so müßte man den Strom durch die Heizung begrenzen. Man würde im Sättigungsgebiete arbeiten. Denn wenn man noch im Raumladungsgebiete arbeiten würde, so würde der Strom beim Heranrücken des Raumladegitters steigen. Es ist dann vor dem Steuergitter wohl noch eine Raumladung, aber kein Potentialminimum mehr vorhanden. Diese Überlegung ist auch auf mehrfach pendelnde Elektronen und auch auf den Fall, daß bei jeder Pendelung ein Teil der Elektronen absorbiert wird, zu übertragen.

Da nun bei richtigem Bau der Röhren ein Potentialminimum vermieden werden kann, so erhalten wir für unseren Spezialfall unendliche Steilheit. So wie der Steuerwall unter Kathodenniveau sinkt, laufen im gleichen Moment alle Elektronen herüber, während sie vorher noch *alle* umkehrten.

Da in Wirklichkeit eine Maxwellsche Geschwindigkeitsverteilung da ist, erhalten wir die endliche, aber sehr hohe Steilheit $S = \frac{e_1}{kT} I_s$. In unserem Zahlenbeispiel: $S = 585$ mA/V.

10. Die Kennlinie der Raumladegitterröhren.

Die Messungen ergeben, daß eine solche hohe Steilheit nicht angenähert erreicht wird. Es liegt das daran, daß das Raumladegitter kein glattes Tal darstellt, sondern ein Tal mit Löchern ist. Wir wollen den Steuergitterwall zunächst noch als glatt annehmen. Diese Löcher im Tal bewirken, daß nur noch die Elektronen radial laufen, die gerade genau in der Mitte zwischen zwei Löchern hindurchlaufen, die anderen Elektronen aber mehr oder weniger aus der radialen Bahn um einen Winkel ϑ abgelenkt werden. Below berechnete, daß die Ablenkung proportional mit der Abweichung x von der Mitte bis zu einem Maximalwinkel zunimmt (Abb. 150). Der Radialbewegung der schrägen Elektronen fehlt dann die Energie $\frac{m v^2 \sin^2\vartheta}{2}$; sie können nur dann den Steuerwall überschreiten, wenn

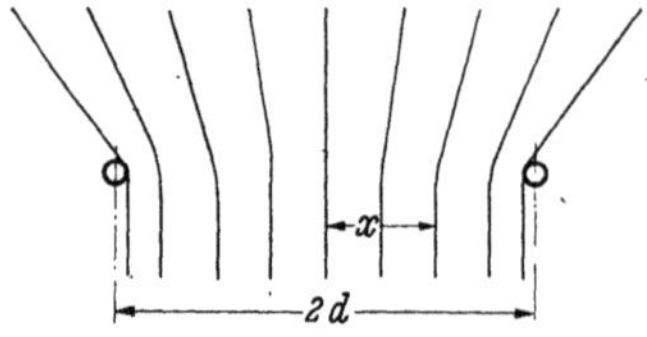

Abb. 150. Elektronenbahnen im Raumladerohr.

$$u_{st} = \frac{m v^2}{2 e_1} \sin^2\vartheta = u_r \sin^2\vartheta,$$

da $\vartheta \backsim x$, $\vartheta = \alpha x$, so kommen nur die Elektronen, die zwischen $+x$ und $-x$ das Raumladetal durchfliegen, zur Anode. Wenn alle das Gitter durchfliegenden

Elektronen einen Strom I_m transportieren, so tragen diese Elektronen den Strom

$$I_a = I_m \frac{x}{d}.$$

Da $x = \vartheta/\alpha$ und $\sin^2\vartheta \approx \vartheta^2 = u_{st}/u_r$, erhalten wir

$$I_a = \frac{I_m}{\alpha}\sqrt{\frac{u_{st}}{u_r}}.$$

Wird $u_{st} = \alpha^2 u_r = u_1$, so ist I_m erreicht. Wir erhalten

$$\frac{I_a}{I_m} = \sqrt{\frac{u_{st}}{u_1}} \quad \text{und} \quad u_1 = \alpha^2 u_r,$$

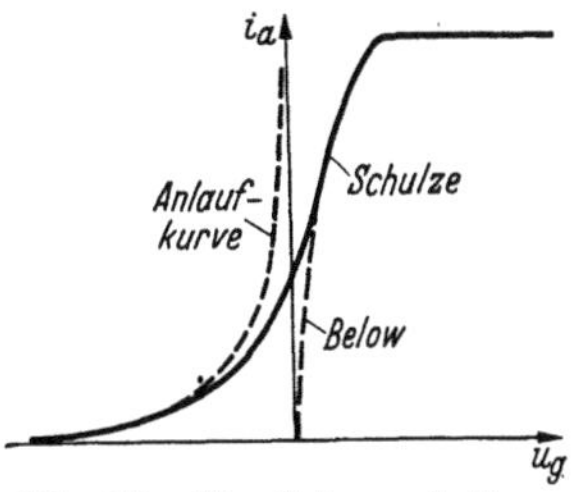

Abb. 151. Kennlinien nach BELOW und SCHULZE.

wobei α aus den Dimensionen des Rohres berechenbar ist. Die Rechnung wurde später von SCHULZE durch die Berücksichtigung der Maxwell-Verteilung verbessert (Abb. 151) und durch Versuche bestätigt. Obwohl rein formal die Kennlinie im mittleren Teil durch eine $u^{3/2}$-Kurve angenähert werden kann, hat der Vorgang mit Raumladung nichts mehr zu tun.

11. Mehrfachsteuerungen. Die Oktode.

Die BELOWsche Formel zeigt, daß I_a und die Steilheit S mit I_m proportional sind, I_m ist aber wieder dem Emissionsstrom I_e proportional und dieser berechnet sich nach der LANGMUIRschen Formel zu $I_e = c u_r^{3/2}$: Also

$$I_a = \frac{I_m}{\alpha}\sqrt{\frac{u_{st}}{u_r}} = \frac{c\,u_r}{\alpha}\sqrt{u_{st}}; \qquad S = \frac{1}{2}\,\frac{c\,u_r}{\alpha}\,\frac{1}{\sqrt{u_{st}}}.$$

Strom und Steilheit sind mit u_r proportional.

Baut man zwischen Glühdraht und Raumladegitter noch ein zweites Steuergitter ein, so kann man I_m und damit die Steilheit der Rohre $S_1 = \alpha I_m$ im Takte einer zweiten Schwingung $U_{g2}\cos\omega_2 t$ steuern. Wir erhalten dann

$$S_1 = \alpha I_m = \alpha(I_{m1} + S_2 U_{g2}\cos\omega_2 t).$$

Der Anodenstrom berechnet sich dann zu

$$i_a = I_a + S_1 U_{g1}\cos\omega_1 t.$$

Setzen wir den Ausdruck für die Steilheit S_1 ein, erhalten wir schließlich

$$i_a = I_a + \alpha(I_{m1} + S_2 U_{g2}\cos\omega_2 t)\,U_{g1}\cos\omega_1 t.$$

Dieser Ausdruck enthält ein Glied $\alpha S_2 U_{g1} U_{g2}\cos\omega_2 t\cos\omega_1 t$. Dieses läßt sich zu $\frac{\alpha S_2 U_{g1} U_{g2}}{2}(\cos(\omega_1+\omega_2)t + \cos(\omega_1-\omega_2)t)$ umformen. Es entsteht die Schwebungsfrequenz auch dann, wenn die Amplituden so klein sind, daß die Krümmung der Kennlinien noch nicht benutzt wird. Die Zwischenfrequenz entsteht also ohne eigentliche Gleichrichtung.

Die Steilheit der Röhren mit Raumladegitter ist wegen des nicht radialen Fluges bei weitem nicht so hoch, als man ursprünglich erwartete. Nachdem man gelernt hatte, Röhren mit indirekt geheizten Kathoden und sehr engem Steuergitter zu bauen, brachten sie keinen Vorteil mehr. Erst die Möglichkeit, mit den Raumladeröhren eine multiplikative Mehrfachsteuerung zu erreichen, ließ sie in der Gestalt der Mischhexoden wieder entstehen.

Die Oktode. Als Beispiel für eine moderne Vielgitterröhre sei die Oktode besprochen. Sie vereinigt in einer Röhre eine Triode mit der Kathode K, dem Steuergitter G_1 und der Anode A_1 zur Erzeugung der Hilfsschwingung für die Überlagerung und einer Hexode, deren Kathode gewissermaßen die

Triode ist (1), mit einem Raumladungsgitter R (2), das zugleich die Wechselspannung der 1. Anode A_1 vom Hauptsteuergitter G_2 (3) abschirmt, einem Schutznetz S (4), einem Bremsgitter (Pentodengitter) B (5) und der Anode A (6).

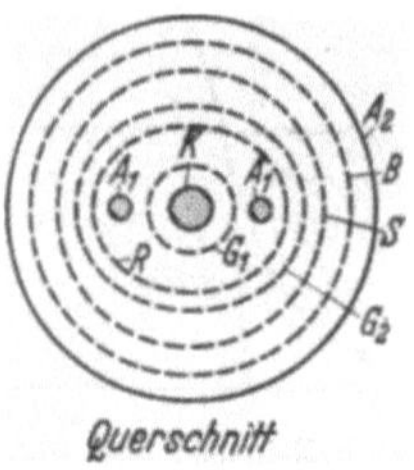

Abb. 152a. Oktode.

Abb. 152a zeigt den Querschnitt. Die Anode A_1 soll nur einen kleinen Teil des Stromes aufnehmen. Sie besteht nur aus 2 Stäbchen.

Abb. 152b zeigt die Schaltung der Röhre. Die Batteriespannungen sind mit $+$, 0, $-$ bezeichnet. Die Frequenzen f_1 = Empfangsfrequenz, f_2 = Hilfsfrequenz, $f_3 = f_1 - f_2$ = Zwischenfrequenz sind in die Kreise eingeschrieben.

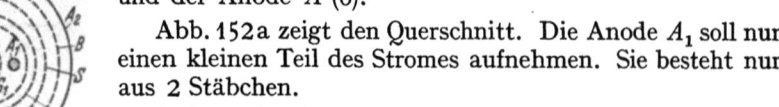

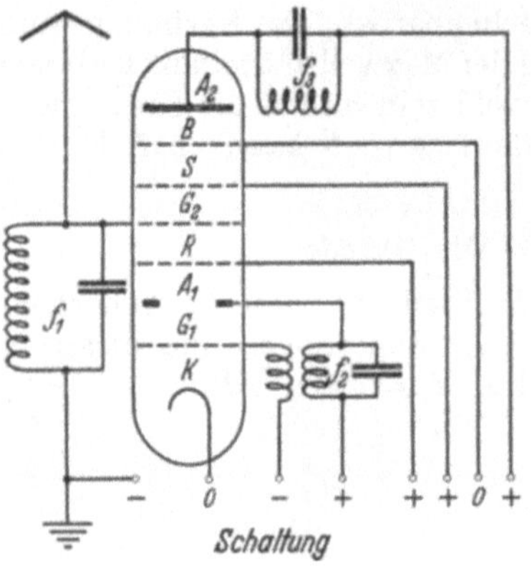

Abb. 152b. Oktode.

Zusammenfassung: Die Bauteile der Röhre.

1. Die Kathode. Die Elektronenemission steigt nach $i_s = C T^2 e^{-\frac{e_1 \Phi_0}{kT}}$ sehr stark mit T an. Sie ist zu steigern, wenn man Φ_0 durch Bedeckung der Kathode mit monomolekularen Th-, Ba-, Sr-, ... Schichten herabsetzt.

2. Die Anode.

3. Das Steuergitter liege möglichst nahe der Kathode. Doppelrolle des Durchgriffes. Das Steuergitter soll stromlos arbeiten, damit $R_g = \partial u_g / \partial i_g$ möglichst groß wird $(\mathfrak{U}_g = \sqrt{2 R_g \mathfrak{N}})$. Daher negative Gittervorspannung nötig.

4. Das Schutznetz oder Schirmgitter dient zum Abschirmen der Anodenrückwirkung auf die Elektronenstromsteuerung und zur Unterbrechung der kapazitiven Rückkopplung über C_{ga}, zur Herabsetzung der Scheinkapazität der Röhre und zur Herstellung der Verschiebungsspannung $D_{gs} U_s$.

5. Das Bremsgitter soll die Sekundärelektronen, die von der Anode zum Schirmgitter zurückfliegen und den Anodenstrom verringern, abbremsen und auf die Anode zurückwerfen.

6. Das Raumladungsgitter soll die Raumladung zerstreuen und die Steilheit heraufsetzen.

7. Das 1. Steuergitter zwischen Raumladegitter und Kathode soll zusammen mit dem 2. Gitter durch multiplikative Mischung ohne besondere Gleichrichtung die Zwischenfrequenz herstellen.

II. Der Kraftverstärker (Große Amplituden, ohne Gitterströme).

Für den Vorverstärker war die Eingangsgitterwechselspannung $\mathfrak{U}_g$ oder bei Transformatorenverstärkern die Eingangsleistung $\mathfrak{N}_1$ als gegeben anzusehen. Es sollte von der einzelnen Verstärkerstufe eine möglichst große Spannung an das Gitter der nächsten Röhre bzw. eine möglichst hohe Leistung geliefert werden.

$$\frac{\mathfrak{U}_{g2}}{\mathfrak{U}_{g1}} = \frac{1}{D + \frac{1}{R_a' S}} \quad \text{bzw.} \quad \frac{\mathfrak{N}_2}{\mathfrak{N}_1} = \eta_1 \eta_2 R_g \frac{S}{4D}$$

(η_1, η_2 sind die Wirkungsgrade des Eingangs- bzw. Ausgangstransformators) sollten Maxima werden. Hierin bedeutet R_a' wieder den gesamten Widerstand im Anodenkreis einschließlich der parallelgeschalteten folgenden Röhre. $\mathfrak{N}_1$ und

$\mathfrak{N}_2$ sind die vom Eingangstransformator aufgenommene und die vom Ausgangstransformator abgegebene Leistung. Die an den Gitterkreis abgegebene Leistung ist dann $\mathfrak{N}_1' = \eta_1 \mathfrak{N}_1$ (η_1 = Wirkungsgrad des Eingangstransformators). Wenn R_g der Widerstand des Gitterkreises ist, so berechnet sich die Gitterspannungsamplitude aus:

$$\mathfrak{N}_1' = \frac{U_g^2}{2 R_g}.$$

Die von der Röhre abgegebene Leistung hatten wir bei Anpassung des Verbrauchswiderstandes durch einen Ausgangstransformator zu

$$\mathfrak{N}_2' = \frac{U_g^2}{8} \frac{S}{D}$$

ermittelt. Die vom Ausgangstransformator weitergegebene Leistung $\mathfrak{N}_2$ ist dann schließlich $\mathfrak{N}_2' \eta_2$ (η_2 = Ausgangstransformatorwirkungsgrad). Durch Zusammensetzen dieser 4 Beziehungen erhält man die Formel für $\mathfrak{N}_2/\mathfrak{N}_1$.

Zur Erfüllung dieser Bedingungen war nötig

1. $-U_{g0} + \mathfrak{U}_g = -2\,V$ (um $R_g > 1\,M\Theta$ zu erreichen, vgl. S. 77 u. 95) und
2. $R_i = R_a$ Anpassung des Verbraucherkreises an die Röhre.

Dem Kraftverstärker kann man vom Vorverstärker her Eingangsgitterspannungen $\mathfrak{U}_g$ jeder gewünschten Größe zuführen. Es muß nur, um die Leistung des Vorverstärkers gering zu halten, die Bedingung, daß der Eingangswiderstand hoch sein soll ($R_g > 10^6\,\Theta$), aufrechterhalten bleiben. Damit wird $-U_g + \mathfrak{U}_g = -2\,V$ bzw. ≈ 0 auch für den Kraftverstärker vorzuschreiben sein. Festzulegen ist ferner eine Begrenzung der Leistung: Für Kathoden mit Sättigungsstrom wird man den maximalen Heizstrom, den man dem Glühdraht zumuten kann, und damit den Sättigungsstrom festlegen. Bei modernen Röhren mit sehr hoher Sättigung wird man die maximale Leistung, welche die Anodenbleche abstrahlen können und damit die Anodenverlustleistung festlegen. Für tragbare Geräte kann auch die Betriebsspannung, die Spannung der Anodenbatterie, die Leistung begrenzen.

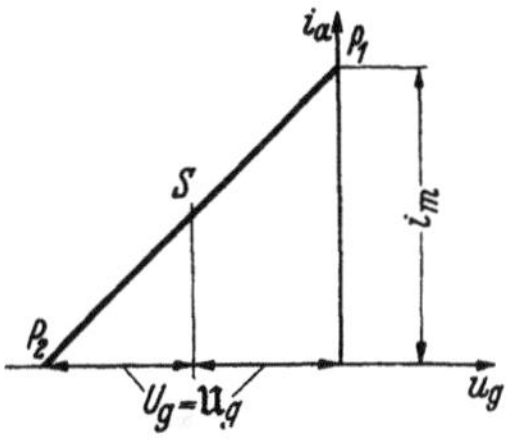

Abb. 153. Diagramm zum Kraftverstärker.

a) Verzerrungen bleiben zunächst unberücksichtigt.

Wir wollen zunächst auf die Verzerrungen durch die Krümmung der Kennlinie keine Rücksicht nehmen. Die Kennlinie sei durch eine Gerade dargestellt (s. Abb. 153). Der Verbrauchswiderstand sei z. B. ein Lautsprecher, der über einem Ausgangstransformator angeschlossen ist. Der ohmsche Widerstand dieses Transformators sei so gering, daß man annehmen kann, die Anodengleichspannung liege voll an der Anode und der Verbraucher errege nur eine Anodenwechselspannung. Der Wechselstromwirkwiderstand habe die Größe R_a.

1. Die Grenzen der Aussteuerung, die Anpassung des Verbrauchers.

Es seien die Röhrenkonstante c in der Gleichung für die gradlinige Kennlinie $i_a = c \cdot u_{st}$ und der Durchgriff D gegeben. Zu ermitteln ist das günstigste R_a. Unter „günstig" ist hier zu verstehen: R_a soll so eingerichtet werden, daß die Röhre ganz ausgesteuert wird, d. h.: Daß i_a von dem Maximalstrom i_m (Pkt. P_1) (evtl. Sättigungsstrom) bis 0 (Pkt. P_2) schwankt.

Wenn wir i_m/c mit u_s abkürzen, so gilt für den Punkt P_1 der Abb. 153

$$(1 + D)\, u_s = -U_g + \mathfrak{U}_g + D(U_a - \mathfrak{U}_a).$$

Ferner soll im Punkt P_1: $U_g = 0$ (evtl. $= -2V$) sein. Es folgt also für den Punkt P_1, in dem die Gitterwechselspannung positiv und die Anodenwechselspannung negativ ist:

$$-U_g + \mathfrak{U}_g = 0, \quad \text{so daß} \quad u_s = \frac{D(U_a - \mathfrak{U}_a)}{1 + D} \tag{1}$$

übrigbleibt.

Für den Punkt P_2 soll $u_{st} = 0$ sein:

$$u_{st2} = -U_g - \mathfrak{U}_g + D(U_a + \mathfrak{U}_a) = 0 \text{ und mit } \mathfrak{U}_g = U_g\text{: } -2U_g + D(U_a + \mathfrak{U}_a) = 0. \tag{2}$$

Aus Gleichung (1) und (2) sind U_g und $\mathfrak{U}_a$ zu berechnen. Es folgt aus

$$1.\quad \mathfrak{U}_a = U_a - u_s \frac{1 + D}{D}; \qquad 2.\quad U_g = D U_a - \frac{u_s}{2}(1 + D)$$

und

$$R_a = \frac{\mathfrak{U}_a}{\mathfrak{J}_a} \quad \text{mit} \quad \mathfrak{J}_a = \frac{i_m}{2}; \qquad R_a = \frac{2}{i_m}\left(U_a - u_s \frac{1 + D}{D}\right).$$

Die Anpassung $R_i = R_a$ spielt jetzt keine Rolle mehr.

Ist die Steilheit der Röhre hoch (c groß, u_s klein) und der Durchgriff nicht zu klein, so kann man $u_s \frac{1 + D}{D}$ neben U_a vernachlässigen. Es wird dann $\frac{\mathfrak{U}_a}{U_a} = 1$, die sog. Spannungsausnutzung $\mathfrak{u} = 1$. Die Wechselstromamplitude wird gleich dem mittleren Gleichstrom: $\mathfrak{J} = \bar{i}_a = i_m/2$. Damit wird auch die Stromaussteuerung $\mathfrak{J}/\bar{i}_a = \mathfrak{j} = 1$. Der günstigste Verbrauchswiderstand erhält den Wert $R_a = 2U_a/i_m$ und die Leistung $\mathfrak{N}_\sim = R_a \mathfrak{J}_a^2/2$ mit $\mathfrak{J}_a = i_m/2$ den Wert: $\mathfrak{N}_\sim = i_m U_a/4$.

Der mittlere Gleichstrom ist $\bar{i}_a = i_m/2$ und die aufgenommene Gleichstromleistung $\mathfrak{N}_= = U_a i_m/2$. Der Wirkungsgrad $\eta = \mathfrak{N}_\sim/\mathfrak{N}_= = 50\%$.

Infolge des Gliedes $u_s \frac{1 + D}{D}$ sinkt die Spannungs*ausnutzung* $\mathfrak{u}$, $\mathfrak{U}_a$, R_a, $\mathfrak{N}_\sim$, η

$$\mathfrak{N}_\sim = \frac{\mathfrak{U}_a \mathfrak{J}_a}{2} = \frac{\mathfrak{U}_a i_m}{4} = \left[U_a - u_s \frac{1 + D}{D}\right] \frac{i_m}{4}; \qquad \eta = 50\% \left(1 - \frac{u_s}{U_a} \frac{1 + D}{D}\right).$$

R_a ist ebenfalls im Verhältnis $1 - \frac{u_s}{U_a} \frac{1 + D}{D}$ herabzusetzen.

2. *Günstigster Durchgriff.*

Unsere Formel für die Leistung zeigt, daß man mit $D = \infty$ die größte Leistung erreicht, allerdings wird nach 2. dann auch U_g und $\mathfrak{U}_g = \infty$.

Die Abnahme von Leistung und Wirkungsgrad für $u_s/U_a = 0{,}01$ und $= 0{,}05$ zeigt das Zahlenbeispiel der Tabelle.

Tabelle 2. U_a, i_m und $\mathfrak{N}_= = U_a \cdot i_m$ gegeben.

D	$u_s/U_a = 0{,}01$		$u_s/U_a = 0{,}05$	
	η in Proz.	$\mathfrak{U}_g/U_a$ in Proz.	η in Proz.	$\mathfrak{U}_g/U_a$ in Proz.
∞	50,0	∞	50,0	∞
1,0	49,0	99,0	47,5	95,0
0,5	48,5	49,3	42,5	46,3
0,2	47,0	19,4	35,0	17,0
0,1	44,5	9,45	22,5	7,4
0,06	—	—	5,0	3,5.
0,05	39,5	4,47	i_m wird nicht mehr erreicht. Es ist kein negatives U_g mehr möglich, die Röhre läßt sich nicht mehr mit negativen Gitterspannungen bis i_m aussteuern.	
0,02	24,5	1,99		

Das Zahlenbeispiel zeigt, daß bei einer Verringerung des Durchgriffes bis zu etwa 20% Leistung und Wirkungsgrad nur wenig, die erforderliche, vom Vorverstärker zu liefernde Gitterwechselspannung aber stark sinken. Man wird also mit dem Durchgriff über 20% nicht herauszugehen brauchen.

3. Dimensionierung bei festgelegter Anodenverlustleistung.

Man hat jetzt aus der gegebenen Anodenverlustleistung

$$\mathfrak{N}_V = \mathfrak{N}_= - \mathfrak{N}_\sim = \frac{i_m U_a}{2}\left(1 - \frac{1}{2}\left(1 - \frac{u_s}{U_a}\frac{1+D}{D}\right)\right) \approx \frac{i_m U_a}{2}$$

entweder für die gewünschte Betriebsspannung den maximal zulässigen Anodenstrom i_m, oder für den Maximalstrom (Sättigungsstrom) die maximal zulässige Betriebsspannung zu berechnen.

Die Endpentode. Auch hier sei wieder i_m, U_a und die Kennlinie $i_a = c \cdot u_{st}$ gegeben. Damit der Gitterkreis keine Energie aufnimmt, muß die Bedingung: $-\mathfrak{U}_g + U_g = 0$ eingehalten werden. D sei der Durchgriff des Schutznetzes durch das Steuergitter. Der Durchgriff der Anode durch das Steuergitter sei praktisch $= 0$.

Für Punkt 1 gilt dann $u_s = DU_s$. $u_s =$ Steuerspannung, bei der i_m fließt $u_s = i_m/S$. $U_s =$ Schutznetzspannung.

Für Punkt 2 gilt: $-\mathfrak{U}_g - U_g + DU_s = 0$ oder $2U_g = 2\mathfrak{U}_g = u_s$ oder $U_g = \mathfrak{U}_g = DU_s/2$.

u_a kann bis auf U_s (sonst Anodensekundarelektronen!) heruntergehen. Für kleines U_s ist also: $\mathfrak{U}_a = U_a$. Die Spannungsausnutzung ist $\mathfrak{u} = 1$. Die Wechselstromleistung ist $\mathfrak{N}_\sim = U_a i_m/4$. Die aufgenommene Gleichstromleistung ist $\mathfrak{N}_= = U_a i_m/2$.

$$R_a = \frac{2U_a}{i_m}; \qquad \eta = 50\%.$$

Fraglich ist nur die Wahl von D und U_s. Man kann U_s festsetzen und erhält dann D aus $u_s/U_s = D$.

In Rücksicht auf die Verzerrungen durch die Inselbildung soll D nicht zu groß sein. Man kann also z. B. D zu 25% festsetzen und dann U_s zu

$$U_s = \frac{u_s}{D}$$

berechnen.

Zahlenbeispiel: $S = 2\,\text{mA/V}$; $i_m = 45$ mA, $u_s = 22{,}5$ V.

$$U_s = \frac{u_s}{D} = \frac{22{,}5}{0{,}25} = 90\,\text{V}; \qquad R_a = \frac{2U_a}{i_m} \quad \text{mit} \quad U_a = 2000\,\text{V}.$$

$$R_a = \frac{4000\,\text{V}}{45\,\text{mA}} = 88888\,\Omega.$$

b) Verzerrungen.

1. Klirrfaktor und Modulationsfaktor.

Von einem guten Endverstärker verlangt man eine formgetreue Abbildung der Steuergitterspannung durch den Anodenstrom. Wenn die Gitterspannung sinusförmig schwankt, so soll auch der Anodenstrom rein sinusförmig schwanken. Wenn die Gitterspannung einen Grundton $\mathfrak{U}_{g1}\cos\omega_1 t$ und einen Oberton $\mathfrak{U}_{g2}\cos\omega_2 t$ mit dem Amplitudenverhältnis $\mathfrak{U}_{g2}/\mathfrak{U}_{g1}$ enthält, so soll sich dieses Amplitudenverhältnis auch dauernd im Anodenstrom wiederfinden. Infolge der Krümmung der Kennlinie ist das nicht der Fall. Es treten Verzerrungen auf. Als Maß der Verzerrungen kann man nun zwei verschiedene Größen angeben:

a) Man legt an das Gitter eine rein sinusförmige Wechselspannung, zerlegt dann den Anodenstrom in seine Grundschwingung I_0 und in seine Oberschwingungen und mißt mit einem Hitzdrahtinstrument $\sqrt{\Sigma I_n^2}$, wobei I_n die Amplitude der $n$ten Oberschwingung ist.

$k = \frac{\sqrt{\Sigma I_n^2}}{I_0}$ wählt man als Maß der Verzerrung. Man hat dieses Maß „Klirrfaktor“ genannt.

b) Man mißt die Amplitude der höherfrequenten, überlagerten Schwingung bei 1 und 2 und in der Mitte (Abb. 154). Man bezeichnet die Werte mit I_{21}, I_{22} und I_2. Diese Amplituden sind den Steilheiten bei 1 und 2 proportional. Man nimmt als Maß der Verzerrung $m = \frac{I_{21} - I_{22}}{2 I_2} = \frac{S_2 - S_1}{2S}$. BARKHAUSEN nannte dieses Verzerrungsmaß: Modulationsfaktor, da die höher frequente Schwingung durch die niederfrequente im Takte der letzteren moduliert wird.

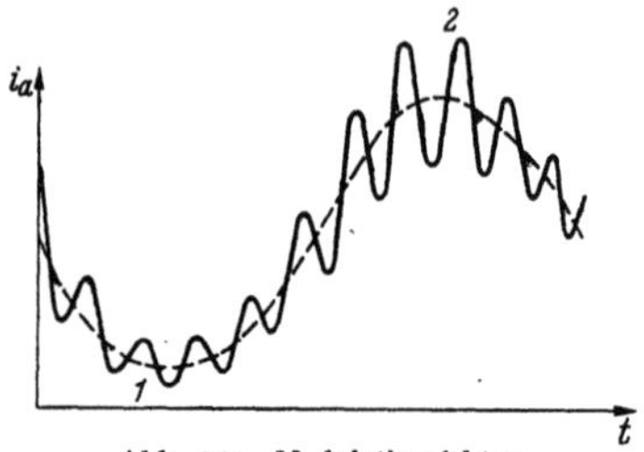

Abb. 154. Modulationsfaktor.

Diese Verzerrungen hängen von der Amplitude der Grundschwingung und von den Belastungswiderständen im Anodenkreise ab. Da in diesem Bande nur die Grundlagen dargestellt werden sollen, so wollen wir annehmen, daß der Belastungswiderstand klein gegen den inneren Widerstand sei und nur den „Kurzschlußklirrfaktor“ und den „Kurzschlußmodulationsfaktor“ behandeln. Letzterer kommt ja auch bei den meist angewandten Endpentoden allein in Frage. Die Kennlinie denken wir uns in eine Potenzreihe entwickelt:

$$i_a = i_{a0} + S u_{st} + K(1 + \alpha u_a) u_{st}^2 + W u_{st}^3 + \cdots.$$

Das Glied $K \alpha u_a u_{st}^2$ stelle die Divergenz der Kennlinien infolge der Inselbildung dar. Es kann auch zur Darstellung einer Röhre mit einem „Variabel-μ-Gitter“ zur Fadingregulierung[1] benutzt werden. Da wir uns auf die Kurzschlußfaktoren, d. h. auf die Abhängigkeit des Anodenstromes allein beschränken wollen, können wir mit $\mathfrak{u}_{st} = \mathfrak{U}_g \cos \omega t$ schreiben:

$$i_a = i_{a0} + S(U_{st} + \mathfrak{u}_{st}) + K(1 + \alpha U_a)(U_{st} + \mathfrak{u}_{st})^2 + \cdots$$

$$i_a = i_{a0} + S U_{st} + K(1 + \alpha U_a) U_{st}^2 + \mathfrak{u}_{st}(S + 2K(1 + \alpha U_a) U_{st}) + \mathfrak{u}_{st}^2 K(1 + \alpha U_a) + \cdots$$
$$= i_{a0}^* + S^* \mathfrak{u}_{st} + K^* \mathfrak{u}_{st}^2,$$

wobei

$$i_{a0}^* = i_{a0} + S U_{st} + K(1 + \alpha U_a) U_{st}^2; \quad S^* = S + 2K(1 + \alpha U_a) U_{st};$$
$$K^* = K(1 + \alpha U_a).$$

Auch wollen wir die Potenzreihe hinter dem 2. Gliede abbrechen, also nur die Steilheit S, die „Krümmung“ $K = \partial^2 i / \partial u^2$, nicht aber mehr die „Windung“ $W = \partial^3 i / \partial u^3$ berücksichtigen. Wir erhalten dann:

$$i_a = i_{a0}^* + S^* \mathfrak{U}_g \cos \omega t + K^* \mathfrak{U}_g^2 \cos^2 \omega t$$
$$= i_{a0}^* + \frac{K^* \mathfrak{U}_g^2}{2} + S^* \mathfrak{U}_g \cos \omega t + \frac{K^* \mathfrak{U}_g^2}{2} \cos 2 \omega t.$$

[1] Unter einem „Variabel-μ-Gitter“ versteht man ein Gitter mit verschiedener Steigung der Gitterwindungen, von ovaler oder sonst unsymmetrischer Form, durch das bezweckt werden soll, daß sich die Röhrenkennlinie über einen großen Gitterspannungsbereich erstreckt, und daß ihre Steilheit mit negativer werdender Gitterspannung abnimmt. Durch Einstellen des Arbeitspunktes kann man verschiedene Steilheiten und damit verschiedene Lautstärken herstellen. Bei der automatischen Fadingregulierung wird hierzu der Spannungsabfall eines Gleichstromes benutzt, der durch Gleichrichten der Trägerwelle erhalten wird.

Der Kurzschlußklirrfaktor ist Amplitude der Oberschwingung $K^* \mathfrak{U}_g^2/2$ durch Amplitude der Grundschwingung $S^* \mathfrak{U}_g$:

$$k_K = \frac{K^* \mathfrak{U}_g^2}{2 S^* \mathfrak{U}_g} = \frac{K^* \mathfrak{U}_g}{2 S^*}.$$

Der Modulationsfaktor. Die obere, mittlere und untere Steilheit S_0, S, S_u berechnet sich zu

$$S_0 = S^* + 2K^* \mathfrak{U}_g\,; \qquad S_u = S^* - 2K^* \mathfrak{U}_g\,; \qquad S = S^*$$

und der Modulationsfaktor zu

$$m_K = \frac{S_0 - S_u}{2S} = \frac{2K^* \mathfrak{U}_g}{S^*} = 4k_K.$$

Zusammenhang zwischen Gleichrichtung und Modulationsfaktor. Der „Gleichrichtereffekt“ $\delta \bar{i}_a = \bar{i}_a - i_{a0}$ berechnet sich zu

$$\delta \bar{i}_a = \frac{K^* \mathfrak{U}_g^2}{2} = \frac{K^* \mathfrak{U}_g}{2S^*} S^* \mathfrak{U}_g = k_K \mathfrak{J}_a.$$

2. *Messung von Klirrfaktor und Modulationsfaktor.*

Man mißt den Klirrfaktor in der Brückenanordnung der Abb. 155. Schaltet man das Wechselstromvoltmeter auf die beiden rechten Kontakte, so zeigt es $R_1 \sqrt{\Sigma I_n^2}$ an, da der in der Brücke liegende, aus Induktivität und Kapazität gebildete Kreis auf die Grundschwingung abgestimmt und die Brücke abgeglichen ist. Dann schaltet man das Voltmeter A auf die linken Kontakte und verändert den Schiebewiderstand so lange, bis es den gleichen Ausschlag zeigt. Das doppelte Verhältnis des eingestellten Abschnittes a des Schiebewiderstandes zum ganzen Widerstand ist dann der Klirrfaktor[1]. Das Voltmeter A, meist wohl ein Röhrenvoltmeter, braucht dabei nicht geeicht zu werden.

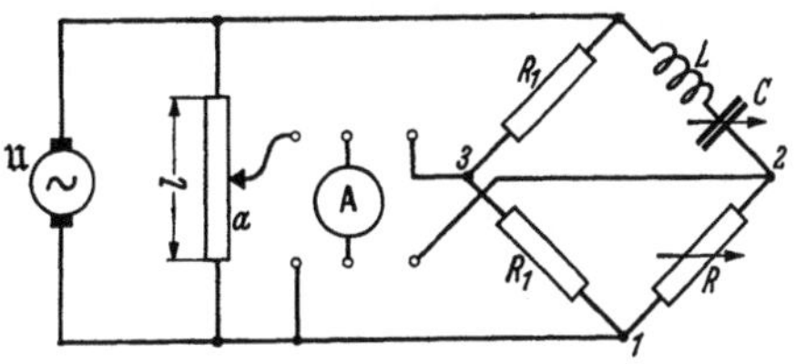

Abb. 155. Messung des Modulationsfaktors.

Zur Messung des Modulationsfaktors genügt eine Steilheitsbestimmung.

---

[1] Bei der Ableitung dieser Beziehung bedenke man:

1. Der Grundschwingung setzt der abgestimmte L-C-Brückenzweig einen ohmschen Widerstand entgegen. R wird auf diesen Widerstand eingestellt, so daß die Brücke abgeglichen ist. (Kennzeichen: Minimaler Voltmeter-Ausschlag).

2. Die Grundschwingung erregt an R_1 einen Spannungsabfall:

$$I_0 R_1 = \frac{\mathfrak{U}}{2}.$$

3. Für die Oberschwingungen bedeutet der L-C-Zweig eine Stromunterbrechung. In R fließt kein Oberwellenstrom. Daher ist auch die Oberwellenspannung zwischen Punkt 1 und Punkt 2: $\mathfrak{U}_{12} = 0$.

4. Oberwellenspannung $\mathfrak{U}_{13} = \mathfrak{U}_{23}$ = Spannung am Röhrenvoltmeter.

5. $\mathfrak{U}_{13} = R_1 \sqrt{\Sigma I_n^2} = \frac{\mathfrak{U}}{2} \frac{\sqrt{\Sigma I_n^2}}{I_0} = \frac{\mathfrak{U}}{2} k.$

6. Durch Einstellen wird erreicht: $\frac{\mathfrak{U}}{2} k = \mathfrak{U} \frac{a}{l}$, somit $k = \frac{2a}{l}$.

3. *Berechnung des Modulations- und Klirrfaktors für die $u^{3/2}$-Kurve.*

Wenn die Kennlinie durch $i_a = c \cdot u_{st}^{3/2}$ gegeben ist, so gilt:

$$S = \frac{d i_a}{d u_{st}} = \frac{3}{2} c\, u_{st}^{1/2}; \quad \frac{S}{i_a} = \frac{\frac{3}{2} c\, u_{st}^{1/2}}{c\, u_{st}^{3/2}} = \frac{3}{2 u_{st}}; \quad \frac{1}{u_{st}} = \frac{2}{3} \frac{S}{i_a}.$$

$$k = \frac{K \mathfrak{U}_{st}}{2S} = \frac{\frac{3}{8} c\, u_{st}^{-1/2} \mathfrak{U}_{st}}{2 \cdot \frac{3}{2} c\, u_{st}^{1/2}} = \frac{\mathfrak{U}_{st}}{8 u_{st}}$$

etzt man den Wert für u_{st} ein:

$$k = \frac{1}{8} \frac{2}{3} \frac{S \mathfrak{U}_{st}}{i_a}.$$

Nun ist aber $S\mathfrak{U}_{st}$ die Wechselstromamplitude $\mathfrak{J}$, also: $k = \frac{1}{12} \frac{\mathfrak{J}}{i_a}$. $\frac{\mathfrak{J}}{i_a} = \mathfrak{j}$ haben wir unter dem Namen „Stromaussteuerung" kennengelernt:

$$k = \frac{\mathfrak{j}}{12}; \qquad m = \frac{\mathfrak{j}}{3}.$$

Da man eine Amplitudenänderung von 20% eben noch hört, soll m den Wert 0,2 nicht überschreiten, und die Stromaussteuerung soll den Wert 0,6 nicht überschreiten.

4. *Anwendung auf die Endpentode.*

Bei einer Eingitterendröhre ist die Rückwirkung der Anodenbelastung nicht zu vernachlässigen. Wir müßten noch die Ermittlung des Modulationsfaktors bei Anodenbelastung durchführen. Bei einer Endpentode mit verschwindendem Anodendurchgriff reichen aber unsere Betrachtungen über den Kurzschlußmodulationsfaktor aus, denn sie gelten ja überall da, wo die Anodenspannungsschwankungen den Anodenstrom nicht beeinflussen. Auch für die Pentode können wir das Resultat: „$\mathfrak{j}$ soll 0,6 nicht überschreiten" anwenden, wenn wir die Gültigkeit des $u^{3/2}$-Gesetzes annehmen.

Die Bedingung: $\mathfrak{U}_g = U_g$ bleibt wieder erhalten (der Gitterkreis soll stromlos sein!). Die Gleichung für Punkt 1 (Abb. 156) lautet jetzt (vgl. S. 105: Die Endpentode):

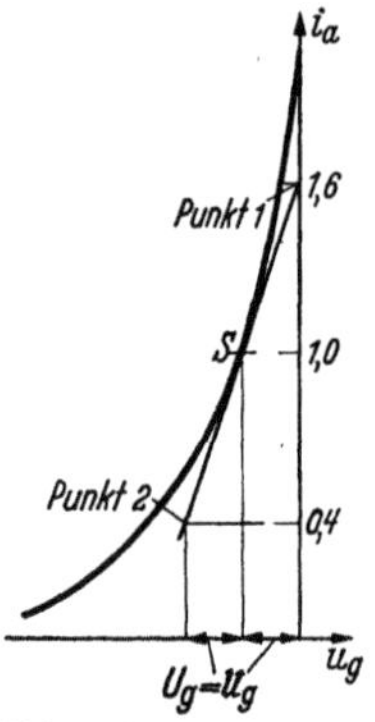

Abb. 156. Aussteuerung der Endpentode.

$$\frac{1{,}6\,\bar{i}}{S} = u_s = D U_s$$

(u_s = Sättigungsspannung, U_s = Schirmgitterspannung, $\bar{i}$ = mittlerer Anodenstrom, in Abb. 156: $\bar{i} = 1{,}0$).

Für Punkt 2 gilt:

$$\frac{0{,}4\, i_m}{S} = D U_s - 2 U_g; \quad \frac{0{,}4}{1{,}6} = \frac{1}{4} = \frac{D U_s - 2 U_g}{D U_s} = 1 - 2 \frac{U_g}{D U_s}.$$

$$\frac{U_g}{D U_s} = \frac{3}{8} \text{ statt } \frac{1}{2} \text{ bei der früheren Aufgabe.}$$

Der Anodenwiderstand wird $R_a = \frac{U_a}{0{,}6\,\bar{i}}$ (U_a = Betriebsspannung). Für die Leistungen und den Wirkungsgrad gilt:

$$\mathfrak{N}_{\sim} = \frac{0{,}6}{2} U_a \bar{i}; \qquad \mathfrak{N}_{=} = U_a \bar{i}; \qquad \eta = 30\% \text{ (statt 50\%)}.$$

c) Der Sendeverstärker (mit Gitterströmen).

1. *Formfaktor und Spannungsaussteuerung.*

Beim Sendeverstärker, der Endröhre von fremdgesteuerten Röhren, kommt es nicht mehr auf Verzerrungen an. Das Problem, eine Hochfrequenzschwingung formgetreu zu übertragen, liegt gar nicht vor. Es kommt lediglich darauf an, durch die Amplitude der Hochfrequenzschwingung die Sprachmodulation formgetreu zu übertragen.

Auch ist es nicht mehr nötig, die lästige Bedingung zu erfüllen, daß die Gitterströme Null sein sollen. Bei Niederfrequenzverstärkern war diese Bedingung aus zwei Gründen einzuhalten, einmal, um die Verzerrungen durch die Gitterströme zu vermeiden, andererseits, um auch in der Endstufe noch einen großen Verstärkungsgrad zu haben und zum Betrieb der Endstufe möglichst wenig Leistung zu brauchen. Beim Sendeverstärker hat man es leichter, dem Gitterkreis der Endröhre, evtl. mit Hilfe der Rückkopplung, größere Leistung und somit größere Gitterströme zuzuführen.

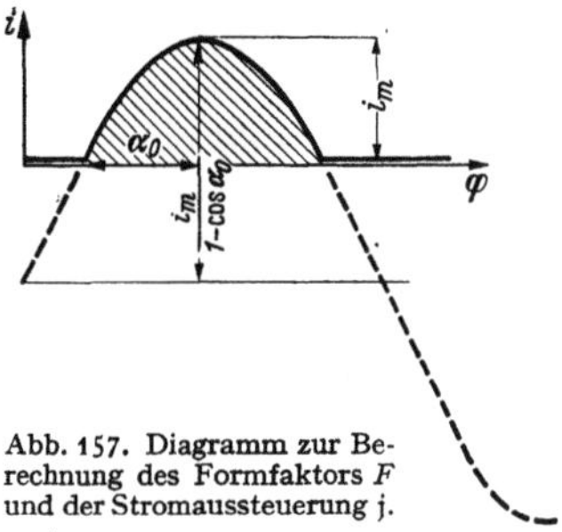

Abb. 157. Diagramm zur Berechnung des Formfaktors F und der Stromaussteuerung $\mathfrak{j}$.

Man braucht daher nicht mehr mit der Gitterspannung dauernd im Negativen zu bleiben, sondern es sind Gitterströme in mäßigen Grenzen zugelassen. Wir werden für diese Grenze ein brauchbares Maß zu suchen haben.

Dafür interessiert uns aber in erster Linie die Frage nach der Leistung, der Belastbarkeit von Anode und Gitter, dem Wirkungsgrad, und schließlich die Frage nach dem Maximalstrom, den die Röhre liefern soll, um den Glühfaden danach zu dimensionieren.

Es wird günstig sein, nur dann Anodenstrom fließen zu lassen, wenn die Anodenspannung auf niedrige Werte herabschwingt, weil dann die Anodenverluste gering sind. Dies ist durch negative Gittervorspannungen zu erreichen. Wir führen deshalb das Verhältnis $v = U_{st}/\mathfrak{U}_{st}$ bzw. den Phasenwinkel α_0, während-

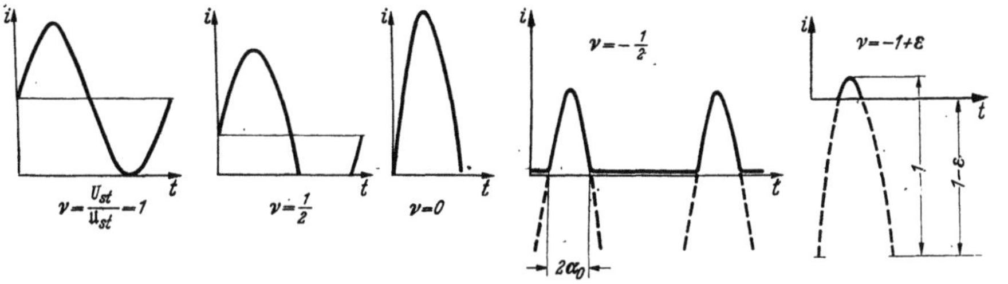

Abb. 158. Diagramm zur Berechnung des Formfaktors F und der Stromaussteuerung $\mathfrak{j}$.

dem der Anodenstrom fließt, als Parameter ein. Die Abb. 157 und 158 zeigen die Veränderungen der $i_a - t$-Kurven mit v und die Bedeutung des Phasenwinkels α_0.

Wir führen ferner drei Begriffe ein:

1. Der Formfaktor $F = \frac{\bar{i}}{i_m}$; $\bar{i}$ = mittlerer Anodenstrom, i_m = Maximalstrom.
2. Die Stromaussteuerung $\mathfrak{j}F = \frac{\mathfrak{J}}{i_m}$; $\mathfrak{j} = \frac{\mathfrak{J}}{\bar{i}}$.
3. Die Spannungsaussteuerung $\mathfrak{u} = \frac{\mathfrak{U}_a}{U_a}$.

Die beiden letzteren Begriffe sind von BARKHAUSEN geprägt und dienen zur Berechnung der Leistung und des Wirkungsgrades:

Hochfrequenzleistung: $\mathfrak{N}_\sim = \mathfrak{j}F \cdot \mathfrak{u} \cdot \frac{U_a i_m}{2}$.

Gleichstromleistung: $\mathfrak{N}_= = \bar{i} \cdot U_a = U_a F i_m$.

$$\eta = \frac{\mathfrak{j}\mathfrak{u}}{2}.$$

Der Formfaktor dient zur Berechnung des Maximalstromes und somit der Kathode.

a) Der Formfaktor. Den zeitlichen Mittelwert $\bar{i}$ des Anodenstromes entnehmen wir Abb. 157. Er gleicht der schraffierten Fläche, dividiert durch die Schwingungsdauer bzw. den Phasenwinkel 2π. Die Abhängigkeit des Formfaktors F von unserem Parameter α_0 zeigt Abb. 159, Kurve F.

b) Die Stromaussteuerung. Wir entnehmen ebenfalls den Abb. 157 oder 158 unter Anwendung der Fourier-Analyse die Amplitude der Grundschwingung $\mathfrak{J}_a$ des Anodenstromes. Die Abhängigkeit der Stromaussteuerung $\mathfrak{j}$ von α_0 zeigt Abb. 159, Kurve $\mathfrak{j}$ und $\mathfrak{j}F$.

c) Die Spannungsaussteuerung. Wir erinnern uns an den Gummimembran-Apparat zur Demonstration der Potentialverteilung in den Röhren. Wenn die Gitterspannung einen bestimmten Bruchteil β der Anodenspannung übersteigt, so bilden sich in der Umgebung der Gitterstäbe Löcher in der Potentialfläche, in die sich dann ein starker Gitterstrom ergießt. Wir müssen also immer

$$u_g \leqq \beta u_a$$

halten. Nun hat aber u_g seinen größten Wert

$$u_g = \mathfrak{U}_g - U_g,$$

wenn u_a seinen kleinsten Wert

$$u_a = U_a - \mathfrak{U}_a$$

einnimmt. Wir erhalten somit die 1. Bedingung:

$$1.\quad \mathfrak{U}_g - U_g \leqq \beta(U_a - \mathfrak{U}_a).$$

Wir wollen den ungünstigsten Fall

$$\mathfrak{U}_g - U_g = \beta(U_a - \mathfrak{U}_a)$$

betrachten.

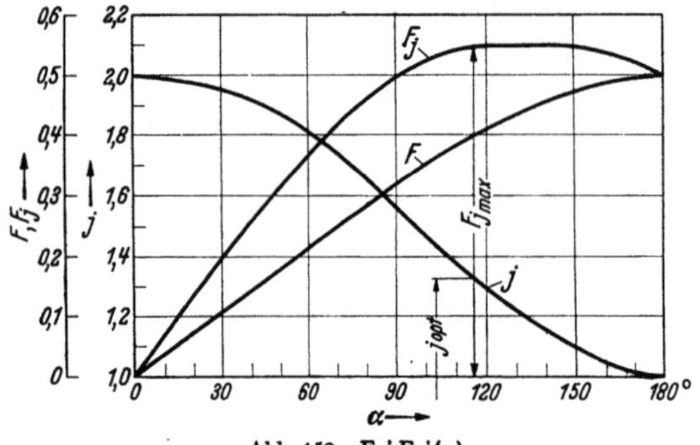

Abb. 159. F $\mathfrak{j}F$ $\mathfrak{j}(\alpha)$.

Andererseits soll die Steuerspannung in diesem Moment so hoch sein, daß der gewünschte Maximalstrom i_m fließt. Wir lesen für diese Steuerspannung aus der Kennlinie den Wert u_s ab und erhalten als 2. Gleichung

$$2.\qquad u_s = \mathfrak{U}_g - U_g + D(U_a - \mathfrak{U}_a).$$

Die Elimination von $\mathfrak{U}_g - U_g$ aus den beiden Gleichungen und die Einführung der Spannungsaussteuerung $\mathfrak{u} = \mathfrak{U}_a/U_a$ ergibt dann

$$\mathfrak{u} = 1 - \frac{u_s}{U_a}\frac{1}{\beta + D} = 1 - \frac{u_{s0}}{U_a}\frac{1 + D}{\beta + D},$$

worin $u_{s0} = \frac{u_s}{1 + D}$ die Steuerspannung der gleichgroßen Röhre für $D = 0$ ist.

Der Wert für $\frac{1}{\beta + D}$ liegt meist in der Nähe von 2.

Zusammenstellung der Formeln:

1. $F = \bar{i}/i_m = F(\alpha_0)$ F-Kurve der Abb. 159
2. $\mathfrak{j} = \frac{\mathfrak{J}}{\bar{i}} = \mathfrak{j}(\alpha_0)$; $F\mathfrak{j} = \mathfrak{J}/i_m = F(\alpha_0)\mathfrak{j}(\alpha_0)$ $F\mathfrak{j}$- und $\mathfrak{j}$-Kurve der Abb. 159
3. $\mathfrak{u} = \mathfrak{u}\left(\frac{u_{s0}}{U_a}\right) = 1 - \frac{u_{s0}}{U_a}\frac{1 + D}{\beta + D}$
4. $i_m = i_m(u_{s0})$ Kennlinie

(1.–4.: Ausgangsformeln.)

5. $\mathfrak{N}_\sim = \frac{\mathfrak{j}\mathfrak{u}FU_a i_m}{2}$. $i_m = \bar{i}/F$ zur Bemessung der Kathode.

6. $\mathfrak{N}_= = F U_a i_m$. $\mathfrak{N}_V = U_a \bar{i}\left(1 - \frac{\mathfrak{j}\mathfrak{u}}{2}\right)$ zur Bemessung der Anodenkühlung.

7. $\eta = \mathfrak{j}\mathfrak{u}/2$.

Anmerkung: Für eine geradlinige Kennlinie kann man F und $\mathfrak{j}$ auch berechnen: Man liest aus den Abb. 157 bzw. 158 ab:

$$F = \frac{1}{\pi}\,\frac{\sin\alpha_0 - \alpha_0\cos\alpha_0}{1 - \cos\alpha_0}\,; \qquad \mathfrak{j} = \frac{\alpha_0 - \frac{1}{2}\sin 2\alpha_0}{\sin\alpha_0 - \alpha_0\cos\alpha_0}\,.$$

$$F\mathfrak{j} = \frac{\alpha_0 - \frac{1}{2}\sin 2\alpha_0}{\pi(1 - \cos\alpha_0)}\,.$$

Für sehr kleine α_0-Werte erhält man: $F = \frac{2\alpha_0}{3\pi}$; $F\mathfrak{j} = \frac{4\alpha_0}{3\pi}$, $\mathfrak{j} = 2$.

Für $\alpha_0 = 180°$ erhält man $F = \frac{1}{2}$, $F\mathfrak{j} = \frac{1}{2}$, $\mathfrak{j} = 1$.

2. *Aufgaben.*

Die Anwendung unseres Formelapparates soll an der Besprechung einiger Einzelfragen erläutert werden.

α) *Betrieb zur Erzielung maximaler Leistung.* Eine Röhre soll bei gegebener Betriebsspannung die maximale Leistung ohne Rücksicht auf den Wirkungsgrad liefern. Mit welcher Gitterspannungsamplitude und mit welcher Gittervorspannung ist sie zu betreiben?

Formel 5 lehrt, daß einmal $F\mathfrak{j}(\alpha_0)$ und andererseits das von α_0 unabhängige $i_m(u_{s0})$ Maxima werden müssen.

1. Aus den Abb. 159 und 160 greifen wir ab:

$$F\mathfrak{j}_{\max} = 0{,}54\,, \quad \mathfrak{j}_{\text{opt}} = 1{,}35\,, \quad \alpha_{\text{opt}} = 115°.$$

Aus der Beziehung $u_{st} = 0 = U_{st} + \mathfrak{U}_{st}\cos\alpha_0$ berechnen wir

$$\nu = \frac{U_{st}}{\mathfrak{U}_{st}} = -\cos 115° = 0{,}44.$$

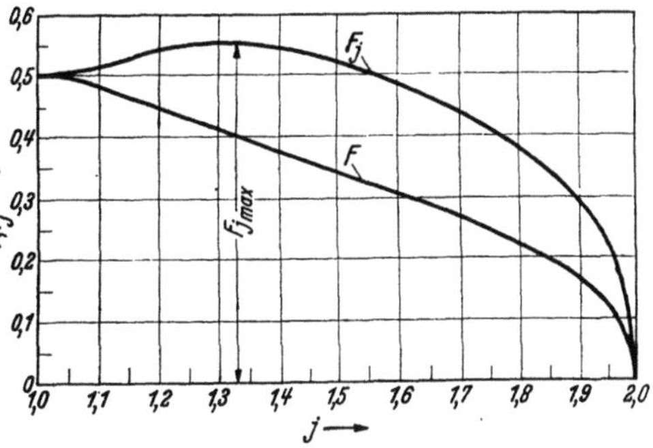

Abb. 160. F und $\mathfrak{j}F$ als Funktion von $\mathfrak{j}$.

Die für die lineare Kennlinie $i_a = c u_{st}$ berechneten F, $\mathfrak{j}$, α_0 und ν-Werte sollen auch in dem Beispiel für die $u^{3/2}$-Kurve ($i_a = c_1 u_{st}^{3/2}$) als angenähert richtig benutzt werden.

2. $\mathfrak{u}\left(\frac{u_{s0}}{U_a}\right)\cdot i_m(u_{s0})$ soll ebenfalls ein Maximum werden oder

$$\frac{\partial}{\partial u_{s0}}(\mathfrak{u}\cdot i_m) = 0\,; \qquad \frac{\partial}{\partial u_{s0}}\left[\left(1 - \frac{u_{s0}}{U_a}\,\frac{1+D}{\beta+D}\right)c\cdot u_{s0}\right] = 0 \text{ für die lineare Kennlinie;}$$

$$\frac{\partial}{\partial u_{s0}}\left[\left(1 - \frac{u_{s0}}{U_a}\,\frac{1+D}{\beta+D}\right)\cdot c_1 u_{s0}^{3/2}\right] = 0 \text{ für die } u^{3/2}\text{-Kurve.}$$

Wir erhalten für $u_{s0\,\text{opt}}$, wenn wir z. B. $\frac{1+D}{D+\beta} = 2$ setzen:

$$u_{s0\,\text{opt}} = \frac{1}{2}\,U_a\,\frac{\beta+D}{1+D} = \frac{U_a}{4} \text{ für die lineare Kennlinie,}$$

$$u_{s0\,\text{opt}} = \frac{3}{5}\,U_a\,\frac{\beta+D}{1+D} = 0{,}3\,U_a \text{ für die } u^{3/2}\text{-Kurve.}$$

Für die maximalen Leistungen erhält man dann mit $\mathfrak{u} = 0{,}5$ bzw. 0,4 für die Kennlinie $i_a = c \cdot u_{st}$:

$$\mathfrak{N}_{\sim\max} = \frac{F\mathfrak{j}\mathfrak{u}}{2} U_a c u_{s0} = F\mathfrak{j} \cdot \frac{\mathfrak{u}}{2} \frac{c}{4} U_a^2 = 0{,}54 \cdot \frac{0{,}5}{2} \frac{c}{4} U_a^2 = 0{,}034\, c U_a^2,$$

$$\eta = \frac{\mathfrak{j}\mathfrak{u}}{2} = \frac{1{,}35 \cdot 0{,}5}{2} = 34\%,$$

für die Kennlinie $i_a = c_1 u_{st}^{3/2}$:

$$\mathfrak{N}_{\sim\max} = \frac{F\mathfrak{j}\mathfrak{u}}{2} U_a c_1 u_{s0}^{3/2} = \frac{F\mathfrak{j}\mathfrak{u}}{2} 0{,}3^{3/2} \cdot c_1 U_a^{5/2} = \frac{0{,}54 \cdot 0{,}4 \cdot 0{,}164}{2} c_1 U_a^{5/2}$$

$$= 0{,}0177 \cdot c_1 U_a^{5/2},$$

$$\eta = \frac{\mathfrak{j}\mathfrak{u}}{2} = \frac{1{,}35 \cdot 0{,}4}{2} = 27\%.$$

Für die Kennlinie $i_a = c u_{st}$ seien noch die Gitterwechselspannung $\mathfrak{U}_g$ und die *negative* Vorspannung U_g berechnet.

Aus Gl. 2, S. 110 erhält man durch Einsetzen von $u_{s0} = \frac{U_a}{4}$ und $\mathfrak{U}_a = \frac{U_a}{2}$

a) $$\mathfrak{U}_g - U_g = U_a\left(\frac{1}{4} - \frac{1}{4} D\right).$$

Da $\nu_{\text{opt}} = 0{,}44$: $0{,}44\, \mathfrak{U}_{st} = u_{st}$; $0{,}44(\mathfrak{U}_g + D\mathfrak{U}_a) = -U_g + DU_a$ und mit $\mathfrak{U}_a = \frac{U_a}{2}$.

b) $$0{,}44\, \mathfrak{U}_g + U_g = DU_a\, 0{,}78.$$

Aus Gleichung a) und b) berechnet sich:

$$\mathfrak{U}_g = U_a(0{,}174 + D\, 0{,}37); \quad U_g = U_a(-0{,}076 + D\, 0{,}62).$$

Für $D = 0$ wird also positive Gitterspannung gebraucht. Für $D = 12\%$ ist die Gitterspannung Null.

Die maximale Leistung steigt sehr stark mit der Betriebsspannung an. Umgekehrt geben die Formeln die Minimalbetriebsspannung für eine gewünschte Leistung an. Die Wirkungsgrade bei maximaler Leistung sind schlecht.

β) Betrieb zur Erzielung maximalen Wirkungsgrades. Wann wird η ein Maximum? $\eta = \frac{\mathfrak{j}\mathfrak{u}}{2}$ kann 100% erreichen, wenn $\mathfrak{u} = 1$ und $\mathfrak{j} = 2$. $\mathfrak{j} = 2$ erfordert sehr hohe Gitterspannungsamplituden und Gittervorspannungen. Die Röhre liefert dann nur in den Momenten kurze Stromimpulse, in denen die Spannung am Schwingungskreise die Betriebsspannung gerade voll aufnimmt und u_a auf Null heruntergegangen ist. Anodenverluste treten dann nicht auf. Die Leistung $\mathfrak{N}$ wird trotz hoher $i_{\max}$ sehr gering.

$\mathfrak{u}$ muß $= 1$ sein. Das ist erfüllt, wenn $u_{s0}/U_a \approx 0$, also bei hoher Betriebsspannung und geringem Strome. Der Anodenwiderstand $R_a = L/CR = \mathfrak{U}_a/\mathfrak{J}_a$ muß dann auch sehr hoch sein.

γ) Betrieb zur Erzielung maximaler Leistung bei vorgeschriebenem Wirkungsgrad. u_{s0} und c_1 sind gegeben. Der Wirkungsgrad η ist vorgeschrieben. Welche maximale Leistung ist unter diesen Umständen zu erreichen? Der Leser löse diese Aufgabe selbst. Es soll nur eine kurze Anleitung gegeben werden.

Wenn η gegeben ist, so ist $\mathfrak{j} = 2\eta/\mathfrak{u}$ [siehe Formel (7)] und $u_{s0} = (1-\mathfrak{u})\, U_a\left(\frac{\beta + D}{1 + D}\right)$ [Formel (3)]. Wir erhalten dann für $i_m = c_1 u_{s0}^{3/2}$

$$\mathfrak{N}_\sim = \eta\, \bar{i}\, U_a = \eta\, i_m F\left(\frac{2\eta}{\mathfrak{u}}\right) U_a \quad \text{mit} \quad i_m = c_1 u_s^{3/2}.$$

Der Zusammenhang zwischen F und $\mathfrak{j} = 2\eta/\mathfrak{u}$ ist aus Abb. 160 zu entnehmen und der Wert für u_{s0} eingesetzt:

$$\mathfrak{N}_{\sim} = c_1 \eta F\left(\frac{2\eta}{\mathfrak{u}}\right)(1-\mathfrak{u})^{3/2} U_a^{5/2}\left(\frac{\beta + D}{1+D}\right)^{3/2}.$$

Es muß also $y = F\left(\frac{2\eta}{\mathfrak{u}}\right)(1-\mathfrak{u})^{3/2}$ ein Maximum werden. Man zeichne sich die $y(\mathfrak{u})$-Kurven für die verschiedenen η auf und entnehme den Kurven die Maxima.

Auch bei dieser Aufgabe steigt die Leistung wieder mit $U_a^{5/2}$, also sehr stark mit der Betriebsspannung an.

Diese drei Aufgaben mögen die Anwendung unseres Formelapparates erläutern.

Die Theorie kann nun weiter verfeinert werden, indem man der Berechnung der Kurve für $F(\nu)$, $\mathfrak{j}(\nu)$, $\frac{\mathfrak{j}}{F}(\nu)$, $F(\mathfrak{j})$ nicht die angenäherte geradlinige Kennlinie, sondern die $u^{3/2}$-Kurve oder eine den Messungen entnommene noch bessere Annäherung der Kennlinie zugrunde legt. Die Theorie kann ausgebaut werden, indem man untersucht, was geschieht, wenn man höhere Gitterströme zuläßt. Die Gitterströme verringern dann den Anodenstrom, wie wir im nächsten Abschnitt bei den Schwinglinienkonstruktionen sehen werden. Zu behandeln sind ferner die Leistungen, die infolge der Gitterströme im Gitterkreise verbraucht werden. Zu besprechen ist die Wirkung des Heizstrommagnetfeldes und die Beseitigung dieser Störung bei den modernen Niobröhrenkathoden[1].

Die Darstellung aller dieser Fragen überschreitet das Ziel dieses einleitenden Bandes, der ja nur einen Überblick über die Verhältnisse im Röhrengenerator geben, die Fragen aufwerfen und die Grundbegriffe: Strom- und Spannungsausnutzung, Formfaktor, Wirkungsgrad usw. und ihre Handhabung erläutern soll.

D. Der rückgekoppelte Generator.

Da uns in diesem Abschnitte die Tätigkeit der Röhre und nicht die Wirkungsweise der einzelnen Schaltungen interessiert, beschränken wir uns auf den Meissner-Generator mit induktiver Rückkopplung. Wir wollen die Vereinfachung beibehalten, daß die im Gitterkreis zum Treiben der Gitterströme verbrauchte Leistung klein sei gegen die in den Schwingungskreis gelieferte Leistung. Der Dämpfungswiderstand R enthalte den Rückwirkungswiderstand der angekoppelten abgestimmten Antenne mit.

1. Die Amplituden- und Phasenbilanz.

Um die Wirkungsweise eines rückgekoppelten Generators zu beschreiben, betrachten wir einen Kreisprozeß, den wir an beliebiger Stelle, z. B. beim Anodenwechselstrom, mit der Amplitude $\mathfrak{J}_a$ beginnen können. Dieser Anodenwechselstrom erregt den Strom im Schwingungskreise und eine Anodenwechselspannung $\mathfrak{U}_a = -\mathfrak{R}_a \mathfrak{J}_a = -\mathfrak{J}_a \frac{L}{CR}$ *. Der Strom im Schwingungskreise erregt ferner in der Rückkopplungsspule die Gitterspannung $\mathfrak{U}_g = -\mathfrak{U}_a \frac{L_{1g}}{L} = -\mathfrak{U}_a \mathfrak{K}$. Die Steuerspannung setzt sich aus $\mathfrak{U}_g$ und $\mathfrak{U}_a$ zusammen:

$$\mathfrak{U}_{st} = \mathfrak{U}_g + D\,\mathfrak{U}_a = \mathfrak{J}_a \mathfrak{R}_a (\mathfrak{K} - D) = \mathfrak{J}_a \mathfrak{R}_k.$$

[1] Die Kathode besteht aus einem Niobrohr, als Stromzuführung zum oberen Ende des Rohres dient ein im Rohr verlaufender Wo-Draht, der zugleich als Innenheizung dient. Die Magnetfelder des Stromes im Rohr und im Wo-Draht heben sich außerhalb des Rohres auf.

* Bedeutung der Buchstaben siehe Buchstabenverzeichnis.

Dabei ist $\mathfrak{K}$ der BARKHAUSENsche Rückkopplungsfaktor (Dimension einer Zahl) und $\mathfrak{R}_k$ die Rückkopplung mit der Dimension eines Widerstandes. $\mathfrak{R}_k$ ist aus den linearen Gleichungen der Wechselstromtechnik leicht zu berechnen. $\mathfrak{U}_{st}$ steuert nun wieder den Anodenstrom $\mathfrak{J}_a$. Damit ist der Kreislauf geschlossen.

Sollen nun kontinuierliche Schwingungen entstehen, so muß der erregte Anodenstrom gerade dem Anodenstrom gleichen, von dem wir ausgingen, und zwar in seiner Amplitude (*Amplitudenbilanz*) und in seiner Phase (*Phasenbilanz*). Würde die Amplitudenbilanz nicht stimmen, würde z. B. der erregte Anodenstrom größer sein als der ursprüngliche, so würden sich die Schwingungen weiter aufschaukeln. Würde die Phasenbilanz nicht stimmen, würde z. B. bei einer angenommenen Frequenz der erregte Strom dem ursprünglichen in der Phase vorauseilen, so würden die folgenden Anodenstromstöße immer zu früh eintreffen und die Frequenz steigen.

2. Die Schwinglinie.

Der Zusammenhang zwischen dem Anodenstrom und der über den Schwingungskreis und die Rückkopplung erregten Steuerspannung ist linear und mit Hilfe der Wechselstromtheorie leicht berechenbar. Der Zusammenhang zwischen der Steuerspannung und dem durch die Röhre gesteuerten Anodenstrom ist nicht linear. Er ist am besten graphisch zu ermitteln. Die Kurve, welche $\mathfrak{J}_a$ als Funktion von $\mathfrak{U}_{st}$ angibt, nennen wir Schwinglinie. $\mathfrak{J}_a$ wird zunächst mit $\mathfrak{U}_{st}$ steigen. Wenn aber die Amplituden so groß geworden sind, daß i_a von 0 bis zur Sättigung I_s schwingt, so wird $\mathfrak{J}_a$ nicht weiter mit $\mathfrak{U}_{st}$ ansteigen (siehe Abb. 161h).

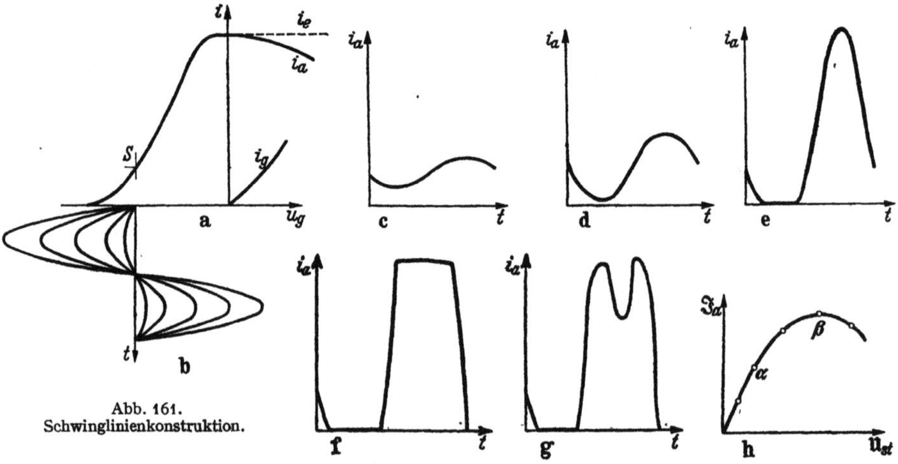

Abb. 161.
Schwinglinienkonstruktion.

Die Kennlinie $i_a = f(u_{st})$, i_a, u_{st} *Momentanwerte.*
Die Schwinglinie $\mathfrak{J}_a = F(\mathfrak{U}_{st})$, $\mathfrak{J}_a$, $\mathfrak{U}_{st}$ *Amplituden der Grundschwingung.*

Die Oberwellen interessieren uns zunächst nicht, da es sich um die Erregung eines auf die Grundschwingung abgestimmten Schwingungskreises handelt, der die Oberwellen praktisch ungehindert durchfließen läßt. Bei dem Problem der Frequenzvervielfachung werden im Gegenteil gerade die Oberwellen von Interesse sein.

a) *Durchführung der Schwinglinienkonstruktion* (*Abb. 161*).

Man zeichne die Kennlinie (a), markiere den Schwingungsmittelpunkt und zeichne darunter den (durch den schwachgedämpften Schwingungskreis bedingten) sinusförmigen Verlauf der Steuerspannung (b), konstruiere dann durch Abgreifen zusammengehöriger u_{st} und i_a-Werte den zeitlichen Verlauf von i_a für verschiedene Amplituden (Abb. 161) (c, d, e, f, g), ermittle durch Fourieranalyse die Grundschwingungsamplitude und trage diese über $\mathfrak{U}_{st}$ auf, dann erhält man die Schwinglinie (Abb. 161h).

Die Anfangssteilheit der Schwinglinie gleicht der Steilheit der Kennlinie im Schwingungsmittelpunkt. Sowie der Anodenstrom bis zu $i_a = 0$ herunterschwingt, biegt die Schwinglinie um und steigt weiterhin flacher an (Punkt α u. Abb. 161 d). Sowie der Sättigungsstrom erreicht ist, biegt sie weiter nach rechts um (Punkt β u. Abb. 161 e) und nähert sich dem horizontalen Verlauf. Wenn man die jetzt stark ansteigenden Gitterströme abzieht, biegt sie sogar nach unten um. Liegt der Schwingungsmittelpunkt nahe dem Anfang der Kennlinie, so ist die Anfangssteilheit der Schwinglinie gering, sie krümmt sich anfangs nach oben (s. Abb. 162).

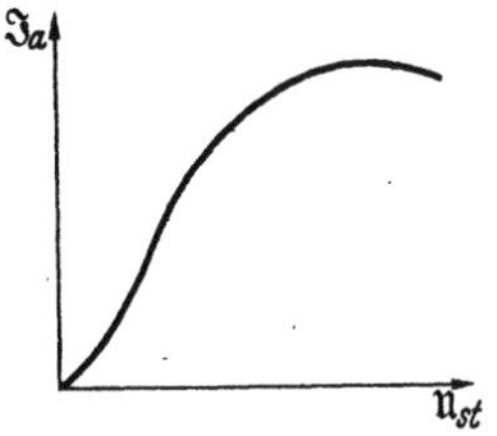

Abb. 162. Schwinglinie mit Wendepunkt.

b) Rückkopplungsgerade, „Rückkopplung", Barkhausenscher Rückkopplungsfaktor.

Den linearen Zusammenhang zwischen $\mathfrak{U}_{st}$ und $\mathfrak{J}_a$; $\mathfrak{U}_{st}/\mathfrak{J}_a = \mathfrak{R}_k$, der über Schwingungskreis und Rückkopplung gegeben ist, tragen wir als Gerade ebenfalls in das Diagramm ein. Sie hat die Neigung $\operatorname{tg}\alpha_0 = \mathfrak{R}_k$. (Maßstäbe von $\mathfrak{J}_a$ und $\mathfrak{U}_{st}$ beachten!) $\mathfrak{R}_k$ ist aus den Daten des Senders und seiner Konstruktion leicht zu berechnen. Für den Meissner-Generator als Beispiel ist $\mathfrak{R}_k$ folgendermaßen zu finden:

$$\mathfrak{U}_a = -\mathfrak{J}_a \frac{L}{CR}; \quad \mathfrak{U}_g = -\mathfrak{U}_a \frac{L_{1g}}{L}; \quad \mathfrak{U}_{st} = \mathfrak{U}_g + D\,\mathfrak{U}_a = \mathfrak{J}_a \frac{L}{CR}\left(\frac{L_{1g}}{L} - D\right).$$

$$\frac{\mathfrak{U}_{st}}{\mathfrak{J}_a} = \mathfrak{R}_k = \frac{L}{CR}\left(\frac{L_{1g}}{L} - D\right); \quad \frac{L}{CR} = \mathfrak{R}_a = \text{Widerstand des Anodenkreises.}$$

$\mathfrak{K} = L_{1g}/L$ Barkhausenscher Rückkopplungsfaktor, somit $\mathfrak{R}_k = \mathfrak{R}_a(\mathfrak{K} - D)$. Die Gerade $\mathfrak{R}_k = \mathfrak{U}_{st}/\mathfrak{J}_a$ nennen wir „Rückkopplungsgerade".

c) Konstruktion der Amplitude im Schwingliniendiagramm.

Die Amplitudenbilanz sagt nun aus, daß sich die $\mathfrak{J}_{a1}$- und $\mathfrak{U}_{st1}$-Werte des Schnittpunktes (Abb. 163) gerade als die Amplituden der kontinuierlichen Senderschwingung einstellen. Denn würde $\mathfrak{J}_a$ den Wert $\mathfrak{J}_{a2}$ haben, so würde, wie die Rückkopplungsgerade zeigt, eine Steuerspannung $\mathfrak{U}_{st3}$ entstehen, die $\mathfrak{U}_{st2}$ übertrifft. Es würde ein größerer Anodenwechselstrom erregt, als gebraucht würde, um die Schwingung gerade zu unterhalten. Die Schwingung wird angefacht, bis Punkt 1 erreicht ist, in dem der Anodenstrom nach Maßgabe der Rückkopplungsgeraden gerade die Steuerspannung erreicht, die die Röhre braucht, um nach Maßgabe der Schwinglinie den ursprünglichen Anodenstrom weiter zu liefern.

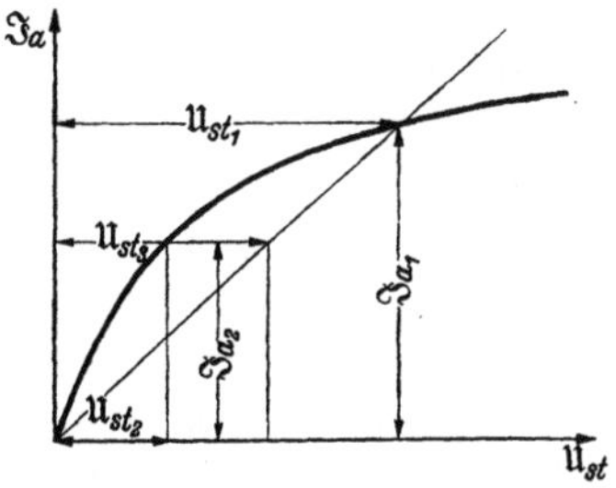

Abb. 163. Amplitudenkonstruktion.

3. Konstruktion der Anfachung im Schwingliniendiagramm.

Wir können den Gedanken noch in einer zweiten Form darstellen. Wir definieren analog der Dämpfung $\mathfrak{d} = -\frac{dI_1}{I_1 dt}$ $(I_1 = I_0 e^{-\mathfrak{d}t})$ für anklingende Schwingungen die „Anfachung" $\mathfrak{a} = +\frac{dI_1}{I_1 dt}$ $(I_1 = I_0 e^{+\mathfrak{a}t})$. Für die angefachte Schwingung $i_a = \mathfrak{J}_a e^{(\mathfrak{a}+j\omega)t}$ berechnet sich $\mathfrak{R}_a$ statt zu $\frac{L}{CR} = \frac{1}{2C\mathfrak{d}}$ zu $\frac{1}{2C(\mathfrak{d}+\mathfrak{a})}$, $\mathfrak{R}_k$ statt zu $\frac{\mathfrak{K}-D}{2C\mathfrak{d}}$ zu $\frac{\mathfrak{K}-D}{2C(\mathfrak{d}+\mathfrak{a})}$.

Zwischenrechnung: Wir benutzen

$$R \ll \omega L; \qquad \mathfrak{a}^2 + \omega^2 \approx \omega^2; \qquad \frac{1}{LC} = \omega_0^2.$$

$$\omega^2 - \omega_0^2 = (\omega + \omega_0)(\omega - \omega_0) \approx 2\omega\,\delta\omega; \qquad \frac{\mathfrak{a}}{\omega^2 C} \approx \frac{\mathfrak{a}}{\omega_0^2 C} = L\mathfrak{a}; \qquad R = 2L\mathfrak{b}.$$

$$\mathfrak{R}_a = \frac{(j\omega + \mathfrak{a})L + R}{(j\omega + \mathfrak{a})C\left[(j\omega + \mathfrak{a})L + R + \dfrac{1}{(j\omega + \mathfrak{a})C}\right]} \approx \frac{L/C}{j\omega L + \dfrac{-j\omega + \mathfrak{a}}{(\omega^2 + \mathfrak{a}^2)C} + \mathfrak{a}L + R}$$

$$= \frac{L/C}{j\left(\omega L - \dfrac{1}{\omega C}\right) + \dfrac{\mathfrak{a}}{\omega^2 C} + R + \mathfrak{a}L} = \frac{L/C}{j\omega L\left(1 - \dfrac{1}{\omega^2 LC}\right) + \mathfrak{a}L + \mathfrak{a}L + 2Ld}$$

$$= \frac{L/C}{j\omega L\left(\dfrac{\omega_0^2 - \omega^2}{\omega_0^2}\right) + 2L(\mathfrak{a} + \mathfrak{b})} = \frac{1/2C}{j\delta\omega + \mathfrak{a} + \mathfrak{b}}; \qquad \mathfrak{R}_{a\,\mathrm{reson}} = \frac{1}{2C(\mathfrak{a} + \mathfrak{b})}.$$

$\mathfrak{R}_k$ ist im Verhältnis $\frac{\mathfrak{b}}{\mathfrak{b} + \mathfrak{a}}$ kleiner als die Rückkopplung $\mathfrak{R}_{k0}$ im eingeschwungenen Zustand.

Wir können also durch Punkt 2 (Abb. 164) eine Rückkopplungsgerade ziehen, den Winkel α abmessen und fragen: Für welche Anfachung $\mathfrak{a}$ paßt diese Rückkopplungsgerade? Wir erhalten dann

$$\frac{\mathfrak{R}_{k2}}{\mathfrak{R}_{k0}} = \frac{\operatorname{tg}\alpha}{\operatorname{tg}\alpha_0} = \frac{\mathfrak{b}}{\mathfrak{b} + \mathfrak{a}}; \qquad \mathfrak{a} = \mathfrak{b}\,\frac{\operatorname{tg}\alpha_0 - \operatorname{tg}\alpha}{\operatorname{tg}\alpha}.$$

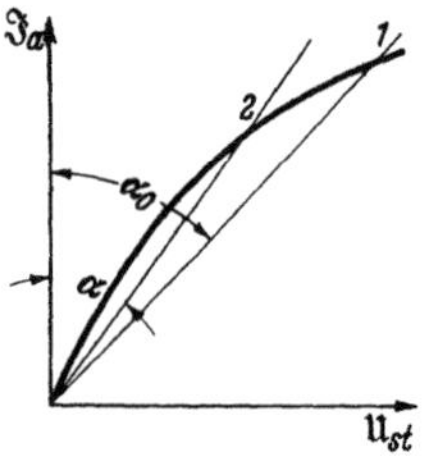

Abb. 164. Konstruktion der Anfachung.

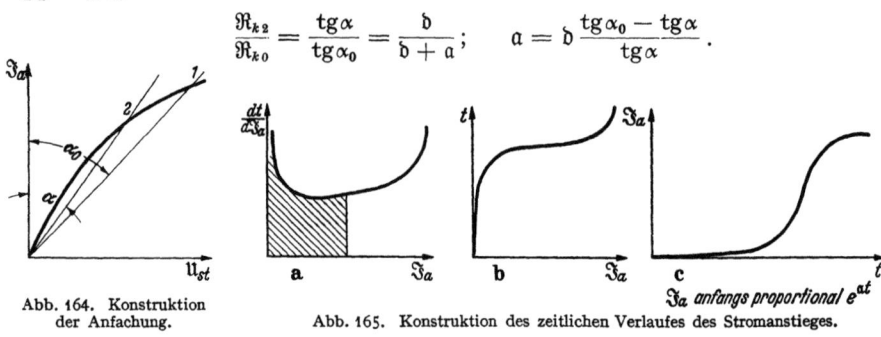

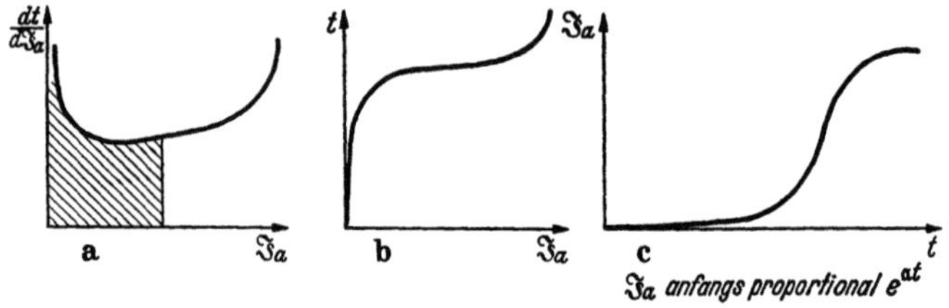

Abb. 165. Konstruktion des zeitlichen Verlaufes des Stromanstieges.

Diese Anfachung wird sich im Punkte 2 einstellen. Die Schwinglinie gestattet also, die Anfachung $\mathfrak{a}$ als Funktion von $\mathfrak{J}_a$ und damit nach graphischer Integration auch $\mathfrak{J}_a(t)$ beim Anlauf des Generators zu berechnen (Abb. 165). Der Leser zeichne sich für verschiedene $\mathfrak{J}_a$-Werte die Rückkopplungsgeraden ein. Er greife α ab und berechne die Anfachung $\mathfrak{a} = \frac{d\mathfrak{J}_a}{\mathfrak{J}_a\,dt}$, dann trage er $\frac{dt}{d\mathfrak{J}_a}$ über $\mathfrak{J}_a$ ab. Die schraffierte Fläche ergibt dann $t = \int \frac{dt}{d\mathfrak{J}_a}\,d\mathfrak{J}_a$ als Funktion von $\mathfrak{J}_a$. Die theoretisch ermittelten Anschwingkurven können dann leicht mit Hilfe der Braunschen Röhre experimentell nachgeprüft werden. Da die Schwinglinie im Anfang praktisch geradlinig ist, so ist im unteren Teile der Kurve $\mathfrak{a}$ konstant. $\mathfrak{J}_a$ steigt dort exponentiell mit der Zeit an.

4. Erklärung des Folgens, Reißens und Springens mit Hilfe der Schwinglinien, Rukopsche Reißdiagramme.

Wenn wir die Rückkopplung festigen (L_{1g} durch Nähern der Rückkopplungs- und Schwingungskreisspule vergrößern), so steigt die $\mathfrak{R}_k$ und das mit ihr proportionale $\operatorname{tg}\alpha$ (Abb. 166). Von einer bestimmten Stellung (L_{1g0}) an entsteht ein Schnittpunkt zwischen der Rückkopplungsgeraden und der Schwinglinie, der erst rasch und dann langsamer auf der Schwinglinie hochklettert. Die Schwingung setzt mit der Amplitude Null ein und steigt stetig, sie „folgt" (Abb. 166). Anders ist es bei der Schwinglinie (Abb. 167). — Auch hier setzen die Schwingungen ein, sowie die Rückkopplungsgerade die Neigung der Tangente an die Schwinglinie im Nullpunkt erreicht hat, sie springen aber dann sofort

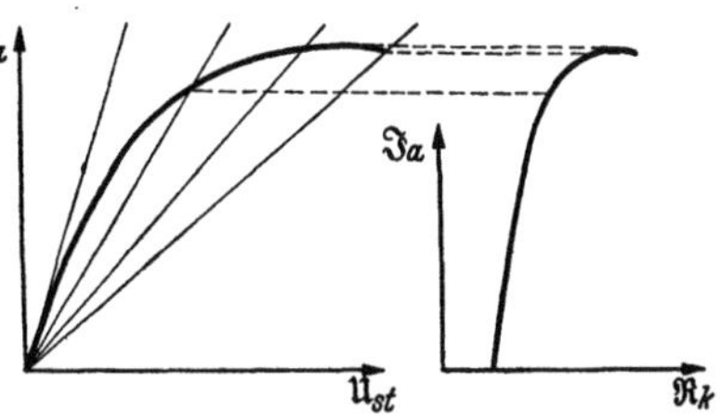

Abb. 166. Rückkopplung und Schwingungsamplitude.

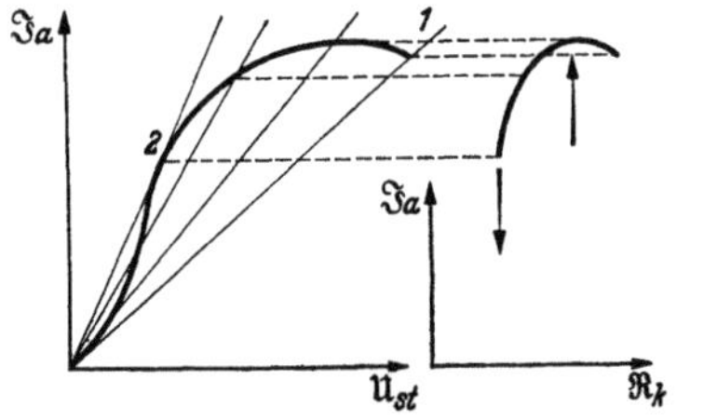

Abb. 167. Springen-Reißen.

bis zum Punkt 1 hoch. Beim weiteren Festigen der Rückkopplung folgen sie. Beim Lockern der Rückkopplung folgen sie bis zum Punkt 2 und reißen dann ab. — Noch komplizierter können die Verhältnisse beim Auftreten von Gitterströmen werden. Wenn die Röhre mit negativer Gittervorspannung arbeitet, so sind bei kleineren Steuerspannungsamplituden noch keine Gitterströme da, bei $\mathfrak{U}_g = U_g$ setzen sie ein, bleiben aber zunächst noch, den Gitterschatten entsprechend, gering und ziemlich konstant. Erst wenn u_g den Wert βu_a überschreitet, steigen sie stark an. Um $\mathfrak{J}_a$ zu erhalten, haben wir von $\mathfrak{J}_e$ (der Elektronenstromamplitude) $\mathfrak{J}_g$, die Gitterstromamplitude, abzuziehen. Wir erhalten dann die Schwinglinie der Abb. 168. Ziehen wir jetzt die Rückkopplung fester, so setzen die Schwingungen stetig ein, sie „folgen" bis zu Punkt 1, „springen" bis zum Punkt 2 und folgen dann weiter. Beim Lockern der Rückkopplung folgen sie bis Punkt 3, reißen bis Punkt 4 ab und folgen wieder bis 0. So sind die gesamten RUKOPschen Reißdiagramme durch einfache Zeichnung im Schwingliniendiagramm zu erhalten. (Ausführlich in H. G. MÖLLER, Elektronenröhren, 3. Aufl., S. 91.)

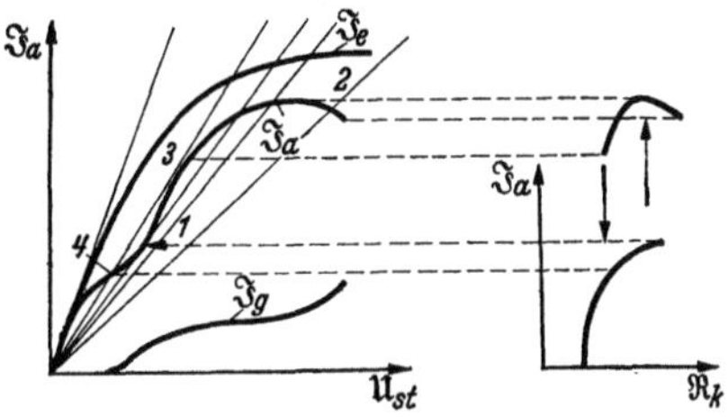

Abb. 168. Diagramm zur Theorie komplizierterer Reißdiagramme.

5. Berechnung der Frequenz auf Grund der Phasenbilanz für verschiedene Rückkopplungsschaltungen.

a) Gitterströme seien vernachlässigt. $R \ll \omega L$. Es gilt dann

$$\mathfrak{U}_a = -\mathfrak{J}_a \frac{L}{CR}; \quad \mathfrak{U}_g = -\mathfrak{U}_a \frac{L_{1g}}{L}; \quad \mathfrak{U}_{st} = \mathfrak{J}_a \frac{L_{1g} - DL}{CR}.$$

Die Rückkopplung $\mathfrak{R}_k = \frac{\mathfrak{U}_{st}}{\mathfrak{J}_a} = \frac{L_{1g} - DL}{CR}$ ist reell, $\mathfrak{U}_{st}$ und $\mathfrak{J}_a$ sind in Phase, wenn $\omega = \omega_r$. Der Generator schwingt in der Resonanzfrequenz des Kreises.

b) Der im Spulenkreis liegende Widerstand (Abb. 169) sei mit berücksichtigt. Es ist eine Verstimmung $\delta\omega$ gegen die Resonanzfrequenz zu erwarten.

$$\mathfrak{U}_a = \frac{\mathfrak{J}_a\left(1 + \frac{R}{j\omega L}\right)}{2C(j\delta\omega + \mathfrak{d})}; \quad \mathfrak{U}_g = \frac{\mathfrak{U}_a j\omega L_{1g}}{j\omega L + R}; \quad \mathfrak{U}_{st} = \mathfrak{J}_a\left(\frac{j\omega L_{1g}}{j\omega L + R} - D\right)\frac{1 + \frac{R}{j\omega L}}{2C(j\delta\omega + \mathfrak{d})}.$$

Falls D sehr klein ist, erhalten wir für $\delta\omega$ die Bedingung

$$\frac{\frac{L_{1g}}{L}}{1+\frac{R}{j\omega L}}\cdot\frac{1+\frac{R}{j\omega L}}{2C(j\delta\omega+\mathfrak{d})}=\frac{\frac{L_{1g}}{L}}{2C(j\delta\omega+\mathfrak{d})}=\text{reell},$$

also $\delta\omega=0$.

Der Generator schwingt trotz des Widerstandes in der Resonanzfrequenz des Kreises. Weitere Aufgaben löse der Leser zu seiner Übung selbst. Berechne die Frequenz für die Schaltungen Abb. 170—174. Ferner berücksichtige den

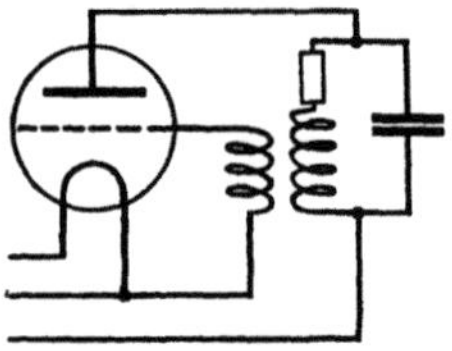

Abb. 169.

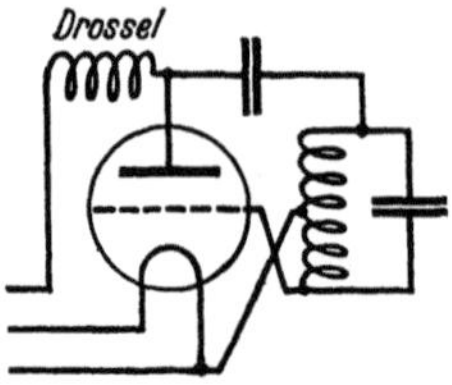

Abb. 170.

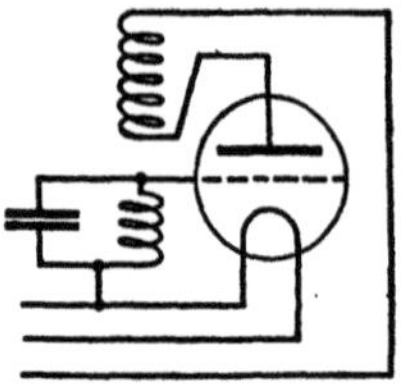

Abb. 171.

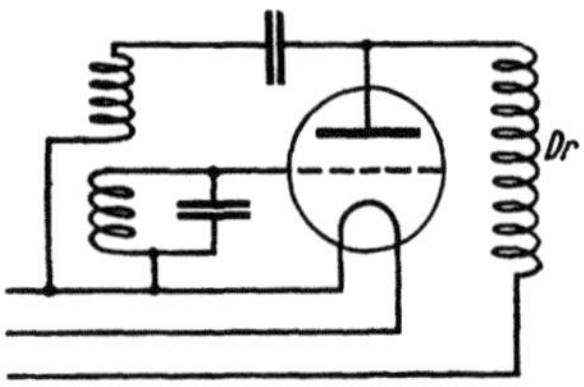

Abb. 172.

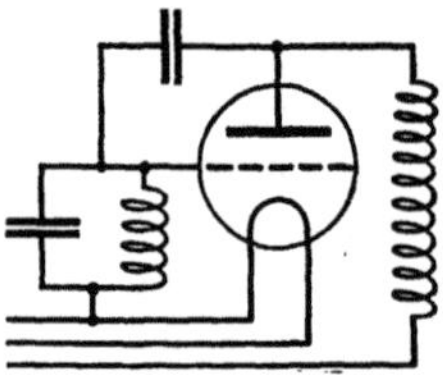

Abb. 173.

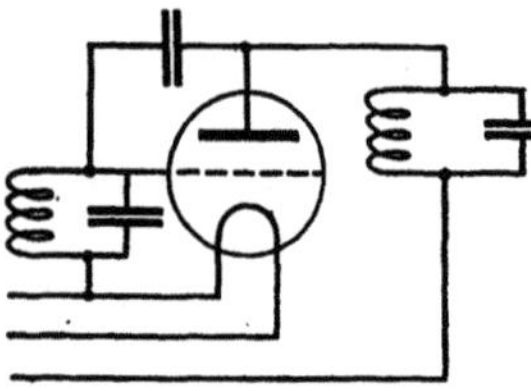

Abb. 174.

Abb. 169 bis 174. Senderschaltungen.

Widerstand der Elektronenstrecke Glühdraht—Gitter und berechne die Verstimmung des Generators durch Gitterströme. Eine Anleitung für diese Aufgaben findet sich in H. G. Möller, Elektronenröhren, 3. Aufl.

6. Zwei Zahlenbeispiele zur Amplitudenbilanz.

Die Amplitudenbilanz. Zur Demonstration der Handhabung der Amplitudenbilanz seien zwei Aufgaben besprochen:

1. Ich will einen Sender mit $\mathfrak{U}_{st}=40$ V, $\mathfrak{J}_a=100$ mA, $D=4\%$ betreiben. Der Kreis ist gegeben $L=2\cdot10^{-5}$ H, $C=1500$ pF, $R=20$ Ohm. Wie groß muß L_{1g} sein?

$\mathfrak{R}_k=\frac{\mathfrak{U}_{st}}{\mathfrak{J}_a}$ berechnet sich zu $\mathfrak{R}_k=\frac{L_{1g}-DL}{CR}$.

$$\frac{40\text{ V}}{100\text{ mA}}=\frac{L_{1g}-\frac{4}{100}\cdot2\cdot10^{-5}\text{ H}}{1500\cdot10^{-12}\text{ F}\cdot20\,\Omega}=400\,\Omega;$$

$$L_{1g}=\frac{40\text{ V}}{0{,}1\text{ A}}1{,}5\cdot10^{-9}\text{ F }20\,\Omega+\frac{4}{100}\cdot2\cdot10^{-5}\text{ H}=\frac{4\cdot1{,}5\cdot2}{1}\cdot\frac{10\cdot10^{-9}\cdot10}{10^{-1}}\frac{\text{V F}\Omega}{\text{A}}$$
$$+\,8\cdot10^{-7}\text{H}=(1{,}2\cdot10^{-5}+8\cdot10^{-7})\text{ H}=1{,}28\cdot10^{-5}\text{H}.$$

Dimensionskontrolle: $\frac{\text{V F}\Omega}{\text{A}}=\frac{\text{V}}{\text{A}}\frac{\text{A sec}}{\text{V}}\frac{\text{V}}{\text{A}}=\frac{\text{V}}{\text{A/sec}}=\text{H}.$

Die Gegeninduktivität muß etwa halb so groß wie die Kreisinduktivität sein.

2. Bei welcher Gegeninduktivität werden die Schwingungen einsetzen? Die Anfangssteilheit der Schwinglinie sei 4 mA/V. L_{1g} ist dann in derselben Weise für $\mathfrak{R}_k=250\,\Omega$ zu berechnen.

7. Aufgabe aus dem Empfängerbau. Dämpfung eines Kreises durch eine angekoppelte Röhre.

In Empfängern liegt, dem Kondensator des Schwingungskreises über $C_ü$ angekoppelt, die folgende Röhre und $R_ü$ parallel, die Röhre hat eine Kapazität C_{sch} (s. Abb. 175) (über die Entstehung der Scheinkapazität siehe H. G. MÖLLER, Elektronenröhren, 3. Aufl., S. 22) und einen Widerstand R_g der Elektronenstrecke Glühdraht—Gitter. Wie beeinflußt die Röhre Dämpfung und $\mathfrak{R}_C$ des

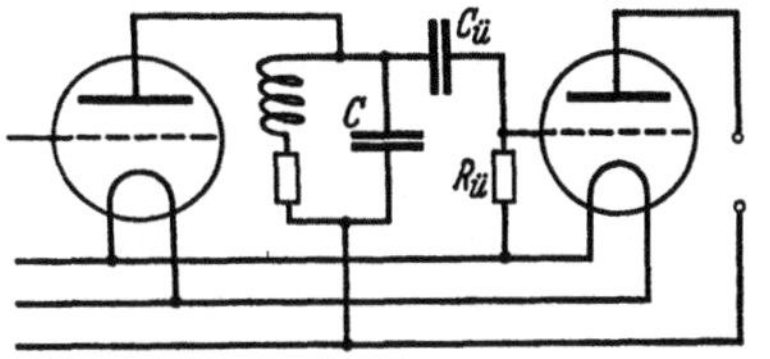

Abb. 175. Dämpfung eines Kreises durch die nächste Röhre.

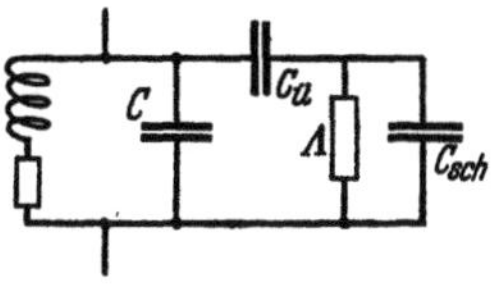

Abb. 176. Ersatzschaltung hierzu.

Kreises? Wir fassen die parallel liegenden Widerstände $R_ü$ und R_g zu einem Leitwert Λ zusammen und erhalten das Ersatzschema Abb. 176. Mit Hilfe der komplexen Rechnung können wir den Widerstand des Kapazitätszweiges sofort hinschreiben:

$$\mathfrak{R}_C = \frac{1}{j\omega C + \cfrac{1}{\cfrac{1}{j\omega C_ü} + \cfrac{1}{j\omega C_{sch} + \Lambda}}}.$$

Die Formel ist zu kompliziert, um sie zu diskutieren. Wir müssen geeignete Vernachlässigungen suchen. Das können wir aber nur an Hand von Zahlen. Wir wollen daher zwei Fälle besprechen: a) das Zwischenfrequenzgebiet $\omega = 5 \cdot 10^4$/sec und b) das Rundfunkgebiet $\omega = 5 \cdot 10^6$/sec.

a) Das Zwischenfrequenzgebiet $\omega = 5 \cdot 10^{+4}$/sec.

Die Scheinkapazität einer Schirmgitterröhre ist etwa 2 pF, der Leitwert der Elektronenstrecke Glühdraht-Gitter $\Lambda_1 = 1{,}5 \cdot 10^{-6}$ Siemens.

[Er berechnet sich zu $\Lambda = \frac{\partial i_g}{\partial u_g} = \frac{e_1}{kT} I_s e^{-e_1 u_g/kT}$ mit $I_s = 20$ mA, $\frac{e_1}{k} = \frac{10^5}{8{,}55} \frac{\text{grad}}{\text{V}}$, $u_g = -1$ V; $T = 1000°$ Glühdrahttemperatur.]

$R_ü$ hat etwa 1 MΩ, so daß man Λ insgesamt zu $2 \cdot 10^{-6}$ Siemens annehmen kann. $C_ü$ wird meist zu 500 cm gewählt. Es ist groß gegen die Röhrenkapazität. $\omega C_ü = 5 \cdot 10^4 \cdot 5 \cdot 10^{-10} = 2{,}5 \cdot 10^{-5}$ Siemens ist groß gegen Λ; wir können es als Kurzschluß ansehen. Der kapazitive Leitwert der Röhre $\omega C_{sch} = 5 \cdot 10^4 \cdot 2 \cdot 10^{-12} = 10^{-7}$ Siemens ist wiederum klein gegen den Leitwert $\Lambda = 2 \cdot 10^6$ Siemens von Elektronenstrecke und $R_ü$. Wir können also die Röhre samt dem R-C-Glied durch einen Leitwert von $2 \cdot 10^6$ Siemens ersetzen.

Wir wollen weiter annehmen, daß die Kapazität C des Schwingungskreises 1000 pF $= 10^{-9}$ F ($\omega C = 5 \cdot 10^4 \cdot 10^{-9} = 5 \cdot 10^{-5}$ Siemens) sei. Dann entspricht $\Lambda = 2 \cdot 10^{-6}$ Siemens einem Dämpfungswiderstand $R = \frac{\Lambda}{\omega^2 C^2} = \frac{2 \cdot 10^{-6}}{25 \cdot 10^8 \cdot 10^{-18}} = 800$ Ohm. Die Dämpfung ist beträchtlich.

Zwischenrechnung: $\frac{1}{j\omega C + \Lambda} = \frac{\Lambda - j\omega C}{\omega^2 C^2 + \Lambda^2}$; $\Lambda = 0{,}04\,\omega C \ll \omega C$.

b) Das Rundfunkgebiet: $\omega = 5 \cdot 10^6$/sec.

Der kapazitive Leitwert der Röhre ist jetzt 100 mal größer: $\omega C_{sch} = 10^{-5}$ Siemens. Er ist jetzt größer als der Leitwert von $R_ü$ und Elektronenstrecke: $\Lambda = 2 \cdot 10^{-6}$ Siemens. $C_ü$ bildet wieder praktisch einen Kurzschluß.

Wir müssen die Röhre mit dem R-C-Glied jetzt durch die Parallelschaltung einer Kapazität von 2 pF, die den Wert des Schwingkreiskondensators von 1000 auf 1002 pF bringt, und eines Leitwertes von $2 \cdot 10^{-6}$ Siemens ersetzen. Dieser Leitwert entspricht jetzt einem Dämpfungswiderstand von

$$R = \frac{A}{\omega^2 C^2} = \frac{2 \cdot 10^{-6}}{25 \cdot 10^{12} \cdot 10^{-18}} = \frac{2}{25} = 0{,}08 \text{ Ohm}.$$

Die Dämpfung durch die folgende Röhre ist jetzt unbedeutend.

Diese Überlegung wurde durchgeführt, um zu zeigen, wie man sich bei der Diskussion komplizierterer Formeln vereinfachende Vernachlässigungen sucht. Geschickte Vernachlässigungen zu finden, scheint den Studenten oft eine sehr schwierige Angelegenheit zu sein. Man kann die Handhabung der Vernachlässigungen *nur* lernen, wenn man, durch die Auswertung von Messungen dazu angeregt, Zahlenrechnungen durchführt und ein „Gefühl" für die Größenverhältnisse bekommt.

8. Der gemischt erregte Generator bei phasenreiner Erregung.

Im Empfänger werden die Schwingungen teils von der in der Antenne aufgefangenen Welle erregt (Fernerregung δU_g) und teils durch die Rückkopplung (Lokalerregung) $U_{st\,\mathrm{loc}} = \mathfrak{R}_k \mathfrak{J}_a$. Die gesamte Steuerspannung ist dann

$$\mathfrak{U}_{st} = \delta \mathfrak{U}_g + \mathfrak{R}_k \mathfrak{J}_a .$$

(Es sei der Einfachheit halber angenommen, der Empfänger sei so genau abgestimmt, daß δU_g und $U_{st\,\mathrm{loc}}$ in Phase liegen; die Berücksichtigung der Phasenverschiebungen führt zur Theorie der Mitnahmebereicherscheinungen, siehe H. G. Möller, Elektronenröhren, 3. Aufl., S. 158.) Die Rückkopplungsgerade geht nicht mehr durch den Nullpunkt, sondern durch den Punkt $\delta \mathfrak{U}_{st} = \delta \mathfrak{U}_g$. An Hand des Schwingliniendiagrammes (Abb. 177a) können wir verfolgen, was der Empfänger tut, wenn wir die Rückkopplung langsam fester anziehen. Der Sender gebe Striche und Pausen. In den Fällen 0, 1, 2 wird der Sender in den Pausen nicht schwingen, beim Einfall der Zeichen die Amplituden $\mathfrak{J}_{a0}$, $\mathfrak{J}_{a1}$, $\mathfrak{J}_{a2}$ liefern. $\mathfrak{J}_{a2}$ ist leicht auf das 20fache von $\mathfrak{J}_{a0}$ zu steigern. Man erhält also durch Rückkopplungsentdämpfung eine große Steigerung der Empfangsempfindlichkeit. Zieht man die Rückkopplung noch fester, so schwingt der Empfänger auch in den Pausen, und zwar mit der Amplitude $\mathfrak{J}_{a3}$. Die Amplitude steigt beim Einfall der Fernerregung nur wenig bis $\mathfrak{J}_{a3'}$. Die Empfindlichkeit des Empfängers ist stark heruntergegangen. Trägt man die Empfindlichkeit $\Delta \mathfrak{J}_a = \mathfrak{J}_{a\,\mathrm{empf}} - \mathfrak{J}_{a\,\mathrm{pause}}$, die man in Abb. 177a abgreifen kann, über L_{1g} oder $\mathrm{tg}\,\alpha$ auf, so erhält man Abb. 177b, welche den bekannten Einfluß der Rückkopplung auf die Empfangslautstärke darstellt. Die Empfindlichkeitssteigerung wird um so größer, je weniger gekrümmt die Schwinglinie und je schwächer der Sender ist, den man empfängt. Man stelle darum die Schwinglinie durch Verändern der Gittervorspannung, der Anodenspannung oder der Heizung so ein, daß sie im Nullpunkt möglichst geradlinig verläuft (eben noch keinen Wendepunkt hat). Man bekommt dann namentlich für schwache Sendestationen den empfindlichsten Empfang. Wie in H. G. Möller, Elektronen-

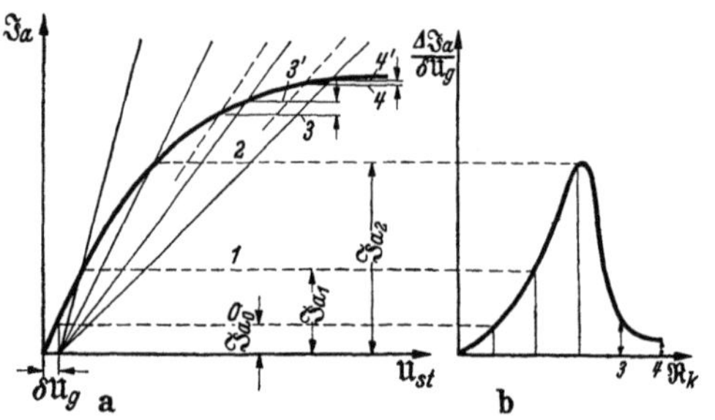

Abb. 177. Der gemischt erregte Generator.

röhren, 3. Aufl., S. 146, „Berechnung der Schwinglinien für blockierte Gitter", ausgeführt ist, erhält man oft merkwürdigerweise besseren Empfang, wenn man die Heizung herabsetzt.

9. Der gemischt erregte Generator bei nichtphasenreiner Erregung; Theorie des Mitnahmebereiches.

a) Experimentelles.

Wenn man einen Sender mit einem Schwingaudion empfängt — die Schaltung des Schwingaudionempfängers sei etwa die des Audionwellenmessers Abb. 192 —, so hört man einen Schwebungston, der immer tiefer wird, je näher man der Abstimmung ($\delta\omega = 0$) kommt, der aber in einem schmalen Bereiche ober- und unterhalb der Abstimmung verschwindet. Beobachtet man gleichzeitig das Milliamperemeter im Anodenkreise, so findet man ein starkes Absinken in diesem stummen Bereiche, ein Zeichen dafür, daß dort der Empfänger besonders stark schwingt. Die Verhältnisse sind in Abb. 178a, b, c dargestellt.

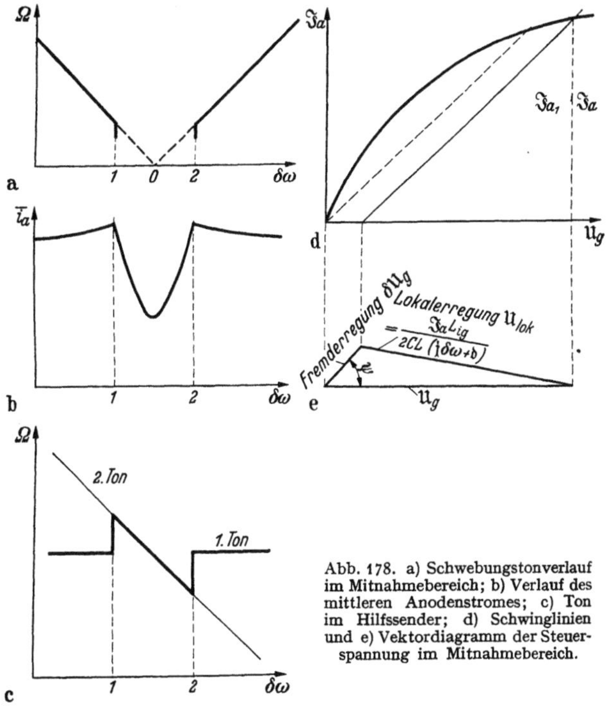

Abb. 178. a) Schwebungstonverlauf im Mitnahmebereich; b) Verlauf des mittleren Anodenstromes; c) Ton im Hilfssender; d) Schwinglinien und e) Vektordiagramm der Steuerspannung im Mitnahmebereich.

Die Erscheinung ist dadurch zu erklären, daß im Punkte 1 der Empfänger vom Sender mitgenommen wird, also die Frequenz des Senders annimmt, und da nun keine Differenz zwischen der Frequenz des Senders und des Empfängers mehr besteht, so ist auch kein Differenz- oder Schwebungston mehr zu hören. Der Empfänger schwingt nun als gemischt erregter Generator. Seine Schwingungsamplitude, angezeigt durch das Absinken des Anodengleichstromes, wird um so größer, je genauer die Abstimmung ist (Abb. 178b). Überschreitet man die Abstimmung, so sinkt die Amplitude wieder auf ihren normalen Wert. Wird die Verstimmung zu groß, so fällt der Empfänger wieder außer Tritt (das geschieht bei Punkt 2) und der Schwebungston tritt wieder auf.

Wir können diese Anschauung leicht durch einen zweiten stärker verstimmten Überlagerer bestätigen. Bei größerer Verstimmung des Empfängers hört man in diesem zweiten Überlagerungsempfänger zwei Töne (Abb. 178c), erstens einen Ton fester Höhe, der durch die Überlagerung der festen Empfängerschwingung mit dem Hilfsüberlagerer zustande kommt, und einen zweiten Ton, der sich mit der Einstimmung des Senders immer mehr dem ersten Ton nähert. Ist Punkt 1 erreicht, so verschwindet der erste Ton. Die synchron schwingenden Sender und Empfänger geben nur noch den zweiten Ton, der sich mit der weiteren

Einstimmung des Senders ändert. Ist Punkt 2 erreicht, so treten wieder beide Überlagerungstöne auf, von denen der eine wieder seine Tonhöhe hält, während der zweite, vom Zusammenspiel von Sender und Hilfsempfänger herrührend, sich mit weiterer Verstimmung des Senders ändert. Der Verlauf der Tonhöhe im Hilfsempfänger mit der Verstimmung zwischen Sender und Hauptempfänger ist in Abb. 178c dargestellt.

b) Berechnung der Breite des Mitnahmebereiches.

Die Breite des Mitnahmebereiches läßt sich leicht an Hand des Schwingliniendiagrammes berechnen (Abb. 178d, e). Wir nehmen zur Vereinfachung an, daß der Durchgriff sehr klein ist, so daß wir $\mathfrak{U}_g$ für $\mathfrak{U}_{st}$ schreiben können. Ferner setzen wir für $\mathfrak{J}_a$ das nahezu gleich große $\mathfrak{J}_{a1}$ ein (vgl. Abb. 178d u. e). Wir erhalten dann für die Berechnung der Anodenstromamplitude

$$\mathfrak{J}_a = S(\delta\mathfrak{U}_g + \mathfrak{U}_{loc}) \quad (\delta\mathfrak{U}_g = \text{kleine Fernerregung, } \mathfrak{U}_{loc} = \text{Lokalerregung}),$$

wobei wir die Steilheit S aus dem Schwingliniendiagramm abgreifen.

Der durch Rückkopplung lokal erregte Anteil der Gitterspannung berechnet sich zu

$$\mathfrak{U}_{loc} = \frac{\mathfrak{J}_a L_{1g}}{2LC(j\delta\omega + \mathfrak{d})},$$

die Senderfrequenz ω ist ω_0 (Eigenfrequenz) des Empfängers $+\delta\omega$ (Verstimmung), so daß wir

$$\mathfrak{J}_a = S\left(\delta\mathfrak{U}_g + \frac{\mathfrak{J}_a L_{1g}}{2LC(j\delta\omega + \mathfrak{d})}\right)$$

und nach Division mit $\mathfrak{J}_a$ und S

$$\frac{1}{S} = \frac{\delta\mathfrak{U}_g}{\mathfrak{J}_a} + \frac{L_{1g}}{2LC}\,\frac{1}{j\delta\omega + \mathfrak{d}}$$

erhalten. Da die Steilheit — so lange die Elektronenlaufzeit noch keine Rolle spielt, und das wollen wir hier annehmen — reell ist, erhalten wir

$$Imag\left(\frac{\delta\mathfrak{U}_g}{\mathfrak{J}_a} + \frac{L_{1g}}{2LC}\,\frac{1}{j\delta\omega + \mathfrak{d}}\right) = 0 \quad \text{oder} \quad \frac{\delta U_{g0}}{I_{a0}}\sin\psi + \frac{L_{1g}}{2LC}\,\frac{\delta\omega}{\mathfrak{d}^2} = 0,$$

$$I_{a0} = |\mathfrak{J}_a| \approx |\mathfrak{J}_{a1}|, \quad \delta U_{g0} = |\delta\mathfrak{U}_g|, \quad \delta\omega^2 \ll \mathfrak{d}^2, \quad \text{so daß} \quad \delta\omega^2 + \mathfrak{d}^2 \approx \mathfrak{d}^2.$$

Die sich einstellende Phase ψ zwischen der Fernerregung und der Gesamterregung berechnet sich dann zu

$$\sin\psi = -\frac{L_{1g}\,\delta\omega\, I_{a0}}{2LC\,\delta U_{g0}\,\mathfrak{d}^2};$$

$$\delta\omega = -\frac{2LC\,\delta U_{g0}\,\mathfrak{d}^2\sin\psi}{L_{1g}\,I_{a0}} = -\frac{\delta U_{g0}\cdot\mathfrak{d}\sin\psi}{I_{a0}\dfrac{L_{1g}}{2LC\mathfrak{d}}} = -\frac{\delta U_{g0}\,\mathfrak{d}\sin\psi}{I_{a0}\,\mathfrak{R}_{k0}}.$$

$\mathfrak{R}_{k0} = \dfrac{L_{1g}}{2CL\mathfrak{d}}$ = Rückkopplung des ungestörten Empfängers.

Hat $\sin\psi$ seinen größten Wert 1 erreicht, so fallen Empfänger und Sender außer Tritt. Die Mitnahmebereichbreite berechnet sich also zu

$$B = 2\delta\omega_{max} = \frac{2\delta U_{g0}\,\mathfrak{d}}{I_{a0}\,\mathfrak{R}_{k0}}.$$

$\delta\omega_{max}$, die halbe Mitnahmebereichbreite, ist der tiefste Schwebungston, der zu hören ist.

Zahlenbeispiel. Es sei die Fernerregung $\delta U_g = 0{,}1$ V.

$\mathfrak{R}_k = 2000$ Ohm (die Rückkopplung ist etwas größer als die reziproke Röhrensteilheit).

Die Dämpfung $\mathfrak{d} = 10^4$/sec und $\mathfrak{J}_{a1} = 1$ mA.

Wir erhalten dann für

$$\delta\omega_{\max} = \frac{\delta U_{g0}}{I_{a0}} \cdot \frac{\mathfrak{d}}{\mathfrak{R}_{k0}} = \frac{0{,}1 \cdot 10^4}{10^{-3}\, 2000} = 500/\text{sec}.$$

Durch Verringerung der Dämpfung, Erhöhung der Rückkopplung und namentlich durch Verringerung der Fremderregung kann man die Mitnahmebereichbreite leicht bis auf ganz tiefe Töne (50 Hz) zusammendrücken.

10. Die Entdämpfung durch Rückkopplung, Aufgabe aus der Theorie der Empfänger.

Wenn die Rückkopplung noch nicht so fest angezogen ist, daß die Schwingungen einsetzen, so wirkt sie entdämpfend. Wir hatten die Anfachung zu $\mathfrak{a} = \mathfrak{d}\,\frac{\operatorname{tg}\alpha_0 - \operatorname{tg}\alpha}{\operatorname{tg}\alpha}$ berechnet. Ist nun $\operatorname{tg}\alpha_0$ noch kleiner als das für die gegebene Amplitude abgegriffene $\operatorname{tg}\alpha$, so bleibt $\mathfrak{a}$ noch negativ, es bleibt noch eine Dämpfung $\mathfrak{d}_1 = -\mathfrak{d}\,\frac{\operatorname{tg}\alpha_0 - \operatorname{tg}\alpha}{\operatorname{tg}\alpha}$ bestehen (Abb. 179). Diese Dämpfung ist aber, wenn $\operatorname{tg}\alpha_0$ schon fast den Wert $\operatorname{tg}\alpha$ erreicht hat, sehr viel kleiner als $\mathfrak{d}$. Der Empfänger ist durch die Wirkung der Rückkopplung weitgehend entdämpft. Ein schwachgedämpfter Schwingungskreis wird aber den Amplitudenänderungen des Senders langsamer folgen. Tiefe Töne werden dann wohl noch in voller Lautstärke übertragen, hohe Töne werden aber leiser, da die Zeit zum Abklingen bzw. zum Aufschaukeln des entdämpften Kreises nicht ausreicht. Man kann dieselbe Erscheinung auch so formulieren: Mit wachsender Entdämpfung steigt die Selektivität des Empfängers. Die dicht neben der Trägerwelle liegenden Seitenbänder der tiefen Töne werden daher laut, die weit entfernten Seitenbänder der hohen Töne schwach empfangen. Damit erklärt sich die bekannte Tatsache, daß man beim Festigen der Rückkopplung eine dumpfere Klangfarbe erhält und die Schärfe der S-Laute verschwindet.

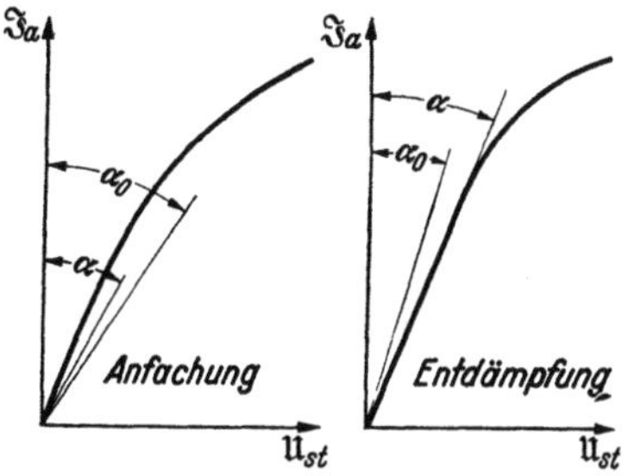

Abb. 179. Anfachung und Entdämpfung.

Als Beispiel für eine solche Entdämpfung greifen wir aus einem Empfänger die Audionröhre heraus, der durch einen Schwingungskreis die moduliert empfangene Hochfrequenz zugeführt wird und die an den Niederfrequenztrafo möglichst hochfrequenzfreie Tonfrequenz weitergeben soll. Man hat zur Abschirmung der Hochfrequenz eine Drossel in den Anodenkreis gelegt. Wir wissen, daß die in der Röhre liegende Kapazität C_{ga} als Rückkopplungskanal wirken und evtl. Eigenschwingungen erregen kann. (Siehe Beispiele zur Berechnung der $\mathfrak{R}_k$). Wenn der Rückkopplungskanal zur Erzeugung von Eigenschwingungen zu schwach ist, so wird er doch wenigstens die Dämpfung des Kreises verringern. Die Rückkopplung muß so wirken wie ein in den Kreis eingeschalteter negativer Widerstand. Dieser soll berechnet werden. Den oben berechneten dämpfenden und verstimmenden Einfluß der Röhre denken wir uns bereits in den Daten L, C, R des Kreises enthalten (s. Abb. 180 u. 181). Die Leiterkombination zwischen 1 und 2 ist im wesentlichen ein komplexer Widerstand von dem Typ $j\omega L_2 + R_2$. (Man rechne die Kombination mit $L_{Dr} = 10^{-3}$ H, $C = 500$ cm, Trafo als Widerstand mit 10^4 Ohm, $\omega = 5 \cdot 10^6$/sec nach!).

Als Vereinfachungen nehmen wir an, daß der Anodenstrom im wesentlichen durch die Drossel abfließt. L_a wird etwa $0{,}8 \cdot 10^{-3}$ H; $R_a = 10^4$ Ohm; $\omega L_2 = 4000$ Ohm sein, während $\frac{1}{\omega C_{ga}}$ ($C_{ga} = 2$ pF) den Wert $\frac{1}{5 \cdot 10^6 \cdot 2 \cdot 10^{-12}} = 1{,}0 \cdot 10^5$ Ohm hat. Die Vereinfachung ist also zulässig. Des weiteren nehmen wir an, daß der Strom $\mathfrak{J}_r$ im Rückkopplungskanal im wesentlichen durch C_{ga} bedingt ist, d. h. daß das L/CR des Schwingungskreises wesentlich kleiner als $1{,}0 \cdot 10^5$ Ohm ist.

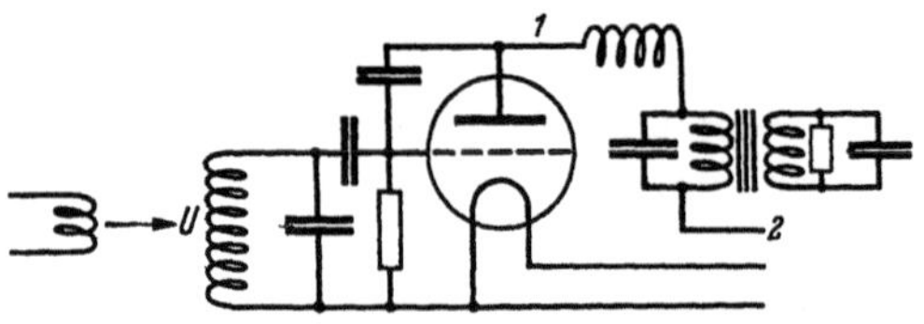

Abb. 180. Entdämpfung eines Kreises durch d. R.K. über Röhren.

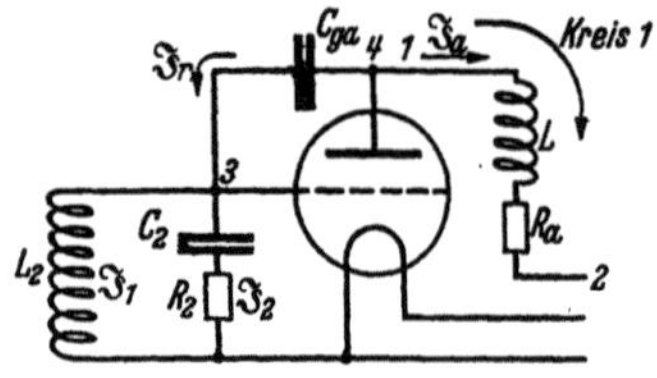

Abb. 181. Ersatzschema.

($L/CR = 1/\omega^2 C^2 R$ ist mit $R = 10$ Ohm, $C = 10^3/2$ pF $= 10^{-9}/2$ F, $\omega = 5 \cdot 10^6$/sec: $\frac{L}{CR} = \frac{4}{25 \cdot 10^{12} \cdot 10^{-18} \cdot 10} = \frac{4 \cdot 10^5}{25} = 16000$ Ohm, also gegen die vorgeschalteten $1{,}0 \cdot 10^5$ Ohm kapazitiven Widerstand zu vernachlässigen.) Wir erhalten also das einfache Ersatzschema (Abb. 181). Hierfür sind die Gleichungen leicht aufzustellen: Wir haben $\mathfrak{J}_1$, $\mathfrak{J}_2$, $\mathfrak{J}_r$, $\mathfrak{J}_a$ zu berechnen, brauchen also vier Gleichungen:

Für den Kreis 1 gilt:

$$\mathfrak{U} = \mathfrak{J}_1 j \omega L_2 + \mathfrak{J}_2 \left(\frac{1}{j \omega C_2} + R_2 \right). \tag{1}$$

Für die Stromverzweigung an der Stelle 3:

$$\mathfrak{J}_1 - \mathfrak{J}_2 = \mathfrak{J}_r. \tag{2}$$

Für $\mathfrak{J}_a$ erhalten wir bei Vernachlässigung des Durchgriffes:

$$\mathfrak{J}_a = \frac{S \mathfrak{J}_2}{j \omega C_2} \quad (R_2 \text{ vernachlässigt}). \tag{3}$$

Für die Anodenspannung $\mathfrak{U}_a = \mathfrak{J}_a (j \omega L_a + R_a)$ und für $\mathfrak{J}_r$:

$$\mathfrak{J}_r = \mathfrak{U}_a j \omega C_{ga} = \mathfrak{J}_a (j \omega L_a + R_a) j \omega C_{ga} = \mathfrak{J}_2 \frac{S C_{ga}}{C_2} (j \omega L_a + R_a). \tag{4}$$

Die Zulässigkeit der Vereinfachung bei der Berechnung von $\mathfrak{U}_a$ und $\mathfrak{J}_r$ hatten wir besprochen; ohne diese Vereinfachung würden wir am Punkt 4 eine Stromverzweigung anzusetzen haben, welche die Rechnung sehr kompliziert hätte.

Damit sind die physikalischen Überlegungen und ihre Übersetzung in die Formelsprache — was meist als Hauptschwierigkeit bei der Lösung von Aufgaben empfunden wird — abgeschlossen. Die Ausrechnung und Deutung des Resultates ist einfach. Wir eliminieren $\mathfrak{J}_1$, $\mathfrak{J}_a$, $\mathfrak{J}_r$ aus den Gleichungen (1) bis (4) und erhalten:

$$\mathfrak{U} = j \omega L_2 \mathfrak{J}_2 \left(1 + \frac{S C_{ga}}{C_2} (j \omega L_a + R_a) \right) + \mathfrak{J}_2 \left(\frac{1}{j \omega C_2} + R_2 \right),$$

$$\frac{\mathfrak{U}}{\mathfrak{J}_2} = j \omega L_2 \left(1 + \frac{S C_{ga} R_a}{C_2} \right) + \frac{1}{j \omega C_2} + R_2 - \frac{\omega^2 S C_{ga} L_a L_2}{C_2}.$$

Zahlenbeispiel. $S = 2$ mA/V $= 2 \cdot 10^{-3}$; $C_{ga} = 2$ pF $= 2 \cdot 10^{-12}$; $L_a = 8 \cdot 10^{-4}$ H; $C_2 = 500$ pF $= 5 \cdot 10^{-10}$; $R_a = 10^4$ Ohm; $R_2 = 15$ Ohm; $\omega = 5 \cdot 10^6$/sec.

Es ist dann

$$\frac{S C_{ga} R_a}{C_2} = \frac{2 \cdot 10^{-3} 2 \cdot 10^{-12} 10^4}{5 \cdot 10^{-10}} = 8\%,$$

d. h. die Induktivität des Schwingungskreises wird durch die Rückkopplung um 8% erhöht, die Frequenz um 4% erniedrigt ($\nu \sim 1/\sqrt{L}$!).

$$-\frac{\omega^2 S C_{ga} L_a L_2}{C_2} \approx \frac{S C_{ga} L_a}{C_2^2},$$

(da $\omega^2 L_2 \approx 1/C_2$, der Kreis arbeitet fast in Resonanz),

$$= \frac{2 \cdot 10^{-3} \cdot 2 \cdot 10^{-12}\, 8 \cdot 10^{-4}}{25 \cdot 10^{-20}} = \frac{32}{25} \cdot 10 = 12{,}8\ \text{Ohm}.$$

Der Dämpfungswiderstand des Kreises von 15 Ohm wird um 12,8 Ohm auf 2,2 Ohm herabgedrückt, der Kreis also fast völlig entdämpft.

Die Durchrechnung dieser Aufgabe ist nicht wiedergegeben, weil das spezielle Problem, die Entdämpfung des Kreises durch die Rückkopplung über die Röhrenkapazität, besonders wichtig wäre — es hätte da vielleicht der Hinweis gelegentlich der $\mathfrak{R}_k$-Berechnungsaufgaben genügt —, sondern weil gezeigt werden sollte, wie man geschickte Vereinfachungen findet. Der Bearbeiter stand zunächst vor dem hoffnungslos komplizierten Problem, $\mathfrak{J}_r$ als Funktion von $\mathfrak{J}_a$ in der nebenstehend gezeichneten komplizierten Stromverzweigung zu berechnen. Um zu vereinfachen, überlegt er *zahlenmäßig* die Widerstände der einzelnen Schaltelemente und läßt dann ganz grob Leitwerte, die etwa 10% des Hauptleitwertes bei Nebenschlüssen, Widerstände, die 10% des Hauptwiderstandes betragen, bei Reihenschaltungen weg. Nach diesem Rezepte hätte man aber auch $\omega L_2 = 4000$ Ohm neben R_2 (10^4 Ohm) weglassen können. Man wird das vielleicht auch zunächst tun und dann finden, daß man die physikalisch vorher überlegte Entdämpfung durch zu grobe Vernachlässigungen verloren hat. Man muß dann die Rechnung verfeinern (4000 Ohm neben 10000 Ohm doch stehen lassen) und findet schließlich, daß das ursprünglich vernachlässigte Glied doch wesentlich ist, nämlich neben den 15 Ohm Kreisdämpfungswiderstand 12,8 Ohm negativen Widerstand ergibt. Vernachlässigungen soll man nur einführen, wenn man durch vorherige qualitative physikalische Überlegung und zahlenmäßige Abschätzung ihrer Größe ihre Wirkung übersieht. Man muß sich auch klar sein, *neben* welchen Größen man eine Größe vernachlässigt. So kann man in der Auswertung der Kombinationswiderstandsformel

$$\mathfrak{R}_C = \frac{(j\omega L + R)\,\frac{1}{j\omega C}}{j\omega L + R + \frac{1}{j\omega C}}.$$

R z. B. 15 Ohm, sehr wohl neben ωL (z. B. 2000 Ohm), nicht aber im Nenner neben $\omega L - \frac{1}{\omega C}$ (bei Resonanz $= 0$) vernachlässigen.

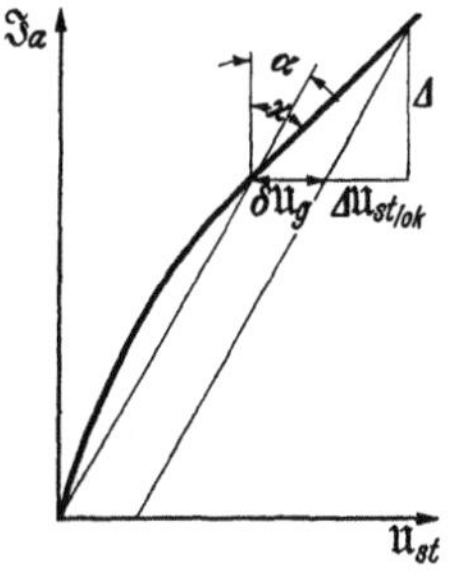

Abb. 182. Schwinglinien-diagramm zum Empfang modulierter Wellen.

11. Der Empfang modulierter Wellen.

Der Einfluß der Tonhöhe auf den Empfang modulierter Wellen läßt sich ebenfalls an Hand des Schwinglinien-diagrammes leicht übersehen. Die Voraussetzung der Phasengleichheit von $\delta\mathfrak{U}_g$ und $\mathfrak{U}_{st\,\mathrm{loc}}$ soll beibehalten werden.

Wenn die Fernerregung um $\delta\mathfrak{U}_g$ steigt, so steigt, wie Abb. 182 zeigt, $\mathfrak{J}_a$ um Δ, die Lokalsteuerspannung um $\Delta\,\mathfrak{U}_{st\,\mathrm{loc}} = \Delta\,\mathrm{tg}\,\alpha$.

Für eine Anfachung $\mathfrak{a} = \frac{d|\mathfrak{J}_a|}{|\mathfrak{J}_a|\,dt}$ hatten wir $\operatorname{tg}\alpha$ zu $\operatorname{tg}\alpha = \operatorname{tg}\alpha_0 \frac{1}{1+\frac{\mathfrak{a}}{\mathfrak{d}}}$ berechnet. Bei einer modulierten Welle

$$i_a = (I_{a1} + I_{a2}\cos\Omega t)\cos\omega t\,; \qquad \mathfrak{J}_a = \mathfrak{J}_{a2}\, e^{j\Omega t}$$

(Ω = Tonfrequenz; ω = Hochfrequenz) erhalten wir

$$\mathfrak{a} = \frac{d|\mathfrak{J}_a|}{|\mathfrak{J}_a|\,dt} = j\Omega \quad \text{und} \quad \operatorname{tg}\alpha = \operatorname{tg}\alpha_0 \frac{1}{1+\frac{j\Omega}{\mathfrak{d}}}.$$

Die gesamte Steuerspannungsänderung ist also, abzulesen aus dem Schwingliniendiagramm der Abb. 182

$$\Delta\mathfrak{U}_{st\,\text{gesamt}} = \delta\mathfrak{U}_g + \frac{\Delta\operatorname{tg}\alpha_0}{1+\frac{j\Omega}{\mathfrak{d}}}$$

und $\Delta = \operatorname{ctg}\varkappa\,\Delta\mathfrak{U}_{st\,\text{gesamt}}$; wir erhalten also

$$\Delta = \operatorname{ctg}\varkappa\,\delta\mathfrak{U}_g + \frac{\Delta\operatorname{ctg}\varkappa\operatorname{tg}\alpha_0}{1+\frac{j\Omega}{\mathfrak{d}}} \quad \text{und} \quad \Delta = \frac{\delta\mathfrak{U}_g}{\operatorname{tg}\varkappa - \operatorname{tg}\alpha_0\frac{1}{1+\frac{j\Omega}{\mathfrak{d}}}}.$$

Spezialfälle. 1. Ω sei sehr klein, $\frac{\Omega}{\mathfrak{d}} \approx 0$; wir erhalten dann $\Delta = \frac{\delta\mathfrak{U}_g}{\operatorname{tg}\varkappa - \operatorname{tg}\alpha_0}$, wie einfach aus dem Schwingliniendiagramm abzulesen.

2. Modulierte Welle; tiefer Ton $\Omega \ll \mathfrak{d}$, aber von der Größenordnung der herabgesetzten Dämpfung $\mathfrak{d}'$: $\Omega \approx \mathfrak{d}' = \mathfrak{d}\frac{\operatorname{tg}\varkappa - \operatorname{tg}\alpha_0}{\operatorname{tg}\varkappa} = \mathfrak{d}\cdot A$.

$$\Delta = \delta\mathfrak{U}_g \frac{1+\frac{j\Omega}{\mathfrak{d}}}{\operatorname{tg}\varkappa\left(1+\frac{j\Omega}{\mathfrak{d}}\right) - \operatorname{tg}\alpha_0} \approx \frac{\delta\mathfrak{U}_g}{\operatorname{tg}\varkappa - \operatorname{tg}\alpha_0 + \operatorname{tg}\varkappa\frac{j\Omega}{\mathfrak{d}}} \quad \left(\text{da } \frac{j\Omega}{\mathfrak{d}} \ll 1 \text{ sein sollte}\right)$$

$$= \frac{\delta\mathfrak{U}_g\operatorname{ctg}\varkappa}{A+\frac{j\Omega}{\mathfrak{d}}}.$$

3. Modulierte Welle, sehr hoher Ton: $\Omega \gg \mathfrak{d}A$ und $j\Omega/\mathfrak{d}$ nicht mehr neben 1 zu vernachlässigen:

$$\Delta = \delta\mathfrak{U}_g\operatorname{ctg}\varkappa\frac{1+\frac{j\Omega}{\mathfrak{d}}}{\frac{j\Omega}{\mathfrak{d}}} = \delta\mathfrak{U}_g\operatorname{ctg}\varkappa\left(1+\frac{\mathfrak{d}}{j\Omega}\right).$$

4. $\Omega \gg \mathfrak{d}$; $\Delta = \delta\mathfrak{U}_g\operatorname{ctg}\varkappa$. Die Rückkopplung ist völlig unwirksam geworden, Δ schwankt lediglich der Schwingliniensteilheit entsprechend. $\Delta U_{st\,\text{loc}} = 0$. Die Amplitude des Schwingungskreises bleibt unverändert.

12. Behandlung des Telephoniesenders mit Hilfe der Schwinglinien.

Es sei hier nur die Gittermodulation eines fremdgesteuerten Senders behandelt. Die Schaltung zeigt Abb. 183. Die Gittervorspannung wird im Takte der Schallschwingungen verändert. Welche Amplituden von $\mathfrak{J}_a$ stellen sich bei den verschiedenen Vorspannungen ein? Zur Beantwortung dieser Frage zeichnen wir uns die Schwinglinienschar mit U_{st} als Parameter. Da $\mathfrak{U}_{st} = \mathfrak{U}_g + D\mathfrak{U}_a = \mathfrak{U}_g - DR_a\mathfrak{J}_a$ ist, haben wir auf der Abszissenachse $\mathfrak{U}_g$ abzutragen und eine Gerade unter dem Winkel $\operatorname{tg}\zeta = DR_a$ einzuzeichnen. Die Schnittpunkte dieser Geraden mit den verschiedenen Schwinglinien ergeben die Amplituden als Funktion der vom Mikrophon gelieferten Steuervorspannung (siehe Abb. 184).

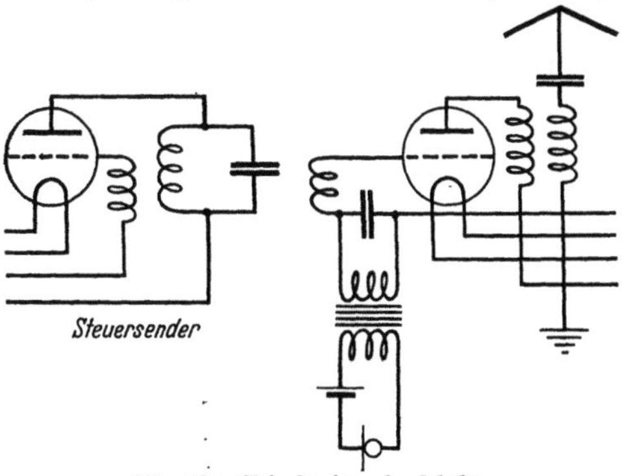

Abb. 183. Telephoniesender-Schaltung.

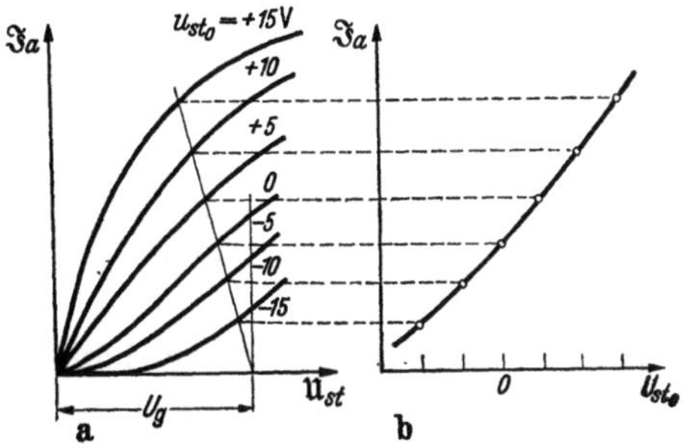

Abb. 184. Schwinglinien-Diagramm zum Telephoniesender. (Lies $\mathfrak{U}_g$ statt U_g, $\mathfrak{U}_{st}$ statt U_{st_0}!)

E. Die Röhre als Gleichrichter.

Einleitung: Gleichrichtung und Kennlinienkrümmung.

Jede krumme Kennlinie kann zum Gleichrichten benutzt werden. Die Kennlinie irgendeines Apparates, z. B. einer Röhre, einer Kupferoxydulzelle, einer Gasentladungsröhre, eines Detektors, eines Lichtbogens, sei

$$i = i_0 + Su + Ku^2 + \cdots.$$

Ist u eine sinusförmige Wechselspannung: $u = U\cos\omega t$, so tritt neben einem Wechselstrom auch eine Veränderung des Gleichstromes $\delta\bar{i}$ auf. Der Querstrich bedeutet: Strommittelwert, wir nennen ihn: Gleichrichtereffekt.

$$\delta\bar{i} = \frac{1}{T}\int_0^T (i_0 + S\,U_g\cos\omega t + K\,U_g^2\cos^2\omega t + \cdots)\,dt - i_0 = \frac{K\,U_g^2}{2}.$$

Abb. 185. Diodengleichrichtung.

Alle Gleichrichtungen verlaufen bei kleinen Spannungen proportional mit dem Quadrate der angelegten Spannung. Ist keine Krümmung K vorhanden, so tritt auch keine Gleichrichtung auf.

1. Das Hohagesche Röhrenvoltmeter (Diode).

Die Versuchsanordnung (Abb. 185) stellt das Hohagesche Röhrenvoltmeter dar. Es arbeitet gewöhnlich ohne Anodenbatterie im unteren Knick der Kennlinie. Die Energie zum Treiben des Gleichrichterstromes liefert die Wechselstromquelle.

2. Die Anodengleichrichtung mit einer Eingitterröhre.

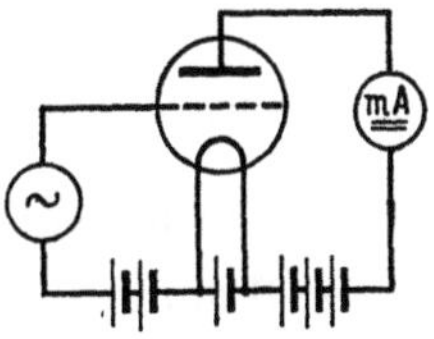

Abb. 186. Trioden-Anodengleichrichtung: Schaltung.

Die Schaltung zeigt Abb. 186. In Abb. 187 ist die Kennlinie und für 3 markante Schwingungsmittelpunkte die Gleichrichtung eingezeichnet. Das Gitter ist so weit negativ vorgespannt, daß man im unteren Knick der Kennlinie arbeitet. Diese ebenfalls von Hohage angegebene Form des Röhrenvoltmeters hat gegenüber dem einfachen Gleichrichter mit der Diode den Vorteil, daß das Gitter keinen Strom aufnimmt, das Voltmeter also als rein statisches Voltmeter arbeitet. Die Energie zum Treiben des Anodenstromes stammt aus der Anodenbatterie. Die Anordnung wirkt wie ein Diodengleichrichter mit vorgeschalteter Hochfrequenzverstärkung.

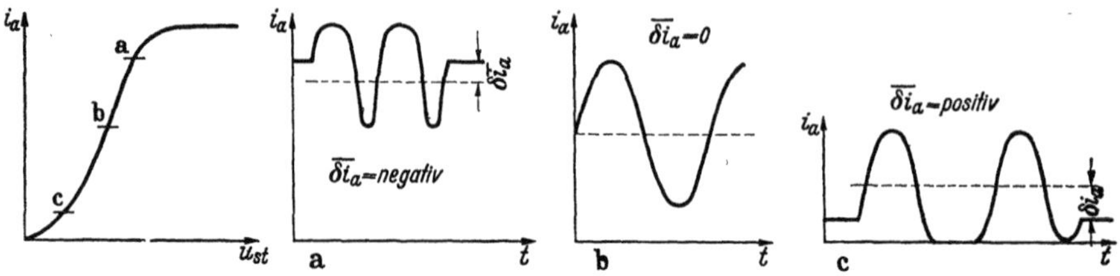

Abb. 187. Triodengleichrichtung, Diagramme.

3. Die Gittergleichrichtung oder Audiongleichrichtung.

Blockiert man das Gitter mit dem Kondensator $C_ü$ und dem Ableitwiderstand $R_ü$ (Abb. 188), und legt man eine Wechselspannung an, so wird bei jedem Wechsel in der Zeit, in der das Gitter positiv ist, ein Elektronenstromstoß auf das Gitter kommen, und $C_ü$ immer weiter negativ aufladen. Dadurch sinkt der Schwingungsmittelpunkt in das Negative. Die Elektronenstromstöße werden kürzer und schwächer. Der Strom über $R_ü$ wird infolge der zunehmenden Kondensatorspannung größer. So stellt sich langsam ein Gleichgewicht ein (Abb. 189). Für die Berechnung dieser Art der Gleichrichtung bedeutet es eine Erschwerung, daß sich der Schwingungsmittelpunkt verschiebt und man den im Gitterkreis entstehenden Gleichrichtereffekt nicht einfach mit $\delta \bar{i}_g = K_0 \frac{U_g^2}{2}$ berechnen kann, wobei K_0 die Krümmung der Kennlinie im ursprünglichen Schwingungsmittelpunkt ist, sondern daß K die Krümmung der Kennlinie in dem noch nicht bekannten Schwingungsmittelpunkt bedeutet. Erleichtert wird das Problem dadurch, daß man meist mit hohem $R_ü$ und starken negativen Vor-

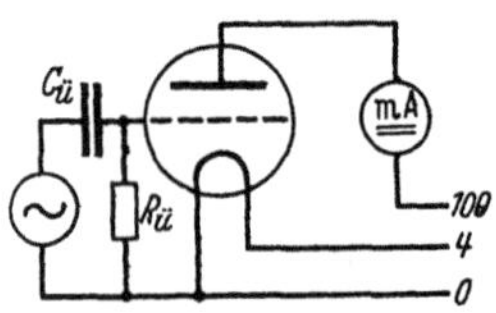

Abb. 188. Audiongleichrichtung (Schaltung).

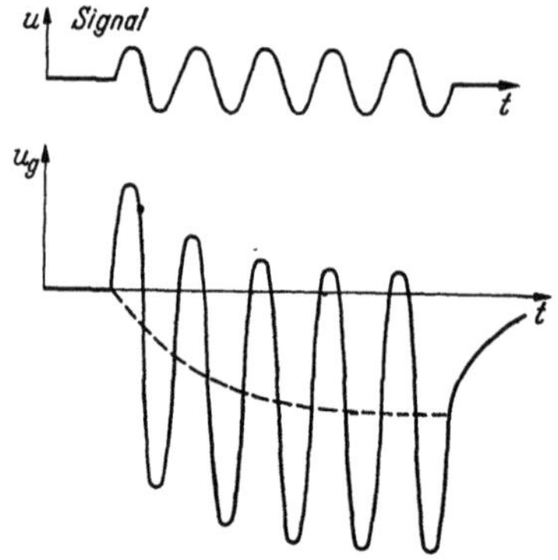

Abb. 189. Audiongleichrichtung i_g-t-Diagramm.

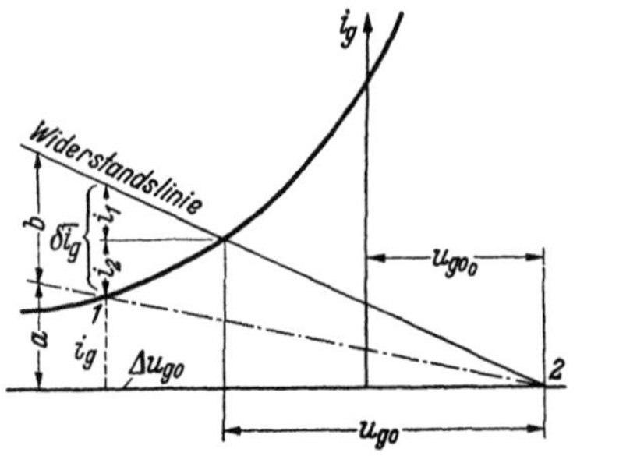

Abb. 190. Diagramm zur Ermittlung von ΔU_g.

spannungen $R_ü \delta \bar{i}_g$ und daher im Gebiete der Anlaufkurve arbeitet, deren Verlauf speziell durch $i_g = A e^{-\alpha u_g}$ gegeben ist. Die Krümmung $K = \frac{1}{2} \frac{d^2 i_g}{d u_g^2} = \frac{\alpha^2 A}{2} e^{-\alpha u_g}$ ist dem Strome proportional: $K = \frac{\alpha^2}{2} i_g$.

Der Gleichrichtereffekt $\delta \bar{i}_g = \frac{i_g \alpha^2}{4} U_g^2$ hat nun die Zunahme des durch $R_ü$ abfließenden Stromes und den Ausfall an Gitterstrom i_2 zu decken (Abb. 190).

Wenn man die Verschiebung der Gitterspannung in das Negative mit Δu_g bezeichnet, so gilt

$$\delta \bar{i}_g = \frac{\alpha^2 i_g}{4} U_g^2 = \frac{\Delta u_g}{R_{ü}} + \Delta u_g \frac{d i_g}{d u_g}.$$

Um die Lage des verschobenen Schwingungsmittelpunktes zu finden, beachten wir, daß $\frac{\delta \bar{i}_g}{i_g} = \frac{\alpha^2}{4} U_g^2$, also das Verhältnis von $\frac{\delta \bar{i}_g}{i_g}$ bekannt ist und daß $i_g + \delta \bar{i}_g$ von der Abszissenachse bis zur Widerstandsgeraden reichen muß. Ein geometrischer Ort, auf dem Punkt 1 liegt, ist also die gestrichelte Gerade (Abb. 190), die die Ordinaten bis zur Widerstandslinie im Verhältnis $\alpha^2 U_g^2/1$ teilt. Der 2. geometrische Ort ist die Gitterkennlinie. Der Schnittpunkt beider gibt den neuen Schwingungsmittelpunkt an. Aus dieser Bemerkung ergibt sich für die Konstruktion von Δu_g die Vorschrift: Zeichne die Gitterstromkennlinie. Markiere auf der Abszissenachse die Gittervorspannung (Punkt 2). Zeichne die Widerstandslinie: $U_g/i_g = R_{ü}$. Ziehe an beliebiger Stelle eine Senkrechte von der Abszisse bis zur Widerstandslinie und teile sie im Verhältnis $b : a = \alpha^2 U_g^2/4$, dann ziehe die Gerade 1,2. Ihr Schnittpunkt 1 mit der Gitterkennlinie gibt die Verschiebung des Schwingungsmittelpunktes Δu_g an. Der Anodenstrom nimmt dann um $S \cdot \Delta u_g$ ab.

Bei großen Amplituden ist an Stelle des angenäherten $\delta \bar{i}_g/i_g = \alpha^2 U_g^2/4$

$$\mathfrak{F} = \sum_{0}^{\infty} n \left(\frac{\alpha U_g}{2}\right)^{2n} \binom{2n}{n} \frac{1}{2n!}$$

zu setzen. (Diese Funktion ist in H. G. Möller, Elektronenröhren. 3. Auflage, S. 141 berechnet.)

Der berechneten Abnahme $S\Delta u_g$ des Anodenstromes überlagert sich ein Anodengleichrichtereffekt, der schließlich die Abnahme überkompensiert.

4. Die Döhlersche Gleichrichtung.

Nach unseren bisherigen Anschauungen ist der Gleichrichtereffekt an die Krümmung der Kennlinie gebunden. Es kam das in der Formel

$$\delta \bar{i} = \frac{1}{4} \frac{\partial^2 i}{\partial u^2} U_0^2$$

zum Ausdruck. Wenn man mit Dezimeterwellen arbeitet, so beobachtet man, daß im unteren und im oberen Knick der Kennlinie der benutzten Diode praktisch keine Gleichrichtung vorhanden ist, während im geraden Teil der Kennlinie, wo keine Gleichrichtung erwartet werden sollte, eine kräftige Gleichrichtung auftritt. Es muß also ein völlig anderer Gleichrichtermechanismus vorliegen. Döhler und Hecker schlossen an die Betrachtungen auf S. 66 über die Einstellung der Potential- und Raumladungsverteilung an. Um recht einfache Verhältnisse zu haben, ersetzten sie die sinusförmig verlaufende Wechselspannung durch eine eckig verlaufende und überlegten, was in den Zeitpunkten 1 und 2 geschieht (vgl. Abb. 191).

Zunächst fließe ein Anodenstrom I_a, ein Potentialminimum von der Größe φ_m liege in der Entfernung x_0 vom Glühdrahte entfernt. Wenn die Spannung im Zeitpunkt 1 plötzlich hochspringt, wird das Potentialminimum niedriger werden und weiter auf die Kathode zu rücken. Wir wollen angenähert annehmen, daß sein Wert 0 wird und daß es vollkommen auf die Kathode rückt. Es wird dann von der Kathode eine Raumladungswolke abzuwandern beginnen, deren Dichte dem Sättigungsstrom entspricht. Da nun durch die abwandernde Wolke die Raumladung etwas vergrößert ist, so wird sich im Zeitpunkt 2 ein Potentialminimum einstellen, das etwas tiefer ist und etwas weiter ab liegt als das ursprüngliche. Wir wollen annehmen, daß sich angenähert wieder das ursprüngliche Potentialminimum einstellt.

Der Teil der im Zeitpunkt 1 abwandernden Raumladungswolke von Sättigungsstromdichte, der im Zeitpunkt 2 das Potentialminimum überschritten hat, wird weiter zur Anode kommen, der Teil, der es noch nicht erreicht hat, wird umkehren. Bei jeder Hochfrequenzschwingung wird somit das Potentialminimum von einem Ladungsüberschuß überschritten, der sich als das Produkt aus dem Überschuß des Sättigungsstromes über den Ruheanodenstrom und der Zeit, während der diese Strömung das Potentialminimum überfließt, berechnet. Bezeichnen wir also die Laufzeit der Elektronen von der Kathode bis zum Potentialminimum mit τ und die Schwingungsdauer mit T, so ist die fragliche Zeit $\frac{T}{2} - \tau$. Ist die Frequenz der Schwingung ν, so berechnet sich nach unseren ganz einfachen Anschauungen der Gleichrichtereffekt zu

$$\delta \bar{i} = (I_s - I_a)\left(\frac{T}{2} - \tau\right) \cdot \nu .$$

Die Laufzeit τ hängt nun wieder von der Lage des Potentialminimums und damit von I_s, I_a und der Glühdrahtoberfläche ab. Döhler und Hecker berechneten diesen Zusammenhang auf Grund der Arbeiten von Epstein und Langmuir. Der Zusammenhang ist in Abb. 191 eingezeichnet (mit τ bezeichnete Kurve). Die Abhängigkeit der Flußzeit $\frac{T}{2} - \tau$ ist durch Hochsetzen dieser Kurve um den Betrag $T/2$ leicht zu finden. Die Gerade $I_s - I_a$ ist ebenfalls eingezeichnet. Die Gleichrichterkurve ist dann das Produkt der Ordinaten der $(I_s - I_a)$- und der $\left(\frac{T}{2} - \tau\right)$-Kurve.

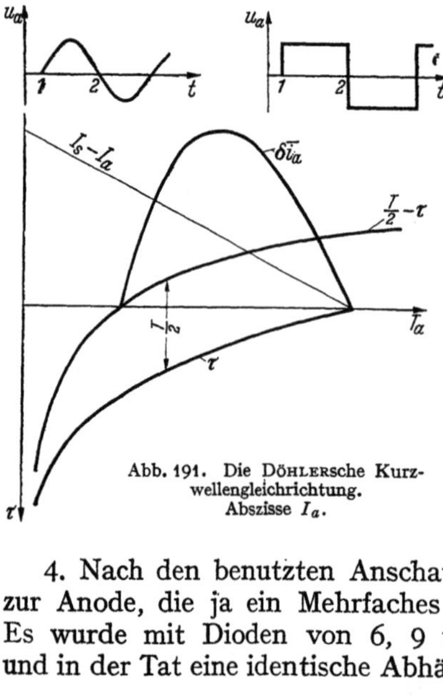

Abb. 191. Die Döhlersche Kurzwellengleichrichtung. Abszisse I_a.

Döhler und Hecker prüften nun ihre Anschauungen durch vier verschiedene Meßreihen.

1. Die Theorie wurde für die Wellenlängen 13,66 cm, 25 cm, 50 cm und 80 cm durchgeführt. Es geschah dies einfach durch Einsetzen der verschiedenen $T/2$-Werte.

2. Die Konstruktion wurde für verschiedene Sättigungsströme,

3. für verschiedene Glühdrahtoberflächen durchgeführt.

In allen Fällen ergab sich eine ausgezeichnete Übereinstimmung mit den Messungen.

4. Nach den benutzten Anschauungen hat die Laufzeit der Elektronen bis zur Anode, die ja ein Mehrfaches der Schwingungsdauer ist, keinen Einfluß. Es wurde mit Dioden von 6, 9 und 12 mm Anodendurchmesser untersucht und in der Tat eine identische Abhängigkeit der Gleichrichtung von I_a gefunden.

5. Der Empfang modulierter Wellen. Einfluß des Gitterkondensators $C_ü$ und des Ableitwiderstandes $R_ü$ auf Lautstärke und Sprachklarheit.

Schwankt die Amplitude $\mathfrak{U}_g$ im Takte der Sprachschwingungen um B Volt ($\mathfrak{U}_g = \mathfrak{U}_{g0} + B \cos \Omega t$) und verschiebt sich die Gittervorspannung um Δ, so hat der Gleichrichtereffekt nicht nur, wie oben, den über den Widerstand mehr abfließenden Strom $\frac{\Delta}{R_ü}$ und den Ausfall an Gitterstrom $\Delta \frac{di_g}{du_g}$, sondern auch noch den Ladestrom des Kondensators $C_ü \frac{d\Delta}{dt}$ zu decken. Der Gleichrichtereffekt war $\delta \bar{i}_g = i_g \mathfrak{F}(\mathfrak{U}_g)$, er ändert sich um

$$\Delta \delta \bar{i}_g = i_g \frac{d\mathfrak{F}}{d\mathfrak{U}_g} B \cos \Omega t - \mathfrak{F} \frac{di_g}{du_g} \cdot \Delta .$$

Wir erhalten also:

$$\frac{\Delta}{R_ü} + \Delta \frac{di_g}{du_g} + C_ü \frac{d\Delta}{dt} = i_g \frac{d\mathfrak{F}}{d\mathfrak{U}_g} B \cos \Omega t - \mathfrak{F} \frac{di_g}{du_g} \Delta$$

mit der Lösung:

$$\Delta = \frac{i_g \frac{d\mathfrak{F}}{d\mathfrak{U}_g} B \cos(\Omega t - \psi)}{\sqrt{\Omega^2 C_ü^2 + \left[\frac{1}{R_ü} + \frac{di_g}{du_g}(1 + \mathfrak{F})\right]^2}} \quad \text{mit} \quad \operatorname{tg} \psi = \frac{\Omega C_ü}{\frac{1}{R_ü} + \frac{di_g}{du_g}(1 + \mathfrak{F})} .$$

Die Formel lehrt:

1. Eine Verringerung von $C_ü$ erhöht Lautstärke und Sprachklarheit, da die Gleichrichtung von Ω unabhängiger wird.

2. Eine Erhöhung von $R_ü$ verringert zwar den Nenner, aber auch den Zähler, da i_g mit wachsendem $R_ü$ abnimmt. Da auch di_g/du_g mit wachsendem $R_ü$ abnimmt, überwiegt im Nenner wieder $\Omega^2 C_ü^2$, die Sprachklarheit leidet. Wenn auch $R_ü$ etwa die Größe eines Megohms haben soll, so ist doch eine zu weitgehende Vergrößerung (bis über 10 MΩ hinaus) ungünstig.

3. $C_ü$ soll zwar möglichst klein, aber immer noch etwa 10mal so groß als die Scheinkapazität der Röhre sein.

Kuhlmann, der die Formeln experimentell prüfte, fand, daß $C_ü = 500$ pF ein günstiger Wert ist.

F. Der Audionwellenmesser.

Wir haben die Rückwirkung angekoppelter Kreise auf die Frequenz und die Dämpfung eines Schwingungskreises und nun auch die Audiongleichrichtung kennengelernt und haben damit das Rüstzeug gewonnen, um das Arbeiten des Audionwellenmessers zu studieren.

Dieser Audionwellenmesser hat folgende Aufgaben:

1. Messung der Resonanzfrequenz eines Kreises, ohne daß man in den zu untersuchenden Kreis ein Instrument einschalten oder anzukoppeln braucht.

2. Messung der Dämpfung eines Kreises ohne Eingriff in den Kreis.

3. Die Methode ist zum Arbeiten mit Kurzwellen (Barkhausen- und Magnetronschwingungen) geeignet.

4. Man kann natürlich auch die Welle einer Hochfrequenzschwingung messen.

Die Schaltung des Gerätes ist in Abb. 192 dargestellt. Der Audionwellenmesser ist ein gewöhnlicher rückgekoppelter Sender mit Audion-Gitterblockierung. Im Anodenkreis liegt eine Verstärkerstufe mit Telephon oder besser Lautsprecher und ein Gleichstrominstrument, an dem der Hauptteil des Anodenstromes durch einen Umgehungskreis vorbeigeführt und das durch einen Vorsichtschalter geschützt ist.

Dem Wellenmesser ist ein geeichter Schwingungskreis (Meßkreis *a*) beigegeben, dessen Wellenlängen und Dämpfungen bekannt sind. Es sind geeichte Widerstände vorhanden, um die Dämpfung des Meßkreises zu ändern.

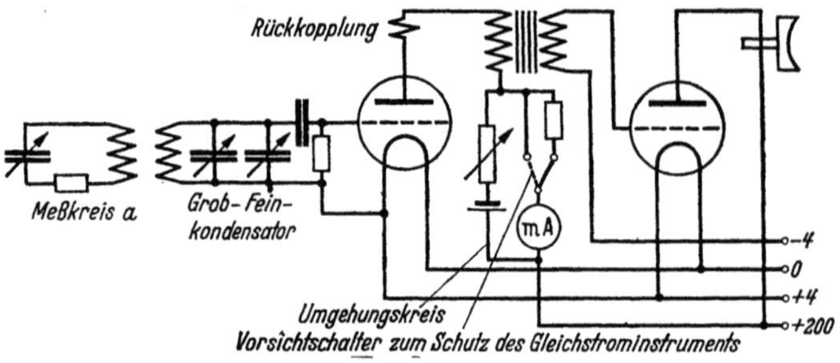

Abb. 192. Audionwellenmesser (Schaltung).

1. Die Energieentziehungsmethode.

Wir koppeln den Meßkreis *a* mit dem Gerät, indem wir ihn z. B. $^1/_2$ m entfernt vom Gerät aufstellen und stimmen den Meßkreis ab. Wenn die Resonanz erreicht ist, entzieht der Meßkreis Schwingungsenergie. Die Schwingungsamplitude im Gerät sinkt. Damit wird die Gittergleichrichtung geringer, der mittlere Anodenstrom steigt. Wenn man den am Gleichstrominstrument (MA) abgelesenen mittleren Anodenstrom über der Frequenz des Meßkreises aufträgt, so erhält man eine „Resonanzkurve". Die Abstimmung liegt beim Maximum der Resonanzkurve.

Man kann zur Aufnahme der Resonanzkurve auch den Meßkreis stehen lassen und den Wellenmesser verstimmen.

Auf diese Weise kann man den Wellenmesser mit dem Normalkreis eichen oder einen Kreis unbekannter Eigenfrequenz messen.

Um die Empfindlichkeit zu steigern, stelle man die Rückkopplung so ein, daß bei Resonanz die Schwingungen fast erlöschen. Wenn L_1 und L_2 zwei Flachspulen von 10 cm Durchmesser sind, so kann man die Energieentziehung bei Resonanz noch gut nachweisen, wenn die Spulen 1 m voneinander entfernt auf dem Tisch liegen. Ich habe diese Methode zur Beobachtung der Resonanz Energieentziehungsmethode genannt. Diese Methode hat den großen Vorteil, auch bei Kurzwellen anwendbar zu sein. Bei einer Barkhausen-Schwingung (z. B. $\lambda = 14$ cm) kann man als Maß für die Generatoramplitude den Anodenstrom benutzen[1]. Bei $U_a = -50$ V verschwindet dieser bereits bei einer sehr geringen Verminderung der Amplitude. Koppelt man mit dem 14 cm-Generator lose ein kleines Lechersystem, so kann man die Resonanz sehr deutlich am Verschwinden des Anodenstromes feststellen und so die Wellenlänge leicht messen.

2. Die Verstimmungsmethode.

Abb. 193 zeigt uns, daß bei Resonanz ($\delta\omega_2 = 0$) der Generator in der Frequenz schwingt, die er ohne angekoppelten Kreis hat. Man beobachte mit Überlagerer und Stimmgabel die sich ausbildende Frequenz, stimme den Kreis wieder so ein, daß wieder die Frequenz der ungestörten Schwingung auftritt. Dann hat man die Resonanz erreicht. Geht man in die Nähe der kritischen Kopplung[2], so ist die Änderung von $\delta\Omega$ leicht 10mal größer als die von $\delta\omega_2$ bzw. v zu bekommen. Da man nun die Tonfrequenz durch Beobachtung der Schwebung mit einer

[1] Siehe Abschnitt über die Barkhausen-Schwingungen.
[2] Vergleiche den Abschnitt über die Ziehtheorie.

Stimmgabel leicht auf 2—3 Schwingungen pro Sekunde genau feststellen kann, kann man die Kreisfrequenz mit der Generatorfrequenz auf 0,2—0,3 Hz genau vergleichen. Das ist bei $\nu = 10^6$ Hz ($\lambda = 300$ m) eine Genauigkeit von $2—3 \cdot 10^{-7}$. Der Versuch scheitert meist an der Inkonstanz der Röhrensender infolge kleiner Spannungsschwankungen der Batterien oder kleiner Temperaturschwankungen ($^1/_{100}$ Grad!)

3. Dämpfungsmessungen.

$\delta\omega_1$ (mit dem Überlagerer feststellbar und proportional δC_1, der Veränderung des Überlagererkondensators) und $\overline{\delta i_a}$ sind vom Rückwirkungswiderstand

$$\Re_r = \frac{L_1 \omega^2 k^2}{2d} \frac{1}{1+x^2} - j \frac{L_1 \omega^2 k^2 x}{1+x^2}; \quad x = \frac{\delta\omega_2}{d}$$

abhängig. Das erste Glied beeinflußt im wesentlichen die Amplitude, das zweite die Frequenz. Wenn man durch Veränderung des Kopplungsfaktors k dafür sorgt, daß $\omega^2 k^2/2d$ immer denselben Wert hat, so erhält man für *alle* Dämpfungen dieselben $\delta\Omega$-x- (Abb. 193) bzw. $\overline{\delta i_a}$-x-Kurven (Abb. 194) oder wenn man

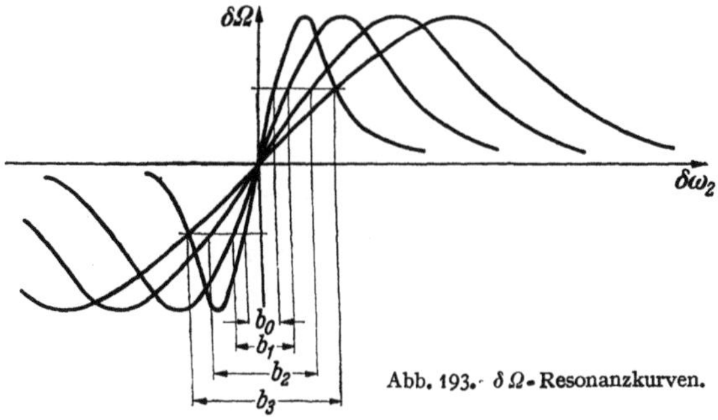

Abb. 193. $\delta\Omega$-Resonanzkurven.

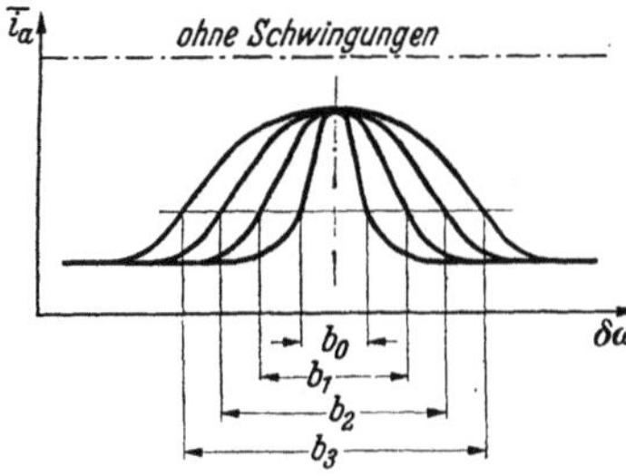

Abb. 194. $\bar{i}_a$-Resonanzkurven.

statt x $\delta\omega_2$ als Abszisse wählt, eine Kurvenschar, welche durch Dehnung des $\delta\omega_2$-Maßstabes im Verhältnis der Dämpfungen oder Dämpfungswiderstände ineinander überführt werden können. Die Breiten b_1, b_2, b_3 der „Resonanzkurven" in beliebiger Höhe gemessen, stehen dann im Verhältnis der Dämpfungen oder der Dämpfungswiderstände. Schalte ich in dem zu messenden Kreise Zusatznormaldämpfungswiderstände R_z zu, und trage ich die Breiten über die Normalwiderstände auf, so erhalte ich eine Gerade (Abb. 195), welche auf der R-Achse den gesuchten Dämpfungswiderstand R_x abschneidet. Diese Methode hat den Vorteil, daß man den Meßpunkt 0 ohne Eingriff in den Kreis findet. Sie eignet sich besonders zur Messung sehr kleiner Dämpfungen.

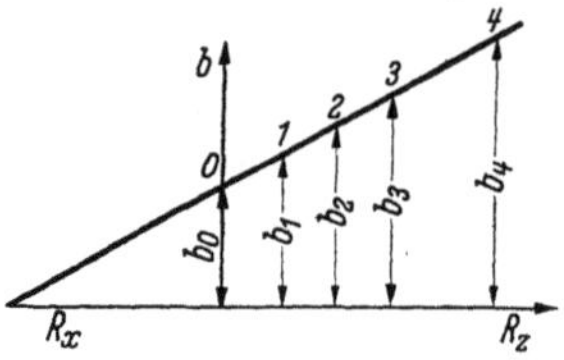

Abb. 195.
Diagramm zur Dämpfungsmessung.

Ist die Kopplung lose, so ist $\delta\Omega \ll \delta\omega_2$; die Kontrolle der sich einstellenden Frequenz mit dem Überlagerer ist dann nicht nötig.

Diese Methode gilt auch dann, wenn die Amplitude, z. B. von Barkhausen-Schwingungen, am Anodenstrom gemessen, in komplizierter Weise vom reellen *und* imaginären Teil des Rückwirkungswiderstandes abhängt. Dämpfungsmessungen an berechenbaren Rohrlechersystemen wurden bei $\lambda = 1$ m nach dieser Methode mit großer Genauigkeit durchgeführt.

Die Einstellung der Kopplung auf gleiche $\omega^2 k^2/d$-Werte ist dabei sehr einfach. Man braucht nur den Kreis, nachdem man den jeweiligen Zusatznormalwiderstand eingeschaltet und abgestimmt hat, so fest zu koppeln, daß immer die gleiche Energieentziehung auftritt[1].

Dämpfungsmessung ohne Einschalten von Normalwiderständen durch Vergleich mit einem Normalkreise.

Kann man aus irgendwelchen Gründen in den zu messenden Kreis keine Normalwiderstände einschalten, so nehme man die Resonanzkurve (die in den Resonanzkurven als Ordinaten aufgetragenen Größen $\delta\Omega$, $\overline{\delta i_a}$, $\delta\mathfrak{J}_a$ usw. seien als Ind. [Indikator] bezeichnet) für einen Kreis bekannter Dämpfung auf, kopple dann den zu untersuchenden Kreis mit dem Generator so fest, daß im Resonanzfalle der gleiche Indikatorwert auftritt und nehme die Ind.-$\delta\omega_2$-Kurve auf. Man messe dann an beliebiger Stelle die Breiten der beiden Kurven: Es gilt dann $b_1 : b_2 = d_1 : d_x$. Es ist einzig und allein nötig, daß man den zu untersuchenden Kreis auf verschiedene Frequenzen abstimmen kann und die Frequenzeichkurve in der Umgebung der Resonanzstelle kennt.

Kann man den zu untersuchenden Kreis auch nicht verstimmen, so muß man den Wellenmesser verstimmen, die Kopplung so einstellen, daß bei Resonanz immer die gleiche Energieentziehung (erkennbar an gleichem mittleren Anodenstrom) eintritt und die Breite der erhaltenen Resonanzkurve mit der Breite der Resonanzkurven vergleichen, die mit dem geeichten Kreise mit bekannter Dämpfung aufgenommen sind. Die Dämpfungen stehen dann immer wieder im Verhältnis der Breiten der beiden Resonanzkurven.

4. Messung von Frequenzen einfallender Schwingungen.

Der Vollständigkeit halber sei hier erwähnt, daß mit dem Audionwellenmesser auch die Frequenz einfallender Wellen, und zwar nach dem Schwebungsverfahren mit dem Telephon oder nach dem Mitnahmebereichverfahren mit Milliamperemeter im Anodenkreis gemessen werden kann.

Über Mitnahme s. H. G. Möller, Elektronenröhren, 3. Aufl., S. 157—163.

G. Die Barkhausenschwingungen.

1. Die Entdeckung der Schwingungen.

Barkhausen studierte den Verlauf der Kennlinien bei positivem Gitter und negativer Anodenspannung. Er erwartete, daß bei negativer Anode kein Anodenstrom fließen würde, fand aber, daß doch ein Anodenstrom auftrat. Er überlegte, daß dies nur möglich sein könne, wenn sich der mittleren negativen Anodenspannung, die das Gleichstromvoltmeter anzeigte, eine Wechselspannung überlagerte, welche die Anode wenigstens zeitweilig positiv machte. Der Nachweis dieser Wechselspannung mit einem Detektor gelang.

2. Die Frequenz der Barkhausenschwingungen.

Die Wellenlänge der neuen Schwingungen ergab sich zu etwa 1 m und war abhängig von der Gitterspannung. Barkhausen vermutete, daß sie mit der Pendelung der Elektronen durch das Gittertal (Versuch mit dem Gummimembran-

---

[1] Wenn man die Frequenzresonanzkurve zur Messung benutzen will, reguliere man die Kopplung so, daß die maximale Verstimmung ($\delta\Omega_{max}$) immer konstant bleibt.

Es sei darauf hingewiesen, daß es keineswegs darauf ankommt, die Form der $\overline{\delta i_a} - \delta\omega_2$- bzw. $\delta\Omega - \delta\omega_2$-Kurve theoretisch zu kennen. Es genügt zu wissen, daß sie alle durch Veränderung des $\delta\omega_2$-Maßstabes im Verhältnis der d bzw. R ineinander zu überführen sind.

apparat!) etwas zu tun haben. Er näherte den Potentialverlauf in der Röhre durch die Formel (s. Abb. 196):

$$\varphi = U_g\left(1 - \left(\frac{x}{x_0}\right)^2\right); \qquad \mathfrak{E} = 2U_g\frac{x}{x_0^2}$$

an. Hiernach unterliegen die Elektronen einer quasielastischen Kraft

$$K = -\frac{2U_g e_1}{x_0^2}\cdot x = -px$$

und führen nach der Gleichung:

$$mx'' + px = 0$$

Pendelschwingungen von der Frequenz

$$\omega^2 = \frac{p}{m} = \frac{2U_g e_1}{m x_0^2};$$

$$\lambda = \frac{2\pi c x_0}{\sqrt{\frac{2U_g e_1}{m}}} = 3160\frac{x_0}{\sqrt{U_g}}\ \text{cm} \quad (x_0 \text{ in cm}, U_g \text{ in Volt})$$

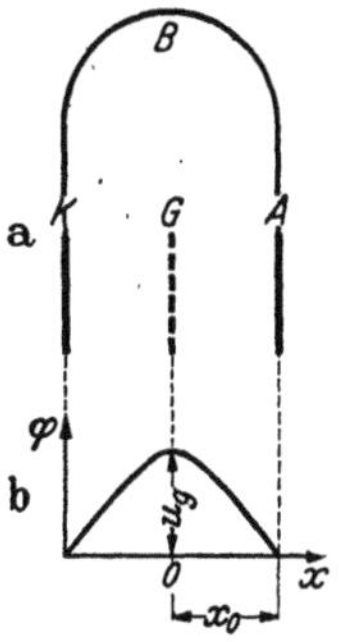

Abb. 196. Ebene Anordnung und angenäherte Potentialverteilung.

aus. Die nach dieser Formel berechneten Frequenzen stimmen gut mit den beobachteten überein[1].

3. Die Fragestellung.

Damit ist allerdings der Mechanismus der Schwingungen noch nicht erklärt. Denn in jedem Zeitmoment starten Elektronen vom Glühdrahte aus zu ihrer Pendelbewegung. In jedem Zeitmoment befinden sich daher an allen Stellen des Röhreninneren immer die gleiche Anzahl der Elektronen. Die von den bewegten Elektronen gebildete Raumladungsdichte ist also zeitlich konstant und kann in einem an die Elektroden angeschlossenen Schwingungskreise keine Wechselströme hervorrufen.

Dies ist nur möglich, wenn sich die Elektronen zu einer Wolke zusammenballen und diese Wolke als Ganzes in der Röhre pendelt, oder wenn sich die Elektronen zu gemeinsamem Tanze ordnen. Eine Theorie der Barkhausen-Schwingungen hat also vor allem diese Ordnung zu gemeinsamen Tanze zu erklären.

4. Verschiedene Schwingungsmechanismen.

Um den Mechanismus eines Schwingungsgenerators zu erklären, gent man davon aus, daß in einem Schwingungskreise ein Wechselstrom angeregt sei und sucht nun nach dem Mechanismus, der diesen Wechselstrom aufrechterhält. So geht man bei der Theorie des Meißner-Generators z. B. von dem Strome im Schwingungskreise aus, studiert die Erregung der Anodenspannung und der Gitterspannung durch diesen Strom, die Steuerung des Anodenstromes, und schließlich die Unterhaltung des Schwingungskreisstromes durch den Anodenstrom. So haben wir auch bei den Barkhausenschwingungen davon auszugehen,

---

[1] In der Formel ist U_g das Potential der Sättel zwischen den Gitterdrähten, nicht das Gitterpotential. Man kann aber auch das Feld zwischen den Elektroden als konstant annehmen: $\mathfrak{E} = \frac{U_g}{x_0}$ und die Schwingungsdauer T der 4fachen Fallzeit 4τ gleichsetzen. Mit $\tau = \frac{x_0}{v_{\max}/2}$ erhält man $T = \frac{8x_0}{v_{\max}}$ und $\lambda = \frac{8cx_0}{v_{\max}} = \frac{8\cdot 3\cdot 10^{10}x_0}{6\cdot 10^7\sqrt{U_g}}\ \text{cm} = 4000\frac{x_0}{\sqrt{U_g}}\ \text{cm}$. Hierin ist nun U_g die Gitterspannung. Sind die Abstände Gitter—Kathode (x_{gk}) und Gitter—Anode (x_{ga}) verschieden und ist die Anodenspannung $-U_a$, so gilt

$$\lambda = \frac{2000}{\sqrt{U_g}}\left(x_{gk} + x_{ga}\frac{U_g}{U_g + U_a}\right)\ \text{cm}.$$

daß in dem von der Elektrodenkapazität und dem Bügel B gebildeten (Abb. 196) Schwingkreis ein Wechselstrom fließt, Spannungen an den Elektroden erregt, und diese Spannung die Pendelbewegung der Elektronen beeinflußt. Diese Beeinflussung muß zu der gesuchten Tanzordnung führen. Die Unterhaltung einer Schwingung durch eine pendelnde Raumladungsscheibe ist schließlich leicht zu berechnen.

Für die Herstellung einer Tanzordnung ergeben sich dann folgende Möglichkeiten:

a) Wenn an den 3 Elektroden Wechselspannungen liegen, so kann man, da es bei der Berechnung des elektrischen Feldes und der Kräfte nur auf die Differenz dieser Spannungen ankommt, unbeschadet der Allgemeinheit eine als zeitlich konstant annehmen. Dies sei z. B. die Gitterspannung. Dann können Anoden- und Kathodenspannung entweder gegenphasig oder gleichphasig schwingen. Beide Arten der Schwingung werden zu Tanzordnungen führen. Wir betrachten zunächst die erstere Art.

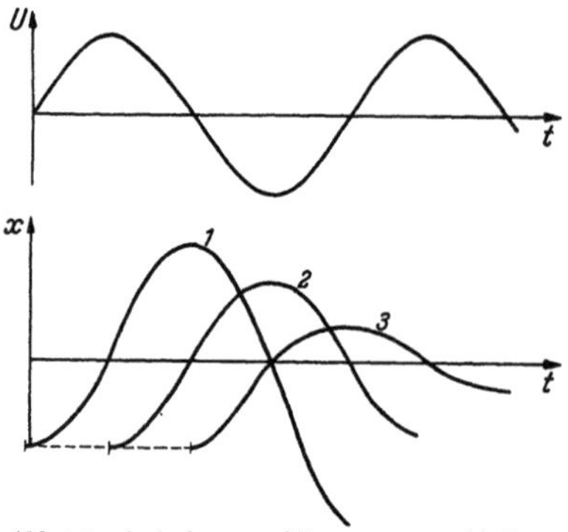

Abb. 197. Anfachung und Bremsung verschiedenphasig startender Elektronen.

b) In Abb. 197 ist die Pendelung von Elektronen für drei verschiedenen Abflugzeiten aufgezeichnet. Die 1. Sorte findet neben der „quasielastischen Kraft" auf ihrem Wege immer eine Wechselfeldstärke, die die Amplitude vergrößert, die 2. Sorte findet auf der 1. Hälfte des Hinweges eine beschleunigende, auf der 2. Hälfte des Hinweges eine verzögernde Zusatzfeldstärke, so daß ihre Amplitude erhalten bleibt, die 3. Sorte findet auf dem ganzen Wege wieder eine bremsende Feldstärke, die Amplitude der 4. Sorte wird wieder nicht geändert.

c) Wenn nun die Anodenspannung $= 0$ ist, so werden die Elektronen dicht vor der Anode umkehren. Wird ihre Amplitude vergrößert, so werden sie auf die Anode kommen und damit aussortiert werden. Nur die Elektronen, deren Amplitude verkleinert wird und die Energie liefern, schwingen weiter. „Anodenaussortierung".

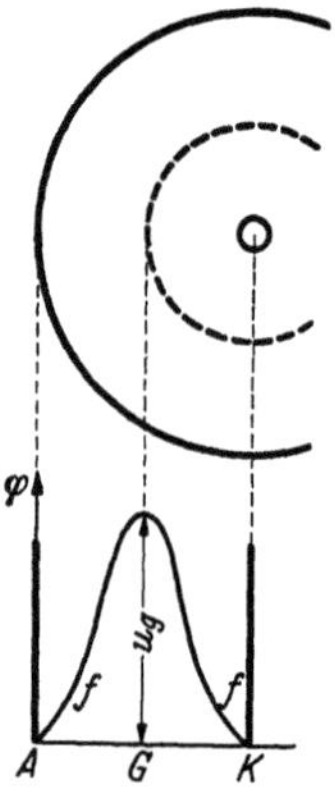

Abb. 198. Genaueres Bild der Potentialverteilung.

Man beobachtet aber auch eine Anregung von Schwingungen bei stark negativer Anodenspannung, bei der diese Anodenaussortierung nicht stattfinden kann. Betrachtet man den Verlauf des Potentiales genauer (Abb. 198), so sieht man, daß der Potentialverlauf wohl in der Nähe des Gitters für Pendelungen kleiner Amplitude durch die in Abb. 196 gezeichnete Parabel angenähert werden kann. Für Elektronen, deren Amplitude abnimmt, die also Energie liefern, kommt eine von der Amplitude unabhängige Pendelfrequenz in Frage. Elektronen, deren Amplitude zunimmt, halten sich an den Stellen mit flach verlaufendem Potential (bei f) verhältnismäßig lange auf. Dadurch gelangen sie in eine spätere Phase, bei der nächsten Schwingung in eine noch spätere Phase, bis sie diejenige Phase erreicht haben, in der sie Energie abgeben. Dann nimmt ihre Amplitude ab, sie bleiben im Gebiet der parabolischen Potentialverteilung, ändern Frequenz und Phase nicht mehr, bis sie ihre gesamte Schwingungsenergie abgegeben haben und auf einem Gitterdraht landen. „Phaseneinsortierung."

5. Plan zur Berechnung des Phaseneinsortierfaktors.

Da die kräftigsten Barkhausenschwingungen bei Phaseneinsortierung erregt werden, so sei hier nur der Anregungsfaktor für die Phaseneinsortierung berechnet. Nach Punkt 4 ist der Weg hierfür vorgezeichnet:

a) Berechne die Amplitudenänderung in Abhängigkeit von der Phase χ der Wechselspannung im Momente des Abfluges des Elektrons.

b) Berechne die Veränderung der Phase bzw. der Schwingungsdauer δT in Abhängigkeit von der Amplitudenänderung δx.

c) Während der Zeit Δt fliegt von der Kathode die Ladung

$$\Delta Q = I \cdot \Delta t$$

ab. Die Schwingungsdauer der Elektronen ändert sich nun mit der Abflugzeit. Die Schwingungsdauer habe zu Anfang des Zeitabschnittes Δt den Wert $T + \delta T$, zu Ende des Zeitabschnittes den Wert $T + \delta T + \frac{d\delta T}{dt}\Delta t$. Die Ladung ΔQ landet also während der Zeit $\Delta t\left(1 + \frac{d\delta T}{dt}\right)$ und die Stromstärke $I + \delta I$ beim Landen beträgt

$$I + \delta I = \frac{\Delta Q}{\Delta t\left(1 + \frac{d\delta T}{dt}\right)} = \frac{I}{1 + \frac{d\delta T}{dt}} \approx I\left(1 - \frac{d\delta T}{dt}\right), \qquad \frac{\delta I}{I} = -\frac{d\delta T}{dt}.$$

d) Aus der zeitlichen Schwankung der Stromstärke ist die zeitliche Schwankung der Raumladungsdichte als Funktion des Ortes zu berechnen.

e) Aus der Dichteverteilung ist nach

$$\varepsilon_0 \frac{d^2\varphi}{dx^2} = -\varrho,$$

die von der pendelnden Elektronenwolke influenzierte Spannung $\mathfrak{U}^*$ zu berechnen. $\mathfrak{U}^*$ wird sich proportional zu $\mathfrak{U}$ ergeben:

$$\mathfrak{U}^* = -D_0\mathfrak{U}.$$

Der Proportionalitätsfaktor D_0 heißt „Anregungsfaktor".

f) Schließlich ist zu bedenken, daß nicht nur die eben entstandene Elektronenwolke, sondern auch früher entstandene pendeln, diese früher entstandenen aber durch Absorption von Elektronen im Gitter bei jedem Hin- und jedem Hergang durch das Gitter dünner werden. Nimmt ihre Dichte bei *einem* Durchgang durch das Gitter auf den βten Teil ab, so ist der Gesamtanregungsfaktor

$$D = \frac{D_0}{2}(1 + \beta + \beta^2 + \cdots) = \frac{D_0}{2}\frac{1}{1-\beta}.$$

g) Mit Hilfe dieses Anregungsfaktors ist dann die Bedingung für das Entstehen kontinuierlicher Schwingungen aus dem Kirchhoffschen Gesetze $\Sigma u = 0$ abzuleiten:

$$D(-\mathfrak{J}(j\omega L + R)) + \frac{\mathfrak{J}}{j\omega C + A} = \mathfrak{U} = -\mathfrak{J}(j\omega L + R),$$

$$D = 1 + \frac{1}{(j\omega C + A)(j\omega L + R)} = |D|\cos\varphi + j|D|\sin\varphi,$$

$$|D|\cos\varphi = 1 - \frac{\omega^2 LC - AR}{N}; \qquad |D|\sin\varphi = -\frac{\omega(RC + AL)}{N};$$

$$N = (\omega^2 LC - AR)^2 + \omega^2(RC + AL)^2.$$

Hierin bedeutet: C die Kapazität der Elektroden, an die der Schwingungskreis angeschlossen ist, L die Induktivität des Schwingkreisbügels, R sein Dämpfungswiderstand, A die Ableitung infolge des Anodenstromes. A steigt mit wachsender Amplitude. Amplitude und Frequenz stellen sich so ein, daß die Bedingung für das Zustandekommen kontinuierlicher Schwingungen erfüllt wird.

6. Ausführung der Berechnung.

Der Zweck der Rechnung ist es nicht, eine strenge Theorie für die gewöhnlich verwendete zylindrische Anordnung zu bekommen, sondern mit Hilfe einer möglichst einfachen Rechnung zu übersehen, wie die Amplitude und die Frequenz der Schwingungen von den Betriebsdaten U_g, I_a, $-U_a$ und vom Röhrenbau (x_0, Gitterdurchlässigkeit β), und von den Daten des angeschlossenen Kreises, L, R, C, A, abhängt. Wir betrachten daher die einfach zu berechnende ebene Anordnung Abb. 199. Das Gitter ist mit dem Erdpunkt durch ein auf $\lambda/2$ abgestimmtes, einen Kurzschluß bildendes Lecher-System verbunden. Die Kapazität C zwischen Anode und Kathode, die Ableitung dieser Kapazität A infolge des Anodenstromes und der Gitterstrom I sind pro Quadratzentimeter des Röhrenquerschnittes angegeben.

Punkt a). Die Bewegungsgleichung der Elektronen lautet:

$$m x'' + p x = \frac{U_0 e_1}{2 x_0} \cos(\omega\tau + \chi) \qquad \tau = \text{Zeit vom Elektronenabflug an.}$$

(U_0 = Amplitude der Potentialdifferenz zwischen Anode und Kathode.)

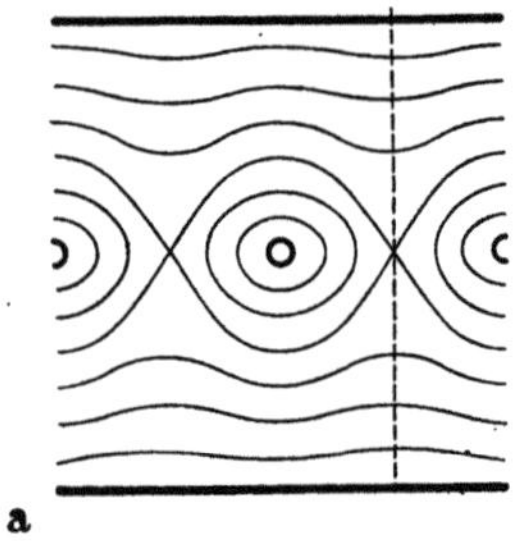

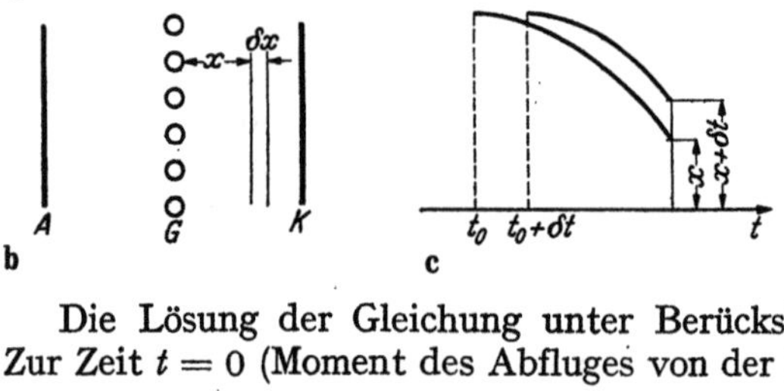

Abb. 199. Diagramme zur Berechnung der Raumladung.

Für die Federkonstante der quasielastischen Kraft ist einzusetzen:

$$p = \frac{2 U_g e_1}{x_0^2}.$$

Führen wir die Elektroneneigenfrequenz ein,

$$\omega_0^2 = \frac{2 U_g e_1}{m x_0^2} = \frac{p}{m},$$

so erhalten wir:

$$x'' + \frac{p}{m} x = x'' + \omega_0^2 x = \frac{U_0 e_1}{2 m x_0} \cos(\omega\tau + \chi).$$

χ bedeutet die Phase der Elektrodenwechselspannung im Moment des Abfluges des Elektrons.

Die Lösung der Gleichung unter Berücksichtigung der Grenzbedingungen: Zur Zeit $t = 0$ (Moment des Abfluges von der Kathode):

$$x = x_0; \quad x' = 0$$

lautet:

$$x = \frac{A}{\delta\omega}\left[\cos\omega\tau\cos\chi - \sin\omega\tau\sin\chi - \cos\omega_0\tau\cos\chi + \frac{\omega}{\omega_0}\sin\omega_0\tau\sin\chi\right] + x_0\cos\omega_0\tau.$$

Hierin ist zur Abkürzung gesetzt:

$$A = \frac{U_0 e_1}{4 m x_0 \omega}\left(\approx \frac{U_0 e_1}{2 x_0 m(\omega + \omega_0)}\right); \quad \delta\omega = \omega_0 - \omega.$$

Nach Verlauf von einer Schwingung der Wechselspannung hat x den Wert:

$$x_1 = \frac{A}{\delta\omega}\left(\cos\chi\right) 1 - \cos\frac{2\pi\delta\omega}{\omega}\Big) + \frac{\omega}{\omega_0}\sin\chi\sin\frac{2\pi\delta\omega}{\omega}\Big) + x_0\cos\frac{2\pi\delta\omega}{\omega}.$$

Die Vergrößerung der Amplitude ist dann unter Vernachlässigung aller Glieder, die klein 2. Ordnung sind (A ist klein 1. Ordnung):

$$\delta x = \frac{A}{\delta\omega}\,\frac{2\pi\,\delta\omega}{\omega}\sin\left(\chi + \frac{\pi\,\delta\omega}{\omega}\right) \quad \left(\text{genauer } \frac{2\pi A}{\omega\sqrt{\left(\frac{\omega}{\omega_0}\right)^2 + \left(\frac{\pi\,\delta\omega}{\omega}\right)^2}}\sin(\chi+\delta);\right.$$

$$\left.\operatorname{tg}\delta = \frac{\pi\,\delta\omega\cdot\omega_0}{\omega^2}\right).$$

Wenn man die Werte für A und ω einsetzt:

$$\delta x = \frac{U_0 x_0 \pi}{4U_g}\sin\left(\chi + \pi\frac{\delta\omega}{\omega}\right).$$

Punkt b). Wir wollen in dem fraglichen Bereich den komplizierten Verlauf der Spannung durch die einfache lineare Beziehung: $\varphi = U_g\frac{x}{x_0}$ annähern. Ist nun die Amplitude von x_0 auf x_1 gestiegen, so ist die Gitterspannung von U_g auf $U_g\frac{x_1}{x_0}$ gestiegen und die Frequenz durch

$$\omega^2 = \left(\frac{2\pi}{T}\right)^2 = \frac{2U_g e_1}{m x_0 x_1}$$

gegeben. Durch Differentiation erhalten wir:

$$\delta(\omega^2) = -\frac{8\pi^2}{T^2}\,\frac{\delta T'}{T} = \frac{-2U_g e_1}{m x_0 x_1}\,\frac{\delta x}{x_1}; \qquad \frac{\delta T'}{T} = \frac{\delta x}{2x_0},$$

$\delta T'$ ist die Vergrößerung der Schwingungsdauer, wenn die Amplitude während der ganzen Schwingung um δx größer gewesen wäre. Sie ist aber bei Beginn der Schwingung noch nicht um δx vergrößert, sondern erst am Ende. Die wirkliche Vergrößerung der Schwingungsdauer ist daher nur die Hälfte:

$$\frac{\delta T}{T} = \frac{\delta x}{4x_0}.$$

δT schwankt mit δx proportional zu $\sin\left(\chi + \frac{\pi\,\delta\omega}{\omega}\right)$. Für χ ist nun ωt einzusetzen. Die Phase χ beim Abfluge der Elektronen von der Kathode ändert sich ja proportional mit der Zeit.

Punkt c). Wenn wir mit ΔQ die Ladung bezeichnen, die während einer kleinen Zeit ΔT von 1 cm² der Kathode emittiert wird, so ist die Stromdichte beim Abfluge von der Kathode $I = \Delta Q/\Delta t$. Wenn diese Elektronen nach Rückkehr zur Kathode die 2. Pendelbewegung antreten, so ist die Zeit Δt durch die Änderung der Schwingungsdauer verändert. Aus Δt ist $\Delta t + \frac{d\,\delta T}{dt}\Delta t$ geworden. Die Stromdichte ist somit jetzt:

$$I_0 + \delta I = \frac{\Delta Q}{\Delta t\left(1 + \frac{d\,\delta T}{dt}\right)} = I_0\left(1 - \frac{d}{dt}\delta T\right); \qquad \delta I = -\frac{I_0 d}{dt}\delta T.$$

Wenn wir den Wert für δT einsetzen, erhalten wir:

$$\delta I = -\frac{I_0 T}{4x_0}\,\frac{d}{dt}\delta x = \frac{-I_0 T\omega}{16U_g}\pi U_0\cos\left(\omega t + \frac{\pi\,\delta\omega}{\omega}\right) = -\frac{\pi^2}{8}\,\frac{I_0}{U_g}U_0\cos\left(\omega t + \frac{\pi\,\delta\omega}{\omega}\right).$$

Punkt d). Zwei Elektronen, die zur Zeit t an die Stellen x und $x + dx$ gekommen sind, haben den Glühdraht zur Zeit t_0 und $t_0 + dt$ verlassen. (Vgl. Abb. 199 c.) In einer Scheibe vom Querschnitt von 1 cm² und der Dicke dx ist dann die Ladung $I(t_0)dt$ angehäuft. Die Zeiten, die vom Abfluge der Elektronen bis zur Zeit t vergangen sind, sind dann

$$\tau = t - t_0 \text{ und } \tau - d\tau = t - (t_0 + dt); \quad d\tau = +dt.$$

Zur Berechnung des zurückgelegten Weges benutzen wir nur das Hauptglied $x = x_0 \cos\omega\tau$ und vernachlässigen das Korrektionsglied[1]

$$\delta x = \frac{U_0 x_0 \pi}{4 U g} \cos\left(\omega t + \frac{\pi \delta \omega}{\omega}\right).$$

Die Dichte der Raumladung ist dann (I ist als *Elektronen*strom negativ!)

$$-\varrho = I(t_0) \frac{d\tau}{dx} = (I_0 + \delta I(t_0)) \frac{d\tau}{dx}.$$

Für $\cos\omega\tau$ ist $\frac{x}{x_0}$, für t_0 ist $t - \tau = t - \frac{\arccos x/x_0}{\omega}$ zu setzen. Wir erhalten dann

$$\varrho = \frac{I_0\left(-1 + \frac{\pi^2}{8}\frac{U_0}{U_g}\cos\left(\omega t + \frac{\pi\delta\omega}{\omega} - \arccos\frac{x}{x_0}\right)\right)}{\omega x_0 \sqrt{1 - \left(\frac{x}{x_0}\right)^2}},$$

denn

$$\frac{dx}{d\tau} = -\omega x_0 \sin\omega\tau = -\omega x_0 \sin\arccos\frac{x}{x_0} = -\omega x_0 \sqrt{1 - \left(\frac{x}{x_0}\right)^2}.$$

Mit Hilfe der trigonometrischen Formeln wandeln wir um zu:

$$\varrho = \frac{I_0}{\omega x_0 \sqrt{1 - \left(\frac{x}{x_0}\right)^2}} \left[-1 + \frac{\pi^2 U_0}{8 U_g}\cos\left(\omega t + \frac{\pi\delta\omega}{\omega} - \arccos\frac{x}{x_0}\right)\right]$$

$$= \varrho_0 + \frac{x}{x_0}\frac{\pi^2}{8U_g} I_0 U_0 \frac{\cos\left(\omega t + \frac{\pi\delta\omega}{\omega}\right)}{\omega x_0\sqrt{1 - \left(\frac{x}{x_0}\right)^2}} + \frac{\pi^2}{8U_g}\frac{I_0 U_0}{\omega x_0}\sin\left(\omega t + \pi\frac{\delta\omega}{\omega}\right).$$

---

[1] Die Elektronenabsorption im Gitter ist zunächst vernachlässigt, d. h. $\beta = 1$ gesetzt. Infolge dieser Vernachlässigung werden Glieder gestrichen, die zwar kleiner, aber doch von derselben Größenordnung wie das zu berechnende $\delta\varrho$ sind. Für den Fall, daß $\frac{\pi\delta\omega}{\omega} = 0$ ist, ließe sich die Berechnung auch ohne Schwierigkeiten durchführen. Die Abhängigkeit des Anregungsfaktors von I_0, x_0, ω, U_g, β, auf die es uns ankommt, wird nicht berührt, sondern man erhält lediglich einen anderen Zahlenfaktor.

Da die experimentelle Prüfung der Theorie nicht an ebenen Anordnungen mit dem Anschluß des Lechersystemes an die ebene *Kathode* und Anode, sondern an zylindrischen Röhren mit dem Anschluß des Lechersystemes an *Gitter* und Anode erfolgt, kann die Größe des Zahlenfaktors doch nur qualitativ geprüft werden. Es lohnt sich daher nicht, die Rechnung genauer durchzuführen.

Bei der strengen Rechnung findet man, daß später abfliegende Elektronen früher abfliegende überholen können, falls die Abflugphase so liegt, daß die später abfliegenden eine größere Amplitude erhalten. An diesen Überholungsstellen wird dann $\delta\varrho$ unendlich. Bei kleinen Schwingungsamplituden liegen diese Überholungsstellen nahe an Kathode und Anode, wo ϱ sowieso unendlich wird, da wir unter Vernachlässigung der maxwellisch verteilten Temperaturgeschwindigkeit mit einer Elektronenanfangsgeschwindigkeit Null rechnen. Es ist daher zu vermuten, daß selbst die Vernachlässigung dieses Unendlichwerdens von $\delta\varrho$ (Fall der Phasenfokussierung) das Resultat nicht qualitativ ändert. Der später darzustellende Vergleich der Theorie mit den Messungen von Helmholz bestätigt diese Vermutung.

Die Phasenfokussierung beruht auf der verschiedenen Schwingungsdauer der Elektronen mit verschiedener Amplitude. Streng genommen müßte man also eine „quasielastische Kraft" bzw. eine Resonanzfrequenz ω_0 einführen, die von der Zeit abhängt, und dieses $\omega_0(t)$ in der Berechnung von ϱ benutzen. Auch diese Zeitabhängigkeit ist vernachlässigt. Würde man sie berücksichtigen, so würde man finden, daß ein Elektron mit kleinerer Amplitude und infolgedessen kürzerer Schwingungsdauer (größerem ω_0) das vor ihm laufende überholen kann. Diese Überholungen können bei kleinen Schwingungsamplituden erst nach mehreren

Da sin $\omega\tau$ auf dem Hin- und Rückwege entgegengesetztes Vorzeichen haben, heben sich die beiden von x freien Glieder auf[1], während sich die zu x proportionalen addieren. Wir erhalten für die bei einem Hin- und Hergang entstehende Raumladungsdichte

$$\varrho' = 2\varrho_0 + \frac{\pi^2}{4U_g}\,\frac{I_0 U_0}{\omega x_0}\,\frac{x/x_0}{\sqrt{1-\left(\frac{x}{x_0}\right)^2}}\cos\left(\omega t + \pi\frac{\delta\omega}{\omega}\right),$$

wobei

$$\varrho_0 = -\frac{I_0}{\omega x_0}\,\frac{1}{\sqrt{1-\left(\frac{x}{x_0}\right)^2}}$$

wird.

Um eine Anschauung von der hin- und herschwankenden Raumladung zu geben, sind die Dichteverteilungen für $t = 0$, $T/12$, $2T/12$, $3T/12$ usw. in Abb. 200 gewissermaßen als Kinostreifen dargestellt.

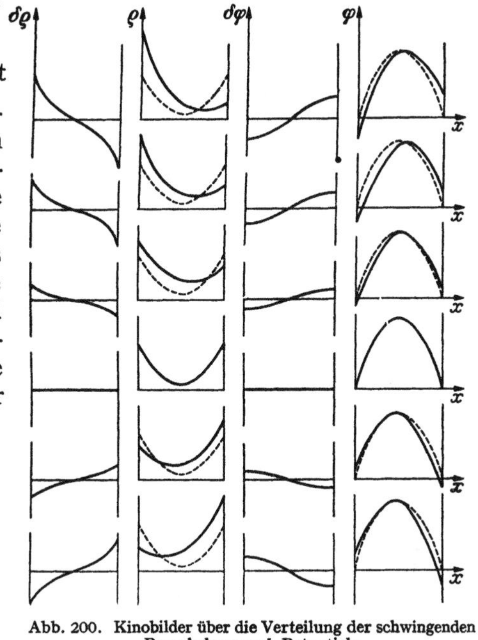

Abb. 200. Kinobilder über die Verteilung der schwingenden Raumladung und Potentiale.

Punkt e). Aus $\frac{d^2\varphi}{dx^2} = -4\pi\varrho$ ist die Potentialverteilung durch 2maliges Integrieren zu finden. Wir wollen die Leerlaufspannung berechnen, haben also zu berücksichtigen, daß die Elektroden abgeriegelt sind. Die 1. Integrationskonstante ist also aus der Bedingung zu berechnen, daß die Ladungen auf den Elektroden und damit auch die Feldstärken entgegengesetzt gleich sein müssen. Für die Leerlaufspannung U_0^* erhalten wir auf diese Weise:

$$U_0^* = -U_0\,\frac{\pi^4 I x_0}{\omega U_g}\cos\left(\omega t + \frac{\pi\,\delta\omega}{\omega}\right);$$

$$\mathfrak{U}^* = -\mathfrak{U}\,\frac{\pi^4 I x_0}{\omega U_g}\,e^{\frac{j\pi\,\delta\omega}{\omega}}$$

und für den Anregungsfaktor

$$D_0 e^{j\varphi} = -\frac{\mathfrak{U}^*}{\mathfrak{U}} = \frac{\pi^4 I x_0}{\omega U_g}\,e^{\frac{j\pi\delta\omega}{\omega}} = D_0 e^{j\pi\frac{\delta\omega}{\omega}};\quad D_0 = \frac{\pi^4 I x_0}{\omega U_g};\quad \varphi = \frac{\pi\delta\omega}{\omega} = 2\delta.$$

Punkt f). Bei jeder Schwingung entsteht eine Wolke. Es pendeln aber auch noch die vorher entstandenen. Bei jedem Durchgang durch das Gitter werden

---

Schwingungen an beliebiger Stelle in der Röhre stattfinden und zu Zusammenballungen (Phasenfokussierungen) führen.

Vernachlässigt sind schließlich auch die Ablenkungen der Elektronen aus der radialen Bahn durch die Gitterdrähte. Man stelle sich auf dem Gummimembranapparat positive Gitterspannung ein und lasse Fahrradkugeln rollen. Es ergeben sich sehr komplizierte Bahnen, die sich jeder Berechnung entziehen. Jedenfalls sieht man, daß die Kugeln schon nach wenigen Schwingungen in den Gitterlöchern landen.

Diese Anmerkung möge zeigen, daß die Verhältnisse bei einer Barkhausenschwingung noch ganz wesentlich komplizierter sind als aus der einfachen rechnerisch durchgeführten Theorie zu entnehmen ist.

[1] Der Wert des sin der Phasenverschiebung ist auf dem Wege *von* der Kathode sin (arc cos x/x_0), auf dem Wege *zur* Kathode sin ($-$ arc cos x/x_0) $= -$ sin arc cos x/x_0.

Elektronen abgefangen, so daß die Dichte der Wolke auf das βfache abnimmt. Da die Wolke mit der Elektronenfrequenz und nicht mit der Hochfrequenz pendelt, so verändert sich bei jeder weiteren Schwingung, die ein Elektron ausführt, seine Phase um ein weiters $\pi\delta\omega/\omega$. Da auf eine Halbschwingung der Anregungsfaktor $D_0/2$ kommt, so ist die Gesamtanregung mit $\pi\delta\omega/2\omega = \delta$

$$D = \frac{D_0}{2}\cos\delta(1 + \beta\cos\delta + \beta^2\cos 2\delta + \beta^3\cos 3\delta)\,,$$

oder komplex geschrieben:

$$D = \frac{D_0}{2} e^{j\delta}[1 + \beta e^{j\delta} + (\beta e^{j\delta})^2 + (\beta e^{j\delta})^3 + \cdots] = \frac{D_0}{2}\,\frac{e^{j\delta}}{1 - \beta e^{j\delta}}.$$

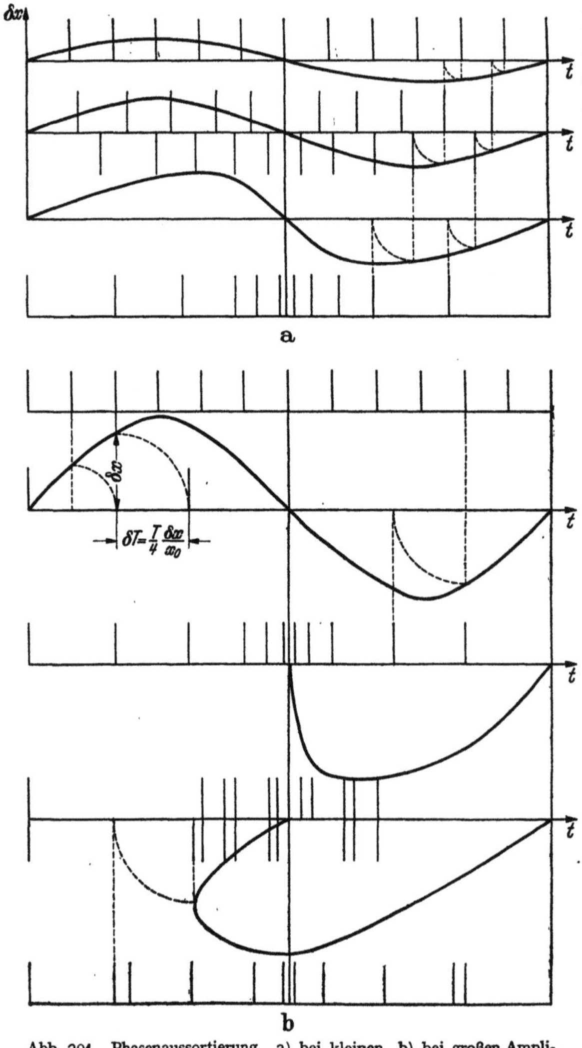

Abb. 201. Phasenaussortierung. a) bei kleinen, b) bei großen Amplituden. Die Elektronendichte ist umgekehrt proportional dem Abstand der Striche.

Berücksichtigt man, daß δ im allgemeinen klein gegen 1 ist, so kann man $e^{j\delta} = 1 + j\delta$ schreiben:

$$D = |D|\,e^{j\varphi};$$

$$D = \frac{D_0}{2}\,\frac{1}{e^{-j\delta} - \beta}$$

$$= \frac{D_0}{2}\,\frac{1}{1 - \beta - j\delta};$$

$$|D| = \frac{D_0}{2}\,\frac{1}{\sqrt{(1-\beta)^2 + \delta^2}}$$

$$\approx \frac{D_0}{2(1-\beta)};$$

$$\operatorname{tg}\varphi = \frac{\delta}{1-\beta}.$$

Anmerkung: Bei sehr kleiner Amplitude wird bei einer Schwingung die Dichte nur sehr wenig verändert, bei der 2. Schwingung wird sie weiter verändert und so fort. Der gesamte Anregungsfaktor wäre somit:

$$D = \frac{D_0}{2}\cos\delta[1 + 2\beta\cos\delta + 3\beta^2\cos 2\delta + \cdots (n+1)\beta^n\cos n\delta + \cdots].$$

Bei großen Amplituden kommen z. B. nacheilende Elektronen schon nach 1 bis 2 Schwingungen unter die voreilenden. Da zunächst ihre Amplitude noch größer als die Anfangsamplitude ist, entfernen sie sich in der Phase wieder von dem Sammlungspunkt, werden dann nach einigen Pendelungen wieder so weit abgebremst, daß sie wieder nacheilen und nach dem Sammlungspunkt hinkommen, wieder über ihn hinausschießen und so fort.

Man beschreibt die komplizierten Verhältnisse, wie sie in Abb. 201 dargestellt sind, am besten, wenn man nur eine einmalige Verdichtung annimmt.

Die experimentelle Prüfung hat auch ergeben, daß die unter Punkt f) abgeleitete Endformel die Verhältnisse gut wiedergibt, während die in der Anmerkung dargestellte Formel nicht gilt.

Punkt g). Übertragung auf zylindrische Anordnungen und Anschluß des äußeren Schwingungskreises an Gitter und Anode statt an die Anode und ein Kathodenblech.

Qualitativ wird sich die Abhängigkeit des Anregungsfaktors vom Strome I, der Gitterspannung U_g, der Frequenz ω, dem Abstande Glühdraht-Gitter x_0, der Gitterdurchlässigkeit β und der Verstimmung der Hochfrequenz gegen die Pendelfrequenz der Elektronen nicht ändern. Nur der Zahlenfaktor wird ein anderer werden. Auch weiß man ja bei einer zylindrischen Anordnung nicht, welcher Wert für die Fläche F einzusetzen ist, wenn man aus dem Gitterstrom die in der Formel vorkommende Gitterstromdichte berechnen will. HELMHOLZ, der die Theorie experimentell prüfte, übernahm den Zahlenfaktor aus der Theorie der ebenen Anordnung und berechnete für diesen Zahlenfaktor die Fläche. Er fand, daß die aus den Versuchen berechnete Fläche mit der Gitterfläche seiner Röhren übereinstimmte, ein Resultat, wie man es theoretisch erwarten mußte.

7. Experimentelle Prüfung der Theorie.

1. Messung des Anregungsfaktors bei Schwingungseinsatz. Gearbeitet wurde mit einer Anordnung nach Abb. 202 (HELMHOLZ) oder Abb. 203 (SCHWARZ). Wenn man das Lecher-System auszieht, erhält man den in Abb. 204 dargestellten Verlauf

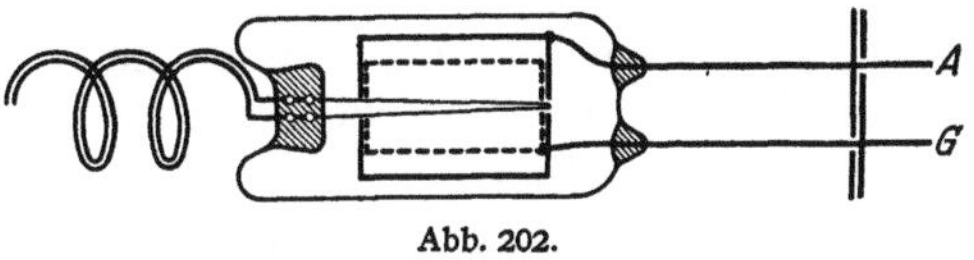

Abb. 202.

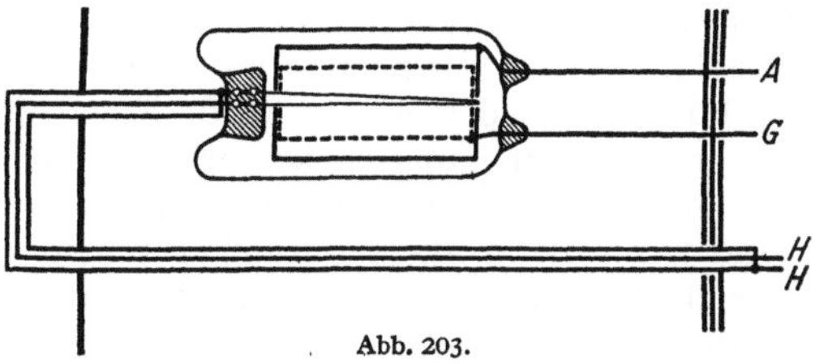

Abb. 203.

Abb. 202 und 203. Schaltungen des Barkhausen-Generators.

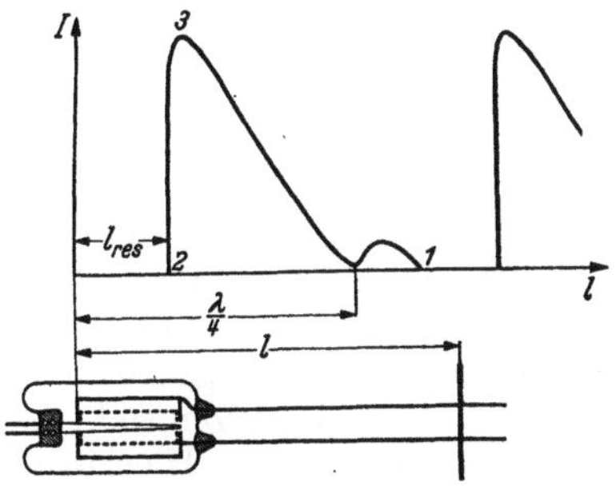

Abb. 204. Schwingungsamplitude als Funktion der Lecher-Systemlänge.

der Schwingstromamplitude. Ein Lecher-System stellt eine Induktivität von der Größe $\omega L = \mathfrak{Z}\,\mathrm{tg}\frac{2\pi l}{\lambda}$ dar. (Siehe Formeln über das Lecher-System im Abschnitt über das komplexe Rechnen.) Beim Verlängern des Lecher-Systemes wächst also das ωL in unserer Formel. Damit wächst auch die rechte Seite. Wenn sie den Wert D überschreitet, erlöschen die Schwingungen. Beim Verkürzen des Lecher-Systemes wachsen die Amplituden bis etwa zum Resonanzpunkt $\omega^2 LC = \omega C \mathfrak{Z}\,\mathrm{tg}\frac{2\pi l_r}{\lambda} = 1$. Dann wird die rechte Seite negativ (Punkt 2, Abb. 204). Die Phasen stimmen nicht mehr und die Schwingungen erlöschen ebenfalls. Hierbei kann Reißen und Springen oder Folgen auftreten. Die Theorie dieser Erscheinungen gaben MÖLLER und HINSCH. Da im Einsatzpunkte 1 noch keine Anodenströme fließen und die durch diese bedingte Ableitung $A = 0$ ist, und da die Dämpfungen der Lecher-Systeme klein sind, kann man die vereinfachte Formel:

$$\frac{D_0}{2}\frac{1}{1-\beta} = D = 1 - \frac{1}{\omega^2 LC} = 1 - \frac{1}{\omega C \mathfrak{Z} \operatorname{tg}\frac{2\pi l_e}{\lambda}} \quad (l_e = \text{Länge beim Schwingungseinsatz})$$

zur Messung von D benutzen. Durch Beobachtung des Schwingungseinsatzes wurde nun D für verschiedene Gitterströme, Wellenlängen, Gitterdurchlässigkeiten, und Abstände x_0 und Gitterspannungen beobachtet und in Übereinstimmung mit der Theorie gefunden.

2. Im Gebiete starker Hochfrequenzströme (in der Umgebung von Punkt 3 der Abb. 203) treten Anodenströme auf. Diese begrenzen ebenso wie die Gitterströme beim Meißner-Generator die Schwingungsamplitude. Diese Begrenzung kommt dadurch zustande, daß die durch die Anodenströme bedingte Ableitung A, welche mit dem Anodenstrom wächst, ein komplexes D erfordert. Damit sich diese einstellen kann, *steigt* die Frequenz der Schwingungen. Die Phasenverschiebung $\pi\delta\omega/\omega$ tritt auf. Wir haben die einfache, für den Schwingungseinsatzpunkt gültige Gleichung

$$\frac{D_0}{2}\frac{1}{1-\beta} = 1 - \frac{1}{\omega^2 LC},$$

in der Phasenverschiebung und Ableitung nicht vorkommen, durch

$$\frac{D_0}{2(1-\beta)} e^{\frac{j\pi\delta\omega}{2\omega}} \frac{1}{1-\beta} = 1 + \frac{1}{(j\omega L + R)(j\omega C + A)}$$

zu ersetzen. Auch diese strenge Gleichung wurde durch Messungen bestätigt.

3. Die strenge Gleichung zeigt ferner in Übereinstimmung mit den Messungen, daß wir um so größere Phasenverschiebungen und Frequenzerhöhungen bekommen, je mehr wir uns dem Resonanzpunkt nähern.

4. Nach der Theorie werden die Schwingungen dadurch aufrecht erhalten, daß immer in dem Moment, in dem die Raumladungswolke zur Kathode zurückgekehrt ist, die Wolke, die durch Wegfangen von Elektronen im Gitter dünner geworden ist, durch Emission des Glühdrahtes wieder ergänzt wird. Eine solche Ergänzung ist aber nur möglich, wenn man im Sättigungsgebiete arbeitet. Wenn man im Raumladungsgebiete arbeitet, so wird der Glühdraht gerade dann, wenn er die Wolke ergänzen soll, wenig, und wenn die Wolke zur Anode geschwungen ist, viel emittieren. Hieraus erklärt sich die experimentell gefundene Tatsache, daß die Schwingungsamplitude mit der Heizung steigt, solange man noch im Sättigungsgebiete arbeitet, daß aber bei weiterer Heizsteigerung die Schwingungen erlöschen, wenn man das Sättigungsgebiet überschreitet. Steigert man dann wieder die Gitterspannung, so treten die Schwingungen wieder auf.

5. Einfluß der Gitterkonstruktion. Bei zu engem und zu weitem Gitter sinkt die Schwingungsamplitude. Auch das ist nach der Theorie verständlich. Ist das Gitter zu eng, so ist die Durchlässigkeit β zu klein. Ist es zu weit, so werden die Elektronen zu stark von ihrer radialen Bahn abgelenkt und führen nur wenige Pendelungen aus. Am günstigsten ist ein feines, aber sehr dünndrähtiges Gitter. All zu dünndrähtige Gitter brennen allerdings leicht durch.

6. Die Lage des Heizfadens. Die Schwingungen werden am kräftigsten, wenn der Heizfaden genau zentrisch liegt. Liegt er exzentrisch, so laufen die Elektronen nicht rein radial ähnlich wie bei einem zu weiten Gitter.

8. Der Fall gleich-phasiger Schwingungen der Anode und Kathode gegen das Gitter[1].

Die Amplitude der Elektronenpendelung kann jetzt durch eine Hochfrequenzspannung doppelter Frequenz angefacht oder gebremst werden. Wir sehen das an Abb. 205. Hier stellt die Länge der Pfeile die Feldstärke zwischen Gitter und Kathode, bzw. Anode dar. Wir zeichnen die Pendelbewegungen von 2 zu verschiedenen Zeiten abfliegenden Elektronen ein.

Das Elektron 1 (punktiert) findet während der 1. Viertelschwingung eine beschleunigende Zusatzfeldstärke während der 2. Viertelschwingung ebenfalls eine beschleunigende Zusatzfeldstärke, u. s. f. Seine Amplitude wird steigen. Das 2. Elektron (gestrichelt) findet immer bremsende Zusatzfeldstärken. Seine Amplitude wird abnehmen.

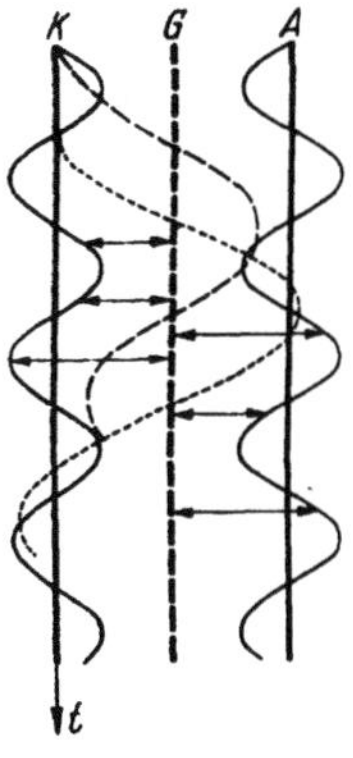

Abb. 205. Diagramm zur Mohrschen Doppeltakterregung.

Es wird sich wieder nach dem Prinzip der Phasenaussortierung eine Wolke bilden. Diese Wolke durchschreitet bei einer Pendelung 2mal das Gitter und erregt, wieder durch Influenz, eine Leerlaufspannung von doppelter Frequenz. Der Anregungsfaktor, der natürlich andere Zahlenwerte bekommt, läßt sich nach demselben Gedankengang berechnen.

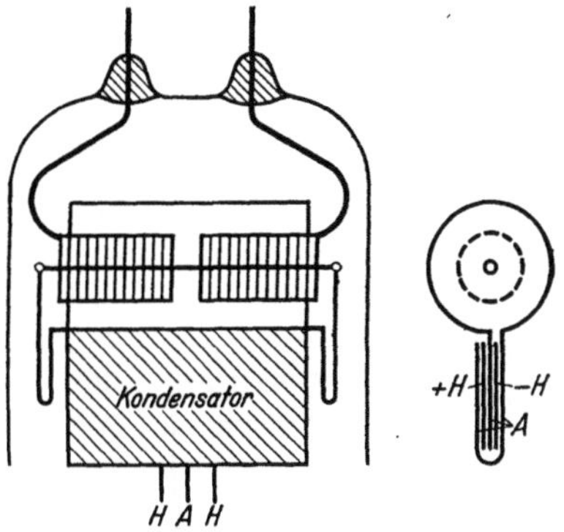

Abb. 206. Ausführung der Doppeltakterregung.

Ein nach diesem Prinzip gebauter Gegentaktgenerator gestattet schon mit mäßigen Spannungen (200 V) die Erregung von Wellen zwischen 10 und 20 cm Wellenlänge. Anode und Kathode verbindet man am besten bereits in der Röhre kapazitiv. Die Anordnung ist in Abb. 206 dargestellt.

9. Faustregel zur Berechnung der Leistung.

Die Hochfrequenzspannungsamplitude gleicht ungefähr der negativen Anodenvorspannung. Wir nehmen sie zu 30 V an. Die Wellenlänge sei 30 cm. ω ist dann $2\pi\cdot 10^9 \approx 6\cdot 10^9$. Die Kapazität zwischen Anode und Gitter sei 2 pF. Dann ist der Schwingkreisstrom

$$\mathfrak{J} = \omega C \mathfrak{U} = 6\cdot 10^9\cdot 2\cdot 10^{-12}\, 30 = 360\,\text{mA} = 0{,}36\,\text{A}$$

und wenn der Schwingungskreis (das Lecher-System) 6 Ohm Dämpfungswiderstand hat, so berechnet sich die Leistung zu

$$\mathfrak{N}_\sim = \tfrac{1}{2} R I^2 = \tfrac{1}{2}\, 0{,}36^2\cdot 6 = 0{,}39\,\text{W}.$$

Aufzuwenden sind bei 200 V Gitterspannung etwa 50 mA Gitterstrom, also $200\cdot 0{,}05 = 10$ W. Der Wirkungsgrad ist dann nur

$$\eta = \frac{0{,}39}{10} = 3{,}9\,\%.$$

[1] Mohr, Zeitschr. f. E. N. T. Bd. 15 (1938) S. 284—293.

H. Der Habanngenerator oder das Magnetron.

Einleitung.

Das Magnetron ist ein Elektronenrohr mit Glühdraht und zylindrischer Anode, das in einem zum Glühdrahte parallelen Magnetfelde liegt. Daher der Name: Magnetron. Die Anode kann ein voller Zylinder oder durch Schlitze in 2, 4, 6 . . . 2n Teile zerlegt sein. (Schlitzanodenmagnetron.)

Es dient zur Erregung von Kurzwellen. Der Schwingungskreis liegt in Stromresonanzschaltung zwischen Glühdraht und Anode oder beim Schlitzanodenmagnetron zwischen den Anodenteilen. Bei kurzen Wellen bilden die Anodenteile die Kapazität, ein Drahtbügel oder ein Lecher-System die Induktivität des Schwingungskreises. Die Abbildungen 207 und 208a u. b stellen Beispiele für den Aufbau eines solchen Magnetrongenerators dar.

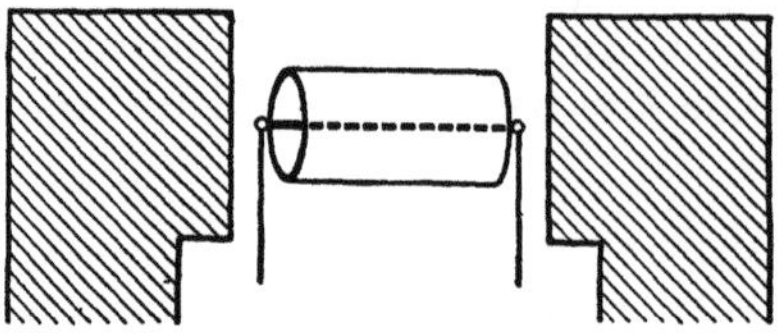

Abb. 207. Anordnung eines Magnetron-Generators.

Trotz sehr umfangreicher Literatur sind die Untersuchungen über das Magnetron noch nicht abgeschlossen. Es soll hier kein vollständiger Überblick über die bisherigen Untersuchungen gegeben werden, sondern es sollen nur die Grundideen entwickelt werden. Bei der Besprechung des Schlitzanodenmagnetrons wollen wir uns auf die gebräuchlichste Form, das Vierschlitzmagnetron beschränken (Abb. 208b).

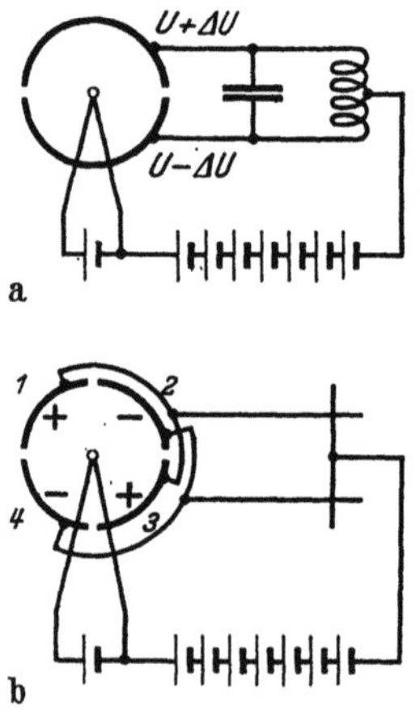

Abb. 208a u. b. a) Zweischlitzmagnetron. b) Vierschlitzmagnetron.

Längere Rechnungen, die zum Beweis der gebildeten Vorstellungen oder zur Ableitung von Formeln dienen, die experimentell quantitativ geprüft worden sind, werden durch Einrücken kenntlich gemacht. Der eilige Leser möge sie zunächst überspringen.

Vorbereitend müssen wir die Raumladung und die Elektronenbahnen untersuchen, und zwar zunächst im ungeschlitzten Magnetron mit ruhendem Anodenpotential. Diese Bahnen haben, wie abgeleitet werden soll, die Gestalt der Abb. 209. Dann folgt die Untersuchung der Bahnen, wenn an den Anodenvierteln verschiedene Spannungen liegen, und wenn die Spannung sich während des Fluges des Elektrons ändert. („Gestörte Elektronenbahnen.")

Hierbei werden wir erkennen, daß auf die Anodenviertel, an denen die niedrigere Spannung liegt, der höhere Strom fließt. Das Magnetron stellt also eine Kapazität mit negativer Ableitung dar und ist somit zur Erregung von Schwingungen geeignet. Auf dieser Vorstellung beruht die Theorie der langwelligen Magnetronschwingungen.

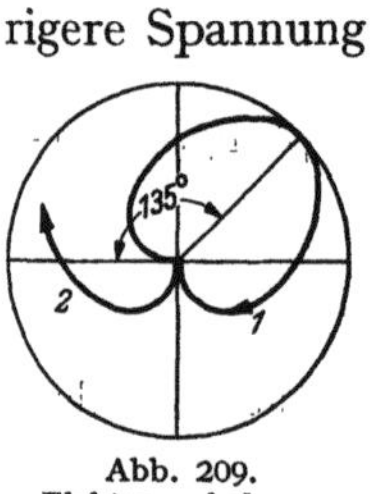

Abb. 209. Elektronenbahnen.

Wie Abb. 209 zeigt, läßt sich die Bewegung des Elektrons im Magnetron in eine Kreisbewegung um den Glühdraht und in eine Pendelbewegung in radialer Richtung zerlegen. Die Elektronen pendeln in der Röhre in ähnlicher Weise, wie in einer Röhre mit positivem Gitter und schwach negativer Anode. Wir werden also Barkhausenschwingungen zu erwarten haben. Bei den gewöhnlichen Barkhausenröhren wird die zur Pendelbewegung der Elektronen nötige quasielastische Kraft durch das positive Gitter geliefert, das die Elektronen von beiden Seiten her, vom Glühdraht und von der

Anode her in die Röhrenmitte zieht. Beim Magnetron setzt sich diese quasielastische Kraft aus der elektrischen Feldstärke in der Röhre und der durch das Magnetfeld hervorgerufenen Kraft $\mathfrak{K} = e_1[\mathfrak{v} \cdot \mathfrak{H}]$ zusammen. Ein solcher Magnetron-Barkhausengenerator kann, wie in Abb. 210 dargestellt, ausgebildet werden. Wieder liegt der Schwingungskreis in Stromresonanzschaltung zwischen Glühdraht und Anode. In unserem Ausführungsbeispiel ist die Röhre selbst als $\lambda/2$-Lecher-System ausgebildet, an das die Antenne über eine Energieleitung angekoppelt ist.

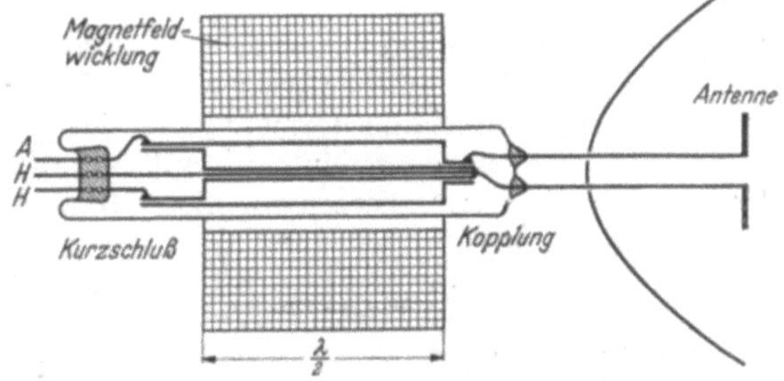

Abb. 210. Anordnung für Magnetron-Barkhausen-Schwingungen.

Ein 3. Schwingungsmechanismus ist die Influenzstromerregung. Die Versuchsanordnung ist die gleiche wie in Abb. 208b. Nur ist das Magnetfeld so stark, daß die Elektronen die Anode nicht mehr erreichen, sondern schon innerhalb der Röhre umkehren. In der Umkehrentfernung r_u fliegen die Elektronen tangential und bilden einen „Elektronenringstrom". Dieser hat im nicht schwingenden Magnetron Kreisform. (Punktierter Kreis in Abb. 211c.) Wenn aber an den Anodenvierteln noch eine Wechselspannung liegt, so wird dieser Kreisstrom elliptisch verformt. Diese Ellipse dreht sich mit einer Winkelgeschwindigkeit, die der halben Kreisfrequenz der elektrischen Wechselspannung gleicht. Diese rotierende Raumladung ist dann das elektrische Äquivalent des Magnetankers in einer vierpoligen Dynamomaschine. (Daher Winkelgeschwindigkeit = halbe Kreisfrequenz.) Beim Vorüberlaufen vor den Anodenvierteln influenziert diese Raumladung in dem angeschlossenen Lecher-System einen Wechselstrom. Liegt nun dieser Influenzstrom in richtiger Phase zur Wechselspannung, so wird vom Magnetron Energie geliefert und die Schwingung aufrechterhalten.

Diese Andeutungen sollen kurz den Stoff umreißen, der in diesem Kapitel behandelt werden soll.

1. Physikalisches.

a) *Die Bewegungsgleichungen für das Elektron.*

Ohne Magnetfeld fliegen die Elektronen radial vom Glühdraht K zur Anode A (Abb. 211a). Schaltet man ein Magnetfeld ein, so entsteht eine senkrecht zur Bewegungsrichtung liegende Kraft $\mathfrak{K} = e_1[\mathfrak{v} \cdot \mathfrak{H}]$ *, welche das Elektron seitlich ablenkt. Die Bahn krümmt sich (Abb. 211b). Steigert man das Magnetfeld, so wird die Krümmung schärfer. Die Elektronen erreichen die Anode nicht mehr und laufen zum Glühdrahte zurück (Abb. 211c).

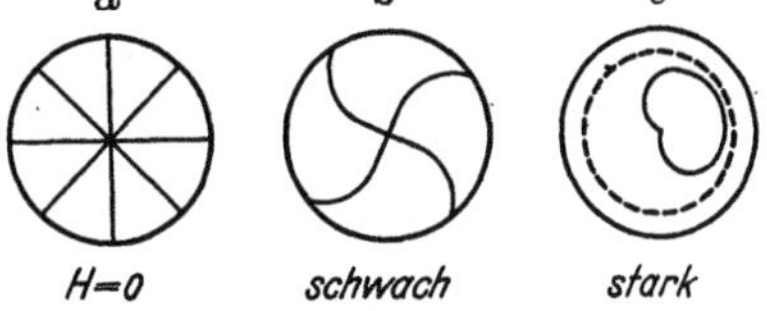

Abb. 211. Bahnen bei verschiedenen Magnetfeldern. Elektronenringstrom.

Die Bewegungsgleichungen in Polarkoordinaten lauten:

1. Tangentialkomponente:

$$m r \dot{\omega} + 2 m \dot{r} \omega = e_1 \dot{r} \mathfrak{H}.$$
(Coriolis)

Es bedeutet: r = Radius, ω = Winkelgeschwindigkeit um den Glühdraht.

* $\mathfrak{H}$ in Gauß, e_1 in el. Einh., $\mathfrak{K}$ in dyn; sonst $\mathfrak{K} = e_1[\mathfrak{v} \cdot \mathfrak{B}]$, e_1 in Coulomb, $\mathfrak{B}$ in Voltsec/cm² und $\mathfrak{K}$ in Großdyn.

2. Radialkomponente:

$$\frac{mv^2}{2} = \frac{m}{2}(\dot{r}^2 + r^2\omega^2) = e_1\varphi$$

(in einmal integrierter Form, Energiesatz).

Die Gleichung 1 läßt sich mit Hilfe des integrierenden Faktors r integrieren:

$$m r^2 \omega = \frac{e_1 \mathfrak{H}}{2}(r^2 - r_0^2), \tag{3}$$

r_0 ist die Integrationskonstante. Wir wollen nun die Temperaturgeschwindigkeit der Elektronen in üblicher Weise vernachlässigen. (Vgl. die Ableitung der LANGMUIRschen Raumladungsformel.) Die Geschwindigkeit auf der Glühdrahtoberfläche ($r = \varrho$) ist dann Null. Es gilt dann für die Glühdrahtoberfläche auch $\omega r = 0$ und $\omega = 0$. Setzen wir diese Grenzbedingung in unsere Lösung (3) ein, so erhalten wir:

$$\omega = \omega_0\left(1 - \frac{r_0^2}{r^2}\right) = \omega_0\left(1 - \frac{r_0^2}{\varrho^2}\right) = 0 \text{ mit } \omega_0 = \frac{e_1\mathfrak{H}}{2m} \qquad r_0^2 = \varrho^2.$$

Ist der Glühdraht sehr dünn, so erhalten wir:

$$r_0^2 = \varrho^2 \approx 0.$$

Die Winkelgeschwindigkeit um den Glühdraht wird dann, unabhängig von r:

$$\omega = \omega_0 = \frac{e_1\mathfrak{H}}{2m}.$$

Für dicke Glühdrähte erhält man eine mit r veränderliche Winkelgeschwindigkeit:

$$\omega = \omega_0\left(1 - \frac{\varrho^2}{r^2}\right).$$

Setzen wir für $\frac{e_1}{m}$ den Zahlenwert: $1{,}77 \cdot 10^8 \frac{\text{Coulomb}}{\text{g}}$ ein, so erhalten wir, da $1 \text{ Gauß} = 10^{-8} \frac{\text{Voltsec}}{\text{cm}^2}$ und $1 \text{ V} = 10^7 \frac{\text{Erg}}{\text{Coulomb}}$.

$$\omega_0 = \frac{1{,}77}{2} \cdot 10^8 \cdot 10^{-8} \cdot \mathfrak{H} \cdot \frac{\text{Coulomb}}{\text{g}} \frac{\text{Voltsec}}{\text{cm}^2} = 0{,}885 \cdot \mathfrak{H} \cdot 10^7 \frac{\text{Ergsec}}{\text{g cm}^2}$$
$$= 0{,}885 \cdot 10^7 \mathfrak{H} \frac{1}{\text{sec}}.$$

Wenn das Elektron nach dem Durchlaufen eines Winkels von 180° eine Pendelbewegung ausführen würde, so würde es eine elektrische Schwingung von der Wellenlänge:

$$\lambda = \frac{\pi c}{\omega} = \frac{\pi \cdot 3 \cdot 10^{10}}{0{,}885 \cdot 10^7 \mathfrak{H}} = \frac{10650}{\mathfrak{H}} \text{cm}$$

anregen. Das Elektron kehrt aber erst nach 270° zum Glühdrahte zurück. Die Wellenlänge wird 1,5mal länger:

$$\lambda = \frac{1{,}5 \cdot 10650}{\mathfrak{H}} \text{cm} = \frac{15980}{\mathfrak{H}} \text{cm}.$$

Die Zahl 1,5 bezeichnet RUNGE mit n, der Ordnungszahl der Schwingung.

Zahlenbeispiel: Wenn das Magnetfeld 4000 Gauß beträgt, so erhält man für die Eigenschwingung des Magnetrons

$$\lambda = \frac{15980}{4000} \approx 4 \text{ cm}.$$

Man hat also die Möglichkeit, mit den Magnetron-Barkhausen-Schwingungen recht kurze Wellen zu erzeugen.

b) Die Umkehrentfernung.

Die Gleichung 2 läßt sich erst integrieren, wenn man den Potentialverlauf in der Röhre kennt. Dieser ist nur im Zusammenhang mit der Raumladung zu berechnen. Zur Berechnung der Umkehrentfernung brauchen wir nur die Spannung im Umkehrpunkt U_u. (Auch hier zählen wir wie üblich, die Spannungen vom Glühdrahte aus.)

Die Bedingung für die Umkehr lautet: $\dot{r} = 0$.

Setzen wir sie in Gleichung 2 ein, so erhalten wir:

$$\frac{m r_u^2 \omega^2}{2} = e_1 U_u.$$

(Der Index u weist auf den Umkehrpunkt hin: r_u = Umkehrentfernung, U_u = Umkehrspannung.)

Nehmen wir den praktisch meist erfüllten Fall eines sehr dünnen Glühdrahtes an, und setzen wir für ω den Wert: $\omega = \omega_0 = \frac{e_1 \mathfrak{H}}{2m}$ ein, so erhalten wir

$$r_u = \frac{1}{\omega_0}\sqrt{\frac{2 e_1 U_u}{m}} = \frac{\sqrt{\frac{2e_1}{m} U_u}}{\frac{e_1}{2m}\mathfrak{H}} = \sqrt{\frac{8m}{e_1}}\frac{\sqrt{U_u}}{\mathfrak{H}} = \frac{6{,}72\sqrt{U_{u\,\text{Volt}}}}{\mathfrak{H}_{\text{Gauß}}}\,\text{cm}.$$

Zahlenbeispiel:

$$U_u = 1600\,\text{V}, \qquad \mathfrak{H} = 4000\,\text{Gauß}: \quad r_u = \frac{6{,}72\sqrt{1600}}{4000}\,\text{cm} = 0{,}672\,\text{mm}.$$

Trotz der hohen Spannung von 1600 V wird ein Magnetron, das Schwingungen von 4 cm Wellenlänge liefern soll, bereits recht klein.

c) Die statische Kennlinie.

Da die Umkehrentfernung nicht von der Potentialverteilung, sondern nur vom Umkehrpotential abhängt, also auch von den Veränderungen der Potentialverteilung durch die Raumladung unabhängig ist, so müßte die Kennlinie (I_a-U_a-Kurve) des Magnetrons unendliche Steilheit haben, wenn die Temperaturgeschwindigkeit Null wäre, wenn der Glühfaden genau zentrisch läge, das elektrische Feld von der dem Glühdrahte parallelen Koordinate unabhängig und das Magnetfeld homogen wäre. (Idealbedingungen.) Wenn man die Temperaturgeschwindigkeit berücksichtigt, so müßte die sehr hohe Steilheit der Anlaufkurve herauskommen. In Praxi ist das nicht der Fall, da eine kleine Abweichung von der zentrischen Lage des Glühdrahtes bereits eine starke Verflachung der Kennlinie ergibt. Messungen an sehr gut zentrisch gebauten Dioden ergeben aber in der Tat eine Steilheit der Magnetronkennlinien, die wesentlich höher als die Steilheit der Langmuirschen Raumladungskennlinie ist.

Im allgemeinen kommt man zu einer guten Annäherung der Kennlinie, wenn man annimmt, daß bei der kritischen Anodenspannung, die aus

$$r_a = 6{,}72\frac{\sqrt{U_{a0}}}{\mathfrak{H}}$$

berechenbar ist, der halbe Sättigungsstrom erreicht ist, und daß dann für den Anodenstrom die Formel

$$I_a = \frac{I_s}{2}\left(1 + \frac{r_u - r_a}{\delta r_1}\right)$$

gilt. Hierbei ist I_s der Sättigungsstrom, r_u die Umkehrentfernung bei der betreffenden Anodenspannung und r_a der Anodenradius (vgl. Abb. 212). Wir können nur r_u und r_a durch die Gleichungen

$$r_u = 6{,}72\frac{\sqrt{U_a}}{\mathfrak{H}} \text{ (dabei } U_a \approx U_u \text{ gesetzt)}; \quad r_a = 6{,}72\frac{\sqrt{U_{a0}}}{\mathfrak{H}}$$

ausdrücken. U_{a0} ist hierbei die „Grenzspannung“, d. h.: die Spannung, bei der unter den oben genannten Idealbedingungen alle Elektronen gerade an der Anode umkehren würden. Wir erhalten durch Einsetzen:

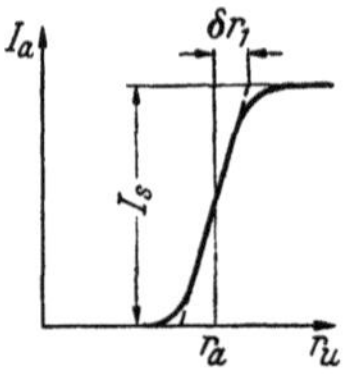

Abb. 212. Statische Kennlinie des ungeschlitzten Magnetrons.

$$I_a = \frac{I_s}{2}\left(1 + \frac{6{,}72}{\mathfrak{H}\delta r_1}\left(\sqrt{U_a} - \sqrt{U_{a0}}\right)\right) = \frac{I_s}{2}\left(1 + \frac{r_a}{\delta r_1}\left(\sqrt{\frac{U_a}{U_{a0}}} - 1\right)\right)$$

und mit

$$U_a = U_{a0} + \delta U_a; \qquad \sqrt{U_a} = \sqrt{U_{a0} + \delta U_a} = \sqrt{U_{a0}}\left(1 + \frac{\delta U_a}{2U_{a0}}\right),$$

$$I_a = \frac{I_s}{2}\left(1 + \frac{r_a}{\delta r_1}\frac{\delta U_a}{2U_{a0}}\right) = \frac{I_s}{2}\left(1 + \frac{6{,}72^2}{2r_a\mathfrak{H}^2\delta r_1}\delta U_a\right).$$

Diese Formel gilt dann zwischen $I_a = 0$ und $I_a = I_s$ bzw. für ein $r_u - r_a$, das zwischen $-\delta r_1$ und $+\delta r_1$ liegt.

Die Formel zeigt in Übereinstimmung mit der Erfahrung, daß mit wachsendem Magnetfelde, bzw. mit wachsender Anodenspannung die Steilheit der Kennlinie kleiner wird.

d) Die Raumladung.

Wir beobachten, daß bei hoher Anodenspannung (z. B. 1000 V bei einem Anodenradius von nur 1 mm) noch kein Sättigungsstrom fließt. Es müssen also die Elektronen geringer Temperaturgeschwindigkeit auf den Glühdraht zurückgeworfen werden, während nur die Elektronen großer Temperaturgeschwindigkeit den Glühdraht verlassen können. Die Elektronen merken aber noch nichts vom Magnetfelde, denn die Kraft $\mathfrak{K} = e_1[\mathfrak{v} \cdot \mathfrak{H}]$ ist noch praktisch Null, da die Geschwindigkeit $\mathfrak{v}$ sehr klein ist. Es muß also auf der Glühdrahtoberfläche genau wie bei einer im Raumladungsbereich arbeitenden gewöhnlichen Röhre eine die Elektronen rücktreibende elektrische Feldstärke vorhanden sein. Das ist aber nur möglich, wenn eine außerordentlich starke Raumladung vorhanden ist, die um ein Vielfaches (z. B. 20mal) höher ist als die Raumladung, die zu dem beobachteten Anodenstrom gehört. Eine solche starke Raumladung kann an sich entstehen, da jedes Elektron viele herzförmige Bahnen (Abb. 209) durchläuft, bevor es zur Anode kommt, also nicht nur die Elektronen, die eben den Glühdraht verlassen, wie in der Röhre ohne Magnetfeld, sondern auch die, welche bereits 1, 2, 3, ... 10, ... 20 Umläufe vollendet haben, zur Raumladung beitragen.

Wir haben daher im Magnetron einen starken Elektronenstrom I_h, der vom Glühdraht zur Anode hin-, und einen fast gleich starken, der von der Anode zum Glühdraht zurückfließt, I_r. Der gemessene Anodenstrom ist dann die kleine Differenz beider Ströme: $I_a = I_h - I_r$.

Die Raumladung berechnet sich nun nach der Kontinuitätsgleichung zu

$$-\varrho = \frac{I_h + I_r}{2\pi l r \cdot \dot{r}} \quad (l = \text{Anodenlänge}).$$

(Sie setzt sich aus 2 Teilen $-\varrho_h = \frac{I_h}{2\pi l r \dot{r}}$ und $-\varrho_r = \frac{-I_r}{2\pi l r(-\dot{r})}$ zusammen. Dabei sind die Beträge der Radialgeschwindigkeiten auf dem Hin- und Rückwege gleich, nur ihre Vorzeichen sind verschieden.)

Aus der Raumladung berechnet sich die Potentialverteilung wie bei der Ableitung der LANGMUIRschen Raumladungsformel aus

$$\Delta\varphi = -4\pi\varrho .$$

Aus letzterer ist dann wieder nach dem Energiesatz die Radialgeschwindigkeit $\dot r$ zu berechnen:

$$\frac{m v^2}{2} = \frac{m}{2}(\dot r^2 + r^2\omega^2) = e_1\varphi; \qquad \dot r = \sqrt{\frac{2e_1\varphi}{m} - r^2\omega^2}.$$

Nach dem Muster der LANGMUIRschen Raumladungsberechnung haben wir aus den 3 Gleichungen ϱ und v zu eliminieren und erhalten:

$$\frac{d^2\varphi}{dr^2} + \frac{1}{r}\frac{d\varphi}{dr} = \frac{C}{r\sqrt{\varphi - \frac{m\omega^2 r^2}{2e_1}}} \quad \text{mit} \quad C = \frac{4\pi(I_h + I_r)}{2\pi l\sqrt{\frac{2e_1}{m}}}$$

(el.-stat. Maßsystem).

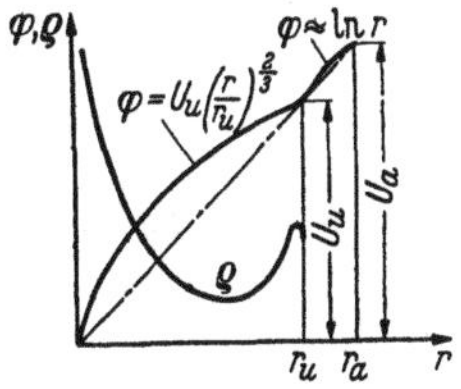

Abb. 213. Potentialverlauf und Raumladungsdichte.

Wir substituieren:

$$\chi = \varphi - \frac{m\omega^2 r^2}{2e_1}$$

und lösen die Differentialgleichung für χ:

$$\frac{d^2\chi}{dr^2} + \frac{1}{r}\frac{d\chi}{dr} = \frac{C}{r\sqrt{\chi}} - \frac{4m\omega^2}{2e_1}$$

durch den Ansatz: $\chi = kr^{2/3} + \xi + \eta$, wobei ξ die erste, und η die 2. Korrektur sein soll und $kr^{2/3} \gg \xi \gg \eta$ angenommen wird. Durch Potenzentwicklung von $1/\sqrt{\chi}$ und Abbrechen der Entwicklung hinter dem 2. Gliede erhalten wir:

$$\chi = kr^{2/3} + k_1 r^2 + k_2 r^{10/3} + \cdots; \qquad \varphi = kr^{2/3} + k_1' r^2 + k_2' r^{10/3} + \cdots$$

mit

$$k^{3/2} = \frac{9C}{4}; \quad k_1 = -\frac{18}{19}\frac{m\omega^2}{2e_1}; \quad k_1' = \frac{1}{19}\frac{m\omega^2}{2e_1}; \quad k_2 = k_2' = \frac{1}{68}\left(\frac{18}{19}\right)^2 \frac{\left(\frac{m\omega^2}{2e_1}\right)^2}{k}.$$

Die Lösung zeigt, daß man bis zur Elektronenumkehr angenähert mit

$$\chi = kr^{2/3}; \qquad \varphi = kr^{2/3} = U_a\left(\frac{r}{r_a}\right)^{2/3}$$

rechnen kann. Bei $r = r_u$ weicht der wirkliche Potentialverlauf merklich von der Annäherungsformel ab. Potentialverlauf und Raumladungsdichte sind in Abb. 213 dargestellt. Auch in der Nähe des Glühdrahtes stimmt die Näherungsformel nicht mehr genau. (Vgl. H. G. MÖLLER, Elektronenröhren, III. Auflage, S. 185). Wir wollen aber im ganzen Raume die Gültigkeit der Näherungsformel annehmen:

$$\varphi = U_a\left(\frac{r}{r_a}\right)^{2/3}.$$

e) Berechnung der Bahn für den einfachen Fall ruhender Anodenpotentiale und sehr dünnen Glühfadens.

Wir gehen von der 2. Bewegungsgleichung aus:

$$\frac{dr}{dt} = \frac{\omega\, dr}{d\alpha} = \sqrt{\frac{2e_1}{m}U_a\left(\frac{r}{r_a}\right)^{2/3} - r^2\omega^2}.$$

Wir ersetzen dt durch $d\alpha/\omega$ und kürzen r/r_a mit x ab. Dann erhalten wir für x:

$$\frac{dx}{d\alpha} = \sqrt{\frac{2e_1 U_a}{m\omega^2 r_a^2}x^{2/3} - x^2}.$$

Abkürzung:

$$z_u^2 = \frac{2e_1 U_a}{m\omega^2 r_a^2}.$$

Substituieren wir:

$$x = z^{3/2}; \qquad dx = \tfrac{3}{2}\sqrt{z}\,dz; \qquad \beta = \tfrac{2}{3}\alpha,$$

so erhalten wir:

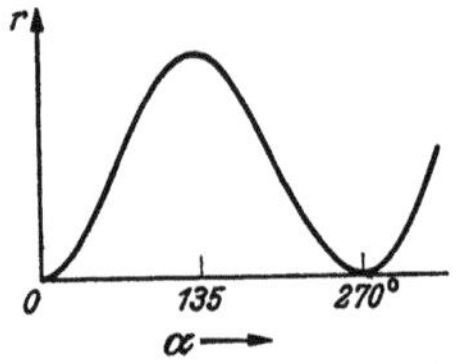

Abb. 214. Elektronenbahn im r-α-Diagramm.

$$\frac{dz}{d\beta} = z_u\sqrt{1-\left(\frac{z}{z_u}\right)^2}; \qquad \beta = \arcsin\frac{z}{z_u}; \qquad z = z_u \sin\beta,$$

$$x = x_u \sin^{3/2}\frac{2}{3}\alpha; \qquad r = r_u \sin^{3/2}\frac{2}{3}\alpha.$$

r_u = Umkehrentfernung; die Bahn ist in r-α-Koordinaten und in Polarkoordinaten in Abb. 209 und 214 dargestellt.

f) Der Glühdraht ist nicht mehr sehr dünn.

Die Bewegungsgleichung lautet dann:

$$\frac{dr}{r_a\,d\alpha} = \sqrt{\frac{2e_1 U_a'}{m\omega^2 r_a^2}\left[\left(\frac{r}{r_a}\right)^{2/3} - \left(\frac{\varrho}{r_a}\right)^{2/3}\right] - \left(\frac{r}{r_a}\right)^2}$$

mit

$$\omega = \omega_0\left(1 - \frac{\varrho^2}{r^2}\right)$$

und

$$U_a' = \frac{U_a r_a^{2/3}}{r_a^{2/3} - \varrho^{2/3}}.$$

Wir kürzen ab:

$$\frac{2e U_a'}{m\omega_0^2 r_a^2} = z_u^2; \qquad \left(\frac{\varrho}{r_a}\right)^{2/3} = z_0$$

und nennen wieder:

$$\left(\frac{r}{r_a}\right)^{2/3} = z; \qquad \frac{2}{3}\alpha = \beta.$$

Wir erhalten dann für z:

$$\frac{dz}{d\beta} = \sqrt{\frac{z_u^2 - z_u^2\dfrac{z_0}{z}}{\left(1-\left(\dfrac{z_0}{z}\right)^3\right)^2} - z^2}.$$

Da die Bahn angenähert durch $z = z_u \sin\beta$ dargestellt ist, versuchen wir die Lösung durch den Ansatz:

$$z = z_u \sin(\beta + \delta) = z_u \sin\gamma.$$

Darin ist δ eine Funktion von γ und β, die zu berechnen ist. Durch Einsetzen des Ansatzes erhalten wir:

$$\frac{d\gamma}{d\beta} = \frac{d(\beta+\delta)}{d\beta} = 1 + \frac{d\delta}{d\beta};$$

$$z_u\cos\gamma\cdot\left(1 + \frac{d\delta}{d\beta}\right) = z_u\sqrt{\frac{1-\dfrac{\varepsilon}{\sin\gamma}}{\left(1-\left(\dfrac{\varepsilon}{\sin\gamma}\right)^3\right)^2} - \sin^2\gamma} = f(\gamma)\cos\gamma\cdot z_u;$$

$$\frac{d\delta}{d\beta} = f(\gamma) - 1 \quad \text{mit} \quad \varepsilon = \frac{z_0}{z_u}; \qquad z_u \approx 1.$$

Um $d\delta/d\beta$ als Funktion von $d\delta/d\gamma$ auszudrücken, schreiben wir

$$\frac{d\beta}{d\delta} = \frac{1}{f(\gamma)-1}; \quad \frac{d(\beta+\delta)}{d\delta} = 1 + \frac{1}{f(\gamma)-1}; \quad \frac{d\delta}{d\gamma} = \frac{d\delta}{d(\beta+\delta)} = \frac{1}{1+\dfrac{1}{f(\gamma)-1}} = 1 - \frac{1}{f(\gamma)}.$$

Wir lösen dieses Integral graphisch nach Abb. 215 (Abb. 215 ist nicht quantitativ ausgeführt) und erhalten dann δ in Abhängigkeit von γ.

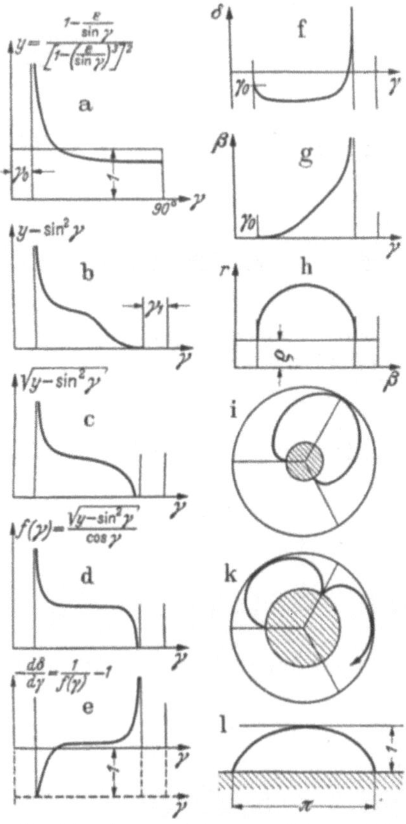

Abb. 215. Zur graphischen Integration der Bahngleichung.

Bemerkung: Die Integrationskonstante bei der Integration von $d\delta/d\gamma$ wählen wir so, daß $\delta = -\gamma_0$ für $\gamma = \gamma_0$ wird; dann wird $\beta = 0$ an der Stelle, an der das Elektron den Glühdraht verläßt.

Um die Bahn selbst zu erhalten, zeichnen wir r als Funktion von $\gamma = \beta + \delta$ nach der alten Bahngleichung: $r = r_u \sin^{3/2}\gamma = r_u \sin^{3/2} \frac{2}{3}\alpha$ auf und drehen dann die einzelnen Bahnpunkte um δ zurück, indem wir aus Abb. 215f die zu den einzelnen γ-Werten zugehörigen δ-Werte abgreifen. Wir erhalten dann die richtige Bahn Abb. 216.

Diskussion des Resultates.

Die Wurzel für $d\delta/d\beta$ ist nur für $r > r_0$ reell. Die Bahn endet bei $r = r_0$, d. h.: sie endet auf der Oberfläche des Glühdrahtes.

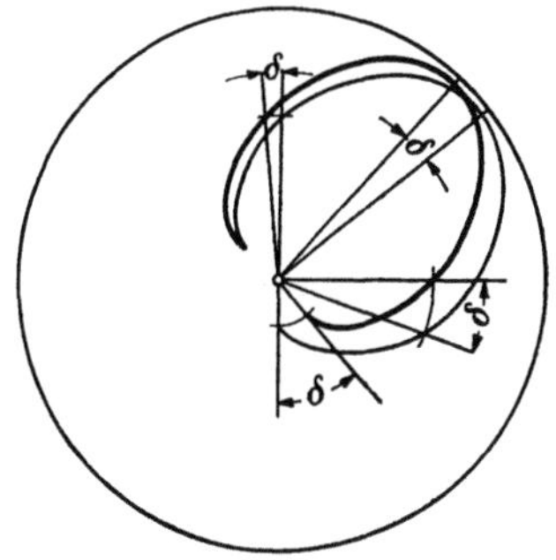

Abb. 216. Korrektur der Bahn im Polardiagramm.

δ steigt an dieser Stelle unter 45° an ($d\delta/d\gamma$ hat den Wert 1, siehe Abb. 215e). Daraus folgt, daß γ und mit ihm r steigen, ohne daß sich β ändert, oder daß bei $r = r_0$ die Bahn radial verläuft. Die Bahn endet auf der Anodenseite bei $\gamma = 90° - \gamma_1$; δ und mit ihm $\beta = \gamma + \delta$ steigen dort unendlich rasch mit wachsenden γ und r, so daß die Bahn dort, wie es sein muß, senkrecht zum Radius verläuft. In Abb. 215i, k, l ist die Bahn für verschieden dicke Glühdrähte dargestellt. Die Bahn geht schließlich (Abb. 215l) in die bereits von Habann berechnete Zykloide über.

g) *Berechnung der Raumladung und des Potentialverlaufes zwischen Ringstrom und Anode.*

Wir wollen die Berechnung angenähert durchführen, indem wir die Näherungsformel

$$\varphi = U_a \left(\frac{r}{r_a}\right)^{2/3}$$

benutzen.

Es gilt dann nach der Kontinuitätsgleichung

$$\varrho = \frac{I_h + I_r}{2\pi r l \sqrt{\frac{2 e_1 U_u}{m}\left(\frac{r}{r_u}\right)^{2/3} - r^2 \omega_0^2}}$$

und mit $$r_u^2\omega_0^2 = \frac{2e_1 U_u}{m}; \qquad \varrho = \frac{I_h + I_r}{2\pi r l \sqrt{\frac{2e_1 U_u}{m}} \sqrt{\left(\frac{r}{r_u}\right)^{2/3} - \left(\frac{r}{r_u}\right)^2}}.$$

Für $I_h + I_r$ setzen wir nach der Langmuirschen Formel

$$I_h + I_r = \frac{2}{9}\sqrt{\frac{2e_1}{m}}\,\frac{l}{r_u}\,U_u^{3/2}$$

ein: Wir erhalten dann für die Raumladungsdichte:

$$\varrho = \frac{1}{9\pi}\,\frac{U_u}{r_u r}\,\frac{1}{\sqrt{z - z^3}}$$

mit $z = \left(\frac{r}{r_u}\right)^{2/3}$ und für die gesamte Raumladung pro cm Glühdrahtlänge:

$$q = \int_0^{r_u} 2\pi r\, dr\, \varrho = \frac{2}{9}\,\frac{U_u}{r_u}\int_0^1 \frac{\frac{3}{2} r_u \sqrt{z}\, dz}{\sqrt{z - z^3}} = \frac{U_u}{3}\int_0^1 \frac{dz}{\sqrt{1 - z^2}} = \frac{U_u}{2}\,\frac{\pi}{3} \approx \frac{U_u}{2},$$

indem wir für $\pi/3$ angenähert 1 einsetzen.

Für den Potentialverlauf zwischen dem Ringstrom und der Anode, zwischen r_u und r_a erhalten wir dann:

$$\varphi = U_u + 2q\int_{r_u}^{r} \frac{dr}{r} = U_u + 2q \ln\frac{r}{r_u} = U_u\left(1 + \ln\frac{r}{r_u}\right)$$
$$= U_u\left(1 + \ln\left(1 + \frac{r - r_0}{r_u}\right)\right) \approx U_u\left(1 + \frac{r - r_u}{r_u}\right) = U_u\frac{r}{r_u}.$$

Der Potentialverlauf ist also in der Tat recht gut durch die in Abb. 213 eingezeichnete Gerade darstellbar.

h) Zusammenfassung.

Der Potentialverlauf ist angenähert durch

$$\varphi = U_u\left(\frac{r}{r_u}\right)^{2/3}$$

und zwischen dem Ringstrom und der Anode durch eine durch den Nullpunkt gehende Gerade darstellbar. Vgl. Abb. 213.

Die Raumladung ist durch die Formel

$$\varrho = \frac{1}{9\pi}\,\frac{U_u}{r_u r\sqrt{z - z^3}}$$

mit $z = \left(\frac{r}{r_u}\right)^{2/3}$ darstellbar. Ihren Verlauf zeigt ebenfalls Abb. 213.

Die Bahnen sind für sehr dünnen Glühdraht durch die Formel

$$z = \sin\beta \quad \text{oder} \quad r = r_u \sin^{2/3}\tfrac{2}{3}\alpha$$

gegeben. Für dicke Glühdrähte sind sie durch Abb. 215 i, k, l dargestellt. Sie setzen senkrecht auf den Glühdraht auf und gehen schließlich in die bereits von Habann berechneten Zykloiden über.

i) Berechnung und Messung des Magnetfeldes des Elektronenringstromes.

Wenn die Raumladung wirklich so stark ist und mit so hoher Winkelgeschwindigkeit umläuft, wie wir berechneten, so müßte sich das Magnetfeld des Elektronenringstromes mit dem ballistischen Galvanometer nachweisen lassen. Die

Messung des Elektronenringstromes erfolgte in der in Abb. 217 dargestellten Versuchsanordnung durch ein Substitutionsverfahren. Einmal wurde das Magnetron zwischen die Pole des Magneten gebracht, der Anodenstrom von 4 mA ein- und ausgeschaltet und der ballistische Ausschlag des Galvanometers gemessen. Dann wurde das Magnetron durch einen Blechzylinder ersetzt, der die Dimensionen der Anode hatte (Abb. 217b) und durch diesen Blechzylinder ein Strom geschickt, der denselben ballistischen Ausschlag gab. Bei einer Anodenspannung von 2700 V und einem Magnetfelde von 700 Gauss wurde im Mittel ein Strom von 0,94 A gemessen. Da das sehr kleine Zusatzmagnetfeld des Elektronenringstromes neben dem starken Magnetfelde des Magneten gemessen werden mußte, waren die Messungen nicht sehr genau.

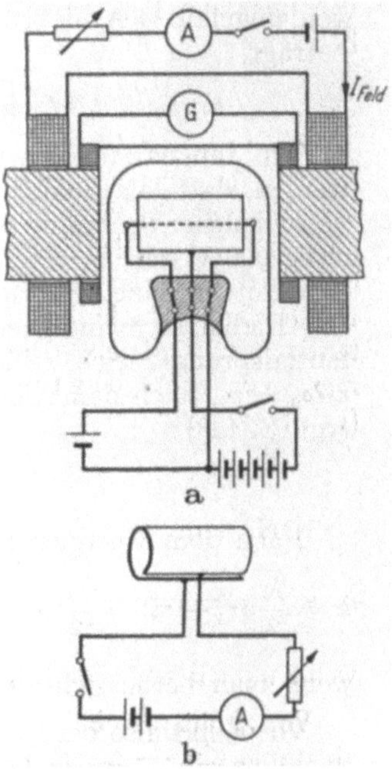

Abb. 217. Methode zur Messung des Elektronenringstromes.

Daraufhin wurde der Elektronenringstrom unter Benutzung folgender Beziehungen berechnet:

1. Die Raumladungsdichte

$$\varrho = \frac{U_u}{9\pi r_u \cdot r} \frac{1}{\sqrt{z - z^3}} \quad \text{mit} \quad z = \left(\frac{r}{r_u}\right)^{2/3}$$

(ϱ el.-stat. gemessen).

2. Das Magnetfeld $\mathfrak{H} = \frac{4\pi I}{c}$ (I el.-stat. gemessen!)

$$\mathfrak{H} = \int_r^{r_u} \frac{4\pi r \omega \varrho \, dr}{c} = \frac{4\pi\omega r_u^2}{c} \frac{U_u}{9\pi r_u^2} \int_x^1 \frac{dx}{\sqrt{z - z^3}} = \frac{2\omega U_u}{3c} \int_z^1 \frac{dz}{\sqrt{1 - z^2}} \quad \left(\text{mit } x = \frac{r}{r_u}\right).$$

3. Der Kraftfluß $\Phi = \int_0^{r_u} 2\pi r \, dr \, \mathfrak{H}$:

$$\Phi = \frac{4\pi\omega}{3c} U_u r_u^2 \int_0^1 x \, dx \int_{x^{2/3}}^1 \frac{dz}{\sqrt{1 - z^2}} = \frac{4\pi\omega U_u r_u^2}{3c} \int_0^1 x \, dx \left(\frac{\pi}{2} - \arcsin x^{2/3}\right) = \frac{4\pi\omega}{3c} U_u r_u^2 \frac{1}{3}.$$

U_u ist el.-stat. zu rechnen.

4. Der Ringstrom I_r pro cm Anodenlänge in Ampere:

$$I_r = \frac{\Phi}{0{,}4\pi \pi r_u^2} = \frac{10}{9} \frac{\omega U_u}{\pi c}.$$

Setzt man Zahlenwerte ein, so erhält man:

$U_u \approx U_a = 2700\,\text{V} = 9\,\text{cgs. el.-stat.}$; $\mathfrak{H} = 700\,\text{Gauß}$; $l = 2\,\text{cm}$, $c = 3 \cdot 10^{10}\,\text{cm/sec}$;

$$\omega = 0{,}885 \cdot 10^7 \mathfrak{H} = 0{,}885 \cdot 10^7 \cdot 700 \cdot \frac{1}{\text{sec}} = 6{,}3 \cdot 10^9/\text{sec}.$$

$$I_{\text{ring}} = l \cdot I_r = \frac{2 \cdot 10 \cdot 6{,}3 \cdot 10^9 \cdot 9}{9 \cdot 3\pi \cdot 10^{10}} = 1{,}34\,\text{A} \text{ gegen } 0{,}94\,\text{A gemessen.}$$

Der theoretische Wert, ist wie zu erwarten, etwas größer, da zur Berechnung die geometrische Länge des Glühdrahtes benutzt wird. Seine wirksame Länge ist infolge der Endenkühlung etwas kleiner.

Messung und Rechnung bestätigen die zunächst überraschende Vorstellung, daß in dem kleinen Magnetron von nur 2 cm Anodenlänge ein Elektronenstrom von ungefähr 1 A fließen soll, während der gemessene Anodenstrom nur 4 mA beträgt.

k) Gestörte Bahnen; Berechnung der inneren Umkehrpunkte.

Die Tangentialgeschwindigkeit der Elektronen kann z. B. dadurch verändert werden, daß das Elektron am Schlitz zweier Anodenviertel vorbeifliegt, die auf verschiedener Spannung liegen, und daß es so aus einem Raume, in dem die Spannung 900 V war, in einen Raum mit der Spannung 950 V gelangt. Die Energie ist dann um einen Betrag k (in unserem Beispiel $k = e_1 \cdot 50\,V$) erhöht worden. Die Radialgeschwindigkeiten sind vor und nach dem Übergang über den Potentialsprung gleich. Die Tangentialgeschwindigkeit war vor dem Übergang $r_ü \omega_0 = v_2$, nach dem Übergang unter Einführung der Integrationskonstante r_0 (vgl. S. 148):

$$r_ü \omega_0 \left(1 + \left(\frac{r_0}{r_ü}\right)^2\right) = v_1 .$$

Nach dem Energiesatze gilt dann

$$k = \frac{m}{2}(v_1^2 - v_2^2) = \frac{m}{2}\omega_0^2\left[r_ü^2\left(1 + \frac{r_0^2}{r_ü^2}\right)^2 - r_ü^2\right] = \frac{m}{2}\omega_0^2\left[r_ü^2 + 2r_0^2 + \frac{r_0^4}{r_ü^2} - r_ü^2\right] \approx m\omega_0^2 r_0^2 ,$$

wenn man berücksichtigt, daß r_0 klein gegen r ist.

Vor r_0^2 hat also bei Energieaufnahme durch das Elektron ein $+$, bei Energieabnahme ein — zu stehen.

Wir erhalten für ω:

$$\omega = \omega_0\left(1 + \frac{r_0^2}{r^2}\right).$$

Analog erhalten wir bei einer Erniedrigung der Tangentialgeschwindigkeit

$$\omega = \omega_0\left(1 - \frac{r_0^2}{r^2}\right).$$

Zur Berechnung der inneren Umkehrentfernung r_i dient uns dann die Gleichung: $\dot{r} = 0$ oder

$$2e_1 U_u \left(\frac{r_i}{r_u}\right)^{2/3} - m r_i^2 \left(1 + \left(\frac{r_0}{r_i}\right)^2\right)^2 = 0; \qquad 2e_1 U_u \left(\frac{r_i}{r_u}\right)^{2/3} - m r_i^2 \left(1 - \left(\frac{r_0}{r_i}\right)^2\right)^2 = 0.$$

bei Energiezufuhr — bei Energieentnahme

Wir führen wieder die Abkürzung $r_i/r_u = z$ ein und berücksichtigen die schon mehrfach verwendete Beziehung $2e_1 U_u = m r_u^2 \omega_0^2$, wobei U_u die Umkehrspannung und r_u die Umkehrentfernung der nicht gestörten Bahn ist. Wir führen auch für r_0 den zugehörigen z-Wert durch $(r_0/r_u)^{2/3} = z_0$ ein. Dann erhalten wir zur Berechnung der Umkehrpunkte die Gleichung:

$$z - z^3\left(1 + \frac{z_0^3}{z^3}\right)^2 = 0 \quad \text{bzw.} \quad z - z^3\left(1 - \left(\frac{z_0}{z}\right)^3\right)^2 = 0,$$

oder

$$z^4 - z^6 - 2z_0^3 z^3 = z_0^6 \quad \text{bzw.} \quad z^4 - z^6 + 2z_0^3 z^3 = z_0^6 .$$

Um diese Gleichungen zunächst einmal graphisch zu lösen, zeichnen wir über z die Funktionen z^4, z^6 und $\pm 2z_0^3 z^3$ auf, zählen die Ordinaten der Kurven zusammen und zeichnen die zur Abszisse parallele Gerade $y = z_0^6$ ein. Ihre Schnittpunkte mit der Summenkurve ergibt die Lösungen.

Die qualitativ gezeichnete Abb. 218 zeigt, daß die äußeren Umkehrpunkte in der Nähe von $z = 1$ liegen. Wir schreiben $z_u = 1 + \delta$ und erhalten für δ

$$1 + 4\delta - 1 - 6\delta - 2z_0^3(1 + 3\delta) = z_0^6, \qquad 1 + 4\delta - 1 - 6\delta + 2z_0^3(1 + 3\delta) = z_0^6,$$

$$-2\delta \approx 2z_0^3, \qquad\qquad -2\delta \approx -2z_0^3,$$

$$\delta = -z_0^3 \left(\text{genauer } \delta = \frac{-z_0^3(2 + z_0^3)}{1 - 3z_0^3}\right), \qquad \delta = +z_0^3 \left(\text{genauer } \delta = \frac{z_0^3(2 - z_0^3)}{1 + 3z_0^3}\right).$$

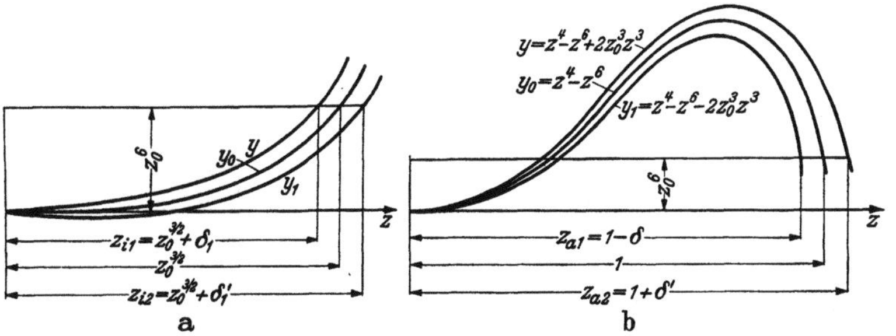

Abb. 218. Graphische Ermittlung der Umkehrpunkte.

Für die inneren Umkehrpunkte stehen uns 2 Wurzeln zur Verfügung, eine im Positiven und eine im Negativen. Physikalische Bedeutung hat nur die im positiven liegende. Wir können den Fall der Energieentziehung und der Energiezufuhr gemeinsam behandeln. Bei einem kleinen z_0-Werte liegt der z-Wert für den inneren Umkehrpunkt in der Nähe von $z_0^{3/2}$, ist also klein gegen z_0. Wir wollen ihn durch $z_0^{3/2} + \delta_1$ bzw. $z_0^{3/2} + \delta_1'$ annähern. Wir erhalten durch Einsetzen dieses Ansatzes in die Gleichung

$$z^4 - z^6 \pm 2z_0^3 z^3 = z_0^6$$

und Vernachlässigen höherer Potenzen

$$\delta_1 = \frac{z_0^3}{2}\,\frac{1 + \frac{z_0^{3/2}}{2}}{1 - \frac{3}{2}z_0^{3/2}}; \qquad \delta_1' = -\frac{z_0^3}{2}\left(\frac{1 - \frac{z_0^{3/2}}{2}}{1 + \frac{3}{2}z_0^{3/2}}\right),$$

$$\approx \frac{z_0^3}{2}(1 + 2z_0^{3/2}), \qquad \approx -\frac{z_0^3}{2}(1 - 2z_0^{3/2})$$

(vgl. Abb. 218a, in der die Umgebung von $z = 0$ vergrößert dargestellt ist),

d. h.: Für Energieentzug ist z_i ein wenig kleiner, für Energiezuführung ein wenig größer, in 1. Näherung aber in beiden Fällen: $z_i = z_0^{3/2}$.

Die inneren Umkehrentfernungen liegen also nahe bei $r_i = r_0\sqrt{r_0/r_u}$. (Äußere Umkehrentfernung $r_u \gg r_0$.)

Die Winkelgeschwindigkeiten sind bei Energieaufnahme

$$\omega_i = \omega_0\left(1 + \frac{r_u}{r_0}\right) \approx \omega_0 \frac{r_u}{r_0},$$

bei Energieabgabe:

$$\omega_i = \omega_0\left(1 - \frac{r_u}{r_0}\right) \approx -\omega_0 \frac{r_u}{r_0}.$$

Die Geschwindigkeiten selbst

$$v = \omega_i r_i \approx \omega_0 \sqrt{r_0 r_u}.$$

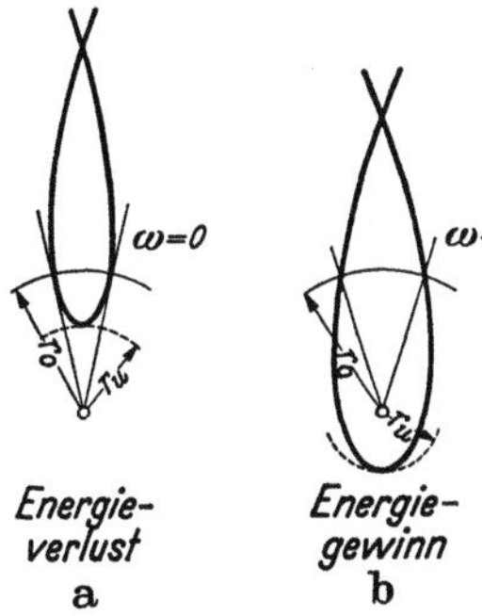

Abb. 219. Elektronenumkehr in Glühdrahtnähte.

Die Bahnen sind in Abb. 219 dargestellt.

Die Radialgeschwindigkeit wird verändert. Das kann z. B. dadurch geschehen, daß zwischen Glühdraht und Anode eine Wechselspannung liegt, deren Frequenz der Frequenz der radialen Elektronenpendelung gleicht und welche die Amplitude der Elektronenpendelung verändert. Da dann keine tangentialen Felder auftreten, bleibt die Winkelgeschwindigkeit zeitlich konstant $= \omega_0$.

Wenn A der vom Elektron abgegebene Energiebetrag ist, so berechnet sich die Umkehrentfernung aus $\dot{r} = 0$:

$$e_1 U_u \left(\frac{r}{r_u}\right)^{2/3} = \frac{m r^2 \omega_0^2}{2} + A\,; \quad \text{oder} \quad z - z^3 = \alpha \quad \text{mit} \quad \alpha = \frac{2A}{m r_u^2 \omega_0^2}\,.$$

Wir erhalten für den inneren Umkehrwert

$$z_i = \alpha_i \qquad \left(\alpha_i = \frac{2A_i}{m r_{u0}^2 \omega_0^2}\right).$$

Für den äußeren Umkehrwert, der nahe bei $z = 1$ liegt:

$$1 - \delta - 1 + 3\delta = \alpha_a\,; \qquad \delta = \frac{\alpha_a}{2}\,; \qquad z_{ua} = 1 - \frac{\alpha_a}{2} \qquad \left(\alpha_a = \frac{2A_a}{m r_{u0}^2 \omega_0^2}\right).$$

Die Bahn hat die Form der Abb. 219a.

Nimmt das Elektron einen Energiebetrag A auf, so steigt die äußere Umkehrentfernung auf $z_a = 1 + \alpha_a/2$. Eine innere Umkehrentfernung gibt es nicht mehr. Das Elektron stößt mit merklicher Restgeschwindigkeit auf den Glühdraht.

Wenn der Glühdraht nicht genau zentrisch liegt, so daß das Elektron den Glühdraht nicht mehr trifft, so wird in der Nähe des Glühdrahtes die Radialgeschwindigkeit in Tangentialgeschwindigkeit umgesetzt. Es treten dann Bahnen vom Typus der Abb. 219a oder b auf.

Wir haben nunmehr einen qualitativen Überblick über die möglichen Elektronenbahnen erhalten und können uns der Theorie der 3 möglichen Schwingungsmechanismen zuwenden..

2. Die negative Ableitung und die Erregung langwelliger Schwingungen.

a) *Der Gedankengang.*

Wir wollen uns auf das viergeschlitzte Magnetron beschränken. Bei der Besprechung der Magnetronkennlinien (Seite 149/150) hatten wir festgestellt, daß die Stromdichte auf der Anode mit dem Überschuß δr der Umkehrentfernung über den Anodenradius r_a steigt. Wir hatten für den Strom I_a angesetzt:

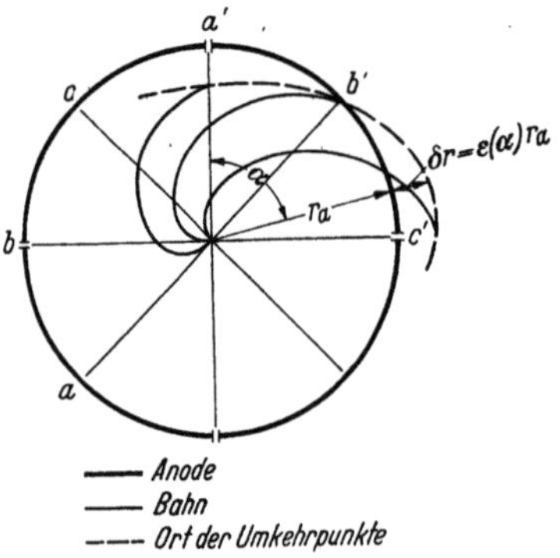

Abb. 220. Bahnen und Umkehrentfernungen von Elektronen, die in verschiedener Richtung starten.

$$I_a = \frac{I_s}{2}\left(1 + \frac{\delta r}{\delta r_1}\right)$$

und können entsprechend für die Stromdichte

$$i_a = \frac{i_s}{2}\left(1 + \frac{\delta r}{\delta r_1}\right)$$

schreiben. Wir müssen nun für die in die verschiedenen Richtungen startenden und an verschiedenen Stellen der Anodenviertel landenden Elektronen unter der Annahme einer Anodenspannung

$$U_{13} = U_a(1 + \Delta \cos \omega t)\,, \qquad U_{24} = U_a(1 - \Delta \cos \omega t)$$

die Umkehrentfernungen berechnen. Dabei bezeichnen die Indizes an den Spannungen die Nummern der Anodenviertel entsprechend der Abb. 208b. Wir nehmen ferner an, daß die Wellenlänge so groß ist, daß sich die Anodenspannungen während eines Umlaufes des Elektrons vom Glühdraht zur Anode nicht merklich ändern. Die Wellenlänge ist dann sehr groß, die RUNGEsche Ordnungszahl n sehr hoch. Wir erhalten dann δr als Funktion des Winkels α (s. Abb. 220). Der Verlauf von δr

mit α, wie wir ihn beispielsweise erhalten werden, ist ebenfalls in Abb. 220 eingezeichnet. Aus dieser Verteilung ist dann der Elektronenstrom auf das betreffende Anodenviertel zu berechnen.

$$I_{a13} = \int\limits_0^{90^\circ} \frac{i_s}{2}\left(1 + \frac{\delta r(\alpha)}{\delta r_1}\right) r_a l \, d\alpha .$$

Bei der Ausführung des Integrales ist zu bedenken, daß bei $\delta r = + \delta r_1$ der Sättigungsstrom, bei $\delta r = - \delta r_1$ die Stromdichte 0 erreicht ist.

Führt man noch $i_s = I_s / 2\pi r_a l$ ein, so erhält man

$$I_{a13} = \frac{I_s}{4\pi} \int\limits_0^{90^\circ} \left(1 + \frac{\delta r(\alpha)}{\delta r_1}\right) d\alpha .$$

Die Integrale sind, wenn δr den Wert δr_1 überschreitet, am besten graphisch zu lösen.

b) Die Berechnung der Umkehrentfernungen.

Wenn die Anodenviertel die Spannungen $U_{a13} = U_a(1 + D)$ und $U_{a24} = U_a(1 - D)$ mit $D = \Delta \cos \omega t$ haben, so ist die Potentialverteilung in der Röhre recht kompliziert. Eine einfache, der mathematischen Behandlung leicht zugängliche Annäherung ist in Abb. 221 dargestellt. Wir denken uns die Potentialfläche aus 4 Teilen zusammengesetzt, welche den Formeln

$$\varphi_{13} = U_a(1 + D)\left(\frac{r}{r_a}\right)^{2/3}; \qquad \varphi_{24} = U_a(1 - D)\left(\frac{r}{r_a}\right)^{2/3}$$

gehorchen, und die mit Potentialsprüngen aneinandergrenzen. Die wirkliche Potentialfläche wird einen solchen Sprung nur ganz in der Nähe der Anode aufweisen. Weiter im Inneren der Röhre sind die Sprünge „verschmiert". In der Abb. 221 ist die negative Kathode hoch gelegt, die Anode tief. Die Elektronen rollen dann den Potentialgipfel umkreisend wie Kugeln zur Anode herunter.

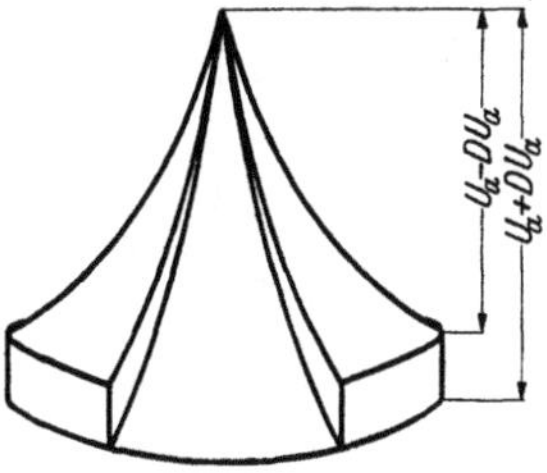

Abb. 221. Angenäherter Potentialverlauf im 4-geschlitzten Magnetron.

Fällt nun ein Elektron in der Entfernung $r_ü$ über den Potentialsprung, so wird seine Radialgeschwindigkeit nicht verändert, seine Tangentialgeschwindigkeit erfährt einen Zuwachs, der sich aus

$$\frac{m}{2}(v_2^2 - v_1^2) = 2 e_1 \Delta U_a \cos \omega t \left(\frac{r_ü}{r_a}\right)^{2/3}$$

berechnet. Der Index $ü$ bedeutet Übergang über den Potentialsprung. Die Bahn bekommt einen Knick wie in Abb. 222. Würde das Elektron eine Potentialschwelle herauflaufen, so würde seine Tangentialgeschwindigkeit abnehmen und die Bahn nach außen geknickt werden.

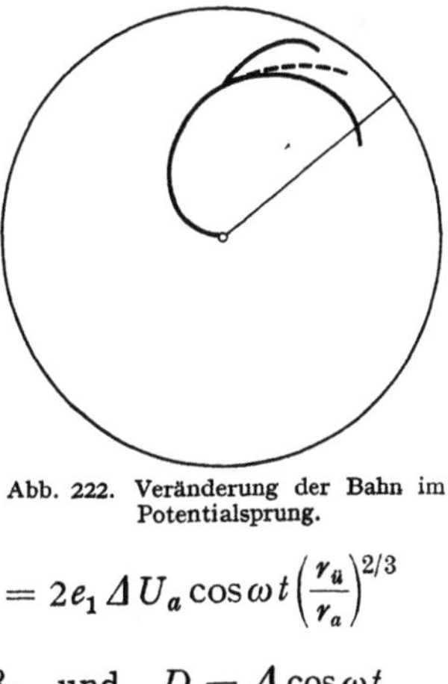
Abb. 222. Veränderung der Bahn im Potentialsprung.

Für die Beschreibung der gestörten Bahn ist die Integrationskonstante r_0^2 wieder einzuführen. Der Zuwachs an kinetischer Energie ist:

$$\frac{m}{2}(v_2^2 - v_1^2) = \frac{m}{2} r_ü^2 \omega_0^2 \left[\left(1 + \frac{r_0^2}{r_ü^2}\right)^2 - 1\right] \approx \frac{m}{2} 2 r_0^2 \omega_0^2 = 2 e_1 \Delta U_a \cos \omega t \left(\frac{r_ü}{r_a}\right)^{2/3}$$

$$= 2 D U_a e_1 \sin \beta_ü \quad \text{mit} \quad \left(\frac{r_ü}{r_a}\right)^{2/3} = \sin \beta_ü \quad \text{und} \quad D = \Delta \cos \omega t ,$$

$$\frac{r_0^2}{r_u^2} = D \sin \beta_ü \quad \text{mit} \quad \frac{2 e_1 U_u}{m r_u^2 \omega_0^2} = 1 \quad \left(\frac{r_0^4}{r_u^4} \text{ als klein gegen 1 vernachlässigt}\right).$$

Zur Berechnung der Umkehrentfernung r_u dient wieder $\dot r = 0$:

$$\frac{m\dot r^2}{2} = 0 = e_1 U_u (1 + D)\left(\frac{r_u}{r_{u0}}\right)^{2/3} - \frac{m}{2}(r_u^2 - 2r_0^2)\,\omega_0^2.$$

Wir wollen nun die prozentische Abweichung ε der Umkehrentfernung von der „Ungestörten Umkehrentfernung" einführen: $r_u = r_{u0}(1 + \varepsilon)$ und $\frac{2e_1 U_u}{m r_{u0}^2 \omega_0^2} = 1$ berücksichtigen. Wir erhalten dann:

$$-\tfrac{4}{3}\varepsilon = \mathrm{D}(\sin\beta_{ü2} - \sin\beta_{ü1} - 1).$$

Wenn α, der Winkel auf dem Anodenviertel (s. auch Abb. 223) von 0° bis 45° läuft, so läuft $\beta_{ü1}$ von 30° bis 0°, $\beta_{ü2}$ von 90° bis 60°. Es gibt also:

$$\beta_{ü1} = 30° - \tfrac{2}{3}\alpha; \quad \beta_{ü2} = 90° - \tfrac{2}{3}\alpha;$$

$$-\tfrac{4}{3}\varepsilon = D(-2\sin(90° - \tfrac{2}{3}\alpha) + 2\sin(30° - \tfrac{2}{3}\alpha) - 1) = D(2\sin(30° + \tfrac{2}{3}\alpha) - 1)$$

(Kurve I).

Für $\alpha = 45°$ bis 90° läuft β von 60° bis 30°. Es gilt also:

$$\beta = 90° - \tfrac{2}{3}\alpha; \quad -\tfrac{4}{3}\varepsilon = D[2\sin(90° - \tfrac{2}{3}\alpha) - 1) \quad \text{(Kurve II).}$$

Läuft das Elektron über 2 Potentialsprünge, so ist $\Sigma\sin\beta_ü$ statt $\sin\beta_ü$ einzusetzen. Wir berechnen zuerst die prozentische Abweichung der Elektronen, die in die Richtungen zwischen a und b starten, und die auf dem Anodenviertel zwischen a' und b' landen. (Die Buchstabenbedeutung ist aus Abb. 220 abzulesen!) Wir erhalten

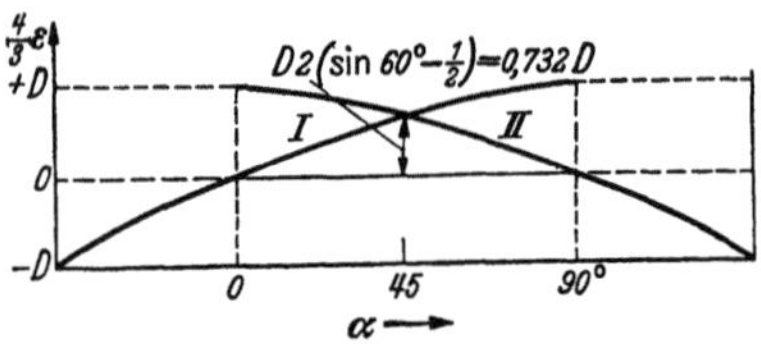

Abb. 223. Berechnete Umkehrentfernungen.

$$\tfrac{4}{3}\varepsilon = D[2(\sin(30° - \beta_ü) - \sin(90° - \beta_ü)) + 1]$$
$$= D(1 - 2\sin(30° + \beta_ü)).$$

Einen entsprechenden Verlauf erhalten wir für den Bereich $b'\,c'$. (Vgl. Abb. 220 u. 223.)

c) *Berechnung der Anodenwechselströme und der negativen Ableitung $\dot A$.*

Es genügt die weitere Rechnung zu skizzieren. Aus Abb. 223 berechnen wir ein mittleres $\bar\varepsilon$.

$$\bar\varepsilon = \frac{1}{\pi/2}\int_0^{90°} \varepsilon\, d\alpha = -pD;$$

Hierin bedeutet p einen Proportionalitätsfaktor, der sich durch Einsetzen des Wertes von ε und Ausführen des Integrales berechnen läßt.

Der Anodenwechselstromanteil ist dann

$$\delta\mathfrak{J}_a = \frac{I_s}{4\pi}\int_0^{90°} \frac{\delta r(\alpha)}{\delta r_1}\, d\alpha = \frac{I_s}{8}\frac{r_a}{\delta r_1}\bar\varepsilon = -\frac{I_s}{8}\frac{r_a}{\delta r_1} pD.$$

Die Ableitung des aus den Anodenvierteln gebildeten Kondensators ergibt sich schließlich zu

$$A = \frac{\delta\mathfrak{J}_a}{D U_a} = -\frac{I_s r_a p}{4\delta r_1 U_a}.$$

(Faktor 2, da 2 Anodenviertelpaare parallel geschaltet sind.)

$\mathfrak{J}_a$ steigt zunächst proportional mit $D \cdot U_a$ an, die Ableitung ist konstant, solange $\delta r = \varepsilon r_a < \delta r_1$. Dann steigt die Strom-Amplitude langsamer und die Ableitung sinkt. Wir erhalten für die Ströme $\mathfrak{J}_{a13}$ und $\mathfrak{J}_{a24}$ und für die Ableitung das Diagramm 224.

d) *Berechnung der Schwingungsamplitude.*

Wenn eine konstante Schwingung mit der Amplitude $\mathfrak{J}_a$ bzw. $\Delta\mathfrak{U}_{01}$ aufrechterhalten werden soll, so muß nach $\Sigma U = 0$ gelten:

$$\mathfrak{J}\left(j\omega L + R + \frac{1}{j\omega C - A}\right) = 0, \qquad (-A, \text{ da die Ableitung negativ ist}).$$

Hierbei ist $\mathfrak{J}$ der Strom im Schwingungskreis, L die Induktivität des Bügels, C die durch die Anodenviertel gebildete Kapazität des Schwingungskreises, R der gesamte Dämpfungswiderstand und A die oben berechnete negative Ableitung. Die Gleichung ist in reellen und imaginären Teil zu zerspalten (Begründung siehe Abschnitt über das Rechnen mit komplexen Amplituden)

$$j\omega L + \frac{1}{j\omega C} = 0 \quad \text{und} \quad R = \frac{A}{\omega^2 C^2}.$$

In diesen Gleichungen ist A^2 neben $\omega^2 C^2$ vernachlässigt!

Die 1. Gleichung bestimmt die entstehende Frequenz. Sie stimmt praktisch mit der Resonanzfrequenz des Schwingungskreises überein. Die 2. läßt die Ableitung A_g berechnen, die gebraucht wird (daher der Index g), um die Schwingungen aufrechtzuerhalten. Ist nun bei kleinen Amplituden die gelieferte Ableitung A, die wir berechnet hatten, größer als die gebrauchte, so schaukeln sich die Schwingungen auf. Mit steigender Amplitude sinkt die gelieferte Ableitung nach Abb. 224. Ist sie bis auf den Wert der gebrauchten Ableitung gesunken, so steigt die Amplitude nicht weiter. Die Bedingung

$$A = A_g$$

gestattet also, die Amplitude zu berechnen oder zu konstruieren.

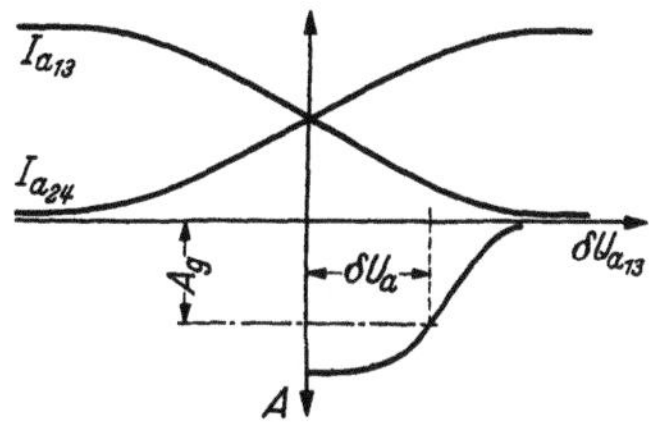

Abb. 224. Anodenstrom und negative Ableitung als Funktion der Anodenspannung.

Wir ermitteln die Amplitude am einfachsten graphisch, indem wir die gebrauchte Amplitude in Abb. 224 als strichpunktierte waagerechte Gerade eintragen und die Schnittpunkte mit der A-Kurve abgreifen.

3. Die Erregung von Barkhausenschwingungen.

Wenn zwischen Kathode und Anode eines ungeschlitzten Magnetrons eine Wechselspannung liegt, deren Frequenz der Pendelfrequenz der Elektronen gleicht, so wird diese Wechselspannung die in richtiger Phase schwingenden Elektronen abbremsen. Es wird Energie aus der Elektronenpendelung in die elektrische Schwingung übergehen. Die Amplitude der falschphasig schwingenden Elektronen wird vergrößert. Sie entziehen dem Schwingungskreise Energie. Zu einer Anregung von Barkhausen-Schwingungen kann es kommen, wenn die falschphasigschwingenden Elektronen einsortiert werden. Ein solcher Einsortiermechanismus liegt vor. Ähnlich wie bei den Barkhausenschwingungen ist die Schwingungsdauer der Elektronen von der Energieaufnahme bzw. -abgabe abhängig, so daß auch hier eine Phaseneinsortierung stattfinden kann. Derartige Magnetron-Barkhausenschwingungen sind auch beobachtet worden.

Die Rungesche Ordnungszahl dieser Schwingungen ist $n = 3/2$, da das Elektron einen Winkel von 270°, also $3/2 \cdot 180°$ zurücklegt, wenn es einmal zwischen Glühdraht und Anode hin- und herschwingt. Die Anfachung dieser Schwingungen ist, genau wie bei den Barkhausenschwingungen besonders günstig, wenn der

Schwingungskreis auf die Pendelfrequenz der Elektronen abgestimmt ist. Die der Elektronenpendelfrequenz entsprechende Wellenlänge berechnet sich zu

$$\lambda = n \cdot \frac{10650}{\mathfrak{H}} = \frac{3}{2}\,\frac{10650}{\mathfrak{H}} = \frac{15980}{\mathfrak{H}}\,.$$

Sie ist nach GROOS: Einführung in die Theorie und Technik der Dezimeterwellen, S. 170 gut erfüllt. GROOS gibt dort die experimentelle Beziehung an: $\lambda = 15800/\mathfrak{H}$.

Die technische Ausführung der Röhre wurde bereits in Abb. 210 gezeigt.

Angenäherte Berechnung der Lage der Umkehrpunkte.

Die Frequenz der Schwingungen ist jetzt sehr hoch. Wir können die früher (S. 158 unten) eingeführte Vereinfachung, daß sich die Anodenspannung während eines Elektronenumlaufes nicht wesentlich ändert, nicht mehr benutzen. Die Anodenspannung durchläuft vielmehr eine ganze Schwingung, während das Elektron den Glühdraht um 270° umläuft, also eine herzförmige Bahn ausführt. Das „durchlaufene" Potential φ^* ist also nicht mehr gleich dem „momentanen" Potential φ.

Wir müssen es aus

$$\varphi^* = \int \frac{\partial \varphi(r, t(r))}{\partial r}\, dr \mp \int \frac{d\varphi(r, t(r))}{dr}\, dr\,,$$

oder wenn wir β statt r einführen, aus

$$\varphi^* = \int \frac{\partial}{\partial \beta}\varphi(\beta, t(\beta))\, d\beta$$

berechnen.

Da 1 elektrische Schwingung verlaufen soll, während sich β um 180° ändert, haben wir für $\omega t = 2\beta + \varphi_a$ zu schreiben, und zwar wählen wir die Phase so, daß das Elektron maximale Energie in 1 ganzen Schwingung abgibt. Es wird dann $\varphi_a = 90°$[1].

Wir erhalten:

$$\varphi^* = U_a \int (1 - \Delta \sin 2\beta)\, \frac{\partial}{\partial \beta} \sin\beta\, d\beta\,;$$

$$\delta\varphi = \varphi^* - \varphi = -\Delta U_a \int_0^\beta \sin 2\beta \cos\beta\, d\beta = \Delta U_a \left(\frac{\cos 3\beta}{6} + \frac{\cos\beta}{2} - \frac{2}{3}\right).$$

Das Integral berechnet sich für 1/2 Schwingung $\left(\text{für } \beta = \frac{\pi}{2}\right)$ zu

$$\delta\varphi_{T/2} = -\tfrac{2}{3}\Delta U_a\,.$$

Nach einer ganzen Schwingung erreicht es den doppelten Wert.

[1] Für eine beliebige Abflugphase φ_a würden wir für *1 ganze* Schwingung erhalten:

$$\delta\varphi = \varphi^* - \varphi = \Delta U_a \int_0^\pi \cos(2\beta + \varphi_a) \cos\beta\, d\beta = \frac{\Delta U_a}{2} \int_0^\pi [\cos(3\beta + \varphi_a) + \cos(\beta + \varphi_a)\, d\beta]$$

$$= \frac{\Delta U_a}{2} \left[\frac{\sin(3\pi + \varphi_a) - \sin\varphi_a}{3} + \sin(\pi + \varphi_a) - \sin\varphi_a\right] = -\frac{4}{3}\Delta U_a \sin\varphi_a\,.$$

Das Maximum von $\delta\varphi$ liegt bei $\varphi_a = 90°$. Daher unser Ansatz:

$$\delta\varphi = \varphi^* - \varphi = -\Delta U_a \int_0^\beta \sin 2\beta \cos\beta\, d\beta\,.$$

Die z-Werte des inneren und äußeren Umkehrpunktes berechnen sich dann nach S. 157 zu

$$z_u = 1 + \delta; \quad \delta = -\frac{\Delta}{3};$$

$$z_u = 1 - \frac{\Delta}{3}; \quad z_i = +\frac{4}{3}\Delta.$$

Der Verlauf der abnehmenden Elektronenpendelung ist in Abb. 225 dargestellt. Die abgearbeiteten Elektronen kommen nicht aus der Röhre heraus, wenn die Felder rein radial und symmetrisch sind. Sie müssen durch geeignete Gestaltung der Felder herausgeführt werden.

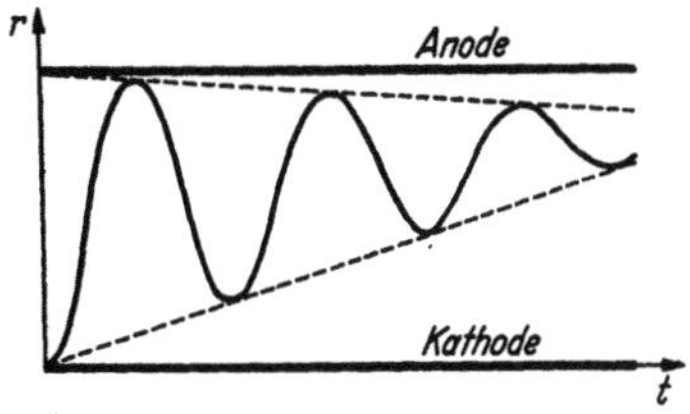

Abb. 225. Elektronenpendelung bei Magnetron-Barkhausenschwingungen.

4. Die Influenzstromerregung im Vierschlitzmagnetron.

Wenn das Magnetfeld über den durch $r_a = 6{,}72\frac{\sqrt{U_{a0}}}{\mathfrak{H}}$ gegebenen kritischen Wert gesteigert wird, so treten Schwingungen auf, deren günstigste Wellenlänge bei $\lambda = 2{,}2\frac{10650}{\mathfrak{H}}$ cm, also bei einem $n = 2{,}2$ liegt.

Als günstig kann man entweder die Wellenlänge bezeichnen, bei der die Röhre die größte Leistung hergibt (Kreise in Abb. 226) oder die Wellenlänge, bei der phasenreine Erregung auftritt (Kreuze in Abb. 226). Letztere erkennt man daran, daß die entstehende Wellenlänge mit der Resonanzwellenlänge des Kreises übereinstimmt.

Abb. 226 zeigt, daß maximale Leistung und phasenreine Erregung auf denselben Zusammenhang zwischen λ und $\mathfrak{H}$ führen

$$\lambda = 2{,}2\frac{10650}{\mathfrak{H}}.$$

Die ausgezogenen Kurven sind die Kurven für $n = 2{,}0$, $n = 2{,}2$ und $n = 2{,}4$.

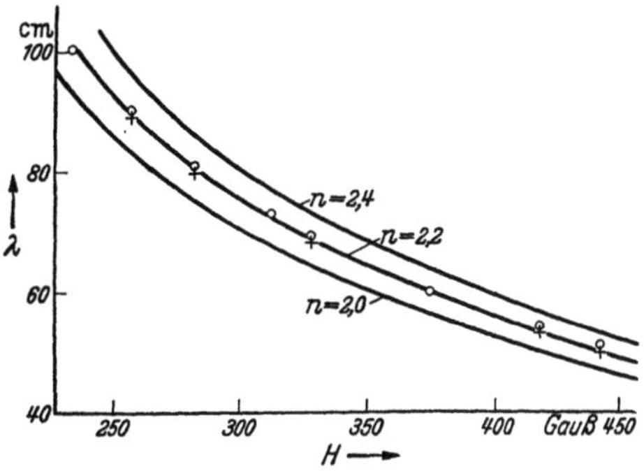

Abb. 226. λ_{opt}-$\mathfrak{H}$-Diagramm.

Das Eigenartige bei dieser Erregungsform ist das Auftreten einer günstigsten vom Elektronenumlauf abhängigen Frequenz, die aber nichts mit der radialen Pendelung der Elektronen zu tun hat. Wenigstens besteht da keine so durchsichtige Beziehung wie bei den Magnetron-Barkenhausenschwingungen.

Die Bevorzugung bestimmter Frequenzen ermöglicht auch eine Anregung an die Röhre angeschlossener Lecher-Systeme in Oberschwingungen.

Diese 3. Art der Erregung kommt nun dadurch zustande, daß sich der Elektronenringstrom unter der Wirkung der Wechselspannungen an den Anodenvierteln ellipsenartig verformt, und daß diese Ellipse mit einer Winkelgeschwindigkeit rotiert, die der halben[1] Kreisfrequenz der elektrischen Schwingung entspricht. Wir wollen diese Kreisfrequenz der Schwingung mir ω_s bezeichnen im Gegensatz zur Winkelgeschwindigkeit der Elektronen ω um den Glühdraht.

Dieser elliptisch verformte sich drehende Elektronenringstrom kann nun mit einem elektrisch geladenen elliptischen Zylinder verglichen werden, der sich

[1] Analogon zur 4 poligen Wechselstrommaschine, bei der die Kreisfrequenz des Wechselstromes der doppelten Winkelgeschwindigkeit entspricht.

unter den Anodenvierteln hindurchdreht. Dabei werden in den Anodenvierteln durch Influenz Ströme erregt. Wir haben also gewissermaßen das elektrische Analogon zu einer Dynamomaschine vor uns, deren Anker allerdings nicht magnetisch, sondern elektrisch geladen ist.

Hat der entstehende Influenzstrom die richtige Phase zur Anodenwechselspannung, so wird er imstande sein, Energie an die elektrische Schwingung abzugeben.

a) Gang der Untersuchung.

Wir müssen zunächst die zeitliche Bewegung der Ringstromellipse studieren, indem wir ähnlich wie bei der Theorie der langwelligen Schwingungen die Umkehrpunkte berechnen, jetzt aber unter Berücksichtigung der zeitlichen Veränderung der Spannung während des Fluges des Elektrons.

Dann muß aus der Stärke des Ringstromes die Dichte der Raumladung (pro cm^2 Anodenfläche) ermittelt und aus dieser Flächendichte und der Gestalt der Ringstromellipse die influenzierte Ladung und daraus der *Influenzstrom* berechnet werden, nach dem diese Anregungsart ihren Namen hat. Phase und Stärke dieses Influenzstromes werden sich mit dem Verhältnis der Kreisfrequenz ω_s zur Winkelgeschwindigkeit ω, oder mit der RUNGEschen Ordnungszahl n ändern. Es muß nun einmal die „günstigste" Ordnungszahl herausgesucht werden. Wir haben dann ein 1. Resultat, das mit den Messungen verglichen werden kann.

Als 2. wollen wir die Größe des Influenzstromes, der negativen Ableitung und des maximalen noch überwindbaren Dämpfungswiderstandes: der „Schwingkraft" berechnen und die Schwingkraft messen; wir haben dann ein 2. durch Messungen quantitativ prüfbares Resultat.

b) Berechnung der Umkehrentfernungen unter Berücksichtigung der zeitlichen Veränderung der Anodenspannungen während des Elektronenfluges.

Auf S. 160 hatten wir für die prozentische Abweichung ε der Umkehrentfernung erhalten:

$$\tfrac{4}{3}\varepsilon = -2D\sin\beta_{ü} + D\,.$$

Das 1. D bedeutet die prozentische Abweichung der Anodenspannung vom Gleichspannungswerte zur Zeit des Überganges, das 2. D diese prozentische Abweichung im Moment der Ankunft des Elektrons im Umkehrpunkte. Beide Werte waren früher gleich groß und brauchten nicht unterschieden zu werden, da die elektrische Schwingung so langsam verlief, daß sich die Spannungen während eines Elektronenlaufes nicht merklich änderten. Jetzt müssen wir beide Werte unterscheiden, indem wir an den einen den Index $ü$ (Übergang über den Potentialsprung), an den anderen einen Stern anhängen:

$$\tfrac{4}{3}\varepsilon = -\,2D_{ü}\sin\beta_{ü} + D^*\,.$$

Die wirklich durchlaufene Spannung ist in derselben Weise wie das schon in der Theorie der Barkhausen-Magnetron-Schwingungen geschah, durch

$$\varphi^* = \int \frac{\partial}{\partial r}\varphi(r, t(r))\,dr \quad \text{bzw.} \quad \varphi^* = \int \frac{\partial}{\partial\beta}\varphi(\beta, t(\beta))\,d\beta = \int U_a(1+\cos\omega_s t(\beta))\,\frac{\partial\sin\beta}{\partial\beta}\,d\beta$$

zu berechnen. Bei der Integration ist die Zeit ebenfalls als Funktion des Winkels β einzusetzen. Hierzu benutzen wir wieder die RUNGEsche Ordnungszahl n:

$$n = \frac{2\omega}{\omega_s}\,; \quad \text{da} \quad \beta = \frac{2}{3}\alpha\,.$$

$$\omega_s t = \frac{3}{n}\beta + \varphi_a\,, \qquad \varphi_a = \text{Anfangsphase}\,.$$

Führen wir noch die Phase φ_u bei der Ankunft im Umkehrpunkte ein, so lautet das Argument:

$$\frac{3}{n}\beta - \frac{3}{n}90^\circ + \varphi_u.$$

Bei der Ausführung des Integrales $\int_0^\beta \frac{\partial\varphi}{\partial\beta}d\beta = \varphi^*$ darf auch der Potentialsprung nicht vergessen werden. Wir erhalten dann

$$\varphi^* = U_a\int_0^{\beta_{\ddot{u}}}\left(1 + \Delta\cos\left(\frac{3\beta}{n} - \frac{3}{n}90^\circ + \varphi_u\right)\right)\cos\beta\, d\beta + 2D_{\ddot{u}}U_a\sin\beta_{\ddot{u}}$$

$$+ U_a\int_{\beta_{\ddot{u}}}^{90^\circ}[1 - \Delta\cos(\cdots)]\cos\beta\, d\beta$$

und, da $D^* = \frac{\varphi^*}{U_a}$, für ε den Ausdruck:

$$\frac{4}{3}\varepsilon = \int_0^{\beta_{\ddot{u}}}\Delta\cos\left(\frac{3\beta}{n} + \varphi_u - \frac{3}{n}90^\circ\right)\cos\beta\, d\beta - \int_{\beta_{\ddot{u}}}^{90^\circ}\Delta\cos(\cdots)\cos\beta\, d\beta.$$

Überfliegt das Elektron 2 Potentialsprünge, so erhält das Integral 3 Teile.

Die Integration erfolgt am einfachsten graphisch. Als Beispiel sei der Fall $n = 2$ und $\varphi_u = -45^\circ$ beschrieben. Zeichne über den Winkel die Kurve $\cos\beta$ und die Kurve

$$\cos\left(\frac{3}{n}\beta - \frac{3}{n}90^\circ + \varphi_u\right) \text{ (mit } n = 2).$$

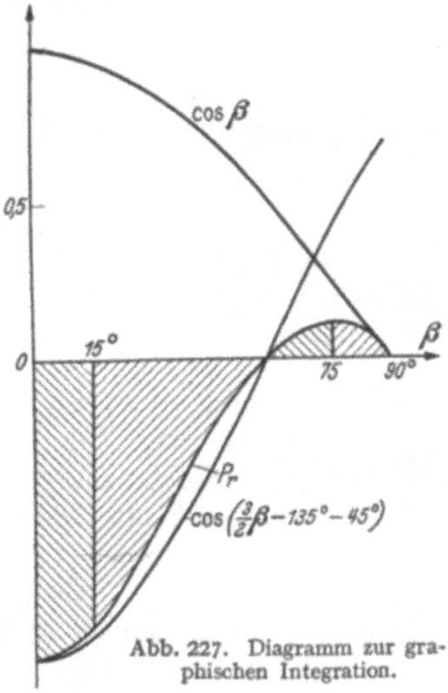

Abb. 227. Diagramm zur graphischen Integration.

Multipliziere dann die Ordinaten und zeichne die Kurve des Produktes P_r (Abb. 227). Wir betrachten nun als Beispiel von den in die verschiedenen Richtungen startenden Elektronen eins, das den 1. Potentialsprung bei $\beta_{\ddot{u}} = 15^\circ$ und den 2. Potentialsprung bei $\beta_{\ddot{u}} = 75^\circ$ überschreitet. Diese Winkel zeichnen wir uns in Abb. 227 ein. Das Integral gleicht dann der Summe der schräg schraffierten Flächen, wobei die nach links unten schraffierten Flächen mit dem richtigen, die nach rechts unten schraffierten mit dem umgekehrten Vorzeichen einzusetzen sind. Auf diese Weise wird dann ein ε/Δ-Wert erhalten[1]. Diesen tragen wir in Abb. 228 an der durch den Winkel α (in unserem Beispiel $22\frac{1}{2}^\circ$) auf der Anode gekennzeichneten Umkehrstelle (s. Abb. 224a) mit einem Kreuz ein. Wir wiederholen nun die Konstruktion für Elektronen, die in andere Richtungen starten, bei anderen $\beta_{\ddot{u}}$-Werten über die Potentialsprünge laufen, und

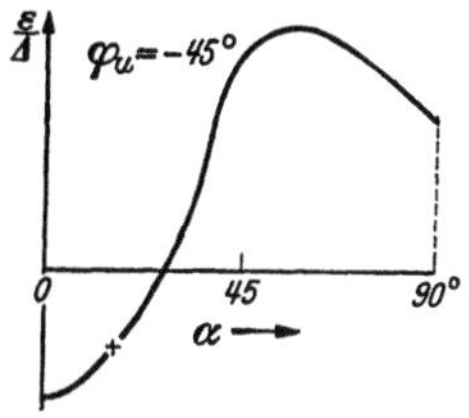

Abb. 228. ε/Δ-α-Diagramm.

[1] Die prozentische Abweichung der Umkehrentfernung ε und die prozentische Spannungsamplitude Δ sind einander proportional. Es empfiehlt sich daher gleich den „reduzierten" Wert ε/Δ auszurechnen.

unter anderen Stellen des Anodenviertels umkehren, und erhalten so das Diagramm (Abb. 228). Aus diesem wird nun ein Mittelwert

$$\frac{\bar{\varepsilon}}{\varDelta} = \frac{1}{\pi/2}\int_0^{\pi/2}\frac{\varepsilon(\alpha)}{\varDelta}\,d\alpha$$

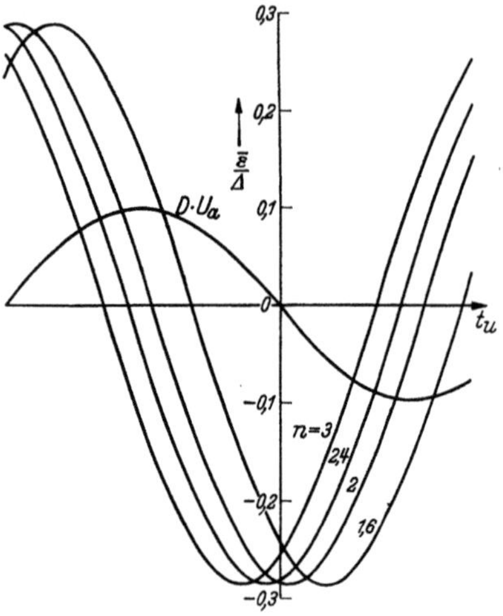

Abb. 229. $\bar{\varepsilon}/\varDelta$-$t$-Diagramm mit n als Parameter.

gewonnen. Der Mittelwert $\bar{\varepsilon}$ bedeutet dann die mittlere prozentische Abweichung der Umkehrentfernung von der Umkehrentfernung ohne Schwingungen gemittelt über 1 Anodenviertel. Dieser wird unter der Schwingungsphase von $-45°$ (für $\varphi_u = \omega t_u = 45°$) im Diagramm 229 eingezeichnet. Durch Wiederholung dieser Konstruktion erhält man den Verlauf des $\bar{\varepsilon}/\varDelta$ von der Zeit.

Durch Wiederholung für andere n-Werte ist schließlich das ganze Diagramm 229 entstanden.

Dem Diagramm 229 können wir nun zunächst das günstigste n entnehmen. Wir finden es beim Werte $n = 2{,}2$ in ausgezeichneter Übereinstimmung mit den Messungen. Bei $n = 2{,}2$ liegt, wie wir im Diagramm sehen, sowohl die phasenreine als auch die stärkste Anregung der Schwingung.

c) Berechnung der „Schwingkraft".

Die Flächendichte im Ringstrom berechnen wir durch

$$q = \frac{I_r}{\omega r_u}.$$

(I_r war dabei nicht die Stromstärke in Ampere, sondern die Stromstärke in Ampere pro cm Glühdrahtlänge.) Die in einem Anodenviertel influenzierte Ladung gleicht der Ladung die unter dem Anodenviertel liegt. Diese ist Flächendichte mal bedeckte Fläche:

$$Q = q\,\frac{\pi}{2}\,r_u\,(1 + \bar{\varepsilon}).$$

Der Influenzstrom ist schließlich

$$I_{\text{infl}} = \frac{q\pi}{2}\,r_u\,\frac{d\bar{\varepsilon}}{dt} = \frac{\pi I_r}{2\omega}\,|\bar{\varepsilon}|\,\omega_s\,*.$$

Setzen wir den früher berechneten Wert für den Ringstrom ein, so erhalten wir:

$$I_r = \frac{10}{9\cdot 9\pi}\,10^{-12}\,U_{u\,\text{Volt}}\,\omega\,; \qquad \frac{d\bar{\varepsilon}}{dt} = \left|\frac{\bar{\varepsilon}}{\varDelta}\right|\cdot\varDelta\cdot\omega_s,$$

$$I_{\text{infl}} = 2l\,\frac{\pi}{2\omega}\cdot\frac{10}{9\cdot 9\pi}\,10^{-12}\,U_u\,\omega\cdot\omega_s\left|\frac{\bar{\varepsilon}}{\varDelta}\right|\varDelta$$

(2, da 2 Anodenviertelpaare parallelgeschaltet)

$$A = \frac{I_{\text{infl}}}{\varDelta U_a} = l\,\frac{10}{9\cdot 9}\,10^{-12}\,\omega_s\left|\frac{\bar{\varepsilon}}{\varDelta}\right|\,\frac{U_u}{U_a}.$$

* ω_s war die Kreisfrequenz der Schwingung, ω die Winkelgeschwindigkeit der Elektronen (s. S. 164).

Den Wert für $\left|\frac{\bar{\varepsilon}}{\Delta}\right|$ für phasenreine Erregung greifen wir in Abb. 225 ab: $\left|\frac{\bar{\varepsilon}}{\Delta}\right| = 0{,}30$. Mit diesem Werte wird

$$A = l\omega_s \frac{U_u}{U_a} \frac{10}{9 \cdot 9} 10^{-12} \cdot 0{,}30 = l\omega_s \frac{U_u}{U_a} \cdot 3{,}7 \cdot 10^{-14} \text{ Siemens}.$$

Für R_{th}, den Dämpfungswiderstand der Kreise, der nach der Theorie eben noch überwunden werden kann:

$$R_{\text{th}} = \frac{A}{\omega_s^2 C^2} = \frac{l U_u}{U_a \omega_s C^2} 3{,}7 \cdot 10^{-14} \text{ Ohm}. \quad (A \ll \omega_s C).$$

Zahlenbeispiel:

Die Wellenlänge war $\lambda = 81$ cm. Hierzu gehört ein $\omega_s = 2\pi c/\lambda = 2{,}325 \cdot 10^9$/sec. Die Glühdrahtlänge l war 2 cm, die Kapazität der Röhre 2,5 pF. Hieraus berechnet sich

$$R_{\text{th}} = \frac{2 \cdot 3{,}7 \cdot 10^{-14}}{2{,}325 \cdot 10^9 \cdot 6{,}25 \cdot 10^{-24}} = 5{,}2 \text{ Ohm}. \quad (\text{Hierbei war } U_a \approx U_u.)$$

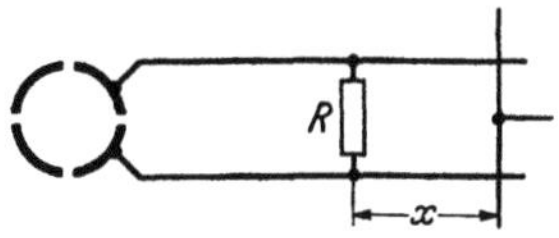

Abb. 230. Versuchsanordnung zum Messen der Schwingkraft.

Die „Schwingkraft" läßt sich leicht messen, indem man einem Dämpfungswiderstand R auf dem Lecher-System so lange verschiebt, bis die Schwingungen eben erlöschen. Anordnung ist in Abb. 230 dargestellt. Durch eine derartige Messung wurde die Schwingkraft zu 4,49 Ohm ermittelt. [Genauere Beschreibung der Messung: Joh. Moller, ENT. **17**, 31—41 (1940).] Dieser Wert ist wie zu erwarten, etwas kleiner als der theoretische; es liegt das, wie bei der Messung des Ringstromes bereits erwähnt, an der Endenkühlung des Heizfadens. Die Abweichung beträgt 12%. Wenn man aus Kennlinienmessungen die Endenkühlung ermittelt, so erhält man eine Korrektur von 10%. Die Übereinstimmung von Messung und Experiment ist also recht gut.

d) *Die Grenzen des Influenzstromanregungsbereiches.*

Wenn man die Anodenspannung so weit steigert, daß die Elektronen auf der Anode landen, so kann sich kein Ringstrom mehr ausbilden, und die Schwingungen setzen aus, bzw. sie gehen in eine Schwingungsform mit anderem Mechanismus und anderer Wellenlänge über. Diese obere Spannungsgrenze des Schwingbereiches ist durch unsere schon oft benutzte Formel

$$r_u = 6{,}72 \frac{\sqrt{U_u}}{\mathfrak{H}}; \qquad r_a = 6{,}72 \frac{\sqrt{U_{a0}}}{\mathfrak{H}}$$

gegeben.

Wenn wir die Anodenspannung verringern, so zieht sich der Ringstrom immer mehr zusammen. Die Umkehrspannung U_u ist dann wesentlich kleiner als die Anodenspannung. Wir können den Faktor U_u/U_a in der Formel für die Schwingkraft nicht mehr $= 1$ setzen.

U_u/U_a wird nach unseren Untersuchungen über die Potentialverteilung (S. 151) mit abnehmendem U_a immer kleiner. Es wird daher auch die Schwingkraft kleiner.

Ist sie bis auf die Eigendämpfung des Schwingungskreises abgesunken, so ist die untere Spannung des Schwingbereiches erreicht.

$$R_{\text{eigen}} = R_{\text{th}} = R_{\text{th}\max} \frac{U_u}{U_a}; \quad \text{mit} \quad R_{\text{th}\max} = \frac{l}{\omega_s C^2} 3{,}70 \cdot 10^{-14} \text{ Ohm}$$

bedingt also die untere Grenze. R_{th} bedeutet wieder die Schwingkraft, R_{eigen} den Eigendämpfungswiderstand des Kreises.

U_u/U_a berechnen wir unter Zuhilfenahme der Abb. 213. Aus ihr entnehmen wir die angenäherte Beziehung $U_u/U_a = r_u/r_a$. Ferner gilt

$$r_u = 6{,}72\frac{\sqrt{U_u}}{\mathfrak{H}};\quad r_a = 6{,}72\frac{\sqrt{U_{a0}}}{\mathfrak{H}};\quad \frac{r_u}{r_a} = \sqrt{\frac{U_u}{U_{a0}}};\quad \frac{r_u^2}{r_a^2} = \frac{U_u}{U_{a0}};\quad \frac{r_u^4}{r_a^4} = \frac{U_u^2}{U_a^2};$$

worin U_{a0} die Spannung ist, bei der die Umkehrentfernung gerade in der Anode liegt. U_{a0} ist also die obere Grenzspannung des Schwingbereiches. Aus diesen Beziehungen erhalten wir:

$$\frac{U_u}{U_{a0}} = \frac{U_u^2}{U_a^2};\quad \frac{U_a}{U_{a0}} = \frac{U_u}{U_a}\quad \text{und}\quad R_{\text{eigen}} = R_{\text{th max}}\frac{U_a}{U_{a0}}.$$

Hierin ist $R_{\text{th max}}$ die maximale Schwingkraft, welche das Magnetron bei dem betreffenden Magnetfelde entwickeln kann. Diese tritt dann auf, wenn die Anodenspannung so hoch ist, daß die Elektronen noch eben innerhalb der Röhre umkehren und einen Ringstrom bilden.

Zahlenbeispiel: Die maximale Schwingkraft trat bei 440 V auf und betrug 4,5 Ohm, der Dämpfungswiderstand des Schwingkreises $R_{\text{eigen}} = 1{,}9$ Ohm. Dann würde nach der angenäherten Beziehung die untere Grenzspannung

$$U_{au} = \frac{1{,}9}{4{,}5}\,440 \approx 190\ \text{V}$$

betragen. Gemessen wurde in guter Übereinstimmung eine untere Grenzspannung von 220 V. Wenn man sich die Wirkung der eingeführten Vernachlässigungen überlegt, so liegt der Fehler auf der richtigen Seite.

e) *Bemerkung über den Leistungstransport.*

Wir haben bisher die vereinfachte Vorstellung benutzt, daß die Elektronen auf *allen* Bahnen immer wieder in der Ringstromfläche umkehren. Wie wir aus Abb. 215 ersehen, ist das nicht der Fall. Wenn ein Elektron Energie an die Schwingung abgegeben hat, so erreicht es den Glühdraht nicht wieder, sondern kehrt in der früher berechneten Entfernung $r_ü$ um. Beim nächsten Umlaufe schwingt es weiter auf die Anode zu. Gibt es wieder Energie ab, so kehrt es am Ende des 2. Umlaufes in noch größerer Entfernung von der Kathode um und schwingt dann noch weiter auf die Anode heraus, bis es endlich auf der Anode landet.

So entsteht der Anodenstrom. Dieser ist ja auch nötig, um aus der Anodenbatterie der Schwingung die nötige Leistung zuzuführen.

Die Elektronen landen fast streifend auf der Anode.

Es ist dann im wesentlichen nur noch die kinetische Energie der Tangentialbewegung übrig. Diese wird durch Stoß auf die Anode abgegeben und ist als Verlust zu buchen.

f) *Ausblick auf eine Theorie zur Berechnung der Amplituden.*

Wir hatten überlegt, daß ein Elektron, das Energie an die Schwingung abgegeben hat, nicht zur Kathode zurückkehrt und bei seinem 2. Umlauf weiter zur Anode herausläuft, als beim 1. Energieliefernde Elektronen führen also eine Reihe Umläufe aus, deren Umkehrpunkte zwischen der 1. Umkehrentfernung r_u und der Anode (r_a) liegen, und landen, wenn sie abgearbeitet sind, auf der Anode. Je größer nun die Schwingungsamplitude ist, um so größer ist der Abstand der einzelnen Bahnen, um so geringer ist die Zahl der Umläufe. Die Raumladung konzentriert sich also nicht in einem Ringstrom in der Entfernung r_u, wie wir angenommen hatten, sondern verteilt sich auf den Raum zwischen r_u

und r_a. Bei gleichem Anodenstrom würde die Ringstromdichte proportional mit der Zahl der Umläufe abnehmen.

Mit sinkender Raumladungsdichte steigt allerdings der Anodenstrom, so daß die Abnahme der Raumladungsdichte wieder teilweise kompensiert wird.

Mit abnehmender Raumladungsdichte sinkt auch der Influenzstrom und mit ihm die Schwingkraft. Wir erhalten also aus dieser Überlegung, daß mit wachsender Amplitude der Schwingung die Schwingkraft sinkt.

Die Amplitude wird nun so lange ansteigen, bis die Schwingkraft auf den Wert der Eigendämpfung des Schwingungskreises heruntergegangen ist. Die Gleichung

$$R_{\text{eigendämpfung}} = R_{\text{th}}$$

wird also zur Berechnung der Amplitude benutzt werden können, wenn es gelungen ist, die Abnahme der Raumladungsdichte im Ringstrom mit der wachsenden Amplitude zu berechnen.

Auf alle Fälle wird die Schwingkraft sehr stark abnehmen, wenn bereits beim 1. Umlauf der Ringstrom so stark verformt wird, daß die Elektronen auf der Anode landen. Die Beziehung

$$r_u(1 + \varepsilon) \leqq r_a$$

bildet also eine obere Grenze für die Amplitude.

Wenn nun die Spannung hoch ist und infolgedessen die Umkehrentfernung r_u nur um ein geringes kleiner als der Anodenradius r_a ist, so ist eine Schwingung mit nur geringer Amplitude möglich, denn bereits bei kleinen ε-Werten erreicht $r_u(1+\varepsilon)$ den Wert r_a, (ε ist proportional der Schwingungsamplitude).

Die Schwingkraft ist hingegen bei hohen Anodenspannungen besonders hoch, sie erreicht ja dann fast $R_{\text{th}\,\text{max}}$.

Gewöhnlich erhält man maximale Amplitude und maximale Schwingkraft unter den gleichen Betriebsbedingungen. Beim rückgekoppelten Sender steigen Schwingkraft und Amplitude mit der Festigkeit der Rückkopplung (wenigstens so lange nicht sehr starke Gitterströme auftreten). Bei den Barkhausen-Sendern mit Trioden und Magnetrons steigen ebenfalls Schwingkraft und Amplitude gemeinsam mit der Heizung. Bei den Dynatrons, der Erregung langer Wellen mit Magnetrons, finden wir das gleiche. Bei allen Sendern nimmt ja die Schwingkraft mit wachsender Amplitude ab. Ist also die Schwingkraft hoch, so wird sie erst bei einer großen Schwingungsamplitude auf den Wert der „gebrauchten" Schwingkraft (= dem Dämpfungswiderstand des Kreises) herabsinken.

Das influenzstromerregte Magnetron verhält sich anders. Die größte Schwingkraft erhalten wir, wenn U_a hoch ist und den oberen Grenzwert U_{a0} des Schwingbereiches nahezu erreicht. Eine hohe Anodenspannungsamplitude ist aber dann auch bei schwachgedämpften Kreisen nicht zu erreichen.

Bei niedrigen Anodenspannungen ist die Schwingkraft gering. Starkgedämpfte Kreise werden nur schwach oder gar nicht erregt, in schwachgedämpften Kreisen läßt sich aber eine um so stärkere Anodenspannungsamplitude erregen.

Die letzten Bemerkungen mögen zeigen, daß in der Theorie des Magnetrons zwar noch viele Fragen ungelöst sind, daß aber die Hoffnung besteht, daß die dargestellten Anschauungen zur Lösung auch dieser Fragen als Grundlage dienen können.

III. Wellenausbreitung.

Einleitung. Die Loslösung der elektrischen Wellen aus dem Nahfelde einer Antenne ist verhältnismäßig verwickelt. Es soll daher die Natur der elektrischen Wellen im 1. Kapitel zunächst an einem einfacheren Vorgang studiert werden: Der Entstehung und Ausbreitung der von einem Lechersystem geführten Wellen[1]. Werden diese Wellen von zeitlich sinusförmigen Strömen erregt, so ist auch ihre *räumliche* Verteilung sinusförmig. Es kommt also bei der mathematischen Behandlung nur die wohlbekannte Sinusfunktion vor. Die Wellen am Lechersystem stehen zu den in den Raum hinausflutenden Wellen, wie sie von einer Antenne ausgehen, in demselben Verhältnis wie die auf einem Seil fortlaufenden Wellen zu den Raumwellen, wie sie z. B. von einer Glocke ausgehen. Erstere sind eindimensional nur von x und t abhängig, letztere dreidimensional von x, y, z und t abhängig. Trotz der Einfachheit der geführten Welle am Lechersystem kann man aber alle Fragen, die bei der Raumwelle auftreten, bereits besprechen; das Studium der geführten Welle am Lechersystem bereitet also das Studium der Raumwellen sehr gut vor. Man kann alle einzelnen Gesichtspunkte an den einfachen Lecherwellen entwickeln und dann bereits Bekanntes einfach auf die Raumwellen übertragen.

Die an Lechersystemen geführten Wellen haben aber auch ein eigenes Interesse. Bei allen Kurzwellengeräten ($\lambda < 1$ m) werden die Lechersysteme als Schwingungskreise verwendet.

Wir wollen die geführte Schwingung von 2 Gesichtspunkten aus behandeln:

a) Erster Gesichtspunkt. Wir kennen die Transversalschwingungen an Seilen, wissen, wie eine seitliche Auslenkung am Seil entlang läuft. Wir vermuten, daß die elektrische Ladung in ähnlicher Weise wie die Auslenkung am Seil, an den beiden Drähten des Lechersystems entlang läuft. Wir gehen von diesem heuristischen Gedanken aus und beweisen, daß er richtig ist dadurch, daß wir seine Verträglichkeit mit den elektromagnetischen Grundgesetzen, den beiden MAXWELLschen Gleichungen, zeigen.

b) Zweiter Gesichtspunkt. Wir gehen vom Falle des Gleichstromes aus. Das Lechersystem wird von einem räumlich konstanten Strome durchflossen; wenn das Lechersystem widerstandslos und am Ende kurz geschlossen ist, so ist keine Spannung, kein elektrisches Feld vorhanden, sondern nur ein räumlich konstantes Magnetfeld. Wenn der Wechselstrom eine sehr niedrige Frequenz hat, so wird sich daran zunächst nichts ändern. Die von dem langsam wechselnden Magnetfelde induzierten Spannungen spielen noch keine Rolle. Bei höheren Frequenzen müssen die induzierten Spannungen und die von ihnen bedingten Ladeströme als Korrekturglieder eingeführt werden. Die Fortsetzung dieses Korrekturverfahrens muß wieder zur Wellenausbreitung führen. Diese zweite Methode hat den didaktischen Vorteil, daß wir nicht plötzlich durch einen glücklichen Gedanken das fix und fertige Resultat, nämlich, daß die Welle mit endlicher

[1] Lechersysteme bestehen aus zwei parallelen Drähten, Blechstreifen, konzentrischen Zylindern. Schließt man eine Spannung zwischen die Drähte, so läuft am oberen Drahte z. B. eine positive, am unteren eine negative Ladungs- und Stromwelle entlang.

Ausbreitungsgeschwindigkeit am Lechersystem entlang läuft, finden, und die Arbeit lediglich darin besteht, diesen Gedanken zu verifizieren, sondern daß wir durch ganz systematische Verfeinerung allmählich auf die Wellenausbreitung „hingeführt“ werden.

Im 2. Kapitel behandeln wir die Antennenstrahlung. Auch hier wollen wir dieses Korrekturverfahren benutzen. Wir wollen hier damit beginnen, das quasistationäre elektrische und magnetische Feld eines Dipols hinzuschreiben und dieses genau wie beim Lechersystem durch Berücksichtigung der von dem wechselnden Magnetfelde induzierten elektrischen Feldstärken zu korrigieren.

Das Korrekturverfahren soll nur angenähert für den wichtigsten Spezialfall: die Berechnung von $\mathfrak{E}$ und $\mathfrak{H}$ in einer senkrecht zur Dipolachse liegenden Ebene (am Erdboden) durchgeführt werden. Für die strenge Berechnung auch in schrägen Richtungen muß auf die Berechnung mit den „verzögerten Potentialen“ zurückgegriffen werden.

A. Das Lechersystem.

1. Darstellung unter Benutzung des heuristischen Gedankens von einer endlichen Ausbreitungsgeschwindigkeit des Ladungszustandes.

a) Der Schaltstoß.

Um rechnerisch recht einfache Verhältnisse zu haben, denken wir uns als Lechersystem 2 unendlich lange Blechstreifen von der Breite b in dem zu b kleinen Abstande a voneinander (Abb. 231). Der ohmsche Widerstand des Blechstreifens

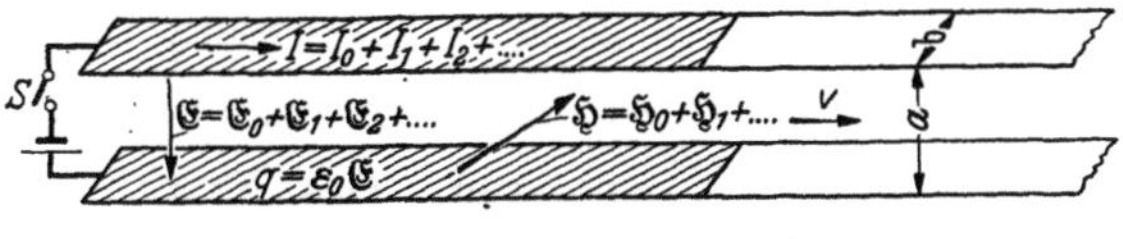

Abb. 231. Blechstreifen-Lechersystem.

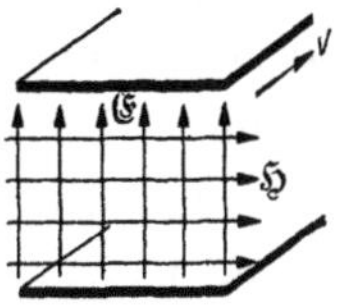

Abb. 232. Felder im Blechstreifen-Lechersystem.

sei 0. Diese merkwürdige Anordnung wurde gewählt, weil das elektrische und magnetische Feld besonders einfach ist. Beide Felder sind homogen $\mathfrak{E} = U/a$; $\mathfrak{H} = I/b$ (s. Abb. 232).

Experimentiert wird meist mit Lechersystemen, die aus 2 Drähten bestehen. Die Felder sind aber, wie Abb. 233 zeigt, unnötig kompliziert. Die an dem „einfachen“ Lechersystem gewonnenen Methoden sollen später auch auf Draht- und Rohr-Lechersysteme (Energieleitung, Fernsehkabel) übertragen werden.

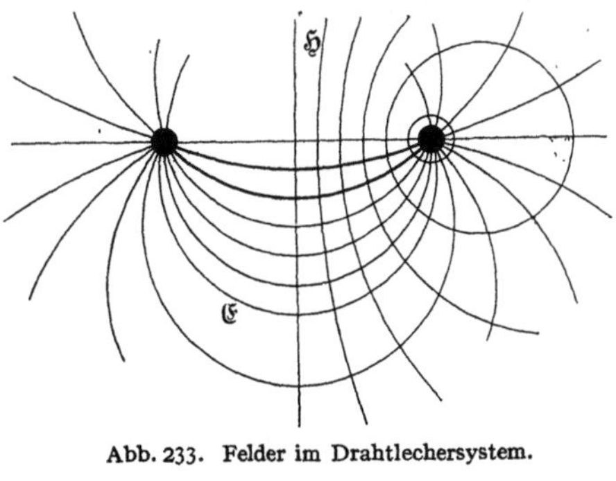

Abb. 233. Felder im Drahtlechersystem.

Zur Zeit $t = 0$ werde der Schalter S geschlossen. Wir *vermuten* nun, daß sich dann die Blechstreifen nicht momentan aufladen, sondern der Ladezustand (q) mit einer endlichen Geschwindigkeit v nach rechts hin fortschreitet. Die Flächendichte q der Ladung berechnet sich zu

$$q = \varepsilon_0 \mathfrak{E}.$$

(Kondensatoraufladung!) q ist auf dem von Ladung bedeckten Stück des „Blechstreifenkabels" gleichmäßig verteilt, eine Folge der einfachen Gestalt unseres Lechersystems.

Um nun zu prüfen, ob unsere heuristische Idee: das Fortschreiten des Ladungszustandes mit einer endlichen Geschwindigkeit v, richtig ist, überlegen wir, ob das KIRCHHOFFsche Gesetz $\sum U = 0$ erfüllt ist. Als Spannungen kommen nur die zeitlich konstante angelegte Spannung U und die induzierte Spannung $U_1 = -\frac{d\Phi}{dt}$ in Frage (das „Kabel" sollte widerstandslos sein). $\frac{d\Phi}{dt}$ rührt davon her, daß eine dauernd zunehmende Länge des Lechersystems mit Magnetfeld gefüllt wird.

Wir können infolge der einfachen Gestalt des Lechersystems die Überlegungen leicht quantitativ durchführen und bekommen dann neben dem qualitativen Beweise dafür, daß ein *gleich*mäßig fortschreitendes Füllen des Lechersystems mit Magnetkraftlinien eine *konstante* Gegenspannung induziert, auch noch die Formel für v.

Ausführung: Wenn in 1 sec v cm des Lechersystems, also eine Fläche $vb \cdot 1$ sec aufgeladen werden soll, so wird pro sec die Ladung $Q = vb\,1\,\text{sec}\,\varepsilon_0 \mathfrak{E}$* oder $vb\,1\,\text{sec}\,\varepsilon_0 U/a$ gebraucht. Der von der Batterie gelieferte Strom ist dann

$$I = \frac{Q}{t} = \frac{v b U \varepsilon_0}{a}.$$

Der Strom ist zeitlich und räumlich konstant und endet immer an der fortschreitenden Front der Welle. Das gleiche gilt vom Magnetfelde $\mathfrak{H} = \frac{I}{b} = \frac{vU\varepsilon_0}{a}$. Der Kraftfluß $\Phi = \mu_0 F \mathfrak{H}$ ($F = avt$ die Fläche, die von Magnetkraftlinien erfüllt ist) nimmt mit der Zeit gleichmäßig zu, also zeigt auch Φ eine gleichmäßige Zunahme: Die induzierte Spannung $U = -\frac{d\Phi}{dt}$ ist zeitlich konstant. Der Vorgang setzt also in der Tat der zeitlich konstanten angelegten Spannung U_0 eine zeitlich konstante induzierte Spannung $-\frac{d\Phi}{dt}$ entgegen. Das Kriterium für die Richtigkeit unserer heuristischen Idee $\sum U = 0$ ist erfüllt. Die Spannung wird um so größer werden, je größer die Geschwindigkeit ist, und zwar in quadratischer Weise, denn einmal steigt I und $\mathfrak{H}$ proportional mit v, und $d\Phi/dt$ ist wiederum $\mathfrak{H}v$ proportional. Die Ausrechnung läßt uns schließlich v selbst ermitteln:

$$U_{\text{ind}} = \frac{d\Phi}{dt} = \mu_0 \mathfrak{H} a v = \mu_0 \frac{I}{b} a v = \mu_0 b v \frac{1}{b} a v = \mu_0 \varepsilon_0 \frac{U}{a} b v \frac{a v}{b} = \mu_0 \varepsilon_0 U v^2.$$

Da $U_{\text{ind}} = U$ sein soll:

$$\mu_0 \varepsilon_0 v^2 = 1, \quad v = \frac{1}{\sqrt{\mu_0 \varepsilon_0}} = \frac{1}{\sqrt{4\pi \cdot 10^{-9} \frac{\text{Vsec}}{\text{Acm}} \cdot \frac{1}{4\pi \cdot 9 \cdot 10^{11}} \frac{\text{Asec}}{\text{Vcm}}}}, \quad v = 3 \cdot 10^{10} \frac{\text{cm}}{\text{sec}}.$$

Der elektrische Impuls läuft mit Lichtgeschwindigkeit am Lechersystem entlang.

b) Impuls beliebiger Form.

Aus dem besprochenen Einschaltstoß (Abb. 234) folgern wir die Fortpflanzung eines Impulses, indem wir dem Einschaltstoß einen Ausschaltstoß oder

* Siehe Abschnitt: Elektrizitätslehre, technisches Maßsystem.

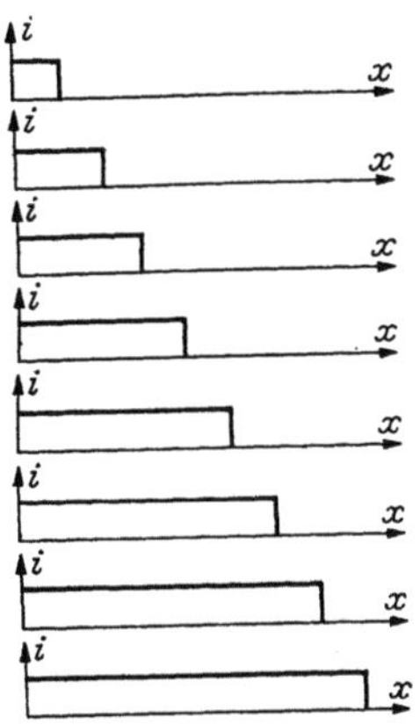

Abb. 234. Kinobilder des Einschaltvorganges.

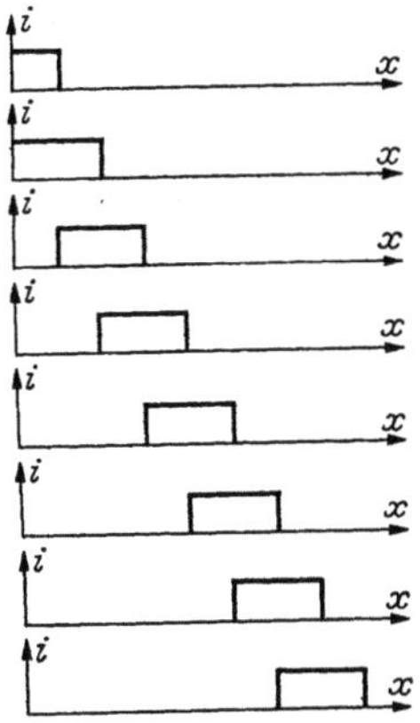

Abb. 235. Kinobilder des Impulses.

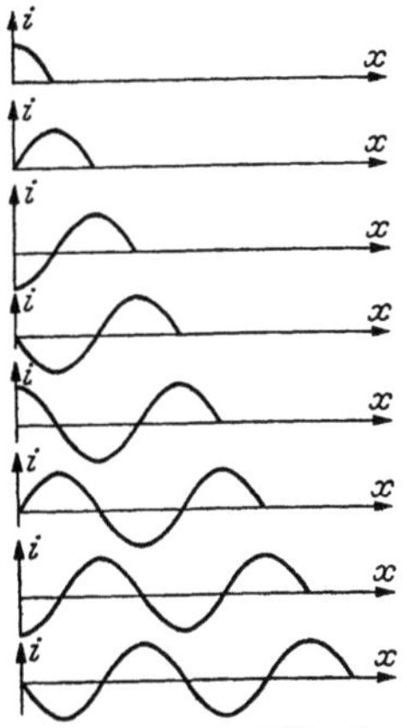

Abb. 236. Kinobilder der fortschreitenden Sinuswelle.

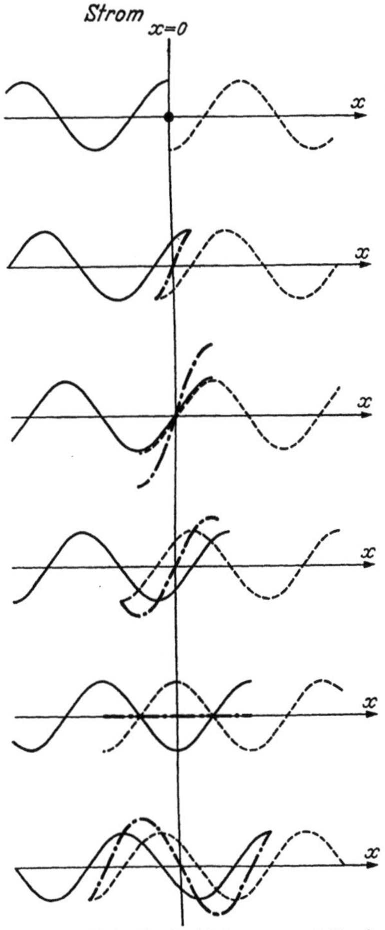

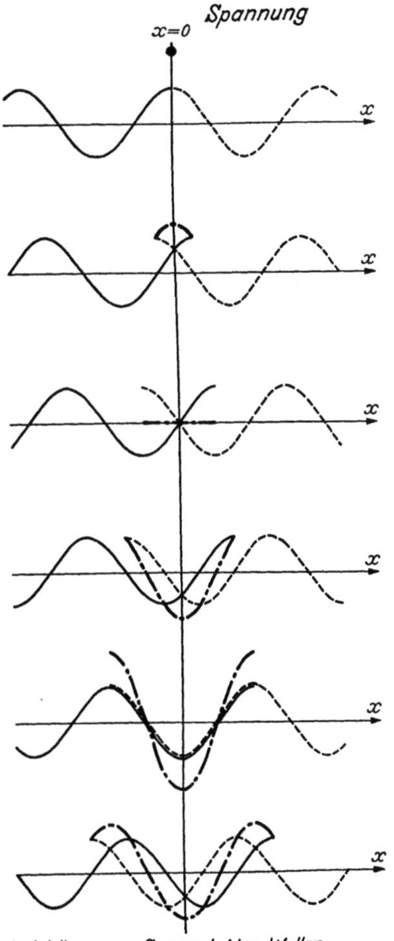

—— hinlaufende Welle, ---- rücklaufende Welle, —·— Summe beider Wellen

Abb. 237. Stromwelle. Entstehung der stehenden Welle durch Reflexion.

Abb. 238. Spannungswelle. Entstehung der stehenden Welle durch Reflexion.

Kurzschlußstoß folgen lassen. Dieser Kurzschlußstoß läßt sich als Überlagerung eines zweiten Einschaltstoßes, nur mit negativem Vorzeichen, auffassen (s. Kinobilder Abb. 235). Aus Impulsen können wir die sinusförmige Welle oder Wellen beliebiger Front zusammensetzen (Abb. 236).

c) Reflexionen.

Das Lechersystem kann am Ende entweder kurzgeschlossen sein ($u_e = 0$) oder offen sein ($i_e = 0$). Die Welle wird dann reflektiert.

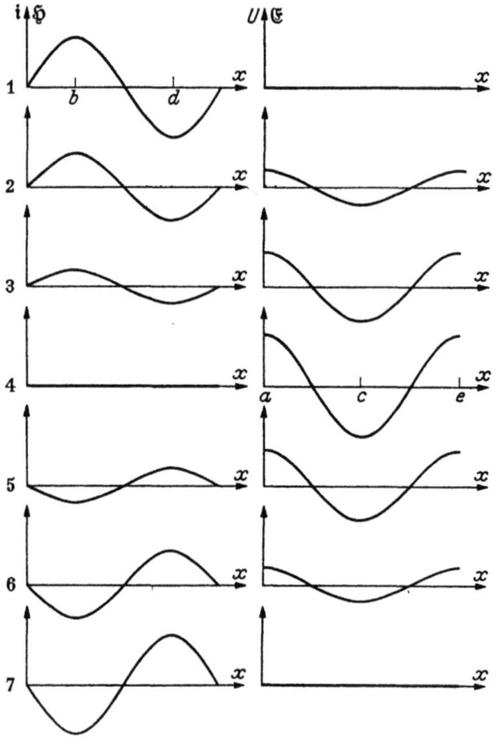

Kinobilder der stehenden Welle.

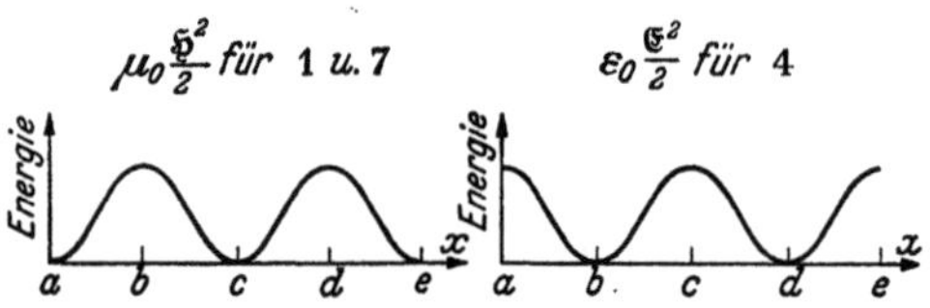

Abb. 239. Energiebewegungen in der stehenden Welle.

Reflexion der Stromwelle am offenen Ende.

Wir denken uns das Lechersystem über das offene Ende bei $x = 0$ fortgesetzt. Während von der linken Seite die Stromwelle (———) ankommt, trifft von der rechten Seite die reflektierte Welle (......) ein. Durch Überlagerung beider nach links und rechts fortschreitender Wellen entstehen die Kinobilder Abb. 237 und 238. Wir sehen, daß bei $x = 0$, am Ende der Leitung der Strom immer 0 bleibt. Die Reflexion ist also durch die Überlagerung der beiden Wellen richtig beschrieben. Abb. 237 und 238 zeigt die durch Überlagerung sich ausbildende stehende Welle (—·—·—).

Verhalten der Spannung bei der Reflexion am offenen Ende.

In der hinlaufenden Welle ladet ein positiver (im oberen Drahte nach rechts gerichteter) Strom den oberen Draht positiv, während in der rücklaufenden Welle ein positiver Strom den oberen Draht negativ lädt. Die Spannungen werden sich also am offenen Ende addieren, wenn sich die Ströme subtrahieren. Wir erhalten für die Spannungen die Kinobilder Abb. 238. Die Festsetzung der Vorzeichen ist in den Abb. 241—243 erläutert.

Stehende Wellen. Die durch Überlagerung der hin- und rücklaufenden Welle entstehenden Wellen sind nochmals in Abb. 239 herausgezeichnet.

Die Energie flutet von den Stellen b und d, wo sie im Bilde 1 als magnetische Energie aufgespeichert war, zu den Stellen a, c, e (Bild 4), wo sie als elektrische Energie auftritt. Bei einer fortlaufenden Welle ist die Verteilung der Energie durch die Kurve mit der Ordinate „Energie“ (Abb. 240) gegeben. Diese Energiehaufen rutschen am Lechersystem entlang wie die Bissen im Halse einer Schlange.

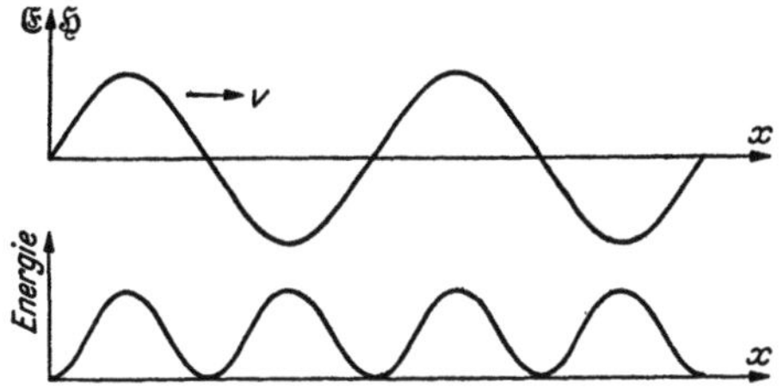

Abb. 240. Energiebewegungen in der fortschreitenden Welle.

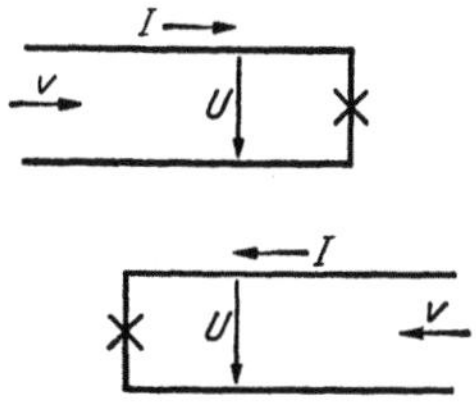

Abb. 241. Erläuterung des Vorzeichens von I und U in hin- und rücklaufender Welle.

Sind die Amplituden der hin- und rücklaufenden Welle verschieden, so sind Hin- und Rückfluten der Energie und Energietransport überlagert.

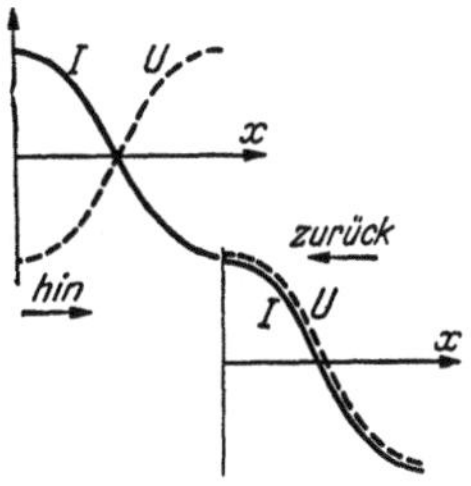

Abb. 242. Vorzeichen von I und U in hin- und rücklaufender Welle. Ende offen.

d) Die Formeln für die Sinuswellen.

Im ersten Abschnitt betrachteten wir den Einschaltstoß. Wir faßten die heuristische Idee, daß er sich mit endlicher Geschwindigkeit fortpflanzte und zeigten, daß diese Idee richtig war, da eine solche endliche Fortpflanzung die KIRCHHOFFsche Regel $U - U_{\text{ind}} = 0$ mit $U_{\text{ind}} = d\Phi/dt$ erfüllte. Vom Einschaltstoß kamen wir zu Impuls und Sinuswelle.

Wir können aber unsere heuristische Idee von der endlichen Fortpflanzung auch so formulieren, daß wir, von zeitlich sinusförmig veränderlichen Spannungen ausgehend, die Gleichung für die Ausbreitung von Sinuswellen mit konstanter Geschwindigkeit anschreiben. Den Beweis für die Richtigkeit dieses Ansatzes erbringen wir dann dadurch, daß diese Ansätze die MAXWELLschen Gleichungen erfüllen.

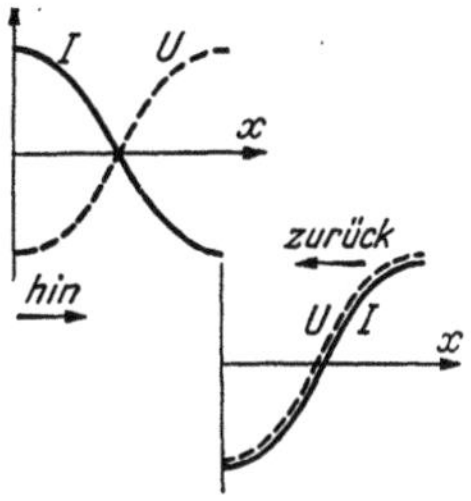

Abb. 243. Ende kurzgeschlossen.

Wieder wird beim Einsetzen der Ansätze eine Formel zur Berechnung der Geschwindigkeit gewonnen werden. Dieser zweite Weg erfordert ein wenig mehr Mathematik, ist aber gedanklich mit dem ersten identisch.

Ausführung. Die Formeln für $\mathfrak{E}$ und $\mathfrak{H}$ in einer nach rechts fortschreitenden Welle lauten:

$$\text{a)}\ \mathfrak{E} = \mathfrak{E}_0 \cos\omega\left(t - \frac{x}{v}\right), \qquad \text{b)}\ \mathfrak{H} = \mathfrak{H}_0 \cos\omega\left(t - \frac{x}{v}\right).$$

Die MAXWELLschen Gleichungen für den Fall der Abb. 232 spezialisiert (es gibt nur $\mathfrak{E}_z$ und $\mathfrak{H}_y$) lauten (vgl. Abschnitt Vektorrechnung)

$$\varepsilon_0 \frac{\partial \mathfrak{E}_z}{\partial t} = \operatorname{rot}_z \mathfrak{H} = +\frac{\partial}{\partial x} \mathfrak{H}_y; \qquad \mu_0 \frac{\partial \mathfrak{H}_y}{\partial t} = -\operatorname{rot}_y \mathfrak{E} = \frac{\partial}{\partial x} \mathfrak{E}_z.$$

Setzt man die Ansätze für $\mathfrak{E}$ und $\mathfrak{H}$ ein, so erhält man

$$1. \qquad -\varepsilon_0 \omega \mathfrak{E}_0 \sin\omega\left(t - \frac{x}{v}\right) = +\frac{\omega}{v} \mathfrak{H}_0 \sin\omega\left(t - \frac{x}{v}\right)$$

und

$$2. \qquad -\mu_0 \omega \mathfrak{H}_0 \sin\omega\left(t - \frac{x}{v}\right) = +\frac{\omega}{v} \mathfrak{E}_0 \sin\omega\left(t - \frac{x}{v}\right).$$

Die Gleichungen sind erfüllt, wenn $\frac{\mathfrak{E}_0}{\mathfrak{H}_0} = -\frac{1}{v\varepsilon_0}$ (aus Gleichung 1.) und $\frac{\mathfrak{E}_0}{\mathfrak{H}_0} = -\mu_0 v$ (aus Gleichung 2.) gilt oder wenn $v^2 = \frac{1}{\mu_0 \varepsilon_0} = c^2$ (vgl. Abschnitt über Elektrizitätslehre).

Unser Ansatz erfüllt die MAXWELLschen Gleichungen, wenn $v = c$ und

$$\frac{\mathfrak{E}_0}{\mathfrak{H}_0} = -\sqrt{\frac{\mu_0}{\varepsilon_0}} \quad \text{bzw.} \quad \frac{U}{I} = \frac{\mathfrak{E}_0 a}{\mathfrak{H}_0 b} = -\frac{a}{b}\sqrt{\frac{\mu_0}{\varepsilon_0}}. \qquad \sqrt{\frac{\mu_0}{\varepsilon_0}} = 378 \text{ Ohm}.$$

Ein dritter Weg besteht in der Aufstellung der Differentialgleichungen 2. Ordnung für $\mathfrak{E}$ und $\mathfrak{H}$. Man gewinnt sie aus den Naturgesetzen, und zwar durch Differentiation der ersten MAXWELLschen Gleichung nach t (bzw. x) und der zweiten nach x (bzw. t) und Elimination von $\mathfrak{E}$ (bzw. $\mathfrak{H}$). Wir erhalten dann die Wellengleichungen:

$$\frac{\partial^2 \mathfrak{H}}{\partial t^2} = c^2 \frac{\partial^2 \mathfrak{H}}{\partial x^2}; \qquad \frac{\partial^2 \mathfrak{E}}{\partial t^2} = c^2 \frac{\partial^2 \mathfrak{E}}{\partial x^2}.$$

Diese Gleichungen lösen wir durch die Ansätze a), b). Die Benutzung der beiden Ansätze stellt wieder das Benutzen unserer heuristischen Idee von der endlichen Fortpflanzungsgeschwindigkeit dar.

Für v finden wir $\pm c$, die hin- und rücklaufende Welle. Die vollständige Lösung lautet dann in komplexer Schreibweise:

$$\mathfrak{E} = \left(\mathfrak{E}_h e^{-j\frac{\omega x}{c}} + \mathfrak{E}_r e^{j\frac{\omega x}{c}}\right) e^{j\omega t}; \qquad \mathfrak{H} = \left(\mathfrak{H}_h e^{-j\frac{\omega x}{c}} + \mathfrak{H}_r e^{+j\frac{\omega x}{c}}\right) e^{j\omega t}.$$

Die Indizes h und r bezeichnen hin- und rücklaufende Welle. Die 4 Integrationskonstanten $\mathfrak{E}_h$, $\mathfrak{H}_h$, $\mathfrak{E}_r$, $\mathfrak{H}_r$ sind aus den 2 Anfangsbedingungen $\mathfrak{E}_a = \mathfrak{E}_h + \mathfrak{E}_r$, $\mathfrak{H}_a = \mathfrak{H}_h + \mathfrak{H}_r$ und den MAXWELLschen Gleichungen, die *beide* auf die 2 Beziehungen $\frac{\mathfrak{E}_h}{\mathfrak{H}_h} = -\sqrt{\frac{\mu_0}{\varepsilon_0}}$ und $\frac{\mathfrak{E}_r}{\mathfrak{H}_r} = +\sqrt{\frac{\mu_0}{\varepsilon_0}}$ führen, zu lösen. Wir haben also 4 komplexe Gleichungen ausreichend für unsere 4 komplexen Unbekannten.

Nachdem wir so die beiden Differentialgleichungen für zeitlich sinusförmigen Verlauf gelöst haben, können wir sie für einen zeitlich beliebigen Verlauf unter Benutzung der Fourierreihen lösen und so den Weg von der Sinusschwingung zum Impuls und Einschaltstoß zurückgehen.

e) Aufstellung der Differentialgleichung für Lechersysteme beliebiger Leiterform.

Die Kapazität eines Stückes von der Länge dx sei $\boldsymbol{C}dx$, die Selbstinduktion $\boldsymbol{L}dx$. Dann gelten die Gleichungen:

$$-dI = \boldsymbol{C}dx \frac{\partial U}{\partial t};$$

Stromabnahme infolge des Kapazitätsstromes und

$$-dU = \boldsymbol{L}dx \frac{\partial I}{\partial t},$$

für den Spannungsabfall infolge der Selbstinduktion.

Durch Elimination von I oder U (nach nochmaligem Differenzieren nach x und t) erhalten wir

$$\boldsymbol{LC}\frac{\partial^2 U}{\partial t^2} = \frac{\partial^2 U}{\partial x^2} \quad \text{und} \quad \boldsymbol{LC}\frac{\partial^2 I}{\partial t^2} = \frac{\partial^2 I}{\partial x^2}$$

mit den Lösungen

$$I = I_0 \cos\omega\left(t - \frac{x}{c}\right) \qquad U = U_0 \cos\omega\left(t - \frac{x}{c}\right).$$

Die *beiden* Ausgangsgleichungen liefern zur Berechnung der Integrationskonstanten $I_0 U_0$ beide dieselben 2 Bedingungen:

$$\frac{\mathfrak{U}_0}{\mathfrak{J}_0} = \pm\sqrt{\frac{\boldsymbol{L}}{\boldsymbol{C}}} \text{ (Zwischenrechnung genau wie Pkt. d).}$$

Wir kontrollieren die Resultate am Beispiel der Blechstreifen- und des Draht-Lechersystemes.

Für das Blechstreifen-Lechersystem berechnet sich

$$\boldsymbol{L} = \mu_0 \frac{a}{b}; \quad \boldsymbol{C} = \varepsilon_0 \frac{b}{a}; \quad c^2 = \frac{1}{\boldsymbol{L}\boldsymbol{C}} = \frac{a\,b}{\mu_0 \varepsilon_0 a\,b}; \quad \frac{U}{I} = \sqrt{\frac{\boldsymbol{L}}{\boldsymbol{C}}} = \frac{a}{b}\sqrt{\frac{\mu_0}{\varepsilon_0}}.$$

Wir erhalten unsere früher abgeleiteten Formeln.

Auch am Draht-Lechersystem läuft die Welle mit Lichtgeschwindigkeit entlang. Selbstinduktion und Kapazität berechnen sich zu

$$\boldsymbol{C} = \frac{\pi \varepsilon_0}{\ln a/r}; \quad \boldsymbol{L} = \frac{\mu_0}{\pi} \ln \frac{a}{r}; \quad c^2 = \frac{1}{\boldsymbol{L}\boldsymbol{C}} = \frac{1}{\mu_0 \varepsilon_0}.$$

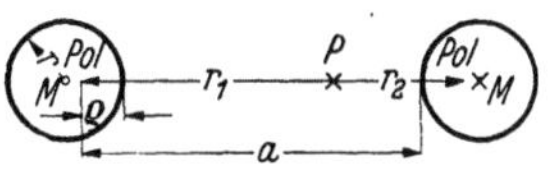

Abb. 244. Erläuterung der Bezeichnungen. P = Aufpunkt, in den $\mathfrak{H}$ bzw. $\mathfrak{E}$ berechnet werden soll.

Zwischenrechnung:

a) Die Induktivität pro cm Länge. Die Bezeichnungen sind in Abb. 244 erläutert:

$$\boldsymbol{L} = \frac{U}{dI/dt} = \frac{d\Phi/dt}{dI/dt} = \frac{d\Phi}{dI},$$

$$\Phi = \mu_0 \int_1^2 \mathfrak{H}\,dr = \mu_0 \int_\varrho^a \mathfrak{H}\,dr \quad \text{und} \quad \mathfrak{H} = \frac{I}{2\pi}\left(\frac{1}{r_1} + \frac{1}{r_2}\right).$$

Ist der Drahtradius klein gegen den Abstand, so kann man für ϱ den Drahtradius und für a den Abstand der Drahtmitten einsetzen.

b) Die Kapazität pro cm Länge:

$$\boldsymbol{C} = \frac{q}{U}; \quad U = \int_1^2 \mathfrak{E}\,dr = \int_\varrho^a \mathfrak{E}\,dr; \quad \mathfrak{E} = \frac{q}{2\pi\varepsilon_0}\left(\frac{1}{r_1} + \frac{1}{r_2}\right);$$

$$U = \frac{q}{2\pi\varepsilon_0}\int_\varrho^a \left(\frac{d r_1}{r_1} + \frac{d r_2}{r_2}\right) = \frac{q}{2\pi\varepsilon_0} 2 \ln \frac{a}{\varrho} \approx \frac{q}{\pi\varepsilon_0} \ln \frac{a}{r}.$$

f) Einfluß des Dielektrikums und der Permeabilität.

Ist zwischen den Drähten eines Kabels ein Dielektrikum, so wird **C** im Verhältnis der Dielektrizitätskonstante größer, das gleiche gilt, wenn $\mu \neq 1$ z. B. beim Bespinnen eines Drahtes mit Eisenband (Krarupkabel); die Fortpflanzungsgeschwindigkeit wird dann kleiner: $c' = \frac{1}{\sqrt{\varepsilon \varepsilon_0 \mu \mu_0}}$.

g) Einfluß des Widerstandes und der Ableitung (*R* und *A*).

Die Gleichungen sind zu erweitern zu

$$-\frac{\partial U}{\partial x} = \boldsymbol{L}\frac{\partial I}{\partial t} + I\boldsymbol{R}; \quad -\frac{\partial I}{\partial x} = \boldsymbol{C}\frac{\partial U}{\partial t} + \boldsymbol{A}U.$$

Für zeitlich sinusförmige Schwingungen benutzt man den Ansatz $U = \mathfrak{U} e^{j\omega t}$; $I = \mathfrak{J} e^{j\omega t}$ und erhält dann für $\mathfrak{J}(x)$ und $\mathfrak{U}(x)$ die Differentialgleichungen:

$$-\frac{\partial \mathfrak{U}}{\partial x} = (j\omega \boldsymbol{L} + \boldsymbol{R})\mathfrak{J} \quad \text{und} \quad -\frac{\partial \mathfrak{J}}{\partial x} = (j\omega \boldsymbol{C} + \boldsymbol{A})\mathfrak{U}$$

und durch Elimination von $\mathfrak{U}$ bez. $\mathfrak{J}$

$$\frac{\partial^2 \mathfrak{U}}{\partial x^2} = (j\omega \boldsymbol{L} + \boldsymbol{R})(j\omega \boldsymbol{C} + \boldsymbol{A})\mathfrak{U},$$

$$\frac{\partial^2 \mathfrak{J}}{\partial x^2} = (j\omega \boldsymbol{L} + \boldsymbol{R})(j\omega \boldsymbol{C} + \boldsymbol{A})\mathfrak{J}$$

und an Stelle von $\sqrt{\frac{L}{C}}$:

$$\mathfrak{Z} = \sqrt{\frac{j\omega \boldsymbol{L} + \boldsymbol{R}}{j\omega \boldsymbol{C} + \boldsymbol{A}}}.$$

An diese Grundgleichung schließen sich die Ausführungen im Teile über das komplexe Rechnen an. Es sei auf diesen Abschnitt verwiesen. Dort ist auch das Lechersystem als Schwingungskreis, seine Strom- und Spannungsresonanzen bei Abstimmung auf $\frac{n\lambda}{2}$ und $\frac{2n+1}{4}\lambda$, sein Zusammenarbeiten mit Widerständen und Endapparaten (Magnetrons usw.), sein reflexionsfreier Abschluß durch $\mathfrak{Z}$ und ähnliches behandelt.

2. Darstellung unter Benutzung eines Korrektionsverfahrens.

a) Erläuterung der Idee dieses Korrektionsverfahrens an der Pendelschwingung.

Wir wollen annehmen, daß wir die Lösung der Differentialgleichung der Pendelschwingung $mx'' = -px$ nicht kennen, daß uns auch die Sinus- und Kosinusfunktionen unbekannt seien. Dann könnten wir folgendes Korrektionsverfahren anwenden. Das ausgelenkte Pendel steht unter der Federkraft $K = -px_0$. Diese wird zwar während des Schwingens abnehmen. Wir nehmen sie aber erst einmal in ganz roher Annäherung als konstant an. Dann haben wir statt $mx'' + px = 0$ $mx'' + px_0 = 0$ mit dem Integral $x = x_0\left(1 - \frac{p}{m}\frac{t^2}{2}\right)$ zu lösen (Anfangsbedingungen $x = x_0$; $x' = 0$ für $t = 0$). Damit hätten wir die 1. Näherung gewonnen. Bis zu $x = 0$ ist diese 1. Näherung ungefähr richtig. Nach $x = 0$ sollte der Flug der Pendelmasse wieder verzögert werden. Hier langt die Genauigkeit der Näherung nicht mehr.

Zur Berechnung der 2. Näherung setzen wir die 1. in die Differentialgleichung ein:

$$mx'' = -px_0\left(1 - \frac{p}{m}\frac{t^2}{2}\right)$$

mit dem Integral:

$$x = x_0\left(1 - \frac{p}{m}\frac{t^2}{2!} + \frac{p^2}{m^2}\frac{t^4}{4!}\right).$$

Wir erhalten schon eine Schwingung. Bis $t = \frac{3}{4}T$ (T = Schwingungsdauer) ist die Formel einigermaßen richtig. Die nächste Näherung ergibt

$$mx'' = -px_0\left(1 - \frac{p}{m}\frac{t^2}{2!} + \frac{p^2}{m^2}\frac{t^4}{4!}\right)$$

mit dem Integral

$$x = x_0\left(1 - \frac{p}{m}\frac{t^2}{2!} + \frac{p^2}{m^2}\frac{t^4}{4!} - \frac{p^3}{m^3}\frac{t^6}{6!}\right)$$

$$= x_0\left(1 - \frac{1}{2!}\left(\sqrt{\frac{p}{m}}\,t\right)^2 + \frac{1}{4!}\left(\sqrt{\frac{p}{m}}\,t\right)^4 - \frac{1}{6!}\left(\sqrt{\frac{p}{m}}\,t\right)^6\right).$$

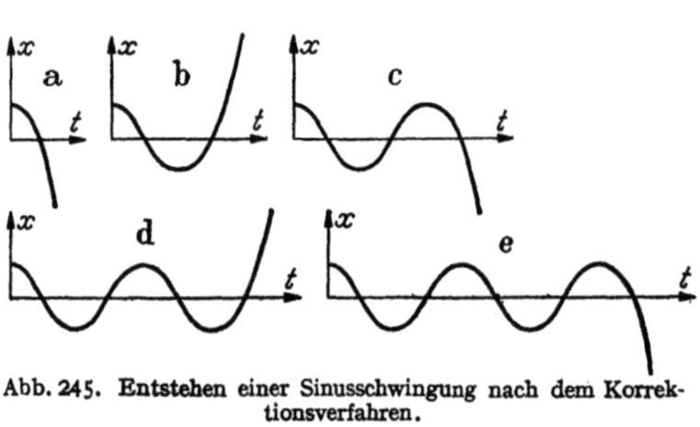

Abb. 245. Entstehen einer Sinusschwingung nach dem Korrektionsverfahren.

Wir erhalten eine weitere halbe Schwingung. Jedes weitere Korrektionsglied bringt eine weitere halbe Schwingung (vgl. Abb. 245). Ausrechnung der unendlichen Reihe ergibt unendlich viel Schwingungen. Wir haben, wie wir aus unseren „*höheren*“ Kenntnissen der Sinusfunktion wissen, die Reihe für $x = x_0 \cos\left(\sqrt{\frac{p}{m}}\,t\right)$ vor uns.

Dieses Beispiel zeigt uns, wie wir von einer ganz groben Näherung ausgehend, durch fortgesetzte Verfeinerung zu einer Reihenentwicklung für die Lösung gelangen[1].

Statt immer die *ganze* verfeinerte Lösung hinzuzuschreiben, kann man auch zur Ersparung von Schreibarbeit nur die einzelnen Korrektionsglieder ausrechnen und diese dann am Schluß zusammenziehen. Das Verfahren nimmt dann folgende Gestalt an: $x = x_0$ ist die 0. Näherung. Das 1. Korrektionsglied ist aus

$$m\delta x_1'' = -p x_0; \qquad \delta x_1 = -\frac{p}{m} x_0 \frac{t^2}{2!}$$

zu berechnen. Das 2. Korrektionsglied ist dann aus dem 1. nach derselben Methode zu ermitteln:

$$m\delta x_2'' = -p\delta x_1; \qquad \delta x_2 = +\frac{p^2}{m^2} x_0 \frac{t^4}{4!}.$$

Für das 3. Korrektionsglied gilt

$$m\delta x_3'' = -p\delta x_2 = -\frac{p^3}{m^2} x_0 \frac{t^4}{4!}, \qquad \delta x_3 = -\frac{p^3}{m^3} x_0 \frac{t^6}{6!};$$

Für das 4. Glied:

$$m\delta x_4'' = -p\delta x_3 = +\frac{p^4}{m^3} x_0 \frac{t^6}{6!}; \qquad \delta x_4 = +\frac{p^4}{m^4} x_0 \frac{t^8}{8!};$$

$$\delta x_1 = -\frac{x_0}{2!}\left(\sqrt{\frac{p}{m}}\,t\right)^2; \qquad \delta x_2 = +\frac{x_0}{4!}\left(\sqrt{\frac{p}{m}}\,t\right)^4;$$

$$\delta x_3 = -\frac{x_0}{6!}\left(\sqrt{\frac{p}{m}}\,t\right)^6; \qquad \delta x_4 = +\frac{x_0}{8!}\left(\sqrt{\frac{p}{m}}\,t\right)^8 \text{ usw.}$$

Das Resultat ist dann

$$x = x_0 + \delta x_1 + \delta x_2 + \delta x_3 + \delta x_4 + \cdots$$

$$x = x_0\left(1 - \frac{1}{2!}\left(\sqrt{\frac{p}{m}}\,t\right)^2 + \frac{1}{4!}\left(\sqrt{\frac{p}{m}}\,t\right)^4 - \frac{1}{6!}\left(\sqrt{\frac{p}{m}}\,t\right)^6 + \frac{1}{8!}\left(\sqrt{\frac{p}{m}}\,t\right)^8 - \cdots\right)$$

$$= x_0 \cos\left(\sqrt{\frac{p}{m}}\,t\right).$$

b) Übertragung des Korrektionsgedankens auf die Wellenausbreitung.

Wir legen unseren Betrachtungen wieder das Blechstreifenkabel zugrunde. Wir gehen von der Lösung für Gleichstrom aus, die uns als 0. Näherung dienen soll. Da unser Kabel widerstandslos ist, fließt ein Gleichstrom, ohne daß Spannungen und elektrische Felder da sind. Nur ein räumlich konstantes Magnetfeld ist vorhanden.

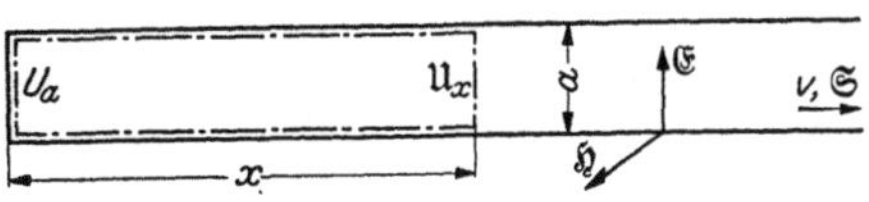

Abb. 246. Integrationsweg, Blechstreifen-Lechersystem.

Wenn nun der Gleichstrom sich langsam sinusförmig mit der Zeit zu verändern beginnt, so werden Spannungen induziert; in dem punktierten Integrationswege (Abb. 246) entsteht eine Spannung

$$U_1 = \mu_0 x a \frac{dI_0}{b\,dt}.$$

oder komplex gerechnet

$$\mathfrak{U}_1 = j\omega\mu_0 x \frac{a}{b} \mathfrak{J}_0.$$

[1] Siehe auch das Korrekturverfahren für die Wirbelstromberechnungen, auch in H. G. MÖLLER, Schwingungsaufgaben, 2. Auflage.

Diese Spannung $\mathfrak{U}_1$ ist die Differenz $\mathfrak{U}_{x1} - \mathfrak{U}_a$. $\mathfrak{U}_a$ ist unbekannt, wir lassen es zunächst mal als $\mathfrak{U}_a$ stehen. Es ist das die Spannung der eingeschalteten Wechselstromquelle. Sie müßte aus den Grenzbedingungen bestimmt werden. Wir wollen umgekehrt verfahren, die Konstante wählen und die dazugehörigen Grenzbedingungen überlegen.

Unter der Wirkung von

$$U_{x1} = U_a + \mu_0 x \frac{a}{b} \frac{dI}{dt}$$

lädt sich unser Blechstreifenkabel (Stückchen von der Länge dx) mit

$$dQ = U_{x1} \frac{\varepsilon_0 b\, dx}{a}.$$

Hierzu muß auf das Blechstreifenstückchen $b\,dx$ ein Überschußstrom

$$dI = \frac{\partial U_{x1}}{\partial t} \varepsilon_0 \frac{b}{a} dx$$

heraufließen. Dieses dI, von $o - x$ aufintegriert, liefert die 1. Korrektur unseres Stromes

$$I_1 = \int\limits_0^x \frac{\partial U_{x1}}{\partial t} \varepsilon_0 \frac{b}{a} dx; \quad \mathfrak{J}_1 = -\omega^2 \mu_0 \varepsilon_0 \frac{x^2}{2} \mathfrak{J}_0 + \varepsilon_0 x j \omega \mathfrak{U}_a \frac{b}{a}.$$

Nun können wir das Magnetfeld und die Spannung korrigieren und erhalten als 2. Korrektur analog

$$U_1 = \int\limits_0^x \mu_0 \frac{a}{b} \frac{dI_0}{dt} dx,$$

$$U_{2x} = \mu_0 \frac{a}{b} \int\limits_0^x \frac{\partial I_1}{\partial t} dx; \quad \mathfrak{U}_{2x} = -\mu_0 \frac{a}{b} j \omega^3 \mu_0 \varepsilon_0 \mathfrak{J}_0 \int\limits_0^x \frac{x^2}{2!} dx - \varepsilon_0 \mu_0 \omega^2 \mathfrak{U}_a \frac{x^2}{2}.$$

Über die Integrationskonstante ist mit U_a ein für allemal verfügt, die weiteren Integrationskonstanten sind = Null. Ich kann aber auch immer neue Integrationskonstanten U_{a1}, U_{a2} hinzufügen und erhalte dann an Stelle von U_a $\sum U_{an}$, was auf dasselbe herauskommt. Hieraus ergibt sich dann das 2. Korrektionsglied für den Strom

$$I_2 = \int\limits_0^x \varepsilon_0 \frac{b}{a} \frac{\partial U_{2x}}{\partial t} dx; \quad \mathfrak{J}_2 = + \frac{\omega^4 \varepsilon_0^2 \mu_0^2 x^4}{4!} \mathfrak{J}_0 - j \omega^3 \varepsilon_0^2 \mu_0 \mathfrak{U}_a \frac{x^3}{3!} \frac{b}{a}.$$

Wir sehen bereits die einzelnen Glieder der $\cos \omega \sqrt{\varepsilon_0 \mu_0}\, x$ und $\sin \omega \sqrt{\varepsilon_0 \mu_0}\, x$ Reihe auftauchen. Unsere Lösung wird also

$$I = I_0 \cos \frac{\omega x}{c} \cos \omega t + U_a \sqrt{\frac{\varepsilon_0}{\mu_0}} \frac{b}{a} \sin \frac{\omega x}{c} \cos(\omega t + \varphi).$$

c) Wie ist nun U_a zu bestimmen?

Sehen wir uns erst einmal an, was spezielle $\mathfrak{U}_a$-Werte bedeuten.

α) Wenn $U_a = 0$, lautet unsere Lösung:

$$I = I_0 \cos \omega t \cos \frac{\omega x}{c}.$$

Wir haben den Fall stehender Wellen vor uns. Die Integrationskonstante wird also durch die Verhältnisse am anderen Kabelende bedingt. Sitzt dort auch eine Wechselstrommaschine, die gerade eine Welle gleich großer Amplitude in das

Kabel hineinschickt wie die Wechselstrommaschine bei $x = 0$, so führt das auf $\mathfrak{U}_a = 0$.

Sitzt nun am anderen Kabelende ein Widerstand, der alle Energie verzehrt und nichts reflektiert (Abschluß mit $\mathfrak{Z}$!) oder ist das Kabel unendlich lang, so daß die Energie immer nur fortläuft, muß die Lösung die Form einer *nur* hinlaufenden Welle haben:

$$I = I_0 \cos\omega\left(t - \frac{x}{c}\right) = I_0\left(\cos\omega t \cos\frac{\omega x}{c} + \sin\omega t \sin\frac{\omega x}{c}\right).$$

Es muß also

$$\frac{b}{a}\sqrt{\frac{\varepsilon_0}{\mu_0}}\, U_a = I_0; \qquad \varphi = -\frac{\pi}{2}$$

sein. Wir finden unsere frühere Bedingung (Seite 176)

$$\frac{\mathfrak{U}_a}{\mathfrak{I}_a} = \pm\mathfrak{Z} = \pm\frac{a}{b}\sqrt{\frac{\mu_0}{\varepsilon_0}}$$

wieder, denn I_0 ist die Amplitude des Stromes bei $x = 0$, bei komplexem Rechnen ist somit $\mathfrak{I}_a$ für I_0 zu setzen, die Vorzeichen $\pm$ gelten für hin- und rücklaufende Welle.

Also auch die Bedingung, daß die entstehende Welle Energie *nur* wegführen soll, erfordert eine ganz bestimmte Integrationskonstante $\mathfrak{U}_a$. Damit ist die Bestimmung von $\mathfrak{U}_a$ aus den Grenzbedingungen ausgeführt.

Dieses $\mathfrak{U}_a$ ist mit $\mathfrak{I}_a$ in Phase! Gleichphasiges $\mathfrak{U}_a$ und $\mathfrak{I}_a$ bedingt *Energieleistung* der am Kabelanfang eingeschalteten Wechselstrommaschine. Es bedingt ferner, daß das Kabel wie ein ohmscher Widerstand von der Größe $\mathfrak{U}_a/\mathfrak{I}_a$ wirkt. Dieses $\mathfrak{U}_a/\mathfrak{I}_a$ heißt „Wellenwiderstand des Kabels". Wir werden ein entsprechendes $\mathfrak{U}_a/\mathfrak{I}_a$ als Strahlungswiderstand bei der Antenne wiederfinden.

Geben wir $\mathfrak{U}_a/\mathfrak{I}_a$ andere Werte, so finden wir ein Gemisch von stehenden und fortschreitenden Wellen.

Zusammenfassung.

Die Wellenausbreitung am Lechersystem läßt sich durch ein Korrektionsverfahren ableiten. Bei diesem Verfahren tritt eine Integrationskonstante $\mathfrak{U}_a$ auf. Wenn das Kabel unendlich lang ist, so daß reflektierte Wellen nicht auftreten, ist $\mathfrak{U}_a$ mit $\mathfrak{I}_a$ in Phase. Die Wechselstrommaschine liefert Leistung in das Kabel. $\mathfrak{U}_a/\mathfrak{I}_a$ = positiver reeller Widerstand: $\mathfrak{Z} = \mathfrak{U}_a/\mathfrak{I}_a$ = Wellenwiderstand beim Kabel, Strahlungswiderstand bei der Antenne. ($\mathfrak{Z}$ hat bei unseren speziellen Blechstreifenkabeln den Wert $\mathfrak{Z} = \sqrt{\frac{\mu_0}{\varepsilon_0}}\frac{a}{b}$, allgemein $\sqrt{\frac{j\omega \boldsymbol{L} + \boldsymbol{R}}{j\omega \boldsymbol{C} + \boldsymbol{A}}}$).

B. Die Strahlung der Antenne.

1. Versuch, die Antennenstrahlung aus der geführten Welle zu entwickeln.

a) Herstellung der freien, ebenen Welle durch unendlich weites Auseinanderrücken der Platten.

Wenn wir die Platten unseres Blechstreifen-Lechersystems immer weiter vergrößern und immer weiter auseinanderrücken, gelangen wir endlich zur freien ebenen Welle. Die elektrische Feldstärke $\mathfrak{E}$, die magnetische $\mathfrak{H}$, Fortpflanzungsgeschwindigkeit v und Poyntingscher Vektor $\mathfrak{S}$ haben die Anordnung der Abb. 231 und 246.

b) Versuch, die Antennenstrahlung aus der Strahlung zwischen Metallkegeln zu entwickeln.

Es liegt der Gedanke nahe, auf die von einer Antenne ausgehenden freien Wellen auch von einer geführten Welle aus zu kommen. Die Führungsbleche müssen dann so gestaltet sein, daß sie die Welle nach allen Seiten wegführen und $\mathfrak{E}$ und $\mathfrak{H}$ mit der Entfernung abnimmt. Dies wird durch zwei stumpfe Blechkegel erreicht (Abb. 247). Wir wollen für diese Blechkegel die in A 1 a skizzierte Überlegung wiederholen: Wir gehen von dem heuristischen Gedanken aus, daß sich die *Spannung* U bei gleichbleibender Größe mit einer konstanten Geschwindigkeit ausbreitet, wenn man bei A mit einem Schalter eine Stromquelle einschaltet. Wir haben dann wieder zu prüfen, ob durch den Transport der zur Herstellung der Spannung U nötigen Ladung ein solcher Strom und ein solches Magnetfeld entsteht, daß die Zunahme der Magnetkraftlinien infolge des Auffüllens immer weiteren Raumes mit Magnetfeld nach dem Induktionsgesetz gerade wieder die angelegte Spannung $U = U_{\text{ind}}$ als Gegenspannung liefert.

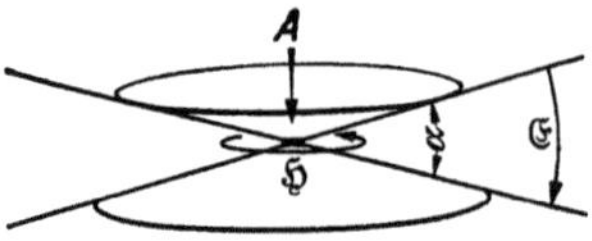

Abb. 247. Blechkegel-Lechersystem zur Erläuterung der Strahlung senkrecht zum Dipol.

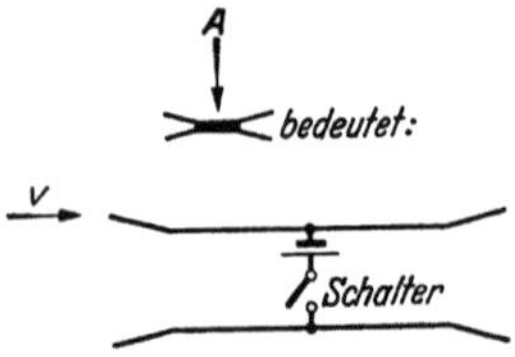

Hilfsabbildung zu 247. Dem Schalter und Element links in Abb. 231 entspricht ein zwischen die Kegelspitzen eingebauter Schalter mit Element.

Wir berechnen 1. den Plattenabstand in der Entfernung r zu αr, 2. die Feldstärke $\mathfrak{E}$ zu $U/\alpha r$, 3. die Ladungsdichte q zu $\varepsilon_0\mathfrak{E}$, die pro sec neu beladene Fläche zu $2\pi r \frac{dr}{dt} = 2\pi r v$ und 4. die Stromstärke zu $I = 2\pi r q v$, 5. das Magnetfeld zu $\mathfrak{H} = \frac{I}{2\pi r}$, 6. die Kraftflußzunahme zu $\frac{d\Phi}{dt} = \mu_0 \mathfrak{H} r \cdot \alpha \frac{dr}{dt} = \mu_0 \mathfrak{H} r \alpha v$ und 7. die induzierte Gegenspannung zu $U_2 = -\frac{\partial \Phi}{\partial t}$. Durch Einsetzen erhalten wir:

$$U_2 = -\mu_0 r \alpha v \frac{1}{2\pi r} 2\pi r v \varepsilon_0 \frac{U_0}{\alpha r} = -\varepsilon_0 \mu_0 v^2 U_0.$$

Wenn nun wieder genau wie beim Blechstreifenkabel $U + U_2 = 0$ sein soll (bitte zurückblättern!), so folgt: $v^2 = \frac{1}{\varepsilon_0 \mu_0} = c^2$. $\mathfrak{E}$ und $\mathfrak{H}$ nehmen mit $\frac{1}{r}$, der POYNTINGsche Energiestrom ($\mathfrak{S} = [\mathfrak{E} \cdot \mathfrak{H}]$) (s. Abschnitt Elektrizitätslehre) mit $\frac{1}{r^2}$ ab. Ferner gilt wieder $\frac{\mathfrak{E}}{\mathfrak{H}} = \sqrt{\frac{\varepsilon_0}{\mu_0}}$ wie in der ebenen Welle. Wir erhalten ein $\mathfrak{E}$ und $\mathfrak{H}$, das qualitativ bereits mit dem $\mathfrak{E}$ und $\mathfrak{H}$ in großer Entfernung von der Antenne übereinstimmt.

c) Man könnte nun auch hier daran denken, durch Öffnen der Blechkegel die Strahlung eines Dipols in den freien Raum zu bekommen. Das gelingt aber nicht, denn die immer weiter aufgeklappten Blechkegel würden in 2 unendlich lange Drähte ausarten, die von einem Strom $I = I_0 \sin\frac{2\pi z}{\lambda} \cdot \sin\omega t$ durchflossen sind.

2. Das Korrektionsverfahren.

Zur Berechnung des Antennenstrahlungsfeldes stehen uns wieder die 2 Wege offen:

a) Man setzt die Differentialgleichungen an und löst sie durch einen Ansatz, der den heuristischen Gedanken von der endlichen Ausbreitungsgeschwindigkeit der elektrischen Spannungen enthält. Dieser Gedanke führt auf die später darzustellende Behandlung mit den verzögerten Potentialen.

b) Man versucht wieder ein Korrektionsverfahren. Dabei geht man vom statischen elektrischen Felde des Dipols aus. Man berechnet dann das Magnetfeld der Verschiebungsströme beim Ändern der Dipolladung, dann als Korrektionsglied Zusatzfeldstärken, die von dem Magnetfelde induziert werden usw. Dieser Weg ist zwar nur angenähert durchzuführen, ist aber für das Verständnis einfacher als die strenge Rechnung. Wir wollen den Weg b) als den ersten beschreiten und beginnen mit der Berechnung des sog. quasistationären Feldes, d. h. des elektrischen Feldes ruhender Ladungen und des magnetischen Feldes von Gleichströmen.

a) Das quasistationäre Feld des Dipoles.

1. Das elektrostatische Potential ist (s. Elektr. Lehre)

$$\varphi = \frac{Qh}{4\pi\varepsilon_0}\frac{\partial}{\partial z}\frac{1}{r}.$$

Das Feld

$$\mathfrak{E} = \frac{Qh}{4\pi\varepsilon_0}\operatorname{grad}\frac{\partial}{\partial z}\frac{1}{r}.$$

Die Feldkomponenten sind

$$\mathfrak{E}_z = \frac{Qh}{4\pi\varepsilon_0}\left(\frac{1}{r^3} - \frac{3z^2}{r^5}\right); \qquad \mathfrak{E}_\varrho = \frac{Qh}{4\pi\varepsilon_0}\left(-\frac{3\varrho z}{r^5}\right),$$

$$= \frac{Qh}{4\pi\varepsilon_0 r^3}(1 - 3\cos^2\vartheta); \qquad = -\frac{Qh}{4\pi\varepsilon_0 r^3}3\sin\vartheta\cos\vartheta,$$

$$\mathfrak{E}_r = \mathfrak{E}_z\cos\vartheta + \mathfrak{E}_\varrho\sin\vartheta = \frac{Qh}{4\pi\varepsilon_0 r^3}(\cos\vartheta - 3\cos^3\vartheta - 3\cos\vartheta\sin^2\vartheta) = -\frac{Qh}{4\pi\varepsilon_0 r^3}2\cos\vartheta,$$

$$\mathfrak{E}_t = \mathfrak{E}_z\sin\vartheta - \mathfrak{E}_\varrho\cos\vartheta = \frac{Qh}{4\pi\varepsilon_0 r^3}(\sin\vartheta - 3\cos^2\vartheta\sin\vartheta + 3\sin\vartheta\cos^2\vartheta) = \frac{Qh}{4\pi\varepsilon_0 r^3}\sin\vartheta.$$

2. Das Magnetfeld ist nach BIOT-SAVART: $\mathfrak{H} = \frac{Ih}{4\pi r^2}\sin\vartheta$. (Das BIOT-SAVARTsche Gesetz sei hier noch einmal für einen kurzen Stromleiter abgeleitet. Magnetisches und elektrisches Feld sind rotationssymmetrisch mit der Dipolachse als Rotationsachse. Wenn der durch die gezeichnete Kugelkalotte (Abb. 248) fließende Verschiebungsstrom I_v ist, so berechnet sich $\mathfrak{H}$ zu $\mathfrak{H} = \frac{I_v}{2\pi r\sin\vartheta}$. I_v setzt sich aus den Teilströmen durch die einzelnen Kugelzonen $2\pi r^2\sin\vartheta d\vartheta$ zusammen:

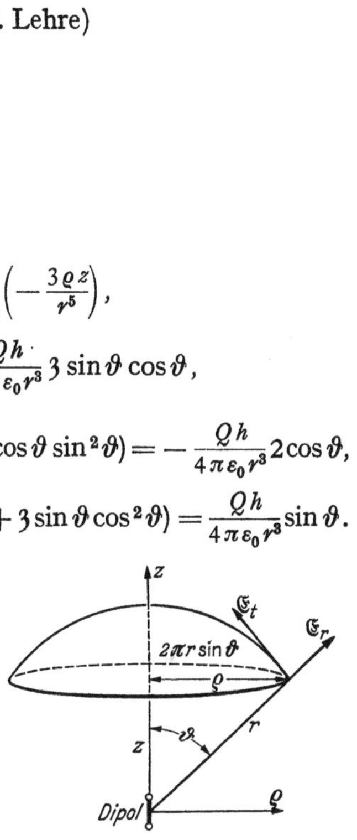

Abb. 248. Zur Ableitung des BIOT-SAVARTschen Gesetzes.

$$I_v = \varepsilon_0\int_0^\vartheta \frac{\partial\mathfrak{E}_r(r,\vartheta)}{\partial t}2\pi r^2\sin\vartheta d\vartheta.$$

Für $\partial\mathfrak{E}/\partial t$ ist

$$\frac{\partial}{\partial t}\left(-\frac{Qh}{4\pi\varepsilon_0}\frac{2\cos\vartheta}{r^3}\right) = -\frac{Ih\,2\cos\vartheta}{4\pi\varepsilon_0 r^3}$$

einzusetzen.

$$\mathfrak{H} = -\frac{\varepsilon_0}{2\pi r\sin\vartheta}\int_0^\vartheta\frac{Ih\,2\pi r^2}{4\pi\varepsilon_0 r^3}2\cos\vartheta\sin\vartheta d\vartheta = \frac{Ih}{4\pi r^2}\frac{\sin^2\vartheta}{\sin\vartheta} = \frac{Ih}{4\pi r^2}\sin\vartheta,$$

was zu beweisen war.

b) Energiebewegungen im statischen Felde $\mathfrak{E}_{stat}$ und $\mathfrak{H}_{stat}$.

$\mathfrak{E}_{stat}$ und $\mathfrak{H}_{stat}$ haben 90° Phasenverschiebung. Die Energie pendelt von der magnetischen Form in die elektrostatische und zurück. Das magnetische Feld „reicht weiter nach außen". (Zwar reichen beide Felder bis ins Unendliche, die magnetische Energie ($\mathfrak{H}$ nimmt mit $1/r^2$ ab) ist aber an einem entfernten Punkte größer als die elektrische ($\mathfrak{E} \sim 1/r^3$).) Die Energie flutet also von der Antenne, in deren Nähe sie als elektrische aufgespeichert war, weg in große Entfernung, wo sie sich in magnetische umwandelt. Der POYNTINGsche Vektor, der diesen Energietransport angibt, $\mathfrak{S} = [\mathfrak{E} \cdot \mathfrak{H}]$, ist bei Zunahme des Betrages des Stromes nach außen gerichtet. Bei einer vollen Schwingung der Ladung schwingt die Energie zweimal hin und her.

c) Angenäherte Ausführung des Korrektionsverfahrens zunächst für den Spezialfall der Wellenausbreitung senkrecht zur Dipolachse.

Es soll hier keine *strenge* Ableitung gegeben werden. Es handelt sich lediglich um eine möglichst einfache Ausführung des Versuches, mit einem Korrektionsverfahren weiterzukommen. Es sollen folgende nicht unbedenkliche Annahmen dabei benutzt werden. Es ist nach Symmetrie zu schließen, daß die elektrischen Kraftlinien auf der horizontalen, durch die Dipolmitte gehenden Geraden senkrecht stehen (siehe Abb. 249). Wenn wir nun als Integrationsweg das Rechteck 249a oder das sehr spitze Dreieck 249b wählen, so werden die Kraftlinien auch auf 1 2 und 1′ 2′ nahezu senkrecht stehen. Wir wollen annehmen, daß sie so genau senkrecht stünden, daß der durch die vernachlässigte Schräge verursachte Fehler neben $b\mathfrak{E}$ bzw. $r\alpha\mathfrak{E}$ zu vernachlässigen ist. — Die später mitzuteilende strenge Rechnung zeigt, daß diese Annahme nicht stimmt, daß das Feld in der Nähe des Senders auf Grund dieser Annahme merklich falsch ist, und daß noch Korrektionsglieder auftreten werden, welche diesen Fehler verbessern, daß aber für große Entfernungen die Korrektionsglieder bedeutungslos werden, so daß man, wenn man nur die Fernglieder haben will, tatsächlich mit dieser Vereinfachung rechnen darf.

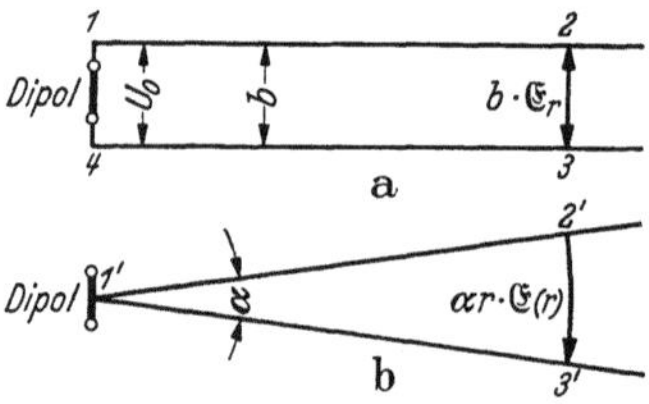

Abb. 249. Integrationswege für das Korrektionsverfahren zur Berechnung der Antennenstrahlung.

Nachdem wir uns nunmehr über die Ungenauigkeit des Verfahrens im klaren sind, sei es durchgeführt.

d) Durchführung des Verfahrens.

Als 0. Näherung benutzen wir die statischen Felder

$$\mathfrak{E} = \nabla \frac{Qh}{4\pi\varepsilon_0} \frac{\partial \frac{1}{r}}{\partial z} \frac{\mathrm{V}}{\mathrm{cm}} \quad \text{und} \quad \mathfrak{H} = \frac{\mathfrak{J} h \sin\vartheta}{4\pi r^2} \frac{\mathrm{A}}{\mathrm{cm}}.$$

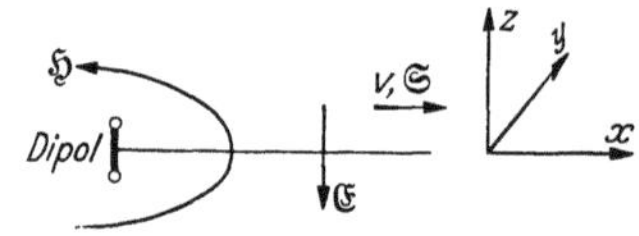

Abb. 250. Vorzeichen von $\mathfrak{E}$, $\mathfrak{H}$, $\mathfrak{S}$, $\mathfrak{v}$.

Als Integrationsweg zur Berechnung der Spannung benutzen wir den Weg 1, 2, 3, 4 und erhalten:

$$U_1 = -\frac{d\Phi}{dt}; \quad \mathfrak{U}_1 = +j\omega\mu_0 b \int_{r_0}^{r} \mathfrak{H}_0 dr = -j\omega\mu_0 \frac{b\mathfrak{J}h}{4\pi}\left(\frac{1}{r} - \frac{1}{r_0}\right).$$

Die Vorzeichen sind nach Abb. 250 festgesetzt.

Um die Feldstärke in der Entfernung r zu finden, müssen wir, wie beim Kabel, zunächst eine Feldstärke bei $r = r_0$: $\mathfrak{E}_a$ auf der Oberfläche des Antennendrahtes annehmen und dieses $\mathfrak{E}_a$ zunächst mit durch die Rechnung durchschleppen und erst am Schluß aus den Grenzbedingungen berechnen: „Die Strahlung laufe ins Unendliche, es finde keine Reflexion statt, in großer Entfernung sei die Welle eine rein fortschreitende.“

Wir erhalten dann für

$$\mathfrak{E}_1 = -j\omega\mu_0\frac{\mathfrak{J}h}{4\pi r} + \underbrace{\frac{j\omega\mu_0\mathfrak{J}h}{4\pi r_0} + \mathfrak{E}_a}_{k} = -\frac{j\omega\mu_0\mathfrak{J}h}{4\pi r} + k\,{*}.$$

Aus $\mathfrak{E}_1$ berechnen wir den Zusatzverschiebungsstrom

$$i_1(r) = \varepsilon_0\frac{\partial\mathfrak{E}_1}{\partial t};\quad I_1(r) = \int_0^r i_1(r)\,2\pi r\,dr;\quad \mathfrak{J}_1(r) = +\omega^2\mu_0\varepsilon_0\frac{2\pi\mathfrak{J}hr}{4\pi} + 2\pi j\omega\varepsilon_0\frac{kr^2}{2!}.$$

Aus dem Zusatzverschiebungsstrom folgt das Zusatzmagnetfeld:

$$\mathfrak{H}_1(r) = \frac{\mathfrak{J}_1}{2\pi r} = +\frac{\omega^2\mathfrak{J}h}{c^2\,4\pi} + j\omega\varepsilon_0\frac{kr}{2!}\quad\text{mit}\quad \varepsilon_0\mu_0 = \frac{1}{c^2}.$$

Weiterhin benutzen wir den Integrationsweg $1', 2', 3'$ und erhalten:

$$\Phi_1 = \alpha\mu_0\int_0^r\mathfrak{H}_1 r\,dr = +\frac{\alpha\mu_0\omega^2}{c^2}\frac{\mathfrak{J}h}{4\pi}\frac{r^2}{2!} + j\omega\varepsilon_0\mu_0 k\frac{\alpha r^3}{3!},$$

$$\mathfrak{E}_2 = \frac{j\omega\Phi_1}{\alpha r} = +\frac{j\omega^3\mu_0\mathfrak{J}hr^2}{4\pi c^2 r\,2!} - \frac{\omega^2}{c^2}\frac{kr^3}{3!\,r},$$

$$\mathfrak{J}_2(r) = \int_0^r 2\pi r\varepsilon_0 j\omega\mathfrak{E}_2\,dr = -\frac{2\pi\mathfrak{J}h}{4\pi\,3!}\frac{\omega^4}{c^4}r^3 - j2\pi\varepsilon_0 k\frac{\omega^3 r^4}{c^2\,4!},$$

$$\mathfrak{H}_2 = \frac{\mathfrak{J}_2}{2\pi r} = -\frac{\mathfrak{J}h}{4\pi r}\frac{\omega^4}{c^4}\frac{r^3}{3!} - \frac{j\varepsilon_0 k}{r}\frac{\omega^3 r^4}{c^2\,4!},$$

$$\Phi_2 = \alpha\mu_0\int_0^r\mathfrak{H}_2 r\,dr = -\frac{\alpha\mu_0\mathfrak{J}h}{4\pi\,4!}\frac{\omega^4 r^4}{c^4} - \frac{j\varepsilon_0\alpha k\mu_0}{c^2}\frac{\omega^3 r^5}{5!},$$

$$\mathfrak{E}_3 = -\frac{j\omega\mu_0\mathfrak{J}h}{4\pi r}\frac{\omega^4 r^4}{4!\,c^4} + \frac{kc}{\omega r}\frac{\omega^5 r^5}{5!\,c^5}\ \text{usw.}$$

Zählt man die Korrektionsglieder zusammen und fügt man im Ausdruck für $\mathfrak{H}$ noch $\pm\frac{j\varepsilon_0 kc^2}{r\omega}$ hinzu, so erhält man:

$$\mathfrak{E} = -\frac{j\omega\mu_0\mathfrak{J}h}{4\pi r}\left[1 - \frac{1}{2!}\left(\frac{\omega r}{c}\right)^2 + \frac{1}{4!}\left(\frac{\omega r}{c}\right)^4 - \cdots\right] + \frac{kc}{\omega r}\left[\frac{\omega r}{c} - \frac{1}{3!}\left(\frac{\omega r}{c}\right)^3 + \frac{1}{5!}\left(\frac{\omega r}{c}\right)^5 - \cdots\right],$$

$$\mathfrak{H} = +\frac{\omega\mathfrak{J}h}{4\pi cr}\left[\frac{\omega r}{c} - \frac{1}{3!}\left(\frac{\omega r}{c}\right)^3 + \frac{1}{5!}\left(\frac{\omega r}{c}\right)^5 - \cdots\right] - \frac{j\varepsilon_0 kc^2}{r\omega}\left[1 - \frac{1}{2!}\left(\frac{\omega r}{c}\right)^2 + \frac{1}{4!}\left(\frac{\omega r}{c}\right)^4 - \cdots\right].$$

Hierin ist $k = k_1 + jk_2$.

---

* Im folgenden bedeuten $\mathfrak{E}$ und $\mathfrak{H}$ in den Differentialgleichungen und den Gleichungen mit Zeitfunktion den Vektor, in den Gleichungen mit komplexen Amplituden die komplexe Amplitude der Vektoren.

Fügt man den Faktor $e^{j\omega t}$ wieder zu und nimmt man den reellen Teil, so bekommt man:

$$-\mathfrak{E} = \text{Rell}\left(\frac{j\omega I h \mu_0}{4\pi r}\cos\frac{\omega r}{c} + \frac{k c}{\omega r}\sin\frac{\omega r}{c}\right)e^{j\omega t} = -\frac{\omega\mu_0 I h}{4\pi r}\cos\frac{\omega r}{c}\sin\omega t + \frac{k_1 c}{\omega r}\sin\frac{\omega r}{c}\cos\omega t$$
$$+\frac{k_2 c}{\omega r}\sin\frac{\omega r}{c}\sin\omega t\,^*,$$

$$+\mathfrak{H} = \text{Rell}\left(\frac{\omega I h}{4\pi c r}\sin\frac{\omega r}{c} + \frac{j\varepsilon_0 k c^2}{r\omega}\cos\frac{\omega r}{c}\right)e^{j\omega t} = +\frac{\omega I h}{4\pi c r}\sin\frac{\omega r}{c}\cos\omega t - \frac{\varepsilon_0 k_1 c^2}{\omega r}\cos\frac{\omega r}{c}\sin\omega t$$
$$-\frac{\varepsilon_0 k_2 c^2}{\omega r}\cos\frac{\omega}{c}r\cos\omega t.$$

Dazu tritt noch das Ergänzungsglied $+\frac{\varepsilon_0 k_1 c^2}{r\omega}\sin\omega t$.

Nun endlich können wir zur Berechnung von k schreiten. Wir haben es so zu wählen, daß in großer Entfernung eine rein fortschreitende Welle herauskommt:

$$+k_1 = \frac{\omega^2 I h \mu_0}{4\pi c} = +\mathfrak{E}_a + \frac{j\omega\mu_0 I h}{4\pi r_0}; \quad k_2 = 0.$$

und

$$\mathfrak{E} = +\frac{\omega\mu_0 I h}{4\pi r}\sin\omega\left(t - \frac{r}{c}\right); \quad \mathfrak{H} = -\frac{\omega I h}{4\pi c r}\sin\omega\left(t - \frac{r}{c}\right); \quad \frac{|\mathfrak{E}|}{|\mathfrak{H}|} = \mu_0 c = \sqrt{\frac{\mu_0}{\varepsilon_0}}.$$

Das Nahglied des Magnetfeldes.

Das Ergänzungsglied $+\frac{\varepsilon_0 k_1 c^2}{r\omega}\sin\omega t = +\frac{I h\omega}{4\pi r c}\sin\omega t$ stellt zusammen mit dem Nahgliede $+\frac{I h}{4\pi r^2}\cos\omega t$ den Anfang einer Reihenentwicklung des Gliedes

$$\frac{I h}{4\pi r^2}\cos\omega\left(t - \frac{r}{c}\right) = \frac{I h}{4\pi r^2}\left(\cos\omega t\cos\frac{\omega r}{c} + \sin\omega t\sin\frac{\omega r}{c}\right)$$
$$\approx \frac{I h}{4\pi r^2}\left(\cos\omega t\cdot 1 + \sin\omega t\cdot\frac{\omega r}{c}\right).$$

Wir erhalten also mit der unserem Näherungsverfahren entsprechenden Genauigkeit auch das wellenmäßige Fortschreiten des Nahgliedes des Magnetfeldes angedeutet.

Das Nahglied des elektrischen Feldes.

Das Nahglied des elektrischen Feldes nimmt mit $1/r^3$ ab. Wegen dieser starken Abnahme mit der Entfernung ist nicht zu erwarten, daß die Wellennatur dieses Gliedes bei der Rechnung herauskommt. Die mit $1/r^2$ abnehmenden Nahglieder fehlen. Es liegt dies an unserer vereinfachenden Annahme, daß die $\int\mathfrak{E}\,ds$ über die Stücke 1 und 3 bzw. 1′ und 3′ Null seien.

e) Die Feldstärken in schräger Richtung.

Da das Magnetfeld nach dem Biot-Savartschen Gesetz in schräger Richtung mit $\sin\vartheta$ abnimmt, so nehmen auch die aus diesem Magnetfelde berechneten Fernglieder für $\mathfrak{E}$ und $\mathfrak{H}$ mit $\sin\vartheta$ ab.

f) Berechnung des Strahlungswiderstandes.

In der Mitte der Antenne tritt eine Feldstärke $\mathfrak{E}_a$ auf, deren reeller Teil aus der Bedingung, daß keine Reflexion der Wellen stattfinden soll, zu $\frac{\omega^2 I h \mu_0}{4\pi c}$

* Wir nehmen nun an, die Phase von $\mathfrak{J}$ sei Null, und drücken das dadurch aus, daß wir an Stelle der komplexen Amplitude $\mathfrak{J}$ den reellen Wert I setzen. Wünscht man diese Spezialisierung wieder aufzugeben, so braucht man in den Endformeln für $\mathfrak{E}$ und $\mathfrak{H}$ nur noch eine Phasenverschiebung φ einzufügen.

berechnet wurde. Diese induzierte Feldstärke nimmt nach den Antennenenden zu auf Null ab. Wir nehmen für diesen Abfall der Feldstärke nach den beiden Antennenenden hin die denkbar einfachste Form:

$$\mathfrak{E}_a^x = \mathfrak{E}_a\left(1 - \left(\frac{x}{h/2}\right)^2\right)$$

an. Dann berechnet sich die Spannung zu

$$\mathfrak{U} = \int_{-h/2}^{+h/2} \mathfrak{E}_a\left(1 - \left(\frac{x}{h/2}\right)^2\right) dx = \frac{2}{3}\,\mathfrak{E}_a h = \frac{\omega^2 \mu_0 h^2}{6\pi c}\,\mathfrak{J}.$$

Diese Spannung ist eine mit dem Antennenstrom in Phase liegende Wirkspannung. Abgestrahlte Leistung:

$$\mathfrak{N} = |\mathfrak{U}|_{\text{eff}}\,|\mathfrak{J}|_{\text{eff}} = \frac{\omega^2 h^2 \mu_0}{6\pi c}\, I_{\text{eff}}^2.$$

Strahlungswiderstand:

$$R_{\text{str}} = \frac{\mathfrak{U}_a}{\mathfrak{J}} = \frac{\omega^2 \mu_0 h^2}{6\pi c} = \frac{\frac{4\pi^2 c^2}{\lambda^2}\,\mu_0 h^2}{6\pi c} = \frac{2}{3}\,\pi c \mu_0 \frac{h^2}{\lambda^2},$$

$$R_{\text{str}} = \frac{2}{3}\cdot\pi\cdot 3\cdot 10^{10}\, 4\pi 10^{-9}\,\frac{h^2}{\lambda^2} = 80\pi^2\,\frac{h^2}{\lambda^2}\,\text{Ohm}.$$

Leistung und Strahlungswiderstand stimmen mit dem nach der Hertzschen Theorie berechneten überein.

Der imaginäre Teil von k stellt den Spannungsabfall über die Induktivität der Antenne dar. Die Induktivität der Antenne würde, wie zu erwarten, hiernach um so kleiner, je dicker der Antennendraht ist.

g) Kontrolle der Formel für den Strahlungswiderstand.

Wir können jetzt die Antennenleistung noch mit Hilfe des Poyntingschen Vektors berechnen und so die Formel für den Strahlungswiderstand, die noch allerhand Annahmen und Vernachlässigungen enthielt, kontrollieren.

Wir umschließen die Antenne mit einer sehr großen Kugel und teilen diese in Zonen mit der Fläche $2\pi r^2 \sin\vartheta\, d\vartheta$. Der Poyntingsche Vektor in solcher Teilfläche ist

$$\mathfrak{S} = [\mathfrak{E}\mathfrak{H}] = \frac{I^2 h^2}{r^2 \lambda^2}\,\frac{\mu_0 c}{4}\,\sin^2\vartheta.$$

Der gesamte Energiestrom S ist dann

$$S = \int_0^{180^\circ} \mathfrak{S}\cdot 2\pi r^2 \sin\vartheta\, d\vartheta = \frac{I^2 h^2}{4\lambda^2}\,\mu_0 c\, 2\pi \int_0^{180^\circ} \sin^3\vartheta\, d\vartheta = \frac{2\pi\mu_0 c}{4}\,\frac{4}{3}\,\frac{I^2 h^2}{\lambda^2},$$

wobei I = effektiver Strom, und mit $\frac{2}{3}\pi\mu_0 c = \frac{2}{3}\pi\cdot 4\pi\, 10^{-9}\cdot 3\cdot 10^{10} = 80\pi^2$

$$S = 80\pi^2\,\frac{I^2 h^2}{\lambda^2}\,\text{Watt}.$$

Der Strahlungswiderstand R_s ist schließlich, wie oben

$$R_{\text{str}} = \frac{S}{I^2} = 80\pi^2\,\frac{h^2}{\lambda^2}\,\text{Ohm}.$$

3. Die strenge Lösung.

a) Einführung der retardierten Potentiale an Hand einer einfachen, eindimensionalen Aufgabe.

Es sei eine unendlich große leitende Fläche in der Y-Z-Ebene gegeben. In ihr fließe in der Z-Richtung ein Wechselstrom mit der Flächendichte J. J sei in der ganzen Fläche räumlich konstant. Wie sieht die elektrische Welle aus, die von diesem Strome erregt wird?

Bei der Behandlung dieser Aufgabe wollen wir von der entsprechenden auf S. 257 behandelten Gleichstromaufgabe ausgehen und die Lösung durch Erweiterung der Gleichstromlösung zu gewinnen suchen.

Bei Gleichstrom trat nur ein räumlich konstantes Magnetfeld in der Y-Richtung auf. Elektrische Ladungen, Potentiale φ und Feldstärken $\mathfrak{E} = \nabla \varphi$ kamen nicht vor.

Bei Wechselstrom wird sich nach Symmetrie nach rechts und links in der X-Richtung eine elektrische Welle von der Fläche aus fortpflanzen. Diese Welle ist ebenfalls nach Symmetrie eine ebene Welle. Die magnetischen Feldstärken dieser Welle liegen wieder in der Y-Achse. Außerdem tritt, da ja die Magnetfelder wechseln, eine induzierte elektrische Feldstärke in der Z-Richtung auf. Elektrische Ladungen und Potentiale kommen auch bei der Wechselstromaufgabe nicht vor.

Wie bei allen elektrodynamischen Aufgaben gehen wir von den MAXWELLschen Gleichungen und den Divergenzgleichungen aus. Diese lauteten für Gleichstrom:

$$\left.\begin{array}{ll} i = \operatorname{rot}\mathfrak{H}; & -\frac{\partial \mathfrak{B}}{\partial t} = 0 = \operatorname{rot}\mathfrak{E} \\ \operatorname{div} i = 0, & \operatorname{div}\mathfrak{E} = \frac{\varrho}{\varepsilon_0} = 0 \end{array}\right\} \mathfrak{E} = 0.$$

Zur Lösung führten wir das Vektorpotential $\mathfrak{A}$ ein: $\mathfrak{H} = \operatorname{rot}\mathfrak{A}$.

Bemerkung über die Einführung von Potentialen.

Bei Gleichstromaufgaben empfahl es sich, statt mit den Feldstärken mit den Potentialen φ und $\mathfrak{A}$ zu arbeiten. Durch die Einführung dieser Potentiale wurde die Aufgabe, die drei Raumfunktionen $\mathfrak{E}_x$, $\mathfrak{E}_y$, $\mathfrak{E}_z$ bzw. $\mathfrak{H}_x$, $\mathfrak{H}_y$, $\mathfrak{H}_z$ aus drei simultanen Differentialgleichungen zu berechnen, auf die Bestimmung von nur einer Raumfunktion φ bzw. $\mathfrak{A}$ zurückgeführt, aus der dann die 3 Funktionen $\mathfrak{E}_x$, $\mathfrak{E}_y$, $\mathfrak{E}_z$ bzw. $\mathfrak{H}_x$, $\mathfrak{H}_y$, $\mathfrak{H}_z$ durch einfaches Differenzieren (Gradient- und Rotationsbildung) zu erhalten waren. Es ist natürlich erwünscht, diese Vereinfachung auch bei Wellenausbreitungsaufgaben zu benutzen. Aus $i = \operatorname{rot}\mathfrak{H}$ wurde $i = \operatorname{rot}\operatorname{rot}\mathfrak{A} = -\Delta\mathfrak{A} + \operatorname{grad}\operatorname{div}\mathfrak{A}$, und da $\operatorname{div}\mathfrak{A} = 0$ (wegen $\operatorname{div} i = 0$), bekamen wir für $\mathfrak{A}$ die Differentialgleichung $i = -\Delta\mathfrak{A}$ mit der Lösung

$$\mathfrak{A} = \frac{1}{4\pi}\int \frac{i\,dV}{r}.$$

Zur Ausführung der Integration ersetzten wir dy, dz durch $2\pi\varrho\,d\varrho$ und substituierten $\varrho^2 = r^2 - x^2$; $\varrho\,d\varrho = r\,dr$. Es ergab sich dann mit $dV = \delta x\,dy\,dz$ und $i\,\delta x = J$

$$\mathfrak{A} = \int\limits_x^\infty \frac{J \cdot 2\pi r\,dr}{4\pi r} = -\frac{Jx}{2} + k.$$

Wenn wir den Nullpunkt des Potentials nicht nach unendlich, sondern in die Fläche legen: $\mathfrak{A}_2 = -\frac{Jx}{2}$. Durch Rotationsbildung erhalten wir dann:

$$\mathfrak{H}_y = -\frac{\partial \mathfrak{A}_2}{\partial x} = \frac{J}{2}.$$

Dieser Lösungsgang soll nun für Wechselstrom erweitert werden. Die MAXWELLschen Gleichungen lauten jetzt

$$1.\ i + \varepsilon_0 \frac{\partial \mathfrak{E}}{\partial t} = \operatorname{rot}\mathfrak{H}; \qquad 2.\ \mu_0 \frac{\partial \mathfrak{H}}{\partial t} = -\operatorname{rot}\mathfrak{E} \quad \text{bzw.} \quad \mu_0 \operatorname{rot}\frac{\partial \mathfrak{A}}{\partial t} = -\operatorname{rot}\mathfrak{E};$$

hinzutreten die Divergenzbedingungen und die Kontinuitätsgleichung

$$\operatorname{div}\mathfrak{E} = 0\,(\varrho = 0) \quad \text{und} \quad \operatorname{div}\mathfrak{H} = 0 \quad \text{und} \quad \operatorname{div} i = -\frac{\partial \varrho}{\partial t} = 0.$$

Da Ladungen nicht vorhanden sind, ist $\operatorname{div} i = 0$, außerdem kommt auch kein elektrisches Potential und kein Feldstärkenanteil $\mathfrak{E}_{\text{stat}} = \nabla \varphi$ vor. Es existiert, wie schon bemerkt, nur eine induzierte elektrische Feldstärke, die wir durch Integration der 2. MAXWELLschen Gleichung finden: $\mathfrak{E} = -\mu_0 \frac{\partial \mathfrak{A}}{\partial t}$. Setzen wir diesen Wert der Feldstärke in die 1. MAXWELLsche Gleichung ein und führen wir wieder das magnetische Vektorpotential ein, so erhalten wir:

$$i = \varepsilon_0 \mu_0 \frac{\partial^2 \mathfrak{A}}{\partial t^2} - \Delta \mathfrak{A} = \frac{1}{c^2} \frac{\partial^2 \mathfrak{A}}{\partial t^2} - \Delta \mathfrak{A}.$$

Da wir es mit einer eindimensionalen Aufgabe zu tun haben, vereinfacht sich diese Gleichung zu

$$\frac{1}{c^2} \frac{\partial^2 \mathfrak{A}}{\partial t^2} - \frac{\partial^2 \mathfrak{A}}{\partial x^2} = i.$$

Außerhalb der Platte ist $i = 0$, die Gleichung für $\mathfrak{A}$ hat die Form:

$$\frac{1}{c^2} \frac{\partial^2 \mathfrak{A}}{\partial t^2} - \frac{\partial^2 \mathfrak{A}}{\partial x^2} = 0$$

und die Lösung:

$$\mathfrak{A} = C e^{j\omega\left(t - \frac{x}{c}\right)}.$$

Wir erkennen, daß sich auch das Vektorpotential mit Lichtgeschwindigkeit fortpflanzt.

Nun ist noch C zu berechnen. Es ist zu erwarten, daß es dem erregenden Strome proportional sein wird.

Wir versuchen es unter Ausnutzung der Bemerkung, daß sich auch die Potentiale mit Lichtgeschwindigkeit fortpflanzen, nach derselben Weise, wie bei Gleichstrom zu berechnen und übernehmen: $\mathfrak{A} = \int \frac{\mathfrak{J}\, dV}{4\pi r}$. $\mathfrak{J}$ ist jetzt eine Funktion der Zeit t. Für t setzen wir aber jetzt nicht die laufende Zeit ein, sondern die Zeit, zu der gewissermaßen der mit Lichtgeschwindigkeit laufende Potentialanteil von der Stelle des Stromes $\mathfrak{J}$ zum Aufpunkt startete, also $t - \frac{\omega r}{c}$. Wir erhalten also für

$$\mathfrak{A} = \int \frac{\mathfrak{J} e^{j\omega\left(t - \frac{r}{c}\right)}}{4\pi r}\, dV.$$

Die Integration führen wir wieder genau so aus wie bei der Gleichstromaufgabe und erhalten:

$$\mathfrak{A} = \int\limits_{x_0}^{\infty} \frac{\mathfrak{J} e^{j\omega\left(t - \frac{r}{c}\right)}}{4\pi r}\, 2\pi r\, dr = \frac{c}{2j\omega}\, \mathfrak{J} \cdot e^{j\omega\left(t - \frac{x}{c}\right)} + k.$$

Für $\omega = 0$ erhalten wir durch Reihenentwicklung wieder richtig den Gleichstromwert:

$$\mathfrak{A}_{=} = \frac{\mathfrak{J} x}{2} + k.$$

Ebenfalls in Anlehnung an die Gleichstromaufgabe legen wir den Nullpunkt des Vektorpotentials in die Fläche und beseitigen dadurch k*:

$$\mathfrak{A} = \frac{c}{2j\omega}\,\mathfrak{J}\,e^{j\omega\left(t-\frac{x}{c}\right)}.$$

$\mathfrak{H}$ und $\mathfrak{E}$ berechnen wir wieder in der üblichen Weise zu

$$\mathfrak{H}_y = \operatorname{rot}_y \mathfrak{A} = -\frac{\partial \mathfrak{A}}{\partial x} = \frac{\mathfrak{J}}{2}\,e^{j\omega\left(t-\frac{x}{c}\right)}; \qquad \mathfrak{E} = -\frac{\partial \mathfrak{A}}{\partial t}\mu_0;$$

$$\mathfrak{E} = -\mu_0 c\,\frac{\mathfrak{J}}{2}\,e^{\cdots} = -\sqrt{\frac{\mu_0}{\varepsilon_0}}\,\frac{\mathfrak{J}}{2}\,e^{\cdots}.$$

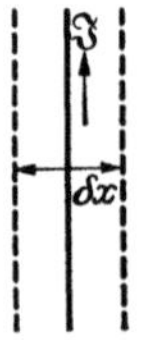

Abb. 251. Einschluß der stromdurchflossenen Fläche.

Kontrolle der Richtigkeit dieser Methode: Zur Kontrolle wollen wir mit Hilfe der gefundenen Lösung und der Differentialgleichung

$$i = \frac{1}{c^2}\frac{\partial^2 \mathfrak{A}}{\partial t^2} - \Delta\mathfrak{A} = \frac{1}{c^2}\frac{\partial^2 \mathfrak{A}}{d t^2} - \frac{\partial^2 \mathfrak{A}}{\partial x^2},$$

den Strom $\mathfrak{J}$ in der Fläche ausrechnen. Zu diesem Zweck denken wir uns die stromdurchflossene Fläche durch 2 parallele Ebenen in einem kleinen Abstand δx eingeschlossen (siehe Abb. 251). Ist die Stromstärke zwischen diesen Ebenen i, so wird

$$\mathfrak{J} = \lim_{(\delta x = 0)} i\,\delta x.$$

Wir haben zur Berechnung von $\mathfrak{J}$ also:

$$\lim_{\delta x = 0}\left(\frac{1}{c^2}\frac{\partial^2 \mathfrak{A}}{\partial t^2} + \frac{\partial^2 \mathfrak{A}}{\partial x^2}\right)\delta x$$

zu bilden. $\frac{\partial^2 \mathfrak{A}}{\partial t^2}$ geht stetig durch die Fläche, $\lim \frac{\partial^2 \mathfrak{A}}{\partial t^2}\,\delta x$ ist also 0. $\frac{\partial \mathfrak{A}}{\partial x}$ springt in der Fläche (Fortschreiten der Welle nach rechts und links von der Fläche aus). Für $\frac{\partial^2 \mathfrak{A}}{\partial x^2}\,\delta x$ schreiben wir:

$$\frac{\delta \frac{\partial \mathfrak{A}}{\partial x}}{\delta x}\,\delta x = \frac{\partial \mathfrak{A}}{\partial x_w} - \frac{\partial \mathfrak{A}}{\partial x_e},$$

wobei die Indizes rechts und links der Fläche bedeuten. Wir erhalten also:

$$\lim \frac{\partial^2 \mathfrak{A}}{\partial x^2}\,\delta x = \frac{\partial \mathfrak{A}}{\partial x_w} - \frac{\partial \mathfrak{A}}{\partial x_e},$$

was sich durch Bilden der Differentialquotienten rechts und links der Fläche leicht zu $\mathfrak{J}$ ausrechnen läßt.

b) Allgemeine Ableitung der Differentialgleichung für die retardierten Potentiale und ihre Lösung durch die retardierten Potentiale.

Wir betrachten jetzt den allgemeinen Fall, daß räumliche Verteilungen von $\varrho(x, y, z, t)$ und $i(x, y, z, t)$ gegeben sind, und daß es auch ein elektrisches Potential φ gibt. Als Ausgangsgleichungen kommen die beiden MAXWELLschen Gleichungen, die Divergenzbeziehungen und die Kontinuitätsgleichung in Frage:

---

* Man bilde $\mathfrak{A}$ (an der Stelle x) minus $\mathfrak{A}$ (an der Stelle $x = 0$). Als obere Grenze ist für beide Integrale *derselbe* sehr große r-Wert zu wählen. Die Differenz der oberen Grenzen beider Integrale wird dann $= 0$.

$$1.\quad i + \varepsilon_0 \frac{\partial \mathfrak{E}}{\partial t} = \operatorname{rot} \mathfrak{H} \qquad 4.\quad \varepsilon_0 \operatorname{div} \mathfrak{E} = -\varrho \qquad \text{Einführung von } \mathfrak{A}$$

$$2.\quad \mu_0 \frac{\partial \mathfrak{H}}{\partial t} = -\operatorname{rot} \mathfrak{E} \qquad 5.\quad -\frac{\partial \varrho}{\partial t} = \operatorname{div} i \qquad \mathfrak{H} = \operatorname{rot} \mathfrak{A}$$

$$3.\quad \operatorname{div} \mathfrak{H} = 0.$$

Die zweite MAXWELLsche Gleichung integrieren wir durch

$$\mathfrak{E} = -\mu_0 \frac{\partial \mathfrak{A}}{\partial t} + \operatorname{grad} \varphi .$$

Setzen wir den Wert von $\mathfrak{E}$ in Gleichung (1) und (4) ein, so erhalten wir:

$$1'.\quad -\varepsilon_0 \mu_0 \frac{\partial^2 \mathfrak{A}}{\partial t^2} + i = -\Delta \mathfrak{A} + \operatorname{grad} \operatorname{div} \mathfrak{A} - \varepsilon_0 \operatorname{grad} \frac{\partial \varphi}{\partial t} .$$

$$4'.\quad \varepsilon_0 \Delta \varphi + \frac{\partial}{\partial t} \operatorname{div} \mathfrak{A} = -\varrho ; \qquad \varepsilon_0 \mu_0 = \frac{1}{c} .$$

Wenn nun $\operatorname{div} \mathfrak{A} = +\varepsilon_0 \frac{\partial \varphi}{\partial t}$ wäre; so erhielten wir die gesuchten beiden Wellengleichungen, in denen $\mathfrak{A}$ und φ getrennt vorkommen.

b) Zusammenhang der Beziehung $\operatorname{div} \mathfrak{A} = +\varepsilon_0 \frac{\partial \varphi}{\partial t}$ mit der Kontinuitätsgleichung.

Bei der Bildung der $\operatorname{div} \mathfrak{A}$ ist folgendes zu beachten: Die in der Divergenz enthaltenen Differentialquotienten $\partial \mathfrak{A}/\partial x \ldots$ besagen: Verrücke den Aufpunkt P um ein Stückchen dx, bilde die Differenz der Potentiale für den ursprünglichen und den verrückten Aufpunkt und dividiere durch dx. Hiernach ist also $\partial \mathfrak{A}/\partial x$ nicht, wie man nach der Differentiationsregel für Produkte denken könnte,

$$\frac{\partial \mathfrak{A}}{\partial x} = \frac{1}{4\pi} \left(\int i \frac{\partial \frac{1}{r}}{\partial x} dV + \int \frac{\partial i}{\partial x} \frac{1}{r} dV \right),$$

sondern es gilt:

$$\frac{\partial \mathfrak{A}}{\partial x} = \frac{1}{4\pi} \int i \frac{\partial \frac{1}{r}}{\partial x} dV.$$

Wenn nun der Integrationsbereich das ganze Stromsystem umfaßt, so können wir auch den Aufpunkt festhalten und das Stromsystem verrücken. Wir können also auch schreiben:

$$\frac{\partial \mathfrak{A}}{\partial x} = -\frac{1}{4\pi} \int \frac{\partial i}{\partial x} \cdot \frac{1}{r} dV ; \qquad \operatorname{div} \mathfrak{A} = \frac{-1}{4\pi} \int \frac{\operatorname{div} i}{r} dV .$$

Dieselbe Beziehung hätte man auch formal durch partielle Integration erhalten können.

Aus der Beziehung:

$$\operatorname{div} \mathfrak{A} = \varepsilon_0 \frac{\partial \varphi}{\partial t} = \frac{\varepsilon_0}{4\pi} \int \frac{\partial \varrho}{\partial t} \frac{1}{r} dV$$

wird dann

$$\int \frac{\operatorname{div} i + \frac{\partial \varrho}{\partial t}}{4\pi r} dV = 0.$$

Diese Beziehung ist erfüllt, da die Kontinuitätsgleichung

$$\frac{\partial \varrho}{\partial t} + \operatorname{div} i = 0$$

an jeder Stelle gilt. Wir dürfen sie also zur Ableitung unserer Wellengleichung benutzen.

c) Die Wellengleichungen sind ganz allgemein durch die beiden verzögerten Potentiale zu lösen:

$$\varphi = \frac{1}{4\pi\varepsilon_0}\int \frac{\varrho\left(t - \frac{r}{c}\right)}{r}\, dV \quad \text{und} \quad \mathfrak{A} = \int \frac{1}{4\pi}\, \frac{i\left(t - \frac{r}{c}\right)}{r}\, dV,$$

wie das Einsetzen der Lösungen in die Gleichungen

$$\frac{\varrho}{\varepsilon_0} = -\Delta\varphi + \frac{1}{c^2}\frac{\partial^2\varphi}{\partial t^2} \quad \text{und} \quad i = -\Delta\mathfrak{A} + \frac{1}{c^2}\frac{\partial^2\mathfrak{A}}{\partial t^2}$$

und die Ausführung der Differentiation zeigt:

$$\frac{\partial\varphi}{\partial x} = \frac{1}{4\pi\varepsilon_0}\int\left(-\frac{\varrho\, x}{r^3} - \frac{\varrho'}{c}\frac{x}{r^2}\right)dV \quad \text{mit} \quad \varrho' = \frac{d\varrho}{d\left(t - \frac{r}{c}\right)} = \frac{\partial\varrho}{\partial t}; \quad \varrho'' = \frac{d^2\varrho}{d\left(t - \frac{r}{c}\right)^2} = \frac{\partial^2\varrho}{\partial t^2}.$$

Das zweite Glied $\frac{\varrho'}{c}\frac{x}{r^2}$ hängt mit der Veränderung der Laufzeit durch die Verschiebung des Aufpunktes zusammen:

$$\frac{\partial^2\varphi}{\partial x^2} = \frac{1}{4\pi\varepsilon_0}\int\left(-\varrho\left(\frac{1}{r^3} - \frac{3x^2}{r^5}\right) - \frac{\varrho'}{c}\left(\frac{1}{r^2} - \frac{x^2}{r^4} - \frac{2x^2}{r^4}\right) + \frac{\varrho''}{c^2}\frac{x^2}{r^3}\right)dV,$$

$$\Delta\varphi = \frac{1}{4\pi\varepsilon_0}\int -\varrho\left[\frac{3}{r^3} - \frac{3(x^2+y^2+z^2)}{r^5}\right] - \frac{\varrho'}{c}\left(\frac{3}{r^2} - 3\frac{x^2+y^2+z^2}{r^4}\right)$$

$$+ \frac{\varrho''}{c^2}\frac{x^2+y^2+z^2}{r^3}\, dV = \int \frac{\varrho'' dV}{4\pi\varepsilon_0 r c^2},$$

an ϱfreien Stellen. An Stellen mit der Dichte ϱ kommt noch $\frac{1}{\varepsilon_0}\varrho$ hinzu (siehe Elektrizitätslehre, S. 248). Setzt man diesen Wert für $\Delta\varphi$ in die Beziehung $\varepsilon_0\Delta\varphi - \frac{1}{c^2}\frac{\partial^2\varphi}{\partial t^2}$ ein, so erhält man:

$$\varepsilon_0\Delta\varphi - \frac{1}{c^2}\frac{\partial^2\varphi}{\partial t^2} = \frac{1}{4\pi}\int\frac{\varrho'' dV}{c^2 r} - \frac{1}{4\pi}\int\frac{\varrho''}{c^2 r}dV + \varepsilon_0\frac{\varrho}{\varepsilon_0} = \varrho.$$

Die Differentialgleichung wird also von unserem Ansatz erfüllt.

In derselben Weise ist die Gleichung für das Vektorpotential $\mathfrak{A}$ zu behandeln.

c) Die Formel für die Strahlung einer linearen Antenne.

1. Die Strahlung des frei im Raume befindlichen Dipoles in großer horizontaler Entfernung senkrecht zur Dipolachse. Wir wollen die verhältnismäßig komplizierte Rechnung, wie sie von Heinrich Hertz allgemein durchgeführt wurde, allmählich aufbauen, und zwar zunächst die Strahlung in sehr großer horizontaler Richtung berechnen. Wir werden, wie gezeigt werden soll, dabei nur das Vektorpotential brauchen und die elektrische Feldstärke allein als induzierte Spannung berechnen. Dann soll die Feldstärke in großer schräger Richtung berechnet werden, hierbei tritt der Einfluß der Laufzeit zutage; wir werden sehen, daß der elektrische Dipol doch mit $1/r$ proportionale Feldstärkenanteile liefert. Schließlich sollen dann auch die Nahglieder berechnet und als Dipolglieder gedeutet werden. Wir beginnen mit diesem Spezialfalle deswegen, weil in der Richtung senkrecht zur Dipolachse sich auch bei Schwingungen das elektrische Feld wie das statische Feld eines Dipols verhält, da die Laufzeiten von den beiden Polen des Dipols gleich sind. Es nimmt mit $1/r^3$ ab und kann neben der induzierten Spannung, die, wie wir sehen werden, mit $1/r$ abnimmt, vernachlässigt werden. Wir brauchen also nur das Vektorpotential des Magnetfeldes und aus diesem die magnetische Feldstärke durch Rotationsbildung und die induzierte elektrische Feldstärke nach $\mathfrak{E} = -\mu_0\frac{\partial\mathfrak{A}}{\partial t}$ zu berechnen.

Die Antenne sei h cm lang und von einem über die Antenne gleichmäßig verteilten Wechselstrom durchflossen.

Bemerkung: Bei einer linearen Antenne ist dies nicht der Fall. Der Antennendraht lädt sich auf und der Strom nimmt nach der Spitze zu auf Null ab. Um den Fall des gleichmäßigen Stromflusses herzustellen, muß man an die Antennenspitze eine größere Kapazität, einen „Antennenschirm" anbringen. Der Antennendraht lädt sich dann praktisch nicht mehr auf und der Strom gelangt ungeschwächt bis zum Schirm.

Durchführung der Rechnung: Das Vektorpotential hat nur eine Z-Komponente von der Größe

$$\mathfrak{A}_z = \frac{Ih}{4\pi r} e^{j\omega\left(t-\frac{r}{c}\right)}\text{*}.$$

$\mathfrak{H}$ liegt in der Tangentialrichtung und hat den Wert:

$$\mathfrak{H}_t = \mathrm{rot}_t\mathfrak{A} = -\frac{\partial\mathfrak{A}}{\partial r} = +\left(\frac{Ihj\omega}{4\pi c r} + \frac{Ih}{4\pi r^2}\right) e^{j\omega\left(t-\frac{r}{c}\right)}.$$

$\mathfrak{E}$ liegt in der Z-Richtung, ebenso wie das Vektorpotential und hat den Wert:

$$\mathfrak{E}_z = -\mu_0 \frac{\partial\mathfrak{A}}{\partial t} = -\frac{\mu_0 Ihj\omega}{4\pi r} e^{j\omega\left(t-\frac{r}{c}\right)}.$$

Da wir nur das Feld in sehr großer Entfernung berechnen wollten, können wir das $1/r^2$ proportionale Glied vernachlässigen und erhalten für die Amplituden:

$$\mathfrak{H} = \frac{Ih\omega}{4\pi c r} = \frac{Ih}{2\lambda r}\,\frac{\mathrm{A}}{\mathrm{cm}}; \qquad \mathfrak{E} = \frac{\mu_0 c I h}{2\lambda r}\,\frac{\mathrm{V}}{\mathrm{cm}} \quad \text{mit} \quad \frac{\omega}{c} = \frac{2\pi}{\lambda}.$$

Setzen wir für μ_0 und c die Zahlenwerte ein, so erhalten wir

$$\mathfrak{E} = \frac{4\pi 10^{-9}\cdot 3\cdot 10^{10}}{2}\,\frac{Ih}{\lambda r} = 60\pi\frac{Ih}{\lambda r}\,\frac{\mathrm{V}}{\mathrm{cm}}; \qquad I \text{ in Ampere, } h, \lambda, r \text{ in cm}.$$

Rechnen wir auf elektrische und magnetische cgs (Gauß) um, so erhalten wir:

$$\mathfrak{H}_t = 0{,}2\pi\frac{Ih}{\lambda r}\,\text{Gauß} \quad \text{und} \quad \mathfrak{E}_z = \frac{60\pi}{300}\,\frac{Ih}{\lambda r}\,\text{el.-stat. cgs} = 0{,}2\pi\frac{Ih}{\lambda r}\,\text{el.-stat. cgs}.$$

Elektrische und magnetische Feldstärke sind der Zahl nach gleich, wie bereits referierend mitgeteilt.

2. Das Strahlungsfeld in schräger Richtung. Wir beschränken uns zunächst noch auf große Entfernungen und behalten damit die rechnerische Vereinfachung bei, daß wir beim Differenzieren der Potentiale nach den Koordinaten nur den Faktor $e^{j\omega\left(t-\frac{r}{c}\right)}$ zu differenzieren brauchen, da der Faktor $1/r$ beim Differenzieren höhere Potenzen von $1/r$ liefert. Neu kommt hinzu, daß bei der Berechnung des elektrischen Potentials des Dipols (siehe Elektrizitätslehre, S. 240, Pkt. 7)

$$\varphi = \frac{h}{4\pi\varepsilon_0}\frac{\partial}{\partial z}\left(\frac{Q}{r}e^{j\omega\left(t-\frac{r}{c}\right)}\right)$$

* Die Antennenhöhe h sei klein gegen die Wellenlänge und die Entfernung r zum Aufpunkt. Man kann dann aus

$$\mathfrak{A}_z = \int \frac{i\,dV}{4\pi r} e^{j\omega\left(t-\frac{r}{c}\right)} \text{ den Faktor } \frac{e^{j\omega\left(t-\frac{r}{c}\right)}}{r}$$

ausklammern und $\int i\,dV$ ausrechnen. Wir setzen für $i\,dV = iq\,ds$, worin q der Drahtquerschnitt ist. $iq = I$, die Stromstärke, und $\int i\,dV = iq\int_0^h ds = I\int_0^h ds = Ih$.

die Laufzeiten nicht mehr gleich sind, $\frac{\partial}{\partial z}\left(e^{j\omega\left(t-\frac{r}{c}\right)}\right)$ also nicht mehr 0 wird, sondern ein $1/r$ proportionales Glied liefert:

$$\varphi = \frac{h}{4\pi\varepsilon_0 r}\frac{\partial}{\partial z} Q e^{j\omega\left(t-\frac{r}{c}\right)} + \cdots = \frac{-h}{4\pi\varepsilon_0 r}\frac{j\omega Q}{c} e^{j\omega\left(t-\frac{r}{c}\right)}\frac{\partial r}{\partial z} + \cdots$$

das $1/r$ proportionale Gied =

$$\varphi = \frac{Ih}{4\pi\varepsilon_0 c r}\cos\vartheta\, e^{j\omega\left(t-\frac{r}{c}\right)} = \frac{Ih}{4\pi\varepsilon_0 c r}\frac{z}{r} e^{j\omega\left(t-\frac{r}{c}\right)}.$$

Zur Erleichterung der weiteren Rechnung führen wir statt des x, y, z-Koordinatensystems ein z, ϱ-System ein und haben dann statt der X- und Y-Komponenten nur die ϱ-Komponente zu berechnen bzw. statt nach x und y nur nach ϱ zu differenzieren. Wir erhalten dann für die Amplituden

$$\mathfrak{H}_t = \mathrm{rot}_t\mathfrak{A} = -\frac{\partial\mathfrak{A}}{\partial\varrho} = \frac{Ih}{2\lambda r}\frac{\partial r}{\partial\varrho} = \frac{Ih}{2\lambda r}\sin\vartheta\,\frac{\mathrm{A}}{\mathrm{cm}}.$$

$$\mathfrak{E} = \nabla\varphi - \mu_0\frac{\partial\mathfrak{A}}{\partial t}; \quad \mathfrak{E}_z = \frac{\partial\varphi}{\partial z} - \mu_0\frac{\partial\mathfrak{A}}{\partial t}; \quad \mathfrak{E}_\varrho = \frac{\partial\varphi}{\partial\varrho}.$$

$$\mathfrak{E}_\varrho = \frac{\partial\varphi}{\partial\varrho} = \frac{Ih}{4\pi\varepsilon_0}\frac{j\omega z\varrho}{r^3 c^2} = \frac{j\omega Ih}{4\pi\varepsilon_0 c^2}\frac{1}{r}\sin\vartheta\cos\vartheta = \frac{j2\pi}{4\pi\varepsilon_0 c}\frac{Ih}{r\lambda}\sin\vartheta\cos\vartheta\,\frac{\mathrm{V}}{\mathrm{cm}}$$

$$= j\sqrt{\frac{\mu_0}{\varepsilon_0}}\frac{Ih}{2r\lambda}\sin\vartheta\cos\vartheta;$$

Berechnung von $\mathfrak{E}_z$ (wieder höhere Potenzen von $1/r$, z. B. $1/r^2$ neben z^2/r^3 vernachlässigt):

$$\frac{\partial\varphi}{\partial z} = \frac{j\omega Ihz^2}{4\pi\varepsilon_0 c^2 r^3} = \frac{2\pi j}{4\pi\varepsilon_0 c}\frac{Ih}{r\lambda}\cos^2\vartheta = \sqrt{\frac{\mu_0}{\varepsilon_0}}\frac{Ih}{2\lambda r}\cos^2\vartheta;$$

$$\mathfrak{E}_z = \mathfrak{E}_{\mathrm{ind}} + \frac{\partial\varphi}{\partial z} = -j\omega\mu_0\frac{Ih}{4\pi r} + \sqrt{\frac{\mu_0}{\varepsilon_0}}\frac{Ih}{2\lambda r}\cos^2\vartheta = \sqrt{\frac{\mu_0}{\varepsilon_0}}\frac{Ih}{2\lambda r}(\cos^2\vartheta - 1),$$

da

$$\omega\mu_0 = \frac{2\pi c\mu_0}{\lambda} = \frac{2\pi}{\lambda}\sqrt{\frac{\mu_0}{\varepsilon_0}}.$$

Aus $\mathfrak{E}_z$ und $\mathfrak{E}_\varrho$ ergeben sich für die $\mathfrak{E}$-Komponenten parallel und senkrecht zu r:

$$\mathfrak{E} \parallel r = 0; \quad \mathfrak{E}\perp r = -\sqrt{\frac{\mu_0}{\varepsilon_0}}\frac{Ih}{2\lambda r}\sin\vartheta = -60\pi\frac{Ih}{\lambda r}\sin\vartheta\,\frac{\mathrm{V}}{\mathrm{cm}}.$$

$\mathfrak{E}$ im elektrostatischen und $\mathfrak{H}$ im magnetischen Maßsystem sind wieder der Zahl nach gleich.

3. Die Ableitung aller Glieder. Wir hatten für φ und $\mathfrak{A}$ gefunden:

$$\varphi = \frac{hQ}{4\pi\varepsilon_0}\frac{\partial}{\partial z}\frac{e^{j\omega\left(t-\frac{r}{c}\right)}}{r} = -\frac{hI}{4\pi\varepsilon_0}\left(\frac{z}{cr^2} + \frac{z}{j\omega r^3}\right)e^{j\omega\left(t-\frac{r}{c}\right)}; \quad \mathfrak{A} = \frac{Ih}{4\pi r}e^{j\omega\left(t-\frac{r}{c}\right)}.$$

Für das Magnetfeld erhielten wir durch Rotationsbildung

$$\mathfrak{H}_x = -\frac{Ih}{4\pi}\left(\frac{y}{r^3} + \frac{j\omega}{c}\frac{y}{r^2}\right); \quad \mathfrak{H}_z = 0;$$

$$\mathfrak{H}_y = \frac{Ih}{4\pi}\left(\frac{x}{r^3} + \frac{j\omega}{c}\frac{x}{r^2}\right); \quad \mathfrak{H}_{\mathrm{tang}} = -\frac{Ih}{4\pi}\left(\frac{1}{r^2} + \frac{j\omega}{cr}\right).$$

Für den induzierten Anteil des elektrischen Feldes erhalten wir

$$\mathfrak{E}_{z\,\mathrm{ind}} = -j\omega\mu_0\mathfrak{A} = -\frac{j\mu_0\omega Ih}{4\pi r} = -\frac{j\omega Ih}{4\pi\varepsilon_0 c^2 r},$$

da

$$\frac{1}{\varepsilon_0 c^2} = \frac{4\pi 9\cdot 10^{11}\,\mathrm{Volt}}{9\cdot 10^{20}\,\mathrm{A\,sec}}\frac{1}{(\mathrm{cm/sec})^2} = 4\pi\, 10^{-9}\frac{\mathrm{Volt\,sec}}{\mathrm{A\,cm}} = \mu_0.$$

Für die vom elektrischen Potential abhängigen Feldstärkeanteile

$$\mathfrak{E}_x = \frac{\partial \varphi}{\partial x} = \frac{I h}{4\pi\varepsilon_0}\left[\frac{j\omega z x}{c^2 r^3} + \frac{2xz}{c r^4} + \frac{xz}{c r^4} + \frac{3xz}{j\omega r^5}\right];$$

$$\mathfrak{E}_y = \frac{\partial \varphi}{\partial y} = \frac{I h}{4\pi\varepsilon_0}\left[\frac{j\omega z y}{c^2 r^3} + \frac{3yz}{c r^4} + \frac{3yz}{j\omega r^5}\right];$$

$$\frac{\partial \varphi}{\partial z} = \frac{I h}{4\pi\varepsilon_0}\left[\frac{3z^2}{c r^4} - \frac{1}{c r^2} + \frac{j\omega z^2}{c^2 r^3} + \frac{3z^2}{j\omega r^5} - \frac{1}{j\omega r^3}\right].$$

$$\mathfrak{E}_z = \mathfrak{E}_{z\,\mathrm{ind}} + \frac{\partial \varphi}{\partial z} = \frac{I h}{4\pi\varepsilon_0}\left[\frac{j\omega}{c^2}\,\frac{z^2 - r^2}{r^3} + \frac{3z^2 - r^2}{c r^4} + \frac{3z^2 - r^2}{j\omega r^5}\right].$$

$$\mathfrak{E}_{\parallel r} = \mathfrak{E}_x \frac{x}{r} + \mathfrak{E}_y \frac{y}{r} + \mathfrak{E}_z \frac{z}{r} = 0 + \frac{2 I h}{4\pi\varepsilon_0}\cos\vartheta\left(\frac{1}{c r^2} - \frac{1}{j\omega r^3}\right).$$

$$\mathfrak{E}_{\perp r} = -\mathfrak{E}_\varrho \frac{z}{r} + \mathfrak{E}_z \frac{\varrho}{r} = -\left(\mathfrak{E}_x \frac{x}{\varrho} + \mathfrak{E}_y \frac{y}{\varrho}\right)\frac{z}{r} + \mathfrak{E}_z \frac{\varrho}{r} = -\frac{I h}{4\pi\varepsilon_0}\sin\vartheta\left[\frac{j\omega}{c^2 r} + \frac{1}{c r^2} + \frac{1}{j\omega r^3}\right].$$

Die Nahglieder haben auch longitudinale $\mathfrak{E}$-Komponenten. (Vgl. Abb. 252.)

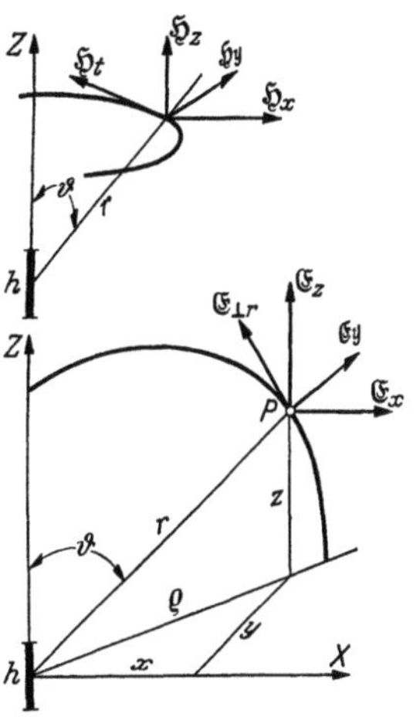

Abb. 252. Erläuterung der Feldstärkenbezeichnungen am Dipol.

4. Deutung der $1/r^5$ proportionalen Glieder als das statische Feld eines Dipols. Wenn M das Dipolmoment ist, erhalten wir

$$\varphi = M \frac{\partial \frac{1}{r}}{\partial z} = -M \frac{z}{r^3}; \qquad \frac{\partial \varphi}{\partial x} = M \frac{3zx}{r^5};$$

$$\frac{\partial \varphi}{\partial y} = M \frac{3zy}{r^5}; \qquad \frac{\partial \varphi}{\partial z} = M \frac{3z^2 - r^2}{r^5}.$$

5. Die Hertzsche Ableitung. Wir wollen uns auch im Maßsystem an Hertz anschließen. Er rechnet die elektrischen Größen im elektrostatischen, die magnetischen einschließlich des Stromes im magnetischen Maßsystem. Er definiert eine Hilfsrechengröße $\mathfrak{q}$ durch $c\int i\,dt = \mathfrak{q}$. Es ist dann $i = \frac{1}{c}\frac{\partial \mathfrak{q}}{\partial t}$ und $\varrho = \operatorname{div}\mathfrak{q}$. Mit Hilfe dieses $\mathfrak{q}$ definiert er eine zweite Hilfsrechengröße $\mathfrak{Z} = \int \mathfrak{q}\frac{dV}{r}$, den sog. Hertzschen Vektor. Der Integrationsbereich muß das ganze Ladungs- und Stromsystem umschließen, damit die Verschiebung des Aufpunktes äquivalent der Verschiebung des Systems ist.

Aus dem Hertzschen Vektor berechnet sich $\mathfrak{A}$ und φ durch:

$$\mathfrak{A} = \frac{1}{c}\frac{\partial \mathfrak{Z}}{\partial t} = \int \frac{\frac{1}{c}\frac{\partial \mathfrak{q}}{\partial t}}{r}\,dV = \int \frac{i\,dV}{r};$$

$$\varphi = \operatorname{div}\mathfrak{Z} = \operatorname{div}\int \frac{\mathfrak{q}\,dV}{r} = \int \frac{\operatorname{div}\mathfrak{q}}{r}\,dV = \int \frac{\varrho\,dV}{r}.$$

Für einen Dipol oder eine sehr kurze Antenne kann Hertz bei der Ausführung der Integration $\frac{1}{r}$ herausklammern $\int \frac{\mathfrak{q}\,dV}{r} = \frac{1}{r}\int \mathfrak{q}\,dV$. Er setzt dafür $\frac{p}{r}$. Unter p', p'' versteht er die Differentiation nach r. Es ist also

$$p' = +j\frac{\omega}{c}p; \qquad p'' = -\frac{\omega^2}{c^2}p.$$

Für eine senkrecht stehende lineare Antenne erhält er dann

$$\mathfrak{E}_x = p_z \frac{3xz}{r^5} + p'_z \frac{3xz}{r^4} + p''_z \frac{xz}{r^3}; \qquad \mathfrak{H}_x = -p'_z \frac{y}{r^3} - p''_z \frac{y}{r^2};$$

$$\mathfrak{E}_y = p_z \frac{3yz}{r^5} + p'_z \frac{3yz}{r^4} + p''_z \frac{yz}{r^3}; \qquad \mathfrak{H}_y = p'_z \frac{x}{r^3} + p''_z \frac{x}{r^2};$$

$$\mathfrak{E}_z = p_z \frac{3z^2 - r^2}{r^5} + p'_z \frac{3z^2 - r^2}{r^4} + p'' \frac{z^2 - r^2}{r^3}; \qquad \mathfrak{H}_z = 0.$$

Diese Formeln stimmen mit den von uns abgeleiteten überein $\left(p_z = \frac{Ih}{4\pi\varepsilon_0 j\omega}\right)$.

Eine anschauliche physikalische Deutung des HERTZschen Vektors $\mathfrak{Z}$ ist wohl ebensowenig möglich wie die Deutung des Vektorpotentials. Beides sind geschickt eingeführte Hilfsrechengrößen, die lediglich dazu da sind, um eine elegante mathematische Darstellung zu ermöglichen.

6. Die lineare Antenne auf gut leitender Erde. Wenn die Erde sehr gut leitet, so wirkt sie wie ein idealer Spiegel. Wir können die Spiegelbildmethode anwenden und die influenzierten Ladungen auf der Erde, in denen die elektrischen Kraftlinien endigen, und die mit den Kraftlinien mit Lichtgeschwindigkeit mitlaufen, durch einen Spiegelpol ersetzen. Die Feldstärken entsprechen dann einer Antenne von doppelter Höhe. Die Formel für die Fernglieder lautet infolgedessen:

$$\mathfrak{E} = 120\pi \frac{Ih}{r\lambda} \frac{\text{V}}{\text{cm}}; \qquad \mathfrak{H} = \frac{Ih}{\lambda r} \frac{\text{A}}{\text{cm}}; \qquad I \text{ in Ampere, } r, h, \lambda \text{ in cm.}$$

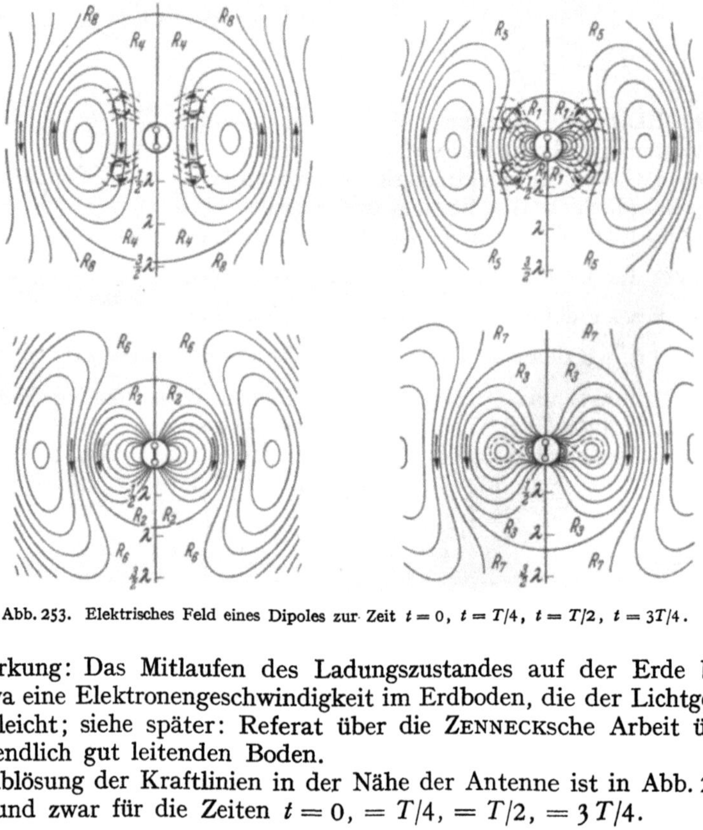

Abb. 253. Elektrisches Feld eines Dipoles zur Zeit $t = 0$, $t = T/4$, $t = T/2$, $t = 3T/4$.

Bemerkung: Das Mitlaufen des Ladungszustandes auf der Erde bedeutet nicht etwa eine Elektronengeschwindigkeit im Erdboden, die der Lichtgeschwindigkeit gleicht; siehe später: Referat über die ZENNECKsche Arbeit über den nicht unendlich gut leitenden Boden.

Die Ablösung der Kraftlinien in der Nähe der Antenne ist in Abb. 253 dargestellt, und zwar für die Zeiten $t = 0$, $= T/4$, $= T/2$, $= 3\,T/4$.

d) Der Strahlungswiderstand der Antenne.

Zur Berechnung des Strahlungswiderstandes berechnen wir die Strahlungsleistung durch eine sehr große Kugel und dividieren dann diese Leistung mit $\mathfrak{J}^2$. Zur Strahlungsberechnung bedienen wir uns des POYNTINGschen Vektors:

$$\mathfrak{S} = [\mathfrak{E}\mathfrak{H}].$$

1. Der Dipol im freien Raum. Wir hatten für die elektrischen und magnetischen Feldstärken berechnet:

$$\mathfrak{E} = \frac{\mu_0 c}{2}\frac{I h}{r\lambda}\sin\vartheta; \qquad \mathfrak{H} = \frac{I h}{2r\lambda}\sin\vartheta.$$

Die Leistung ist dann

$$\mathfrak{N} = \frac{1}{T}\int_0^T\int_0^{180} 2\pi r^2 \sin\vartheta\, d\vartheta[\mathfrak{E}\cdot\mathfrak{H}]\,dt.$$

Wir wollen annehmen, daß die Antenne so kurz ist, daß die von den verschiedenen Stellen der Antenne ausgehenden Wellen auch in schräger Richtung keine merklich verschiedene Laufzeit haben, so daß man die Felder ohne Berücksichtigung der Phasenverschiebung einfach addieren kann, d. h. daß man an Stelle von

$$\mathfrak{H} = \frac{I}{2\lambda}\int \frac{e^{j\omega\left(t-\frac{r}{c}\right)}}{r}\,ds$$

einfach

$$\frac{I e^{j\omega\left(t-\frac{r}{c}\right)}}{2\lambda r}\int_0^h ds = \frac{I h}{2\lambda r}e^{\cdots}$$

schreiben kann. Die Leistung ist dann:

$$\mathfrak{N} = \frac{I^2 h^2}{r^2\lambda^2}\frac{\mu_0 c}{4}2\pi r^2\int_0^{180^\circ}\sin^3\vartheta\, d\vartheta \qquad \mathfrak{N} = \text{mittlere Leistung}; \quad I = \text{Effektivstrom}.$$

Die Ausrechnung des Integrals

$$\int_0^{180^\circ}\sin^3\vartheta\, d\vartheta = -\int_0^{180^\circ}(1-\cos^2\vartheta)\,d\cos\vartheta = 2 - \tfrac{2}{3} = \tfrac{4}{3},$$

ergibt:

$$\mathfrak{N} = \frac{2\pi\mu_0 c}{4}\,\frac{4}{3}\,\frac{h^2 I^2}{\lambda^2} = \frac{80\pi^2 h^2 I^2}{\lambda^2}\,\text{W},$$

$$\left(\frac{2\pi\mu_0 c}{3} = \frac{2\pi}{3}4\pi 10^{-9}\frac{\text{V sec}}{\text{A cm}}3\cdot 10^{10}\frac{\text{cm}}{\text{sec}} = 80\pi^2\,\text{Ohm}\right).$$

2. Wenn die Antenne auf dem Erdboden steht, so hat man, wie früher bemerkt, für h $2h$ einzusetzen und, da die Strahlung nur in den Halbraum erfolgt, das Resultat durch 2 zu dividieren. Wir erhalten:

$$\mathfrak{N} = 160\pi^2\frac{h^2 I^2}{\lambda^2}; \qquad R_{\text{strahl}} = \frac{\mathfrak{N}}{I^2} = 160\pi^2\frac{h^2}{\lambda^2}\,\text{Ohm} = 1580\frac{h^2}{\lambda^2}\,\text{Ohm}.$$

3. Wenn die Antenne keinen Schirm hat und $\lambda/4$ lang ist, so ist der Strom sinusförmig verteilt:

$$I = I_0\sin\frac{2\pi s}{\lambda}, \qquad \int_0^{\lambda/4} I\,ds = \frac{I_0\lambda}{2\pi}, \qquad h_{\text{eff}}{}^{*} = \frac{\lambda}{2\pi}.$$

Setzen wir für h_{eff}/λ den Wert $1/2\pi$ ein, so erhalten wir $R_{\lambda/4} = 40$ Ohm.

* Über den Begriff: h_{eff} = effektive Antennenhöhe siehe Punkt e.

Die Annahme der Phasengleichheit trifft hier nicht mehr zu, denn die vom Fußpunkt und von der Antennenspitze senkrecht nach oben ausgehenden Wellen haben 90° Phasenverschiebung. Diese Phasenverschiebung wirkt sich allerdings nur in den strahlungsarmen Stellen im Zenith aus. Die strenge Ausrechnung des Integrals gibt daher einen etwas kleineren Wert 36,6 Ω.

Zu dem Strahlungswiderstand tritt noch der kleine ohmsche Widerstand des Antennendrahtes und der recht beträchtliche Erdungswiderstand.

e) Die effektive Antennenhöhe.

1. Der Fall des Sendens. Die Stromverteilung längs der Antenne sei ungleichmäßig und durch $i = I_0 f(s)$ gegeben. Wir nehmen wieder an, daß die Entfernung so groß ist, daß wir die Veränderung des r vom Aufpunkt zu den verschiedenen Stellen der Antenne vernachlässigen können. Wir erhalten dann für die Feldstärke in großer horizontaler Entfernung

$$\mathfrak{E} = \frac{\mu_0 c I_0}{2\lambda} \int \frac{f(s)\, ds\, e^{j\omega\left(t - \frac{r}{c}\right)}}{r} \cong \frac{\mu_0 c I_0}{2\lambda r} e^{j\omega\left(t-\frac{r}{c}\right)} \int f(s)\, ds; \qquad \int f(s)\, ds = h_{\text{eff}}.$$

Den Wert des Integrals bezeichnen wir dann mit „effektiver Antennenhöhe“.

Die effektive Antennenhöhe sei für 2 Beispiele ausgerechnet:

1. Die Antenne habe die Länge $\lambda/4$. Die Stromstärke wird dann von der Spitze aus linear zunehmen und am Boden ein Maximum erreichen, im gespiegelten Stück erst allmählich dann wieder linear abnehmen. Es liegt nahe, eine solche Stromverteilung durch eine Sinuskurve anzunähern, wie wir es bei der Berechnung des Strahlungswiderstandes bereits taten. Mit $f(s) = \sin \frac{2\pi s}{\lambda}$ erhalten wir für die effektive Antennenhöhe: $h_{\text{eff}} = \lambda/2\pi$.

2. Ist die Antenne kurz gegen die Wellenlänge, so können wir die Verteilung durchgängig als linear annehmen:

$$f(s) = \frac{s}{l}; \qquad h_{\text{eff}} = \int f(s)\, ds = \int \frac{s}{l}\, ds = \frac{l}{2}.$$

2. Der Fall des Empfanges. Wenn die zu empfangende Feldstärke eines fernen Senders räumlich konstant $= \mathfrak{E}_f$ ist, so ist die Spannung über einem Antennenstück von der Länge ds: $\mathfrak{E}_f ds$. Die vom Strome $i = I_0 f(s)$ in diesem Antennenstück aufgenommene Leistung ist dann $I_0 \mathfrak{E}_f f(s)\, ds$ und die Gesamtleistung: $\mathfrak{N} = \mathfrak{E}_f I_0 \int f(s)\, ds = \mathfrak{E}_f I_0 h_{\text{eff}}$. Die Antenne wirkt also so, als wenn an der Stelle, wo der maximale Strom I_0 fließt, eine antreibende Spannung $\mathfrak{U} = \mathfrak{E}_f \cdot h_{\text{eff}}$ eingeschaltet wäre.

Der in der Antenne fließende Empfangsstrom berechnet sich dann zu

$$I_{\text{empf}} = \frac{\mathfrak{E}_f h_{\text{eff}}}{R}.$$

Experimentelle Bestimmung der effektiven Antennenhöhe mit 3 Stationen. Station 1 empfange von Station 2, die mit I_2 A sendet, den Strom I_{12}. Die Entfernung sei r_{12}, die Wellenlänge λ, der gesamte Antennenwiderstand von Station 1 sei $= R_1$. Dann gilt:

$$I_{12} = \frac{\mu_0 c}{2\lambda r} I_2 \frac{h_{2\,\text{eff}}\, h_{1\,\text{eff}}}{R_1}.$$

Entsprechende Beziehungen findet man beim Messen zwischen den Stationen 1 und 3, 2 und 3. Aus den Formeln, in denen nur die effektiven Antennenhöhen unbekannt, alle anderen Größen gemessen sind, lassen sich dann $h_{\text{eff}\,1}, h_{\text{eff}\,2}, h_{\text{eff}\,3}$ berechnen.

f) Der Rahmenempfang.

Die in einem Empfangsrahmen — er sei rechteckig mit den Seiten a und b (Abb. 254) — erregte Spannung kann man entweder aus der magnetischen Feldstärke der Welle mit Hilfe des Induktionsgesetzes oder aus der elektrischen Feldstärke berechnen. Beide Rechnungen müssen dasselbe Resultat liefern, da ja die elektrische Feldstärke vom magnetischen Feld induziert ist.

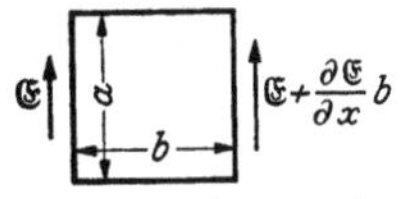

Abb. 254. Rahmenempfang.

1. Nach dem Induktionsgesetz erhalten wir:

$$U = \omega \mu_0 F \mathfrak{H} = \omega \mu_0 F \frac{I h}{2 \lambda r}.$$

2. Mit Hilfe der elektrischen Feldstärke erhalten wir — r und b liege in der X-Richtung:

$$U = a \frac{\partial \mathfrak{E}}{\partial x} \cdot b = \frac{\omega}{c} \frac{F}{2 \varepsilon_0 c} \frac{I h}{\lambda r},$$

$$\mathfrak{E} = \frac{I h}{2 \varepsilon_0 c \lambda r} e^{j\omega\left(t - \frac{r}{c}\right)}, \qquad \frac{\partial \mathfrak{E}}{\partial x} = \frac{\partial \mathfrak{E}}{\partial r} = - \frac{I h j \omega}{2 \varepsilon_0 c \lambda r c} e^{\cdots} - \frac{1}{r^2} \cdots$$

Das $1/r^2$ proport. Glied ist neben den $1/r$ proport. zu streichen! Da $1/\varepsilon_0 c^2 = \mu_0$, wie bereits früher abgeleitet, führen beide Berechnungswege zu demselben Resultat.

3. Beim Rahmenempfang kommt es nur auf die Fläche, nicht auf ihre Form an. Nicht viereckige Rahmen kann man aus viereckigen Stücken zusammengesetzt denken:

$$\mathfrak{U} = \omega \mu_0 F \frac{I h}{2 \lambda r} \quad \text{bzw.} \quad \frac{\omega}{\varepsilon_0 c^2} F \frac{I h}{\lambda r} \text{ Volt.}$$

4. Man kann die effektive Höhe einer Antenne auch bestimmen, wenn man mit dem Rahmen die Feldstärke mißt und h_{eff} mit Hilfe dieser gemessenen Feldstärke und den gemessenen Empfangsstrom berechnet:

$$I_{\text{empf}} = \frac{\mathfrak{E} h_{\text{eff}}}{R}.$$

5. **Feldstärkemeßgeräte.** Abb. 255 zeigt ein einfaches tragbares Feldstärkemeßgerät für große Feldstärken. Es besteht im wesentlichen aus einem abstimmbaren Rahmen, an dessen Kondensator ein Audionröhrenvoltmeter angeschlossen ist, mit dem die Spannung $\mathfrak{J}/j\omega c$ gemessen wird. Zur Eichung zieht man die Stecker der Rahmenanschlußschnüre aus den Buchsen b und c und schließt die von einem Meßsender gelieferte bekannte Wechselspannung an.

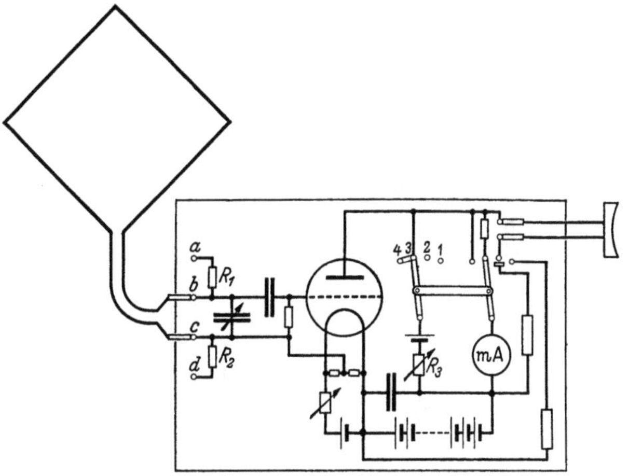

Abb. 255. Feldstärkenmeßgerät.

Um reproduzierbare Werte zu erhalten, schalte man zunächst den Doppelschalter auf Kontakt 1, das Milliamperemeter dient dann in Verbindung mit dem Vorschaltwiderstand als Voltmeter, und stelle durch Abgreifen an der Batterie die Anodenspannung ein, dann schalte man auf Kontakt 2 und stelle die Heizung so ein, daß ein bestimmter, auch bei den späteren Messungen zu brauchender Anodenstrom fließt. Auf Kontakt 3 kompensiere man den Anodenstrom durch Einstellen des Widerstandes R_3 und stelle dann das Milliamperemeter empfindlich (Kontakt 4). Um die Dämpfung des Rahmens jederzeit kontrollieren zu können, sind die Widerstände R_1 und R_2 vorgesehen, die einzeln und hintereinander benutzt werden können.

Damit der Hochantenneneffekt nicht stört, sind die Batterien mit im Schutzkasten untergebracht. Das Telephon schalte man beim Messen ab. Man kontrolliere, ob die Nullstellen des Empfanges sich um 180° gegenüberliegen.

Ein Feldstärkemeßgerät, das sich auch zur Messung kleiner Feldstärken sehr gut bewährt hat, ist von BARKHAUSEN und ANDERS entwickelt. Es besteht aus einem hochwertigen Empfänger mit 3 neutrodynisierten Hochfrequenz- und 2 Niederfrequenzverstärkerstufen. Ein Meßsender ist angebaut, so daß man bei jeder Messung die Empfindlichkeit des Empfängers nachmessen kann.

g) Die Ausbreitung der Wellen auf schlecht leitendem Erdboden.

Über die Ausbreitung der Wellen auf schlecht leitendem Erdboden arbeiteten ZENNECK und SOMMERFELD. Es sei hier nur über die prinzipielle und einfachere Arbeit von ZENNECK berichtet.

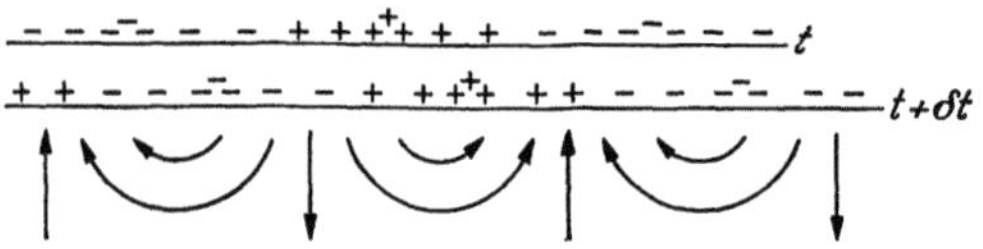

Abb. 256. Ladungstransport im Boden.

1. Vorüberlegungen. Bei unendlich gut leitender Erde stehen die elektrischen Kraftlinien der über den Boden streichenden Welle senkrecht auf dem Boden. Sie endigen auf Ladungen, die mit der Welle ebenso mitlaufen, als wenn man ein abwechselnd + und — geladenes Brett mit Lichtgeschwindigkeit über der Erde hinführte.

Im nicht unendlich gut leitenden Boden finden diese mitwandernden Ladungen einen Widerstand. Es wird sich im Erdboden die in Abb. 256 skizzierte Strömung ausbilden, und diese erfordert zu ihrem Zustandekommen ein elektrisches Feld mit einer Drehfeldkomponente.

Da nun an der Erdoberfläche die Grenzbedingung $\mathfrak{E}_{x\,\mathrm{Luft}} = \mathfrak{E}_{x\,\mathrm{Erde}}$ gilt, so muß auch in der Luft eine X-Komponente der elektrischen Feldstärke auftreten, die Feldstärke muß, wie eine Vorzeichenüberlegung zeigt, vornübergeneigt sein. ZENNECK geht bei seinen Überlegungen vom POYNTINGschen Vektor aus.

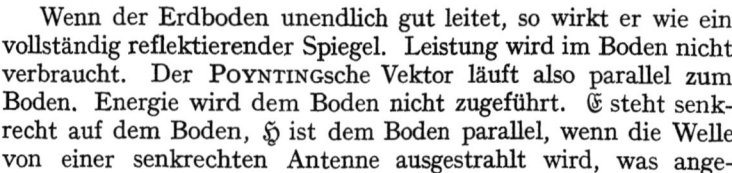

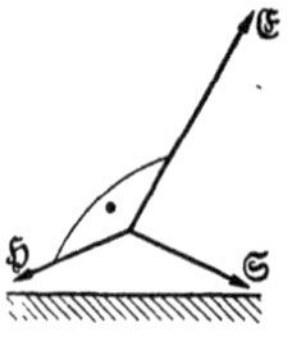

Abb. 257.

Wenn der Erdboden unendlich gut leitet, so wirkt er wie ein vollständig reflektierender Spiegel. Leistung wird im Boden nicht verbraucht. Der POYNTINGsche Vektor läuft also parallel zum Boden. Energie wird dem Boden nicht zugeführt. $\mathfrak{E}$ steht senkrecht auf dem Boden, $\mathfrak{H}$ ist dem Boden parallel, wenn die Welle von einer senkrechten Antenne ausgestrahlt wird, was angenommen werden soll. Die Ladungen, auf denen die elektrischen Kraftlinien endigen, laufen ohne ohmschen Spannungsabfall im Erdboden mit.

Ist aber der Boden nicht unendlich gut leitend, so muß dem Boden zur Deckung der JOULEschen Verluste durch den POYNTINGschen Vektor Leistung zugeführt werden. Im einfachsten Falle einer ebenen nach der X-Achse fortschreitenden Welle erhalten wir die Lage der Vektoren nach Abb. 257.

2. Ansatz der Gleichungen. In Luft (mit dem Index 0) und in der Erde (ohne Index) gelten die MAXWELLschen Gleichungen in der für unser Problem vereinfachten Form:

$$\sigma \mathfrak{E}_x + \varepsilon \frac{\partial \mathfrak{E}_x}{\partial t} = \mathrm{rot}_x \mathfrak{H} = -\frac{\partial \mathfrak{H}_y}{\partial z}, \tag{1}$$

$$\sigma \mathfrak{E}_z + \varepsilon \frac{\partial \mathfrak{E}_z}{\partial t} = \mathrm{rot}_z \mathfrak{H} = +\frac{\partial \mathfrak{H}_y}{\partial x}, \tag{2}$$

$$\mu \frac{\partial \mathfrak{H}_y}{\partial t} = -\mathrm{rot}_y \mathfrak{E} = -\frac{\partial \mathfrak{E}_x}{\partial z} + \frac{\partial \mathfrak{E}_z}{\partial x}. \tag{3}$$

Die Grenzbedingungen lauten:

$$\mathfrak{H}_{y\,\mathrm{Luft}} = \mathfrak{H}_{y\,\mathrm{Erde}}; \quad \mathfrak{E}_{x\,\mathrm{Luft}} = \mathfrak{E}_{x\,\mathrm{Erde}}; \quad \text{Verschiebung } \mathfrak{D}_{z\,\mathrm{Luft}} = \mathfrak{D}_{z\,\mathrm{Erde}};$$

für $z = 0$.

Zur Lösung benutzen wir den Ansatz:

$$\mathfrak{H}_y = A\, e^{j r z} \cdot F; \quad F = e^{j(\omega t + s x)}, \quad \omega = \frac{2\pi}{T}, \quad s = \frac{2\pi}{\lambda}.$$

Aus Gleichung (1) und (2) folgt dann für $\mathfrak{E}_x$ und $\mathfrak{E}_z$:

$$\mathfrak{E}_x = -\frac{j r e^{j r z} A F}{\sigma + j \omega \varepsilon}; \quad \mathfrak{E}_z = -\frac{j s e^{j r z} A F}{\sigma + j \omega \varepsilon}.$$

Aus Gleichung (3) ergibt sich

4. Für Erde:

$$r^2 + s^2 = -j\omega\mu_0(\sigma + j\omega\varepsilon) = a = \frac{\omega^2}{c^2} - j\omega\mu_0\sigma = \frac{\omega^2}{c^2} - j\omega\delta \quad \text{mit} \quad \delta = \mu_0\sigma.$$

5. Für Luft:

$$r_0^2 + s^2 = -j\omega\mu_0(\sigma_0 + j\omega\varepsilon_0) = a_0 = \frac{\omega^2}{c_0^2} - j\omega\mu_0\sigma_0 = \frac{\omega^2}{c_0^2} - j\omega\delta_0 \quad \text{mit} \quad \delta_0 = 0$$

und aus den Grenzbedingungen:

6. $\mathfrak{H} = \mathfrak{H}_0$; $A = A_0$ und aus $\mathfrak{E}_x = \mathfrak{E}_{x0}$: $\dfrac{r_0}{\sigma_0 + j\omega\varepsilon_0} = \dfrac{r}{\sigma + j\omega\varepsilon}$; $\dfrac{r_0}{r} = \dfrac{a_0}{a}$ *.

Die Ausrechnung der Gleichungen (4), (5) und (6) ergibt:

$$r_0^2 = \frac{a_0^2}{a + a_0} = \frac{\frac{\omega^4}{c_0^4}}{\omega^2\left(\frac{1}{c^2} + \frac{1}{c_0^2}\right) - j\omega\delta}; \quad s^2 = \frac{a a_0}{a + a_0} = \frac{\frac{\omega^2}{c_0^2}\left(\frac{\omega^2}{c^2} - j\omega\delta\right)}{N};$$

$$r^2 = \frac{a^2}{a + a_0} = \frac{\left(\frac{\omega^2}{c^2} - j\omega\delta\right)^2}{N}.$$

3. Spezialisierung der Resultate. Für unendlich gut leitenden Boden erhalten wir $(\delta = \infty)$:

$$r_0^2 = 0; \quad s^2 = \left(\frac{\omega}{c_0}\right)^2; \quad \frac{\mathfrak{E}_x}{\mathfrak{E}_z} = \frac{r_0}{s} = 0.$$

Die Welle hat in der Z-Richtung überall dieselbe Stärke $(r_0 = 0)$. Die elektrische Feldstärke steht senkrecht auf dem Boden $(\mathfrak{E}_x/\mathfrak{E}_z = 0)$.

Für einen Boden mit der Leitfähigkeit 0 und der Dielektrizitätskonstante 1 $(\delta = 0,\ c/c_0 = 1)$ erhalten wir aus den Formeln

$$r_0^2 = \frac{\omega^2}{2c_0^2}; \quad s^2 = \frac{\omega^2}{2c_0^2}; \quad \frac{\mathfrak{E}_x}{\mathfrak{E}_z} = 1.$$

Durch diese Werte wird eine linear polarisierte, speziell unter 45° einfallende Welle dargestellt. Dieses Resultat ist einigermaßen überraschend. Physikalisch ist es ja nicht einzusehen, daß beim Aneinandergrenzen von Luft an Luft in der Grenzfläche $z = 0$ *nur* eine unter 45° geneigte Welle möglich sein soll.

* s ist für Luft und Erde identisch, da die Wellen in Luft und Erde an der Erdoberfläche $(z = 0)$ aneinandergepreßt sein müssen (s. Grenzbedingungen!).

Wie man durch Einsetzen in die Gleichungen (4) und (5), die jetzt die spezielle Gestalt

$$r^2 + s^2 = a; \quad r_0^2 + s^2 = a; \quad \frac{r_0}{r} = 1$$

annehmen, leicht sieht, erfüllen für diesen Spezialfall alle Werte für s zwischen 0 und a und die entsprechenden Werte für r die Gleichungen. Es sind also in dem Spezialfall Wellen aller Richtungen möglich.

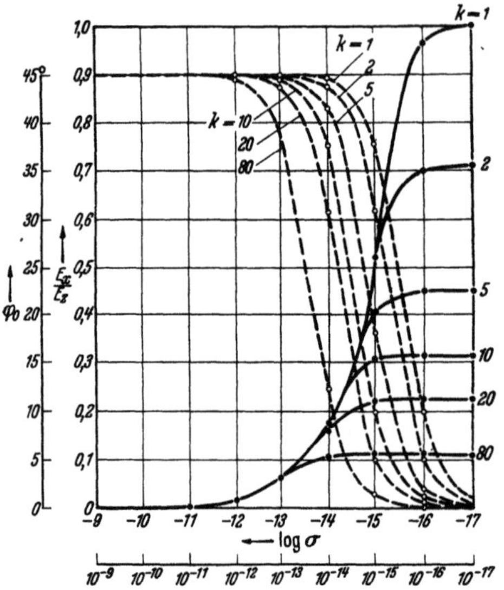

Abb. 258. —— $\mathfrak{E}_x/\mathfrak{E}_z$ und — — — Phase von $\mathfrak{E}_x/\mathfrak{E}_z$. σ = Leitfähigkeit in elmagn. Einheiten.

Bemerkung. Für s und r sind sowohl positives als auch negatives Vorzeichen möglich. Gewählt wurde nur das positive Vorzeichen. Das bedeutet, daß nur eine in der positiven X-Richtung fortschreitende Welle betrachtet werden sollte, und daß die Erde als unendlich tief angenommen wurde, so daß nur eine *in* die Erde hineinlaufende, nicht aber eine aus der Erde herauslaufende Welle möglich ist.

Einen Überblick über das Verhältnis von $\mathfrak{E}_x/\mathfrak{E}_z$ nach Amplitude und Phase gibt die Abb. 258.

Eine anschauliche Darstellung der Resultate erhält man nach ZENNECK durch die Vektordiagramme (Abb. 259—261). Man würde diese Diagramme experimentell z. B. erhalten können, wenn man eine BRAUNsche Röhre mit ihrer Achse in der Y-Richtung aufstellt und den Fleck von den elektrischen Kraftlinien der Welle ablenken ließe.

Wesentlich an diesen Diagrammen ist die Feststellung, daß starke X-Komponenten der elektrischen Feldstärke vorhanden sind.

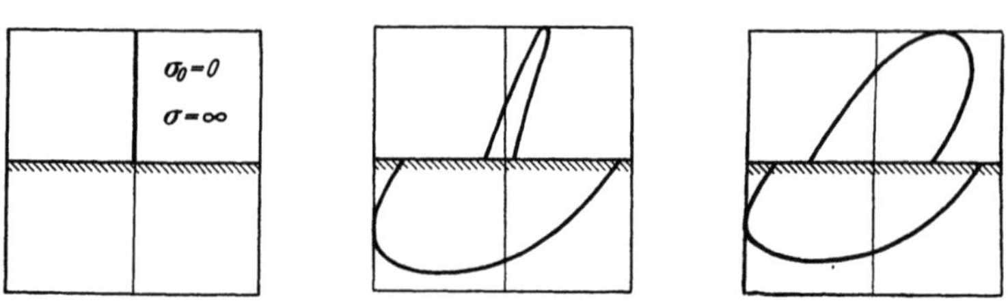

Abb. 259—261. Zeitlicher Verlauf des $\mathfrak{E}$-Vektors in Luft (obere Hälfte) und in der Erde (untere Hälfte der Diagramme) nach ZENNECK.

SOMMERFELD berechnet die Ausbreitung der Wellen von einem Dipol aus, spätere Autoren studieren die Ausbreitung von Antennen, die länger als $\lambda/4$ sind, und von Dipolen hoch über dem Boden (Flugzeugantennen).

h) Antennenformen.

1. Vorbemerkungen über die Spannungs- und Leistungsbilanz in der Antenne. Die Antenne sei von einem räumlich gleichmäßigen Strome durchflossen. Es sei eine Wechselstrommaschine eingeschaltet mit der Spannung $\mathfrak{U}_{\text{local}}$, die gegen den Strom um die Phase φ vorauseilt. Die Antenne liege im synchronen Felde eines fernen Senders (elektrische Feldstärke $\mathfrak{E}_f$, magnetische $\mathfrak{H}_f$). $\mathfrak{E}_f$ eile um ψ dem Antennenstrom voraus. Der Strahlungswiderstand sei R_s, der ohmsche Widerstand von Antennenleiter und Erde sei R, die Antennenkapazität C und die Induktivität L. Für das Spannungsgleichgewicht erhalten wir dann

$$\mathfrak{U}_{\text{local}} e^{j\varphi} + \mathfrak{E}_f h e^{j\psi} + \mathfrak{J}\left(R_s + R + j\omega L + \frac{1}{j\omega C}\right) = 0.$$

Bei der Berechnung der von der elektrischen Welle influenzierten Spannung ist vorausgesetzt, daß die Antenne gradlinig und parallel zur elektrischen Feldstärke $\mathfrak{E}_f$ liegt. Liegt sie geneigt, so ist das skalare Produkt $\mathfrak{E}_f \cdot \mathfrak{h}$ zu schreiben.

Statt mit der elektrischen Feldstärke können wir auch mit der magnetischen arbeiten und erhalten dann die Spannung in der Antenne als induzierte Spannung. Die Induktionslinien $\mathfrak{B} = \mu_0 \mathfrak{H}$ laufen mit Lichtgeschwindigkeit durch den Antennendraht und erregen nach dem Induktionsgesetz, das wir in der Form $\mathfrak{U} = v l \cdot \mathfrak{B}$ benutzen, die Spannung: $\mathfrak{U} = \mu_0 c \mathfrak{H} h$. Da nun $\mathfrak{E} = \mu_0 c \mathfrak{H}$, so erhalten wir bei dieser zweiten Betrachtungsweise, wie zu erwarten, dieselbe Spannung in der Antenne.

Durch Bildung von $\mathfrak{N} = \frac{1}{T}\int u i dt$ erhalten wir die Leistungsbilanz:

$$U_{\text{local}} I \cos\varphi + \mathfrak{E}_f h I \cos\psi + I^2 (R_s + R) = 0.$$

Je größer der Antennenstrom I ist, den ich ja mit der eingeschalteten Wechselstrommaschine regulieren kann, um so mehr Leistung wird aus dem Feld der ankommenden ebenen Fernwelle aufgenommen. Die Verhältnisse liegen hier genau wie bei einem Akkumulator, der einen Strom durch einen Widerstand treibt. Durch Serienschaltung eines zweiten Akkumulators kann ich ihn zwingen, die doppelte Leistung in den Widerstand zu liefern.

Bemerkung: Nach der aufgestellten Formel sieht es so aus, als wenn man die aufgenommene Leistung durch Vergrößerung des Empfangsstromes beliebig steigern könnte, also auch über die Leistung des fernen Senders hinaus, was ja zweifellos nicht möglich ist. Es liegt das daran, daß wir mit einer ebenen Welle mit endlicher Feldstärke rechnen. Eine solche *streng ebene* Welle kann aber nur von einem unendlich fernen, *unendlich* starken Sender erzeugt werden.

2. Komplizierte Antennensysteme, oder Antennen mit komplizierter Stromverteilung ersetzt man durch eine Summe (bzw. Integral) von n Einzelantennen mit verschiedenen Höhen h_n und verschiedenen Strömen I_n. Diese Ströme sind proportional dem an einer Stelle 0 (z. B. dem Erdungspunkt der Antenne) eintretenden Strome

$$I_n = I_0 \cdot f_n.$$

f_n kann im Prinzip auch komplex werden, falls die Ströme in den verschiedenen Teilen des Sendesystems nicht die gleiche Phase haben.

Wir wollen nun die von einem solchen System ausgestrahlte Feldstärke und die aus dem Felde einer ebenen Welle, die von einem sehr fernen Sender ausgestrahlt sein mag, aufgenommene Leistung berechnen und zusehen, ob wir auch im allgemeinen Falle wieder eine für Senden und Empfang gleich große effektive Antennenhöhe definieren können.

Senden. Die vom Antennensystem als Sender in der Entfernung r erregte Komponente der Feldstärke in Richtung des Einheitsvektors $\mathfrak{r}/r$ beträgt nach:

$\mathfrak{E} = \frac{120\pi}{\lambda r} I h \sin\vartheta$ für die lineare Antenne:

$$\mathfrak{E} = \frac{120\pi}{\lambda r}\sum h_n \sin\vartheta_n I_n e^{j\varphi_n} e^{-j\frac{\omega r_n}{c}} \cos\beta_n$$

$$= \frac{120\pi I_0 e^{j\varphi_0}}{\lambda r}\sum h_n f_n \sin\vartheta_n \cos\beta_n e^{j(\varphi_n-\varphi_0)} e^{-j\frac{\omega r_n}{c}}.$$

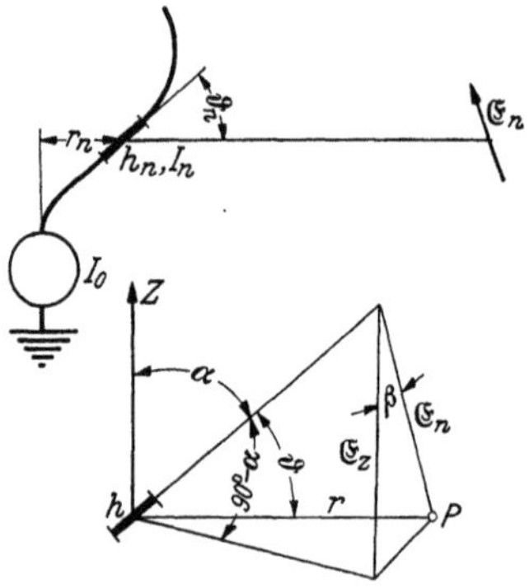

Abb. 262. Zusammensetzung eines komplizierten Antennengebildes aus Elementardipolantennen.

Hierin bedeutet ϑ den Winkel zwischen der Richtung der Teilantenne und r, und β_n den Winkel zwischen der Richtung der Feldstärke und h_n. $\omega r_n/c$ ist die Phasenverschiebung wegen der Laufzeit vom Nullpunkt bis zu der Stelle der Teilantenne und φ_n die Phase des Teilstromes I_n. Wie die Nebenfigur zu Abb. 262 zeigt, ist $\sin\vartheta\cos\beta = \cos\alpha$. Wir können also schreiben:

$$\mathfrak{E} = \frac{120\pi I_0}{\lambda r} e^{j\varphi_0}\sum h_n f_n \cos\alpha_n e^{-j(\varphi_0-\varphi_n)} e^{j\frac{\omega}{c}r_n} \; *$$

und

$$\sum h_n f_n \cos\alpha_n e^{j(\varphi_n-\varphi_0)+\frac{\omega}{c}r_n} = h_{\text{eff}}$$

als effektive Antennenhöhe definieren.

Empfang. Die vom Antennensystem aufgenommene Leistung berechnen wir, indem wir die Spannungen für die Einzelantennen einzeln berechnen, dann mit den zugehörigen I_n-Werten multiplizieren $\left(\frac{1}{T}\int u i d t \text{ bilden}\right)$ und das Ganze zusammenzählen. Wir erhalten dann unter Berücksichtigung der durch die Laufzeit bedingten Phasenverschiebung für die Spannung in der Einzelantenne

$$\mathfrak{U}_n = \mathfrak{E}_f h_n \cos\alpha_n e^{j\left(\varphi_n+\frac{\omega}{c}r_n\right)}$$

$$\mathfrak{N}_n = I_0 f_n U_n \cos\varphi_n \quad \text{und} \quad \mathfrak{N} = I_0 \mathfrak{E}_f \,\text{Reell}\, e^{j\varphi_0}\sum f_n \cos\alpha_n e^{j\left(\varphi_n-\varphi_0+\frac{\omega}{c}r_n\right)}.$$

Berechnen wir aus dieser Leistung die effektive Antennenhöhe nach der Beziehung

$$h_{\text{eff}} = \frac{\mathfrak{N}}{\mathfrak{E}_f I\cos\varphi_0} = \sum h_n \cos\alpha_n f_n e^{j\left(\varphi_n-\varphi_0+\frac{\omega r_n}{c}\right)},$$

so erhalten wir denselben Wert wie beim Sendeproblem. Der Begriff der effektiven Antennenhöhe ist also ganz allgemein verwendbar. Es sei bemerkt, daß ein Antennensystem für verschiedene Richtungen verschiedene „effektive Höhen" haben kann. Aus einer Richtung, in die sie besonders gut strahlt, wird sie auch besonders gut empfangen.

Man könnte auch die effektive Antennenhöhe als Sendegüte $\frac{\mathfrak{E}}{\frac{120 I_0}{\lambda r}}$ und als Empfangsgüte $\frac{\mathfrak{N}}{\mathfrak{E}_f I\cos\varphi}$ definieren. Man erhält dann den Satz: Empfangsgüte = Sendegüte.

3. Allgemeiner Beweis des Satzes: Empfangsgüte = Sendegüte. Um den Zusammenhang zwischen der ausgestrahlten Feldstärke und der aufgenommenen Leistung noch sinnfälliger zu zeigen, wollen wir das Antennensystem durch eine Kontrollfläche einhüllen, deren Abmessungen groß gegen das Antennensystem sind (Bedingung: $r_n \ll r$) und den Poyntingschen Energiestrom durch diese

* Vorausgesetzt ist lediglich: $r \gg r_n$, so daß man $1/r$ herausklammern kann.

Fläche berechnen. Das Empfangsantennensystem soll der einzige Körper in dieser Fläche sein, der Energie aufnehmen kann. Es muß dann die in die Fläche einströmende Energie in das Antennensystem gelangen (Energiesatz!).

Die Feldstärke in der Kontrollfläche setzt sich aus den Feldstärken $\mathfrak{E}_f$ und $\mathfrak{H}_f$ der ankommenden ebenen Welle und aus den Feldstärken, die von dem Antennensystem aus erregt werden ($\mathfrak{E}$, $\mathfrak{H}$), zusammen. Wir erhalten für den POYNTINGschen Vektor:

$$[(\mathfrak{E} + \mathfrak{E}_f)(\mathfrak{H} + \mathfrak{H}_f)] = [\mathfrak{E}_f \mathfrak{H}_f] + \underbrace{[\mathfrak{E}_f \mathfrak{H}] + [\mathfrak{E} \mathfrak{H}_f]} + [\mathfrak{E} \mathfrak{H}]$$

und für die Leistung, welche die Kontrollfläche durchflutet:

$$\mathfrak{N} = \underset{1}{\int [\mathfrak{E}_f \mathfrak{H}_f]\, df} + \underset{2}{\underbrace{\int ([\mathfrak{E}_f \mathfrak{H}] + [\mathfrak{E} \mathfrak{H}_f])\, df}} + \underset{3}{\int [\mathfrak{E} \mathfrak{H}]\, df}.$$

Ausdruck 1 wird Null, da eine ebene Welle in eine geschlossene Fläche ebensoviel Leistung hereinführt, wie aus ihr herausführt. $\int [\mathfrak{E} \mathfrak{H}]\, df$ ③ ist die von der betrachteten Antenne ausgestrahlte Leistung: $R_{\mathrm{str}} I^2$ und $\int [\mathfrak{E}_f \mathfrak{H}] + [\mathfrak{E} \mathfrak{H}_f]\, df$ ② die aus dem Felde aufgenommene Leistung:

$$\int ([\mathfrak{E}_f \mathfrak{H}] + [\mathfrak{E} \mathfrak{H}_f])\, df = \mathfrak{E}_f h_{\mathrm{eff}} I.$$

Wir sehen jetzt bereits, daß die aufgenommene Leistung der ausgestrahlten Feldstärke proportional ist.

Um nachzuweisen, daß auch die Richtungsabhängigkeit dieselbe ist, müssen wir die Rechnung durchführen. Die Rechnung wird besonders einfach, wenn wir die Antenne durch zwei sehr große Kreisscheiben, die senkrecht zur ankommenden Welle vor und hinter der Antenne in den zur Wellenlänge großen Ab-Abständen x_0 und x_1 von der Antenne liegen, und den die Kreisscheiben abschließenden Zylindermantel einschließen. Der Scheibenradius r_s soll groß gegen x_0 und x_1 sein, so daß alle Radien von der Antenne bis zum Zylindermantel sich nur um Werte unterscheiden, die klein zur Wellenlänge sind. Wir betrachten zunächst den Fall einer linearen Antenne von der Höhe h, die senkrecht zur Fortpflanzungsrichtung und in der Polarisationsrichtung des elektrischen Vektors der ankommenden Welle steht und führen die Berechnung des Energiestromes nur für die vordere Scheibenfläche durch. Da die Kontrollfläche senkrecht zur X-Achse steht, braucht vom POYNTINGschen Vektor nur die X-Komponente berechnet zu werden. Diese enthält nur die Y- und Z-Komponenten von $\mathfrak{H}$ und $\mathfrak{E}$. Die ferne Welle hat eine elektrische Z-Komponente und eine magnetische Y-Komponente:

$$\mathfrak{H}_{fy} = H_f \cos\omega\left(t - \frac{x_0}{c}\right) = E_f \sqrt{\frac{\varepsilon_0}{\mu_0}} \cos\omega\left(t - \frac{x_0}{c}\right) \quad \text{und} \quad \mathfrak{E}_{fz} = E_f \cos\omega\left(t - \frac{x_0}{c}\right).$$

Für die Empfängerstrahlungsfeldstärken schreiben wir

$$\mathfrak{E}_z = -\sqrt{\frac{\mu_0}{\varepsilon_0}} \frac{Ih}{2\lambda r}\left(1 - \frac{z^2}{r^2}\right) \sin\left[\omega\left(t - \frac{r}{c}\right) + \varphi\right]$$

und

$$\mathfrak{H}_y = -\frac{Ih}{2\lambda r} \frac{x_0}{r} \sin\left[\omega\left(t - \frac{r}{c}\right) + \varphi\right],$$

wobei $i = I\cos(\omega t + \varphi)$.

Wir erhalten dann für den durch die vordere Kontrollfläche durchtretenden Strahlungsleistungsanteil ②:

$$\mathfrak{N} = \frac{1}{T}\int_0^T dt \int df \{\mathfrak{E}_{fz} \mathfrak{H}_y + \mathfrak{E}_z \mathfrak{H}_{fy}\}.$$

Durch Einsetzen der Werte erhält man

$$\mathfrak{N} = \frac{1}{T}\int\limits_0^T dt \int df \frac{E_f I h}{2\lambda r}\left[\frac{x_0}{r} + \left(1 - \frac{z^2}{r^2}\right)\right]\left[\cos\omega\left(t - \frac{x_0}{c}\right)\sin\left\{\omega\left(t - \frac{r}{c}\right) + \varphi\right\}\right].$$

Die Integration über die Zeit: Wir schreiben:

$$\cos\omega\left(t - \frac{x_0}{c}\right)\sin\left\{\omega\left(t - \frac{r}{c}\right) + \varphi\right\}$$

$$= \frac{1}{2}\left[\sin\left\{2\omega t - \frac{\omega}{c}(x_0 + r) + \varphi\right\} - \sin\frac{\omega}{c}(r - x_0)\cos\varphi - \cos\frac{\omega}{c}(r - x_0)\sin\varphi\right].$$

$$\frac{1}{T}\int\limits_0^T \ldots dt \quad \text{ergibt dann} \quad -\frac{1}{2}\left[\cos\varphi\sin\frac{\omega}{c}(r - x_0) + \sin\varphi\cdot\cos\frac{\omega}{c}(r - x_0)\right].$$

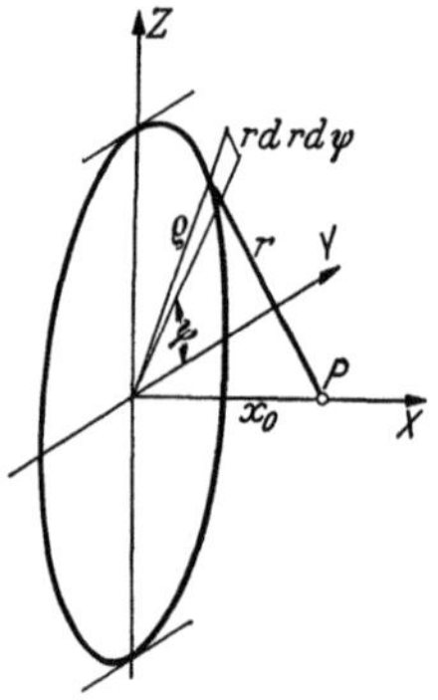

Abb. 263. Zur Integration des Energiestromes.

Die Integration über die Fläche zerfällt in die Integration über den Winkel ψ und über r.

Als Flächenelement führen wir ein (s. Abb. 263):

$$df = \varrho\, d\varrho\, d\psi$$

und da $\varrho^2 = r^2 - x_0^2$; $2\varrho\, d\varrho = 2r\, dr$: $df = r\, dr\, d\psi$.

z drücken wir durch ψ aus:

$$z^2 = (r^2 - x_0^2)\sin^2\psi = \varrho^2\sin^2\psi.$$

Die Integration über ψ ergibt dann:

$$\int\limits_0^{2\pi}\left[\frac{x_0}{r} + 1 - \left(1 - \frac{x_0^2}{r^2}\right)\sin^2\psi\right]d\psi = 2\pi\left(\frac{x_0}{r} + 1\right) - \left(1 - \frac{x_0^2}{r^2}\right)\pi.$$

Die Integration über r führen wir partiell aus, dabei sei der Faktor, der integriert wird:

$$\sin\frac{\omega}{c}(r - x_0)\cos\varphi + \cos\frac{\omega}{c}(r - x_0)\sin\varphi.$$

Wir erhalten:

$$\mathfrak{N} = \frac{E_f I h}{4\lambda}\int\limits_{x_0}^{\infty}\frac{1}{r}\left\{2\pi\left(\frac{x_0}{r} + 1\right) - \pi\left(1 - \frac{x_0^2}{r^2}\right)\right\}\left\{\sin\frac{\omega}{c}(r - x_0)\cos\varphi + \cos\frac{\omega}{c}(r - x_0)\sin\varphi\right\} r\, dr$$

$$= -\frac{E_f I h}{4\lambda}\left[\left[\left\{2\pi\left(\frac{x_0}{r} + 1\right) - \pi\left(1 - \frac{x_0^2}{r^2}\right)\right\}\frac{c}{\omega}\left\{\cos\frac{\omega}{c}(r - x_0)\cos\varphi - \sin\frac{\omega}{c}(r - x_0)\sin\varphi\right\}\right]_{x_0}^{\infty} - \int\limits_{x_0}^{\infty}(\cdots)\, dr\right].$$

In das zweite Integral $\int\limits_{x_0}^{\infty}(\cdots)\, dr$ tritt infolge des Integrierens der Faktor $c/\omega = \lambda/2\pi$ und infolge des Differenzierens des zweiten Faktors der Faktor $1/r$, also insgesamt der Faktor $\lambda/2\pi r$ auf. Da nun r sehr groß gegen λ sein sollte, können wir das zweite Integral vernachlässigen. Es liegt dies durchaus im Sinne der Annäherung des Feldes allein durch die Fernglieder. Beim Einsetzen der Grenzen hebt sich dann die Differenz der oberen Grenzen der beiden Integrale über die Scheiben gegen das Integral über den Zylindermantel auf und wir erhalten als Schlußresultat:

$$\mathfrak{N} = \frac{E_f I h \cos\varphi}{2} = E_{\text{eff}}\cdot h\cdot I_{\text{eff}}\cos\varphi.$$

Für die hintere Kontrollfläche tritt nicht der Faktor $2\pi\left(\frac{x_0}{r}+1\right)-\pi\left(1-\frac{x_0^2}{r^2}\right)$, sondern $2\pi\left(\frac{x_0}{r}-1\right)+\pi\left(1-\frac{x_0^2}{r^2}\right)$ auf, so daß der Wert für die untere Grenze des Integrals über die hintere Kontrollfläche Null wird.

Erweiterung der Rechnung für ein beliebig in den Raum strahlendes System.

Im vorigen Abschnitt hatten wir den Satz: Sendegüte = Empfangsgüte zunächst für einen einzelnen Dipol abgeleitet und ihn dann dadurch verallgemeinert, daß wir ihn auf ein Sendesystem übertrugen, das von einer Vielheit von Dipolantennen ersetzt werden konnte. Wir wollen uns nun von der Voraussetzung, daß das Sendesystem durch eine Vielheit von Dipolantennen ersetzt werden kann, frei machen, also auch Antennen in Spiegeln und ähnliches mit umfassen.

Die Dipolvielheit unterschied sich vom einzelnen Dipol dadurch, daß die Verteilung der Strahlung in den Raum nicht mehr die einfache rotationssymmetrische durch den Faktor $\sin\vartheta$ dargestellte, sondern eine kompliziertere war. Möglicherweise läßt sich sogar jede beliebige Strahlungsverteilung durch eine Vielheit von Dipolantennen darstellen. Der Nachweis hierfür dürfte aber nicht einfach sein.

Wir wollen jetzt von der Frage ausgehen: Wie kann man eine beliebige Strahlungsverteilung eines Antennensystems ganz allgemein darstellen. Diese Verteilung der Strahlung auf die verschiedenen Richtungen, die wir durch den Einheitsvektor $\mathfrak{r}/r$ kennzeichnen wollen, sei z. B. durch eine Vermessung des Antennensystems vorgegeben. Gilt auch für eine solche beliebige Strahlung der Satz:

$$\text{Empfangsgüte} = \text{Sendegüte?}$$

Um die rotationssymmetrische Richtungsverteilung in eine beliebige zu verwandeln, multiplizieren wir statt mit dem Richtungsfaktor $\sin\vartheta$ mit dem allgemeinen Richtungsfaktor $q\left(\frac{\mathfrak{r}}{r}\right)\sin\vartheta$ und erhalten so aus der Formel für den einfachen Dipol $E=\sqrt{\frac{\mu_0}{\varepsilon_0}}\,\frac{Ih}{2\lambda r}\sin\vartheta$ die allgemeine Formel:

$$E=\sqrt{\frac{\mu_0}{\varepsilon_0}}\,\frac{Ih}{2\lambda r}\,q\left(\frac{\mathfrak{r}}{r}\right)\sin\vartheta \quad \text{und} \quad H=\frac{Ih}{2\lambda r}\,q\left(\frac{\mathfrak{r}}{r}\right)\sin\vartheta.$$

Dabei ist q eine Funktion der Richtung, die durch den Einheitsvektor $\mathfrak{r}/r$ gegeben ist.

Da die Feldstärken der Fernglieder jeder Strahlung im freien Raum in dem Verhältnis $\frac{E}{H}=\sqrt{\frac{\mu_0}{\varepsilon_0}}$ stehen, sind die Formeln für H und E mit dem *gleichen* Faktor q zu multiplizieren.

Schließlich muß noch eine Angabe über die Polarisationsrichtung in der Formel angebracht werden, wir multiplizieren die Skalare E und H mit zwei Einheitsvektoren $\mathfrak{s}_1$ und $\mathfrak{s}_2$ und erhalten

$$\mathfrak{E}=E\mathfrak{s}_1=\sqrt{\frac{\mu_0}{\varepsilon_0}}\,\frac{Ih}{2\lambda r}\sin\vartheta\cdot q\mathfrak{s}_1 \quad \text{und} \quad \mathfrak{H}=H\mathfrak{s}_2=\frac{Ih}{2\lambda r}\sin\vartheta\cdot q\mathfrak{s}_2.$$

Da $\mathfrak{E}$ und $\mathfrak{H}$ senkrecht aufeinander und senkrecht auf dem Radiusvektor vom Sendesystem zum Aufpunkt stehen, so müssen auch $\mathfrak{s}_1$ und $\mathfrak{s}_2$ senkrecht aufeinander und auf dem Radiusvektor stehen.

Will man die Felder in derjenigen Richtung, in der die Felder eines zur Z-Achse parallelen Dipols liegen, berechnen, so hat man von den beiden Einheitsvektoren $\mathfrak{s}_1$ und $\mathfrak{s}_2$ die entsprechenden Komponenten zu nehmen, die wir mit $\mathfrak{s}_{1D}$ und $\mathfrak{s}_{2D}$ bezeichnen wollen. Der Betrag dieser beiden Komponenten ist gleich, wir bezeichnen ihn mit $\cos\gamma$. Bemerkt sei noch, daß q in der Richtung $\vartheta = 0$ auch wie $1/\sin\vartheta$ unendlich werden darf. Unsere beiden Formeln stellen damit den allgemeinsten Fall einer Strahlungsverteilung dar.

Das Empfangsproblem.

Wir wollen jetzt das Antennensystem, dessen Sendeeigenschaften durch Verallgemeinerung der Formel $H = \frac{Ih}{2\lambda r}\sin\vartheta$ mit Hilfe der Vektoren $q\left(\frac{\mathfrak{r}}{r}\right)\mathfrak{s}_1\left(\frac{\mathfrak{r}}{r}\right)$ und $q\left(\frac{\mathfrak{r}}{r}\right)\mathfrak{s}_2\left(\frac{\mathfrak{r}}{r}\right)$ dargestellt war, als Empfangssystem benutzen und seine Empfangsgüte berechnen. Es soll die ebene Welle eines fernen Senders aus der X-Richtung her einfallen. Ihre elektrische Feldstärke $\mathfrak{E}_f$ sei in der Z-Richtung, die magnetische in der Y-Richtung polarisiert. Da die Empfangsantennenstrahlung völlig beliebig ist, so bedeutet die spezielle Lage des fernen Senders keine Beschränkung der Allgemeinheit.

Wir schließen das Empfangssystem wieder in 2 Kontrollebenen ein, die senkrecht zur X-Achse in großen Entfernungen x_0 liegen und berechnen die diese Ebenen durchflutenden, vom Empfangssystem aufgenommenen Leistungen nach dem Muster, das wir bei der Berechnung von $\mathfrak{N}$ für den einfachen Dipol gewonnen haben.

Durchführung der Rechnung.

Da sich die $\mathfrak{E}$- und $\mathfrak{H}$-Werte der Empfängerstrahlung, wie wir bei der Behandlung des Sendeproblems feststellten, von den Werten des einfachen Empfangsdipols nur um die Faktoren $q\cdot\cos\gamma$ unterschieden, so können wir den Wert für $\mathfrak{N}$ einfach abschreiben und brauchen ihn nur mit $q\cdot\cos\gamma$ zu multiplizieren. Wir erhalten:

$$\mathfrak{N} = \frac{E_f I h}{4\lambda}\int_0^{2\pi} d\psi \int_{x_0}^{\infty} dr \left(\frac{x_0}{r} + 1 - \left(1 - \frac{x_0^2}{r^2}\right)\sin^2\psi\right)\left\{\cos\varphi\sin\frac{\omega}{c}(r - x_0) + \sin\varphi\cos\frac{\omega}{c}(r - x_0)\right\} q\cos\gamma.$$

Wir bezeichnen nun $\int_0^{2\pi} q\cos\gamma\, d\psi$ mit $\mathfrak{p}_1(r)$ und $\int_0^{2\pi}\sin^2\psi\, q\cos\gamma\, d\psi$ mit $\mathfrak{p}_2(r)$ und erhalten wieder nach partieller Integration:

$$\mathfrak{N} = \frac{E_f I h}{4\lambda}\frac{c}{\omega}\left[\left\{\left(\frac{x_0}{r} + 1\right)\mathfrak{p}_1 - \left(1 - \frac{x_0^2}{r^2}\right)\mathfrak{p}_2\right\}\left(\cos\varphi\cos\frac{\omega}{c}(r - x_0) - \sin\varphi\sin\frac{\omega}{c}(r - x_0)\right)\right]_{x_0}^{\infty}.$$

$\int\frac{c}{\omega r}(\cdots)\,dr$ wird wieder wegen des Faktors $\frac{\lambda}{2\pi r}$ gestrichen.

Da sich nun für $r = x_0$ der Kreis, über den die Integration $\int_0^{2\pi} q\left(\frac{\mathfrak{r}}{r}\right) d\psi$ auszuführen ist, auf einen sehr kleinen Bereich zusammenzieht, in dem überall $q\cos\gamma = q_0\cos\gamma_0$ gesetzt werden kann, so wird

$$\lim_{(r = x_0)}\int_0^{2\pi} q\left(\frac{\mathfrak{r}}{r}\right)\cos\gamma\left(\frac{\mathfrak{r}}{r}\right) d\psi = 2\pi q_0\cos\gamma_0$$

und wir erhalten als Endformel:

$$\mathfrak{N} = \frac{E_f h I}{2} q_0\cos\gamma_0\cos\varphi = E_{f\,\mathrm{eff}}\, h I_{\mathrm{eff}}\, q_0\cos\gamma_0\cos\varphi.$$

Wir erinnern noch einmal an die Bedeutung von $\cos\gamma_0$ und q_0. $q_0 \cos\gamma_0$ ist die Z-Komponente des Vektors $q\mathfrak{z}_1$, wenn die Richtung $\mathfrak{r}/r$ mit der X-Richtung zusammenfällt.

Wir fassen zusammen: Die Sendegüte unseres Systems in der X-Richtung ist

$$\frac{\mathfrak{E}}{\dfrac{I}{2\lambda r}\sqrt{\dfrac{\mu_0}{\varepsilon_0}}} = h q_0 \mathfrak{z}_0 = \mathfrak{S}$$

und die Z-Komponente der Sendegüte: $\mathfrak{S}_z = h q_0 \cos\gamma$. Für die Empfangsgüte für eine in der Z-Richtung polarisierte Welle, die aus der X-Richtung einfällt, erhalten wir

$$\frac{\mathfrak{N}}{E_f I \cos\varphi} = h q_0 \cos\gamma_0 .$$

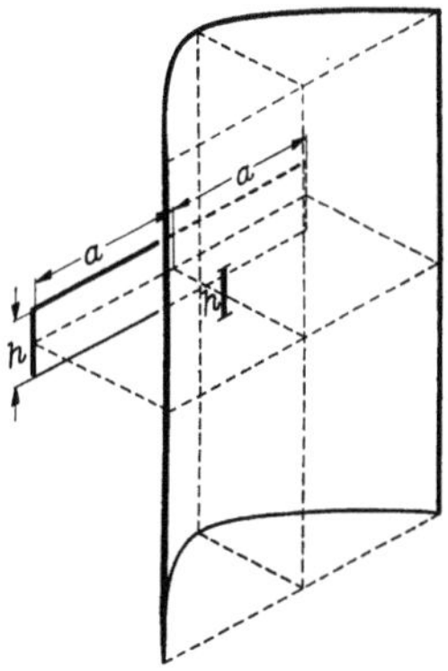

Abb. 264. Antenne im Spiegel. Ansicht des Spiegel mit Antenne und Spiegelbildersatzstreifen.

Damit ist ganz allgemein ohne irgendwelche Voraussetzungen über den Aufbau des Antennensystems der Satz:

Sendegüte = Empfangsgüte

bewiesen. Dabei müssen aber die Richtung der ausgesandten und empfangenen Welle und auch die Polarisationsrichtung der berechneten Komponente der ausgesandten Welle und der empfangenen Welle übereinstimmen.

4. Die Ultrakurzwellenantenne im Zylinderparabelspiegel. Da in diesem einleitenden Bande nur das Prinzipielle dargestellt werden soll, wollen wir nur den rechnerisch einfachen Fall des Zylinderparabelspiegels behandeln. Wir wollen annehmen, daß die Spiegelöffnung und die Brennweite groß gegen die Wellenlänge sind.

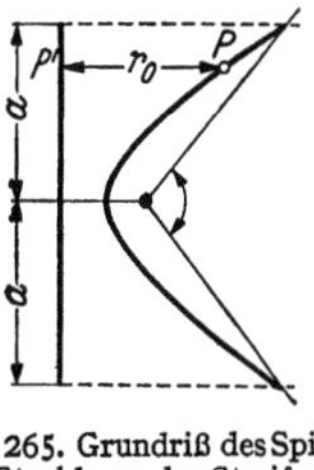

Abb. 265. Grundriß des Spiegels und Strahlung des Streifens als Spiegelbild zur angenäherten Erfüllung der Grenzbedingungen.

Der Spiegel sei unendlich gut leitend, spiegle also vollkommen. Es kann dann im Spiegel keine elektrische Feldstärke auftreten. Diese Grenzbedingung erfüllen wir wenigstens angenähert nach der Spiegelbildmethode, indem wir ein Antennensystem zufügen, das in der Spiegelfläche dieselbe Feldstärke mit der entgegengesetzten Phase erregt wie die Sendeantenne im Spiegel, und so die Feldstärke der Sendeantenne kompensiert. Ein solches System ist angenähert ein um die Brennweite hinter dem Spiegel liegender Leiterstreifen $2a \cdot h$, in dem ein Wechselstrom von geeigneter Flächendichte i fließt. In einem Punkte P des Spiegels berechnet sich dann z. B. die elektrische Feldstärke zu

$$\mathfrak{E} = \frac{ih}{2\lambda}\sqrt{\frac{\mu_0}{\varepsilon_0}} \int_{-a}^{+a} \frac{\cos\omega\left(t - \dfrac{r}{c}\right)}{r}\, dx$$

$$= \frac{ih}{2\lambda}\sqrt{\frac{\mu_0}{\varepsilon_0}}\left[\cos\omega\left(t - \frac{r_0}{c}\right)\underbrace{\int_{-a}^{+a}\frac{\cos\dfrac{\omega\,\delta r}{c}}{r}\,dx}_{\text{I}} - \sin\omega\left(t - \frac{r_0}{c}\right)\underbrace{\int_{-a}^{+a}\frac{\sin\dfrac{\omega}{c}\,\delta r}{r}\,dx}_{\text{II}}\right.$$

mit $r = r_0 + \delta r(x)$.

Die Integranden von I und II sind in Abb. 266 dargestellt. Teil II wird nach Symmetrie $= 0$, Teil I rührt wesentlich nur von den unter P bei P' fließenden Strömen her. Wir können also angenähert schreiben:

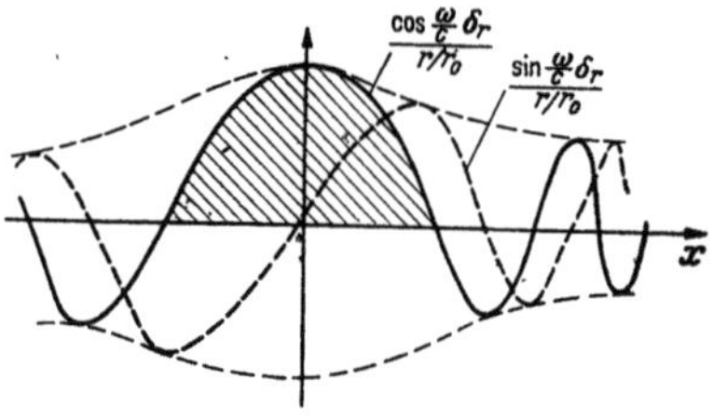

Abb. 266.

$$\mathfrak{E} = \frac{i b h}{2\lambda r_0}\sqrt{\frac{\mu_0}{\varepsilon_0}}\cos\omega\left(t - \frac{r_0}{c}\right),$$

worin b angenähert der schraffierten Fläche entspricht.

Über Stellen, an denen keine Ströme i mehr fließen, also außerhalb des Streifens von der Breite $2a$ herrscht keine Feldstärke mehr. Die Phase ist $\omega\frac{r_0}{c}$, stimmt also mit der Phase der von der Antenne im Spiegel erregten Feldstärke ebenfalls überein. Die Strahlungsverteilung nach oben und unten ist ebenfalls bei beiden, der Antenne im Spiegel und dem Spiegelbildsystem, proportional mit ϑ. Beide Systeme geben außerhalb der Mitte resultierenden Feldstärken senkrecht zur Spiegelfläche, welche ähnlich der auf der Erde fortschreitenden Welle auf der Spiegelfläche Ladungen hervorrufen.

Wir wollen die Antenne nur *in* den Spiegel strahlen lassen, indem wir sie nach außen durch einen kleinen Kreiszylinderspiegel S abdecken. Das Spiegelbildsystem ist dann das einzige nach außen strahlende. Die von ihm ausgehende Gesamtstrahlung muß der gesamten Antennenstrahlung gleichen. Diese Bemerkung soll zur Bemessung von i dienen. Die in einer horizontalen Richtung φ erregte Feldstärke berechnet sich zu

$$\mathfrak{E} = \frac{i h}{2\lambda r}\sqrt{\frac{\mu_0}{\varepsilon_0}}\Bigg[\cos\omega\left(t-\frac{r}{c}\right)\underbrace{\int\limits_{-a}^{+a}\cos\left(\frac{\omega}{c}x\cdot\sin\varphi\right)dx}_{\mathrm{I}} - \sin\omega\left(t-\frac{r}{c}\right)\underbrace{\int\limits_{-a}^{+a}\sin\left(\frac{\omega}{c}x\cdot\sin\varphi\right)dx}_{\mathrm{II}}\Bigg]$$

$$= \frac{i h}{2\lambda r}\sqrt{\frac{\mu_0}{\varepsilon_0}}\,\frac{2\sin\left(\frac{\omega}{c}a\sin\varphi\right)}{\frac{\omega}{c}\sin\varphi}\cos\omega\left(t-\frac{r}{c}\right).$$

Glied II wird nach Symmetrie 0. Für $\varphi = 0$ kommt heraus:

$$\mathfrak{E} = \frac{2 a i h}{2\lambda r}\sqrt{\frac{\mu_0}{\varepsilon_0}}.$$

Die Strahlungsleistung der Spiegelbildanordnung in horizontaler Richtung zwischen 2 stumpfe Kegelmäntel, die den kleinen Winkel α einschließen (vgl. Abb. 247) berechnet sich zu

$$\mathfrak{N} = \frac{\alpha i^2 h^2}{4\lambda^2}\int\limits_{-\pi}^{+\pi}\frac{4\sin^2\left(\frac{\omega}{c}a\sin\varphi\right)}{a^2\left(\frac{\omega}{c}\right)^2\sin^2\varphi}a^2 d\varphi.$$

Da die Strahlung mit wachsendem φ stark abnimmt, können wir

$$\frac{\omega}{c}a\sin\varphi = \frac{\omega a}{c}\varphi = x; \qquad d\varphi = \frac{c}{a\omega}dx$$

setzen und statt von $-\pi$ bis $+\pi$, von $-\infty$ bis $+\infty$ integrieren; wir erhalten:

$$\mathfrak{N} = \frac{\alpha i^2 h^2}{4\lambda^2}\frac{4ac}{\omega}\int\limits_{-\infty}^{+\infty}\frac{\sin^2 x}{x^2}dx = \frac{\alpha i^2 a^2 h^2}{4\lambda^2}\frac{2\lambda\pi}{\pi a}.$$

Zwischenrechnung: $\int_{-\infty}^{+\infty} \frac{\sin^2 x\,dx}{x^2} = \left[-\frac{\sin^2 x}{x}\right]_{-\infty}^{+\infty} + \int_{-\infty}^{+\infty} \frac{\sin 2x}{x}\,dx = \pi.$

Die Strahlungsleistung der Antenne im Spiegel in den gleichen Winkel berechnet sich zu $\frac{\alpha I^2 h^2 2\pi}{4\lambda^2}$. Da beide gleich sein sollen, erhält man für i:

$$i = I\sqrt{\frac{\pi}{\lambda a}}$$

und für die Strahlung in der Spiegelachse

$$\mathfrak{E} = \frac{2iah}{2\lambda r}\sqrt{\frac{\mu_0}{\varepsilon_0}} = \frac{Ih}{2\lambda r}\sqrt{\frac{\mu_0}{\varepsilon_0}}\sqrt{\frac{4a\pi}{\lambda}} = \sqrt{2\pi n}\,\frac{Ih}{2\lambda r}\sqrt{\frac{\mu_0}{\varepsilon_0}} \quad \text{mit} \quad n = \frac{2a}{\lambda}.$$

Empfangen wir auch mit einem Spiegel, so wird die aufgenommene Spannung nach dem Satz: Empfangsgüte = Sendegüte, um einen weiteren Faktor $\sqrt{2\pi n}$ gesteigert.

Durch Verwendung von 2 Spiegeln wird beim direkten Detektor- oder Ventilempfang (Anzeige $\sim \mathfrak{E}^2$) um das $(2\pi n)^2$-fache, beim Überlagerungsempfang nur um das $2\pi n$fache (Anzeige $\sim \mathfrak{E}$) gesteigert. Bei Verwendung eines Spiegels mit 1,2 m Durchmesser und einer Welle von 6 cm Länge beträgt die Empfangssteigerung bei Verwendung von 2 Spiegeln das $\left(\frac{2\pi \cdot 120}{6}\right)^2 = 15000$fache. Die Bündelung lohnt sich.

Bemerkung: Die Steigerung der Empfangsgüte läßt sich im Falle des Spiegels leicht direkt nachrechnen: Als Ersatzantennensystem dient hier der Streifen $2a \cdot h$ mit der Flächenstromdichte i. Er nimmt die Leistung $2aih\mathfrak{E}_f$ auf. Wir

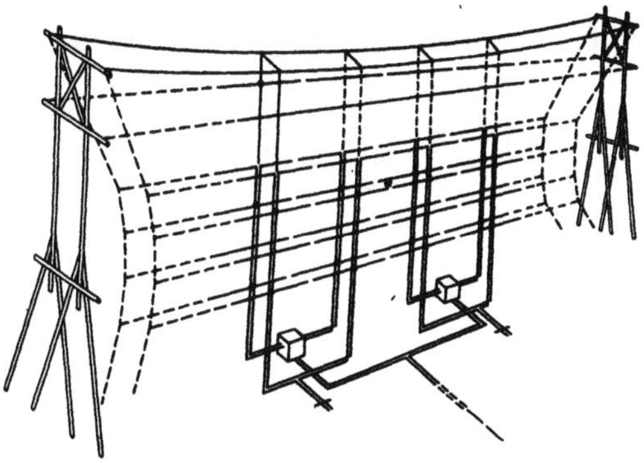

Abb. 267. Strahlwerfer, der PLENDLschen Arbeit entnommen.

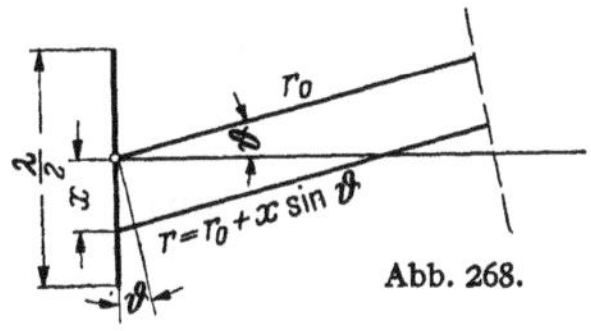

Abb. 268.

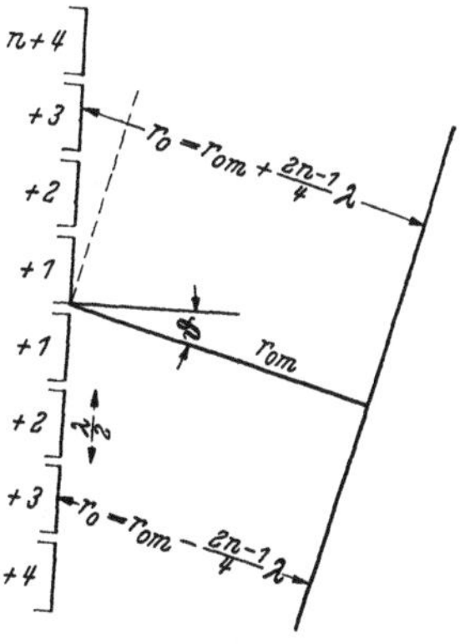

Abb. 269.

Abb. 268 u. 269. Erläuterung der Buchstabenbezeichnungen für die Strahlwerferberechnung.

hatten i zu $I\sqrt{\frac{\pi}{\lambda a}}$ berechnet. Setzen wir diesen Wert ein, so erhalten wir

$$\mathfrak{N} = I\mathfrak{E}_f h 2\sqrt{\frac{\pi a}{\lambda}} = \mathfrak{E}_f h I\sqrt{2\pi n},$$

also das $\sqrt{2\pi n}$fache der Leistung bei Empfang ohne Spiegel.

5. Der Strahlwerfer. Die Wirkungsweise der Strahlwerfer ist am besten durch einen kurzen Bericht über die klassische Arbeit von PLENDL, KRÜGER, PFITZER, BÄUMLER über die Richtwirkung des Nordamerikasenders DFA und des Japansenders DGY darzustellen. Die Abb. 267—269 zeigen den Aufbau der Strahlwerfer. Das Reflektorsystem liegt um $\lambda/2$ hinter dem Antennensystem und wird mit einem um 90° phasenverschobenen Strom betrieben.

Wir wollen uns damit begnügen, die Horizontalcharakteristik des aus 8 $\lambda/2$-Dipolen bestehenden Systems zu berechnen. Die Strahlung eines einzelnen $\lambda/2$-Dipols berechnet sich mit

$$r = r_0 + x \sin\vartheta \quad \text{und} \quad i_x = I_0 \cos\frac{2\pi x}{\lambda} \cos\omega t$$

zu

$$\mathfrak{E} = \sqrt{\frac{\mu_0}{\varepsilon_0}} \frac{\cos\vartheta}{2 r_{0m} \lambda} \int\limits_{-\lambda/4}^{+\lambda/4} i_x \cos\omega\left(t - \frac{r}{c}\right) dx .$$

Buchstabenbedeutung s. Abb. 268 u. 269. ϑ ist nicht mit dem früher eingeführten Winkel ϑ zu verwechseln!

Zwischenrechnung:

$$\int\limits_{-\lambda/4}^{+\lambda/4} i_x \cos\omega\left(t - \frac{r}{c}\right) dx$$

$$= I_0 \int\limits_{-\lambda/4}^{+\lambda/4} \cos\frac{2\pi x}{\lambda} \left\{\cos\omega\left(t - \frac{r_0}{c}\right) \cos\left(\frac{\omega}{c} x \sin\vartheta\right) - \sin\omega\left(t - \frac{r_0}{c}\right) \sin\left(\frac{\omega}{c} x \sin\vartheta\right)\right\} dx$$

$$= \frac{\lambda I_0}{2\pi} \cos\omega\left(t - \frac{r_0}{c}\right) \int\limits_{-\lambda/4}^{+\lambda/4} \cos\frac{2\pi x}{\lambda} \cos\frac{2\pi x \sin\vartheta}{\lambda} \frac{2\pi dx}{\lambda} .$$

Mit $2\pi x/\lambda = \alpha$:

$$\int\limits_{-\pi/2}^{+\pi/2} \cos\alpha \cos(\alpha \sin\vartheta)\, d\alpha = \int \tfrac{1}{2}[\cos\{\alpha(1 + \sin\vartheta)\} + \cos\{\alpha(1 - \sin\vartheta)\}]\, d\alpha$$

$$= \frac{1}{2}\left[\frac{\sin\{\alpha(1 + \sin\vartheta)\}}{1 + \sin\vartheta} + \frac{\sin\{\alpha(1 - \sin\vartheta)\}}{1 - \sin\vartheta}\right]_{-\pi/2}^{+\pi/2} = \frac{1}{2} \cos\left(\frac{\pi}{2} \sin\vartheta\right) \left\{\frac{1 - \sin\vartheta + 1 + \sin\vartheta}{1 - \sin^2\vartheta}\right\}$$

$$= \frac{\cos\left(\frac{\pi}{2} \sin\vartheta\right)}{\cos^2\vartheta} \qquad \left(\text{da } \sin\frac{\pi}{2}(1 \pm y) = \cos\frac{\pi y}{2}\right).$$

Durch Einsetzen erhält man schließlich:

$$\mathfrak{E} = \sqrt{\frac{\mu_0}{\varepsilon_0}} \frac{I_0}{4\pi r_0} \frac{\cos\left(\frac{\pi}{2} \sin\vartheta\right)}{\cos\vartheta} \cos\omega\left(t - \frac{r}{c}\right).$$

Wenn nun acht solcher, um $\lambda/2$ auseinanderliegender Antennen in die Richtung ϑ strahlen, so ist für r_0

$$r_0 = r_{0m} \pm \frac{2n - 1}{4} \lambda \sin\vartheta \quad \text{(s Abb. 269)}$$

einzusetzen (n = Nummer der Antenne von der Mitte aus, + — entspricht oben, unten). Da sich die sin proportionalen Glieder nach Symmetrie aufheben, erhalten wir:

$$\mathfrak{E} = \sqrt{\frac{\mu_0}{\varepsilon_0}} \frac{I_0}{4\pi r_{0m}} \frac{\cos\left(\frac{\pi}{2} \sin\vartheta\right)}{\cos\vartheta} \cos\omega\left(t - \frac{r_{0m}}{c}\right)$$

$$\times \left\{\begin{matrix} \cos\frac{7}{2}\pi \sin\vartheta + \cos\frac{5}{2}\pi \sin\vartheta + \cos\frac{3}{2}\pi \sin\vartheta + \cos\frac{\pi}{2} \sin\vartheta \\ + \cos\left(-\frac{7}{2}\pi \sin\vartheta\right) + \cos\left(-\frac{5}{2}\pi \sin\vartheta\right) + \cos\left(-\frac{3}{2}\pi \sin\vartheta\right) + \cos\left(-\frac{\pi}{2} \sin\vartheta\right) \end{matrix}\right\}.$$

Wir wenden nun die Formel

$$\cos\alpha + \cos\beta = 2\cos\frac{\alpha+\beta}{2}\cos\frac{\alpha-\beta}{2}$$

wiederholt an, fassen zunächst die Glieder

$$\cos\frac{n\pi\sin\vartheta}{2} \quad \text{und} \quad \cos\left(\frac{-n\pi\sin\vartheta}{2}\right)$$

zusammen und erhalten:

$$\{\ldots\} = 2\left[\underbrace{\cos\frac{7}{2}\pi\sin\vartheta + \cos\frac{5}{2}\pi\sin\vartheta} + \underbrace{\cos\frac{3}{2}\pi\sin\vartheta + \cos\frac{\pi}{2}\sin\vartheta}\right]$$

$$= 4\left[\cos\left(\frac{\pi}{2}\sin\vartheta\right)\cos\left(\frac{6}{2}\pi\sin\vartheta\right) + \cos\left(\frac{\pi}{2}\sin\vartheta\right)\cos(\pi\sin\vartheta)\right]$$

$$= 4\cos\left(\frac{\pi}{2}\sin\vartheta\right)[\cos(3\pi\sin\vartheta) + \cos(\pi\sin\vartheta)]$$

$$= 8\cos\left(\frac{\pi}{2}\sin\vartheta\right)\cos(\pi\sin\vartheta)\cdot\cos(2\pi\sin\vartheta).$$

Für die Gesamtstrahlung der 8 Glieder resultiert schließlich:

$$\mathfrak{E} = \sqrt{\frac{\mu_0}{\varepsilon_0}}\,\frac{2I_0}{\pi r_{0m}}\,\frac{1}{\cos\vartheta}\cdot\cos^2\left(\frac{\pi}{2}\sin\vartheta\right)\cos(\pi\sin\vartheta)\cos(2\pi\sin\vartheta)\cos\omega\left(t-\frac{r_{0m}}{c}\right).$$

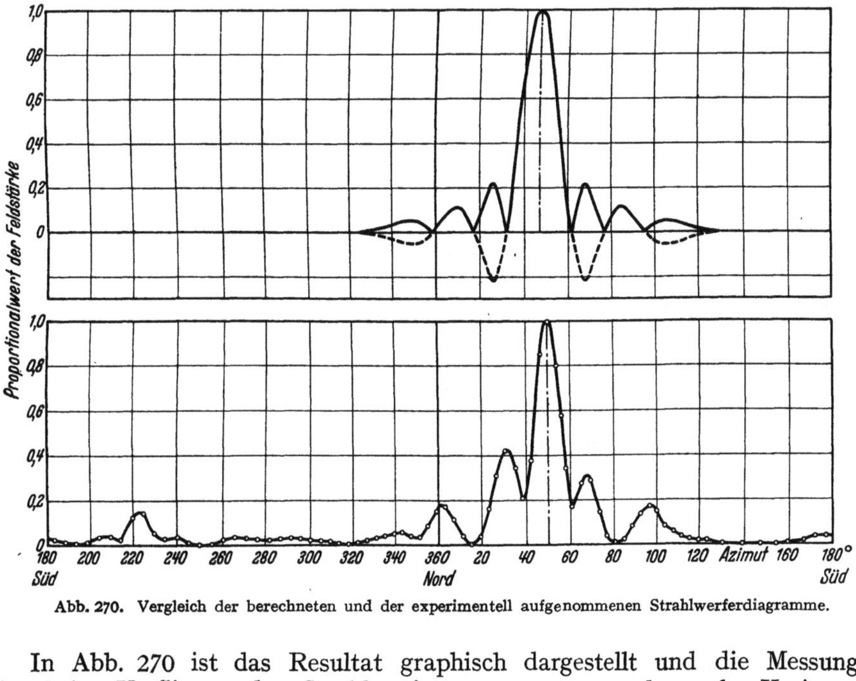

Abb. 270. Vergleich der berechneten und der experimentell aufgenommenen Strahlwerferdiagramme.

In Abb. 270 ist das Resultat graphisch dargestellt und die Messungen, die beim Umfliegen des Strahlwerfers gewonnen wurden, als Kreise eingezeichnet.

Die Arbeit enthält auch noch die Berechnung der Bündelung in vertikaler Richtung. Wesentlich ist hierbei die Berücksichtigung der Spiegelwirkung der Erde. Die Theorie stimmt auch hier mit den Messungen gleich vorzüglich.

i) Einiges über die Heavisideschicht.

In rund 100 km Höhe ist die Luft etwa auf Kathodenstrahlvakuum verdünnt. Von außen kommende Strahlungen (ultraviolettes Sonnenlicht, Höhenstrahlung) ionisieren die Luft. Ionen und Elektronen werden von der elektrischen Feldstärke durchlaufender Wellen bewegt. Dabei ist die Bewegung der trägen Ionen zu vernachlässigen. Die Bewegung der Elektronen führt zu einer „dielektrischen Verschiebung" und somit zu einer „Dielektrizitätskonstante" des elektronenhaltigen Raumes. Da die Feldstärke der drahtlosen Wellen klein und die freie Weglänge der Elektronen groß ist, erleiden die Elektronen bei ihren Schwingungen praktisch keine dämpfenden Zusammenstöße mit den Gasmolekülen.

Man beobachtet nun eine Krümmung der Strahlen in der beschriebenen elektronenhaltigen Schicht, der „Heavisideschicht", so daß die von einem Sender ausgesandten Wellen nicht nur am Erdboden entlang zum Empfänger kommen, sondern daß infolge der erwähnten Krümmung der Strahlen auch Wellen zum Empfänger gelangen, die an der Heavisideschicht „reflektiert" sind. Beide Wellen können sich dann durch Interferenz verstärken, aber auch aufheben und so zu den Interferenzfadings führen.

Diese Beobachtungen führen uns auf die 2 Fragen:

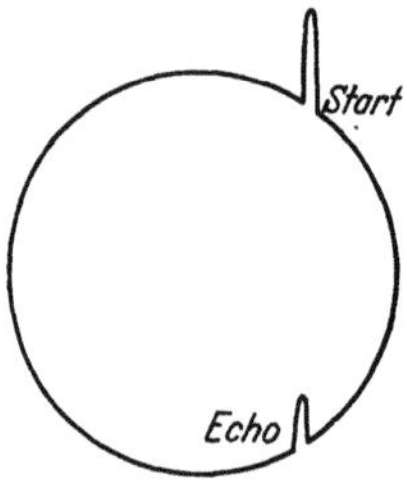

Abb. 271. ZENNECK-GOUBEAU-Diagramm. Messung der Höhe der Heavisideschicht.

Wie hängt die „Dielektrizitätskonstante" in der Heavisideschicht von der Elektronendichte und evtl. von der Wellenlänge ab und wie kommt eine Krümmung der Strahlen zustande?

Weiter entsteht die Frage: Wie kann ich Elektronendichte und Höhe der Heavisideschicht messen? ZENNECK und GOUBEAU benutzten kurze Wellenzüge, deren Ablauf und Rückkehrzeit sie mit Hilfe einer BRAUNschen Röhre aufzeichneten. Dabei wurde z. B. der Leuchtfleck durch ein 500periodiges Drehfeld 500mal in der sec im Kreise herumgeführt, und außerdem wurde er beim Abflug der Wellengruppe und bei der Rückkehr kurz ausgelenkt (s. Abb. 271). Die beiden Auslenkungen lagen um etwa 120° auseinander. Die Laufzeit war somit $^1/_{500} \cdot {}^{120}/_{360} = {}^1/_{1500}$ sec und die Höhe $h = {}^1/_2 \cdot 300000$ km/1500 = 100 km. Diese Laufzeit schwankte mit der Frequenz der Wellengruppe. Gruppen verschiedener Frequenz mußten also in verschiedenen Höhen bei verschiedener Elektronendichte umkehren.

Die weiteren experimentellen Einzelheiten sollen in dem Bande über die Wellenausbreitung dargestellt werden. Die hier beschriebenen Grundtatsachen führen uns auf die prinzipiellen Fragen:

Welches sind die Phasen- und Gruppengeschwindigkeiten der Wellenzüge und wie hängen sie von der Elektronendichte in der Heavisideschicht ab?

1. Frage: Wie hängt die Dielektrizitätskonstante von der Elektronendichte und der Wellenlänge ab?

Die Elektrizitätskonstante berechnen wir nach dem im Abschnitt über Elektrizitätslehre gegebenen Muster:

$$\varepsilon = 1 + 4\pi p.$$

Hierbei bedeutet p die Elektrisierungskonstante; sie gleicht der auf 1 cm² der Stirnfläche verschobenen Ladung/Feldstärke. Wenn nun in einem Raume N positive Ionen und N Elektronen im cm³ sind, und die Elektronen gegen die Ionen um s cm verschoben werden, so tritt auf die Stirnfläche die Ladung $e_1 N s \cdot 1$ cm² heraus. Bei den Dielektrizis hatten wir s mit Hilfe der quasielastischen Kraft q berechnet, mit der die Elektronen an die Moleküle gebunden waren: $s = e_1 \mathfrak{E}/q$. Hier gibt es keine solche quasielastische Kraft. Bei Gleichspannungen würde $s = \infty$. Für die raschen Wechselfelder der drahtlosen Telegraphie wird s durch die Elektronenträgheit begrenzt.

s berechnen wir nach der Bewegungsgleichung zu

$$s = -\frac{e_1 \mathfrak{E}_0}{m\omega^2} \quad (\text{mit } \mathfrak{E} = \mathfrak{E}_0 e^{j\omega t}).$$

Wir erhalten somit für die Dielektrizitätskonstante:

$$\varepsilon = 1 - \frac{4\pi e_1^2 N}{m\omega^2}.$$

Die Elektrizitätskonstante ist also kleiner als 1 und die Phasengeschwindigkeit der Wellen

$$c = \frac{c_0}{\sqrt{1 - \frac{4\pi e_1^2 N}{m\omega^2}}}$$

größer als Lichtgeschwindigkeit.

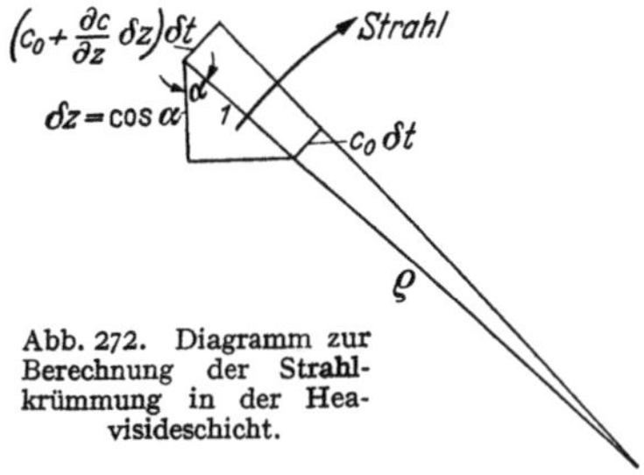

Abb. 272. Diagramm zur Berechnung der Strahlkrümmung in der Heavisideschicht.

2. Frage: Wie hängt die Krümmung des Strahles von der Elektronendichte, der Frequenz und der Strahlrichtung ab?

Aus Abb. 272 lesen wir ab:

$$\frac{\varrho}{\varrho + 1} = \frac{c_0 \delta t}{\left(c_0 + \frac{\partial c}{\partial z}\cos\alpha\right)\delta t} \quad \text{mit } c = c_0 + \frac{\partial c}{\partial z}\delta z \text{ und } \frac{1}{\varrho} = \frac{\partial \ln c}{\partial z}\cos\alpha \quad \delta z = 1 \cdot \cos\alpha.$$

Setzen wir für c den berechneten Wert ein, so erhalten wir:

$$-\ln\frac{c}{c_0} = \frac{1}{2}\ln\left(1 - \frac{4\pi e_1^2 N}{m\omega^2}\right); \quad \frac{\partial \ln c}{\partial z} = \frac{\frac{1}{2}\frac{4\pi e_1^2}{m\omega^2}\frac{\partial N}{\partial z}}{1 - \frac{4\pi e_1^2 N}{m\omega^2}}; \quad \frac{1}{\varrho} = \frac{1}{N}\frac{\frac{1}{2}\frac{\partial N}{\partial z}\cos\alpha}{\frac{m\omega^2}{4\pi e_1^2 N} - 1}.$$

Hieraus läßt sich, wenn man die Verteilung der Elektronendichte in der Heavisideschicht kennt, die Bahn des Strahles berechnen.

Ohne Rechnung erkennt man bereits:

Senkrecht nach oben gerichtete Strahlen durchdringen im allgemeinen die Heavisideschicht.

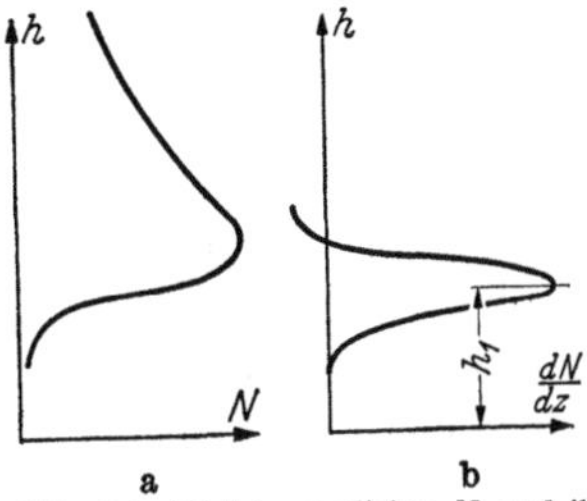

Abb. 273. Elektronendichte N und ihr Gradient dN/dz in der Heavisideschicht.

Da die Elektronendichte N in der Heavisideschicht etwa den Verlauf der Abb. 273a und $\partial N/\partial z$ etwa den Verlauf Abb. 273b hat, werden schräg einfallende Strahlen bis zur Höhe h_1 zunehmend nach unten gekrümmt. Fallen sie schräg genug ein und ist die Frequenz nicht zu hoch, so treten sie wieder nach unten aus der Heavisideschicht aus und kommen wieder zur Erde. Werden sie unterhalb der Höhe h_1 (höhere Frequenz, größere Steilheit des Einfallens) nicht bis zu waagrechtem Laufe umgebogen, so biegen sie sich über h_1 wieder nach oben. Es gibt einen größten Steigungswinkel, bei dem die Wellen eben noch „reflektiert" werden. Ebenso erkennt man, daß es eine kleinste Entfernung geben muß, bei der die Wellen wieder auf den Boden gelangen, die sog. „Sprungentfernung".

Schließlich sehen wir, daß unabhängig von der Richtung des Strahles und dem Gradienten der Elektronendichte der Krümmungsradius Null wird, die Welle also umkehrt, wenn

$$1 - \frac{4\pi e_1^2 N}{m\omega^2} = 0; \quad N = \frac{m\omega^2}{4\pi e_1^2}.$$

Die Umkehrstelle hängt nur von der Frequenz und der Elektronendichte selbst ab.

3. Frage: Welches sind die Phasen- und Gruppengeschwindigkeiten von Wellengruppen in der Heaviside-schicht?

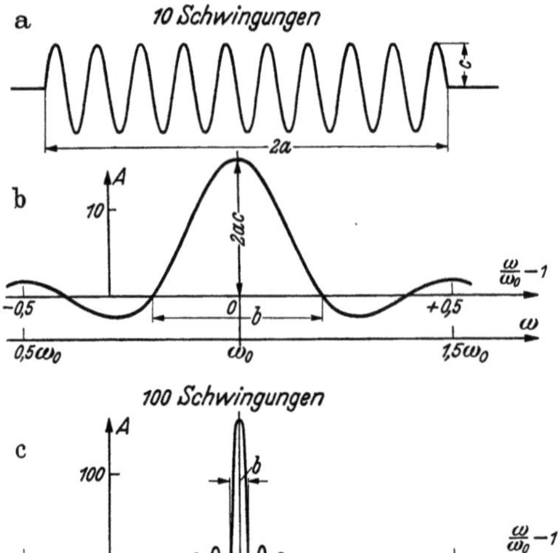

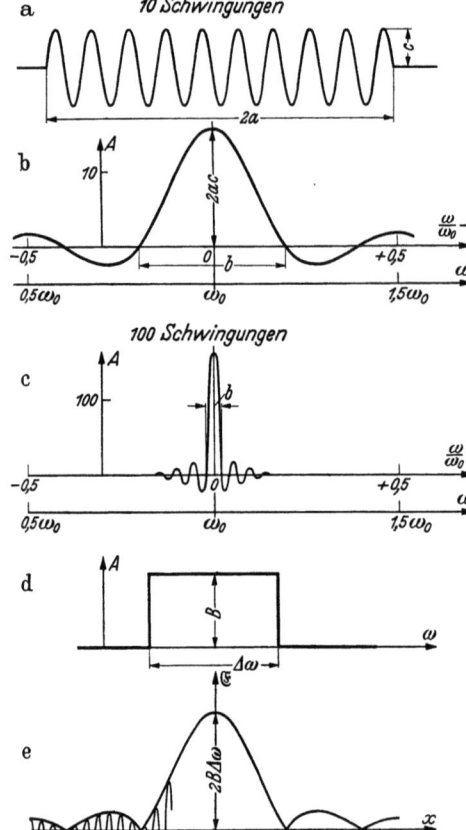

Abb. 274. Diagramme von Wellengruppen.

1. Darstellung von Wellengruppen mit Hilfe von Fourierschen Integralen. Gegeben sei eine Wellengruppe nach Abb. 274a. Ihre räumliche Länge sei $2a$, die Frequenz ω_0. Sie läßt sich durch ein Fourier-sches Integral $y = \int_{-\infty}^{+\infty} A(\omega)\, e^{j\omega x}\, d\omega$ darstellen, in dem die Koeffizienten $A(\omega)$ durch

$$A(\omega) = \int_{-\infty}^{+\infty} f(x)\, e^{-j\omega x}\, dx$$

$$= \int_{-a}^{+a} C e^{j(\omega_0 - \omega)x}\, dx = 2C\,\frac{\sin(\omega - \omega_0)a}{\omega - \omega_0}$$

zu berechnen sind. Wir erhalten die Amplitude $A(\omega)$ als Funktion von ω durch Abb. 274b dargestellt. Je länger der Wellenzug ist (je größer a ist), um so schmaler wird der Bereich b im $A-\omega$-Diagramm. Entsprechend können wir einen im $A-\omega$-Diagramm rechteckigen Wellenzug (Abb. 274d) im $A-x$-Diagramm durch $\frac{2B\sin\Delta\omega(x - x_0)}{(x - x_0)}$ darstellen. Dabei ist $\Delta\omega$ der in Abb. 274d eingezeichnete Frequenzbereich. In Abb. 274e ist die Umrandung des Wellenzuges gezeichnet. Den Wellenzug selbst hat man durch

$$y = 2B\,\frac{\sin\Delta\omega(x - x_0)}{x - x_0}\, e^{j\omega_0 x}$$

darzustellen.

2. Wir betrachten nun eine Wellengruppe im $A-\omega$-Diagramm. Innerhalb eines schmalen Frequenzbereiches sind die Amplituden konstant $= C$, außerhalb des zwischen $\omega_0 + \Delta\omega$ und $\omega_0 - \Delta\omega$ liegenden Frequenzbereiches sind sie 0. Es sei Dispersion vorhanden: Für

$$\omega = \omega_0 + \delta\omega \text{ gilt dann: } \frac{2\pi}{\lambda} = k = k_0 + \frac{\partial k}{\partial\omega}\,\delta\omega; \quad \frac{\partial k}{\partial\omega} \neq \frac{1}{c}.$$

Wir erhalten dann für die schwingende Größe $\mathfrak{E}$ die Form:

$$\mathfrak{E} = \mathfrak{Reell}\int_{\omega_0-\Delta\omega}^{\omega_0+\Delta\omega} \mathfrak{E}\, e^{j\omega t - jkx}\, d\omega = \mathfrak{Reell}\, \mathfrak{E}\, e^{j(\omega_0 t - k_0 x)} \int_{-\Delta\omega}^{+\Delta\omega} e^{j\delta\omega\left(t-\frac{\partial k}{\partial\omega}\cdot x\right)}\, d\omega,$$

wenn $\frac{\partial k}{\partial\omega} = \text{const}$*

$$= C\cos(\omega_0 t - k_0 x + \varphi)\,\frac{2\sin\Delta\omega\left(t - \frac{\partial k}{\partial\omega}\,x\right)}{\left(t - \frac{\partial k}{\partial\omega}\cdot x\right)} = C\cos(\omega_0 t - k_0 x + \varphi)\, f\left(t - \frac{\partial k}{\partial\omega}\,x\right).$$

Das ist eine Wellengruppe mit der Phasengeschwindigkeit

$$c_0 = \frac{\omega_0}{k_0} = \frac{2\pi/T}{2\pi/\lambda} = \frac{\lambda}{T},$$

die mit der Gruppengeschwindigkeit $v = \frac{1}{\partial k/\partial\omega}$ fortschreitet.

Nun ist

$$k = \frac{\omega}{c};\quad \frac{\partial k}{\partial\omega} = \frac{1}{c_0} - \omega\,\frac{\partial c/\partial\omega}{c_0^2} = \frac{1}{c_0}\left(1 - \omega\,\frac{\partial\ln c}{\partial\omega}\right).$$

Steigt also die Fortpflanzungsgeschwindigkeit mit der Frequenz, so läuft die Wellengruppe rascher als ihre Phase. Ändert sich aber die Fortpflanzungsgeschwindigkeit der Phase nicht, so sind Gruppen- und Phasengeschwindigkeit einander gleich.

Zusammenfassung.

Phasengeschwindigkeit: $c_0 = \frac{\omega_0}{k_0} = \frac{\lambda}{T}$.

Gruppengeschwindigkeit: $v = \frac{1}{\frac{\partial k}{\partial\omega}} = \frac{c_0}{1 - \omega\,\frac{\partial\ln c}{\partial\omega}}$.

3. Anwendung auf die Heavisideschicht. Wir hatten berechnet:

$$\ln c = \ln c_0 - \frac{1}{2}\ln\left(1 - \frac{4\pi e_1^2 N}{m\omega^2}\right).$$

Durch Differenzieren nach ω erhalten wir:

$$\frac{\partial\ln c}{\partial\omega} = \frac{-4\pi e_1^2 N/m\omega^3}{1 - 4\pi e_1^2 N/m\omega^2}.$$

Setzen wir den Wert in die Gruppengeschwindigkeit ein, so bekommt man

$$v = c_0\left(1 - 4\pi e_1^2 N/m\omega^2\right).$$

Für $1 - \frac{4\pi e_1^2 N}{m\omega^2} = 0$ wird die Gruppengeschwindigkeit $= 0$, während die Phasengeschwindigkeit unendlich wird. Die Wellengruppen kehren also um, wenn sie bis zu einer Elektronendichte $N = m\omega^2/4\pi e_1^2$ vorgedrungen sind.

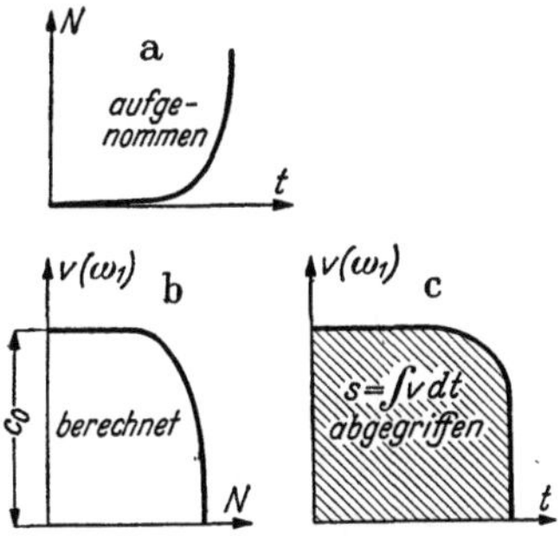

Abb. 275. Ausplanimetrieren der Höhe der Umkehrstelle einer Wellengruppe.

Wenn man Signale mit verschiedenen Wellenlängen aussendet, so kann man zunächst als Maß für die Höhe die Laufzeit wählen und die Elektronendichte als Funktion der Laufzeit ausmessen. Da die Gruppengeschwindigkeit als Funktion der Elektronendichte N bekannt ist, kann man nun auch die Geschwindigkeit als Funktion der Zeit auftragen und die Höhen $h = \int_0^t v\,dt$ durch Planimetrieren finden (vgl. Abb. 275).

* Für inkonstantes $\partial k/\partial\omega$ läuft der Wellenzug auseinander.

k) Rohrwellen.

1. Einleitung. Wenn eine elektrische Welle an einem Lechersystem entlangläuft, so treten in den führenden Drähten Ströme auf. Diese haben den ohmschen Widerstand der Drähte zu überwinden. Dies bedingt die Dämpfung der Welle. Bei hohen Frequenzen zieht sich infolge des Skineffektes der Strom in eine dünne Oberflächenschicht zusammen. Man muß die Oberfläche der Drähte vergrößern. Man konnte die Dämpfung vermindern, wenn man das Lechersystem statt aus 2 Drähten aus 2 konzentrischen Röhren aufbaute. Bei gegebenem äußeren Rohrdurchmesser hat der Durchmesser des inneren Rohres ein Optimum; bei Vergrößerung des inneren Durchmessers über dieses Optimum hinaus wächst die Kapazität und damit sinkt bei gleicher Leistung die Spannung, während der Strom in den Rohren und mit ihm die ohmschen Verluste ansteigen, obwohl der Widerstand des inneren Rohres abnimmt.

Die Hauptverluste liegen auf dem inneren Rohre, da dieses den Strom in einer schmäleren Schicht fortleiten muß.

Es war daher erwünscht, namentlich bei kurzen Wellen, bei denen die stromleitende Schicht sehr dünn und infolgedessen die Verluste sehr groß werden, den Mittelleiter ganz wegzulassen und die Wellen in hohlen Rohren fortzuleiten.

Es hat sich nun gezeigt, daß dies tatsächlich gelingt.

Charakteristisch für diese Hohlrohrwellen sind 3 Eigenheiten:

1. Das Rohr muß einen Durchmesser haben, der größer als etwa die Wellenlänge der zu übertragenden Strahlung im freien Raume ist. Überschreitet die Wellenlänge eine bestimmte Grenzwellenlänge, so ist nur eine sehr stark gedämpfte Strahlung möglich, die nur wenig in das Rohr eindringt (Hochpaßeigenschaft der Rohre).

2. Die Phasengeschwindigkeit im Rohr ist größer als die Lichtgeschwindigkeit, die Gruppengeschwindigkeit entsprechend kleiner.

3. Es treten longitudinale elektrische *und* magnetische Feldstärken auf.

Um die Theorie der Ausbreitung dieser Rohrwellen zu gewinnen, muß man die Gleichungen für die elektromagnetischen Wellen integrieren und dabei die Grenzbedingungen berücksichtigen. Die Rechnungen führen, der Zylindersymmetrie des Rohres entsprechend, auf Besselfunktionen. Dies bedeutet für den mit der Mathematik weniger vertrauten Leser eine Erschwerung des Verständnisses. Es soll daher in diesem einleitenden Bande auf die Darstellung der Rechnungen mit den Besselfunktionen verzichtet werden und dafür 2 einfache Beispiele behandelt werden, bei denen man mit sin und cos auskommt. Dies wird möglich, wenn man statt des runden ein rechteckiges Rohr mit den Seiten a und b betrachtet.

Die gewonnenen Resultate lassen alle wesentlichen Kennzeichen der Rohrwellen erkennen. Sie haben außerdem den Vorteil einer sehr einfachen anschaulichen Deutung.

2. Die Differentialgleichung für den Hertzschen Vektor $\mathfrak{Z}$ und die Grenzbedingungen. Zur Darstellung des elektrischen und magnetischen Feldes benutzen wir wieder den Hertzschen Vektor $\mathfrak{Z}$.

$\mathfrak{Z}$ gehorcht der Differentialgleichung:

$$\frac{1}{c^2}\frac{\partial^2 \mathfrak{Z}}{\partial t^2} - \Delta \mathfrak{Z} = 0.$$

Die Feldstärken berechnen sich nach den Beziehungen

$$\mathfrak{H} = \frac{1}{c}\operatorname{rot}\frac{\partial \mathfrak{Z}}{\partial t} \quad \text{und} \quad \mathfrak{E} = \nabla \operatorname{div} \mathfrak{Z} - \frac{1}{c^2}\frac{\partial^2 \mathfrak{Z}}{\partial t^2}.$$

Die zu erfüllenden Grenzbedingungen sind:

Die zur Rohrwand parallele elektrische Feldstärke = 0, denn sonst müßte in der Rohroberfläche ein unendlich starkes flächenhaftes Magnetfeld liegen, das den Feldstärkesprung induzieren müßte. Wir erhalten also die 8 Grenzbedingungen:

$$\mathfrak{E}_z = 0, \quad \mathfrak{E}_x = 0 \quad \text{für} \quad y = \pm\frac{b}{2}; \qquad \mathfrak{E}_z = 0, \quad \mathfrak{E}_y = 0 \quad \text{für} \quad x = \pm\frac{a}{2}.$$

Ferner müssen die zur Rohroberfläche senkrechten Komponenten des Magnetfeldes = 0 sein, denn sonst müßten auf der Rohrwand magnetische Ladungen liegen, oder das Magnetfeld müßte in das Metall des Rohres eindringen. Letzteres wird aber durch die dann im Rohrmetall auftretenden Wirbelströme verhindert. Diese Bedingungen sind streng nur bei unendlich guter Leitfähigkeit des Rohrmetalles erfüllt. Wir wollen annehmen, daß dieser Grenzfall mit guter Annäherung gilt. Diese Überlegung führt auf die 4 Grenzbedingungen:

$$\mathfrak{H}_x = 0 \quad \text{für} \quad x = \pm\frac{a}{2} \quad \text{und} \quad \mathfrak{H}_y = 0 \quad \text{für} \quad y = \pm\frac{b}{2}.$$

Wir versuchen nun, aus den Symmetrieeigenschaften einen geeigneten Ansatz aufzubauen.

3. Die erste Wellenform: div $\mathfrak{Z}$ = 0. Zunächst aber noch eine Vorüberlegung: Ärgerlich ist, daß sich die elektrischen Feldstärken nicht einfach durch $\mathfrak{E} = -\frac{1}{c^2}\ddot{\mathfrak{Z}}$ berechnen, sondern noch den komplizierten Ausdruck $\nabla \operatorname{div} \mathfrak{Z}$ enthalten. Wäre es vielleicht möglich, $\operatorname{div} \mathfrak{Z} = 0$ zu setzen? Wie man leicht nachrechnet, ist das bei der am Blechstreifenkabel (s. Einleitung) entlang laufenden Welle der Fall.

Wir wollen also versuchen, ob wir mit $\operatorname{div} \mathfrak{Z} = 0$ eine Lösung erhalten, welche der Differentialgleichung und den Grenzbedingungen gehorcht. Da die Z-Komponente sowohl bei $x = \pm\frac{a}{2}$ als auch bei $y = \pm\frac{b}{2}$ Null sein soll, setzen wir an:

$$Z_z = C \cos k_1 x \cos k_2 y \cos(\omega t - k_3 z) \quad \text{mit} \quad k_1 = \frac{\pi}{a}, \quad k_2 = \frac{\pi}{b}, \quad k_3 = \frac{2\pi}{\lambda}.$$

Es ist dann:

$$\mathfrak{E}_z = \frac{-\partial^2 Z_z}{c^2 \partial t^2} = \frac{\omega^2}{c^2} C \cos k_1 x \cos k_2 y \cos(\omega t - k_3 z).$$

Die Grenzbedingungen sind also erfüllt, wenn die Phasen = 0 gesetzt werden. In den X- und Y-Komponenten kann man zunächst 2 Phasen beliebig wählen:

Die Ansätze

$$Z_x = A \cos(k_1 x + \varphi_1) \cos k_2 y \cos(\omega t - k_3 z + \psi_1)$$

und

$$Z_y = B \cos k_1 x \cos(k_2 y + \varphi_2) \cos(\omega t - k_3 z + \psi_2)$$

führen auf

$$\mathfrak{E}_x = \frac{\omega^2}{c^2} A \cos(k_1 x + \varphi_1) \cos k_2 y \cos(\omega t - k_3 z + \psi_1)$$

und

$$\mathfrak{E}_y = \frac{\omega^2}{c^2} B \cos k_1 x \cos(k_2 y + \varphi_2) \cos(\omega t - k_3 z + \psi_2)$$

und genügen den Grenzbedingungen.

Bilden wir $\operatorname{div} \mathfrak{Z} = 0$, so erhalten wir:

$$\begin{aligned}\operatorname{div} \mathfrak{Z} = 0 = &-A k_1 \sin(k_1 x + \varphi_1) \cos k_2 y \cos(\omega t - k_3 z + \psi_1)\\ &-B k_2 \cos k_1 x \sin(k_2 y + \varphi_2) \cos(\omega t - k_3 z + \psi_2)\\ &+k_3 C \cos k_1 x \cos k_2 y \sin(\omega t - k_3 z).\end{aligned}$$

Unsere versuchsweise eingeführte Bedingung div $\mathfrak{Z} = 0$ führt dann auf

$$C = 0, \quad \varphi_1 = \varphi_2 = 90^\circ, \quad \psi_1 = \psi_2 = \psi$$

und

$$A k_1 = -B k_2 \quad \text{oder} \quad A = \frac{G}{k_1} \quad \text{und} \quad B = -\frac{G}{k_2},$$

so daß die Lösung lautet:

$$Z_z = 0, \qquad \mathfrak{E}_z = 0,$$

$$Z_x = \frac{G}{k_1} \sin k_1 x \cos k_2 y \cos(\omega t - k_3 z + \psi);$$

$$Z_y = -\frac{G}{k_2} \cos k_1 x \sin k_2 y \cos(\omega t - k_3 z + \psi);$$

$$\mathfrak{E}_x = \frac{\omega^2}{c^2} \frac{G}{k_1} \sin k_1 x \cos k_2 y \cos(\omega t - k_3 z + \psi);$$

$$\mathfrak{E}_y = -\frac{\omega^2}{c^2} \frac{G}{k_2} \cos k_1 x \sin k_2 y \cos(\omega t - k_3 z + \psi).$$

Wir müssen nun kontrollieren, ob die magnetischen Feldstärken den Grenzbedingungen gehorchen. Erst diese Kontrolle entscheidet darüber, ob die willkürlich eingeführte Bedingung div $\mathfrak{Z} = 0$ eine mögliche Lösung gibt. Wir erhalten:

$$c\,\mathfrak{H}_x = \frac{\partial}{\partial y} \dot{Z}_z - \frac{\partial}{\partial z} \dot{Z}_y = -\frac{k_3}{k_2} G \cdot \omega \cos k_1 x \sin k_2 y \cos(\omega t - k_3 z + \psi);$$

$$c\,\mathfrak{H}_y = \frac{\partial}{\partial z} \dot{Z}_x - \frac{\partial}{\partial x} \dot{Z}_z = \frac{k_3}{k_1} G \cdot \omega \sin k_1 x \cos k_2 y \cos(\omega t - k_3 z + \psi);$$

$$c\,\mathfrak{H}_z = \frac{\partial}{\partial x} \dot{Z}_y - \frac{\partial}{\partial y} \dot{Z}_x = -G \cdot \omega \left(\frac{k_1^2 + k_2^2}{k_1 k_2}\right) \sin k_1 x \sin k_2 y \sin(\omega t - k_3 z + \psi).$$

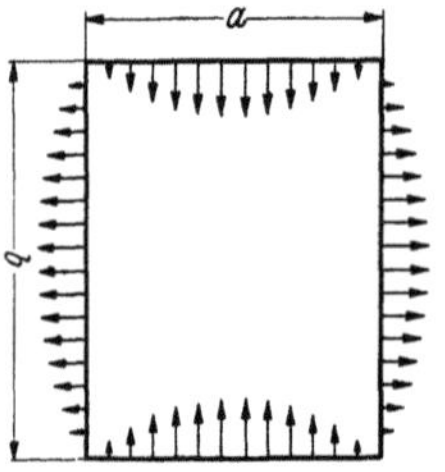

Abb. 276. **Zur Berechnung der elektrischen Feldstärken im rechteckigen Hohlrohr.** *H*-Welle.

Die Grenzbedingungen sind erfüllt, was als glücklicher Zufall angesehen werden muß.

Die Phase ψ können wir jetzt unbeschadet der Allgemeinheit Null setzen und dafür den Anfangspunkt der Z-Koordinate willkürlich wählen.

4. Diskussion der gefundenen Speziallösung. Wir stellen zunächst den räumlichen Verlauf der elektrischen Kraftlinien zur Zeit $t = 0$ fest.

An den Rändern setzt die elektrische Feldstärke senkrecht auf, wie in Abb. 276 gezeichnet. In der Mitte ist sie Null. Da $\mathfrak{E}_x$ und $\mathfrak{E}_y$ verschiedenes Vorzeichen haben, zeigt die Feldstärke an den b-Seiten nach innen, wenn sie an den a-Seiten nach außen zeigt. Wir ergänzen Abb. 276 zu Abb. 277.

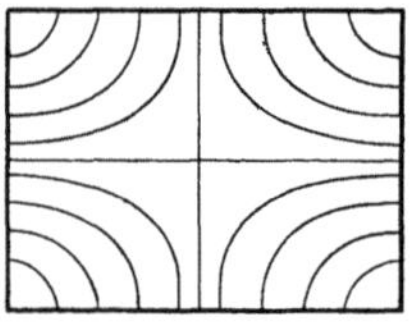

Abb. 277. **Elektrische Feldstärken im rechteckigen Hohlrohr.** *H*-Welle.

Um die magnetische Feldstärke bildlich darzustellen, denken wir uns wie in Abb. 278 unser viereckiges Rohr an zwei gegenüberliegenden Kanten aufgeschnitten und aufgeklappt. Wir zeichnen die $\mathfrak{H}_x$- und $\mathfrak{H}_y$-Komponenten bei $z = 0$ und $z = \lambda/2$ und die $\mathfrak{H}_z$-Komponenten an den Kanten ein und ergänzen dann wie in Abb. 279. In Abb. 279 sind die senkrecht auf den Wänden stehenden elektrischen Kraftlinien mit Kreuzen (wenn sie ins Röhreninnere gerichtet sind) und mit Kreisen (wenn sie auf die Wand zu gerichtet sind) eingezeichnet.

5. Wellenlänge und Phasengeschwindigkeit in der Z-Richtung. Setzen wir in die Differentialgleichung für den HERTZschen Vektor

$$\frac{1}{c^2}\frac{\partial^2 \mathfrak{Z}}{\partial t^2} = \Delta \mathfrak{Z},$$

die Ansätze für die 3 $\mathfrak{Z}$-Komponenten ein, so erhalten wir für k_3 die Beziehung:

$$\frac{\omega^2}{c^2} = k_1^2 + k_2^2 + k_3^2 = \pi^2\left(\frac{1}{a^2} + \frac{1}{b^2} + \frac{1}{(\lambda/2)^2}\right).$$

Setzen wir für c/ω die Wellenlänge in Luft λ_0 ein, so erhalten wir

$$1 = \left(\frac{\lambda_0/2}{a}\right)^2 + \left(\frac{\lambda_0/2}{b}\right)^2 + \left(\frac{\lambda_0/2}{\lambda/2}\right)^2.$$

Diese Formel gibt den Zusammenhang zwischen den Kantenabständen des rechteckigen Rohres, der „Wellenlänge" λ in der Z-Richtung und der Wellen-

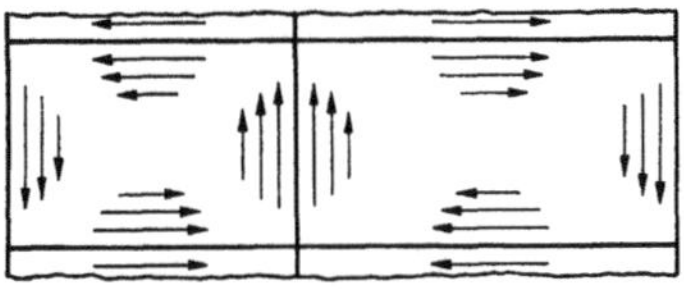

Abb. 278. Zur Berechnung der magnetischen Feldstärken im rechteckigen Hohlrohr. H-Welle.

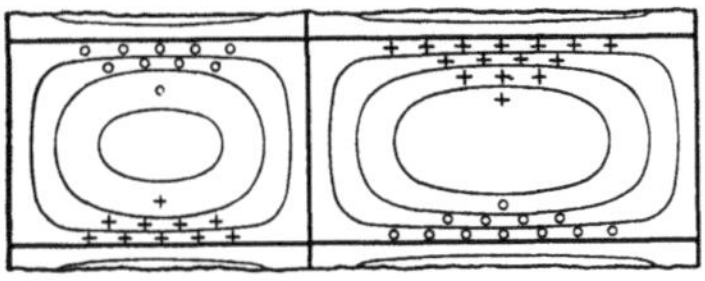

Abb. 279. Magnetische Feldstärken im Hohlrohr. H-Welle.

länge in Luft λ_0. Wenn wir durch die Diagonale des Rohrquerschnittes BD eine Ebene legen, welche von A den Abstand $\lambda_0/2$ hat, so schneidet diese Ebene auf der Rohrkante $\lambda/2$ ab. (Vgl. Abb. 280.)

Diese Figur zeigt anschaulich die Aussagen der Formel:

$$\frac{1}{(\lambda_0/2)^2} = k_1^2 + k_2^2 + k_3^2.$$

1. Wenn man die Luftwellenlänge λ_0 bis zu dem in der Abb. 280 mit λ_{0gr} bezeichneten Werte steigert, wird λ und damit die Phasengeschwindigkeit unendlich.

Bei einer weiteren Steigerung von λ_0 wird die Konstruktion unmöglich. Die Rechnung ergibt ein imaginäres λ, d. h. eine Dämpfung in der z-Richtung.

Daher hat man λ_{0gr} den Namen „Grenzwellenlänge" gegeben.

2. Auch bei unendlich gut leitender Rohrwand ist dann nur noch eine gedämpfte Welle möglich. Das Rohr verhält sich wie eine Kondensatorsiebkette. Es hat „Hochpaßeigenschaften".

3. Wird λ_0 immer kleiner und kleiner, so sinkt λ im Grenzfall auf den Wert λ_0. Die Phasengeschwindigkeit im Rohr sinkt von Unendlich auf die Lichtgeschwindigkeit. Dementsprechend steigt die Gruppengeschwindigkeit eines Signals in der Z-Richtung von Null auf Lichtgeschwindigkeit.

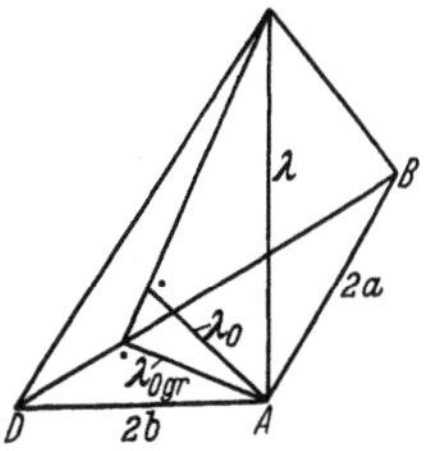

Abb. 280. Zur Veranschaulichung der Formel für die Wellenlänge am rechteckigen Hohlrohr.

6. Physikalische Deutung des Vorganges. Wir betrachten zunächst einen sehr schmalen Kasten bzw. einen von 2 unendlichen Ebenen begrenzten Spalt von der Breite b. Die Seite a sei so breit, daß $k_1 = \pi/a$ gleich Null gesetzt werden kann. Die Gleichung für die Wellenlänge in der Z-Richtung vereinfacht sich dann zu

$$1 = \left(\frac{\lambda_0}{2b}\right)^2 + \left(\frac{\lambda_0}{\lambda}\right)^2 \quad \text{und} \quad \lambda_{0gr} = 2b.$$

Arbeiten wir mit der Grenzwellenlänge, so haben wir eine stehende Schwingung, welche zwischen den breiten Rohrseiten hin und her pendelt.

Es werden dann alle Feldstärken = 0, außer $\mathfrak{E}_x$ und $\mathfrak{H}_z$, für letztere ergeben sich die Werte

$$\mathfrak{E}_x = \frac{\omega^2}{c^2} E \cos k_2 y \cos \omega t, \qquad \mathfrak{H}_z = \frac{\omega}{c} k_2 \sin k_2 y \sin \omega t.$$

Diese Formeln kann man in der Tat durch Überlagerung von zwei zwischen den Spaltflächen hin und her gehenden Wellen erhalten, die ja durch Interferenz zur stehenden Welle führen. Die Feldstärken der Einzelwellen sind:

$$\left.\begin{aligned} \mathfrak{E}_{1x} &= \frac{\omega^2}{2c^2} E \cos\omega\left(t - \frac{y}{c}\right); & \mathfrak{H}_{1z} &= \frac{\omega k_2 E}{2c} \cos\omega\left(t - \frac{y}{c}\right) \\ \mathfrak{E}_{2x} &= \frac{\omega^2}{2c^2} E \cos\omega\left(t + \frac{y}{c}\right); & \mathfrak{H}_{2z} &= \frac{\omega k_2 E}{2c} \cos\omega\left(t + \frac{y}{c}\right) \end{aligned}\right\} \quad \text{und} \quad \begin{aligned} \mathfrak{E}_x &= \mathfrak{E}_{1x} + \mathfrak{E}_{2x} \\ \mathfrak{H}_z &= \mathfrak{H}_{1z} - \mathfrak{H}_{2z}. \end{aligned}$$

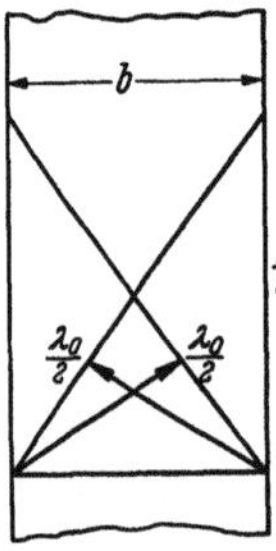

Abb. 281. Zusammensetzung von Wellen mit $k_1 = 0$: H-Welle in unendlich breitem Spalt ($a = \infty$) oder spezielle E-Welle mit $\mathfrak{H}_\varphi = 0$ und $\mathfrak{E}_x = 0$.

Wird nun die Wellenlänge λ_0 kleiner als die Grenzfrequenz, so steht die Fortpflanzungsrichtung der beiden sich begegnenden Teilwellen nicht mehr senkrecht auf der Kastenwand, sondern beide Fortpflanzungsrichtungen sind etwas schräg nach oben gerichtet. 2 Wellenflächen mit dem Phasenunterschied 180° zeichnen sich dann in der Entfernung $\lambda/2$ auf den Rohrkanten ab (s. Abb. 281).

Dieser Spezialfall des schmalen Kastenrohres ist nun auf ein Rohr mit beliebigen Breiten a und b zu erweitern. Man wird zunächst daran denken, den Strahlungsvorgang durch 2 interferierende Wellenpaare zu ersetzen, die von den beiden Seitenwänden a und den beiden Seitenwänden b ausgehen. Das gelingt aber nicht. Da bringt uns aber die Abb. 280 auf den Gedanken, die Wellen in der Richtung der Abb. 282 mit $\lambda_0/2$ bezeichneten Senkrechten auf den Flächen BDE, BDG, ACF, ACH laufen zu lassen. Dieser Gedanke führt zum Ziele. Um sich unnötige Rechenarbeit zu sparen, rechne man den einfachen Fall der Grenzwelle nach[1].

[1] **Durchführung der Rechnung.** Um zu zeigen, wie sich die Strahlung im Rohre aus den 4 Einzelwellen zusammensetzt, genügt es, den Fall der Grenzwellenlänge vorzurechnen, damit die Formeln nicht unnötig lang werden.

Die Fortpflanzungsrichtungen der 4 Wellen liegen dann in einer Ebene senkrecht zur z-Richtung, und zwar in den 4 Richtungen I, II, III, IV der Abb. 282. Wir bezeichnen die Abstände der Phasenebenen vom Koordinatenanfang mit $\pm u$ und $\pm u_1$.

$$u = y \cos\alpha + x \sin\alpha; \qquad u_1 = y \cos\alpha - x \sin\alpha.$$

Die magnetischen Feldstärken sollen in der z-Richtung liegen und sich addieren. Die elektrischen Feldstärken liegen dann in Ebenen senkrecht zur z-Richtung und sind voneinander abzuziehen. Dann hat $\mathfrak{H}_z$ die Form:

$$\begin{aligned} \mathfrak{H}_z &= A\left\{\left[\sin\omega\left(t + \frac{u}{c}\right) + \sin\omega\left(t - \frac{u}{c}\right)\right] - \left[\sin\omega\left(t + \frac{u_1}{c}\right) + \sin\omega\left(t - \frac{u_1}{c}\right)\right]\right\} \\ &= A\left\{\left[\sin\omega\left(t + \frac{y\cos\alpha + x\sin\alpha}{c}\right) + \sin\omega\left(t - \frac{y\cos\alpha + x\sin\alpha}{c}\right)\right]\right. \\ &\qquad \left. - \left[\sin\omega\left(t + \frac{y\cos\alpha - x\sin\alpha}{c}\right) + \sin\omega\left(t - \frac{y\cos\alpha - x\sin\alpha}{c}\right)\right]\right\} \\ &= 2A \sin\omega t\left[\cos\frac{\omega}{c}(y\cos\alpha + x\sin\alpha) - \cos\frac{\omega}{c}(y\cos\alpha - x\sin\alpha)\right] \\ &= -4A \sin\omega t \sin\left(\frac{\omega\cos\alpha\, y}{c}\right) \sin\left(\frac{\omega\sin\alpha\, x}{c}\right). \end{aligned}$$

Wir kommen also zu der sehr einfachen physikalischen Deutung:

Konstruiere wie in Abb. 282 die 4 Dreiecke BDE, BDG, ACF und ACH, so daß die Senkrechten von A bzw. C und von B bzw. D aus die Länge $\lambda_0/2$ haben. Dann setzt sich die Strahlung aus 4 Wellen zusammen, die in den vier λ_0-Richtungen laufen und deren Phasen so liegen, daß sie in dem Falle, daß λ_0 in die Grenzwellenlänge übergeht, durch Interferenz stehende Wellen bilden.

Dabei liegen die elektrischen Feldstärken in Ebenen senkrecht zur Kastenrohrachse, die magnetischen in Ebenen, die durch λ_0 und die entsprechende Kastenkante gebildet sind.

7. Eine zweite Wellenform. Man könnte nun versuchen, eine zweite Wellenform dadurch herzustellen, daß man die elektrischen und magnetischen Vektoren in ihrer Lage vertauscht und dann nachweist, daß auch diese Wellenform den Grenzbedingungen genügt. Es ist aber einfacher, wieder mathematisch vorzugehen.

Wir hatten probeweise $\operatorname{div}\mathfrak{Z} = 0$ und $\mathfrak{Z}_z = 0$ gesetzt. Wir wollen jetzt das Gegenteil tun, die Bedingung $\operatorname{div}\mathfrak{Z} = 0$ aufgeben und $\mathfrak{Z}_x = 0$ und $\mathfrak{Z}_y = 0$ setzen, den ganzen Wellenvorgang also in einfachster Weise durch einen HERTZ-

---

Nun ist

$$\frac{\omega}{c} = \frac{2\pi}{\lambda}; \qquad \frac{\lambda}{\cos\alpha} = 2b; \qquad \cos\alpha = \frac{\lambda}{2b};$$

also

$$\frac{\omega\cos\alpha}{c} = \frac{2\pi}{\lambda}\cdot\frac{\lambda}{2b} = \frac{\pi}{b} = k_2 \quad \text{und} \quad \frac{\omega\sin\alpha}{c} = k_1.$$

Setzt man das ein, erhält man

$$\mathfrak{H}_z = -4A\sin\omega t\sin k_1 x\sin k_2 y.$$

Wenn man

$$4A = \frac{\omega}{c}\,\frac{G(k_1^2+k_2^2)}{k_1 k_2} = \frac{\omega^3}{c^3}\,\frac{G}{k_1 k_2}$$

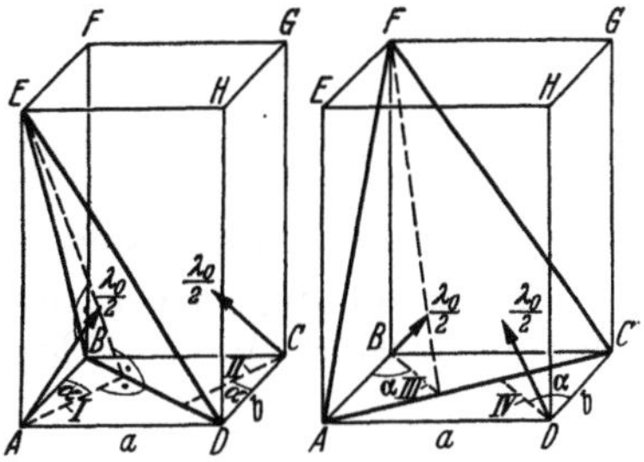

Abb. 282. Zusammensetzung der Wellen im rechteckigen Rohre aus 4 Teilwellen.

setzt $\left(k_1^2 + k_2^2 = \frac{\omega^2}{c^2}\right.$, gültig für die Grenzwellenlänge mit $\left.k_3 = 0!\right)$, so ist die oben gefundene Form für $\mathfrak{H}_z$ hergestellt.

$$\mathfrak{E}_x = \cos\alpha\cdot B\left\{\left[\sin\omega\left(t + \frac{y\cos\alpha + x\sin\alpha}{c}\right) - \sin\omega\left(t - \frac{y\cos\alpha + x\sin\alpha}{c}\right)\right]\right.$$
$$\left. - \left[\sin\omega\left(t + \frac{y\cos\alpha - x\sin\alpha}{c}\right) - \sin\omega\left(t - \frac{y\cos\alpha - x\sin\alpha}{c}\right)\right]\right\}$$
$$= 2B\cos\alpha\cos\omega t\left\{\sin\left(\frac{\omega}{c}(y\cos\alpha + x\sin\alpha)\right) - \sin\frac{\omega}{c}(y\cos\alpha - x\sin\alpha)\right\}$$
$$= 4B\cos\alpha\cos\omega t\sin\left(\frac{\omega}{c}\sin\alpha\cdot x\right)\cos\left(\frac{\omega}{c}\cos\alpha\cdot y\right) = 4B\cos\alpha\cos\omega t\cos k_2 y\sin k_1 x.$$

Wenn man

$$4B = \frac{\omega^2}{c^2}\,\frac{G}{k_1\cos\alpha} = \frac{\omega^3}{c^3}\,\frac{G}{k_1}\,\frac{1}{\cos\alpha\,\frac{\omega}{c}} = \frac{\omega^3}{c^3}\,\frac{G}{k_1 k_2}$$

setzt, so ist die oben gefundene Form für $\mathfrak{E}_x$ hergestellt.

Bemerkt sei, daß wir $A = B$ finden. Das war zu erwarten, da bei ebenen elektromagnetischen Wellen die elektrische Feldstärke in elektrostatischem Maßsystem gemessen, der Zahl nach der magnetischen Feldstärke, im elektromagnetischen Maßsystem gemessen, sein muß.

schen Vektor beschreiben, der nur eine Z-Komponente hat. Die elektrischen und magnetischen Feldstärken berechnen wir wieder nach den Gleichungen

$$\mathfrak{E} = -\frac{1}{c^2}\ddot{\mathfrak{Z}} + \nabla \operatorname{div} \mathfrak{Z} \quad \text{und} \quad \mathfrak{H} = \frac{\operatorname{rot} \dot{\mathfrak{Z}}}{c} \quad \text{mit} \quad \mathfrak{Z}_z = Z$$

zu

$$\mathfrak{E}_x = \frac{\partial^2 Z}{\partial x \partial z}; \quad \mathfrak{E}_y = \frac{\partial^2 Z}{\partial y \partial z}; \quad \mathfrak{E}_z = -\frac{1}{c^2}\ddot{Z} + \frac{\partial^2 Z}{\partial z^2}; \quad \mathfrak{H}_x = \frac{1}{c}\frac{\partial \dot{Z}}{\partial y}; \quad \mathfrak{H}_y = -\frac{1}{c}\frac{\partial \dot{Z}}{\partial x}; \quad \mathfrak{H}_z = 0.$$

Wir haben jetzt eine Wellenform erhalten, die einen elektrischen Vektor mit einer z-Komponente hat, dafür hat aber der magnetische Vektor keine z-Komponente. Um den Grenzbedingungen zu genügen, versuchen wir den Ansatz:

$$Z = C \cos k_1 x \cos k_2 y \cos(\omega t - k_3 z).$$

Wir erhalten dann:

$$\mathfrak{E}_x = -k_3 k_1 C \sin k_1 x \cos k_2 y \sin(\omega t - k_3 z);$$
$$\mathfrak{H}_x = +\omega k_2 C \cos k_1 x \sin k_2 y \sin(\omega t - k_3 z);$$
$$\mathfrak{E}_y = -k_3 k_2 C \cos k_1 x \sin k_2 y \sin(\omega t - k_3 z);$$
$$\mathfrak{H}_y = -\omega k_1 C \sin k_1 x \cos k_2 y \sin(\omega t - k_3 z);$$
$$\mathfrak{E}_z = \left(\frac{\omega^2}{c^2} - k_3^2\right) C \cos k_1 x \cos k_2 y \cos(\omega t - k_3 z); \quad \mathfrak{H}_z = 0.$$

Die Grenzbedingungen sind erfüllt.

8. Darstellung der elektrischen und magnetischen Kraftlinien. Wir zeichnen uns zunächst wieder die Feldstärken am Rande und in der Mitte und ergänzen

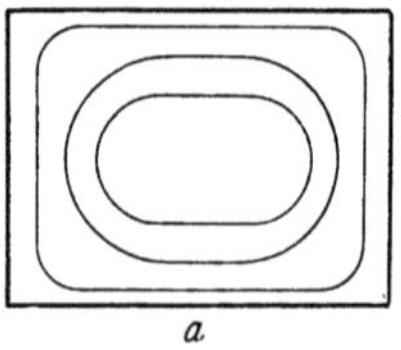

Abb. 283. Magnetische Kraftlinien der E-Welle im rechteckigen Rohre.

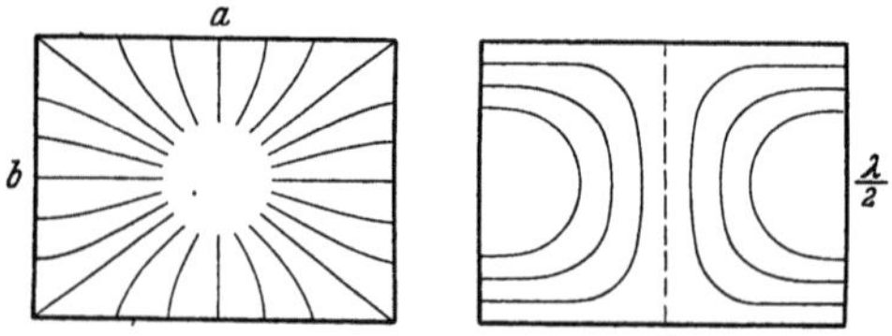

Abb. 284. Elektrische Kraftlinien der E-Welle im rechteckigen Rohre.

dann das Bild. Wir erhalten dann für die magnetischen Feldstärken (Abb. 283). Sie verlaufen in Ebenen senkrecht zur Rohrachse.

Die elektrischen Kraftlinien (Abb. 284) strömen von *allen* Rohrseiten zur Mitte. Den Strom im fehlenden Mitteldraht übernimmt der Verschiebungsstrom, der auf der Z-Komponente des elektrischen Feldes beruht.

Das Strahlungsfeld läßt sich wieder durch 4 Wellen in den 4 λ_0-Richtungen deuten, nur sind jetzt die Polarisationsrichtungen des elektrischen und magnetischen Vektors vertauscht. Die Richtigkeit der am Ende des vorigen Abschnittes ausgesprochenen Vermutung ist somit bestätigt.

9. Ein dritter Ansatz: $\operatorname{div}\mathfrak{Z} = 0$, $\operatorname{rot}_z \mathfrak{Z} = 0$. Ein zweiter Weg, um eine Welle zu erhalten, deren Magnetfeld keine z-Komponente enthält, ist der folgende: Wir legen einen Hertzschen Vektor zugrunde, der wohl eine X- und eine Y-Komponente besitzt, dessen Rotationskomponente in der Z-Richtung aber Null ist. Diesen Vektor können wir dann als Gradienten eines Potentials Φ darstellen. Da wir Hertzsche Vektoren mit Z-Komponenten bereits untersucht haben, können wir jetzt $\mathfrak{Z}_z = 0$ setzen. Wir erhalten dann für die Feldstärkekomponenten:

$$\mathfrak{Z}_x = \frac{\partial \Phi}{\partial x}, \quad \mathfrak{Z}_y = \frac{\partial \Phi}{\partial y}, \quad \mathfrak{Z}_z = 0; \quad \operatorname{div}\mathfrak{Z} = \frac{\partial^2 \Phi}{\partial x^2} + \frac{\partial^2 \Phi}{\partial y^2} = \Delta_2 \Phi,$$

$$\mathfrak{E}_x = -\frac{\partial \ddot{\Phi}}{c^2 \partial x} + \frac{\partial}{\partial x}\left(\frac{\partial^2 \Phi}{\partial x^2} + \frac{\partial^2 \Phi}{\partial y^2}\right) = \frac{\partial}{\partial x}\left(+\frac{\omega^2}{c^2}\Phi + \Delta_2 \Phi\right) e^{j\omega t} *,$$

$$\mathfrak{E}_y = \frac{\partial}{\partial y}\left(+\frac{\omega^2 \Phi}{c^2} + \Delta_2 \Phi\right), \quad \mathfrak{E}_z = \frac{\partial}{\partial z}\Delta_2 \Phi,$$

$$\mathfrak{H}_x = \frac{1}{c}\frac{\partial^2 \dot{\Phi}}{\partial y \partial z}; \quad \mathfrak{H}_y = -\frac{\partial^2 \dot{\Phi}}{c \partial x \partial z}; \quad \mathfrak{H}_z = \frac{1}{c}\left(\frac{\partial^2 \dot{\Phi}}{\partial x \partial y} - \frac{\partial^2 \dot{\Phi}}{\partial y \partial x}\right) = 0.$$

Setzen wir für Φ an:

$$\Phi = C \cos k_1 x \cos k_2 y \cos(\omega t - k_3 z),$$

so werden die Grenzbedingungen erfüllt. Wie man leicht nachrechnet, ist diese Strahlung mit der zweiten berechneten genau identisch.

Diese Überlegung macht es wahrscheinlich, daß es nur 2 Grundtypen von Rohrstrahlungen gibt:

1. Die magnetischen Wellen, d. h. Wellen, bei denen das Magnetfeld eine Z-Komponente hat, während das elektrische Feld transversal (zur Z-Richtung) ist und
2. die elektrischen Wellen, bei denen das elektrische Feld eine Z-Komponente besitzt und das magnetische Feld „transversal“ ist.

Man hat die erste Type H-Wellen und die zweite E-Wellen genannt.

10. Wellen höherer Ordnung. Wir hatten $k_1 = \pi/a$ und $k_2 = \pi/b$ gesetzt, man kann die Grenzbedingungen aber auch erfüllen, wenn man $k_1 = n\pi/a$ und $k_2 = m\pi/b$ setzt. Man kommt dann zu Wellen, die man mit E_{nm}-Welle und H_{nm}-Welle bezeichnet, während die Grundwellen mit H_0-Welle und E_0-Welle bezeichnet werden. Von diesen höheren Wellen ist als Beispiel die H_{22}-Welle von besonderem Interesse, da sie auf einen Wellentyp führt, der der H_0-Welle

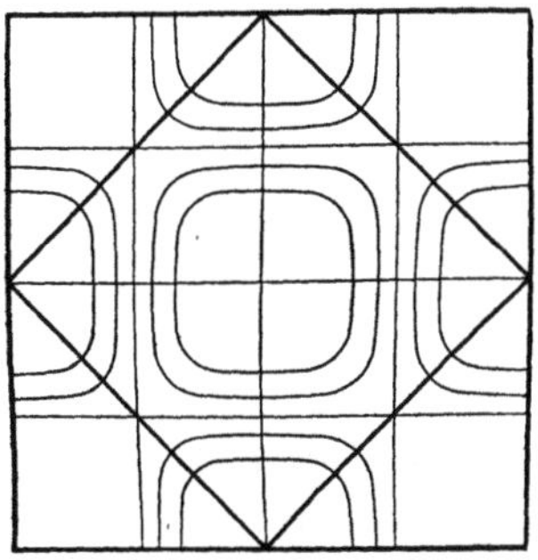

Abb. 285. E_{22}-Welle.

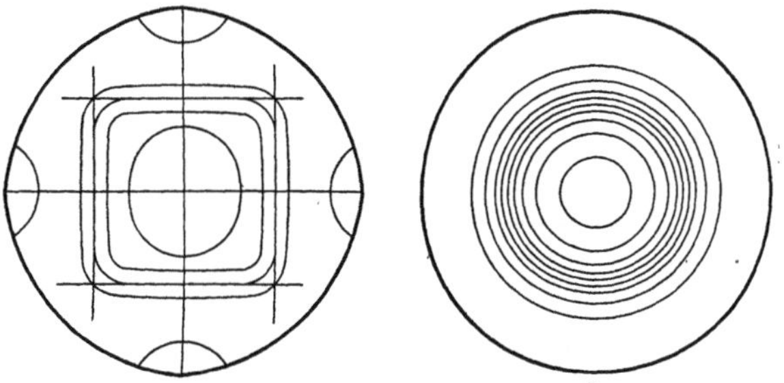

a b

Abb. 286. Übergang zur E_0-Welle im runden Rohre.

an runden Rohren entspricht. Die elektrischen Kraftlinien können wir ohne jede Rechnung hinzeichnen, indem wir Abb. 277 viermal aneinandersetzen (Abb. 285). Wir sehen nun, daß bei quadratischem Querschnitt die elektrischen Kraftlinien auch auf dem eingezeichneten auf den Spitzen stehenden Quadraten senkrecht stehen. Es könnte also auch dieses auf der Spitze stehende Quadrat ein möglicher Rohrquerschnitt sein. Es bleibt nur noch nachzuweisen, daß diese neue Rohrwand nicht von magnetischen Kraftlinien durchsetzt wird. Daß dies tatsächlich nicht

* Ebenso wie bei $\mathfrak{E}$ und $\mathfrak{H}$ auf Seite 185 Anmerkung bedeutet Φ in den Differentialgleichungen die Funktion, in der Gleichung für die komplexen Amplituden die Amplitude.

der Fall ist, lassen die Formeln für die magnetische Feldstärke leicht ablesen. Dabei bedenke man, daß für das Quadrat $k_1 = k_2$ und für die Begrenzung $x=y$. (Der Koordinatennullpunkt liegt auf der Mitte der schrägen Quadratseite!)

11. Übergang auf den runden Querschnitt. Den Übergang zum runden Querschnitt können wir uns nun qualitativ klarmachen. Wenn wie in Abb. 286a die schrägen Quadratseiten immer mehr zum Kreis aufgebogen werden, so müßten die auf die Seiten führenden Kraftlinien immer länger werden. Sie werden immer schwächer und dafür schließen sich immer mehr Kraftlinien um die in sich geschlossenen in der Mitte. Ist die Kreisform erreicht, so laufen schließlich gar keine Kraftlinien mehr auf die Rohrwand und wir sind zur Abb. 286b gekommen.

Bei der damit plausibel gemachten Strahlungsform führen keine elektrischen Kraftlinien auf die Rohrwand. Es existieren also auch keine Ladungen, die auf der Rohrwand verschoben werden müssen. Man könnte glauben, daß überhaupt keinerlei Strom in der Rohrwand fließt und damit jede Dämpfung der Welle fortfällt.

Das ist aber leider nicht der Fall. Der Sprung des Magnetfeldes an der Rohroberfläche erfordert in der Rohrwand einen Ringstrom, der in Ebenen senkrecht zur Z-Richtung fließt.

12. Die Herstellung ebener Wellen mit Hilfe angesetzter Trichter. Öffnet man das Rohr trichterartig, so drehen sich die Fortpflanzungsrichtungen der Teilwellen, die im engen Rohr zickzackförmig hin und her reflektiert werden, immer mehr in die Z-Richtung, so daß schließlich rein transversale Wellen in den freien Raum abgestrahlt werden.

13. Erregung der verschiedenen Wellentypen. Für die Erregung der verschiedenen Wellentypen hat man die verschiedensten Anordnungen ersonnen. Es seien nur zwei mitgeteilt. Zur Anregung der E_0-Welle kann man zunächst ein Rohr-Lechersystem mit einem Mittelleiter benutzen und den Mittelleiter aufhören lassen (Abb. 287). Für die H_0-Welle führt man den Hochfrequenzstrom einer Anordnung

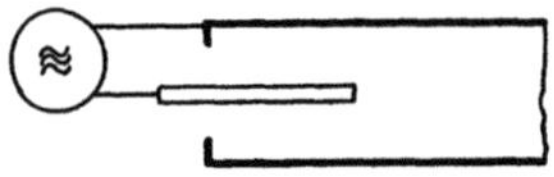

Abb. 287. Erzeugung der E-Welle-Ankopplung des Senders an das Rohr.

Abb. 288. Erzeugung der H_0-Welle-Ankopplung des Senders an das Rohr.

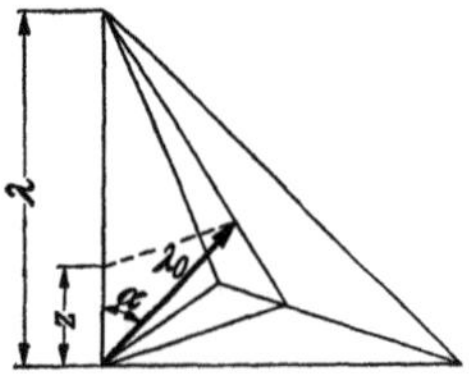

Abb. 289. Zur Erläuterung von $v_{ph} \cdot v_{gr} = c^2$.

(Abb. 288) zu, in der sich der Strom verteilt und so zu einer Ringströmung führt.

14. Bemerkung über die Phasen- und Gruppengeschwindigkeit. Wenn die Frequenz der Schwingung ν ist, so ist die Phasengeschwindigkeit $v_{\mathrm{ph}} = \nu \cdot \lambda$. Bezeichnen wir den Winkel zwischen λ_0 und der Z-Richtung mit α, so gilt:

$$v_{\mathrm{ph}} = \nu \frac{\lambda_0}{\cos\alpha} = \frac{c}{\cos\alpha}.$$

Die Gruppengeschwindigkeit ist die Geschwindigkeit, mit der die Einzelwellen auf ihrem Zickzackwege in der Z-Richtung vorwärtskommen. Sie ist: $v_{\mathrm{gr}} = \nu z = \nu\lambda_0 \cos\alpha = c\cos\alpha$ (s. Abb. 289).

Zwischen der Lichtgeschwindigkeit, der Phasen und Gruppengeschwindigkeit ergibt sich dann einfach die Beziehung: $v_{\mathrm{gr}}\, v_{\mathrm{ph}} = c^2$.

Anhang.

Die Grundlagen aus dem Gebiete der Elektrizitätslehre, der Vektorrechnung und der Behandlung von Schwingungsaufgaben mit komplexen Amplituden.

Bei einer Behandlung der drahtlosen Nachrichtentechnik wird man die wichtigsten Kenntnisse aus dem Gebiete der Elektrizitätslehre, die Vektorrechnung und das Arbeiten mit komplexen Amplituden voraussetzen müssen. Es gibt nun zahlreiche gute Darstellungen dieser Wissensgebiete, die aber alle in der Art der Darstellung und wohl auch in den Bezeichnungen voneinander abweichen. Auch erstreben diese Darstellungen eine gewisse Vollständigkeit. Es erschien deshalb angebracht, aus diesen umfangreichen Darstellungen die wenigen Punkte in kurzer und möglichst anschaulicher Form herauszugreifen, die technisch angewendet werden und so dem Leser der drahtlosen Nachrichtentechnik einen kurzen Auszug zum Nachschlagen der für ihn nötigen Kenntnisse in die Hand zu geben. Als Vorbild diente hierzu der kurze Abriß über Vektorrechnung, der dem Buche Abraham-Becker über Elektrizitätslehre vorangestellt wurde.

Es sei mit der Vektorrechnung begonnen, da diese an Hand ohne weiteres verständlicher mechanischer und kinematischer Aufgaben erläutert werden kann. Es folge dann eine kurze Zusammenstellung der Grundformeln der Elektrizitätslehre, bei denen die Vektorrechnung angewendet werden soll, und schließlich eine Darstellung der Methode der komplexen Amplituden, bei der wieder die Kenntnisse aus der Elektrizitätslehre als Übungsbeispiele verwendet werden, und die dann zu dem eigentlichen Thema, den elektrischen Schwingungen, überleitet.

Während bei den technischen Bänden Vollständigkeit erstrebt werden wird, ist in diesem einleitenden Bande auf möglichste Stoffbeschränkung Wert gelegt.

A. Vektorrechnung.

1. Vektoralgebra.

a) Grundvorstellungen und Grundformeln der Vektorrechnung.

Vektoren sind z. B. Strecken, Geschwindigkeiten, Kräfte, aber auch Flächen und Winkelgeschwindigkeiten. Wesentlich für den Vektor ist es, daß für jede Richtung eine Komponente definiert werden kann durch die Beziehung

$$\mathfrak{V}_{\mathfrak{r}} = \mathfrak{V} \cos(\mathfrak{V}, \mathfrak{r}) .$$

Zur Kennzeichnung des Vektors sind 3 Angaben nötig: Größe und Richtung (Längen- und Breitengrad) oder die 3 Komponenten in einem Koordinatensystem. Als solches benutzt man gewöhnlich das rechtwinklige (karthesische) und gibt die Koordinaten $\mathfrak{V}_x, \mathfrak{V}_y, \mathfrak{V}_z$ an:

$$\mathfrak{V}_x = \mathfrak{V} \cos(\mathfrak{V}, x), \qquad \mathfrak{V}_y = \mathfrak{V} \cos(\mathfrak{V}, y), \qquad \mathfrak{V}_z = \mathfrak{V} \cos(\mathfrak{V}, z),$$

Als Beispiele sind die Komponenten des Vektors, der die Dreiecksfläche F darstellt, in Abb. 290 und die n-Komponente des Vektors, der die kleine Drehung $\Delta\alpha$ kennzeichnet, in Abb. 291 aufgezeichnet. Dabei wird die Fläche dargestellt durch einen Vektor, der in der Flächennormale liegt, und eine Länge in cm hat, welche der Größe der Fläche in cm² zahlenmäßig gleicht oder bei Festlegung eines Maßstabes proportional ist. Die Komponenten sind die Projektionen der Fläche auf die zur X-, Y-, Z-Achse senkrechten Ebenen. — Die n-Komponente der Drehung $\Delta\alpha$ der beiden Strecken a, b, welche die Drehachse schneiden, ist der Drehwinkel der beiden Strecken a', b' am Durchstoßpunkt der n-Achse durch die Einheitskugel. Diese Komponenten genügen, wie die in den Abb. 290 und 291 angedeuteten geometrischen Überlegungen zeigen, dem für Vektoren charakteristischen Komponentengesetze:

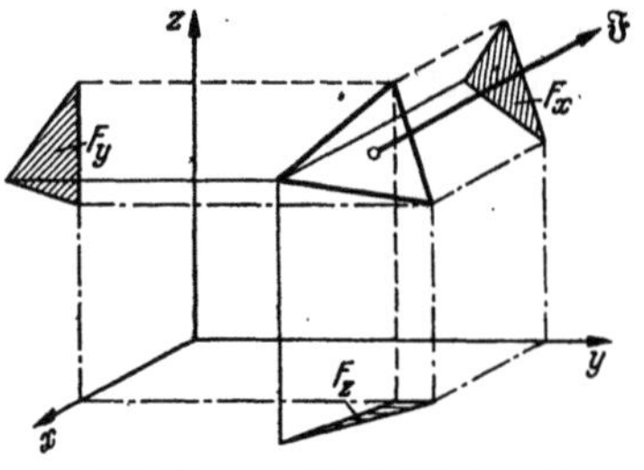

Abb. 290. Komponenten des Flächenvektors.

$$F_x = F\cos(F,x), \qquad \Delta\alpha_x = \Delta\alpha\cdot\cos(\alpha,x),$$
$$F_y = F\cos(F,y), \qquad \Delta\alpha_y = \Delta\alpha\cdot\cos(\alpha,y),$$
$$F_z = F\cos(F,z), \qquad \Delta\alpha_z = \Delta\alpha\cdot\cos(\alpha,z).$$

Zwischenrechnung: Die beiden Stücke a und b sind um $\Delta\alpha$ gedreht. Die beiden Stücke a' und b' haben die Länge $r\,d\vartheta$, sie sind gedreht um $+\frac{du}{r\,d\vartheta}$. Aus der Abb. 291 liest man ab:

$$u = \Delta\alpha\, r\sin\vartheta.$$

Also ist

$$\frac{du}{r\,d\vartheta} = \frac{\Delta\alpha\cdot r\cos\vartheta\,d\vartheta}{r\,d\vartheta} = \Delta\alpha\cos\vartheta = \Delta\alpha' = \Delta\alpha_n.$$

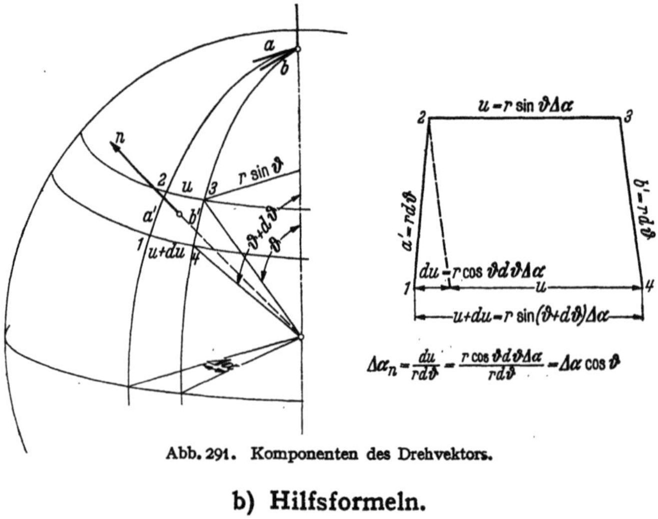

Abb. 291. Komponenten des Drehvektors.

b) Hilfsformeln.

Unter einem Einheitsvektor $\mathfrak{r}_1$ versteht man einen Vektor, der die Länge 1 cm hat. Seine Komponenten sind $\cos(\mathfrak{r},x)$, $\cos(\mathfrak{r},y)$, $\cos(\mathfrak{r},z)$. Es gilt nach dem Satz von Pythagoras:

$$\cos^2(\mathfrak{r},x) + \cos^2(\mathfrak{r},y) + \cos^2(\mathfrak{r},z) = 1.$$

Die $\cos(\mathfrak{r},x)\ldots$ nennt man „Richtungskosinusse“. Für die Richtungskosinusse, welche die beiden Richtungen $\mathfrak{a}$ und $\mathfrak{b}$ festlegen, schreiben wir abgekürzt:

$$\cos(\mathfrak{a},x) = a_x, \quad \cos(\mathfrak{a},y) = a_y\ldots, \quad \cos(\mathfrak{b},x) = b_x\ldots$$

Nach dem Kosinussatze, auf Abb. 292 angewandt, gilt dann:

$$\cos(\mathfrak{a},\mathfrak{b})_1 = \frac{\mathfrak{a}^2+\mathfrak{b}^2-\mathfrak{c}^2}{2\mathfrak{a}\mathfrak{b}} = \frac{1+1-(a_x-b_x)^2+(a_y-b_y)^2+(a_z-b_z)^2}{2\cdot1\cdot1} = a_xb_x + a_yb_y + a_zb_z.$$

2. Auf der ξ- und η-Achse eines gedrehten rechtwinkligen Koordinatensystems seien Strecken von der Länge 1 abgetragen (siehe Abb. 293). Die aus ihnen gebildete Fläche hat die Größe 1 und die Richtung ζ. Ihre Komponenten sind $\cos(\zeta, x)$, $\cos(\zeta, y)$, $\cos(\zeta, z)$. Die Projektionen der Fläche sind nach Abb. 290 und 293:

$$F_x = \cos(\xi, y)\cos(\eta, z) - \cos(\xi, z)\cos(\eta, y);$$
$$F_y = \cos(\xi, z)\cos(\eta, x) - \cos(\xi, x)\cos(\eta, z);$$
$$F_z = \cos(\xi, x)\cos(\eta, y) - \cos(\xi, y)\cos(\eta, x).$$

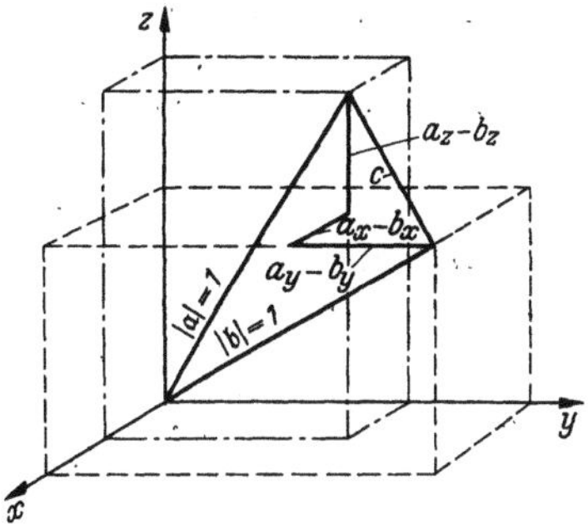

Abb. 292. Der Kosinussatz.

Wir erhalten somit die Beziehungen:

$$\cos(\zeta, x) = \cos(\xi, y)\cos(\eta, z) - \cos(\xi, z)\cos(\eta, y),$$
$$\cos(\zeta, y) = \cos(\xi, z)\cos(\eta, x) - \cos(\xi, x)\cos(\eta, z),$$
$$\cos(\zeta, z) = \cos(\xi, x)\cos(\eta, y) - \cos(\xi, y)\cos(\eta, x)$$

und analoge Formeln für

$$\cos(\eta, x), \cos(\eta, y) \ldots \cos(\xi, x) \ldots$$

c) Addition von Vektoren.

Die Addition geschieht durch Aneinandersetzen der Strecken. Für die Komponenten gilt:

$$(\mathfrak{A} + \mathfrak{B})_x = \mathfrak{A}_x + \mathfrak{B}_x; \quad (\mathfrak{A} + \mathfrak{B})_y = \mathfrak{A}_y + \mathfrak{B}_y; \quad (\mathfrak{A} + \mathfrak{B})_z = \mathfrak{A}_z + \mathfrak{B}_z$$

d) Die Multiplikation von Vektoren.

a) Die Multiplikation mit einem Zahlenfaktor (einem Skalar) ergibt einen vergrößerten Vektor der gleichen Richtung.

b) Mit einem Vektor.

1. Inneres oder skalares Produkt. Beispiel: Die Berechnung einer Arbeit:

$$A = (\mathfrak{K} \cdot \mathfrak{s}) = k \cdot s \cdot \cos(ks).$$

Nach dem Hilfssatz 1 folgt:

$$A = k_x s_x + k_y s_y + k_z s_z.$$

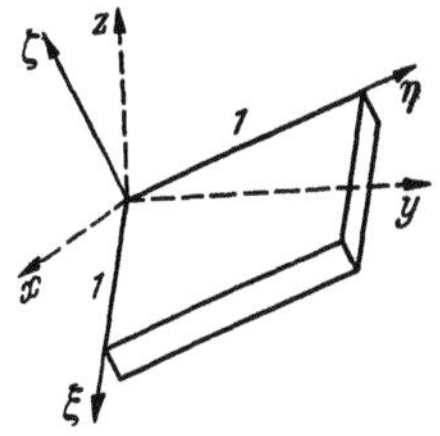

Abb. 293. Zur Koordinatendrehung.

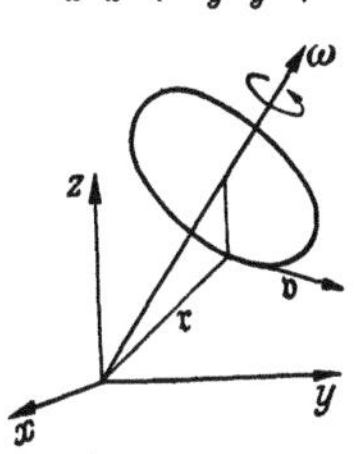

Abb. 294. $\mathfrak{v} = [\mathfrak{r} \cdot \omega]$.

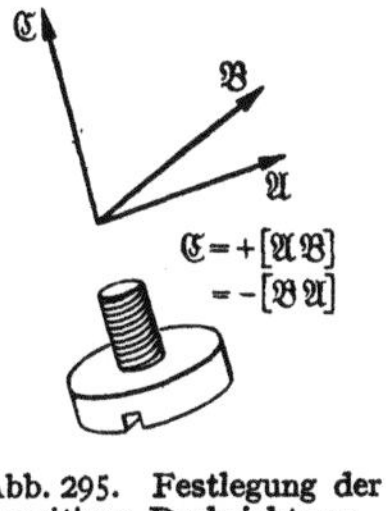

Abb. 295. Festlegung der positiven Drehrichtung.

Die Berechnung des „Betrages" einer Komponente in der $\mathfrak{r}_1$-Richtung:

$$K_r = (\mathfrak{K}\mathfrak{r}_1) = K_x \cos(\mathfrak{r}_1, x) + K_y \cos(\mathfrak{r}_1, y) + K_z \cos(\mathfrak{r}_1, z). *$$

2. Vektorielles oder äußeres Produkt.

1. Beispiel: Die Berechnung der aus den Vektoren $\mathfrak{a}$ und $\mathfrak{b}$ gebildeten Parallelogrammfläche. Aus Abb. 290 ist abzulesen:

$$\mathfrak{F} = [\mathfrak{a}\mathfrak{b}] \text{ mit den Komponenten: } F_x = a_y b_z - a_z b_y; \quad F_y = a_z b_x - a_x b_z; \quad \ldots$$

2. Beispiel: Die Berechnung der Geschwindigkeit $\mathfrak{v}$ eines durch $\mathfrak{r}$ gekennzeichneten Punktes bei einer Winkelgeschwindigkeit ω (Abb. 294):

$$\mathfrak{v} = [\omega \cdot \mathfrak{r}] \text{ mit den Komponenten: } v_x = \omega_y r_z - \omega_z r_y; \quad v_y = \omega_z r_x - \omega_x r_z; \quad v_z = \ldots$$

* Die Komponente in der Vektorrichtung selbst

$$|\mathfrak{K}_{\mathfrak{K}}| = K_x \cos(\mathfrak{K}, x) + + = K(\cos^2(\mathfrak{K}, x) + +) = K.$$

3. Beispiel: Die Berechnung des Drehmomentes um einen Punkt 0 beim Angriff einer Kraft $\mathfrak{K}$ am Ende der Strecke $\mathfrak{r}$:

$$\mathfrak{M} = [\mathfrak{r} \cdot \mathfrak{K}] \text{ mit den Komponenten: } M_x = r_y k_z - r_z k_y; \quad M_y = \ldots$$

Bemerkung über das Vorzeichen: Die Berechnung der Komponenten ergibt, daß $[\mathfrak{a}\mathfrak{b}] = -[\mathfrak{b}\mathfrak{a}]$. Das Vorzeichen ist durch Beschluß in Anlehnung an das Rechtsgewinde festgelegt worden (Abb. 295).

e) Algebra der Zahlentripel.

Wenn $\mathfrak{i}, \mathfrak{j}, \mathfrak{k}$ die Einheitsvektoren auf den Koordinatenachsen sind, so kann man schreiben:

$$\mathfrak{a} = a_x\mathfrak{i} + a_y\mathfrak{j} + a_z\mathfrak{k}; \quad \mathfrak{b} = b_x\mathfrak{i} + b_y\mathfrak{j} = b_z\mathfrak{k},$$

wobei $a_x a_y a_z$, $b_x \ldots$ die Beträge der Komponenten sind.

Für die Ausführung des skalaren Produktes gelten die Rechenregeln:

$$(\mathfrak{i} \cdot \mathfrak{i}) = (\mathfrak{j} \cdot \mathfrak{j}) = (\mathfrak{k} \cdot \mathfrak{k}) = 1; \quad (\mathfrak{i}\mathfrak{j}) = (\mathfrak{i}\mathfrak{k}) = (\mathfrak{k}\mathfrak{j}) = 0,$$

wodurch

$$(\mathfrak{a}\mathfrak{b}) = a_x b_x + a_y b_y + a_z b_z$$

erhalten wird.

Für die Ausführung des Vektorproduktes gelten die Rechenregeln:

$$[\mathfrak{i}\mathfrak{i}] = [\mathfrak{j}\mathfrak{j}] = [\mathfrak{k}\mathfrak{k}] = 0, \quad \mathfrak{i} = [\mathfrak{j}\mathfrak{k}], \quad -\mathfrak{i} = [\mathfrak{k}\mathfrak{j}], \quad \mathfrak{j} = [\mathfrak{k}\mathfrak{i}], \quad -\mathfrak{j} = [\mathfrak{i}\mathfrak{k}], \quad \mathfrak{k} = [\mathfrak{i}\mathfrak{j}], \quad -\mathfrak{k} = [\mathfrak{j}\mathfrak{i}],$$

Die Ausführung der Multiplikation ergibt dann:

$$[\mathfrak{a}\mathfrak{b}] = [(a_x\mathfrak{i} + a_y\mathfrak{j} + a_z\mathfrak{k})(b_x\mathfrak{i} + b_y\mathfrak{j} + b_z\mathfrak{k})]$$

$$\left.\begin{aligned} &= a_x b_x[\mathfrak{i}\mathfrak{i}] + a_y b_z[\mathfrak{j}\mathfrak{k}] + a_z b_y[\mathfrak{k}\mathfrak{j}] \\ &= a_y b_y[\mathfrak{j}\mathfrak{j}] + a_z b_x[\mathfrak{k}\mathfrak{i}] + a_x b_z[\mathfrak{i}\mathfrak{k}] \\ &= a_z b_z[\mathfrak{k}\mathfrak{k}] + a_x b_y[\mathfrak{i}\mathfrak{j}] + a_y b_x[\mathfrak{j}\mathfrak{i}] \end{aligned}\right\} = \begin{aligned} &\mathfrak{i}(a_y b_z - a_z b_y) \\ &+\mathfrak{j}(a_z b_x - a_x b_z) \\ &+\mathfrak{k}(a_x b_y - a_y b_x). \end{aligned}$$

Das Produkt ist also ein Vektor mit den drei mit $\mathfrak{i}, \mathfrak{j}, \mathfrak{k}$ multiplizierten Komponenten.

f) Produkte von mehr als zwei Vektoren.

Das Volumen eines Parallelepipedes, das aus den 3 Vektoren gebildet wird, ist:

$$V = (\mathfrak{A}[\mathfrak{B}\mathfrak{C}]) = A_x(B_y C_z - B_z C_y) + A_y(B_z C_x - B_x C_z) + A_z(B_x C_y - B_y C_x).$$

Man kann es auch als Determinante schreiben:

$$V = \begin{vmatrix} A_x & A_y & A_z \\ B_x & B_y & B_z \\ C_x & C_y & C_z \end{vmatrix}.$$

Es gilt die Beziehung:

$$(\mathfrak{A}[\mathfrak{B}\mathfrak{C}]) = (\mathfrak{C}[\mathfrak{A}\mathfrak{B}]) = (\mathfrak{B}[\mathfrak{C}\mathfrak{A}]),$$

da es bei der Berechnung von V gleichgültig ist, welchen Vektor man als schiefe Höhe wählt. Ebenso

$$\begin{vmatrix} A_x & A_y & A_z \\ B_x & B_y & B_z \\ C_x & C_y & C_z \end{vmatrix} = \begin{vmatrix} C_x & C_y & C_z \\ A_x & A_y & A_z \\ B_x & B_y & B_z \end{vmatrix} = \begin{vmatrix} B_x & B_y & B_z \\ C_x & C_y & C_z \\ A_x & A_y & A_z \end{vmatrix}.$$

Das Produkt $[\mathfrak{A}[\mathfrak{B}\mathfrak{C}]]$ berechnet sich zu

$$[\mathfrak{A}[\mathfrak{B}\mathfrak{C}]] = \mathfrak{B}(\mathfrak{A}\mathfrak{C}) - \mathfrak{C}(\mathfrak{A}\mathfrak{B}).$$

Es ist die Differenz zweier $\mathfrak{B}$ und $\mathfrak{C}$ paralleler Vektoren. Die Ausrechnung geschieht nach den obigen Rechenregeln für Vektorprodukte.

Bemerkung: Man nennt das Vektorprodukt auch „äußeres Produkt", weil der Produktvektor außerhalb der Ebene der beiden Faktoren liegt.

g) Differentiationen nach der Zeit.

Es soll die Geschwindigkeit $\mathfrak{v} = d\mathfrak{r}/dt$ und die Beschleunigung $\mathfrak{b} = d^2\mathfrak{r}/dt^2$ berechnet werden (vgl. Abb. 296).

1. Die Bahn sei durch den zeitlichen Verlauf eines Vektors $\mathfrak{r}(t)$ beschrieben. Der Betrag des Bahnelementes sei ds.

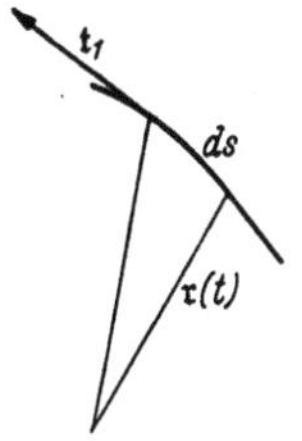

Abb. 296. Differentiation nach der Zeit.

1. Art:
$$\frac{d\mathfrak{r}}{dt} = \frac{d\mathfrak{r}}{ds}\cdot\frac{ds}{dt} = \frac{d\mathfrak{r}}{ds}\cdot v.$$

$d\mathfrak{r}/ds$ hat den Betrag 1 und die Richtung der Bahn, es ist also der Einheitsvektor $\mathfrak{t}_1$:
$$\frac{d^2\mathfrak{r}}{dt^2} = v\frac{d\mathfrak{t}_1}{dt} + \mathfrak{t}_1\frac{dv}{dt} = \frac{d\mathfrak{t}_1}{ds}v^2 + \mathfrak{t}_1\frac{dv}{dt}.$$

$d\mathfrak{t}_1$ ist der kleine Drehwinkel der Bahn und $ds/d\mathfrak{t}_1 = R$, dem Krümmungsradius. Da sich der Betrag von $\mathfrak{t}_1$ nicht ändert ($\mathfrak{t}_1$ ist ja Einheitsvektor), hat $\frac{d\mathfrak{t}_1}{ds}$ die Richtung $\mathfrak{R}_1$ senkrecht zur Bahn: $\frac{d\mathfrak{t}_1}{ds} = \frac{\mathfrak{R}_1}{R}$ ($\mathfrak{R}_1$ = Einheitsvektor in Richtung von R).
$$\frac{d^2\mathfrak{r}}{dt^2} = \mathfrak{R}_1\frac{v^2}{R} + \mathfrak{t}_1\frac{dv}{dt}.$$

Man erhält die Beschleunigung zerlegt in eine Beschleunigung längs der Bahn und die auf der Bahn senkrechte Zentrifugalkraft.

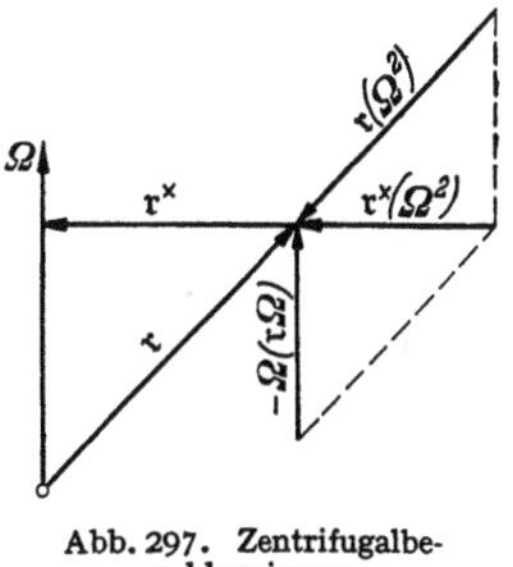

Abb. 297. Zentrifugalbeschleunigung.

2. Art:
$$\frac{d\mathfrak{r}}{dt} = \frac{d(\mathfrak{r}_1 r)}{dt} = \frac{d\mathfrak{r}_1}{dt}r + \mathfrak{r}_1\frac{dr}{dt}.$$

$d\mathfrak{r}_1/dt$ ist die Drehung des Einheitsvektors $\mathfrak{r}$. Wir drücken sie durch einen entsprechenden Drehvektor aus: $d\mathfrak{r}_1/dt = [\mathfrak{r}_1\Omega]$ (Abb. 297):
$$\frac{d\mathfrak{r}}{dt} = [\mathfrak{r}_1\Omega]\,r + \mathfrak{r}_1\frac{dr}{dt}.$$

Die weitere Differentiation ergibt mit $d\mathfrak{r}_1/dt = [\mathfrak{r}_1\Omega]$:
$$\frac{d^2\mathfrak{r}}{dt^2} = \underset{\text{Zentripetal-,}}{[[\mathfrak{r}_1\Omega]\Omega]\,r} + \underset{\text{Tangential-,}}{\left[\mathfrak{r}_1\frac{d\Omega}{dt}\right]r} + \underbrace{[\mathfrak{r}_1\Omega]\frac{dr}{dt} + [\mathfrak{r}_1\Omega]\frac{dr}{dt}}_{\text{Coriolis-,}} + \underset{\text{Radial-Beschleunigung}}{\mathfrak{r}_1\frac{d^2r}{dt^2}}.$$

Das Produkt $r[[\mathfrak{r}_1\Omega]\Omega]$ formen wir um zu
$$-r\{\mathfrak{r}_1(\Omega^2) - \Omega(\mathfrak{r}_1\Omega)\}.$$

$\mathfrak{r}_1(\Omega^2)$ ist ein Vektor in der $\mathfrak{r}_1$-Richtung vom Betrage Ω^2 und $\Omega(\mathfrak{r}_1\Omega)$ ein Vektor in der Ω-Richtung vom Betrage $\Omega^2\cos(\Omega\mathfrak{r}_1)$. Beide Vektoren sind in Abb. 297 eingezeichnet. Ihre Differenz liegt in der negativen $\mathfrak{r}^*$-Richtung und hat, wie man aus Abb. 297 abliest, den Betrag $\Omega^2\sin(\mathfrak{r}_1\Omega)$. Somit stellt $r[[\mathfrak{r}_1\Omega]\Omega]$ die Zentripetalbeschleunigung um die Ω-Achse dar[1].

[1] Um zu beweisen, daß der Vektor $-r\{\mathfrak{r}_1\Omega^2 - \Omega(\mathfrak{r}_1\Omega)\}$ senkrecht zu Ω steht, kann man auch mit Ω selber multiplizieren und zeigen, daß das Produkt Null ist.

2. Vektoranalysis.

a) Vektorfelder.

Jedem Raumpunkte x, y, z sei eine kleine Verschiebung $\mathfrak{s}$ mit den Komponenten $\mathfrak{x}, \mathfrak{y}, \mathfrak{z}$ durch die Gleichungen

$$\begin{aligned}
\mathfrak{x} &= a_0 + a_1 x + a_2 y + a_3 z, \\
\mathfrak{y} &= b_0 + b_1 x + b_2 y + b_3 z, \\
\mathfrak{z} &= c_0 + c_1 x + c_2 y + c_3 z
\end{aligned}$$

zugeordnet. Die Verschiebungen bzw. die Koeffizienten $a_1, a_2, a_3, b_1 \ldots c_1 \ldots$ sind so klein, daß bei Drehungen die Bögen noch als Gerade gelten können. Wir untersuchen die Bedeutung der Koeffizienten dadurch, daß wir zunächst eine Parallelverschiebung, eine Drehung und eine Dehnung für sich betrachten und dann ermitteln, in welcher Weise diese Verschiebungen in dem allgemeinen Ansatze enthalten sind. Die Linearität des Verschiebungsfeldes weist darauf hin, daß Drehung und Dehnung räumlich gleichmäßig sind.

1. Die Parallelverschiebung wird durch die Gleichungen

$$\mathfrak{x} = a_0, \qquad \mathfrak{y} = b_0, \qquad \mathfrak{z} = c_0$$

dargestellt.

2. Die Drehung kennen wir: $\mathfrak{s} = [\omega, \mathfrak{r}]$ mit den Komponenten:

$$\begin{aligned}
\mathfrak{x} &= \qquad\qquad -y\omega_z + z\omega_y, \\
\mathfrak{y} &= +x\omega_z \qquad\quad - z\omega_x, \\
\mathfrak{z} &= -x\omega_y + y\omega_x
\end{aligned}$$

3. Wird der Körper in den 3 Achsen im Verhältnis $\varepsilon_1 \varepsilon_2 \varepsilon_3$ gedehnt, so gilt:

$$\mathfrak{x} = \varepsilon_1 x, \qquad \mathfrak{y} = \varepsilon_2 y, \qquad \mathfrak{z} = \varepsilon_3 z.$$

4. Wird der Körper in Richtung der 3 Achsen ξ, η, ζ eines verdrehten Koordinatensystems gedehnt, so ist das wieder eine Translation, die sicher keine Drehung enthält. Es gilt dann, wenn wir einfach x_η für $\cos(x_1 \eta) \ldots$ schreiben:

$$\begin{aligned}
\mathfrak{x} &= \varepsilon_1 \xi x_\xi + \varepsilon_2 \eta x_\eta + \varepsilon_3 \zeta x_\zeta; \\
\mathfrak{y} &= \varepsilon_1 \xi y_\xi + \varepsilon_2 \eta y_\eta + \varepsilon_3 \zeta y_\zeta; \\
\mathfrak{z} &= \cdots
\end{aligned}$$

und unter Benutzung der Koordinatentransformation:

$$\xi = x \cdot x_\xi + y \cdot y_\xi + z \cdot z_\xi); \qquad \eta = x \cdot x_\eta + y \cdot y_\eta + z \cdot z_\eta; \qquad \zeta = \cdots$$

$$\mathfrak{x} = x(\varepsilon_1 x_\xi^2 + \varepsilon_2 \cdot x_\eta^2 + \varepsilon_3 x_\zeta^2) + y(\varepsilon_1 x_\xi y_\xi + \varepsilon_2 x_\eta y_\eta + \varepsilon_3 x_\zeta y_\zeta) + z(\varepsilon_1 x_\xi z_\xi + x_\eta z_\eta + x_\zeta z_\zeta),$$

$$\mathfrak{y} = x(\varepsilon_1 y_\xi x_\xi + \varepsilon_2 y_\eta x_\eta + \varepsilon_3 y_\zeta x_\zeta) + y(\varepsilon_1 y_\xi^2 + \varepsilon_2 y_\eta^2 + \varepsilon_3 y_\zeta^2) + z(\varepsilon_1 y_\xi z_\xi + \varepsilon_2 y_\eta z_\eta + \varepsilon_3 y_\zeta z_\zeta),$$

$$\mathfrak{z} = x(\varepsilon_1 z_\xi x_\xi + \varepsilon_2 z_\eta x_\eta + \varepsilon_3 z_\zeta x_\zeta) + y(\varepsilon_1 z_\xi y_\xi + \varepsilon_2 z_\eta y_\eta + \varepsilon_3 z_\zeta y_\zeta) + z(\varepsilon_2 z_\xi^2 + \varepsilon_2 z_\eta^2 + \varepsilon_3 z_\zeta^2).$$

Kürzen wir ab:

$$\begin{aligned}
\varepsilon_{10} &= \varepsilon_1 x_\xi^2 + \varepsilon_2 x_\eta^2 + \varepsilon_3 x_\xi^2, & \beta_x &= \varepsilon_1 y_\xi z_\xi + \varepsilon_2 y_\eta z_\eta + \varepsilon_3 y_\zeta z_\zeta, \\
\varepsilon_{20} &= \varepsilon_1 y_\xi^2 + \varepsilon_2 y_\eta^2 + \varepsilon_3 y_\zeta^2, & \beta_y &= \varepsilon_1 z_\xi x_\xi + \varepsilon_2 z_\eta x_\eta + \varepsilon_3 z_\zeta x_\zeta, \\
\varepsilon_{30} &= \varepsilon_1 z_\xi^2 + \varepsilon_2 z_\eta^2 + \varepsilon_3 z_\zeta^2, & \beta_z &= \varepsilon_1 x_\xi y_\xi + \varepsilon_2 x_\eta y_\eta + \varepsilon_3 x_\zeta y_\zeta,
\end{aligned}$$

so erhalten wir . . .

$$\begin{aligned}\mathfrak{x} &= \varepsilon_{10}x + \beta_z y + \beta_y z,\\ \mathfrak{y} &= \beta_z x + \varepsilon_{20}y + \beta_x z,\\ \mathfrak{z} &= \beta_y z + \beta_x y + \varepsilon_{30}z.\end{aligned}$$

Spalten wir die Dehnung nach den 3 Koordinatenrichtungen x, y, z ($\mathfrak{x} = \varepsilon_{10}x$, $\mathfrak{y} = \varepsilon_{20}y$, $\mathfrak{z} = \varepsilon_{30}z$) ab, so erhalten wir den allgemeinsten Fall der Scherung *ohne* Drehung:

$$\begin{aligned}\mathfrak{x} &= \quad . \quad \beta_z y + \beta_y z,\\ \mathfrak{y} &= \beta_z x \quad . \quad + \beta_x z,\\ z &= \beta_y x + \beta_x y \quad .\end{aligned}$$

Man kann auch umgekehrt aus den 6 Gleichungen für die Koeffizienten

$$\varepsilon_{10},\ \varepsilon_{20},\ \varepsilon_{30},\ \beta_x,\ \beta_y,\ \beta_z \quad \text{aus} \quad x_\xi^2 + y_\xi^2 + z_\xi^2 = 1, \quad x_\eta^2 + y_\eta^2 + z_\eta^2 = 1, \ldots$$

und den Orthogonalitätsbedingungen

$$\begin{aligned}x_\xi x_\eta + y_\xi y_\eta + z_\xi z_\eta &= 0,\\ x_\xi x_\zeta + y_\xi y_\zeta + z_\xi z_\zeta &= 0,\\ x_\eta x_\zeta + y_\eta y_\zeta + z_\eta z_\zeta &= 0\end{aligned}$$

die 9 Richtungskosinusse für die „Hauptachsen des Dehnungstensors" und ε_1, ε_2, ε_3 berechnen, die dadurch gekennzeichnet sind, daß in ihnen keine Scherung, sondern nur reine Dehnung ε_1, ε_2, ε_3 auftritt. In der Möglichkeit dieser Berechnung liegt auch der Beweis für die Existenz dreier aufeinander senkrechter Hauptachsen.

Die Überlagerung der Parallelverschiebung, Drehung, Dehnung und Scherung ergibt schließlich den allgemeinsten Fall, den wir analysieren wollen:

$$\begin{aligned}\mathfrak{x} &= \mathfrak{x}_0 + \varepsilon_{10}x + y(-\omega_z + \beta_z) + z(+\omega_y + \beta_y),\\ \mathfrak{y} &= \mathfrak{y}_0 + (+\omega_z + \beta_z)\,x + y\,\varepsilon_{20} + z(-\omega_x + \beta_x),\\ \mathfrak{z} &= \mathfrak{z}_0 + (-\omega_y + \beta_y)\,x + (+\omega_x + \beta_x)\,y + \varepsilon_{30}z.\end{aligned}$$

Der Vergleich der Koeffizienten zur Berechnung der Winkeländerungen β infolge der Scherung und der Komponenten der Drehwinkel ω ergibt schließlich die Gleichungen:

$$\begin{aligned}&a_0 = \mathfrak{x}_0, && a_1 = \varepsilon_{10}, && a_2 = -\omega_z + \beta_z, && a_3 = +\omega_y + \beta_y,\\ &b_0 = \mathfrak{y}_0, && b_1 = +\omega_z + \beta_z, && b_2 = \varepsilon_{20}, && b_3 = -\omega_x + \beta_x,\\ &c_0 = \mathfrak{z}_0, && c_1 = -\omega_y + \beta_y, && c_2 = +\omega_x + \beta_x, && c_3 = \varepsilon_{30}\end{aligned}$$

mit den Lösungen:

$$\begin{aligned}\omega_x &= \tfrac{1}{2}(c_2 - b_3) & \beta_x &= \tfrac{1}{2}(b_3 + c_2),\\ \omega_y &= \tfrac{1}{2}(a_3 - c_1) & \beta_y &= \tfrac{1}{2}(c_1 + a_3),\\ \omega_z &= \tfrac{1}{2}(b_1 - a_2) & \beta_z &= \tfrac{1}{2}(a_2 + b_1).\end{aligned}$$

Ist die Verschiebung keine homogene, sondern sind die $\mathfrak{x}, \mathfrak{y}, \mathfrak{z}$ beliebige Funktionen von x, y, z, so kann man sich die Funktionen in der Umgebung eines Punktes in eine Reihe entwickelt denken:

$$\begin{aligned}\mathfrak{x} &= \mathfrak{x}_0 + \frac{\partial \mathfrak{x}}{\partial x}x + \frac{\partial \mathfrak{x}}{\partial y}y + \frac{\partial \mathfrak{x}}{\partial z}z,\\ \mathfrak{y} &= \mathfrak{y}_0 + \frac{\partial \mathfrak{y}}{\partial x}x + \frac{\partial \mathfrak{y}}{\partial y}y + \frac{\partial \mathfrak{y}}{\partial z}z,\\ \mathfrak{z} &= \mathfrak{z}_0 + \frac{\partial \mathfrak{z}}{\partial x}x + \frac{\partial \mathfrak{z}}{\partial y}y + \frac{\partial \mathfrak{z}}{\partial z}z.\end{aligned}$$

Für die räumlich veränderlichen Drehwinkel und Scherungswinkel erhält man dann:

$$2\omega_x = \frac{\partial \mathfrak{z}}{\partial y} - \frac{\partial \mathfrak{y}}{\partial z} \qquad 2\beta_x = \frac{\partial \mathfrak{z}}{\partial y} + \frac{\partial \mathfrak{y}}{\partial z},$$

$$2\omega_y = \frac{\partial \mathfrak{x}}{\partial z} - \frac{\partial \mathfrak{z}}{\partial x} \qquad 2\beta_y = \frac{\partial \mathfrak{x}}{\partial z} + \frac{\partial \mathfrak{z}}{\partial x},$$

$$2\omega_z = \frac{\partial \mathfrak{y}}{\partial x} - \frac{\partial \mathfrak{x}}{\partial y} \qquad 2\beta_z = \frac{\partial \mathfrak{y}}{\partial x} + \frac{\partial \mathfrak{x}}{\partial y}.$$

Für die räumliche Dehnung erhält man unter Benutzung der Abkürzungsgleichungen und der Orthogonalitätsbedingungen

$$\varepsilon_{10} + \varepsilon_{20} + \varepsilon_{30} = \varepsilon_1 + \varepsilon_2 + \varepsilon_3 = \frac{\partial \mathfrak{x}}{\partial x} + \frac{\partial \mathfrak{y}}{\partial y} + \frac{\partial \mathfrak{z}}{\partial z}.$$

Den Differentialausdruck

$$\frac{\partial \mathfrak{x}}{\partial x} + \frac{\partial \mathfrak{y}}{\partial y} + \frac{\partial \mathfrak{z}}{\partial z}$$

nennt man die Divergenz von $\mathfrak{s}$

$$\operatorname{div}\mathfrak{s} = \frac{\partial \mathfrak{x}}{\partial x} + \frac{\partial \mathfrak{y}}{\partial y} + \frac{\partial \mathfrak{z}}{\partial z}.$$

Den doppelten Drehvektor 2ω nennt man Rotation von $\mathfrak{s}$:

$$\operatorname{rot}\mathfrak{s} = \mathfrak{i}\left(\frac{\partial \mathfrak{z}}{\partial y} - \frac{\partial \mathfrak{y}}{\partial z}\right) + \mathfrak{j}\left(\frac{\partial \mathfrak{x}}{\partial z} - \frac{\partial \mathfrak{z}}{\partial x}\right) + \mathfrak{k}\left(\frac{\partial \mathfrak{y}}{\partial x} - \frac{\partial \mathfrak{x}}{\partial y}\right).$$

b) Der Gradient.

Wenn eine Größe, z. B. die Höhe h, als Funktion des Ortes x, y gegeben ist, so können wir uns diese Funktion durch Linien konstanter Höhe h, durch die bekannten Höhenlinien der Meßtischblätter, darstellen.

Ist eine Größe, z. B. die Temperatur T, als Raumfunktion der Koordinaten x, y, z gegeben, so können wir sie durch Flächen konstanter Temperatur darstellen.

Schreitet man den Berg in irgendeiner Richtung herab, so läuft man auf einer Bahn mit der Neigung dh/ds. Diese Neigung kann als Komponente eines Vektors in der Richtung $\mathfrak{s}$ aufgefaßt werden, der selbst senkrecht zu den Höhenlinien liegt und den Betrag dh/dn hat. Man erkennt das daran, daß die für die Vektoren charakteristische Beziehung

$$\frac{dh}{ds} = \frac{dh}{dn}\cos(ns)$$

gilt, die wohl ohne weitere Erläuterung aus Abb. 298 abzulesen ist. Diese Neigung nennt man in Erinnerung an das Herabschreiten den Gradienten von h:

$$\frac{dh}{ds} = (\operatorname{grad} h)_s; \quad \operatorname{grad} h = \mathfrak{i}\frac{\partial h}{\partial x} + \mathfrak{j}\frac{\partial h}{\partial y}.$$

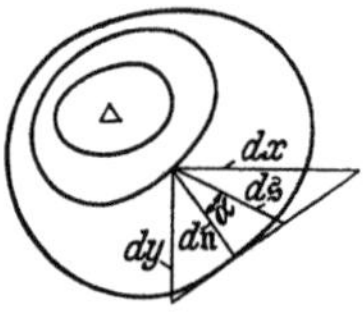

Abb. 298. Der Gradient.

Die Übertragung auf den Temperaturgradienten grad T ist aus einer entsprechenden Figur abzulesen:

$$\operatorname{grad} T = \mathfrak{i}\frac{\partial T}{\partial x} + \mathfrak{j}\frac{\partial T}{\partial y} + \mathfrak{k}\frac{\partial T}{\partial z}.$$

c) Eine zweite Definition von Divergenz und Rotation.

1. Die Divergenz. Die Divergenz einer homogenen Dehnung $\varepsilon_1 + \varepsilon_2 + \varepsilon_3$ gleicht der prozentualen Volumenzunahme, solange die Verschiebungen so klein bleiben, daß man die in Abb. 299c an dem vollen Kasten (299b) fehlenden schmalen 3 Säulen als klein höherer Ordnung vernachlässigen kann. Die

Volumenvergrößerung δV läßt sich nun (Abb. 299a) allgemein unter der gleichen Vernachlässigung durch das Oberflächenintegral $\oint \mathfrak{s}\, do$ ausrechnen, so daß sich für die Divergenz ergibt:

$$\operatorname{div} \mathfrak{s} = \int \mathfrak{s}\, do / \text{Volumen}.$$

Für große Verschiebungen, bei denen die in Abb. 299b fehlenden Säulen oder

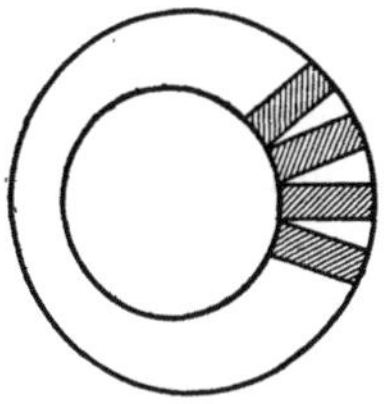

Abb. 299a. Die Divergenz.

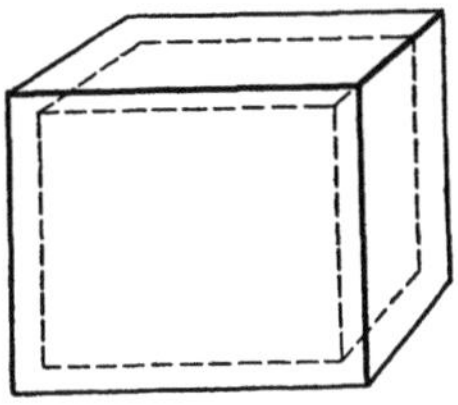

Abb. 299b. Zur Erläuterung der Divergenz.

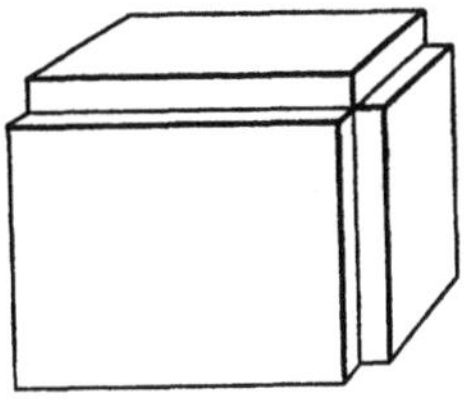

Abb. 299c. Zur Erläuterung der Divergenz.

die in Abb. 299a fehlenden Keile nicht mehr vernachlässigt werden können, ist $\operatorname{div}\mathfrak{s}$ nicht mehr gleich $\delta V/V$.

Die Ausrechnung ergibt in der Tat

$$\oint \mathfrak{s}\, do = \int \mathfrak{x}\, do_x + \mathfrak{y}\, do_y + \mathfrak{z}\, do_z = \int \mathfrak{x}\, dy\, dz + \mathfrak{y}\, dz\, dx + \mathfrak{z}\, dx\, dy$$

$$= \int (a_1 x + a_2 y + a_3 z)\, dy\, dz + (b_1 x + b_2 y + b_3 z)\, dz\, dx + (c_1 x + c_2 y + c_3 z)\, dx\, dy$$

$$= (a_1 + b_2 + c_3)\,\text{Vol} = (\varepsilon_1 + \varepsilon_2 + \varepsilon_3)\,\text{Vol} = \operatorname{div}\mathfrak{s} \cdot \text{Vol}.$$

Da

$$\oint x\, dy\, dz = \oint y\, dz\, dx = \oint z\, dx\, dy = \text{Vol},$$

während

$$\oint x\, dx\, dy = \oint x\, dx\, dz = \oint y\, dy\, dx = \oint y\, dy\, dz = \oint z\, dz\, dx = \oint z\, dz\, dy = 0,$$

da sich immer die auf den zur X-Achse parallelen Geraden liegenden Anteile von $y\, dy\, dz$ und $z\, dy\, dz$ und die auf zur Y-Achse parallelen Geraden liegenden Anteile von $x\, dx\, dz$ und $z\, dx\, dz$ ... aufheben (s. Abb. 300a, b).

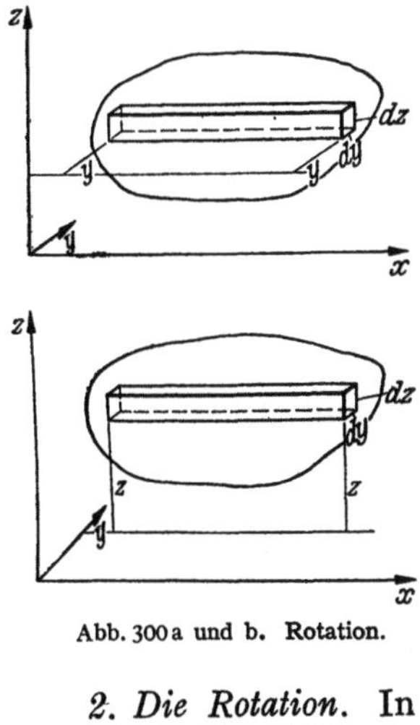

Abb. 300a und b. Rotation.

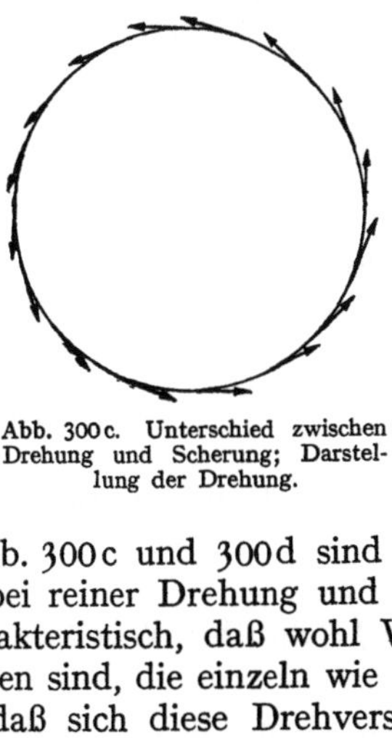

Abb. 300c. Unterschied zwischen Drehung und Scherung; Darstellung der Drehung.

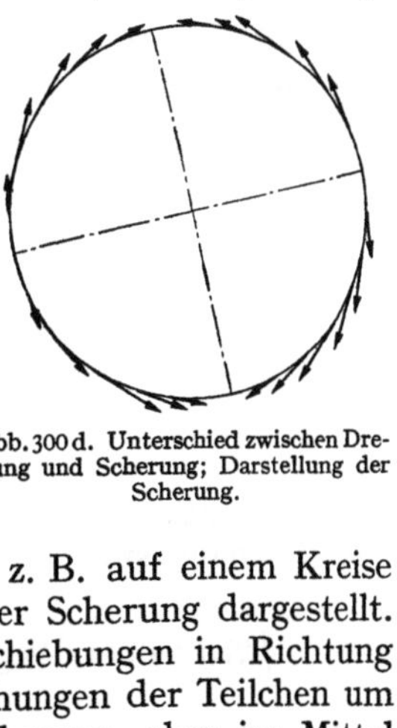

Abb. 300d. Unterschied zwischen Drehung und Scherung; Darstellung der Scherung.

2. *Die Rotation.* In Abb. 300c und 300d sind die z. B. auf einem Kreise liegenden Verschiebungen bei reiner Drehung und reiner Scherung dargestellt. Für die Scherung ist charakteristisch, daß wohl Verschiebungen in Richtung des Kreisumfanges vorhanden sind, die einzeln wie Drehungen der Teilchen um den Nullpunkt aussehen, daß sich diese Drehverschiebungen aber im Mittel aufheben, so daß im Mittel die Drehung zu Null wird. Es ist $\oint \mathfrak{s}\, ds = 0$ zu erwarten, während bei einer Drehung $\oint \mathfrak{s}\, ds$ von 0 verschieden ist. Hat man

nun gemischte Scherung und Drehung, so werden durch die eine Mittelwertbildung bei der Berechnung des Integrales die Scherverschiebungen herausfallen und die Drehverschiebungen allein zur Auswirkung kommen. Da bei einer reinen Drehung $\mathfrak{s}_s = \omega r$, so erhält man für das Integral den Wert

$$\oint [\omega\mathfrak{r}]\, d\mathfrak{s} = \oint \omega[\mathfrak{r}\, d\mathfrak{s}] = \omega \oint [\mathfrak{r}\, d\mathfrak{s}] = \omega\, 2\mathfrak{F},$$

wobei $\mathfrak{F}$ der Vektor der umrandeten Fläche ist.

Diese Überlegung führt auf den Gedanken, ob man bei homogener Verschiebung durch die Beziehung $\oint \mathfrak{s}\, ds/F$ das Integral über eine beliebige ebene zu $\mathfrak{n}$ senkrechte Fläche genommen, den Wert $2\omega_n = 2\omega \cos(\omega\mathfrak{n})$ herausbekommt. Die Ausrechnung zeigt, daß dies der Fall ist:

$$\oint \mathfrak{s}\, ds = \oint (\mathfrak{x}\, dx + \mathfrak{y}\, dy + \mathfrak{z}\, dz)$$
$$= \oint (a_1 x + a_2 y + a_3 z)\, dx + (b_1 x + b_2 y + b_3 z)\, dz + (c_1 x + c_2 y + c_3 z)\, dz,$$

nun ist aber:

während
$$\oint x\, dx = \oint y\, dy = \oint z\, dz = 0,$$

$$\oint x\, dy = -\oint y\, dx = F_z; \quad \oint y\, dz = -\oint z\, dy = F_x; \quad \oint z\, dx = -\oint x\, dz = F_y.$$

Setzt man diese Werte für die Integrale ein, so ergibt sich:

$$\oint \mathfrak{s}\, ds = F_x(c_2 - b_3) + F_y(a_3 - c_1) + F_z(b_1 - a_2).$$

Die Differenzen $(c_2 - b_3)$, $(a_3 - c_1)$, $(b_1 - a_2)$ haben wir als Komponenten der Drehung $2\omega_x, 2\omega_y, 2\omega_z$ kennengelernt. Wir können somit schreiben:

$$\frac{\oint \mathfrak{s}\, ds}{2} = \omega_x F_x + \omega_y F_y + \omega_z F_z = (\omega\mathfrak{F}) = (\omega\mathfrak{n}) F = \omega_n F.$$

Dividieren wir durch den Betrag der Fläche, so erhalten wir die Komponente des Drehvektors in der Richtung der Flächennormalen $\mathfrak{n}$.

Ist die Verschiebung keine homogene, so kann man den räumlich variablen Drehvektor nach derselben Definition finden; man muß nur als Integrationsbereich eine im Grenzfall unendlich kleine Fläche benutzen und kommt so zu der üblichen Definition der Rotation:

$$\mathrm{rot}_n \mathfrak{s} = 2\omega_n = \lim (F = 0) \frac{\oint \mathfrak{s}\, ds}{F}.$$

d) Bedingung dafür, daß ein Vektor ein Potential hat.

Das Potential eines Vektors ist definiert durch die Beziehung:

$$\Phi = \int \mathfrak{V}\, d\mathfrak{s}, \qquad \Phi_{12} = \int_1^2 \mathfrak{V}\, d\mathfrak{s}.$$

Das Potential ist nur dann eine „Raumfunktion", wenn das Integral vom Wege unabhängig ist:

$$\int_1^2 \mathfrak{V}\, d\mathfrak{s} \text{ über Weg } 1 = \int_1^2 \mathfrak{V}\, d\mathfrak{s} \text{ über Weg } 2 = \cdots \quad \text{oder} \quad \oint \mathfrak{V}\, d\mathfrak{s} = 0$$

für jeden *beliebigen* Weg zwischen Punkt 1 und 2.

Diese Bedingung ist also gleichbedeutend mit $\mathrm{rot}\,\mathfrak{V} = 0$, d. h. mit der Voraussetzung der Wirbelfreiheit des Vektorfeldes.

Als Beispiele seien die Felder konservativer Kräfte (Gravitation, Feld elektrischer Ladungen), einer wirbelfreien Wasserströmung angeführt. Bei den Kraftfeldern findet man das Vorhandensein eines Potentials aus dem Energiesatze. Das Potential hat hier „zufälligerweise" die physikalische Bedeutung der Arbeit, und die Bedingung für das Vorhandensein einer eindeutigen „Raumfunktion" $\int \mathfrak{R}\, d\mathfrak{s}$ folgt aus dem Satze der Unmöglichkeit eines Perpetuum mobile erster Art. Aus dem Vorhandensein des Potentials schließt man dann auf die Wirbelfreiheit der Kraftfelder. Es gilt ja

$$\int_{1\ \mathrm{Weg}\,1}^{2} \mathfrak{R}\, d\mathfrak{s} = \int_{1\ \mathrm{Weg}\,2}^{2} \mathfrak{R}\, d\mathfrak{s}; \qquad \oint \mathfrak{R}\, d\mathfrak{s} = 0; \qquad \operatorname{rot} \mathfrak{R} = 0; \qquad \operatorname{rot}\operatorname{grad} \Phi = \operatorname{rot} \nabla \Phi = 0;$$

$$\left[\operatorname{rot}_z \operatorname{grad} \Phi = \operatorname{rot}_x \nabla \Phi = \frac{\partial}{\partial y}\frac{\partial \Phi}{\partial z} - \frac{\partial}{\partial z}\frac{\partial \Phi}{\partial y} = 0\right]^*.$$

Bei der Behandlung von Strömungen in Flüssigkeiten schließt man umgekehrt z. B. aus der Reibungslosigkeit der Flüssigkeit auf die Wirbelfreiheit der Strömung und folgert daraus, daß die Strömung ein Potential habe. Die Zulässigkeit dieser Umkehr ist mit Hilfe des Stokesschen Satzes beweisbar. (Die Lösung der Differentialgleichung $\operatorname{rot} \mathfrak{v} = 0$ lautet: $\mathfrak{v} = \nabla \Phi$.)

e) Die Bedeutung des Potentialbegriffes.

Das Potential tritt dem Studenten meist erstmalig als das Potential konservativer Kräfte mit der physikalischen Bedeutung der „Arbeit" entgegen, und er glaubt daher, daß der Begriff der Arbeit wesentlich mit dem des Potentials verbunden sein müsse. Die Bedeutung des Potentials liegt aber darin, daß wir in ihm eine Hilfsrechengröße in der Hand haben, die uns die Berechnung der wirbelfreien Vektorfelder außerordentlich erleichtert: In der Strömungslehre, der Elektrizitätslehre usw. treten uns immer wieder Aufgaben der folgenden Art entgegen:

Gegeben die Verteilung elektrischer Ladungen, berechne die Feldstärke.
Gegeben die Spannung auf einer Reihe von Leitern, berechne die Feldstärke.

---

* Das Zeichen Nabla, geschrieben ∇, bedeutet

$$\nabla = \mathfrak{i}\frac{\partial}{\partial x} + \mathfrak{j}\frac{\partial}{\partial y} + \mathfrak{k}\frac{\partial}{\partial z}.$$

So stellt z. B.

$$\nabla \Phi = \mathfrak{i}\frac{\partial \Phi}{\partial x} + \mathfrak{j}\frac{\partial \Phi}{\partial y} + \mathfrak{k}\frac{\partial \Phi}{\partial z}$$

einen Vektor mit den Komponenten $\frac{\partial \Phi}{\partial x}, \frac{\partial \Phi}{\partial y}, \frac{\partial \Phi}{\partial z}$ dar. $\nabla \Phi$ gleicht also $\operatorname{grad} \Phi$. Das skalare Produkt von ∇ mit einem Vektor:

$$\nabla \mathfrak{B} = \mathfrak{i}\frac{\partial}{\partial x}(\mathfrak{i}\mathfrak{B}_x) + \mathfrak{j}\frac{\partial}{\partial y}(\mathfrak{j}\mathfrak{B}_y) + \mathfrak{k}\frac{\partial}{\partial z}(\mathfrak{k}\mathfrak{B}_z) = \frac{\partial \mathfrak{B}_x}{\partial x} + \frac{\partial \mathfrak{B}_y}{\partial y} + \frac{\partial \mathfrak{B}_z}{\partial z} = \operatorname{div} \mathfrak{B}.$$

Wie wir später sehen werden, kann man auch $[\nabla \cdot \mathfrak{B}]$ bilden: $[\nabla \cdot \mathfrak{B}] = \operatorname{rot} \mathfrak{B}$. Weitere Ausdrücke wie $\nabla^2 \Phi = \frac{\partial^2 \Phi}{\partial x^2} + \frac{\partial^2 \Phi}{\partial y^2} + \frac{\partial^2 \Phi}{\partial z^2} = \Delta \Phi$,

$$(\mathfrak{A}\nabla)\mathfrak{B} = \mathfrak{i}\left(A_x\frac{\partial \mathfrak{B}_x}{\partial x} + A_y\frac{\partial \mathfrak{B}_x}{\partial y} + A_z\frac{\partial \mathfrak{B}_x}{\partial z}\right) + \mathfrak{j}\left(A_x\frac{\partial \mathfrak{B}_y}{\partial x} + A_y\frac{\partial \mathfrak{B}_y}{\partial y} + A_z\frac{\partial \mathfrak{B}_y}{\partial z}\right)$$
$$+ \mathfrak{k}\left(A_x\frac{\partial \mathfrak{B}_z}{\partial x} + A_y\frac{\partial \mathfrak{B}_z}{\partial y} + A_z\frac{\partial \mathfrak{B}_z}{\partial z}\right)$$

sollen besprochen werden.

Gegeben die Form der Wandungen eines Rohres oder die Form eines Flußbettes, berechne das Geschwindigkeitsfeld der Strömung (auf thermodynamische Beispiele sei in einer Anmerkung hingewiesen!). Bei allen diesen Beispielen handelt es sich um die Bestimmung der *drei* Raumfunktionen v_x, v_y, v_z meist aus 3 simultanen Differentialgleichungen. Hat nun aber das Vektorfeld ein Potential, so brauchen wir nur *eine* Raumfunktion aus *einer* Differentialgleichung zu berechnen und finden das Vektorfeld selbst dann durch eine einfache immer ausführbare Differentiation. So vereinfacht uns die Hilfsrechengröße „Potential" nicht nur die Lösung der Aufgabe, ein Vektorfeld zu bestimmen, sondern sie ermöglicht uns oftmals diese Aufgabe überhaupt erst. Die Tatsache, daß so häufig Energiebetrachtungen in sehr einfacher Weise zum Ziele führen, liegt an dieser Vereinfachung der Rechnungen durch das Potential und daran, daß die Energie das Potential der gesuchten Kräfte ist.

Anmerkung. Vektoren und Potentiale werden in etwas erweiterter Form in der Thermodynamik benutzt. Während in der Mechanik die Aufgabe normalerweise darin besteht, Kräfte, Verschiebungen, Geschwindigkeiten, Beschleunigungen oder Potentiale (bei Kräften Potential = Energie) als Funktionen der Raumkoordinaten x, y, z zu berechnen, benutzt man in der Thermodynamik als Koordinaten die Zustandsgrößen T und V bzw. T, P oder P, V. Es soll z. B. die Wärmemenge Q berechnet werden, die bei gleichzeitiger Erwärmung und Ausdehnung eines Gases in einem Zylinder aufgenommen wird. Analog der zweidimensionalen Gleichung $dA = \mathfrak{K}_x dx + \mathfrak{K}_y dy$ erhält man $dQ = c_v dT + P dV$. Man kann dann c_v und P als $\mathfrak{Q}_T$ und $\mathfrak{Q}_V$, die Komponenten eines Vektors $\mathfrak{Q}$, auffassen. Wenn nun dieser Vektor ein Potential hätte, so könnte man $\mathfrak{Q}_T dT + \mathfrak{Q}_V dV$ integrieren und fände Q als „Ortsfunktion", d. h. in der Thermodynamik als Zustandsfunktion der Koordinaten T und V. Leider ist aber dQ kein vollständiges Differential und die einfache Berechnung als Ortsfunktion ist unmöglich. Die Rotation des Vektors $\mathfrak{Q}$ verschwindet nicht:

$$\frac{\partial c_v}{\partial V} - \frac{\partial P}{\partial T} \neq 0.$$

Man hat daher in der Thermodynamik nach anderen Vektoren gesucht, die ein Potential haben, für die $\mathfrak{B}_T dT + \mathfrak{B}_V dV$ ein vollständiges Differential ist. Da man nun die Gleichung $dQ = c_v dT + P dV$ mit Hilfe des integrierenden Faktors $1/T$ integrieren kann, arbeitet man mit dem Vektor $\mathfrak{S}$ und seinem Potential S. S ist eine Funktion der Koordinaten T und V:

$$\mathfrak{S}_T = \frac{c_v}{T}; \qquad \mathfrak{S}_V = \frac{P}{T} = \frac{R}{V}; \qquad S = \int \frac{c_v}{T} dT + \int \frac{R\,dV}{V} = c_v \ln T + R \ln V + K.$$

Die geschilderte Potentialeigenschaft der „Entropie" S verleiht der Entropie für thermodynamische Rechnungen ihre große Fruchtbarkeit, so wie dies die Potentialeigenschaft der Energie für mechanische und elektrische Rechnungen tat. Die gesuchten Wärmemengen berechnet man schließlich nachträglich durch $Q_{12} = \int_1^2 T\,dS$ genommen über den inzwischen errechneten „Weg" in dem T—V- oder P—T-Diagramm. Die Bedingung, daß der Vektor $\mathfrak{S}$ rotationsfrei ist: $\frac{\partial c_v/T}{\partial V} = \frac{\partial R/V}{\partial T}$, wird in der Thermodynamik häufig angewendet. Diese Bemerkung über die Potentialeigenschaft der Entropie soll nicht etwa zur Erklärung der Entropie, sondern lediglich zur Vertiefung des Potentialbegriffes für die Leser dienen, welche die Entropie an sich aus der Wärmelehre kennen.

f) Die Zirkulation.

Der Begriff der Zirkulation sei an dem Beispiele des Magnetfeldes eines geraden stromdurchflossenen Leiters erläutert. Aus der Elektrizitätslehre ist bekannt, daß die Kraftlinien Kreise sind, und daß die Feldstärke mit $1/r$ abnimmt: $\mathfrak{H} = I/2\pi r$. I nennt man die Zirkulation des Magnetfeldes. Für die Zirkulation schreibt man im allgemeinen Γ. Für jeden Integrationsweg, welcher den Stromlauf nicht umschlingt, ist $\oint \mathfrak{H} ds = 0$. Das Feld ist wirbelfrei und hat daher ein Potential:

$$\psi_{12} = \int_1^2 \mathfrak{H}\, ds = \frac{I}{2\pi} \int_1^2 \frac{ds}{r} = I\,\frac{\alpha_2 - \alpha_1}{2\pi}.$$

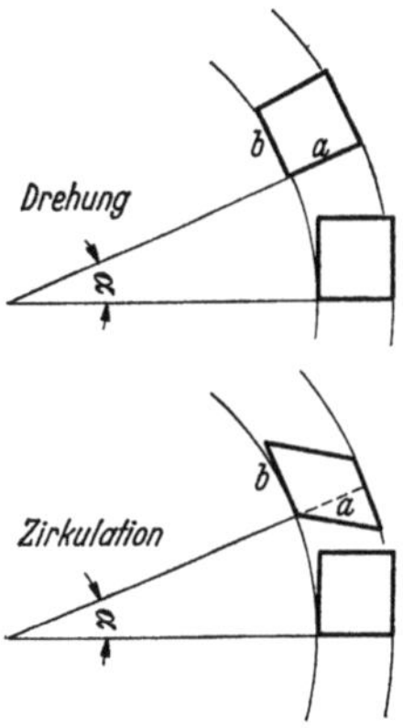

Abb. 301. Drehung und Zirkulation.

Umschlingt der Integrationsweg den Stromfaden, so steigt dieses Potential um I. Es ist mehrdeutig: $\psi = I\left(n + \frac{\alpha}{2\pi}\right)$.

Um die Wirbelfreiheit dieses Feldes zu zeigen, ist in Abb. 301 die Verschiebung eines kleinen Rechteckes bei einer Drehung um den Winkel α und bei einer Zirkulation um den gleichen Winkel $\alpha = \frac{\Gamma}{2\pi r} : r$ gegenübergestellt. Bei der Drehung drehen sich beide Seiten a und b in derselben Richtung, bei der Zirkulation dreht sich a im negativen, b im positiven Sinne um den gleichen Winkel

$$\alpha' = -\frac{\Gamma}{2\pi r^2}.$$

Bei der Zirkulation erfolgt also eine reine drehungsfreie Scherung. Die Verschiebungen sind durch die Beziehungen

$$\mathfrak{s} = [\alpha \cdot \mathfrak{r}] \quad \text{und} \quad \mathfrak{s} = -\left[\frac{\Gamma}{2\pi} \cdot \nabla \frac{1}{r}\right] = \left[\nabla \frac{1}{r} \cdot \frac{\Gamma}{2\pi}\right]$$

gegeben. Die Berechnung der Zirkulation um eine beliebig geformte Wirbellinie erfolgt später.

g) Grundaufgaben der Potentialtheorie.

1. Aufgabe. Gegeben eine punktförmige Quelle mit der Ergiebigkeit von I l/sec. Gesucht das Geschwindigkeitsfeld der Strömung.

Das Geschwindigkeitsfeld hat Kugelsymmetrie. Der Geschwindigkeitsvektor liegt radial: $\mathfrak{v} = I/4\pi r^2$.

Wie man leicht nachrechnet, ist Rotation von $\mathfrak{v} = 0$. Es existiert ein Geschwindigkeitspotential:

$$\psi = \int_\infty^r \mathfrak{v}\, ds = -\frac{I}{4\pi r}; \qquad \mathfrak{v} = \nabla \psi = \nabla\left(\frac{-I}{4\pi r}\right).$$

Durch Beschluß ist festgelegt, daß der Wert des Potentials im Unendlichen 0 sein soll.

2. Das Geschwindigkeitsfeld zweier Quellen findet man nach dem Prinzip der Überlagerung:

$$\mathfrak{v} = \nabla \frac{-I_1}{4\pi r_1} + \nabla \frac{-I_2}{4\pi r_2} = -\nabla\left(\frac{I_1}{4\pi r_1} + \frac{I_2}{4\pi r_2}\right) = \nabla(\psi_1 + \psi_2).$$

3. Für ein räumlich verteiltes Quellsystem mit der Quelldichte i findet man hiernach:

$$\mathfrak{v} = \nabla \int \frac{-i\,dV}{4\pi r}; \qquad \psi = \int \frac{-i\,dV}{4\pi r}.$$

4. Die Differentialgleichung für das Vektorfeld folgt aus der Überlegung: Die aus dem Volumen V austretende Stromstärke I ist:

$$I = \int i\,dV = \oint \mathfrak{v}\,do = i \cdot V, \qquad \left(i = \frac{\oint \mathfrak{v}\,do}{V} = \operatorname{div}\mathfrak{v}\right).$$

Setzt man $\mathfrak{v} = \nabla\psi$ ein, so erhält man:

$$\operatorname{div}\nabla\psi = \Delta\psi = \frac{\partial^2\psi}{\partial x^2} + \frac{\partial^2\psi}{\partial y^2} + \frac{\partial^2\psi}{\partial z^2} = i.$$

Die Lösung $\psi = \int \frac{-i\,dV}{4\pi r}$ hatten wir bereits physikalisch überlegt; ihre Richtigkeit läßt sich natürlich auch durch Ausführen der Differentiation verifizieren[1].

5. Die Differentialgleichung ist linear, dies rechtfertigt nachträglich die Anwendung des Superpositionsprinzipes.

6. Für eine flächenhafte Verteilung der Quellen mit der Flächendichte σ gilt:

$$\psi = \int \frac{\sigma\,d\mathfrak{f}}{r}.$$

7. Für eine Doppelfläche mit der Flächendichte σ und der kleinen Dicke δ gilt:

$$\psi = \int \sigma\,\delta\,\frac{\partial\frac{1}{r}}{\partial n}\,d\mathfrak{f} \qquad \text{oder} \qquad \psi = \int \tau\left(\nabla\frac{1}{r}\,d\mathfrak{f}\right).$$

$\tau = \delta \cdot \sigma$ nennt man das Moment der Doppelfläche. Wir können diesem Potential eine einfache anschauliche Form durch folgende Umformung geben:

$$\left(\nabla\frac{1}{r}\cdot d\mathfrak{f}\right) = -\frac{(\mathfrak{r}_1 d\mathfrak{f})}{r^2} = -\frac{d\mathfrak{f}_{\mathfrak{r}}}{r^2} = -d\Omega.$$

Vgl. Abb. 302. $d\Omega$ ist der räumliche Winkel, unter dem das Flächenstückchen $d\mathfrak{f}$ vom Aufpunkte P aus gesehen wird. Durch Integration über die ganze Fläche erhalten wir dann

$$\psi = \tau\Omega.$$

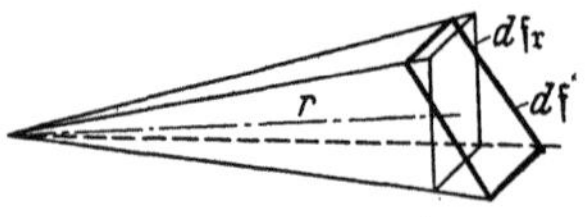

Abb. 302. Der raumliche Winkel Ω als Potential der Doppelfläche.

Bei einem Umlaufe um den Rand der Doppelfläche steigt es um den Wert $4\pi\tau$. In der Doppelfläche springt es um diesen Wert zurück. Ohne diesen Sprung würde es mehrdeutig werden und sich ebenso verhalten wie das Potential einer Strömung mit Zirkulation.

2. *Aufgabe.* Das Feld sei quellen- und rotationsfrei. Es läßt sich durch ein Potential darstellen, und es gilt: $\Delta\psi = 0$.

[1] Anleitung zur Durchführung der Verifikation: Man umschließe den Aufpunkt durch eine kleine Kugel und berechne für außerhalb der Kugel liegende Volumenelemente $dV \cdot \Delta 1/r$. Es ergibt sich für *alle* außerhalb der Kugel liegende Volumenelemente: $\Delta\,1/r = 0$. Daher ist auch $\Delta\psi = \Delta\int\frac{-i\,dV}{4\pi r} = \int\frac{-i}{4\pi}\Delta\frac{1}{r}\,dV = 0$ für das Volumen *ohne* die Kugel um den Nullpunkt. Der Potentialanteil der kleinen Kugel mit dem Radius r_1 ist $\delta\psi = \frac{-i}{4\pi}\cdot\frac{4\pi r_1^3}{3}\frac{1}{r}$; der Teilvektor auf der Kugeloberfläche ist

$$\nabla\delta\psi_{(r=r_1)} = +\frac{4\pi r_1^3}{3}\,\frac{i}{4\pi}\cdot\frac{1}{r_1^2} = \frac{+i r_1}{3} = \mathfrak{B}_{n\,(r=r_1)}.$$

Hieraus folgt dann:

$$\operatorname{div}\mathfrak{B} = \frac{\int \mathfrak{B}_n\,do}{\text{Vol. d. Kugel}} \quad \text{(integriert über die Oberfläche der kleinen Kugel)}$$

$$= \frac{\frac{+i r_1}{3}\cdot 4\pi r_1^2}{4\pi r_1^3/3} = i, \text{ was zu beweisen war.}$$

Gegeben sind die auf einzelnen Flächen konstanten Potentiale, z. B. auf Fläche 1 sei $\varphi = A$, auf Fläche 2 sei $\varphi = B$, auf Fläche 3 sei $\varphi = C$. Man berechne zunächst folgende 3 Lösungen:

$\varphi_1(x, y, z)$ mit der Bedingung, daß φ auf der Fläche 1 gleich 1 sei, auf den anderen Flächen aber gleich 0;

$\varphi_2(x, y, z)$ mit der Bedingung, daß φ_2 auf der Fläche $2 = 1$ sei und auf den anderen Flächen $= 0, \ldots$

Nach dem Prinzip der Superposition setzt sich dann die Gesamtlösung linear aus den Einzellösungen zusammen:

$$\varphi = A\,\varphi_1(x, y, z) + B\,\varphi_2(x, y, z) + C\,\varphi_3(x, y, z) + \cdots$$

Wenn $\Delta\varphi = i \neq 0$ und φ auf den Grenzflächen von Stelle zu Stelle variiert, so bedient man sich des GREENschen Satzes:

$$4\pi\varphi_p = \int G\Delta\varphi\,dV - \int \varphi\frac{\partial G}{\partial n}\,do.$$

Ableitung: Durch partielle Integration erhält man

a) $\int \varphi\Delta G\,dV = -\int \varphi(\nabla G \cdot do) - \int \nabla\varphi \cdot \nabla G \cdot dV$
b) $\int G\Delta\varphi\,dV = -\int G(\nabla\varphi \cdot do) - \int \nabla G \cdot \nabla\varphi\,dV$
Vektor do ist nach innen positiv gezählt.

Die Subtraktion der Gleichungen ergibt:

$$\int(\varphi\Delta G - G\Delta\varphi)\,dV = -\int \varphi(\nabla G \cdot do) - \int G \cdot (\nabla\varphi \cdot do).$$

Wir schreiben für die GREENsche Funktion G vor: $\Delta G = 0$. Im Aufpunkt P habe G einen Pol wie $-\frac{1}{r}$ bzw. $-\ln r$. Auf der Oberfläche sei $G = 0$. Dann ist

$$\int \varphi\Delta G\,dV = 4\pi\varphi_p \quad \text{bzw.} \quad 2\pi\varphi_p$$

und wir erhalten:

$$4\pi\varphi_p\ (\text{bzw. } 2\pi\varphi_p) = \int G\Delta\varphi\,dV - \int \varphi\frac{\partial G}{\partial n} \cdot do.$$

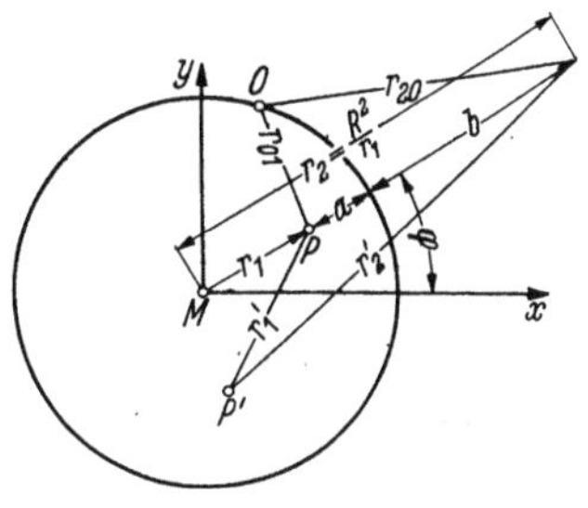

Abb. 303.

Übungsaufgabe: Gegeben ist ein Zylinder, dessen Achse mit der Z-Achse zusammenfällt. Auf Geraden parallel zur Z-Achse sind die Werte von $\varrho = \Delta\varphi$ und die Werte von φ auf der Zylinderoberfläche konstant, so daß ein 2-dimensionales Problem vorliegt. Wie lautet die GREENsche Funktion?

$$G = \text{Reeller Teil von } \ln\left\{\frac{(z - r_2 e^{j\varphi})\,(R - r_1)}{(z - r_1 e^{j\varphi})\,(R - r_2)}\right\}, \quad \text{worin } z = x + jy \text{ und } r_1 r_2 = R^2.$$

Diese Funktion erfüllt als Funktion der komplexen Variabeln $z = x + jy$ die Gleichung $\frac{\partial^2 G}{\partial x^2} + \frac{\partial^2 G}{\partial y^2} = 0$, sie hat im Aufpunkt einen logarithmischen Pol und ist auf der Zylinderoberfläche $= 0$. (Anwendung von $\frac{r_{01}}{r_{02}} = \frac{a}{b}$; Apollonischer Kreis).

Wie lautet die GREENsche Funktion für eine Kugel? Wir benutzen wieder den Satz von APOLLONIUS:

$$\frac{r_{01}}{r_{02}} = \frac{a}{b} \quad \text{oder} \quad -\frac{1}{r_{01}} + \frac{b}{a\,r_{02}} = 0$$

und erhalten als GREENsche Funktion für den Aufpunkt P:

$$G = -\frac{1}{r_1'} + \frac{b}{a\,r_2'}.$$

Die Buchstabenbedeutung entnehme man der Abb. 303.

h) Berechnung des Vektorfeldes, wenn die räumliche Verteilung der Rotation gegeben ist.

a) Vorbereitung. Wir haben eine Reihe Differentialoperatoren kennengelernt: den Gradienten, die Divergenz, die Rotation, ferner Operatoren, die eine mehrmalige Differentiation erfordern, so z. B.:

$$\operatorname{div} \cdot \operatorname{grad} = \Delta = \frac{\partial^2}{\partial x^2} + \frac{\partial^2}{\partial y^2} + \frac{\partial^2}{\partial z^2}.$$

Es liegt dem Mathematiker nahe, hier eine einheitliche, der Vektorrechnung mit ihrem inneren und äußeren Produkt und ihren mehrfachen Produkten angepaßte systematische Darstellung zu suchen. Man kann eine solche Darstellung aufbauen, wenn man den Operator Nabla (geschrieben ∇)

$$\nabla = \mathfrak{i}\frac{\partial}{\partial x} + \mathfrak{j}\frac{\partial}{\partial y} + \mathfrak{k}\frac{\partial}{\partial z}$$

ebenfalls formal wie einen Vektor behandelt. Wir erhalten dann:

$$\nabla \Phi = \operatorname{grad} \Phi; \quad \nabla \mathfrak{B} = \operatorname{div} \mathfrak{B}; \quad [\nabla \cdot \mathfrak{B}] = \operatorname{rot} \mathfrak{B}.$$

$$\nabla\nabla \Phi = \nabla^2 \Phi = \Delta \Phi = \operatorname{div} \operatorname{grad} \Phi \text{ (ein Skalar)}.$$

$$\nabla(\nabla \mathfrak{B}) = \operatorname{grad} \operatorname{div} \mathfrak{B}; \quad (\nabla^2) \mathfrak{B} = \Delta \mathfrak{B} \text{ (Vektoren)}.$$

1. Einfache Differentiationen:

$$\nabla \Phi = \operatorname{grad} \Phi; \quad (\nabla \mathfrak{B}) = \operatorname{div} \mathfrak{B} = \left[\mathfrak{i}\frac{\partial}{\partial x} + \mathfrak{j}\frac{\partial}{\partial y} + \mathfrak{k}\frac{\partial}{\partial z}\right] [\mathfrak{i}\mathfrak{B}_x + \mathfrak{j}\mathfrak{B}_y + \mathfrak{k}\mathfrak{B}_z].$$

Die Multiplikation ist als skalares Produkt auszuführen nach den Regeln

$$\mathfrak{i} \cdot \mathfrak{i} = \mathfrak{j} \cdot \mathfrak{j} = \mathfrak{k} \cdot \mathfrak{k} = 1, \quad \mathfrak{i}\mathfrak{j} = \mathfrak{i}\mathfrak{k} = \mathfrak{j}\mathfrak{k} = 0.$$

Die Multiplikation $[\nabla \cdot \mathfrak{B}] = \operatorname{rot} \mathfrak{B}$ ist als Vektorprodukt auszuführen nach den Regeln $[\mathfrak{i}\mathfrak{j}] = -[\mathfrak{j}\mathfrak{i}] = \mathfrak{k}, \ldots, \ldots$

2. Mehrfache Differentiationen.

a) Skalare Produkte.

$$(\nabla\nabla)\Phi = \Delta\Phi = \frac{\partial^2 \Phi}{\partial x^2} + \frac{\partial^2 \Phi}{\partial y^2} + \frac{\partial^2 \Phi}{\partial z^2} = \operatorname{div} \operatorname{grad} \Phi;$$

ein Skalar $\mathfrak{A}(\mathfrak{B}\mathfrak{C}) \neq (\mathfrak{A}\mathfrak{B})\mathfrak{C}$, ersteres ist ein Vektor in der $\mathfrak{A}$-Richtung, letzteres in der $\mathfrak{C}$-Richtung, dementsprechend $(\nabla\nabla)\mathfrak{B} = \Delta\mathfrak{B}$ mit den Komponenten:

$$\frac{\partial^2 \mathfrak{B}_x}{\partial x^2} + \frac{\partial^2 \mathfrak{B}_x}{\partial x^2} + \frac{\partial^2 \mathfrak{B}_x}{\partial z^2}, \quad \frac{\partial^2 \mathfrak{B}_y}{\partial x^2} + \frac{\partial^2 \mathfrak{B}_y}{\partial y^2} + \frac{\partial^2 \mathfrak{B}_z}{\partial z^2} \ldots$$

$\nabla(\nabla\mathfrak{B}) = \operatorname{grad} \operatorname{div} \mathfrak{B}$ mit den Komponenten:

$$\frac{\partial^2}{\partial x^2}\mathfrak{B}_x + \frac{\partial^2}{\partial x \partial y}\mathfrak{B}_y + \frac{\partial^2}{\partial x \partial z}\mathfrak{B}_z; \quad \frac{\partial^2 \mathfrak{B}_x}{\partial y \partial x} + \frac{\partial^2 \mathfrak{B}_y}{\partial y^2} + \frac{\partial^2 \mathfrak{B}_z}{\partial y \partial z} \ldots$$

Die beiden letzteren sind Vektoren.

b) Vektorielle Produkte.

$$(\nabla \cdot [\nabla\mathfrak{B}]) = \operatorname{div} \operatorname{rot} \mathfrak{B} = 0,$$

$$[\nabla \cdot \nabla\Phi] = \operatorname{rot} \operatorname{grad} \Phi = 0.$$

$$[\nabla[\nabla\mathfrak{B}]] = -(\nabla\nabla)\mathfrak{B} + \nabla(\nabla\mathfrak{B})$$

nach der Formel

$$[\mathfrak{A}[\mathfrak{B}\mathfrak{C}]] = \mathfrak{B}(\mathfrak{A}\mathfrak{C}) - \mathfrak{C}(\mathfrak{A}\mathfrak{B}) \qquad \operatorname{rot} \operatorname{rot} \mathfrak{B} = -\Delta\mathfrak{B} + \operatorname{grad} \operatorname{div} \mathfrak{B}.$$

Differentiationen von Produkten:

$$\operatorname{div}(\varphi\cdot\mathfrak{A}) = \nabla(\varphi\mathfrak{A}) = \varphi\nabla\mathfrak{A} + \mathfrak{A}\nabla\varphi = \varphi\operatorname{div}\mathfrak{A} + \mathfrak{A}\operatorname{grad}\varphi,$$

$$\operatorname{rot}(\varphi\mathfrak{A}) = [\nabla\cdot\varphi\mathfrak{A}] = \varphi[\nabla\mathfrak{A}] + [\nabla\varphi\cdot\mathfrak{A}] = \varphi\operatorname{rot}\mathfrak{A} + [\operatorname{grad}\varphi\cdot\mathfrak{A}],$$

$$\operatorname{div}[\mathfrak{A}\mathfrak{B}] = \nabla[\mathfrak{A}\mathfrak{B}] = \mathfrak{B}[\nabla\mathfrak{A}] - \mathfrak{A}[\nabla\mathfrak{B}] = \mathfrak{B}\operatorname{rot}\mathfrak{A} - \mathfrak{A}\operatorname{rot}\mathfrak{B},$$

$$\operatorname{rot}[\mathfrak{A}\mathfrak{B}] = [\nabla[\mathfrak{A}\mathfrak{B}]] = (\mathfrak{A}\nabla)\mathfrak{B} + \mathfrak{A}\cdot\nabla\mathfrak{B} - (\mathfrak{B}\nabla)\mathfrak{A} - \mathfrak{B}(\nabla\mathfrak{A})$$

nach $[\mathfrak{A}[\mathfrak{B}\mathfrak{C}]] = \mathfrak{B}(\mathfrak{A}\mathfrak{C}) - \mathfrak{C}(\mathfrak{A}\mathfrak{B})$,

$$\operatorname{grad}(\mathfrak{A}\mathfrak{B}) = \nabla(\mathfrak{A}\mathfrak{B}) = (\mathfrak{A}\nabla)\mathfrak{B} + (\mathfrak{B}\nabla)\mathfrak{A} + [\mathfrak{A}[\nabla\mathfrak{B}]] + [\mathfrak{B}[\nabla\mathfrak{A}]].$$

Hierin bedeutet:

$$(\mathfrak{A}\nabla)\mathfrak{B} = \mathfrak{i}\left(\mathfrak{A}_x\frac{\partial\mathfrak{B}_x}{\partial x} + \mathfrak{A}_y\frac{\partial\mathfrak{B}_x}{\partial y} + \mathfrak{A}_z\frac{\partial\mathfrak{B}_x}{\partial z}\right) + \mathfrak{j}\left(\mathfrak{A}_x\frac{\partial\mathfrak{B}_y}{\partial x} + \mathfrak{A}_y\frac{\partial\mathfrak{B}_y}{\partial y} + \mathfrak{A}_z\frac{\partial\mathfrak{B}_y}{\partial z}\right)$$
$$+ \mathfrak{k}\left(\mathfrak{A}_x\frac{\partial\mathfrak{B}_z}{\partial x} + \mathfrak{A}_y\frac{\partial\mathfrak{B}_z}{\partial y} + \mathfrak{A}_z\frac{\partial\mathfrak{B}_z}{\partial z}\right).$$

Abgeleitet sei nur $\nabla[\mathfrak{A}\mathfrak{B}]$:

$$\left(\mathfrak{i}\frac{\partial}{\partial x} + \mathfrak{j}\frac{\partial}{\partial y} + \mathfrak{k}\frac{\partial}{\partial z}\right)\left(\mathfrak{i}\big(\underset{3}{\mathfrak{A}_y}\mathfrak{B}_z - \underset{2}{\mathfrak{A}_z}\mathfrak{B}_y\big) + \mathfrak{j}\big(\underset{1}{\mathfrak{A}_z}\mathfrak{B}_x - \underset{3}{\mathfrak{A}_x}\mathfrak{B}_z\big) + \mathfrak{k}\big(\underset{2}{\mathfrak{A}_x}\mathfrak{B}_y - \underset{1}{\mathfrak{A}_y}\mathfrak{B}_x\big)\right)$$

$$= \mathfrak{B}_x\left(\underset{\mathfrak{ii}}{\frac{\partial\mathfrak{A}_z}{\partial y}} - \underset{\mathfrak{kk}}{\frac{\partial\mathfrak{A}_y}{\partial z}}\right) + \mathfrak{B}_y\left(\underset{\mathfrak{kk}}{\frac{\partial\mathfrak{A}_x}{\partial z}} - \underset{\mathfrak{ii}}{\frac{\partial\mathfrak{A}_z}{\partial x}}\right) + \mathfrak{B}_z\left(\underset{\mathfrak{ii}}{\frac{\partial\mathfrak{A}_y}{\partial x}} - \underset{\mathfrak{jj}}{\frac{\partial\mathfrak{A}_x}{\partial y}}\right) - (\cdots + \cdots + \cdots).$$

$$[\nabla[\mathfrak{A}\mathfrak{B}]] = (\mathfrak{A}\nabla)\mathfrak{B} - (\mathfrak{B}\nabla)\mathfrak{A} + \mathfrak{A}\cdot\nabla\mathfrak{B} - \mathfrak{B}\cdot\nabla\mathfrak{A},$$

$$\operatorname{rot}[\mathfrak{A}\mathfrak{B}] = (\mathfrak{A}\nabla)\mathfrak{B} - (\mathfrak{B}\nabla)\mathfrak{A} + \mathfrak{A}\operatorname{div}\mathfrak{B} - \mathfrak{B}\operatorname{div}\mathfrak{A}.$$

Die Ableitung sei dem Leser überlassen.

Man rechne $\operatorname{rot}\operatorname{rot}\mathfrak{B} = -\Delta\mathfrak{B} + \operatorname{grad}\cdot\operatorname{div}\mathfrak{B}$ auch in Komponenten-Schreibweise nach:

$$\operatorname{rot}_x\operatorname{rot}\mathfrak{B} = \frac{\partial}{\partial y}\left(\frac{\partial\mathfrak{B}_y}{\partial x} - \frac{\partial\mathfrak{B}_x}{\partial y}\right) - \frac{\partial}{\partial z}\left(\frac{\partial\mathfrak{B}_x}{\partial z} - \frac{\partial\mathfrak{B}_z}{\partial x}\right)$$

und ergänze mit

$$-\frac{\partial^2\mathfrak{B}_x}{\partial x^2} + \frac{\partial^2\mathfrak{B}_x}{\partial x^2}.$$

Die letzte Beziehung bildet eine Brücke zwischen der rot und dem Δ!

b) Lösung von $\operatorname{rot}\mathfrak{v} = \mathfrak{B}(x, y, z)$. Als Beispiel sei die Berechnung des Magnetfeldes für eine gegebene Verteilung der Stromdichte i gewählt. Als Differentialgleichung gilt die MAXWELLsche Gleichung: $i = \operatorname{rot}\mathfrak{H}$.

Bekannt ist uns die Lösung der Gleichung $\Delta\varphi = \frac{\varrho}{\varepsilon_0}$. Es liegt der Wunsch nahe, auch für die Berechnung des Wirbelfeldes diese Kenntnisse irgendwie anwenden zu können. Wir können als bekannt auch das BIOT-SAVARTsche Gesetz annehmen, das wir uns experimentell begründet denken. Hier ist das Magnetfeld eines kleinen Stromlaufstückchens

$$d\mathfrak{H} = \frac{I\,ds\sin(ds, r)}{r^2}$$

ebenso proportional $1/r^2$ wie die Kraftwirkung einer elektrischen Ladung. Das kugelsymmetrische $1/r^2$ erscheint überhaupt charakteristisch für die Ausbreitung von Wirkungen in den Raum. Die Differentialgleichung $\Delta\varphi = \frac{\varrho}{\varepsilon_0}$ führt aber auf $1/r^2$. Sollte sie nicht auch mit der Berechnung der Wirbelfelder etwas zu tun haben? Wir suchen also nach einer mathematischen Beziehung, die von der Rot nach dem Δ hinüberführt. Wir finden diese in der letzten Formel unserer Systematik.

Führen wir für $\mathfrak{H}$ die Hilfsrechengröße $\mathfrak{A}$ ein, welche durch $\mathfrak{H} = \operatorname{rot}\mathfrak{A}$, $\operatorname{div}\mathfrak{A} = 0$ definiert ist, so erhalten wir für $\mathfrak{A}$ die Differentialgleichung $\Delta\mathfrak{A} = \mathfrak{i}$ mit der Lösung: $\mathfrak{A} = \int \frac{\mathfrak{i}\, dV}{4\pi r}$. Auch das Arbeiten mit Hilfsrechengrößen ist nichts Überraschendes mehr, nachdem wir das Potential kennengelernt haben. Ebenso wie wir aus dem Potential durch einfaches Differentiieren (Gradientenbildung) den Vektor fanden, finden wir ihn auch hier durch Differenzieren:

$$\mathfrak{H} = \operatorname{rot}\mathfrak{A} = [\nabla\mathfrak{A}], \qquad \mathfrak{v} = \operatorname{grad}\psi = \nabla\psi.$$

Um den Operator Rot · rot der Vorstellung näherzubringen, sei für die laminare Strömung einer reibenden Flüssigkeit in einem Rohre

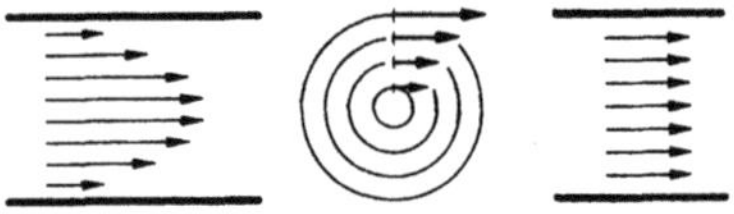

Abb. 304. Veranschaulichung von rot rot $\mathfrak{v}$.

$$\mathfrak{v} = v_m\left(1 - \left(\frac{r}{r_0}\right)^2\right),$$

$$\mathfrak{v}, \ \mathfrak{u} = \operatorname{rot}\mathfrak{v} \quad \text{und} \quad \mathfrak{w} = \operatorname{rot}\mathfrak{u} = \operatorname{rot}\operatorname{rot}\mathfrak{v}$$

in Abb. 304 dargestellt. Das Feld des Vektors $\mathfrak{u} = \operatorname{rot}\mathfrak{v}$ gleicht dem Geschwindigkeitsfelde einer sich drehenden Walze, deren Drehvektor (rot · rot $\mathfrak{v}$) dann der Rohrachse parallel und räumlich konstant ist.

c) Anwendung unserer Lösung auf einen linearen Stromlauf. Aus $\mathfrak{A} = \int \frac{\mathfrak{i}\, dV}{4\pi r}$ wird mit $dV = dq \cdot ds$ und $I = \mathfrak{i}\, dq$: $\mathfrak{A} = \oint \frac{I\, d\mathfrak{s}}{4\pi r}$. Das Magnetfeld $\mathfrak{H}$ berechnet sich zu $\operatorname{rot}\mathfrak{A}$. Bei der Ausführung der Differentiation ist der Aufpunkt zu variieren. Wir erhalten also

$$\mathfrak{H} = \left[\nabla \cdot \oint \frac{I\, d\mathfrak{s}}{4\pi r}\right] = \frac{I}{4\pi} \oint \left[d\mathfrak{s}\, \nabla \frac{1}{r}\right].$$

Das ist das Biot-Savartsche Gesetz.

d) Berechnung des Potentiales einer Strömung mit Zirkulation. Da $\operatorname{rot}\mathfrak{H} = 0$, muß dieses Magnetfeld ein Potential haben. Wir wissen bereits aus dem behandelten Spezialfall, daß das Potential mehrdeutig sein muß.

Ein solches mehrdeutiges Potential haben wir bei der Doppelfläche kennengelernt. Vielleicht stimmt das Potential unseres Stromlaufes mit dem der Doppelfläche überein, wenn wir von dem Sprunge des Potentiales in der Doppelfläche absehen. Um diesen heuristischen Gedanken zu prüfen, bilden wir das Vektorfeld der Doppelfläche durch die Ausführung der Gradientenbildung, in der Erwartung, daß sich da ebenfalls das Biot-Savartsche Gesetz ergeben wird. Zu diesem Zweck berechnen wir den Zuwachs von Ω bei einer Verschiebung des Aufpunktes um ein kleines Stücken $\delta\mathfrak{u}$ oder, was auf dasselbe herauskommt, durch eine Parallelverschiebung des Doppelflächenrandes um $\delta\mathfrak{u}$ bei festgehaltenem Aufpunkte (s. Abb. 305, 306). Bei der Verschiebung des Randelementes $d\mathfrak{s}$ wird die kleine Fläche $df = [\delta\mathfrak{u} \cdot d\mathfrak{s}]$ überstrichen. Die Komponente dieses Flächenstückchens in der $\mathfrak{r}$-Richtung ist $[\delta\mathfrak{u} \cdot d\mathfrak{s}]\mathfrak{r}_1$, der Zuwachs des räumlichen Winkels

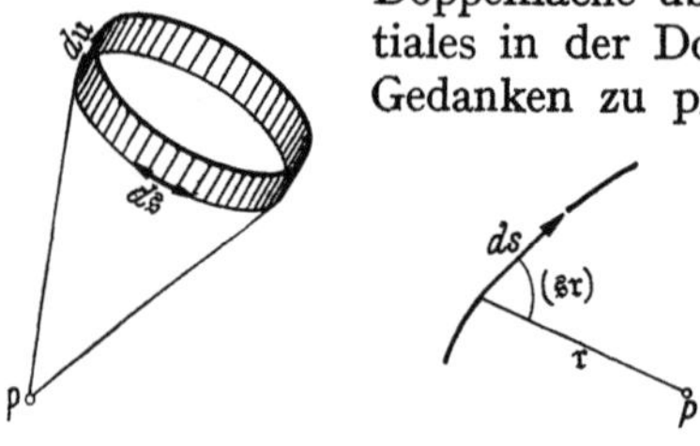

Abb. 305. Abb. 306. Zur Ableitung des magnetischen Potentials eines geschlossenen Stromlaufes.

$$d\delta\Omega = \frac{[\delta\mathfrak{u}\, d\mathfrak{s}]\mathfrak{r}_1}{r^2}.$$

Durch Integration erhalten wir

$$\delta\Omega = \oint d\,\delta\Omega = \oint \frac{[\delta\mathfrak{u}\, d\mathfrak{s}]\mathfrak{r}_1}{r^2} = \oint \frac{[d\mathfrak{s}\mathfrak{r}_1]}{r^2}\,\delta\mathfrak{u} = \oint \left[\delta\mathfrak{s}\cdot\nabla\frac{1}{r}\right]_n \delta u = \oint \left[d\mathfrak{s}\cdot\nabla\frac{1}{r}\right] d\mathfrak{u}$$

und

$$\nabla_{\mathfrak{u}}\Omega = \oint \left[d\mathfrak{s}\nabla\frac{1}{r}\right]_{\mathfrak{u}}; \qquad \nabla\Omega = \oint \left[d\mathfrak{s}\cdot\nabla\frac{1}{r}\right].$$

Es ergibt sich tatsächlich das Biot-Savartsche Gesetz. Die Felder von Stromlauf und Doppelfläche sind einander gleich, wenn wir $\tau = I/4\pi$ setzen. Das Potential des Magnetfeldes ist mehrdeutig, da ja keine Doppelfläche vorhanden ist, in der der Potentialwert wieder zurückspringt:

$$\psi = \tau(\Omega + 4\pi n).$$

Nachdem wir die Rechenmethode kennengelernt haben, können wir den Weg auch rückwärts gehen und das magnetische Potential auch direkt aus dem Biot-Savartschen Gesetze durch Integration finden:

$$\psi_{12} = \int \mathfrak{H}\, d\mathfrak{u} = \frac{I}{4\pi}\int_2^1 \oint \left[d\mathfrak{s}\,\nabla\frac{1}{r}\right] d\mathfrak{u} = \frac{I}{4\pi}\int_2^1 \oint [d\mathfrak{s}\, d\mathfrak{u}]\,\nabla\frac{1}{r} = \frac{I}{4\pi}\int_2^1 \oint [d\mathfrak{s}\, d\mathfrak{u}]_{\mathfrak{r}}\frac{1}{r^2}$$

$$= \frac{I}{4\pi}\int_2^1 \oint \frac{d f_{\mathfrak{r}}}{r^2} = \frac{I}{4\pi}\int_2^1 \oint d\Omega = \frac{I}{4\pi}(\Omega_1 - \Omega_2).$$

Ohne die gegebene Vorbereitung würde man wohl kaum in dem Ausdruck $\left[d\mathfrak{s}\,\nabla\frac{1}{r}\right] d\mathfrak{u}$ den Zuwachs des räumlichen Winkels $d\Omega$ erkannt haben.

B. Die Grundvorstellungen und Grundformeln der Elektrizitätslehre.

Auch dieses 2. Kapitel soll dem Leser der technischen Bände zum Nachschlagen bei auftauchenden Fragen und zur kurzen Repetition der Grundbegriffe dienen.

1. Elektrostatik.

a) Das Coulombsche Gesetz.

Zum experimentellen Nachweise dient die Drehwaage Abb. 307. Als Ladung *1* legt man zunächst willkürlich diejenige Ladung fest, die man z. B. mit einer Anodenbatterie (zwischen Kugel und Erde geschaltet) auf die Kugel bringt, und gehe zunächst von der Vermutung aus, daß man mit zwei hintereinandergeschalteten Anodenbatterien die doppelte Ladung auf die Kugel bringen kann. Diese Annahme kontrolliere man nachträglich durch mehrfaches Einbringen einer geladenen Probekugel in eine Hohlkugel, nachdem man sich an Hand der gewonnenen Vorstellungen von der Verteilung der Elektrizität auf Leitern überlegt hat, daß dann die Probekugel an die umgebende Hohlkugel ihre gesamte Ladung abgibt. Die Messung der Kräfte, welche 2 Ladungen aufeinander ausüben, wiederholt mit verschiedenen Ladungen und verschiedenen Entfernungen, ergibt das Coulombsche Gesetz:

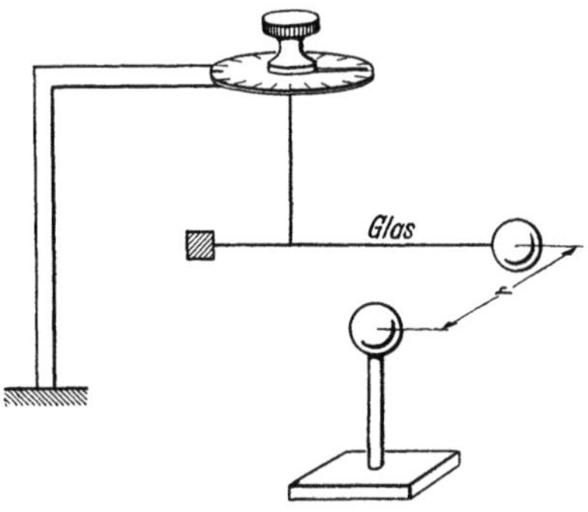

Abb. 307. Experimentelle Anordnung zum Coulombschen Gesetz.

$$K = f\frac{Q_1 Q_2}{r^2}.$$

Die Kraft sei in dyn gemessen. Die Größe des Proportionalitätsfaktors f hängt von der Wahl der Ladungseinheit ab. Durch geeignete Wahl der Ladungseinheit läßt sich nun erreichen, daß der Proportionalitätsfaktor den Zahlenwert 1 bekommt.

b) Die Ladungseinheit.

Die so festgelegte Ladungseinheit nennt man eine elektrostatische Ladungseinheit. Als technische Ladungseinheit wurde das Coulomb festgelegt:

$$1 \text{ Coulomb} = 3 \cdot 10^9 \text{ el.-stat. LE} \quad (\text{vgl. } 1 \text{ ton} = 10^9 \text{ dyn}).$$

Wählt man als Krafteinheit das Großdyn: 1 Gd = 10^7 dyn = etwa 10 kg, so erhält das COULOMBsche Gesetz den Zahlenfaktor $9 \cdot 10^{11}$:

$$K = \frac{Q_1 Q_2}{r^2} \frac{\text{dyn cm}^2}{\text{LE}^2} = \frac{Q_1 Q_2}{r^2} \frac{10^{-7}\,\text{Gd cm}^2}{\left(\frac{1}{3 \cdot 10^9}\right)^2 \text{Coul}^2} = 9 \cdot 10^{11} \frac{Q_1 Q_2}{r^2} \frac{\text{Gd cm}^2}{\text{Coul}^2}$$

c) Die Feldstärke.

Die Feldstärke ist definiert als Kraft/Ladungseinheit: $\mathfrak{E} = K/Q$. Die Einheit ist im elektrostatischen Maßsystem 1 dyn/LE, im technischen Maßsystem

$$1 \frac{\text{Gd}}{\text{Coul}} = \frac{10^7\,\text{dyn}}{3 \cdot 10^9\,\text{LE}} = \frac{1}{300} \frac{\text{dyn}}{\text{LE}}.$$

d) Kraftlinien, Kraftfluß, Influenzkonstante.

Die Darstellung des Feldes geschieht durch Kraftlinien. Als Beispiele sind die Felder zwischen einer kleinen Kugel und den sehr weiten Zimmerwänden, zwischen 2 Kondensatorplatten und zwischen 2 geladenen Drähten gezeichnet. (Abb. 308.)

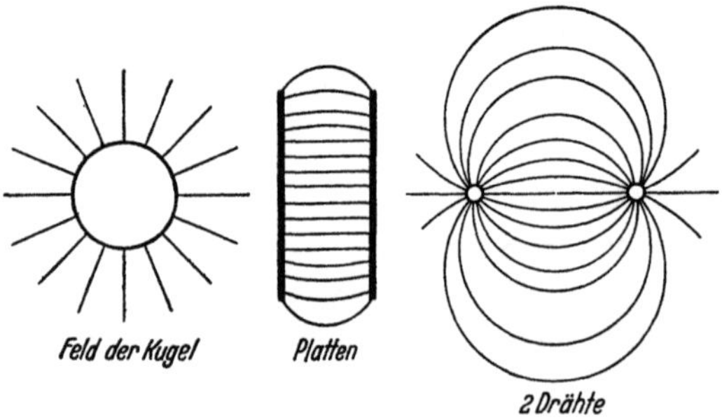

Abb. 308. Elektrisches Feld der Kugel, zwischen 2 Platten, zwischen 2 Drähten.

Für das Feld in der Nähe der Kugel ergibt das COULOMBsche Gesetz:

$$\mathfrak{E} = \frac{K}{Q_2} = 9 \cdot 10^{11} \frac{Q_1}{r^2} \frac{\text{Gd}}{\text{Coul}}.$$

Das Feld nimmt ebenso wie die Dichte von Strahlen mit $1/r^2$ ab. Wenn man festsetzt, daß man z Kraftlinien durch jeden cm^2 zeichnen will, wenn die Feldstärke z Gd/Coul beträgt, so kann man aus dem Kraftlinienbilde nicht nur die Richtung der Kraft, sondern auch die Größe an jeder Stelle ablesen. Man hat nur an der betreffenden Stelle einen cm^2 senkrecht zu den Kraftlinien hinzulegen und die Anzahl der Kraftlinien abzuzählen, die durch den cm^2 gehen. Daß diese zunächst nur für das einfache strahlenförmige Feld der Kugel abgeleitete Regel allgemein gilt, soll später bewiesen werden.

Zählt man die gesamten Kraftlinien ab, die von einer mit Q Coul aufgeladenen Kugel ausgehen, so findet man, da die Feldstärke in der Entfernung r nach dem COULOMBschen Gesetz die Größe

$$\mathfrak{E} = 9 \cdot 10^{11} \cdot \frac{Q_1}{r^2}.$$

hatte, daß von Q Coul im ganzen $4\pi \cdot 9 \cdot 10^{11} \cdot Q_1$ Kraftlinien ausgehen. Diese Gesamtheit der Kraftlinien nennt man „Kraftfluß". (Bei diesem „Flusse" fließt, d. h. bewegt sich nichts!) Und man erhält die Regel:

$$\Phi = 4\pi \cdot 9 \cdot 10^{11} \cdot Q_1 \frac{\text{Gd cm}^2}{\text{Coul}^2}.$$

Den Faktor

$$\frac{1}{4\pi\cdot 9\cdot 10^{11}}\,\frac{\mathrm{Coul}^2}{\mathrm{Gd\,cm}^2} = 8{,}83\cdot 10^{-14}\,\frac{\mathrm{Coul}^2}{\mathrm{Gd\,cm}^2}$$

nennt man ε_0 = Influenzkonstante des leeren Raumes.

Wir schreiben obige zunächst für das Feld der Kugel abgeleitete Regel:

$$Q = \varepsilon_0 \Phi.$$

Auch die Allgemeingültigkeit dieser Regel soll später bewiesen werden.

e) Potential oder Spannung.

Wenn wir eine Ladung Q_2 vom Unendlichen bis auf die Entfernung r an die mit Q_1 geladene Kugel heranbringen, so müssen wir die Arbeit

$$A = \int_\infty^r \mathfrak{E}\, Q_2\, dr = Q_2 \int_\infty^r \frac{Q\, dr}{4\pi\varepsilon_0 r^2} = Q_2 \frac{-Q}{4\pi\,\varepsilon_0 r} = -Q_2\varphi$$

leisten. $\varphi = A/Q_2$ nennt man das Potential oder die „Spannung" im Punkte r. Da das Integral $\varphi = \int \mathfrak{E}\, ds$ unabhängig vom Wege ist (ersetze einen beliebigen Weg durch eine Treppe, die aus Stücken parallel zu r und aus Stücken senkrecht zu r besteht!), so ist diese Spannung eine Raumfunktion. Aus der Spannung können wir wieder rückwärts die Feldstärke durch $\mathfrak{E} = \nabla\varphi$ berechnen.

Die Einheit der Spannung ist 1 Gd cm/Coul. Man nennt diese Größe 1 V. Diese „Spannung" hat nichts mit dem mechanischen Begriff der Spannung (Kraft/cm²) zu tun. An Stelle des Wortes „Spannung" einer Batterie würde man besser „Arbeitsfähigkeit" der Batterie sagen. Dabei wäre unter der „Arbeitsfähigkeit" die Arbeit in Gdcm zu verstehen, die man jedem Coulomb, das vom +-Pol zum −-Pol der Batterie z. B. durch einen Elektromotor fließt, entnehmen kann. Die Einheit der Feldstärke ist dann 1 V/cm. Die Influenzkonstante erhält, wenn man das Volt einführt, die Größe

$$\varepsilon_0 = \frac{1}{4\pi\cdot 9\cdot 10^{11}}\,\frac{\mathrm{Coul}}{\mathrm{V\,cm}} = 8{,}83\cdot 10^{-14}\,\frac{\mathrm{Coul}}{\mathrm{V\,cm}}.$$

Hat man mehrere geladene Kugeln, so berechnet sich die Spannung in einem Punkte P des Raumes zu

$$\varphi = \int_\infty^P (\mathfrak{E}_1 + \mathfrak{E}_2 + \mathfrak{E}_3 + \cdots)\, ds = \int_\infty^P \mathfrak{E}_1\, ds + \int_\infty^P \mathfrak{E}_2\, ds + \cdots = \varphi_1 + \varphi_2 + \varphi_3 + \cdots$$

Der Nullpunkt der Spannung liegt nach der Definition im Unendlichen. Hat man eine räumlich verteilte Ladung mit der Dichte $\varrho(x, y, z)$, so erhält man nach dem Coulombschen Gesetz:

$$\varphi = \frac{1}{4\pi\,\varepsilon_0}\int \frac{\varrho}{r}\, dV.$$

f) Allgemeiner Beweis der Regel: $Q = \varepsilon_0 \Phi$.

Es war $\Phi = \oint \mathfrak{E}\, do = \oint \nabla\varphi \cdot do$. Dabei ist über eine alle Ladungen einschließende Fläche zu integrieren. Nach dem Gaussschen Satze verwandeln wir dieses Oberflächenintegral in ein Raumintegral:

$$\Phi = \int \operatorname{div} \nabla\varphi\, dV \cdot = \iint \operatorname{div} \nabla \frac{\varrho}{4\pi\,\varepsilon_0 r}\, dV\, dV', \quad \text{da } \varphi = \int \frac{\varrho\, dV'}{4\pi\,\varepsilon_0 r}.$$

Wir umgeben den Aufpunkt mit einer kleinen Kugel, die so klein ist, daß man die Ladungsdichte in dieser Kugel als konstant ansehen kann, und führen die Integration für diese kleine Kugel und den übrigen Raum getrennt aus. Für den übrigen Raum gilt:

$$\operatorname{div} \nabla \varphi = \int \varrho \operatorname{div} \nabla \frac{1}{r} \, dV = 0,$$

da

$$\operatorname{div} \nabla \frac{1}{r} = \Delta \frac{1}{r} = \frac{\partial^2 1/r}{\partial x^2} + \frac{\partial^2 1/r}{\partial y^2} + \frac{\partial^2 1/r}{\partial z^2} = -\frac{1}{r^3} + \frac{3x^2}{r^5} - \frac{1}{r^3} + \frac{3y^2}{r^5} - \frac{1}{r^3} + \frac{3z^2}{r^5} = 0.$$

Für die kleine Kugel gilt[1]:

$$\operatorname{div} \nabla \varphi = \frac{\varrho}{4\pi\varepsilon_0} \oint \nabla \frac{1}{r} \, do = \frac{-\varrho}{4\pi\varepsilon_0} \int \frac{\mathfrak{r}\, do}{r^2} = \frac{-\varrho}{4\pi\varepsilon_0} \int \frac{do_\mathfrak{r}}{r^2} = \frac{-\varrho}{4\pi\varepsilon_0} \int d\Omega = \frac{-4\pi\varrho}{\varepsilon_0 4\pi} = \frac{-\varrho}{\varepsilon_0}.$$

(Der räumliche Winkel $d\Omega = do_\mathfrak{r}/r^2$!)

Das Integral über die Fläche, die alle Ladungen umschließt, ist dann:

$$\Phi = \int \mathfrak{E}\, do = \int \nabla \varphi\, do = \int \operatorname{div} \nabla \varphi \, dV = \int \frac{\varrho}{\varepsilon_0} dV = \frac{Q}{\varepsilon_0}; \quad \operatorname{div} \mathfrak{E} = \Delta \varphi = \frac{-\varrho}{\varepsilon_0}.$$

Damit ist die Regel $\Phi \varepsilon_0 = Q$ für beliebige Felder bewiesen.

g) Die Feldstärke, allgemein darstellbar durch die Kraftliniendichte.

Für den ladungsfreien Raum gilt $\operatorname{div} \mathfrak{E} = 0$. Diese Gleichung stimmt überein mit der Gleichung für das Geschwindigkeitsfeld der Bewegung einer inkompressiblen Flüssigkeit: $\operatorname{div} \mathfrak{v} = 0$. Wir können also die Regel: Größe der Geschwindigkeit = Stromliniendichte allgemein übertragen. Damit ist die früher nur für das Feld der Kugel abgeleitete Regel: „Größe des elektrischen Feldes = Kraftliniendichte" allgemein bewiesen.

h) Kraftröhre; Feldstärke und Verschiebung als Maß des Feldes.

Dem Begriffe des Rohres, dessen Wand durch Stromlinien gebildet ist, ist der Begriff der „Kraftröhre" nachgebildet. Ebenso wie die in ein Rohr ein- und austretenden Stromstärken gleich sind, sind die eine Kraftröhre abschießenden Ladungen gleich (im Vorzeichen natürlich entgegengesetzt).

Um ein elektrisches Feld zu messen, stehen uns also 2 Möglichkeiten offen:

a) Man bringt in dieses Feld eine geladene Probekugel, mißt die Kraft auf diese Probekugel und dividiert sie mit der Zahl der Ladungen auf der Probekugel oder

b) man bestimmt die Ladungen, auf denen die Kraftlinien des Feldes endigen und dividiert sie durch die Fläche, auf der diese Ladungen sitzen. Im ersten Falle mißt man die Feldstärke $\mathfrak{E}$, im zweiten die „Verschiebung" q des Feldes. $\mathfrak{E}$ und q sind dann durch $\varepsilon_0 \mathfrak{E} = q$ verbunden.

Die Verwendung verschiedener Methoden zur Messung einer Größe ist in der Physik häufig. So kann man z. B. eine Wassermenge messen, indem man sie wägt (Kraftbestimmung entsprechend der „Feldstärke") oder indem man sie in ein Meßglas gießt (Volumenmessung entsprechend der Verschiebungsmessung = Ladungsmessung).

---

[1] Ableitung:

$$\int \operatorname{div} \mathfrak{B}\, dV = \int \left(\frac{\partial \mathfrak{B}_x}{\partial x} + \frac{\partial \mathfrak{B}_y}{\partial y} + \frac{\partial \mathfrak{B}_z}{\partial z} \right) dx\, dy\, dz$$

$$= \int (\mathfrak{B}_{x2} - \mathfrak{B}_{x1})\, dy\, dz + \int (\mathfrak{B}_{y2} - \mathfrak{B}_{y1})\, dx\, dz + \int (\mathfrak{B}_{z2} - \mathfrak{B}_{z1})\, dx\, dy.$$

Da nun $do_x = dy\, dz$; $do_y = dx\, dz$; $do_z = dx\, dy$:

$$\int \operatorname{div} \mathfrak{B}\, dV = \oint (\mathfrak{B}_{x0} do_x + \mathfrak{B}_{y0} do_y + \mathfrak{B}_{z0} do_z) = \int \mathfrak{B}_n do.$$

Beim Aufsummieren von $\oint \mathfrak{B}_{x0} do_x$ über die *ganze* Oberfläche erhält man automatisch beide Glieder $\mathfrak{B}_{x2} dy\, dz$ und $\mathfrak{B}_{x1} dy\, dz$ mit dem richtigen Vorzeichen.

i) Die Kapazität.

Die Kapazität ist definiert als Verhältnis $\frac{\text{Ladung}}{\text{Spannung}}$; $C = \frac{Q}{U}$. Die Kapazität eines Plattenkondensators berechnet sich, da $Q = \varepsilon_0 \mathfrak{E} F$ und $\mathfrak{E} = U/a$, zu $C = \varepsilon_0 F/a$ im technischen und $C = F/4\pi a$ im elektrostatischen Maßsystem.

Die Kapazität zwischen einer kleinen Kugel und den „unendlich" weiten Zimmerwänden ist $C = r$ cm im elektrostatischen oder $C = 4\pi\varepsilon_0 r = \frac{r}{9 \cdot 10^{11}}$ $\backsim r \cdot 10^{-12}$ Farad oder r Picofarad in technischem Maße.

Die Kapazitätseinheit 1 Farad = 1 Coul/V; 1 Picofarad = 10^{-12} Farad = etwa 1 cm el.-stat.

k) Die Dielektrizitätskonstante.

Die Kapazität eines mit einem Dielektrikum (Glas, Glimmer, Öl usw.) gefüllten Kondensators ist $C = \varepsilon\varepsilon_0 F/a$, den für das Dielektrikum kennzeichnenden Faktor ε nennt man „Dielektrizitätskonstante".

Wir leiten diesen experimentellen Befund aus folgender Anschauung ab. In einem Dielektrikum werden die den Atomkern umkreisenden Elektronen etwas entgegengesetzt zur Feldstärke verschoben. Diese Verschiebung b ist proportional zur Feldstärke: $f \cdot b = \mathfrak{E} e_1$. Die Elektronen verhalten sich so, als ob sie mit Gummistrippen an die Atome gebunden wären. Quasielastische Bindung. f wäre dann die „Federkonstante" dieser Bindung. Wenn n Elektronen im cm^3 sind, so treten durch diese Verschiebung nb Elektronen mit der Ladung nbe_1 pro cm^2 an die Oberfläche (e_1 = Ladung eines Elektrons). Die Gesamtverschiebung ist dann

$$q = \mathfrak{E}\left(\varepsilon_0 + \frac{n e_1^2}{f}\right) = \mathfrak{E}\varepsilon_0\varepsilon.$$

Die Zahl ε, die Dielektrizitätskonstante des Materials, ist dann

$$\varepsilon = 1 + \frac{n e_1^2}{\varepsilon_0 f}.$$

Zahlenbeispiel: Ein Minosplattenverdichter enthalte $N = 50$ Glasplatten von $^1/_2$ mm Stärke, die Belege haben 8,5 cm^2 Fläche · $\varepsilon = 3$. Berechne die Kapazität:

$$C = \frac{N\varepsilon\varepsilon_0 F}{a} = \frac{50 \cdot 3 \cdot 8{,}83 \cdot 10^{-14} \cdot 40}{1/20} = 1{,}06 \cdot 10^{-8}\,\text{F} = 0{,}0106\,\mu\text{F (Mikrofarad)}.$$

l) Die Dielektrizitätskonstante bei schnellen Schwingungen.

Bei schnellen Schwingungen ist die Trägheit der Elektronen und evtl. auch die Reibung zu berücksichtigen. An Stelle von $\mathfrak{E} e_1 = f \cdot b$ tritt

$$e_1 \mathfrak{E} = m b'' + \varrho b' + f b.$$

Mit dem Ansatz $b = b e^{j\omega t}$

$$e_1 \mathfrak{E} = b(-\omega^2 m + j\omega\varrho + f).$$

Die Dielektrizitätskonstante ε erhält dann den Wert:

$$\varepsilon = 1 + \frac{n e_1^2/\varepsilon_0}{-m\omega^2 + j\omega\varrho + f}.$$

So wird z. B. in der Heavisideschicht, in der sich freie Elektronen befinden, die durch keine quasielastische Kraft gebunden sind, auch nicht durch Reibung gehemmt werden, sondern in der nur die Trägheit eine Rolle spielt, die Dielektrizitätskonstante

$$\varepsilon = 1 - \frac{n e_1^2/\varepsilon_0}{\omega^2 m} \qquad \varepsilon < 1!$$

m) Bewegung der Elektronen in elektrischen Feldern.

a) Welche Geschwindigkeit erreicht ein Elektron, wenn es mit sehr geringer Geschwindigkeit, z. B. aus einem Glühdrahte, austritt und dann ein Feld von U Volt durchläuft? Die Bewegungsgleichung lautet:

$$m x'' = e_1 \mathfrak{E} \quad \text{mit dem Integral} \quad \frac{m v^2}{2} = e_1 \int \mathfrak{E}\, ds = e_1 U.$$

e/m hat den Wert $1{,}77 \cdot 10^8$ Coul/g. Setzen wir den Wert ein und bedenken wir, daß wir die Kräfte in Gdyn rechnen, so erhalten wir:

$$v = \sqrt{2 \cdot 10^7\, 1{,}77 \cdot 10^8\, U}\ \text{cm/sec} = 5{,}9 \cdot 10^7 \sqrt{U}\ \text{cm/sec}.$$

Wegen dieser festen Beziehung zwischen v und U gibt man die Elektronengeschwindigkeit meist in Volt an.

b) Berechnung der Ablenkung des Kathodenstrahles in einer BRAUNschen Röhre mit den Ausmaßen der Abb. 309.

Die Flugzeit innerhalb der Ablenkplatten ist $t = l/v$, die erreichte Seitengeschwindigkeit $v_q = b \cdot t$ und $b = \frac{e_1 \mathfrak{E}_q}{m} = \frac{e_1 U_q}{m a}$. Die Neigung der Bahn am Ende der Ablenkplatten ist dann $\operatorname{tg}\alpha = v_q/v$. Da man von der kleinen Seitenablenkung innerhalb der Platten absehen kann, ist die Ablenkung auf dem Schirm

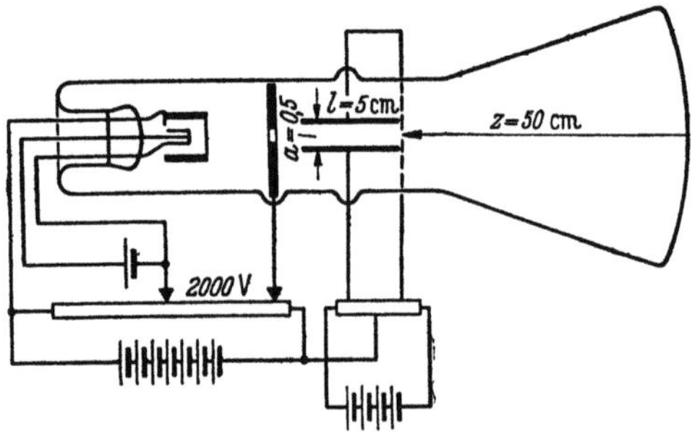

Abb. 309. BRAUNsche Röhre.

$$x = z \operatorname{tg}\alpha = z \frac{v_q}{v} = z \frac{l \frac{e_1}{m} \frac{U_q}{a}}{2 \frac{e_1}{m} U} = \frac{U_q}{2U} \frac{z\, l}{a}.$$

Zahlenbeispiel:

$$a = {}^1/_2\ \text{cm}, \quad l = 5\ \text{cm}, \quad z = 50\ \text{cm},$$
$$U_q = 20\ \text{V}, \quad U = 2000\ \text{V}.$$
$$x = \frac{20 \cdot 50 \cdot 5}{2 \cdot 2000 \cdot 0{,}5} = 2{,}5\ \text{cm}.$$

n) MAXWELLsche Spannungen und Feldenergie.

a) Die Anziehung zweier Kondensatorplatten berechnen wir nach der Gleichung $K = Q \cdot \mathfrak{E}$. Was ist nun hier als Feldstärke einzusetzen, die Feldstärke der einen Platte allein oder die Feldstärke, die von den Ladungen beider Platten herrührt? Man kann beides einsetzen, denn ein elektrisch geladener Körper bewegt sich unter der Wirkung des Feldstärkeanteils, der von den auf ihm sitzenden Ladungen allein ausgeht, ebensowenig wie sich ein Dampfkessel unter der Wirkung des in ihm eingeschlossenen Dampfes fortbewegt. Die Gesamtfeldstärke springt nun in der Ladung von ihrem Werte $\mathfrak{E} = Q/\varepsilon_0 F$ auf Null. Die Teilfeldstärke der anziehenden Platte von der Stärke $\mathfrak{E}^* = Q/2\varepsilon_0 F$ (eine Platte allein sendet ja ihre Kraftlinien in halber Stärke nach *beiden* Seiten!) ändert sich aber an der Stelle der Ladung der angezogenen Platte nicht. Es ist also rechnerisch einfacher, diese Teilfeldstärke zu benutzen. Wir erhalten somit für die Anziehungskraft

$$K = \mathfrak{E}^* Q = \frac{Q^2}{2\varepsilon_0 F} = \frac{F q^2}{2\varepsilon_0}$$

und für die Spannung

$$\sigma = \frac{K}{F} = \frac{q^2}{2\varepsilon_0} = \frac{q\mathfrak{E}}{2} = \frac{\varepsilon_0 \mathfrak{E}^2}{2} = \frac{\varepsilon_0 U^2}{2a^2}.$$

Diese sog. MAXWELLsche Spannung ist ihrer Natur nach eine wirkliche mechanische Spannung (Kraft/Fläche), während die „Spannung“ $U = \int \mathfrak{E}\, ds$ mit einer mechanischen Spannung gar nichts zu tun hat. Der unglücklicherweise für das elektrische Potential gebräuchliche Name Spannung hat schon viel Unheil angerichtet.

Für Dielektrika gilt ebenso $K = Q\mathfrak{E}^* = qF\mathfrak{E}^*$ und $\sigma = K/F = q\mathfrak{E}^*$ mit $\mathfrak{E}^* = \mathfrak{E}/2$, nur mit dem Unterschied, daß für q nicht $\varepsilon_0\mathfrak{E}$, sondern $q = \varepsilon\varepsilon_0\mathfrak{E}$ einzusetzen ist. Für die MAXWELLsche Spannung erhält man dann

$$\sigma = \frac{\varepsilon_0 \varepsilon \mathfrak{E}^2}{2} = \frac{q^2}{2\varepsilon\varepsilon_0}.$$

Man bedenke, daß nicht alle q/ε_0-Kraftlinien, die von den Ladungen auf den Platten ausgehen, durch das Dielektrikum hindurchgehen. Es endigen auf den Stirnflächen des Dielektrikums $\frac{q}{\varepsilon_0}\frac{\varepsilon - 1}{\varepsilon}$, hindurch gehen nur $\frac{q}{\varepsilon_0\varepsilon}$. Nur diese letzteren bedingen die Kraft auf Ladungen, die in das Dielektrikum eingebettet sind.

b) Die Feldenergie. Wir können uns die Herstellung des Feldes auf mechanische Weise vorstellen, und zwar durch Auseinanderziehen zweier entgegengesetzt geladener Platten. Wir brauchen dann eine Arbeit $A = Ka$, und wenn wir den Wert der Kraft $K = \frac{F\varepsilon_0\mathfrak{E}^2}{2}$ einsetzen: $A = F \cdot a\frac{\varepsilon_0\mathfrak{E}^2}{2}$. Auf 1 cm³ des entstandenen homogenen Feldes entfällt dann die Energie $A_1 = \frac{\varepsilon_0\mathfrak{E}^2}{2} \cdot 1\,\mathrm{cm}^3$ oder die Energiedichte ist:

$$\varrho = \frac{A_1}{1\,\mathrm{cm}^3} = \frac{\varepsilon_0\mathfrak{E}^2}{2} = \frac{q\mathfrak{E}}{2} = \frac{q^2}{2\varepsilon_0}.$$

Die Energiedichte hat denselben Wert wie die MAXWELLsche Spannung. Liegt ein Dielektrikum vor, so ist noch mit ε zu multiplizieren:

$$\varrho = \frac{\varepsilon\varepsilon_0\mathfrak{E}^2}{2} = \frac{q\mathfrak{E}}{2} = \frac{q^2}{2\varepsilon\varepsilon_0}. \qquad (q = \varepsilon\varepsilon_0\mathfrak{E}!)$$

Wir können uns das Feld auch auf elektrische Weise durch Aufladen eines Kondensators unter anwachsender Spannung entstanden denken. Die hereingesteckte elektrische Energie, die sich in Feldenergie verwandelt, ist dann

$$A = \int U\,dQ \quad \text{und da} \quad U = \frac{Q}{C}: \quad A = \int \frac{Q\,dQ}{C} = \frac{Q^2}{2C} = \frac{Q^2 a}{2F\varepsilon_0} = \frac{q^2}{2\varepsilon_0} aF.$$

Für die Feldenergie kommt, wie zu erwarten, derselbe Betrag heraus. Wir können natürlich auch umgekehrt von der Feldenergie ausgehen und aus der Beziehung $K = dA/da$ rückwärts die Kraft und die MAXWELLsche Spannung ausrechnen. Experimentell geprüft werden die Kraftformeln mit der Thomsonwaage (Abb. 310). Das Abheben der am Waagebalken hängenden Platte wird durch das Zusammenfallen des mit den Schutzringen verbundenen Elektroskopes beobachtet. Die Hauptschwierigkeit des Versuches besteht in der exakten Einstellung des Abstandes mit Hilfe der Mikrometerschrauben. V ist das zu eichende Voltmeter.

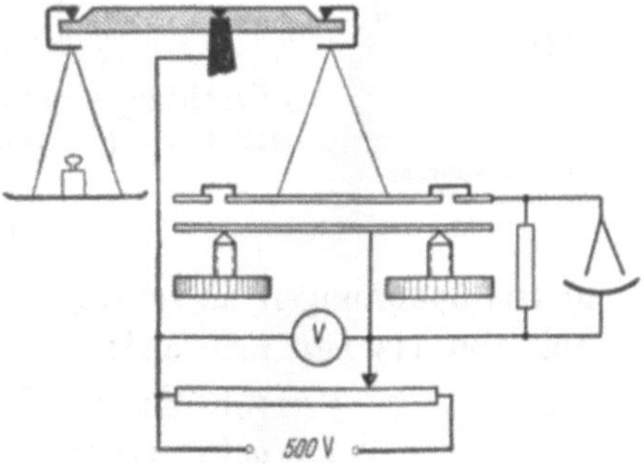

Abb. 310. Thomson-Waage.

c) Die Maxwellsche Spannung senkrecht zu den Kraftlinien. Wie Abb. 311 zeigt, suchen die schrägen Kraftlinien die Platten übereinanderzuziehen. Man könnte im Prinzip auch hier wieder die Kraft aus $K = \int \mathfrak{E}^*\,dQ$ berechnen. Die

Rechnung würde aber sehr kompliziert. Einfacher ist folgende Energiebetrachtung: Wenn man die obere Platte um ein Stück c weiter nach rechts schiebt, wird ein Volumen abc neu mit Feldenergie gefüllt. Die Größe dieser Feldenergie ist

$$A_f = abc\frac{\mathfrak{E}q}{2}.$$

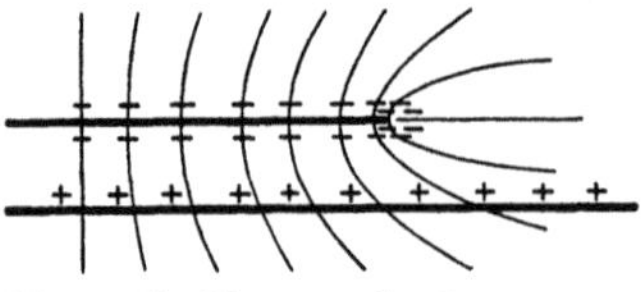
Abb. 311. Zur MAXWELLschen Spannung σ_2.

Die Kapazität der Platten wird um $\delta C = \frac{\varepsilon\varepsilon_0 bc}{a}$ vergrößert, so daß die ladende Batterie eine weitere Ladung $Q = \frac{\varepsilon\varepsilon_0 bcU}{a}$ heraufbringt und eine elektrische Arbeit

$$A_B = \frac{\varepsilon\varepsilon_0 b c}{a} U^2 = \varepsilon\varepsilon_0 abc\mathfrak{E}^2 = abc\mathfrak{E}q$$

leistet. Die Differenz der von der Batterie gelieferten Arbeit und der daraus hergestellten Feldenergie wird in mechanische Arbeit verwandelt:

$$A_m = A_b - A_f = \mathfrak{E}qabc - \frac{\mathfrak{E}q}{2}abc = \frac{\mathfrak{E}q}{2}abc.$$

Hieraus berechnet sich die Kraft nach $K = \frac{\partial A_m}{\partial c}$ zu $K = \frac{A_m}{c} = \frac{\mathfrak{E}q}{2}ab$ und die Spannung zu $\sigma = \mathfrak{E}q/2$. Wir erhalten quer zu den Kraftlinien eine Druckspannung, in Richtung der Kraftlinien eine Zugspannung. Beide Spannungen haben denselben Wert:

$$\sigma_1 = -\sigma_2 = \sigma_0 = \frac{\mathfrak{E}q}{2}.$$

o) Das Brechungsgesetz der Kraftlinien.

An der Grenze zwischen 2 Dielektriken bzw. zwischen Luft und Dielektrikum gelten folgende Grenzbedingungen:

a) Die zur Fläche parallele Komponente der Feldstärke geht stetig durch die Grenze, da sonst ein Flächenwirbel da wäre, der zu einem Perpetuum mobile ausgenutzt werden könnte:

$$\mathfrak{E}_1 \parallel = \mathfrak{E}_2 \parallel.$$

b) Auf Grund der entwickelten Vorstellungen von der Verschiebung geht die senkrechte Komponente der Verschiebung stetig durch die Grenzfläche:

$$q_1 \perp = q_2 \perp.$$

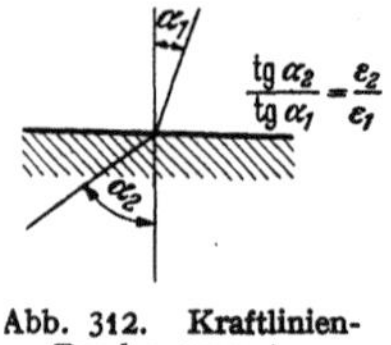

Abb. 312. Kraftlinien-Brechungsgesetz.

c) Hieraus folgt:

$$q_1 \parallel = q_2 \parallel \frac{\varepsilon_1}{\varepsilon_2}; \qquad \mathfrak{E}_1 \perp = \mathfrak{E}_2 \perp \frac{\varepsilon_2}{\varepsilon_1}.$$

Als Brechungsgesetz der Kraftlinien und Verschiebungslinien erhalten wir (s. Abb. 312):

$$\frac{\mathrm{tg}\,\alpha_1}{\mathrm{tg}\,\alpha_2} = \frac{\mathfrak{E}_1 \parallel / \mathfrak{E}_1 \perp}{\mathfrak{E}_2 \parallel / \mathfrak{E}_2 \perp} = \frac{\varepsilon_1}{\varepsilon_2}.$$

p) Die Spannungen an schräg zu den Kraftlinien laufenden Flächen.

Aus Abb. 313 liest man ab[1]:

$$\sigma = \sigma_0(\cos^2\alpha - \sin^2\alpha) = \sigma_0 \cos 2\alpha,$$
$$\tau = \sigma_0(\sin\alpha\cos\alpha + \cos\alpha\sin\alpha) = \sigma_0 \sin 2\alpha,$$
$$p = \sqrt{\sigma^2 + \tau^2} = \sigma_0.$$

[1] Die 3 Kräfte $pF = p\,1\,\mathrm{cm}^2$ in Richtung von p, $-\sigma_0 F_x = \sigma_0\,1\,\mathrm{cm}^2 \sin\alpha$ in waagerechter und $\sigma_0 F_y = \sigma_0\,1\,\mathrm{cm}^2\cos\alpha$ in senkrechter Richtung müssen einander das Gleichgewicht halten.

Die Richtung von p gegen die Flächennormale ist 2α. Hält man die Richtung der Feldstärke im Raume fest, und dreht man die Flächennormale nach rechts, so dreht sich die Zugspannung p nach links. Bei einer Drehung von $45°$ ergeben die MAXWELLschen Spannungen reine Schubspannungen (s. Abb. 313).

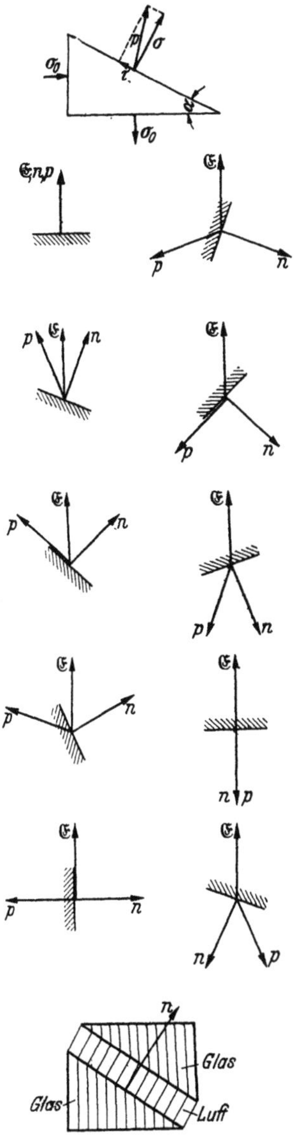

Abb. 313. Tensor der MAXWELLschen Spannungen.

2. Magnetismus.

a) Das magnetische Coulombsche Gesetz. $\mathfrak{K} = f_1 \frac{m_1 m_2}{r^2}$ (m = Polstärke). Die Messungen stellt man am einfachsten wieder mit einer Drehwaage an und berechnet dabei das Drehmoment aus der bifilaren Aufhängung (Abb. 314).

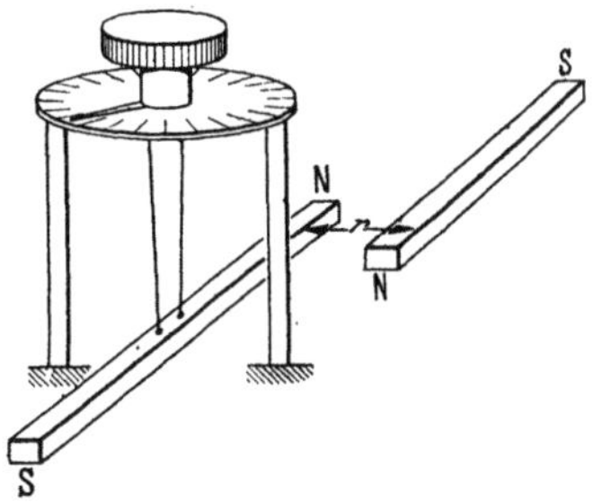

Abb. 314. Magnetisches COULOMBsches Gesetz.

b) Die Einheit der Polstärke. Die Einheit der Polstärke wird wieder so definiert, daß der Faktor f_1 im COULOMBschen Gesetz den Zahlenwert 1 bekommt.

c) Die Feldstärke $\mathfrak{H}$. Die magnetische Feldstärke ist als Kraft durch magnetische Polstärkeeinheit definiert. Sie kann durch Kraftlinien dargestellt werden (Eisenfeilspanbilder). Die Einheit im elektromagnetischen Maßsystem ist $1 \text{ Gauß} = \frac{1 \text{ dyn}}{\text{Polst.-Einh.}}$.

d) Magnetische Verschiebung oder Induktion $\mathfrak{B}$. Wenn man die Polstärke als magnetische Ladung deutet, kann man auch den Begriff „magnetische Verschiebung" prägen: $\mathfrak{B} = \mu_0 \mathfrak{H}$. μ_0 heißt Permeabilität des leeren Raumes (entspricht ε_0).

e) Magnetischer Kraftfluß $\Phi = \mathfrak{B} F$ bzw. $\Phi = \int \mathfrak{B}\, dF$.

3. Magnetische Felder stromdurchflossener Leiter in Luft.

1. Gerader Draht. Für einen geraden stromdurchflossenen Draht gilt: $\mathfrak{H} = 2I/r$, wenn man I in Weber (10 A) und $\mathfrak{H}$ in Gauß rechnet. Versuchsanordnung s. Abb. 315: $\mathfrak{H}_{\text{Draht}} = \mathfrak{H}_{\text{Erde}} \operatorname{tg} \alpha$.

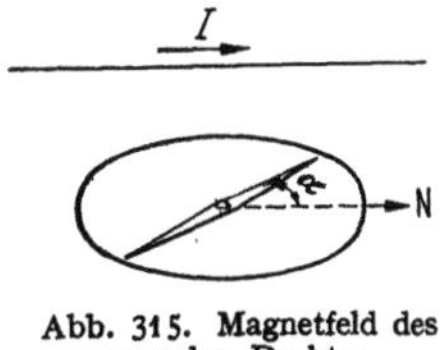

Abb. 315. Magnetfeld des geraden Drahtes.

2. Solenoid. Für ein Solenoid von großer Länge erhält man:

$\mathfrak{H} = \frac{4\pi N I}{l}$ im Inneren, $\mathfrak{H} \cong 0$ außen. Versuchsanordnung s. Abb. 316.

3. Magnetische Spannung oder magnetomotorische Kraft $\Psi = \int \mathfrak{H}\, ds$. Ist das Magnetfeld wirbelfrei, so ist diese Spannung wieder eine Raumfunktion und $\mathfrak{H}$ durch $\mathfrak{H} = \nabla \Psi$ zu berechnen.

4. Aus den in Punkt 1 und 2 mitgeteilten Meßresultaten folgt:

$$\oint \mathfrak{H}\, ds = 4\pi I.$$

Dieses Gesetz gilt allgemein für jeden beliebig geformten Leiter, wie später zu beschreibende Versuche mit dem Rogowskigürtel zeigen.

Im technischen Maßsystem schreibt man $\oint \mathfrak{H}\, ds = I$ und erhält dann das Magnetfeld statt in Gauß in A/cm. Auf das technische Maßsystem wird später ausführlich eingegangen werden. (Über ÖRSTEDT und GAUSS s. Magnetismus im Eisen; Pkt. 9.)

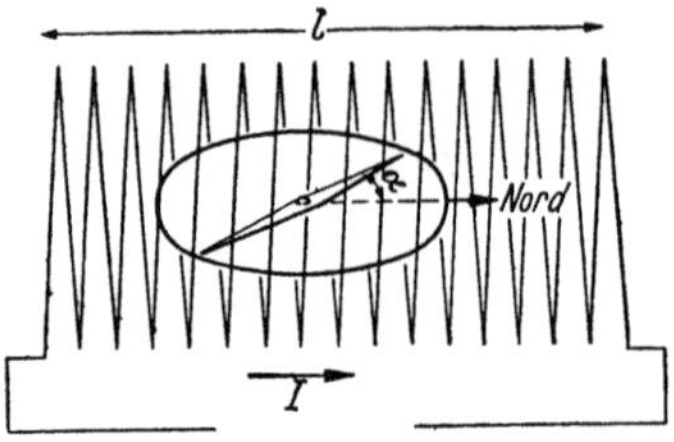

Abb. 316. Magnetfeld im Solenoid.

5. Die erste MAXWELLsche Gleichung. Bei den Messungen am geraden Drahte erkennt man, daß wesentlichen Einfluß nur der Verlauf des Drahtes in der Nähe der Nadel hat. Diese Beobachtung führt zu der Vermutung, daß man jeden Stromlauf als gradlinig auffassen darf, wenn nur der Integrationsweg für die Berechnung von $\int \mathfrak{H}\, ds$ klein gegen den Krümmungsradius ist. Die Gültigkeit dieser plausiblen Vermutung wird experimentell mit dem Rogowskigürtel zu prüfen sein. Auf Grund dieser Vermutung können wir für hinreichend kleine Integrationswege das für den geraden Draht berechnete Linienintegral anwenden und gelangen zu der Beziehung:

$$\lim_{F=0} \oint \mathfrak{H}\, ds = 4\pi I = 4\pi i F \quad (i = \text{Stromdichte})$$

und

$$\lim_{F=0} \oint \frac{\mathfrak{H}\, ds}{F} = \operatorname{rot} \mathfrak{H} = 4\pi i; \text{ erste MAXWELLsche Gleichung.}$$

6. Aus der MAXWELLschen Gleichung folgt dann rückwärts wieder richtig nach dem STOKEschen Satze:

$$\int \mathfrak{H}\, ds = \int \operatorname{rot} \mathfrak{H}\, dF = \int 4\pi i\, dF = 4\pi I.$$

7. Das Vektorpotential. Die Überlegungen des Punktes 5 bringen uns auf den Gedanken, daß die magnetischen Wirkungen eines Stromelementes wie alle sich in den Raum ausbreitenden Kraftwirkungen mit $1/r^2$ abnehmen. Es ist somit zu erwarten, daß es auch für die Berechnung der magnetischen Felder eine Hilfsrechengröße geben wird, die sich ähnlich wie das elektrische Potential $\varphi = \int \frac{\varrho\, dV}{r}$ durch $\mathfrak{A} = \int \frac{i\, dV}{r}$ berechnen läßt, und daß es für diese Hilfsrechengröße eine Differentialgleichung $\Delta \mathfrak{A} = -i$ geben wird. Diese zunächst noch durch nichts bewiesenen Spekulationen entspringen dem Wunsche, auch bei Magnetfeldberechnungen eine $\Delta \varphi = -\frac{\varrho}{\varepsilon_0}$ ähnliche Gleichung zu finden, da die Lösungen von $\Delta \varphi = -\frac{\varrho}{\varepsilon_0}$ bekannt sind und es eine große Erleichterung bedeuten würde, wenn man die bekannten Lösungen übertragen könnte.

Bei elektrischen Feldern galt nun $\operatorname{div} \mathfrak{E} = \nabla \cdot \mathfrak{E} = -\frac{\varrho}{\varepsilon_0}$, die zur Lösung geeignete Hilfsrechengröße war durch $\mathfrak{E} = \nabla \varphi$ definiert. Das Einsetzen von $\mathfrak{E} = \nabla \varphi$ in $\operatorname{div} \mathfrak{E} = -\frac{\varrho}{\varepsilon_0}$ lieferte dann $\Delta \varphi = -\frac{\varrho}{\varepsilon_0}$.

Für Magnetfelder gilt nun allerdings nicht $\operatorname{div} \mathfrak{H} = \nabla \mathfrak{H} = -4\pi i$, sondern $\operatorname{rot} \mathfrak{H} = [\nabla \cdot \mathfrak{H}] = 4\pi i$. Die Hilfsrechengröße, die dem φ entsprechen soll, wird also auch in einem anderen Zusammenhang stehen. Wir versuchen einmal, eine rein formale Vermutung, auch bei der Definition der Hilfsrechengröße statt des skalaren Produktes zwischen ∇ und φ, also statt $\nabla \varphi = \mathfrak{E}$, das Vektorprodukt einzuführen und setzen $[\nabla \cdot \mathfrak{A}] = \operatorname{rot} \mathfrak{A} = \mathfrak{H}$. Für die Hilfsrechengröße $\mathfrak{A}$ würde dann die Differentialgleichung

$$[\nabla \cdot [\nabla \cdot \mathfrak{A}]] = 4\pi i$$

gelten. Falls wir nun mit unserer formalen Spekulation Glück hatten, muß $[\nabla \cdot [\nabla \mathfrak{A}]]$ auf $\Delta \mathfrak{A}$ führen. Die in Abschnitt Vektorrechnung abgeleiteten Formeln enthalten in der Tat die Beziehung:

$$\operatorname{rot}\operatorname{rot}\mathfrak{A} = -\Delta\mathfrak{A} + \operatorname{grad}\cdot\operatorname{div}\mathfrak{A}.$$

Wenn wir noch die Bedingung $\operatorname{div}\mathfrak{A} = 0$ hinzunehmen, kommen wir zu $\Delta\mathfrak{A} = -4\pi i$ mit der Lösung $\mathfrak{A} = \int \frac{i\,dV}{r}$.

Aus $\mathfrak{A}$ können wir dann wieder durch Differentiation $\mathfrak{H}$ berechnen:

$$\mathfrak{H} = [\nabla\cdot\mathfrak{A}] = \operatorname{rot}\mathfrak{A}.$$

$\mathfrak{A}$ ist ein Vektor mit den 3 Komponenten:

$$\mathfrak{A}_x = \int \frac{i_x\,dV}{r}, \quad \mathfrak{A}_y = \int \frac{i_y\,dV}{r}, \quad \mathfrak{A}_z = \int \frac{i_z\,dV}{r},$$

der durch die 3 Differentialgleichungen

$$\Delta\mathfrak{A}_x = -4\pi\, i_x, \quad \Delta\mathfrak{A}_y = -4\pi\, i_y, \quad \Delta\mathfrak{A}_z = -4\pi\, i_z$$

bestimmt ist. $\mathfrak{A}$ heißt daher Vektorpotential.

Man hätte bei der Einführung des Vektorpotentials auch mehr literaturmäßig vorgehen können: Beim elektrischen Potential galt $\nabla\mathfrak{E} = -4\pi\varrho$, vorteilhaft war die durch $\nabla\varphi = \mathfrak{E}$ definierte Hilfsrechengröße, durch deren Einsetzen $\Delta\varphi = -4\pi\varrho$ erhalten wurde.

Für das magnetische Problem gilt $[\nabla\cdot\mathfrak{H}] = 4\pi i$, gesucht wird eine Hilfsgröße, aus der $\mathfrak{H}$ auch irgendwie durch Differentiation berechnet werden kann. Wir deuten dies durch $\mathfrak{H} = \text{Diff.}(\mathfrak{A})$ an, es soll dann $[\nabla\cdot\text{Diff.}\,\mathfrak{A}] = \pm\Delta\mathfrak{A}$ werden. Man muß nun in mathematischen Büchern nachschlagen, ob eine solche Beziehung von den Mathematikern gewissermaßen „auf Vorrat" aufgestellt ist. Da findet man

$$[\nabla[\nabla\mathfrak{A}]] = -\Delta\mathfrak{A} + \operatorname{grad}\operatorname{div}\mathfrak{A}.$$

Also ist der gesuchte Differentialausdruck:

$$\text{Diff.}\,\mathfrak{A} = [\nabla\cdot\mathfrak{A}].$$

8. Das Magnetfeld des linearen Stromlaufes (Biot-Savart). Wir schreiben $i dV = i dq\cdot ds$. Die Ausführung der Integration über dq ergibt $\int i\,dq =$ Stromstärke I (der Querschnitt des Drahtes sei klein gegen die Entfernung des Aufpunktes, so daß $1/r$ als praktisch konstant vor das Integral über dq gesetzt werden kann). Für das Magnetfeld eines linearen Stromlaufes erhalten wir somit

$$\mathfrak{H} = \operatorname{rot}\int\frac{I\,ds}{r}.$$

Bei der Differentiation ist nur der Aufpunkt zu verrücken, der Stromlauf bleibt an seiner Stelle. Wir erhalten:

$$\mathfrak{H} = \left[\nabla\int\frac{I\,ds}{r}\right] = I\int\left[ds\cdot\nabla\frac{1}{r}\right] = I\int\frac{ds\cdot\sin(ds, r)}{r^2} \quad \text{(Biot-Savartsches Gesetz).}$$

Das Magnetfeld eines Stromelementes von der Länge ds nimmt, wie wir vermuteten, tatsächlich mit $1/r^2$ ab.

9. Mehrdeutige Potentiale stromdurchflossener Leiter. Da außerhalb des Stromlaufes das Magnetfeld wirbelfrei ist, muß es ein Potential haben, das wie jedes Potential durch $d\Psi = \mathfrak{H}\,ds_2$ definiert ist. Wir formen es nach den im Abschnitt über Vektorrechnung mitgeteilten Formeln um:

$$d\Psi = I\int\left[ds\cdot\nabla\frac{1}{r}\right]ds_2 = I\int[ds\cdot ds_2]\nabla\frac{1}{r} = I\int\frac{df\cdot r}{r^3} = I\,d\Omega.$$

Durch Integration und geeignete Wahl der Integrationskonstanten erhält man

$$\Psi = I\Omega.$$

Umschlingen wir mit dem Integrationsweg den Stromlauf einmal, so wächst Ω von Ω_1 auf $\Omega_1 + 4\pi$; das Potential steigt um $4\pi I$, es ist mehrdeutig:

$$\Psi = I(\Omega + 4\pi n).$$

10. Äquivalenz von Stromlauf und Doppelfläche. Das Potential des Stromlaufes gleicht dem Potential einer magnetischen Doppelschicht, die beliebig innerhalb des Stromlaufes, der den Rand der Doppelschicht bildet, ausgespannt ist. An Stelle des Stromes steht das magnetische Moment pro cm^2 τ. Der einzige Unterschied ist der, daß das Potential der Doppelschicht nicht mehrdeutig ist, sondern in der Doppelschicht immer wieder um $4\pi\tau$ auf seinen alten Wert zurückspringt.

11. Beispiele für das Vektorpotential. Um eine Vorstellung vom Vektorpotential zu vermitteln, seien einige einfache Beispiele gegeben.

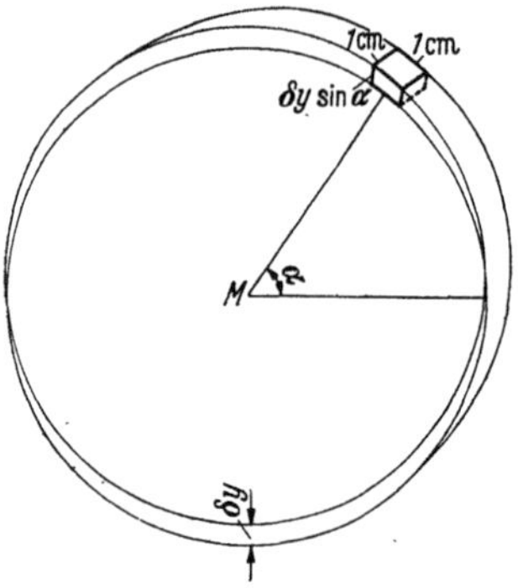

Abb. 317.

a) Das Vektorpotential des Solenoids. Ein Metallzylinder sei von einem Strome mit der Flächendichte j umflossen. Die x Komponente von j ist $j_x = j \sin\alpha$, $j_y = j\cos\alpha$. j_x ändert sich mit α ebenso wie die Überschußladung, die man erhält, wenn man zwei positiv und negativ mit der konstanten räumlichen Dichte j/δ_y geladene Zylinder um ein Stück δy verschiebt. Die unter dem in Abb. 317 herausgehobenen cm^2 liegende Überschußladung $\delta Q = \varrho\,\delta y \cdot \sin\alpha \cdot 1\,cm^2$. Da sie $j \sin\alpha$ gleichen soll, so muß $\varrho = \frac{j}{\delta y}$ sein.

Die x-Komponente des Vektorpotentials gleicht dann dem Potential dieser Ladungen. Das Potential des gleichmäßig geladenen Zylinders ist im Inneren $\varphi_{1i} = \frac{\pi j}{\delta y} \cdot r^2$, im Äußeren $\varphi_{1a} = \frac{\pi j}{\delta y} R^2 \ln r$.

Die Potentiale des verschobenen Zylinders erhält man durch Differenzieren

$$\varphi_a = \frac{\partial \varphi_{1a}}{\partial y}\,\delta y = -\pi j R^2 \frac{y}{r^2} \quad \text{und} \quad \varphi_i = \frac{\partial \varphi_{1i}}{\partial y}\,\delta y = 2\pi j y.$$

Die Formeln für das Vektorpotential lauten daher:

$$\text{Im Inneren: } \mathfrak{A}_{ix} = 2\pi j y, \qquad \mathfrak{A}_{iy} = -2\pi j x, \qquad \mathfrak{A}_{iz} = 0$$

$$\text{Im Äußeren: } \mathfrak{A}_{ax} = \pi j R^2 \frac{y}{r^2}, \quad \mathfrak{A}_{ay} = -\pi j R^2 \frac{x}{r^2}, \quad \mathfrak{A}_{az} = 0.$$

Wir erkennen, daß im Inneren des Solenoides das Vektorpotential dem Geschwindigkeitsvektor einer sich mit der Winkelgeschwindigkeit $2\pi j$ drehenden Walze, das Magnetfeld der doppelten Drehgeschwindigkeit entspricht:

$$\mathfrak{H}_{\text{innen}} = 4\pi j = \text{räumlich konstant.}$$

Im Äußeren entspricht das Vektorpotential der Geschwindigkeit einer wirbelfreien Zirkulation um einen Wirbelfaden mit der Zirkulationsstärke $\Gamma = 8\pi^2 R^2 j$. $\left(A = \frac{\Gamma}{2\pi r} = \frac{4\pi R^2 j}{r}\right)$ und der Rotation Null.

b) Das Vektorpotential eines geraden stromdurchflossenen Drahtes. Das Vektorpotential entspricht dem elektrischen Potential eines gleichförmig geladenen Drahtes $\varphi = 2q \ln r/r_0$; $\mathfrak{A} = 2I \ln r/r_0$. (Als Integrationskonstante wählt man meistens $r_0 = 1$ cm und schreibt dann $\mathfrak{A} = 2I \ln r$.)

Die Berechnung des Magnetfeldes ergibt dann:

$$\mathfrak{H}_t = \operatorname{rot}_t(2I\ln r) = 2I\frac{d\ln r}{dr} = \frac{2I}{r}.$$

Wegen der Zylindersymmetrie kommt nur der Differentialquotient $\partial\,..\,/\partial r$ vor. Das Magnetfeld hat also nur eine Komponente in Richtung der Kreise um den Draht (t-Richtung).

c) *Zwei unendlich große parallele Ebenen seien von Strömen mit der Flächendichte j durchflossen.* Die Ebenen liegen parallel zur YZ-Ebene, der Strom fließe in der Z-Richtung. Berechne Vektorpotential und Magnetfeld.

Das Vektorpotential entspricht dem elektrischen Potential zweier gleichförmig geladener Kondensatorplatten und hat, wenn der Strom in der Z-Richtung fließt, nur eine Z-Komponente

$$\mathfrak{A} = \mathfrak{A}_z = -4\pi j \cdot x.$$

Es gibt nur eine Magnetfeldkomponente in der Y-Richtung

$$\mathfrak{H}_y = \operatorname{rot}_y \mathfrak{A} = -\frac{\partial \mathfrak{A}_z}{\partial x} = 4\pi j\,.\,.$$

d) *Das Vektorpotential innerhalb eines gleichförmig vom Strom durchflossenen geraden Drahtes,* der in der Z-Richtung liege, entspricht dem elektrischen Potential des gleichförmig geladenen Zylinders:

$$\mathfrak{A}_z = \pi i r^2 = \pi i (x^2 + y^2)$$

mit dem Magnetfelde:

$$\mathfrak{H}_x = \frac{\partial \mathfrak{A}_z}{\partial y} = 2\pi i y; \quad \mathfrak{H}_y = -\frac{\partial \mathfrak{A}_z}{\partial x} = -2\pi i x; \quad \mathfrak{H}_z = 0, \quad \mathfrak{H}_{\text{tang}} = 2\pi i r.$$

12. Physikalische Bedeutung der Bedingung $\operatorname{div}\mathfrak{A} = 0$. Bei der Divergenzbildung hat man das Stromsystem festzuhalten und den Aufpunkt zu verändern. Wenn aber der Integrationsbereich das Stromsystem *völlig* einschließt, kann man auch den Aufpunkt festhalten und das Stromsystem verschieben. Mathematisch würde man das Resultat dieser Überlegung durch eine partielle Integration erhalten. Aus

$$\operatorname{div}\mathfrak{A} = \int \operatorname{div}\frac{i}{r}\,dV = \int i\,\nabla\frac{1}{r}\,dV \quad \text{wird} \quad \int \frac{\operatorname{div} i}{r}\,dV$$

und die Bedingung $\operatorname{div}\mathfrak{A} = 0$ wird identisch mit $\operatorname{div} i = 0$.

Physikalisch ist aber diese Bedingung immer erfüllt, solange wir uns mit den Magnetfeldern stationärer Ströme beschäftigen. Bei nichtstationären Vorgängen (Wellenausbreitung) werden wir hier eine kompliziertere Nebenbedingung kennenlernen.

13. Die Kraftformeln. Die Kraft eines Stromelementes auf einen Magnetpol berechnet sich nach dem BIOT-SAVARTschen Gesetze zu

$$dK = \mathfrak{m}\, d\mathfrak{H}_{st} = \mathfrak{m}\, I\left[ds \cdot \nabla\frac{1}{r}\right]; \quad \mathfrak{H}_{st} = \text{Magnetfeld des Stromes.}$$

Nach dem Gesetz von actio und reactio ist die Kraft des Magnetpoles auf das Stromelement ebenso groß. Wir können die skalare Größe m in das Produkt einbeziehen und für $m\nabla\frac{1}{r}$ nach dem COULOMBschen Gesetz $\mathfrak{H}_{\text{pol}}$ schreiben. Wir erhalten für die Kraftformel:

$$K = I[ds \cdot \mathfrak{H}_{\text{pol}}].$$

Da diese Formel die Grundlage für die Berechnung der Elektromotoren bildet, sei sie kurz „Motorformel" genannt. Für ein räumlich verteiltes Stromsystem würden wir $K = \int [i \cdot \mathfrak{H}] l dV$ erhalten. Wir können uns nun von der speziellen Vorstellung, daß das Magnetfeld von Magnetpolen herrührt, frei machen und die Formel auch benutzen, wenn $\mathfrak{H}$ von einem zweiten Strom herrührt.

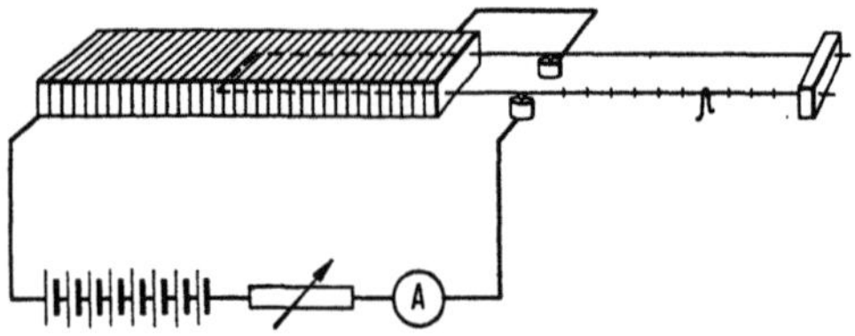

Abb. 318. Stromwaage.

Die Formel wird experimentell durch Versuche mit der Stromwaage geprüft (Abb. 318).

Die Kraft von 2 Stromelementen aufeinander ist:

$$\mathfrak{K} = I_1 I_2 \left[ds_2 \cdot \left[ds_1 \nabla \frac{1}{r}\right]\right].$$

14. Das Drehmoment auf einen in einem Magnetfeld liegenden Stromkreis. Wir denken uns im Stromkreis eine beliebige Fläche ausgespannt. Diese sei in so kleine Flächenstückchen $d\mathfrak{F}$ unterteilt, daß in einem $d\mathfrak{F}$ das Magnetfeld konstant ist. Die $d\mathfrak{F}$ seien wieder in kleine Rechtecke $dx \cdot dy$ aufgeteilt, dabei möge dx mit der Projektion des Magnetfeldes auf $d\mathfrak{F}$ zusammenfallen, dx und dy haben also eine spezielle Lage zum Magnetfelde. Jedes der kleinen Rechtecke können wir in demselben Umlaufsinn von Strom durchflossen denken. Es heben sich dann immer an den inneren Grenzen der Rechtecke die Ströme und ihre Kraftwirkungen auf, so daß nur die gesuchte Kraftwirkung auf die äußere Begrenzung übrigbleibt.

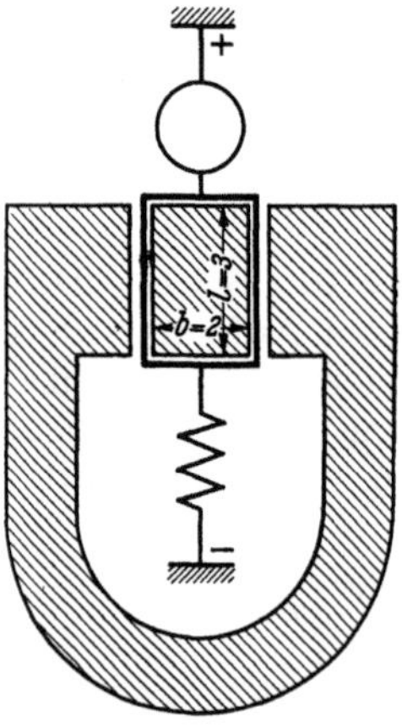

Abb. 319. Drehspul-Spiegelgalvanometer.

Die in der Fläche $d\mathfrak{F}$ bzw. in der Fläche des Rechtecks $dx\, dy$ liegende Magnetfeldkomponente $\mathfrak{H}_x = \mathfrak{H} \sin(\mathfrak{F}, \mathfrak{H})$. Diese übt nur Kräfte auf die Seiten dy aus. Diese betragen $I dy \cdot \mathfrak{H} \sin(\mathfrak{F} \cdot \mathfrak{H})$ und stehen senkrecht auf der Fläche. Der Drehmomtenanteil $d_2 M = I \cdot \mathfrak{H} \cdot \sin(\mathfrak{F}, \mathfrak{H}) dx\, dy$, der Anteil der Fläche $d\mathfrak{F}$ am Drehmoment:

$$dM = \int d_2 M = I \cdot \mathfrak{H} \cdot \sin(\mathfrak{F}, \mathfrak{H}) \int dx\, dy = I[\mathfrak{H} \cdot d\mathfrak{F}],$$

und das Gesamtdrehmoment $M = I \int [\mathfrak{H} \cdot d\mathfrak{F}]$*. Anwendung der Formel zur Berechnung des Ausschlages in einem Drehspul-Spiegelgalvanometer (Abb. 319).

Zahlenangaben: Windungszahl $N = 300$. $\mathfrak{H} = 5000\, \Gamma$. Direktionskraft $D = 0{,}1$ dyn cm. Strom $I = 10^{-9}$ A. Entfernung der Skala 1 m.

Es ergibt sich für das Drehmoment:

$$M = l \cdot b \cdot N \cdot \mathfrak{H} \cdot \frac{I_A}{10} = 2 \cdot 3 \cdot 300 \cdot 5000 \cdot \frac{10^{-9}}{10} = 9 \cdot 10^{-4} \text{ dyn cm}.$$

Der Spiegel dreht sich um den Winkel $\alpha = 0{,}009$ Bogeneinheiten, der Lichtstrahl dreht sich nach dem Reflexionsgesetz um den doppelten Winkel und wandert auf der Skala um 1,8 cm.

15. Die Kraft auf ein bewegtes Elektron. Wenn in einem Drahte von 1 cm Länge n Elektronen sind, und wenn sich diese mit der Geschwindigkeit $\mathfrak{v}$ bewegen, so ist die Stromstärke $I = e_1 n v$. Setzt man diesen Wert in die Motorformel ein, so erhält man

$$K = e_1 n [\mathfrak{v} \cdot \mathfrak{H}] l.$$

Da in dem Drahtstück $n \cdot l$ Elektronen sind, so kommt auf 1 Elektron die Kraft

$$K_1 = e_1 [\mathfrak{v} \cdot \mathfrak{H}].$$

* Der Leser rechne die Formel unter Zugrundelegung der Äquivalenz zwischen Stromlauf und Doppelfläche (vgl. Punkt 10) nach.

Anwendung auf die Bewegung von Elektronen im Magnetfelde (magnetische Ablenkung des Kathodenstrahles in der BRAUNschen Röhre).

Die Elektronen fliegen auf einer Bahn von solcher Krümmung, daß die senkrecht auf der Geschwindigkeit stehende Zentrifugalkraft mv^2/r der ebenfalls senkrecht auf der Geschwindigkeit stehenden Kraft $e_1[\mathfrak{v}\cdot\mathfrak{H}]$ gleicht. Hieraus berechnet sich der Krümmungsradius r, die Bahn zu $r = mv/e_1\mathfrak{H}$. Die Winkelgeschwindigkeit $\omega = v/r = e_1\mathfrak{H}/m$ ist unabhängig von der Geschwindigkeit v.

16. Das Induktionsgesetz. Dividieren wir die Formel $K = e_1[\mathfrak{v}\cdot\mathfrak{H}]$ mit e_1, so erhalten wir:

$$\frac{K}{e_1} = \text{elektr. Feldstärke } \mathfrak{E} = [\mathfrak{v}\cdot\mathfrak{H}].$$

Dies ist die allgemeinste Form des Induktionsgesetzes, wenn man bedenkt, daß in Drossel und Transformator sich die Kraftlinien vom Strom aus ausbreiten und die übrigen Stromfäden schneiden. Die übliche Form

$$\int \mathfrak{E}\,ds = \frac{d\Phi}{dt}; \quad \Phi = F\cdot\mathfrak{H}$$

bringt physikalisch nichts Neues.

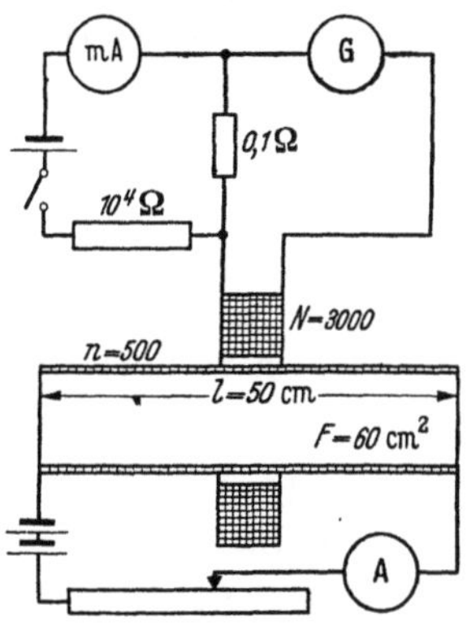

Abb. 320. Versuchseinrichtung zum Induktionsgesetz.

Um das Induktionsgesetz zu demonstrieren, bediene man sich des in Abb. 320 dargestellten Apparates. Zunächst schließe man den Schalter und eiche das Spiegelgalvanometer G als Voltmeter. Dann öffne man den Schalter und steigere den Strom im langen Solenoid, der am Amperemeter A abgelesen wird, durch Verändern des Widerstandes so, daß der Galvanometerlichtzeiger auf einem bestimmten Skalenteil stehenbleibt. Man findet dann, daß der Strom gleichmäßig mit der Zeit gesteigert werden muß. Bei den angegebenen Dimensionen kann man den Strom um etwa 1 A in 10 sec steigern, also bei 6 A Maximalstrom den Versuch auf 1 min ausdehnen.

17. Feld und Induktion. Elektromagnetisches und technisches Maßsystem. Wir haben jetzt ähnlich wie beim elektrischen Felde 2 Methoden, um die Stärke eines Magnetfeldes anzugeben:

1. Als Maß für das Magnetfeld wird die Stärke des Stromes angegeben, der das Feld erzeugte. Da die technisch übliche Erzeugung mit stromdurchflossenen Spulen erfolgt, so gibt man als Maß für das Magnetfeld die Amperewindungen an, die auf 1 cm Spulenlänge liegen:

$$1\ \text{A/cm} = 0{,}4\pi\ \text{Gauß}.$$

Dieses Maß wird man in allen Formeln anwenden, welche erzeugende Stromstärke und Magnetfeld in Beziehung setzen:

$$\mathfrak{H} = nI \text{ (Solenoid) mit } n = \frac{N}{l}, \qquad \operatorname{rot}\mathfrak{H} = i \text{ MAXWELLsche Gleichung},$$

$$\mathfrak{H} = \frac{I}{4\pi r} \text{ (gerader Draht)}, \qquad \mathfrak{A} = \frac{1}{4\pi}\int\frac{i\,dV}{r} \text{ bzw. } \frac{I}{4\pi}\int\frac{ds}{r},$$

$$\oint \mathfrak{H}\,ds = I, \qquad \mathfrak{H} = \frac{I}{4\pi}\int\left[ds\cdot\nabla\frac{1}{r}\right] \text{ BIOT-SAVART},$$

$$\psi = \frac{I}{4\pi}\Omega \text{ bzw. } I\left(\frac{\Omega}{4\pi} + n\right). \quad \text{Vgl. die Schreibweise im elm. cgs. System S. 253.}$$

2. Man gibt als Maß die Kraft an, welche ein Magnetfeld auf hypothetische Magnetpole oder auf reelle Stromläufe ausübt. Auch das Induktionsgesetz gehört

zu diesen Kraftgesetzen. Von welchen der Kraftgesetze man ausgeht, ist dabei, wie zu erwarten, gleichgültig. Man hat die Kraft in Großdyn, die Ladung in Coulomb oder A sec, Länge in cm und Zeit in sec einzusetzen. Man erhält dann unter Benutzung der verschiedenen Gesetze folgendes Maß für die Stärke des Magnetfeldes:

$$1.\ \mathfrak{B} = \frac{K}{lI} \text{ in } \frac{\text{Gd sec}}{\text{cm Coul}}, \qquad 2.\ \mathfrak{B} = \frac{K}{\mathfrak{v} \cdot Q} \text{ in } \frac{\text{Gd sec}}{\text{cm Coul}},$$

$$3.\ \mathfrak{B} = \frac{\mathfrak{E}}{\mathfrak{v}} \text{ in } \frac{\text{V}}{\text{cm}} \cdot \frac{\text{sec}}{\text{cm}}, \qquad 4.\ \mathfrak{B} = \frac{\int U\,dt}{F} \text{ in } \frac{\text{V sec}}{\text{cm}^2}.$$

Da

$$1\,\text{V} = \frac{1\ \text{Gd cm}}{\text{Coul}}, \quad \text{so ist} \quad \frac{1\ \text{V sec}}{\text{cm}^2} = \frac{1\ \text{Gd sec}}{\text{cm Coul}}.$$

Dieses zweite Maß nennt man, zum Unterschied von dem ersteren, der „Feldstärke $\mathfrak{H}$", die Induktion $\mathfrak{B}$. Beide Maße sind durch die Beziehung $\mathfrak{B} = \mu_0 \mathfrak{H}$ verbunden, wobei $\mu_0 = 4\pi 10^{-9}$ V sec/A cm.

18. Die Maxwellschen Gleichungen. *a)* Aus

$$\oint \mathfrak{E}\,ds = -\frac{d\Phi}{dt} = -F\frac{d\mathfrak{B}}{dt}$$

folgt:

$$\frac{d\mathfrak{B}}{dt} = -\frac{\oint \mathfrak{E}\,ds}{F} = -\operatorname{rot}\mathfrak{E}. \quad \text{2. Maxwellsche Gleichung.}$$

Hierin ist $\mathfrak{B}$ in V sec/cm², $\mathfrak{E}$ in V/cm zu rechnen.

Vielfach rechnet man $\mathfrak{B}$ in Gauß, $\mathfrak{E}$ in el.-stat. Einh., dann ist

$$\frac{1}{c}\frac{d\mathfrak{B}}{dt} = -\operatorname{rot}\mathfrak{E}$$

zu schreiben.

b) Ein Integral der 2. Maxwellschen Gleichung. Führt man für $\mathfrak{B}$ die Beziehung: $\mathfrak{B} = \mu_0 \mathfrak{H} = \mu_0 \operatorname{rot}\mathfrak{A}$ ein, so erhält man

$$\mu_0 \operatorname{rot}\frac{\partial \mathfrak{A}}{\partial t} = -\operatorname{rot}\mathfrak{E}$$

mit dem Integral:

$$\mathfrak{E} = -\mu_0 \frac{\partial \mathfrak{A}}{\partial t} + \operatorname{grad}\varphi.$$

Der erste Teil des Ausdruckes $\mu_0 \frac{\partial \mathfrak{A}}{\partial t}$ ist die „induzierte Feldstärke". Rechnet man $\mathfrak{E}$ in el.-stat. Einh., $\mathfrak{A}$ in el.-magn., gilt:

$$\mathfrak{E} = \frac{-1}{c}\frac{\partial \mathfrak{A}}{\partial t}.$$

c) Eine Erweiterung der 1. Maxwellschen Gleichung. Im Verfolg der Vorstellung von der Verschiebung $q = \varepsilon\varepsilon_0 \mathfrak{E}$ drängt sich die Vermutung auf, daß auch der Verschiebungsstrom mit der Dichte

$$i_r = \frac{dq}{dt} = \varepsilon\varepsilon_0 \frac{\partial \mathfrak{E}}{\partial t}$$

ein Magnetfeld hat. Diese Vermutung wurde von Heinrich Hertz experimentell als richtig erwiesen. Wir haben also in der 1. Maxwellschen Gleichung den Verschiebungsstrom hinzuzufügen:

$$i + \varepsilon\varepsilon_0 \frac{\partial \mathfrak{E}}{\partial t} = i + \frac{\partial \mathfrak{D}}{\partial t} = \operatorname{rot}\mathfrak{H} \quad \text{im technischen Maßsystem;}$$

$$4\pi i + \frac{1}{c}\frac{\partial \mathfrak{D}}{\partial t} = \operatorname{rot}\mathfrak{H} \quad \mathfrak{D} \text{ im el.-stat., } i \text{ und } \mathfrak{H} \text{ im magn. Maßsystem.}$$

$\mathfrak{D}$ nennt man dann „dielektrische Verschiebung".

Zusammenstellung:

$$\left.\begin{aligned} &\frac{1}{c}\frac{\partial \mathfrak{D}}{\partial t} + 4\pi i = \operatorname{rot}\mathfrak{H} \\ &\frac{1}{c}\cdot\frac{\partial \mathfrak{B}}{\partial t} \qquad = -\operatorname{rot}\mathfrak{E} \\ &\text{mit dem Integral: } \mathfrak{E}_{\text{ind}} = -\frac{1}{c}\frac{\partial \mathfrak{A}}{\partial t} \end{aligned}\right\} \begin{aligned} &i \text{ und } \mathfrak{H} \text{ bzw. } \mathfrak{B} \text{ im el.-magn., } \mathfrak{E} \text{ und } \mathfrak{D} \\ &\text{im el.-stat. Maßsystem.} \end{aligned}$$

$$\left.\begin{aligned} &\frac{d\mathfrak{D}}{\partial t} + i = \operatorname{rot}\mathfrak{H} \\ &\frac{\partial \mathfrak{B}}{\partial t} = -\operatorname{rot}\mathfrak{E} \end{aligned}\right| \begin{aligned} &\mathfrak{H} \text{ in } \frac{\text{A}}{\text{cm}},\quad \mathfrak{D} \text{ in } \frac{\text{Coulomb}}{\text{cm}^2},\quad \mathfrak{E} \text{ in } \frac{\text{V}}{\text{cm}} \\ &i \text{ in } \frac{\text{Amp}}{\text{cm}^2},\quad \mathfrak{B} \text{ in } \frac{\text{V sec}}{\text{cm}^2} \end{aligned}\Bigg\}\ \text{technisches Maßsystem.}$$

19. Versuche mit dem Rogowskigürtel. Die wichtige Beziehung $\oint \mathfrak{H} ds = I$ hatten wir bisher nur plausibel gemacht, aber noch nicht wirklich experimentell begründet. Um nun $\int \mathfrak{H} ds$ im Induktionsmaße zu messen, bedienen wir uns des Rogowskigürtels (Abb. 321).

Handhabung: Man legt zunächst die Enden so zusammen, daß sie den Stromlauf nicht umschließen, öffnet dann die Enden, umschließt mit dem Gürtel $n$mal den Stromlauf und fügt die Enden wieder zusammen. Das muß in einer Zeit geschehen, die kurz im Verhältnis zur Schwingungsdauer des verwendeten ballistischen Galvanometers ist. Wenn der Gürtel den Querschnitt F und n Windungen pro cm Länge hat, so ist die induzierte Spannung durch

$$\int U dt = \int n F \mu_0 \mathfrak{H} \cdot ds$$

gegeben. Wenn der Gürtel gut gebaut ist, sind überall n und F gleich, man kann nF herausheben und erhält

$$\int U dt = n F \mu_0 \int \mathfrak{H} ds.$$

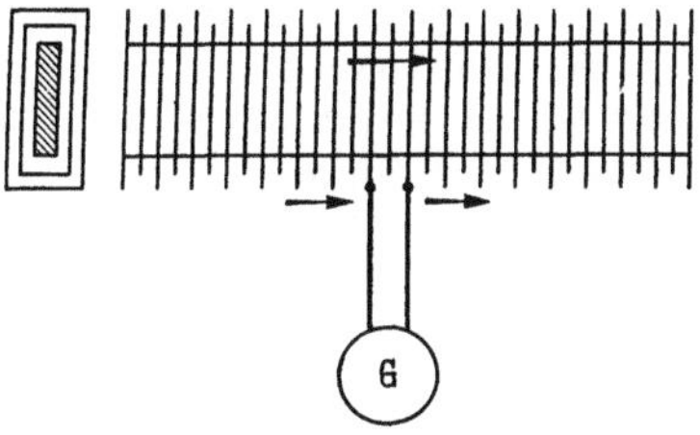

Abb. 321. Rogowski-Gürtel.

Der Ausschlag des ballistischen Galvanometers, welcher der durch das Galvanometer gegangenen Ladung $Q = \int I dt = \int \frac{U}{R} dt$ proportional ist, ist somit direkt proportional $\int \mathfrak{H} ds$. Man kann den Gürtel in Verbindung mit dem Galvanometer mit Hilfe des bekannten Magnetfeldes eines geraden Drahtes eichen. Er ist auch zu verwenden, wenn man magnetische Spannungsdifferenzen, z. B. an Elektromagneten, Motoren usw., messen will.

20. Ersatz des Coulombschen Gesetzes und der Beziehung $K = \mathfrak{H} \cdot m$ durch die Kraftformeln. Beseitigung des hypothetischen Begriffes: „Magnetische Ladung". Wir gingen einleitend von der alten Vorstellung aus, daß es in demselben Sinne Magnetpole gäbe, wie es elektrische Ladungen gibt. Wir hatten dann die Kraftformeln

$$K = I[\mathfrak{H} \cdot \mathfrak{s}] \quad \text{und} \quad M = I[\mathfrak{H} \cdot \mathfrak{F}]$$

mit Hilfe der Vorstellung vom Magnetpol abgeleitet und die Magnetfelder von Polen und Strömen durch die Ableitung der Äquivalenz von Stromlauf und magnetischer Doppelfläche in Beziehung gesetzt. Wir können nun auch wieder rückwärts unter Benutzung der Vorstellung von der Äquivalenz von Stromlauf und magnetischer Doppelfläche aus der Kraftformel

$$K = I \int [\mathfrak{H} \cdot d\mathfrak{s}]$$

die Kraftformel

$$K = \mathfrak{H} \cdot m$$

und aus

$$\psi = I \frac{\Omega}{4\pi}$$

das COULOMBsche Gesetz

$$\psi = \frac{m}{4\pi r} \quad \text{bzw.} \quad \mathfrak{H} = \frac{m}{4\pi r^2}$$

ableiten.

Man kann auch z. B. ein Solenoid mit einem Magnetstabe in seinen Wirkungen vergleichen und an Stelle der magnetischen Ladungen m auf den Stirnflächen des Stabes den Kraftfluß Φ im Solenoid einführen.

Da es sich bei alledem nur um eine Umkehrung bereits mitgeteilter Rechnungen handelt, soll eine rechnerische Durchführung dieser Gedanken nicht mitgeteilt werden.

Auch in der Elektrizitätslehre könnte man die elektrischen Felder an die Spitze stellen und die Ladungen nur als eine hypothetische Größe einführen, von der die Kraftlinien ausgehen, also gewissermaßen nur als einen Namen für $\operatorname{div}\mathfrak{E}$.

21. Die magnetischen MAXWELLschen Spannungen. Bei der Behandlung der elektrischen MAXWELLschen Spannungen begannen wir mit der Ableitung der Zugspannung aus der Kraftformel $K = \mathfrak{E}^* Q$. Wir berechneten dann die Feldenergie, indem wir sie uns einmal mechanisch und einmal elektrisch hergestellt dachten und berechneten schließlich aus der Feldenergie die Druckspannungen senkrecht zu den Kraftlinien.

Bei den magnetischen MAXWELLschen Spannungen wollen wir mit der Ableitung der Druckspannungen senkrecht zu den Kraftlinien aus der Kraftformel $K = \mathfrak{B} l I$ beginnen[1].

Zwei im Vergleich zu ihrem Abstand große parallele Ebenen, die z. B. in der Y-Z-Ebene liegen mögen, werden von Strömen mit der Flächendichte $\pm j$ in der Y-Richtung durchflossen (Abb. 322). Das Magnetfeld *einer* Fläche ist dann nach der Grundgleichung

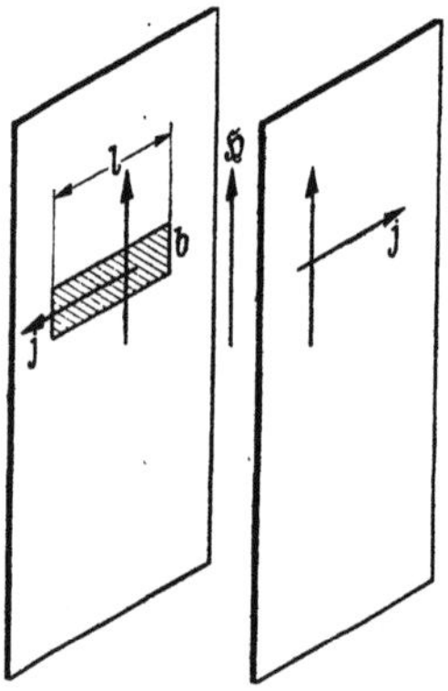

Abb. 322. Zur magnetischen MAXWELLschen Spannung σ_2.

$$\int \mathfrak{H}\, ds = I: \quad \mathfrak{H}^* = \frac{j}{2}.$$

Die Kraft auf einen Stromfaden von der Breite b und der Länge l ist $K = \mathfrak{H}^* \mu_0 l b j$. Führt man für j das Gesamtfeld $\mathfrak{H} = j$ ein, so erhält man

$$K = \frac{\mathfrak{H}^2 \mu_0}{2} b l \quad \text{und} \quad \sigma_2 = \frac{K}{bl} = \frac{\mathfrak{H}^2 \mu_0}{2} = \frac{\mathfrak{H}\mathfrak{B}}{2}.$$

22. Die Feldenergie. *a) Mechanische Entstehung.* Wir entfernen die beiden Platten, die anfänglich sehr dicht beieinander lagen, bis zur Entfernung a. *Gewonnen* wird die mechanische Arbeit

$$A_m = K \cdot a = \frac{\mathfrak{H}^2 \mu_0}{2} a b l.$$

Der Anteil der induzierten Spannung, der auf das Stromfadenstück der Abb. 322 kommt, ist:

$$U = \mathfrak{H}^* l v.$$

Die von der Batterie zu leistende Arbeit, um den Strom entgegen dieser Spannung aufrechtzuhalten, ist:

$$A_B = U I t = \mathfrak{H}^* \mu_0 v j l b t \quad \text{und mit } vt = a: \quad A_B = \mu_0 \mathfrak{H}^* j l b a.$$

[1] In Punkt 13 hatten wir $K = \mathfrak{H} l I$ geschrieben, da dort der Unterschied zwischen $\mathfrak{B}$ und $\mathfrak{H}$, erst in Punkt 19 klargelegt, noch nicht bekannt war.

Die gleiche Arbeit muß die Batterie in den entsprechenden Stromfaden der rechten Platten hereinstecken, so daß die gesamte Batteriearbeit

$$A_{B\,\mathrm{ges}} = 2\mathfrak{H}^*\mu_0 j b l a = \mu_0 \mathfrak{H} j b l a = \mu_0 \mathfrak{H}^2 b l a.$$

Die Differenz beider ist die Feldenergie

$$A_F = A_{B\,\mathrm{ges}} - A_m = \mu_0 \mathfrak{H}^2 b l a - \frac{\mu_0 \mathfrak{H}^2}{2} b l a = \frac{\mu_0 \mathfrak{H}^2}{2} b l a$$

und die Energiedichte

$$\varrho = \frac{A_F}{b l a} = \frac{\mu_0 \mathfrak{H}^2}{2} = \frac{\mathfrak{B}\mathfrak{H}}{2}.$$

b) Ähnlich wie bei der elektrischen Feldenergie kann man die Energiedichte auch elektrisch aufbauen, und zwar dadurch, daß wir z. B. in einem langen Solenoid den Strom allmählich steigern. dI/dt soll zeitlich konstant sein. Die induzierte Spannung ist dann

$$U = N\frac{d\Phi}{dt} = n l F \frac{d\mathfrak{H}}{dt} = n l F n \frac{dI}{dt},$$

die Leistung $\mathfrak{N} = UI$ und die Arbeit

$$A = \int U I\, dt = n^2 l F \mu_0 \int I \frac{dI}{dt}\, dt = \mu_0 n^2 l F \frac{I^2}{2}.$$

Setzt man nach der Solenoidformel $I = \mathfrak{H}/n$ ein, so erhält man wieder

$$A = \mu_0 l F n^2 \frac{I^2}{2} = \mu_0 l F n^2 \frac{\mathfrak{H}^2}{2n^2} = l F \frac{\mu_0 \mathfrak{H}^2}{2}$$

und die Energiedichte

$$\varrho = \frac{A}{Fl} = \frac{\mu_0 \mathfrak{H}^2}{2} = \frac{\mathfrak{H}\mathfrak{B}}{2}.$$

23. Die Maxwellsche Zugspannung. Man kann nun rückwärts aus der Feldenergie wieder die Maxwellschen Spannungen ableiten. Wir ermitteln auf diese Weise die Zugspannung. Wir denken uns zwei sehr lange Solenoide (Abb. 323), die auf der gleichen Achse mit den Stirnflächen gegeneinanderliegen und den Abstand a haben. Durch beide Solenoide erstreckt sich dann über den Abstand a herüber ein gradliniges homogenes Magnetfeld. Wenn wir die Solenoide aneinanderrücken, so ändert sich der Kraftfluß nicht. Eine Spannung wird nicht induziert und von der Batterie keine Arbeit geleistet[1]. Es ändert sich lediglich die Feldenergie um den Betrag:

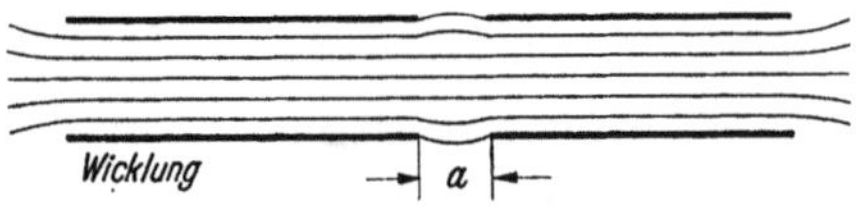

Abb. 323. Zur magnetischen Maxwellschen Spannung σ_1.

$$A_F = \frac{\mu_0 \mathfrak{H}^2}{2} a F.$$

Wir gewinnen sie in Form mechanischer Arbeit. Aus dieser können wir zunächst die Kraft K und dann die Zugspannung berechnen:

$$K = \frac{dA_m}{da} = \frac{dA_F}{da} = \frac{\mu_0 \mathfrak{H}^2}{2} F. \qquad \sigma = \frac{K}{F} = \frac{\mu_0 \mathfrak{H}^2}{2} = \frac{\mathfrak{H}\mathfrak{B}}{2}.$$

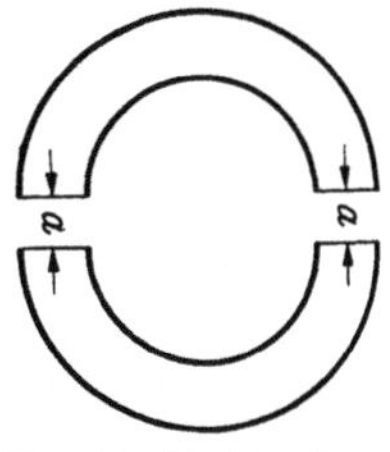

Abb. 324. Zur Berechnung magnetischer Maxwellscher Spannungen.

[1] Man kann auch ein Torroid benutzen (Abb. 324), das in 2 Halbkreise zerschnitten ist, die um das Stück a auseinandergerückt sind. Wenn beim Zusammenrücken der beiden Halbtorroide um das Stück a Magnetfeld $\mathfrak{H}$ und Kraftfluß Φ konstant bleiben sollen, muß der Strom ein wenig verringert werden $\left(\text{von } I_1 \text{ auf } I_2 = I_1 \frac{2\pi r}{2\pi r + a}\right)$.

24. Zwei Beispiele zur Handhabung der MAXWELLschen Spannungen. *a) Ableitung der Formel:* $K = \mathfrak{B} l I$. An einem runden stromdurchflossenen Drahte, der in einem äußeren Magnetfelde $\mathfrak{H}_0$ liegt (sein Querschnitt ist in Abb. 325 gezeichnet), greifen MAXWELLsche Zug- (σ) und Schubspannungen (τ) an. Die Kraft auf ein Drahtstück von der Länge l in senkrechter Richtung zu l berechnet sich zu

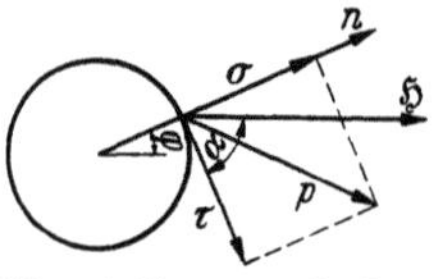

Abb. 325. MAXWELLsche Spannungen am stromdurchflossenen Drahte im Magnetfeld.

$$K = l r \int (\sigma_{(\varphi)} \sin\varphi + \tau_{(\varphi)} \cos\varphi)\, d\varphi .$$

Aus den Beziehungen für den Tensor[1] der MAXWELLschen Spannungen folgt (die Indizes r und t bedeuten radiale und tangentiale Richtung):

$$\sigma = \frac{\mu_0 \mathfrak{H}^2}{2} \cos 2\alpha = \frac{\mu_0 \mathfrak{H}^2}{2} (\cos^2\alpha - \sin^2\alpha) = \mu_0 \frac{\mathfrak{H}_r^2 - \mathfrak{H}_t^2}{2}; \quad \tau = \frac{\mu_0 \mathfrak{H}^2}{2} \sin 2\alpha = \frac{2\mathfrak{H}_r \mathfrak{H}_t}{2}.$$

$\mathfrak{H}$ setzt sich aus dem äußeren Felde $\mathfrak{H}_0$ und dem Felde des Stromes im Draht $\mathfrak{H}_D = I/2\pi r$ zusammen:

$$\mathfrak{H}_r = \mathfrak{H}_0 \cos\varphi; \qquad \mathfrak{H}_t = -\mathfrak{H}_0 \sin\varphi + \frac{I}{2\pi r};$$

$$\mathfrak{H}_r^2 - \mathfrak{H}_t^2 = \mathfrak{H}_0^2 (\cos^2\varphi - \sin^2\varphi) + \frac{\mathfrak{H}_0 I}{\pi r} \sin\varphi - \frac{I^2}{4\pi^2 r^2};$$

$$2\mathfrak{H}_r \mathfrak{H}_t = -2\mathfrak{H}_0^2 \sin\varphi \cos\varphi + \frac{\mathfrak{H}_0 I}{\pi r} \cos\varphi .$$

Unter Benutzung der Formeln

$$\int_0^{2\pi} \cos^2\varphi \sin\varphi\, d\varphi = 0; \quad \int_0^{2\pi} \sin^2\varphi \cos\varphi\, d\varphi = 0; \quad \int_0^{2\pi} \sin^3\varphi\, d\varphi = 0$$

ergibt sich für die Kraft

$$K = \frac{l\mu_0}{2} r \int_0^{2\pi} \Big[\mathfrak{H}_0^2 (\cos^2\varphi - \sin^2\varphi) \sin\varphi\, d\varphi + \frac{\mathfrak{H}_0 I}{\pi r} \sin^2\varphi\, d\varphi - \frac{I^2}{4\pi^2 r^2} \sin\varphi\, d\varphi$$
$$- 2\mathfrak{H}_0^2 \sin\varphi \cos^2\varphi\, d\varphi + \frac{\mathfrak{H}_0 I}{\pi r} \cos^2\varphi\, d\varphi = \frac{l \mathfrak{H}_0 \mu_0}{2\pi} I \int_0^{2\pi} (\sin^2\varphi + \cos^2\varphi)\, d\varphi \Big]$$
$$= \mu_0 l \mathfrak{H}_0 I = l \mathfrak{B}_0 I .$$

b) In Elektromotoren liegen die Ankerdrähte oft im Ankereisen eingebettet. Das äußere Feld $\mathfrak{H}_0$ verläuft dann im Eisen und schneidet den Draht nicht. Also wird auf den Draht auch keine Kraft $K = \mathfrak{B} l I$ ausgeübt. Trotzdem pflegt man das Drehmoment auf den Anker nach der Formel $K = \mathfrak{B} l I$ zu berechnen. Wie ist die Gültigkeit dieser Formel für den Anker mit eingebetteten Drähten nachzuweisen?

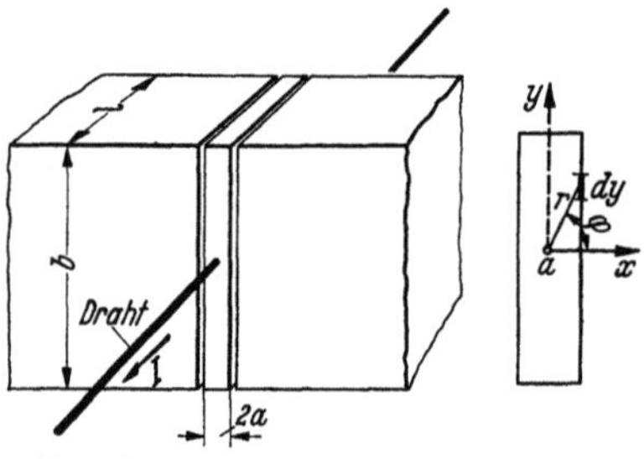

Abb. 326. Zur Berechnung der Kraft auf den Motoranker.

Um einfach rechnen zu können, denken wir uns in einem Magneten von der Dicke l und der sehr großen Breite b eine schmale Eisenscheibe von der Breite $2a$, in die der Draht eingebettet ist. Der Luftspalt sei sehr schmal, so daß sein magnetischer Widerstand vernachlässigt werden kann (vgl. Abb. 326). Das Feld im Luftspalt setzt sich dann aus $\mathfrak{H}_0 = \frac{\mathfrak{B}}{\mu_0}$ und $\mathfrak{H}_D = \frac{I}{2\pi r}$ zusammen:

$$\mathfrak{H}_x = \frac{I \sin\varphi}{2\pi r} + \frac{\mathfrak{B}}{\mu_0}; \qquad \mathfrak{H}_y = \frac{-I}{2\pi r} \cos\varphi .$$

[1] Vgl. S. 253.

Die Schubspannung ist dann

$$\tau = \frac{\mu_0 2}{2} \mathfrak{H}_x \mathfrak{H}_y = \frac{-1}{4\pi} \left\{ \frac{4 I^2 \mu_0}{r^2} \sin\varphi \cos\varphi + \frac{2 \mathfrak{B} I}{r \mu_0} \cos\varphi \right\}$$

und die Kraft (Faktor 2, da die Eisenscheibe 2 Seiten hat)

$$K = 2 \int_{-\infty}^{+\infty} \tau \cdot l \cdot dy = -\frac{l \mu_0}{2\pi} \int_{-90^\circ}^{+90^\circ} \left(\frac{4 I^2}{a^2} \cos^2\varphi \sin\varphi \cos\varphi \frac{a}{\cos^2\varphi} d\varphi + \frac{2 \mathfrak{B} I}{a \mu_0} \cos\varphi \cdot \cos\varphi \frac{a}{\cos^2\varphi} d\varphi \right)$$

mit

$$r = \frac{a}{\cos\varphi}; \quad y = a \operatorname{tg} \varphi; \quad dy = \frac{a\, d\varphi}{\cos^2\varphi}.$$

$$K = -\frac{l \mu_0}{2\pi} \int_{-90^\circ}^{+90^\circ} \frac{2 I^2}{a} \sin 2\varphi \, d\varphi - \frac{\mathfrak{B} I l}{\pi} \int_{-90^\circ}^{+90^\circ} d\varphi = -\mathfrak{B} I l.$$

Die Formel gibt zufälligerweise das richtige Resultat. Die Kraft wird aber nicht auf den Draht, sondern durch die MAXWELLschen Spannungen auf die Eisenscheibe ausgeübt[1].

25. Der POYNTINGsche Vektor. $\mathfrak{S} = [\mathfrak{E} \cdot \mathfrak{H}]$ für die Energiestromdichte. Die Formel sei zunächst auf einfache Weise durch allmähliche Vervollständigung abgeleitet. Wir betrachten eine aus 2 breiten Platten (Breite b) im Abstande a bestehende Leitung (Abb. 327). Die beispielsweise von der Batterie zur Glühlampe übertragene Leistung ist $\mathfrak{N} = UI$. Drücken wir U durch $\mathfrak{E} \cdot a$, I durch $\mathfrak{H} b$ aus, so erhalten wir

$$\mathfrak{N} = \mathfrak{E} \mathfrak{H} a b.$$

Für den Energiestrom pro cm² erhalten wir

$$\mathfrak{S} = \frac{\mathfrak{N}}{a b} = \mathfrak{E} \mathfrak{H}.$$

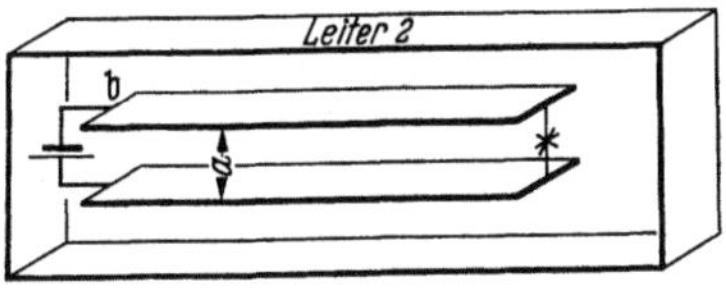

Abb. 327. Zum POYNTINGschen Vektor.

Man kann sich also vorstellen, daß die Energie nicht durch den Draht, sondern durch das zwischen den Drähten bzw. Blechstreifen befindliche elektromagnetische Feld wandert.

Wenn man durch seitlich angebrachte Platten noch ein zu $\mathfrak{E}$ senkrechtes Feld anbringt, so wird dadurch der Energiestrom nicht geändert. Es kommt also nur auf das Produkt aus dem Magnetfeld und der senkrecht zu ihm liegenden Komponente des elektrischen Feldes an. Die Energie strömt dann senkrecht zu beiden Feldern. Um dies auszudrücken, schreiben wir

$$\mathfrak{S} = [\mathfrak{E}, \mathfrak{H}].$$

Eine Änderung des elektrischen Feldes parallel zu $\mathfrak{E}$ von außen ist wegen der Abschirmung durch die Platten nicht möglich.

Die gleiche Überlegung läßt sich für eine senkrecht zum ursprünglichen Magnetfelde liegende Magnetfeldkomponente durchführen.

Nun sei aber durch einen stromdurchflossenen praktisch widerstandslosen Leiter 2 ein zweites, dem ursprünglichen paralleles Magnetfeld überlagert. Dadurch wird nach der Formel $\mathfrak{S} = [\mathfrak{E}\mathfrak{H}]$ der zwischen den inneren Blechstreifen hinwandernde Energiestrom stärker als die vom Akkumulator in die Glühlampe übertragene Leistung. Der Überschuß fließt aber, wie man leicht nachrechnet, in dem Felde zwischen dem inneren und äußeren Leiter zurück.

[1] Aufgabe. Man denke sich in die bewegliche Eisenscheibe einen Drahtbügel eingebaut, dessen Fläche waagerecht liegt und dessen Drähte den Abstand a haben, und berechne das Drehmoment.

26. Allgemeine Ableitung des Poyntingschen Vektors. Ein Raum sei mit elektrischer und magnetischer Energie angefüllt. Energie in Wärme umwandelnde Widerstände oder Stromquellen seien nicht vorhanden. Wenn sich dann die Energie im Raume ändert, so muß sie herausströmen. Falls $\mathfrak{S}$ die Energiestromdichte darstellt, muß gelten

$$\int \frac{dA}{dt} dV = \oint \mathfrak{S} \cdot do .$$

Die Feldenergie ist

$$A = \int \frac{1}{2} (\mathfrak{E}^2 + \mathfrak{H}^2)\, dV \quad \text{und} \quad \frac{dA}{dt} = \int \left(\mathfrak{E} \frac{d\mathfrak{E}}{dt} + \mathfrak{H} \frac{d\mathfrak{H}}{dt} \right) dV .$$

Setzt man für $d\mathfrak{E}/dt$ und $d\mathfrak{H}/dt$ die Werte aus den Maxwellschen Gleichungen ein, so erhält man

$$\frac{dA}{dt} = \int (\mathfrak{E}[\nabla \mathfrak{H}] = \mathfrak{H}[\nabla \mathfrak{E}])\, dV .$$

Nach einer im Abschnitt Vektorrechnung abgeleiteten Formel erhält man

$$\frac{dA}{dt} = \int \operatorname{div}[\mathfrak{E}\mathfrak{H}]\, dV = \oint [\mathfrak{E} \cdot \mathfrak{H}]\, do = \oint \mathfrak{S}\, do$$

und durch Aufspalten des Integrales:

$$[\mathfrak{E}\mathfrak{H}] = \mathfrak{S} .$$

27. Ein Übungsbeispiel. Das elektrische, magnetische Feld und der Poyntingsche Vektor für die Energiestromdichte sind zwischen zwei ausgedehnten parallelen Platten zu berechnen, die von einem Strome mit der Flächendichte j durchflossen werden und auf denen infolge des Widerstandes die Spannung linear absinkt (Abb. 328). Für dieses zweidimensionale Problem ist die Gleichung

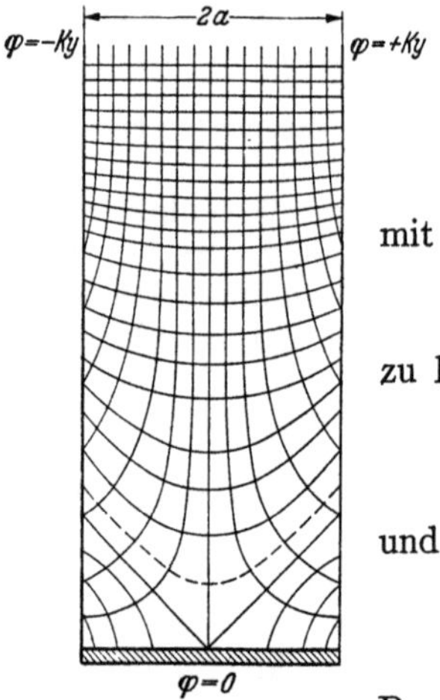

Abb. 328. Elektrische Kraftlinien und Potentialflächen zwischen stromdurchflossenen Platten mit elektrischem Widerstand.

$$\frac{\partial^2 \varphi}{\partial x^2} + \frac{\partial^2 \varphi}{\partial y^2} = 0$$

mit den Grenzbedingungen

$$\varphi_{x=0} = 0; \quad \varphi_{x=a} = +ky; \quad \varphi_{x=-a} = -ky$$

zu lösen. Man erhält, wie man leicht verifiziert,

$$\varphi = -\operatorname{Reell} \frac{i k z^2}{2a} = \frac{k x y}{a}$$

und für die Kraftlinien die orthogonalen Trajektorien

$$\psi = -\operatorname{Imag} \frac{i k z^2}{2a} = -\frac{k}{2a} (x^2 - y^2) .$$

Der in die Leitung (die Widerstandsplatten) hineinfließende Energiestrom ist

$$\mathfrak{S} = [\mathfrak{E}\mathfrak{H}]_x = \mathfrak{E}_y \mathfrak{H}_z = \frac{k x \mathfrak{H}}{a}; \quad \text{für} \quad x = \pm a: \quad \mathfrak{S} = \pm k \mathfrak{H} .$$

$\pm$ heißt: Nach rechts bzw. nach links.

Es wird der Leitung also, wie verlangt, ein Energiestrom von überall gleicher Dichte zum Umsatz in Joulesche Wärme zugeführt.

4. Der Magnetismus im Eisen.

1. Die Magnetisierungskurve. Wenn man das Feld im Eisen einmal durch den magnetisierenden Strom als $\mathfrak{H}$ und einmal durch eine Kraftwirkung (Kraftformel oder Induktionsgesetz) als $\mathfrak{B}$ mißt, und beide Resultate gegeneinander aufträgt, so erhält man die Magnetisierungskurve (Abb. 329). Die Begriffe Remanenz ($\mathfrak{B}_r$), Koerzitivkraft ($\mathfrak{H}_c$), Sättigung ($\mathfrak{B}_{\max}$), Permeabilität ($\mu = \mathfrak{B}/\mathfrak{H}$) entnehme man der Abb. 329. Permeabilitäten lassen sich verschiedene definieren:

$$\mu_1 = \frac{\mathfrak{B}}{\mathfrak{H}}; \quad \mu_2 = \frac{d\mathfrak{B}}{d\mathfrak{H}}; \quad \mu_3 = \frac{\text{Amplitude}\,\mathfrak{B}}{\text{Amplitude}\,\mathfrak{H}} \text{ bei Wechselstrom.}$$

Die Methoden der experimentellen Aufnahme der Magnetisierungskurve benutzen a) den Köpselapparat, b) die ballistische Spule, falls der Kern einen Schlitz hat, c) ballistisch das Ein- und Ausschalten des magnetisierenden Stromes,

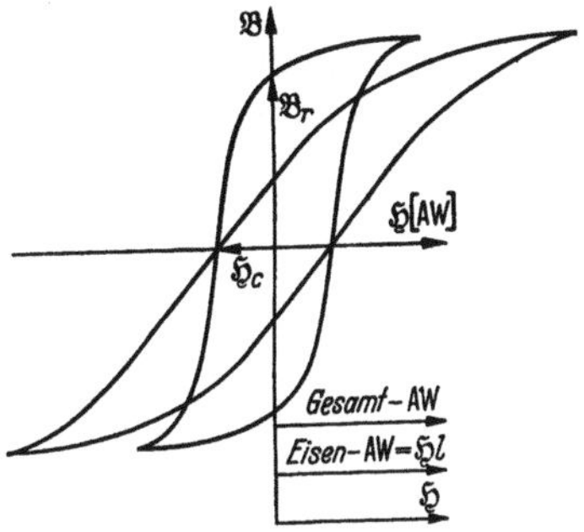

Abb. 329. Entscherung von Magnetisierungskurven.

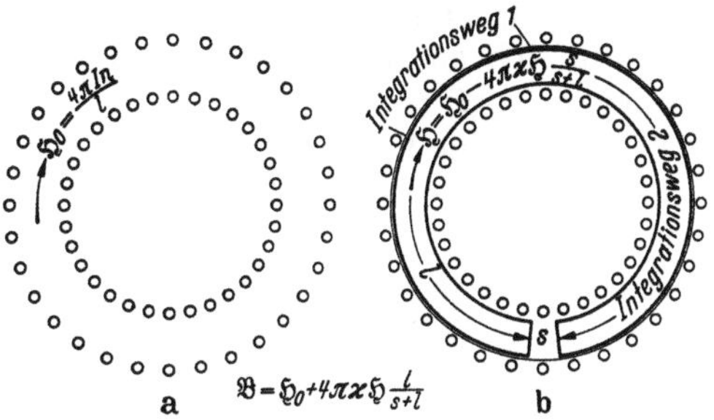

Abb. 330. Zum Entmagnetisierungsfaktor.

wenn der Kern keinen Schlitz hat. Um im letzteren Falle bei jedem Meßpunkt wenigstens in guter Annäherung denselben Ausgangspunkt zu benutzen, schalte man immer auf Sättigung zurück.

2. Der Einfluß des Luftspaltes. a) Man verändere den Luftspalt unter Konstanthaltung der Eisenweglänge und stelle immer dasselbe Luftspaltfeld ein. Man findet dann, daß die zur Magnetisierung nötigen Amperewindungen um $\delta AW = \mathfrak{B}s/\mu_0$ steigen.

b) Will man den Einfluß des Luftspaltes eliminieren, so ziehe man von der gemessenen M.M.K. den Betrag $\mathfrak{B}s/\mu_0$ ab und dividiere den Rest durch den Eisenweg. Man erhält dann das $\mathfrak{H}$ im Eisen. Methode der Entscherung der aufgenommenen Magnetisierungskurven (s. Abb. 329).

3. $\mathfrak{H}_0$ und $\mathfrak{H}$, $\mathfrak{H}$ im Eisen ($\mathfrak{H}_i$) und $\mathfrak{H}$ zwischen Eisen und Spule ($\mathfrak{H}_z$). Man messe bei gleichem Strome in der Spule einmal das Feld der leeren Spule $\mathfrak{H}_0$ und einmal das Feld zwischen dem geschlitzten Eisenkern und der Spule $\mathfrak{H}$. $\mathfrak{H}$ ist wesentlich kleiner als $\mathfrak{H}_0$ (Abb. 330). Durch Verfolg der beiden Integrationswege 1 und 2 (Abb. 330b) erkennt man, daß $\mathfrak{H}$ im Magneten ($\mathfrak{H}_i$) und $\mathfrak{H}$ im Zwischenraum ($\mathfrak{H}_z$) gleich sind. Da die Amperewindungen, die beide Integrationswege umschließen, dieselben sind, gilt:

$$AW = \frac{s\mathfrak{B}}{\mu_0} + l\,\mathfrak{H}_i = \frac{s\mathfrak{B}}{\mu_0} + l\,\mathfrak{H}_z.$$

4. Das magnetische ohmsche Gesetz. Falls keine Streuung vorhanden ist, also immer der *ganze* Kraftfluß im Eisen oder in den Luftspalten verläuft, kann man $\mathfrak{B}$ und $\mathfrak{H}$ aus dem Kraftfluß, den Querschnitten und Permeabilitäten berechnen und die $\mathfrak{H}$-Werte in das Grundgesetz

$$\int \mathfrak{H}\,ds = NI = \text{M.M.K.}$$

einsetzen. Man erhält dann

$$\mathfrak{B} = \frac{\Phi}{F}; \quad \mathfrak{H} = \frac{\mathfrak{B}}{\mu} = \frac{\Phi}{\mu F} \quad \text{und} \quad \text{M.M.K.} = \sum \mathfrak{H} l = \Phi \sum \frac{l}{F\mu}.$$

Wegen der Ähnlichkeit dieser Formel mit dem ohmschen Gesetz nennt man sie: Magnetisches ohmsches Gesetz, $\sum \frac{l}{\mu F}$ den magnetischen Widerstand.

5. Die Beziehungen zwischen $\mathfrak{H}$, $\mathfrak{H}_0$ und $\mathfrak{B}$. a) Wir gehen von der Vorstellung aus, daß auf den Stirnflächen der Eisenstäbe magnetische Flächenbelegungen, deren Dichte q dem Felde $\mathfrak{H}$ proportional sind, auftreten:

$$q = \varkappa \mathfrak{H}.$$

Da von diesen Belegungen $4\pi q$ Kraftlinien pro cm^2 ausgehen, und da für diese Zusatzkraftlinien $\int \mathfrak{H} ds = 0$ gilt, so verstärken diese Zusatzkraftlinien das Feld im Luftspalt und schwächen es im Eisen (entmagnetisierende Wirkung). Sie verteilen sich auf Luftspalt (s) und Eisen (l) im Verhältnis s/l (Erfüllung der Bedingung $\oint \mathfrak{H} ds = 0$).

Das Feld im Luftspalt ist dann

$$1. \quad \frac{\mathfrak{B}}{\mu_0} = \mathfrak{H}_0 + 4\pi\varkappa \mathfrak{H} \frac{l}{l+s}$$

und das Feld im Eisen

$$2. \quad \mathfrak{H} = \mathfrak{H}_0 - 4\pi\varkappa \mathfrak{H} \frac{s}{s+l}$$

$\left(s \cdot \frac{4\pi\varkappa \mathfrak{H} l}{s+l} - l \cdot 4\pi\varkappa \mathfrak{H} \frac{s}{s+l}\right.$ ist dann wie verlangt $\left.= 0\right)$.

Aus Gleichung (2) folgt für $\mathfrak{H}_0$:

$$\mathfrak{H}_0 = \mathfrak{H}\left(1 + 4\pi\varkappa \frac{s}{s+l}\right).$$

Setzt man diesen Wert in Gleichung (1) ein, so erhält man

$$\frac{\mathfrak{B}}{\mu_0} = \mathfrak{H} + 4\pi\varkappa \mathfrak{H} \frac{s}{s+l} + 4\pi\varkappa \mathfrak{H} \frac{l}{s+l} = \mathfrak{H}(1 + 4\pi\varkappa).$$

$\mu = \mu_0(1 + 4\pi\varkappa)$ ist dann wieder die Permeabilität.

b) Wir gehen von der Vorstellung aus, daß im Eisen AMPEREsche Molekularströme entstehen, die so wirken, als wenn das Eisen von einem zusätzlichen Strom von der Flächendichte $\mathfrak{H}_z = \varkappa \mathfrak{H}$ umflossen würde. Für einen durch das Eisen verlaufenden Integrationsweg gilt dann

$$\frac{\mathfrak{B}}{\mu_0}(s + l) = \mathfrak{H}_0(s + l) + 4\pi\varkappa \mathfrak{H} l. \quad (\mathfrak{H}_0(s + l) = \text{M.M.K. der Wicklung.})$$

Unter Benutzung der Beziehung: M.M.K. in leeren Torroid = M.M.K. in Torroid mit Eisenkern:

$$\mathfrak{H}_0(s + l) = s \frac{\mathfrak{B}}{\mu_0} + \mathfrak{H} l$$

erhalten wir wieder

$$\frac{\mathfrak{B}}{\mu_0}(s + l) = s \frac{\mathfrak{B}}{\mu_0} + \mathfrak{H} l + 4\pi\varkappa \mathfrak{H} l; \quad \frac{\mathfrak{B}}{\mu_0} = \mathfrak{H}(1 + 4\pi\varkappa).$$

Hiernach kann man $\mathfrak{H}$ als den Teil des Feldes im Eisen deuten, der nur von der äußeren M.M.K. herrührt, $\mathfrak{B}$ als dasjenige Feld, das von der äußeren M.M.K. *und* der M.M.K. der AMPEREschen Molekularströme herrührt.

6. Das Kraftlinienbrechungsgesetz. Wie bei den Dielektrizis geht die senkrechte Komponente von $\mathfrak{B}$ und die parallele Komponente von $\mathfrak{H}$ stetig durch die Grenzfläche. Wir erhalten als Brechungsgesetz wieder:

$$\frac{\operatorname{tg}\alpha_1}{\operatorname{tg}\alpha_2} = \frac{\mu_1}{\mu_2}.$$

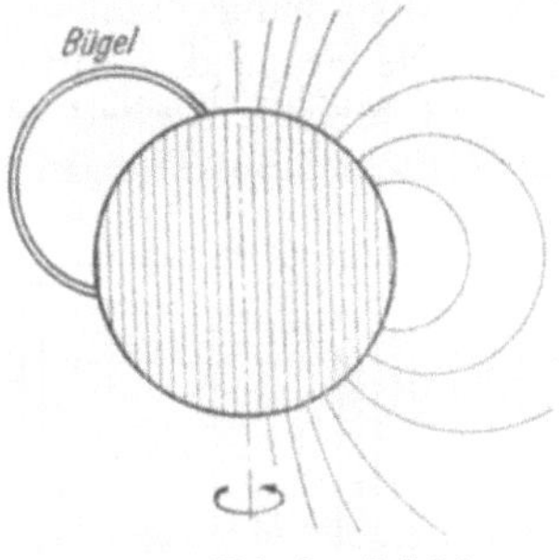

Abb. 331. Unipolare Induktion: Magnetisierte Kugel.

7. Unipolarmaschinen. Bei der Anwendung des Induktionsgesetzes entsteht oft die Frage: Gehen bei einer Verschiebung des Magneten senkrecht zur Kraftlinienrichtung die Kraftlinien mit oder bleiben sie stehen? Schneiden sie den ruhenden Leiter und erzeugen sie in ihm eine Feldstärke oder schneiden sie den bewegten Magneten und erzeugen die Feldstärke dort? Diese Frage ist unentscheidbar, sie braucht aber auch nicht entschieden zu werden, wie folgende Fälle zeigen:

a) Eine magnetische Kugel (Abb. 331) drehe sich, der schleifende Bügel stehe still. Es fließt dann in Kugel und Bügel ein Strom. Als induzierte Spannung erhalten wir dieselbe, wenn wir annehmen, daß die Magnetkraftlinien mit der Kugel

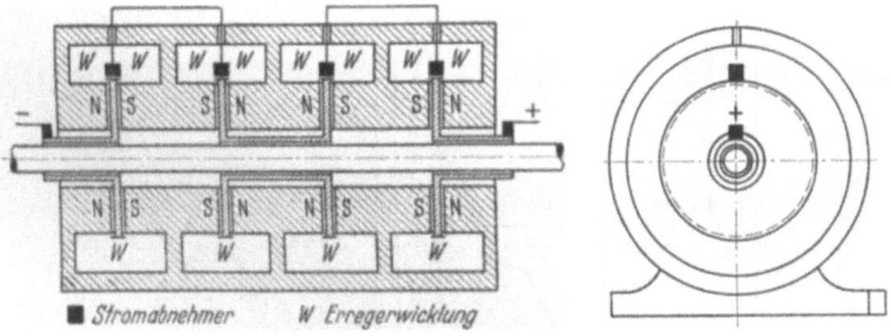

Abb. 332. Unipolarmaschine.

mitgehen und die Spannung im Bügel induziert wird, oder wenn wir annehmen, daß die Magnetkraftlinien stillstehen und die Spannung in der Kugel induziert wird.

b) Abb. 332 zeigt eine Unipolarmaschine. Die induzierte Spannung ist

$$U = n\Phi\nu.$$

n = Anzahl der schräg schraffierten Kupferscheiben, ν die Drehzahl/sec, Φ der Kraftfluß durch 1 Scheibe.

Zahlenbeispiel für die gezeichnete 4 stufige Maschine: $\mathfrak{B} = 15000$ Gauß, Scheibenquerschnitt $F = 1000\,\text{cm}^2$, $\nu = 100/\text{sec}$,

$$U = 4 \cdot 1000 \cdot 15000 \cdot 100 \cdot 10^{-8}\,\text{V} = 60\,\text{V}.$$

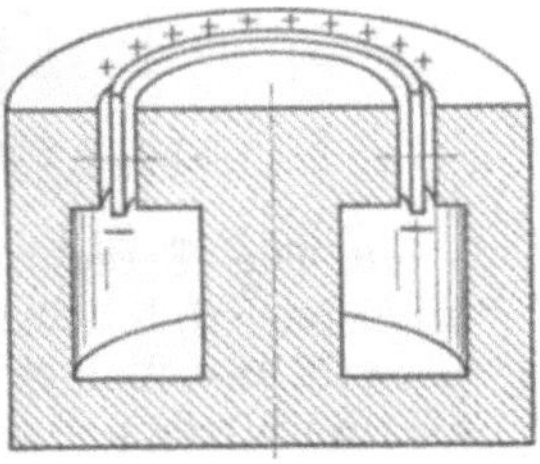

Abb. 333. Sich drehender Ring im Topfmagneten.

Die Amperezahl kann sehr hoch sein.

c) In dem ringförmigen Spalt eines Topfmagneten (Abb. 333) drehe sich ein Ring. Wenn wir annehmen, daß die Kraftlinien stillstehen, so wird im Ring eine Feldstärke $\mathfrak{E} = \mathfrak{B}v$ induziert. Er lädt sich, wie in Abb. 333 gezeichnet, auf. Wenn wir den Ring während des Drehens an der strichpunktierten Linie auseinandertrennen, können wir (falls wir einen hinreichend empfindlichen Ladungsmesser haben würden) die Ladungen einzeln messen und die Richtigkeit der Überlegung prüfen. Die Ladungen influenzieren aber auch auf dem Magneten entsprechende Ladungen.

Wenn wir annehmen, daß die Kraftlinien umlaufen, werden im Magneten Spannungen induziert und Ladungen auftreten. Diese influenzieren dann wieder auf dem Ring Ladungen, so daß wir dasselbe Bild erhalten.

Die Frage der Mitführung der Kraftlinien bleibt immer unentschieden.

8. Mehrdeutigkeit der magnetischen Potentiale. Um den Verlauf der magnetischen Spannungen auf verschiedenen Integrationswegen zu zeigen, sind in Abb. 335 die Verläufe der Spannungen für die 5 in Abb. 334 eingezeichneten Wege eingetragen.

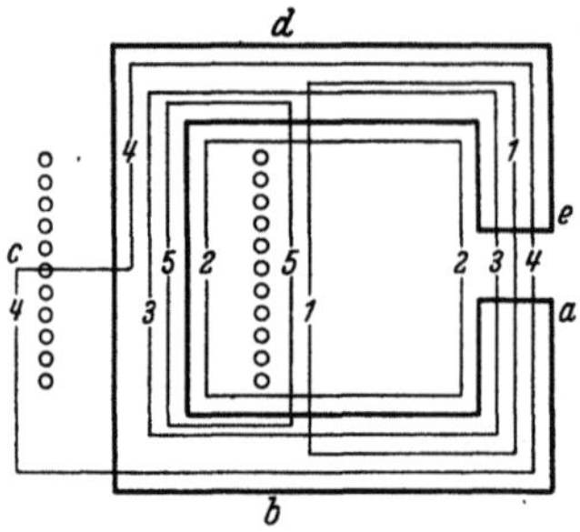

Abb. 334. Verlauf der magnetischen Spannung auf verschiedenen Integrationswegen.

9. Gauß und Örstedt. Man hat in neuerer Zeit neben dem Gauß das Örstedt eingeführt. Das Gauß ist ein Maß für die Induktion:

$$1 \text{ Gauß} = 10^{-8} \frac{\text{V sec}}{\text{cm}^2}.$$

Das Örstedt ist ein Maß für die Feldstärke:

$$1 \text{ Örstedt} = \frac{1}{0{,}4\pi} \frac{\text{A}}{\text{cm}}.$$

Ein Magnetfeld in Luft, das die Induktion von 1 Gauß hat, hat die Feldstärke 1 Örstedt.

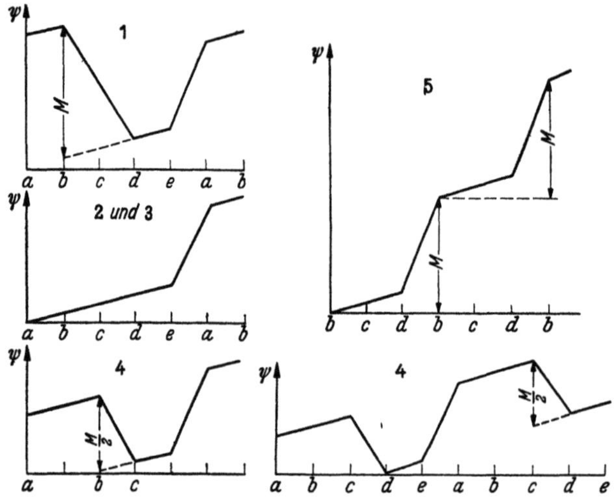

Abb. 335. Verlauf des magnetischen Potential auf verschiedenen Integrationswegen.

10. Die Berechnung permanenter Magnete. Durch einen permanenten Magneten, d. h. einen Magneten mit Remanenz und Koerzitivkraft, dessen Gewicht bzw. Volumen V gegeben ist und dessen Magnetisierungskurve vorliegt, soll ein Luftraum von F cm² und s cm Länge möglichst stark magnetisiert werden. Streuungslosigkeit wird angenommen. Wie ist der Magnet zu bauen?

Bezeichnungen: $\mathfrak{H}$ = Luftspaltfeld; $\mathfrak{H}_{Fe}$ = Feld im Eisen; $\mathfrak{B}$ = Induktion im Eisen; F_e = Eisenquerschnitt; l = Eisenweglänge.

Es gelten die beiden Gleichungen:

$$1.\quad \oint \mathfrak{H}\, ds = 0 = \mathfrak{H}_s - \mathfrak{H}_{Fe} \cdot l,$$

$$2.\quad \mu_0 \mathfrak{H} F = \mathfrak{B} F_e \text{ (Bedingung für die Streuungslosigkeit).}$$

Durch Multiplikation der beiden Gleichungen ergibt sich:

$$\mu_0 \mathfrak{H}^2 s F = \mathfrak{H}_{Fe} \mathfrak{B} l F_e = \mathfrak{H}_{Fe} \mathfrak{B} \cdot \text{Vol}.$$

Maximales Luftspaltfeld $\mathfrak{H}$ werden wir erhalten, wenn $\mathfrak{H}_{Fe} \cdot \mathfrak{B} = \text{Maximum}$. Das ist der Fall, wenn $\mathfrak{H}_{Fe} = \frac{1}{2}\mathfrak{H}_c$, $\mathfrak{B} = \frac{1}{2}\mathfrak{B}_{rem}$ (s. Abb. 336). Es berechnet sich dann die Länge des permanenten Magneten zu $l = s\frac{\mathfrak{H}}{\mathfrak{H}_{Fe}}$ und sein Querschnitt zu $F_e = F \cdot \frac{\mathfrak{H}\mu_0}{\mathfrak{B}}$ $\left(\text{Kontrolle: } l \cdot F_e = \frac{s \cdot F \cdot \mathfrak{H}^2 \mu_0}{\mathfrak{H}_{Fe}\mathfrak{B}} = \text{Vol.}\right)$.

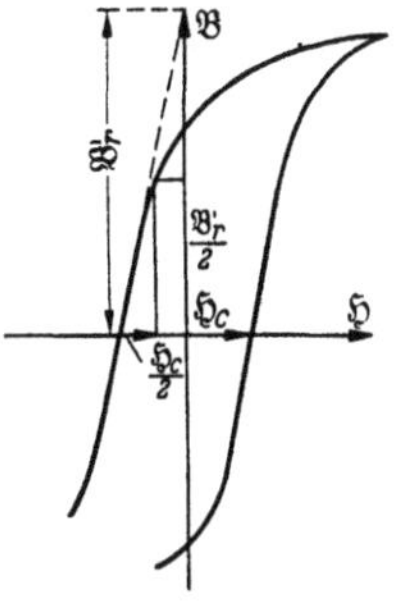

Abb. 336. Zur Berechnung des permanenten Magneten.

11. Der Transformator. Wir betrachten der Einfachheit halber einen Transformator mit widerstandsfreien Wicklungen. Die Wicklungen seien mit den Indizes 1 und 2 gekennzeichnet. Die Spannungen sind dI_1/dt und dI_2/dt proportional:

$$\left.\begin{aligned} U_1 &= L_1\frac{dI_1}{dt} + L_{12}\frac{dI_2}{dt} \\ U_2 &= L_2\frac{dI_2}{dt} + L_{21}\frac{dI_1}{dt} \end{aligned}\right\} \text{ Folge des Induktionsgesetzes.}$$

Die Faktoren nennt man „Induktivitäten" und „Gegeninduktivitäten". Für den streuungslosen Transformator gilt:

$$L_1 = n_1^2\mu\mu_0\frac{F}{l}; \quad L_2 = n_2^2\mu\mu_0\frac{F}{l}; \quad L_{12} = L_{21} = n_1 n_2\mu\mu_0\frac{F}{l}; \quad L_{12}^2 = L_1 \cdot L_2.$$

Für den Transformator mit Streuung ist L_{12} kleiner. Es gilt $L_{12}^2 = k^2 L_1 L_2$. k nennt man „Kopplungsfaktor".

Die Beziehung $L_{12} = L_{21}$ gilt immer, wie folgender von EMDE stammender Beweis zeigt: Betrachtet werden zwei beliebige Stromkreise, die auch mit Eisen gefüllt sein können. In ihnen werden von zwei beliebigen, auch zeitlich veränderlichen Spannungen die Ströme I_1 und I_2 erregt. Die entstehende Feldenergie ist dann

$$A = \int U_1 I_1\,dt + \int U_2 I_2\,dt.$$

Nach dem Induktionsgesetz ist:

$$U_1\,dt = d\Phi_1; \quad U_2\,dt = d\Phi_2; \quad A = \int I_1\,d\Phi_1 + \int I_2\,d\Phi_2.$$

Da die Feldenergie nur von I_1 und I_2, nicht vom Wege im $I_1\,I_2$-Diagramm abhängt, ist

$$I_1\,d\Phi_1 + I_2\,d\Phi_2 \quad (\Phi_1 = \Phi_1(I_1, I_2); \quad \Phi_2 = \Phi_2(I_1 I_2))$$

in I_1 und I_2 holonom. Das Differential $dB = d(I_1\Phi_1 + I_2\Phi_2)$ ist ebenfalls holonom. Daher ist auch $dC = dB - dA = \Phi_1\,dI_1 + \Phi_2\,dI_2$ holonom, d. h. $\frac{\partial\Phi_1}{\partial I_2} = \frac{\partial\Phi_2}{\partial I_1}$. Nun ist aber $\frac{\partial\Phi_1}{\partial I_2} = \frac{\partial\Phi_1/\partial t}{\partial I_2/\partial t} = L_{12}$ und $\frac{\partial\Phi_2}{\partial I_1} = \frac{\partial\Phi_2/\partial t}{\partial I_1/\partial t} = L_{21}$, somit gilt allgemein: $L_{12} = L_{21}$.

12. Messung von Gegeninduktivitäten. Da für die Fernmeldetechnik (Eichung von Verstärkern, Empfängern usw.) oft sehr kleine Gegeninduktivitäten gebraucht werden, sei hier auf die üblichen Meßmethoden nicht eingegangen, sondern nur eine Potentiometermethode (Abb. 337) zur Messung sehr kleiner Gegeninduktivitäten mitgeteilt. Wenn die Primärspule keinen ohmschen Widerstand hätte, so könnte man die Gegeninduktivität einfach aus der Beziehung $L_{12}/L_1 = a/l$ ausrechnen. Infolge des Widerstandes bekommen wir beim Verschieben des Kon-

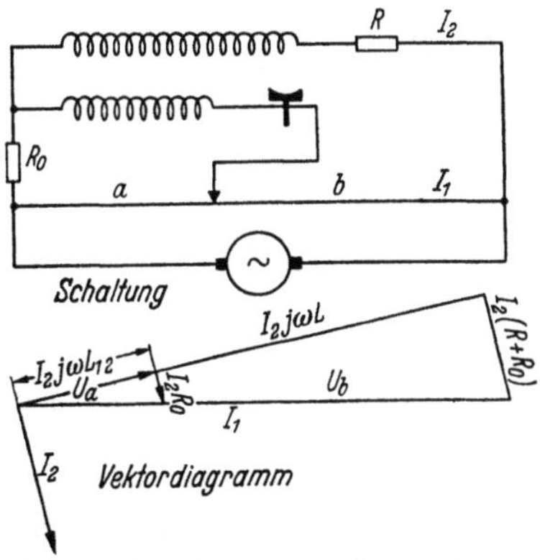

Abb. 337. Potentiometermethode zur Messung kleiner Gegeninduktivitäten mit Phasenausgleich.

taktes auf dem Potentiometerdraht wohl ein Minimum, aber kein sauberes Auslöschen des Tons. Die Messung ist ungenau. Zur Kompensation dieser Störung schalten wir noch einen kleinen Widerstand R_0 vor die Primärspule und gleichen ihn so ab, daß das Vektordiagramm Abb. 337 entsteht. Man erhält dann sauberes Schweigen im Telophon und kann L_{12} wieder nach der einfachen Formel $L_{12}/L_1 = a/l$ berechnen. Es gilt dann, wie im Diagramm abzulesen, auch $\frac{R_0}{R_0 + R} = \frac{a}{l}$.

Zahlenbeispiel: $L = 10^{-2}$ Hy; $R = 2$ Ohm; $I = 2$ A; $L_{12} = 10^{-6}$ Hy; $L_{12}/L = 10^{-4}$, somit $R_0 = 2 \cdot 10^{-4}$ Ohm. Die Spannung $\delta U = 2 \cdot$ Amp $\cdot\, 2 \cdot 10^{-4}$ Ohm $= 4 \cdot 10^{-4}$ V ist mit Benutzung eines Verstärkers noch gut abgleichbar.

5. Das Ohmsche Gesetz.

Experimentell findet man, daß der Spannungsabfall zwischen den Enden eines Widerstandes der Stromstärke, d. h. der Geschwindigkeit der Leitungselektronen, proportional ist. (Man achte beim Experimentieren auf Temperaturkonstanz!) Diese Erfahrung legt für die Reibungskraft auf die Leitungselektronen den Ansatz: $K = \varrho v$ nahe. Es sei n die Anzahl der Leitungselektronen im cm³. Die Stromstärke ist dann $I = F n e_1 v$. Die elektrische Feldstärke ist laut Definition: $\mathfrak{E} = \frac{K}{e_1} = \frac{\varrho v}{e_1}$, die Spannung: $U = \mathfrak{E} l = \frac{\varrho v l}{e_1}$. Drückt man v durch I aus, so erhält man $v = \frac{I}{n e_1 F}$. In die Formel für die Spannung eingesetzt, ergibt das:

$$U = \frac{\varrho}{e_1^2 n} \frac{l}{F} \cdot I. \quad \frac{\varrho}{e_1^2 n} = \sigma. \quad \sigma \frac{l}{F} = R. \quad U = I \cdot R.$$

σ ist der spezifische Widerstand des Materials, $R = \sigma l/F$ der Widerstand des Drahtes.

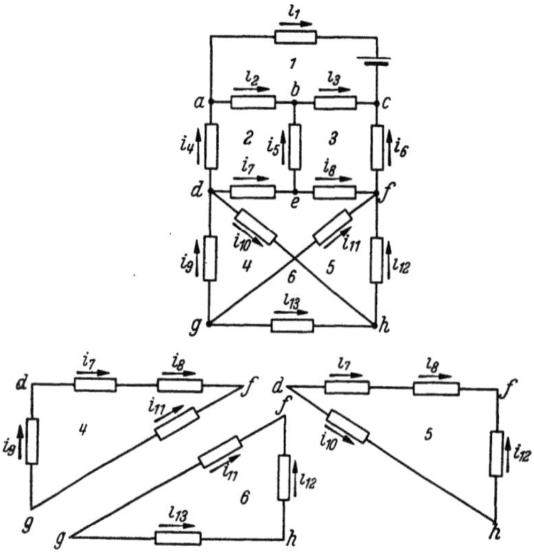

Abb. 338. Zur Berechnung von Stromverzweigungen.

6. Stromverzweigungen.

Zur Berechnung von Stromverzweigungen benutzt man die beiden KIRCHHOFFschen Gesetze: $\sum u = 0$ für jeden geschlossenen Stromkreis und $\sum i = 0$ an jedem Verzweigungspunkt. Um nur unabhängige Gleichungen zu bekommen, verfahre man wie folgt:

Man bezeichne die Ströme in allen Zweigen mit $i_1, i_2 \ldots$ (s. Abb. 338) und gebe durch Pfeile an, in welcher Richtung man sie positiv rechnen will. Kommt dann bei der Rechnung für den Strom ein negativer Wert heraus, so läuft er entgegengesetzt dem Pfeile. Man bezeichne sich dann „*nebeneinanderliegende*“ Stromkreise, d. h. solche, die nicht einen oder mehrere der bereits bezeichneten Stromkreise umschließen. Man stelle dann für alle Stromkreise und alle Verzweigungspunkte die Gleichungen $\sum u = 0$ und $\sum i = 0$ auf. Von den Gleichungen $\sum i = 0$ ist eine zu streichen, denn $\sum i = 0$ liefert für den letzten Verzweigungspunkt nur eine von den anderen Gleichungen $\sum i = 0$ abhängige Gleichung. Man erkennt das am besten bei einem Netz mit nur 2 Verzweigungspunkten, die beide $i_3 = i_1 + i_2$ liefern.

Man kann durch Betrachtung umschließender Stromkreise noch weitere Gleichungen $\sum u = 0$ aufstellen. Diese sind aber nicht unabhängig von den ersteren.

C. Einführung in das Rechnen mit komplexen Amplituden und Vektoren.

1. Einleitung.

Wir gehen von 3 Aufgaben aus:

a) Wie entlädt sich ein Kondensator über einen Widerstand? Die Differentialgleichung entsteht aus $\sum u = 0$:

$$\frac{Q}{C} - RI = 0; \quad I = -\frac{dQ}{dt}; \quad \frac{Q}{C} + R\frac{dQ}{dt} = 0\,.$$

Zur Lösung trennen wir die Variablen:

$$\frac{dQ}{Q} = -\frac{dt}{RC}$$

und erhalten durch Integration:

$$\ln\frac{Q}{Q_0} = -\frac{t}{RC}; \quad Q = Q_0 e^{-\frac{t}{RC}}; \quad Q_0 = \text{Integrationskonstante.}$$

Wir hätten die Lösung auch mit dem *Ansatz* $Q = Q_0 e^{\gamma t}$ versuchen können und dann für γ: $\gamma = -\frac{1}{RC}$ gefunden.

b) Wie schwingt ein ungedämpftes Federpendel? Die Differentialgleichung lautet:

$$mx'' + px = 0\,.$$

Die Anfangsbedingungen sollen sein: Für $t = 0$

$$x = A; \quad x' = 0\,.$$

Wir erweitern mit x' und integrieren:

$$x'x'' = -\frac{p}{m}x'x; \quad x'^2 = -\frac{p}{m}(x^2 + k)\,.$$

Die Grenzbedingung ergibt:

$$k = -A^2.$$

Die weitere Integration führt auf:

$$\frac{dx}{\sqrt{A^2 - x^2}} = \sqrt{\frac{p}{m}}\,dt; \quad x = A\cos\sqrt{\frac{p}{m}}\,t\,.$$

Hätte die Grenzbedingung gelautet:

$$x = 0; \quad x' = \sqrt{\frac{p}{m}}\,B\,,$$

so hätten wir

$$x = B\sin\sqrt{\frac{p}{m}}\,t$$

bekommen. Auch hier können wir wieder mit dem Ansatz

$$x = A\cos\omega t; \quad x = A\sin\omega t \quad \text{oder} \quad x = A\cos(\omega t + \varphi)$$

arbeiten und erhalten durch Einsetzen für ω:

$$\omega = \sqrt{\frac{p}{m}}\,.$$

c) Wie schwingt ein gedämpftes Federpendel?

$$mx'' + \varrho x' + px = 0\,.$$

Eine direkte Integration ist nicht möglich. Wir müssen unsere Ansätze versuchen:

a) $$x = A\cos(\omega t + \varphi).$$

Durch Einsetzen und Zerspalten in die sin und cos proportionalen Glieder erhalten wir 2 Gleichungen für ω und φ. ω wird jetzt komplex. Die Rechnung ist durchführbar, aber kompliziert.

b) $$x = A e^{\gamma t}.$$

Durch Einsetzen erhalten wir:

$$A e^{\gamma t}(\gamma^2 m + \gamma \varrho + p) = 0$$

und für γ den komplexen Wert:

$$\gamma = -\frac{\varrho}{2m} \pm j\sqrt{\frac{p}{m} - \frac{\varrho^2}{4m^2}} = -\beta \pm j\omega$$

Die beiden komplexen Konstanten der vollständigen Lösung

$$x = \mathfrak{A}\, e^{(-\beta + j\omega)t} + \mathfrak{B}\, e^{(-\beta - j\omega)t}$$

sind dann aus den Anfangsbedingungen zu berechnen.

Wenn nun der Ansatz $x = A e^{\gamma t}$ so handlich ist, so müßte er auch bei der Lösung der Gleichung $m x'' + p x = 0$ zum Ziele führen. Durch Einsetzen erhalten wir:

$$A e^{\gamma t}(+m\gamma^2 + p) = 0; \qquad \gamma = \pm j\sqrt{\frac{p}{m}}.$$

Lauten die Grenzbedingungen: Für $t = 0$

$$x = A; \qquad x' = 0,$$

so erhalten wir

$$x = A\,\frac{e^{+j\omega t} + e^{-j\omega t}}{2}.$$

Da nun eine Funktion durch ihre Differentialgleichung und die Grenzbedingungen eindeutig bestimmt ist, so muß

$$\frac{e^{+j\omega t} + e^{-j\omega t}}{2} = \cos\omega t$$

sein. Lautet die Grenzbedingung

$$x = 0; \qquad x' = A_0 \quad \text{für} \quad t = 0,$$

so erhalten wir:

$$x = A\,\frac{e^{+j\omega t} - e^{-j\omega t}}{2j}.$$

Dies gleicht $A\sin\omega t$. Somit haben wir die Eulerschen Formeln:

$$\cos\alpha = \frac{e^{j\alpha} + e^{-j\alpha}}{2}; \quad e^{+j\alpha} = \cos\alpha + j\sin\alpha; \quad \cos\alpha = \text{Reeller Teil von } e^{+j\alpha},$$

$$\sin\alpha = \frac{e^{j\alpha} - e^{-j\alpha}}{2j}; \quad e^{-j\alpha} = \cos\alpha - j\sin\alpha; \quad \sin\alpha = \text{Reeller Teil von } -j e^{+j\alpha}$$

gefunden. — Es liegt nun die Frage nahe: Wie müßten die Grenzbedingungen lauten, damit $x = A e^{j\omega t}$ herauskommt? Diese Grenzbedingungen sind $x_{t=0} = A$ und $x'_{t=0} = j\omega A$. Integrieren wir $x'' + \omega^2 x = 0$ in der üblichen Weise unter Zuhilfenahme des Energiesatzes (Multiplikation mit x'), so finden wir:

$$x' x'' = -\omega^2 x' x; \qquad x'^2 = -\omega^2 x^2 + k.$$

Laut Grenzbedingung:

$$(j\omega A)^2 = -\omega^2 A^2 + k; \qquad k = 0.$$

Also
$$x'^2 = -\omega^2 x^2; \qquad x' = \pm j\omega x.$$

Die zweite Integration liefert dann
$$\frac{dx}{x} = \pm j\omega\, dt; \qquad \ln\frac{x}{x_0} = \pm j\omega t; \qquad x = x_0 e^{\pm j\omega t}.$$

Damit ist der versuchte Ansatz direkt durch Rechnung gefunden. Die Entscheidung über die Wahl des Vorzeichens liefern dann wieder die Grenzbedingungen.

2. Handlichkeit des Rechnens mit $e^{j\omega t}$.

Es zeigt sich, daß das Rechnen mit $e^{j\omega t}$ handlicher ist als das Rechnen mit sin und cos, weil nur *eine* Zeitfunktion auftritt, die man immer herausklammern kann. Wir haben dann folgende Regel zu beachten:

Für $A\cos(\omega t + \varphi)$ schreibe
$$A\, e^{j(\omega t+\varphi)} = A\, e^{j\varphi} e^{j\omega t} = \mathfrak{A}\, e^{j\omega t}.$$

Die komplexe Amplitude enthält wie jede komplexe Zahl *zwei* Angaben, die der Amplitude und der Phase. Die beiden Darstellungen von komplexen Zahlen $\mathfrak{A} = Ae^{j\varphi}$ und $\mathfrak{A} = A_1 + jA_2$ sind, wie aus Abb. 339 abzulesen, durch die Beziehungen

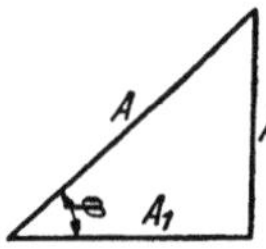

Abb. 339. Die komplexe Zahl $\mathfrak{A} = Ae^{j\varphi} = A_1 + jA_2 = A\cos\varphi + jA\sin\varphi$.

$$A_1 = A\cos\varphi; \qquad A_2 = A\sin\varphi; \qquad A = \sqrt{A_1^2 + A_2^2}; \qquad \operatorname{tg}\varphi = \frac{A_2}{A_1};$$
$$\mathfrak{A} = A_1 + jA_2 = \sqrt{A_1^2 + A_2^2}\, e^{j\operatorname{arc\,tg}\frac{A_2}{A_1}}$$
verbunden.

3. Vergleich reeller und komplexer Rechenweise.

Eine 4. Aufgabe, die als Typus der Aufgaben aus der Wechselstromtechnik dienen möge, sei hier noch reell und komplex behandelt:

Ein aus Selbstinduktion L, Widerstand R und Kapazität C bestehender Schwingungskreis werde von einer Spannung $U\cos(\omega t + \varphi)$ betrieben. Berechne den Strom! Aus $\sum U = 0$ folgt die Gleichung:
$$LQ'' + RQ' + \frac{Q}{C} = U\cos(\omega t + \varphi).$$

Mit dem Ansatz:
$$Q = Q_0 \cos(\omega t + \psi)$$
erhalten wir unter Verwendung der trigonometrischen Formel:
$$\cos(\omega t + \psi) = \cos\omega t\cos\psi - \sin\omega t\sin\psi$$
und unter Zerspaltung in sin und cos proportionale Glieder:
$$-\omega^2 L Q_0(\cos\omega t\cos\psi - \sin\omega t\sin\psi) - \omega R Q_0(\sin\omega t\cos\psi + \cos\omega t\sin\psi)$$
$$+ \frac{Q_0}{C}(\cos\omega t\cos\psi - \sin\omega t\sin\psi) = U(\cos\omega t\cos\varphi - \sin\omega t\sin\varphi),$$
$$Q_0\left(-\omega^2 L\cos\psi - \omega R\sin\psi + \frac{1}{C}\cos\psi\right) = U\cos\varphi,$$
$$Q_0\left(+\omega^2 L\sin\psi - \omega R\cos\psi - \frac{1}{C}\sin\psi\right) = -U\sin\varphi.$$

Q_0 erhalten wir durch Quadrieren beider Gleichungen und Addition:

$$Q_0^2\Big[\omega^4 L^2\cos^2\psi + \omega^2 R^2\sin^2\psi + \frac{1}{C^2}\cos^2\psi + 2\omega^3 LR\sin\psi\cos\psi$$

$$- 2\omega^2\frac{L}{C}\cos^2\psi - 2\frac{\omega R}{C}\sin\psi\cos\psi + \omega^4 L^2\sin^2\psi + \omega^2 R^2\cos^2\psi + \frac{1}{C^2}\sin^2\psi$$

$$- 2\omega^3 LR\sin\psi\cos\psi - \frac{2\omega^2 L}{C}\sin^2\psi + \frac{2\omega R}{C}\sin\psi\cos\psi\Big]$$

$$= Q_0^2\left[\left(\omega^2 L - \frac{1}{C}\right)^2 + \omega^2 R^2\right] = U^2(\cos^2\varphi + \sin^2\varphi) = U^2.$$

Die Phase durch Division beider Gleichungen und Ordnen nach $\sin\psi$ und $\cos\psi$

$$-\operatorname{tg}\varphi = \frac{\omega^2 L\sin\psi - \omega R\cos\psi - \frac{1}{C}\sin\psi}{-\omega^2 L\cos\psi - \omega R\sin\psi + \frac{1}{C}\cos\psi};$$

$$\omega^2 L\sin\psi - \omega R\cos\psi - \frac{1}{C}\sin\psi = -\operatorname{tg}\varphi\left(-\omega^2 L\cos\psi - \omega R\sin\psi + \frac{\cos\psi}{C}\right)$$

$$\sin\psi\left[\left(\omega^2 L - \frac{1}{C}\right) - \omega R\operatorname{tg}\varphi\right] = \cos\psi\left[-\operatorname{tg}\varphi\left(-\omega^2 L + \frac{1}{C}\right) + \omega R\right];$$

$$\operatorname{tg}\psi = \frac{\operatorname{tg}\varphi + \dfrac{\omega R}{+\omega^2 L - \frac{1}{C}}}{1 - \dfrac{\omega R}{\omega^2 L - \frac{1}{C}}\operatorname{tg}\varphi} = \frac{A + \operatorname{tg}\varphi}{1 - A\operatorname{tg}\varphi} \quad \text{mit} \quad A = \operatorname{tg}\xi = \frac{\omega R}{\omega^2 L - \frac{1}{C}}.$$

$$\psi = \xi + \varphi \quad \text{bzw.} \quad \psi = \varphi + \operatorname{arc\,tg}\frac{\omega R}{\omega^2 L - \frac{1}{C}} = \varphi - \operatorname{arc\,tg}\frac{\omega R}{-\omega^2 L + \frac{1}{C}}.$$

Die Rechnung ist recht umständlich.

Wir rechnen dasselbe unter Benutzung des Ansatzes: $Q = \mathfrak{Q}e^{j\omega t}$.

$$\mathfrak{Q}e^{j\omega t}\left(-\omega^2 L + \frac{1}{C} + j\omega R\right) = U e^{j\varphi}e^{j\omega t};$$

$$\mathfrak{Q} = \frac{Ue^{j\varphi}}{-\omega^2 L + \frac{1}{C} + j\omega R} = \frac{U}{\sqrt{\left(-\omega^2 L + \frac{1}{C}\right)^2 + \omega^2 R^2}}\, e^{j\left(\varphi - \operatorname{arc\,tg}\frac{R\omega}{-\omega^2 L + \frac{1}{C}}\right)}.$$

Die gesamte Rechnung schrumpft auf 1 Zeile zusammen.

Dieses Beispiel zeigt, daß es sich lohnt, die komplexe Rechnung zu studieren. Die Vereinfachung tritt ein, weil wir nicht mit den beiden *Funktionen* sin und cos zu rechnen brauchen, sondern die einheitliche Zeitfunktion $e^{j\omega t}$ herausheben und dann einfach nur mit den Amplituden, d. h. Zahlenwerten statt mit Funktionen rechnen können.

4. Anwendbarkeit der Rechnung.

Wenn wir statt mit $\cos\omega t$ mit $e^{j\omega t}$ rechnen, so nehmen wir zu $\cos\omega t$ noch das imaginäre Glied $j\sin\omega t$ hinzu und rechnen dann mit beiden Gliedern. Ein solches Verfahren ist nur zulässig, wenn sich beim Rechnen reeller und imaginärer Teil nicht vermischen, also bei den Rechnungsarten der Addition, Subtraktion, Integration und Differentiation. *Die Gleichungen müssen linear sein.* Wenn wir z. B. die Leistung berechnen wollen, so kommen wir zu einem falschen Resultat:

$$\mathfrak{N}=I_0U_0\cos(\omega t+\varphi)\cos(\omega t+\psi)=\frac{I_0U_0}{2}[\cos(\varphi-\psi)+\cos(2\omega t+\varphi+\psi)] \quad \textit{richtig,}$$

$$\mathfrak{N}=\mathfrak{Reell}(\mathfrak{J}\cdot\mathfrak{U}\cdot e^{2j\omega t})=I_0U_0\cos(2\omega t+\varphi+\psi) \quad \textit{falsch.}$$

Die mittlere Leistung können wir bequem durch

$$\overline{\mathfrak{N}}=\mathfrak{Reell}\left(\frac{\mathfrak{J}\cdot\mathrm{conj}\cdot\mathfrak{U}}{2}\right)=\frac{I_0U_0}{2}\cos(\varphi-\psi)$$

hinschreiben.

5. Die Multiplikation mit komplexen Faktoren.

Bei unserem Zahlenbeispiel ergab sich, daß wir $\mathfrak{Q}$ mit dem komplexen Faktor

$$\mathfrak{R}=R_0e^{j\varphi}=-\omega^2L+\frac{1}{C}+j\omega R$$

multiplizieren mußten, um $\mathfrak{U}$ zu berechnen, und daß wir mit demselben komplexen Faktor dividieren mußten, um aus der komplexen Amplitude $\mathfrak{U}$ die Amplitude $\mathfrak{Q}$ zu berechnen. Vermischt sich nicht hierbei auch Reelles und Imaginäres in unzulässiger Weise wie bei der Berechnung der Leistung? Eine Vermischung tritt in der Tat auf. Sie ist aber nötig, um die Phasenverschiebung zum Ausdruck zu bringen. Wir stellen fest: Durch Multiplikation einer komplexen Amplitude mit einem komplexen Faktor $Fe^{j\varphi}$ erhalten wir eine Amplitude, deren Betrag F mal so groß ist und deren Phase um φ vorwärtsgedreht ist:

$$\mathfrak{B}=\mathfrak{F}\cdot\mathfrak{A}=Fe^{j\varphi}Ae^{j\psi}=FA\,e^{j(\varphi+\psi)};\qquad \mathfrak{C}=\frac{\mathfrak{A}}{\mathfrak{F}}=\frac{Ae^{j\psi}}{Fe^{j\varphi}}\doteq\frac{A}{F}e^{j(\psi-\varphi)}.$$

Wir haben gesehen, daß ein solcher komplexer Faktor auftritt, wenn differenziert oder integriert wird. Wir erhalten folgende komplexen Widerstände und Leitwerte:

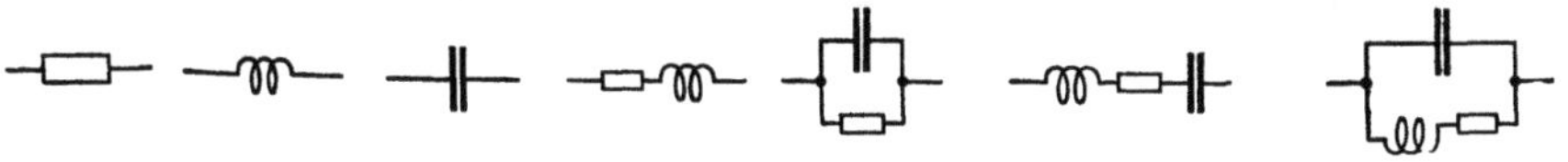

Widerstand: $\mathfrak{R}=\frac{\mathfrak{U}}{\mathfrak{J}}$	R	$j\omega L$	$\frac{1}{j\omega C}$	$j\omega L+R$	—	$j\omega L+R+\frac{1}{j\omega C}$	$\frac{j\omega L+R}{j\omega C\left(j\omega L+R+\frac{1}{j\omega C}\right)}$
Leitwert: $A=\frac{\mathfrak{J}}{\mathfrak{U}}$	$\frac{1}{R}$	$\frac{1}{j\omega L}$	$j\omega C$	—	$j\omega C+A$	—	$j\omega C+\frac{1}{j\omega L+R}$

Abb. 340. Richtwiderstände.

Zwischenrechnung: $\mathfrak{U}e^{j\omega t}=\frac{\mathfrak{Q}e^{j\omega t}}{C}=\frac{1}{C}\int_0^t\mathfrak{J}e^{j\omega t}dt=\frac{\mathfrak{J}e^{j\omega t}}{j\omega C}.$

Da uns nur der Wechselstromanteil interessiert, ist die Integrationskonstante (Gleichspannung) $U=\frac{I}{C}\cos\varphi\,(\mathfrak{J}=Ie^{j\varphi}!)$ weggelassen!

Mit den komplexen Widerständen kann man genau wie mit den reellen Widerständen rechnen, man kann mit ihnen wiederholt multiplizieren, dividieren, addieren, subtrahieren.

Der komplexe Widerstand ist wie der ohmsche Widerstand das Verhältnis der Momentanwerte der komplexen Schwingung, nicht wie der Blindwiderstand ωL oder $\frac{1}{\omega C}$ das Verhältnis der Amplituden.

Ist der komplexe Widerstand speziell reell, so sind beide Amplituden in Phase, oder ist das Verhältnis zweier Amplituden reell, so sind beide Schwingungen in Phase. Die Phase des Verhältnisses ist die Phasenverschiebung der beiden Schwingungen gegeneinander.

6. Die Darstellung der komplexen Amplituden durch Vektoren.

Die Pendelbewegung eines Kolbens stellt man graphisch am einfachsten dar, wenn man die Kurbel in ihrer Stellung zur Zeit $t = 0$ hinzeichnet, sich diese mit der Winkelgeschwindigkeit ω rotierend denkt und den zeitlichen Verlauf der Projektion betrachtet. Die Addition zweier Schwingungen erfolgt durch geometrisches Aneinandersetzen der Vektoren. Die Multiplikation eines Vektors mit einem komplexen Zahlenfaktor ergibt eine Dehnung *und* Drehung. Diese Vektoren kann man auch als komplexe Zahlen, die in der Zahlenebene aufgetragen sind, deuten.

7. Dauernde Gleichheit zweier schwingender Größen.

Die *dauernde* Gleichheit zweier schwingender Größen erfordert die Gleichheit von Amplitude *und* Phase, also 2 Beziehungen. Diese beiden Beziehungen sind in der Gleichheit des reellen *und* imaginären Teiles der komplexen Amplituden der beiden Schwingungen enthalten. Die Gleichheit der Frequenz wird bei allen Wechselstromaufgaben immer stillschweigend vorausgesetzt.

$$\mathfrak{A} = A e^{j\varphi} = A\cos\varphi + jA\sin\varphi = A_1 + jA_2 = B_1 + jB_2 = B e^{j\psi} = \mathfrak{B}$$

entspricht: $A_1 = B_1$ *und* $A_2 = B_2$; oder $A = B$ *und* $\varphi = \psi$.

Beim reellen Rechnen setzten wir die Faktoren von sin und cos einzeln gleich und erhielten auf diese Weise ebenfalls 2 Beziehungen.

Wenn es sich darum handelt, daß 2 schwingende Größen nur in einem bestimmten Zeitpunkt gleich sein sollen, so hat man zu schreiben:

$$\mathfrak{Reell}\,\mathfrak{A}\,e^{j\omega t_1} = \mathfrak{Reell}\,\mathfrak{B}\,e^{j\omega t_1}.$$

Diese Gleichung stellt nur *eine* Bedingung dar. Derartige Gleichungen treten oft als Anfangsbedingungen auf. $\mathfrak{Reell}\,\mathfrak{A}\,e^{j\omega t_1} = A_1\cos\omega t_1 - A_2\sin\omega t_1 = 0$ besagt, daß $A_1/A_2 = \operatorname{tg}\omega t_1$, A_1 und A_2 selbst von Null verschieden sein können und die komplexe Amplitude $\mathfrak{A}$ keineswegs $= 0$ ist.

8. Einige Anwendungen.

Diese Anwendungen seien mitgeteilt, einmal, um die Theorie des komplexen Rechnens etwas einzuüben, und andererseits, um einige Formeln abzuleiten, die in diesem Buche häufig gebraucht werden, und deren Ableitung den Gedankengang unliebsam unterbrochen hätte.

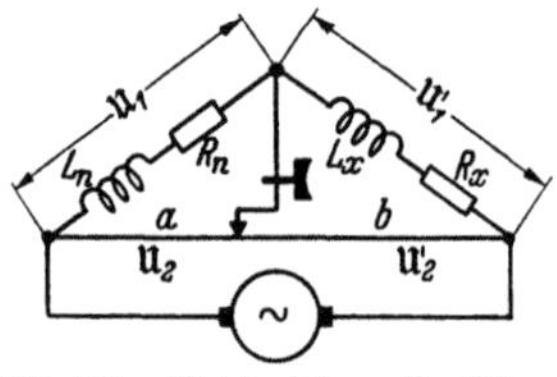

Abb. 341. Gleichzeitiger Abgleich von Induktivitäten und Widerständen in der Brücke.

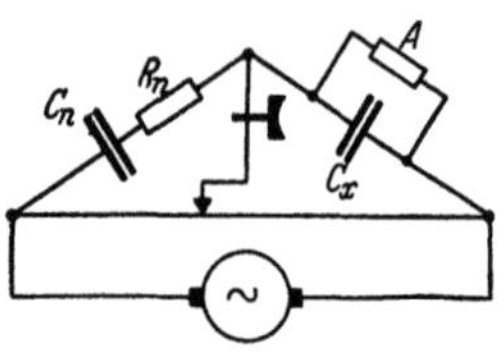

Abb. 342. Gleichzeitiger Abgleich von Kapazitäten und Widerständen.

a) Die Wheatstonesche Brücke. Rechnerisch: Wenn die Brücke (Abb. 341) so eingestellt ist, daß das Telephon schweigt, so muß: $\mathfrak{U}_1 = \mathfrak{U}_2$; $\mathfrak{U}_1' = \mathfrak{U}_2'$ sein. Diese Gleichheiten müssen dauernd gelten, es muß also reeller und imaginärer Teil der Spannungsamplituden gleich sein:

$$\mathfrak{U}_1 = \mathfrak{J}_1(j\omega L_n + R_n) = \mathfrak{U}_2 = \mathfrak{J}_2\, r\cdot a;\quad \mathfrak{U}_1' = \mathfrak{J}_1(j\omega L_x + R_x) = \mathfrak{U}_2' = \mathfrak{J}_2\, r b.$$

r ist der Widerstand des Brückendrahtes pro cm.

Die Elimination von $\mathfrak{J}_1$ und $\mathfrak{J}_2$ ergibt dann

$$\frac{j\omega L_n + R_n}{j\omega L_x + R_x} = \frac{a}{b};\quad \frac{L_n}{L_x} = \frac{a}{b};\quad \frac{R_n}{R_x} = \frac{a}{b}.$$

Durch Zerspalten in reellen und imaginären Teil erhalten wir 2 Gleichungen. Dieser Zerspaltung entsprechen experimentell die *zwei* Abgleichungen der Induktivitäten und der Widerstände.

Messung hoher Isolationswiderstände von Kondensatoren (Abb. 342). Aus der allgemeingültigen Brückenbeziehung $\mathfrak{R}/\mathfrak{R}' = a/b$ erhalten wir durch Einsetzen der Werte:

$$\frac{\dfrac{1}{j\omega C_n} + R_n}{\dfrac{1}{j\omega C_x + A}} = \frac{a}{b}; \quad \left(\frac{1}{j\omega C_n} + R_n\right)(j\omega C_x + A) = \frac{C_x}{C_n} + R_n A + j\left(\omega C_x R_n - \frac{A}{\omega C_n}\right) = \frac{a}{b}.$$

Durch Zerspalten in reellen und imaginären Teil:

$$\frac{C_x}{C_n} + R_n A = \frac{a}{b}; \qquad \omega C_x R_n - \frac{A}{\omega C_n} = 0 \quad \left[\frac{C_x}{C_n} = \frac{A R_n}{\beta^2} \quad \text{mit} \quad \beta = \omega C_n R_n\right]$$

mit der Lösung:

$$\frac{C_x}{C_n} = \frac{a}{b} \cdot \frac{1}{1+\beta^2}, \qquad A R_n = \frac{a}{b} \cdot \frac{\beta^2}{1+\beta^2}.$$

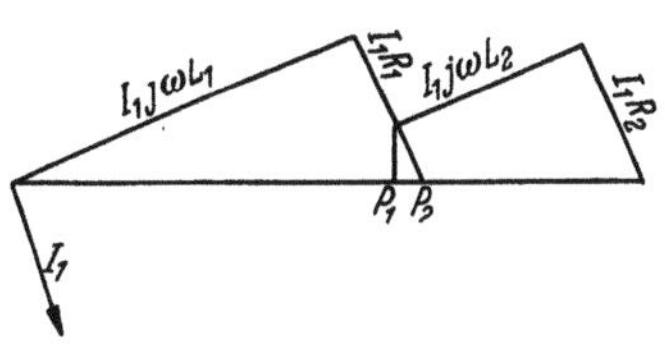

Abb. 343. Diagramm zum gleichzeitigen Abgleich von Induktivitäten und Widerständen.

Zeichnerisch (Abb. 343): Wenn die Widerstände nicht abgeglichen sind, erhalten wir durch Verschieben des Brückenkontaktes wohl ein Tonminimum, aber kein Schweigen des Telephones. Die Restspannung am Telephon und den Fehler in der Abgleichung entnehmen wir dem Diagramm (Abb. 343). Beim Entwurf des Diagrammes ist der Strom, der durch das Telephon fließt, vernachlässigt. Punkt P_1 wird durch Einstellung des Brückenkontaktes auf Lautstärkeminimum gefunden, während Punkt P_2 den Brückendraht im richtigen Verhältnis L_1/L_2 teilen würde. Die Strecke $f = P_1 - P_2$ ist also der Fehler der Einstellung.

b) Die Messung von Gegeninduktivitäten im Potentiometer. (Abb. 344.) Der Strom in der Spule *1* ist $\mathfrak{J}_1 = \dfrac{\mathfrak{U}}{j\omega L_1}$, die in der Spule *2* induzierte Spannung ist $\mathfrak{U}_2 = \mathfrak{J}_1 j\omega L_{12} = \mathfrak{U}\dfrac{L_{12}}{L_1}$, die Spannung am Stück a ist $\mathfrak{U}_2' = \mathfrak{U}\dfrac{a}{l}$. Wenn der Potentiometerkontakt so eingestellt ist, daß das Telephon schweigt, muß

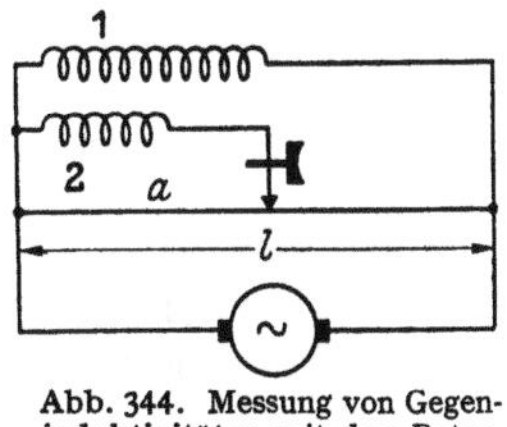

Abb. 344. Messung von Gegeninduktivitäten mit dem Potentiometer.

$$\mathfrak{U}_2 = \mathfrak{U}_2'; \qquad \mathfrak{U}\frac{L_{12}}{L_1} = \mathfrak{U}\frac{a}{l}; \qquad \frac{L_{12}}{L_1} = \frac{a}{l}.$$

Bei genaueren Messungen kann man aber den Widerstand der Spule 1 nicht vernachlässigen. Unter Berücksichtigung dieses Widerstandes erhält man

$$\mathfrak{J}_1 = \frac{\mathfrak{U}}{j\omega L_1 + R}; \qquad \mathfrak{U}_2 = \frac{j\omega L_{12}}{j\omega L_1 + R} \cdot \mathfrak{U}; \qquad \mathfrak{U}_2' = \frac{a}{l}\mathfrak{U}; \qquad \frac{j\omega L_{12}}{j\omega L_1 + R}\mathfrak{U} = \frac{a}{l}\mathfrak{U},$$

die Gleichung

$$\frac{j\omega L_{12}}{j\omega L_1 + R} = \frac{a}{l}$$

ist aber nicht erfüllbar, da die eine Seite reell, die andere komplex ist. Um ein völliges Schweigen zu bekommen, schalte man noch einen Widerstand R_1 ein wie in Abb. 345. Wir erhalten dann die Bedingung für Schweigen des Telephones:

$$\frac{j\omega L_{12} + R_1}{j\omega L_1 + R_1 + R} = \frac{a}{l},$$

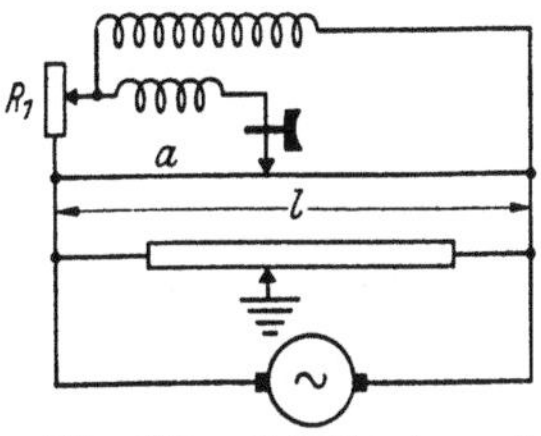

Abb. 345. Potentiometer mit Phasenausgleich zur Messung von Gegeninduktivitäten.

die sich in $\frac{L_{12}}{L_1} = \frac{a}{l}$ und $\frac{R_1}{R_1 + R} = \frac{a}{l}$ zerspalten läßt. Mit Hilfe der üblichen Erdung des Brückenkontaktes mit einer Hilfsbrücke kann man auch recht kleine Gegeninduktivitäten recht genau messen.

Zahlenbeispiel: Messung der Gegeninduktivität zweier lose gekoppelten Empfängerspulen:

$$L_1 = L_2 = 2 \cdot 10^{-4}\,\text{H},\; L_{12} = 10^{-6}\,\text{H},\; R = \frac{1}{2}\,\text{Ohm},\; R_1 = R\frac{L_{12}}{L_1} = \frac{1}{2}\,\frac{10^{-6}}{2 \cdot 10^{-4}} = \frac{1}{400}\,\text{Ohm}.$$

Der Zusatzwiderstand R_1 ist also durch einen kurzen Widerstandsdraht herzustellen.

9. Resonanzerscheinungen.

1. Häufig vorkommende Formeln für schwach gedämpfte, wenig verstimmte Kreise.

a) In einem aus der Induktion L, dem Widerstand R und der Kapazität C bestehenden Kreise (Abb. 346) fließe ein Strom $\mathfrak{J}$. Wie groß muß die treibende Spannung sein?

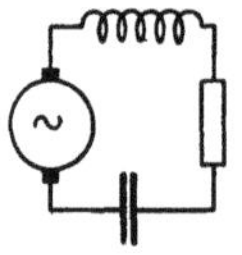

Abb. 346. Spannungs- oder Reihenresonanz.

$$\mathfrak{U} = \mathfrak{J}\left(j\omega L + \frac{1}{j\omega C} + R\right) = \mathfrak{J}\left[j\omega L\left(1 - \frac{1}{\omega^2 LC}\right) + R\right].$$

Führen wir die Resonanzfrequenz $\omega_0^2 = 1/LC$ und die Dämpfung $\mathfrak{d} = R/2L$ ein, so erhalten wir

$$\mathfrak{U} = \mathfrak{J}\left[j\omega L\left(1 - \frac{\omega_0^2}{\omega^2}\right) + 2L\mathfrak{d}\right] = 2L\mathfrak{J}\left[j\,\frac{\omega^2 - \omega_0^2}{2\omega} + \mathfrak{d}\right].$$

$(\omega^2 - \omega_0^2)/2\omega$ hat eine einfache physikalische Bedeutung, wenn $\omega - \omega_0$ klein gegen ω, so daß man $\omega + \omega_0 = 2\omega$ setzen kann:

$$\frac{\omega^2 - \omega_0^2}{2\omega} = (\omega - \omega_0)\,\frac{(\omega + \omega_0)}{2\omega} = \omega - \omega_0 = \delta\omega$$

= Verstimmung der Maschinenfrequenz gegen die Kreisresonanzfrequenz;

$$\mathfrak{R} = \frac{\mathfrak{U}}{\mathfrak{J}} = 2L(j\delta\omega + \mathfrak{d});\ \text{Spannungsresonanz.}$$

$\delta\omega$ ist also positiv, wenn die vorhandene Frequenz höher als die Resonanzfrequenz des Kreises ist.

b) Der Widerstand eines Sperrkreises (Abb. 347) berechnet sich zu

$$\mathfrak{R} = \frac{(j\omega L + R)/j\omega C}{j\omega L + R + \dfrac{1}{j\omega C}} = \frac{L(1 - jR/\omega L)}{C \cdot 2L(j\delta\omega + \mathfrak{d})}$$

und, wenn man R neben ωL vernachlässigen kann, zu

$$\mathfrak{R} = \frac{1}{2C(j\delta\omega + \mathfrak{d})};\quad \text{Stromresonanz.}$$

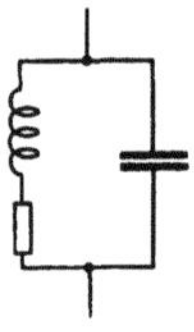

Abb. 347. Strom- oder Parallelresonanz.

2. Diese Formeln lassen sich auch schreiben:

für Spannungsresonanz: $\mathfrak{d}^2 + \delta\omega^2 = \left(\frac{U}{2LI}\right)^2$,

für Stromresonanz: $\mathfrak{d}^2 + \delta\omega^2 = \left(\frac{I}{2CU}\right)^2$.

Bei Spannungsresonanz ist, falls man I konstant hält, U^2; falls man U konstant hält $\frac{1}{I^2}$, bei Stromresonanz umgekehrt falls man U konstant hält, I^2, und falls man I konstant hält, $\frac{1}{U^2}$ dem Ausdruck $\mathfrak{d}^2 + \delta\omega^2$ proportional. Kiebitz-Paulische Form.

3. Wenn man den Drehkondensator eines Schwingungskreises dreht, so beschreibt die Spitze des Widerstandsvektors $\mathfrak{R} = R + jB (B = 2L\delta\omega)$ in der komplexen Zahlenebene eine senkrechte Gerade. Welche Linie durchläuft der Stromvektor in der komplexen Ebene der Stromamplituden?

$$\mathfrak{J} = \frac{\mathfrak{U}}{\mathfrak{R}} = \frac{\mathfrak{U}}{R + jB}; \quad B = 2L\delta\omega = 2L\left(\frac{\omega^2 - \omega_0^2}{2\omega}\right); \quad \mathfrak{J} = \frac{UR}{R^2 + B^2} - j\frac{UB}{R^2 + B^2} = x + jy^*,$$

$$1. \quad x = \frac{UR}{R^2 + B^2}; \qquad 2. \quad y = -\frac{UB}{R^2 + B^2}; \quad \frac{y}{x} = -\frac{B}{R}.$$

Die Elimination von B ergibt

$$x^2 + y^2 - \frac{Ux}{R} = 0.$$

Dies ist ein Kreis mit dem Radius $U/2R$, der durch den Nullpunkt geht. Mit Hilfe dieses Kreisdiagrammes läßt sich leicht die Phasen- und Amplitudenresonanzkurve zeichnen. Zu diesem Zweck denken wir uns die komplexen Ebenen für $\mathfrak{R}$ und $\mathfrak{J}$ übereinandergedeckt (Abb. 348). Die Gerade *1—2* zeigt den Verlauf des Widerstandes in der Widerstandsebene, der Kreis den Verlauf des Stromes in der Stromebene. Zwei zusammengehörige Werte von Strom und Widerstand sind dick ausgezogen. Durch Abgreifen kann man dann die Amplituden- und die Phasenresonanzkurve auftragen (Abb. 348 b u. c).

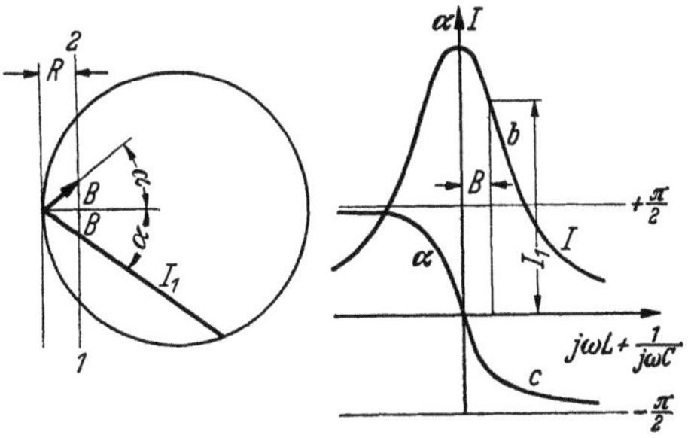

Abb. 348. Vektordiagramm, Amplituden- und Phasenresonanzkurve.

4. Der Rückwirkungswiderstand $\mathfrak{R}_1$ von angekoppelten Resonanzkreisen (Abb. 349). Die im 2. Kreise induzierte Spannung beträgt $\mathfrak{U}_2 = j\omega L_{12}\mathfrak{J}_1$, der Strom im 2. Kreise

$$\mathfrak{J}_2 = \frac{\mathfrak{U}_2}{2L_1(j\delta\omega + \mathfrak{d})}$$

und die vom 2. Kreise in den 1. zurückinduzierte Spannung

$$\mathfrak{U}_r = -j\omega L_{12}\mathfrak{J}_2 = \frac{\mathfrak{J}_1\omega^2 L_{12}^2}{2L_1(j\delta\omega + \mathfrak{d})} \quad \mathfrak{U}_r \text{ ist Spannungs}\textit{abfall}.$$

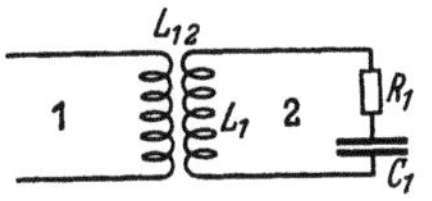

Abb. 349. Diagramm zum Rückwirkungswiderstand

$$\mathfrak{R}_1 = \frac{\omega^2 L_{12}^2}{j\omega L_1 + R_1 + \frac{1}{j\omega C_1}}$$

Da diese Spannung dem Strome $\mathfrak{J}_1$ proportional ist, so wirkt der angekoppelte Kreis so, als wenn in den 1. Kreis ein Widerstand von der Größe

$$\mathfrak{R}_r = \frac{\mathfrak{U}_r}{\mathfrak{J}_1} = \frac{\omega^2 L_{12}^2}{2L_1(j\delta\omega + \mathfrak{d})} = \frac{\omega^2 L_{12}^2\mathfrak{d}}{2L_1(\delta\omega^2 + \mathfrak{d}^2)} - \frac{j\omega^2\delta\omega L_{12}^2}{2L_1(\delta\omega^2 + \mathfrak{d}^2)},$$

der „*Rückwirkungswiderstand*" eingeschaltet wäre.

Da der Rückwirkungswiderstand neben dem reellen auch einen imaginären Teil hat, so wird der Primärkreis nicht nur gedämpft, sondern auch verstimmt. Wird der Primärkreis durch einen Lichtbogen oder durch eine Röhre in Rückkopplungsschaltung erregt, so ändert sich Amplitude *und* Frequenz des Stromes im Primärkreise, und zwar erhöht sich die Frequenz des Primärstromes, wenn der Sekundärkreis auf eine niedrigere Frequenz abgestimmt ist, der Primärkreis „weicht" dem Sekundärkreis „aus".

Bei der Aufnahme von Resonanzkurven muß man daher nicht I_2, sondern I_2/I_1 auftragen und die Frequenz durch einen Überlagerer kontrollieren und evtl. nachstellen. Stellt man die Frequenz nicht nach, so erhält man zu spitze Resonanzkurven (siehe Theorie des Ziehens, S. 55—57).

[1] Es ist U, nicht $\mathfrak{U}$ geschrieben, um anzudeuten, daß die Phase von U Null ist.

10. Lechersysteme.

Die Theorie des Lechersystemes ist ein Beispiel für die doppelte Anwendung des Ansatzes $e^{j\omega t}$ und $e^{\gamma x}$. Da das Lechersystem beim Arbeiten mit Kurzwellen der übliche Schwingungskreis ist, seien die hierfür nötigen Formeln hier mitgeteilt.

1. Aufstellung der Differentialgleichung. Aus Abb. 350 lesen wir ab:

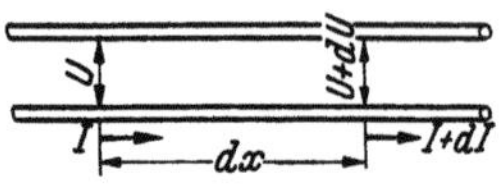

Abb. 350. Zur Ableitung der Lechersystemgleichungen.

$$\left.\begin{aligned} &1.\quad L\,dx\,\dot{i} + R\,dx\,i = -du; \qquad L\dot{i} + Ri = -\frac{\partial u}{\partial x}\\ &2.\quad C\,dx\,\dot{u} + A\,dx\,u = -di; \qquad C\dot{u} + Au = -\frac{\partial i}{\partial x}\end{aligned}\right\}$$

R, L, C, A sind Widerstand, Induktivität, Kapazität, Ableitung *pro cm* Kabelstück.

Die zeitliche Veränderung von Strom und Spannung sei wieder sinusförmig. Wir benutzen also den Ansatz: $i = \mathfrak{J}(x)\,e^{j\omega t}$. An Stelle des Differentialoperators $\partial/\partial t$ tritt der Faktor $j\omega$

$$3.\quad (j\omega L + R)\,\mathfrak{J} = -\frac{\partial \mathfrak{U}}{\partial x}; \qquad 4.\quad (j\omega C + A)\,\mathfrak{U} = -\frac{\partial \mathfrak{J}}{\partial x}.$$

Durch Elimination von $\mathfrak{J}$ oder $\mathfrak{U}$ erhält man für $\mathfrak{U}$ oder $\mathfrak{J}$ die gleiche Differentialgleichung:

$$5.\quad (j\omega L + R)\,(j\omega C + A)\,\mathfrak{J} = +\frac{\partial^2 \mathfrak{J}}{\partial x^2}; \qquad 6.\quad (j\omega C + A)\,(j\omega L + R)\,\mathfrak{U} = +\frac{\partial^2 \mathfrak{U}}{\partial x^2}.$$

Sie hat die Form einer Schwingungsgleichung. Wir benutzen demnach den Ansatz: $\mathfrak{J} = K e^{\gamma x}$ (bzw. $\mathfrak{U} = K' e^{\gamma x}$) und finden durch Einsetzen für γ in Gleichung 5 oder 6:

$$\gamma^2 = (j\omega L + R)\,(j\omega C + A).$$

Näherungswert für γ für kleines R und verschwindende Ableitung:

$$\gamma = \pm\left(j\omega\sqrt{LC} + \frac{R}{2}\sqrt{\frac{C}{L}}\right).$$

Die beiden Gleichungen (3) und (4) geben für $\mathfrak{U}/\mathfrak{J}$ den Wert

$$\frac{\mathfrak{U}}{\mathfrak{J}} = \mathfrak{R} = -\frac{j\omega L + R}{\gamma} = \frac{j\omega L + R}{\sqrt{(j\omega L + R)\,(j\omega C + A)}} = -\frac{\gamma}{j\omega C + A}$$

$$= \frac{\sqrt{(j\omega L + R)\,(j\omega C + A)}}{j\omega C + A} = \sqrt{\frac{j\omega L + R}{j\omega C + A}} \approx \sqrt{\frac{L}{C}}\left(1 - \frac{jR}{2\omega L}\right) = \mathfrak{Z}$$

$$(\text{für } R \ll \omega L,\; A = 0).$$

$\mathfrak{Z}$ ist somit der Widerstand eines Kabels, auf dem nur eine Welle hin[1], aber nicht zurückläuft, d. h. eines unendlich langen Kabels oder eines reflexionsfrei abgeschlossenen Kabels. Für die hinlaufende Welle $\mathfrak{R} = +\mathfrak{Z}$, für die rücklaufende Welle: $\mathfrak{R} = -\mathfrak{Z}$.

2. Das Kabelstück. Auf einem endlichen Kabelstück wird sich im allgemeinen eine hinlaufende Welle $\left(\text{Lösung: } \gamma = -j\omega\sqrt{LC} - \frac{R}{2}\sqrt{\frac{C}{L}}\right)$ und eine rücklaufende Welle $\left(\text{Lösung: } \gamma = +j\omega\sqrt{LC} + \frac{R}{2}\sqrt{\frac{C}{L}}\right)$ ausbilden. Die Lösung lautet also:

$$i = (K_1 e^{-\gamma x} + K_2 e^{+\gamma x})\,e^{j\omega t}; \qquad u = \mathfrak{Z}\,(K_1 e^{-\gamma_1 x} - K_2 e^{+\gamma_1 x})\,e^{j\omega t}.$$

[1] Für „hin"laufende Wellen ist γ negativ; für die Wurzel ist also das negative Zeichen zu wählen.

Die Konstanten K_1 und K_2 lassen sich aus den Anfangsbedingungen berechnen (Index 1 an der Stelle $x = 0$, Index 2 an der Stelle $x = l$):

1. $\mathfrak{J}_1 \mathfrak{U}_1$ gegeben:
$$\mathfrak{J}_1 = K_1 + K_2, \quad \mathfrak{U}_1 = \mathfrak{Z}(K_1 - K_2).$$

2. $\mathfrak{J}_2 \mathfrak{U}_2$ gegeben:
$$\mathfrak{J}_2 = K_1 e^{-\gamma l} + K_2 e^{+\gamma l}, \quad \mathfrak{U}_2 = \mathfrak{Z}(K_1 e^{-\gamma l} - K_2 e^{+\gamma l}).$$

3. $\mathfrak{J}_1, \mathfrak{J}_2$ gegeben:
$$\mathfrak{J}_1 = K_1 + K_2, \quad \mathfrak{J}_2 = K_1 e^{-\gamma l} + K_2 e^{+\gamma l}.$$

4. $\mathfrak{U}_1, \mathfrak{U}_2$ gegeben:
$$\mathfrak{U}_1 = \mathfrak{Z}(K_1 - K_2), \quad \mathfrak{U}_2 = \mathfrak{Z}(K_1 e^{-\gamma l} - K_2 e^{+\gamma l}).$$

Die Elimination der Konstanten (setze die aus System 1 berechneten Konstanten in System 2 ein) ergibt eine Beziehung zwischen $\mathfrak{U}_1$ und $\mathfrak{J}_1$, und $\mathfrak{U}_2$ und $\mathfrak{J}_2$ andererseits:

$$\mathfrak{J}_2 = \frac{\mathfrak{J}_1}{2}(e^{-\gamma l} + e^{+\gamma l}) + \frac{\mathfrak{U}_1}{2\mathfrak{Z}}(e^{-\gamma l} - e^{+\gamma l}) = -\frac{\mathfrak{U}_1}{\mathfrak{Z}}\mathfrak{Sin}\,\gamma l + \mathfrak{J}_1 \mathfrak{Cos}\,\gamma l = \mathfrak{U}_1\mathfrak{C} + \mathfrak{J}_1\mathfrak{D}.$$

$$\mathfrak{U}_2 = \mathfrak{Z}\frac{\mathfrak{J}_1}{2}(e^{-\gamma l} - e^{+\gamma l}) + \frac{\mathfrak{U}_1}{2}(e^{-\gamma l} + e^{+\gamma l}) = \mathfrak{U}_1 \mathfrak{Cos}\,\gamma l - \mathfrak{J}_1\mathfrak{Z}\,\mathfrak{Sin}\,\gamma l = \mathfrak{U}_1\mathfrak{A} + \mathfrak{J}_1\mathfrak{B}.$$

$$\begin{aligned} \mathfrak{U}_1 &= \mathfrak{A}'\mathfrak{U}_2 + \mathfrak{B}'\mathfrak{J}_2 \\ \mathfrak{J}_1 &= \mathfrak{C}'\mathfrak{U}_2 + \mathfrak{D}'\mathfrak{J}_2 \end{aligned} \quad \text{mit} \quad \begin{aligned} \mathfrak{A} &= \mathfrak{D} = \mathfrak{A}' = \mathfrak{D}' = \mathfrak{Cos}\,\gamma l \\ \mathfrak{B} &= -\mathfrak{B}' = -\mathfrak{Z}\,\mathfrak{Sin}\,\gamma l \\ \mathfrak{C} &= -\mathfrak{C}' = -\frac{\mathfrak{Sin}\,\gamma l}{\mathfrak{Z}} \end{aligned} \quad \begin{vmatrix} \mathfrak{A} & \mathfrak{B} \\ \mathfrak{C} & \mathfrak{D} \end{vmatrix} = 1 \quad \begin{vmatrix} \mathfrak{A}' & \mathfrak{B}' \\ \mathfrak{C}' & \mathfrak{D}' \end{vmatrix} = 1.$$

3. Das Lechersystem als Schwingungskreis. Beim Arbeiten mit Kurzwellen wird das Lechersystem in 3facher Art verwendet: Als Wellenmesser-Resonanzkreis, auf $n\lambda/2$ oder $(2n + 1)\,\lambda/4$ abgestimmt oder als Sperrkreis oder zusammen mit der Röhrenkapazität als Schwingungskreis abgestimmt. Man kann es als am Ende geschlossenes und am Ende offenes Lechersystem benutzen. Bei seiner Verstimmung ergeben sich Resonanzkurven wie bei der Verstimmung eines normalen Schwingungskreises.

A. Am Ende geschlossene Leitung. Es ist dann $\mathfrak{U}_2 = 0$. Wir erhalten:

$$\mathfrak{R}_a = \frac{\mathfrak{U}_1}{\mathfrak{J}_1} = \mathfrak{Z}\frac{\mathfrak{Sin}\,\gamma l}{\mathfrak{Cos}\,\gamma l} = \mathfrak{Z}\,\mathfrak{Tg}\,\gamma l = \mathfrak{Z}\,\mathfrak{Tg}(j a + b);$$

$$a = \alpha l = \omega\sqrt{LC}\,l = \frac{2\pi\nu}{c}l = \frac{2\pi}{\lambda}l \quad \text{mit } c^2 = \frac{1}{CL} \quad \text{(S. 177)};$$

$$b = \beta l = \frac{Rl}{2}\sqrt{\frac{C}{L}}; \qquad \mathfrak{Z} = \sqrt{\frac{L}{C}}\left(1 - \frac{jR}{2\omega L}\right).$$

Um reellen und imaginären Teil dieses Widerstandes (Blind- und Wirkwiderstand) zu trennen, formen wir um unter Benutzung der Beziehung:

$$\mathfrak{Z}\frac{\mathfrak{Sin}(j a + b)}{\mathfrak{Cos}(j a + b)} = \mathfrak{Z}\frac{\cos a\,\mathfrak{Sin}\,b + j\sin a\,\mathfrak{Cos}\,b}{\cos a\,\mathfrak{Cos}\,b + j\sin a\,\mathfrak{Sin}\,b}.$$

Erweiterung mit $\cos a\,\mathfrak{Cos}\,b - j\sin a\,\mathfrak{Sin}\,b$ und Umformung des entstehenden Nenners $\cos^2 a\,\mathfrak{Cos}^2 b + \sin^2 a\,\mathfrak{Sin}^2 b$ unter Benutzung der Beziehung

$$\cos^2 a + \mathfrak{Sin}^2 b = \frac{\cos 2a + 1}{2} - \frac{1 - \mathfrak{Cos}\,2b}{2}.$$

Wir erhalten als Endresultat:

$$\mathfrak{R}_a = \mathfrak{Z}\frac{j\sin 2a + \mathfrak{Sin}\,2b}{\cos 2a + \mathfrak{Cos}\,2b}.$$

Spezialfälle: a) Zur Kontrolle der Rechnung wenden wir die Formel auf ein sehr kurzes Lechersystem an und erhalten:

$$\mathfrak{R}_a = \sqrt{\frac{L}{C}}\left(1 - \frac{jR}{2\omega L}\right)\frac{(2j\omega\sqrt{LC} + 2\,R/2\sqrt{C/L})\,l}{1+1}$$

$$= \sqrt{\frac{L}{C}}\,j\omega\sqrt{LC}\,l + \sqrt{\frac{L}{C}}\sqrt{\frac{C}{L}}\,\frac{Rl}{2} + \frac{Rl}{\omega L}\,\frac{\omega\sqrt{LC}}{2}\sqrt{\frac{L}{C}} + R^2(\cdots) \approx j\omega L l + R l,$$

wie aus der physikalischen Anschauung heraus zu erwarten.

b) Spannungsresonanz in der Umgebung $l_0 = \frac{n\lambda}{2}$. Man setze für $l = \frac{n\lambda}{2} + \Delta$ ein, setze näherungsweise:

$$\sin 2\alpha l = \sin 2\alpha\left(\frac{\lambda n}{2} + \Delta\right) = \sin 2\pi n + 2\alpha\Delta = 2\alpha\Delta;$$

$$\cos 2\alpha l = 1; \qquad \mathfrak{Sin}\,2\beta l = 2\beta l; \qquad \mathfrak{Cof}\,2\beta l = 1$$

und vernachlässige Produkte von R und $\mathfrak{Sin}\,\beta l$; R und $\sin 2\alpha\Delta$. Man erhält dann für $\mathfrak{R}(\Delta)$:

$$\mathfrak{R}(\Delta) \approx \sqrt{\frac{L}{C}}\left(1 - \frac{jR}{2\omega L}\right)\frac{j\sin 2\alpha\Delta + \mathfrak{Sin}\,2\beta l}{\cos 2\alpha\Delta + \mathfrak{Cof}\,2\beta l}$$

$$\approx \sqrt{\frac{L}{C}}\,\frac{2j\alpha\Delta + 2\beta l}{1+1} = \sqrt{\frac{L}{C}}\,(j\alpha\Delta + \beta l) = \frac{2j\omega L\Delta}{2} + \frac{Rl_0}{2}$$

$$= \frac{l_0}{2}\left(2j\omega\frac{\Delta}{l_0}L + R\right) = \frac{2Ll_0}{2}\left(j\omega\frac{\Delta}{l_0} + \mathfrak{d}\right) \quad \text{mit} \quad \mathfrak{d} = \frac{R}{2L} \quad \text{und} \quad l_0 = \frac{n\cdot\lambda}{2}.$$

Das Verhalten des Lechersystems ist also vergleichbar dem eines Schwingungskreises in Spannungsresonanzschaltung mit dem Widerstande:

$$\mathfrak{R} = jL\,2\delta\omega + R = 2L(j\delta\omega + \mathfrak{d}).$$

c) Stromresonanz in der Umgebung von $l_0 = \frac{2n+1}{4}\lambda$.

Wir setzen $l = \frac{2n+1}{4}\lambda + \Delta = l_0 + \Delta$, vernachlässigen der Einfachheit halber von vornherein $\frac{R}{\omega L}$ neben 1, so daß wir für $\mathfrak{Z} = \sqrt{\frac{L}{C}}$ erhalten:

$$\mathfrak{R}_a = \mathfrak{Z}\,\mathfrak{Tg}\,\gamma l = \sqrt{\frac{L}{C}}\,\frac{\cos\alpha(l_0+\Delta)\,\mathfrak{Sin}\,\beta l + j\sin\alpha(l_0+\Delta)\,\mathfrak{Cof}\,\beta l}{\cos\alpha(l_0+\Delta)\,\mathfrak{Cof}\,\beta l + j\sin\alpha(l_0+\Delta)\,\mathfrak{Sin}\,\beta l}.$$

Erweitere mit

$$\cos\alpha(l_0+\Delta)\,\mathfrak{Sin}\,\beta l - j\sin\alpha(l_0+\Delta)\,\mathfrak{Cof}\,\beta l$$

und bedenke, daß jetzt:

$$\sin 2\alpha(l_0+\Delta) \approx 1; \quad \cos 2\alpha(l_0+\Delta) = (\alpha\Delta)^2, \quad \sin 2\alpha(l_0+\Delta) = -2\alpha\Delta.$$

Man erhält dann:

$$\mathfrak{R}_a = \sqrt{\frac{L}{C}}\cdot\frac{2\,\mathfrak{Cof}^2\beta l}{\mathfrak{Sin}\,2\beta l + j\sin 2\alpha\Delta} = \sqrt{\frac{L}{C}}\,\frac{2\,\mathfrak{Cof}^2\beta l}{\mathfrak{Sin}\,2\beta l + 2j\alpha\Delta}.$$

Für kleine βl gilt wieder

$$\mathfrak{Cof}\,\beta l = 1; \qquad \mathfrak{Sin}\,2\beta l = 2\beta l = \sqrt{\frac{C}{L}}\,Rl,$$

$$\mathfrak{R}_a = \sqrt{\frac{L}{C}}\,\frac{2}{\sqrt{\frac{C}{L}}\,Rl_0 + 2j\omega\sqrt{LC}\,\Delta} = \frac{1}{2C\frac{l_0}{2}\left(\mathfrak{d} + j\omega\frac{\Delta}{l_0}\right)} \quad \text{mit} \quad \mathfrak{d} = \frac{R}{2L}.$$

Das Lechersystem verhält sich wie ein Schwingungskreis in Stromresonanzschaltung mit dem Widerstand:

$$\mathfrak{R} = \frac{1}{2C(\mathfrak{d} + j\delta\omega)}.$$

B. Für die am Ende offene Leitung seien nur die Resultate mitgeteilt. Der Leser leite sie zu seiner Übung selbst ab.

Der Widerstand eines Leitungsstückes von der Länge l ergibt sich zu

$$\mathfrak{R}_a = \mathfrak{Z}\,\mathfrak{Cot}\,\gamma l.$$

a) Für kleine Längen erhält man, wie aus der Anschauung zu erwarten:

$$\mathfrak{R}_a = \frac{1}{j\omega C l}.$$

b) Für $l = \frac{n}{2}\lambda + \Delta = l_0 + \Delta$ erhält man unter Vernachlässigung von R neben ωL

$$\mathfrak{R}_a = \mathfrak{Z}\frac{1 + \mathfrak{Cof}\,2\beta l_0}{2j\alpha\Delta + \mathfrak{Sin}\,2\beta l_0} \approx \sqrt{\frac{L}{C}}\,\frac{2}{2j\sqrt{LC}\,\omega\Delta + Rl_0\sqrt{\frac{C}{L}}} = \frac{1}{2C\frac{l_0}{2}\left(j\omega\frac{\Delta}{l_0} + \mathfrak{d}\right)}.$$

Es liegt Stromresonanz vor.

c) Für $l = \frac{2n+1}{4}\lambda + \Delta = l_0 + \Delta$ erhält man

$$\mathfrak{R}_a = \sqrt{\frac{L}{C}}\,\frac{\sqrt{\frac{C}{L}}\,Rl_0 + 2j\sqrt{LC}\,\Delta}{2} = 2L\frac{l_0}{2}\left(\mathfrak{d} + j\omega\frac{\Delta}{l_0}\right).$$

Es liegt Spannungsresonanz vor.

C. Ein Lechersystem sei mit der Kapazität C_r einer Röhre zu einem auf die Frequenz ω abgestimmten Schwingungskreis zusammengeschlossen. Wie lang ist das Lechersystem und welche Dämpfung hat der Kreis? Es sei zunächst noch einmal an die Formel für den Widerstand eines am Ende (Pkt. 1) kurzgeschlossenen Lechersystemes erinnert, wenn die Länge des Lechersystemes l_1 ist:

$$\mathfrak{R} = \frac{\mathfrak{U}_2}{\mathfrak{J}_2} = \mathfrak{Z}\,\mathfrak{Tg}\,\gamma l_2 = \mathfrak{Z}\frac{j\sin 2a + \mathfrak{Sin}\,2b}{\cos 2a + \mathfrak{Cof}\,2b} \quad \text{mit} \quad a = \alpha l_1; \qquad b = \beta l_1$$

und

$$\mathfrak{Z} = \sqrt{\frac{j\omega L + R}{j\omega C}}\;(A = 0)\quad \sqrt{\frac{L}{C}}\left(1 + \frac{R}{2j\omega L}\right) \qquad \left(\sqrt{1+\varepsilon} \approx 1 + \frac{\varepsilon}{2}!\right).$$

Hieraus folgt:

$$\mathfrak{R} = \underbrace{j\sqrt{\frac{L}{C}}\Bigl(\underbrace{\frac{\sin 2a}{\cos 2a + \mathfrak{Cof}\,2b}}_{I} - \underbrace{\frac{R}{2\omega L}\,\frac{\mathfrak{Sin}\,2b}{\cos 2a + \mathfrak{Cof}\,2b}}_{II}\Bigr)}_{\text{Blindwiderstand } jR_B}$$

$$+ \underbrace{\sqrt{\frac{L}{C}}\left(\frac{\mathfrak{Sin}\,2b}{\cos 2a + \mathfrak{Cof}\,2b} + \frac{R}{2\omega L}\,\frac{\sin 2a}{\cos 2a + \mathfrak{Cof}\,2b}\right)}_{\text{Wirkwiderstand } R_W} = jR_B + R_W.$$

Im allgemeinen ist bei kleiner Dämpfung $I \gg II$. Ferner war

$$\alpha = \omega\sqrt{LC} \qquad \beta = \frac{R}{2}\sqrt{\frac{C}{L}}.$$

1. *Die Länge.* Der Kreis ist abgestimmt, wenn der gesamte Blindwiderstand Null ist:

$$\frac{1}{j\omega C_r} + jR_B = 0.$$

Hieraus erhalten wir für die Berechnung der Lechersystemlänge l_1:

$$\frac{1}{j\omega C_r} + \mathfrak{Z}\frac{j\sin 2\alpha l_1}{\cos 2\alpha l_1 + \mathfrak{Cof}\, 2\beta l_1} \approx \frac{1}{j\omega C_r} + j\sqrt{\frac{L}{C}}\frac{\sin 2\alpha l_1}{\cos 2\alpha l_1 + 1} = \frac{1}{j\omega C_r} + j\sqrt{\frac{L}{C}}\operatorname{tg}\alpha l_1;$$

$$\operatorname{tg}\alpha l_1 = \frac{1}{\omega C_r}\sqrt{\frac{C}{L}} = \operatorname{tg}\frac{2\pi l_1}{\lambda}.$$

R ist neben ωL von vornherein vernachlässigt.

Bemerkung: Man kann diese Formel zu einer bequemen experimentellen Bestimmung des Wellenwiderstandes $\sqrt{L/C}$ benutzen. Man schließe das Lechersystem mit einem bekannten Kondensator ab, stimme es auf eine bekannte Welle ab und messe die erhaltene Länge l_1.

2. Berechnung des Wirkwiderstandes. $R/\omega L$ darf jetzt nicht mehr vernachlässigt werden, da es nicht mehr neben 1, sondern neben der ebenfalls kleinen Größe $\mathfrak{Sin}\, 2\beta l_1$ auftritt! Es sei angenommen, daß $\cos 2\alpha l_1$ wesentlich verschieden von -1 ist (l_1 wesentlich verschieden von $\lambda/4$), dann kann man $\mathfrak{Cof}\, 2\beta l_1 = 1$ setzen und $\frac{1}{2}(2\beta l_1)^2$ vernachlässigen:

$$R_W = \sqrt{\frac{L}{C}}\frac{\mathfrak{Sin}\, 2\beta l_1}{\cos 2\alpha l_1 + \mathfrak{Cof}\, 2\beta l_1} + \frac{R}{2\omega L}\sqrt{\frac{L}{C}}\frac{\sin 2\alpha l_1}{\cos 2\alpha l_1 + \mathfrak{Cof}\, 2\beta l_1}$$

$$= \sqrt{\frac{L}{C}}\frac{2\frac{R}{2}\sqrt{\frac{C}{L}}\, l_1}{2\cos^2\alpha l_1} + \frac{R}{2\omega\sqrt{LC}}\operatorname{tg}\alpha l_1 = \frac{R l_1}{2\cos^2\alpha l_1} + \frac{R\lambda}{4\pi}\cdot\operatorname{tg}\alpha l_1$$

$$(\cos 2\alpha l_1 + \mathfrak{Cof}\, 2\beta l_1 \approx \cos 2\alpha l_1 + 1 = 2\cos^2\alpha l_1!)\left(\nu\sqrt{LC} = \frac{\nu}{c} = \frac{1}{\lambda}\right).$$

Die Kreisdaten sind dann

$$C = C_r, \quad L = \frac{1}{\omega^2 C_r}, \quad R = R_W.$$

Wenn die Kapazität sehr klein ist, wird l_1 nahezu $= \lambda/4$. Trotz geringem R des Lechersystemes wird dann der Dämpfungswiderstand des Kreises sehr hoch. Die Näherung $\mathfrak{Cof}\, 2\beta l_1 = 1$ ist dann nicht mehr brauchbar!

Für $C_r = 0$, $l_1 = \lambda/4$ erhält man:

$$\mathfrak{R}_a = \mathfrak{Z}\frac{\mathfrak{Sin}\, 2\beta\frac{\lambda}{4}}{\cos 2\alpha\frac{\lambda}{4} + \mathfrak{Cof}\, 2\beta\frac{\lambda}{4}} \approx \frac{\sqrt{\frac{L}{C}}\, 2\frac{R}{2}\sqrt{\frac{C}{L}}\frac{\lambda}{4}}{-1 + 1 + \frac{1}{2}\left(\sqrt{\frac{C}{L}}R\frac{\lambda}{4}\right)^2} = \frac{R\frac{\lambda}{4}}{\frac{1}{2}\frac{C}{L}\left(\frac{\lambda R}{4}\right)^2} = \frac{L}{CR\frac{\lambda}{8}}.$$

11. Die Schallabstrahlung von einer Membran.

Auf Seite 69 hatten wir für die Schallstrahlungsdämpfung einer Lautsprechermembran als Beispiel den Zahlenwert $\varrho = 6000\,\frac{\text{dyn}}{\text{cm/sec}}$ benutzt. Als weiteres Übungsbeispiel für das Rechnen mit komplexen Amplituden und zur kurzen Einführung in akustische Rechnungen sei die Strahlungsdämpfung einer Lautsprechermembran berechnet. Da es sich in diesem einleitenden Bande nur um die Darstellung der prinzipiellen Grundgedanken handelt, wollen wir die Rechnung weitgehend vereinfachen. Wir wollen auf die Membran vom Querschnitt F ein unendlich langes Rohr mit dem Querschnitt F aufsetzen, dessen Wände absolut glatt sein sollen. Wir können dann die Wandreibung vernachlässigen und mit einer ebenen Welle rechnen, die sich in der Richtung der Rohrachse, der x-Richtung fortpflanzt. Während sich beim richtigen Lautsprecher die Schallwelle nach allen Seiten hin ausbreitet, also ein räumliches Problem vorliegt, haben wir ein sehr einfaches lineares Problem vor uns.

a) Aufstellung der Differentialgleichung.

Wir schneiden aus dem Rohre ein Stück dx mit dem Volumen $F dx$ heraus. Das spezifische Gewicht der Luft sei mit γ (in g/cm³) bezeichnet. Im Volumen $F dx$ befindet sich dann die Masse $\gamma/g\, F \cdot dx$. Die Bewegungsgleichung lautet dann, aus: Kraft = Masse × Beschleunigung folgend:

$$F\,dx\,\frac{\gamma}{g}\,\frac{\partial^2 s}{\partial t^2} = -\,dp\,F; \qquad \frac{\gamma}{g}\,\frac{\partial^2 s}{\partial t^2} = -\,\frac{\partial p}{\partial x}$$

s = Ausschlag aus der Ruhelage; p = Druck; $v = \frac{1}{\gamma}$ = spezifisches Volumen.

Der Druck hängt vom spezifischen Volumen nach der Adiabatengleichung ab:

$$p v^{\varkappa} = \text{const}; \qquad \ln p + \varkappa \ln v = \ln \text{const}; \qquad \frac{dp}{p} = -\,\frac{\varkappa\,dv}{v}; \qquad \frac{dp}{dv} = -\,\frac{\varkappa p}{v}.$$

Wie aus Abb. 351 abzulesen ist, steht das Volumen v des verschobenen Gases (2) zum Volumen v_0 des ruhenden Gases (1) in dem Verhältnis

$$\frac{v}{v_0} = 1 + \frac{\partial s}{\partial x}.$$

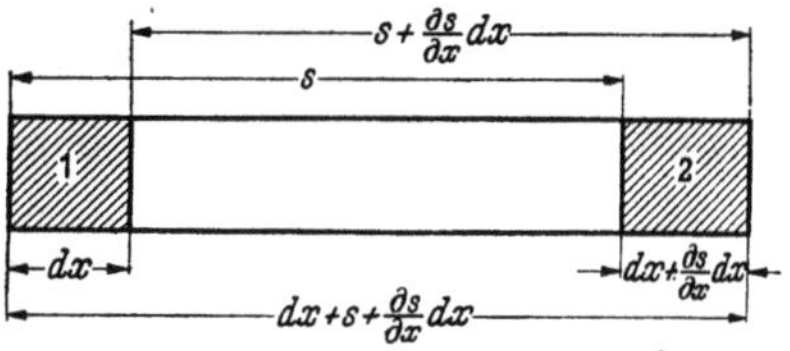

Abb. 351. Zur Ableitung von $v = v_0\,\frac{\partial s}{\partial x}$.

Die Volumenveränderung δv infolge der Verschiebung durch die Schallwelle ist somit

$$\delta v = v_0\,\frac{\partial s}{\partial x}$$

und die Veränderung des Volumens mit x

$$\frac{\partial v}{\partial x} = \frac{\partial \delta v}{\partial x} = v_0 \cdot \frac{\partial^2 s}{\partial x^2}.$$

Unter Benutzung dieses Wertes berechnen wir $\partial p/\partial x$:

$$\frac{\partial p}{\partial x} = \frac{dp}{dv}\,\frac{\partial v}{\partial x} = -\,\frac{\varkappa p}{v}\,\frac{\partial v}{\partial x} = -\,\frac{\varkappa p}{v}\,v_0\,\frac{\partial^2 s}{\partial x^2}.$$

Setzen wir diesen Wert in die Differentialgleichung ein, und berücksichtigen wir, daß $\gamma \cdot v = 1$ ist, erhalten wir

$$\frac{\partial^2 s}{\partial t^2} = \varkappa p v_0\,\frac{\partial^2 s}{\partial x^2}$$

und bei Schalldrucken, die klein gegen den Gasdruck sind ($p \approx p_0$):

$$\frac{\partial^2 s}{\partial t^2} = \varkappa p_0 v_0\,\frac{\partial^2 s}{\partial x^2}.$$

Diese Differentialgleichung lösen wir durch den Ansatz:

$$s = s_0\,e^{j\omega(t - x/c)}$$

und erhalten für die Fortpflanzungsgeschwindigkeit c:

$$c = \sqrt{\varkappa \cdot g p_0 v_0} = \sqrt{\varkappa g R T}.$$

b) Berechnung der Schalldruckamplitude δp und des „Reibungskoeffizienten“ ϱ.

δp finden wir durch Integration der Bewegungsgleichung nach x:

$$\frac{\partial p}{\partial x} = -\,\frac{\gamma}{g}\,\frac{\partial^2 s}{\partial t^2} = +\,\frac{\gamma}{g}\,\omega^2 s_0 e^{j\omega(t - x/c)}; \qquad p = \int_{x_0}^{x} \frac{\partial p}{\partial x}\,dx = j\omega c\,\frac{\gamma}{g}\left[e^{j\omega(t - x/c)} - e^{j\omega(t - x_0/c)}\right].$$

Diese Formel stellt eine räumliche sinusförmige Druckverteilung dar. Der Druck schwankt um einen Mittelwert p_0, dem mittleren Luftdruck in der Schallwelle mit der Amplitude

$$\delta p = \frac{\gamma c}{g} \cdot \omega s_0.$$

Hierin gleicht ωs_0 der Amplitude der Teilchengeschwindigkeit oder der „Schallschnelle" w. Für die Kraft auf die Membran erhalten wir einen der Geschwindigkeit proportionalen und mit der Geschwindigkeit in Phase liegenden Wert

$$K = F\,\delta p = \frac{F\gamma c}{g} \cdot w.$$

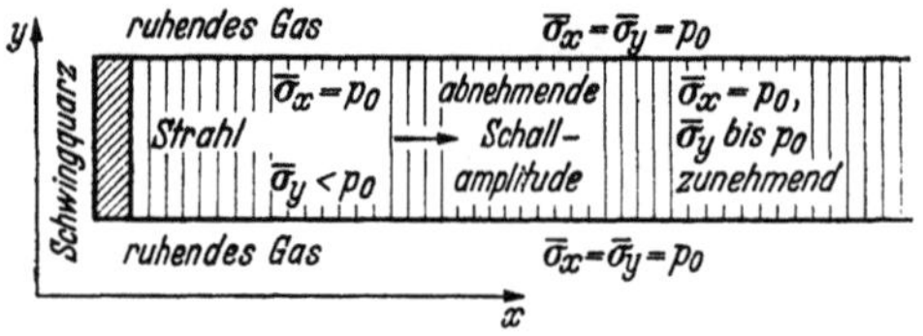

Abb. 352. Mittlerer Druck im Schallstrahl $\bar p$ bei großen Amplituden: $\bar p < p_0$.

Wir können einen Reibungskoeffizienten

$$\varrho = \frac{K}{w} = \frac{F\gamma c}{g}$$

definieren.

Zahlenbeispiel: Schallgeschwindigkeit $c = 334$ m/sec; spezifisches Gewicht der Luft $\gamma = 1{,}2$ kg/m³; $F = 0{,}015$ m² (Durchmesser = etwa 14 cm)

$$\varrho = \frac{1{,}2 \text{ kg/m}^3 \cdot 334 \text{ m/sec } 0{,}015 \text{ m}^2}{9{,}81 \text{ m/sec}^2} = 6000\,\frac{\text{dyn}}{\text{cm/sec}}.$$

Damit haben wir den früher benutzten Zahlenwert erhalten.

c) Die Bedeutung der Koordinate x und der „mittlere" Druck im Schallstrahl.

x ist der Ort des Teilchens in der Ruhelage. Wenn das Teilchen durch die Schallwelle aus der Ruhelage ausgelenkt ist, so ist sein Ort x^*:

$$x^* = x + s(x).$$

Nur wenn die Amplitude der Schallwelle s sehr klein gegen die Wellenlänge ist, und wir s vernachlässigen können, ist die räumliche Druckverteilung sinusförmig:

$$p = p_0 + \delta p \cos\frac{\omega}{c}x \cong p_0 + \delta p \cos\frac{\omega}{c}x^*.$$

Bei großen Schallamplituden müssen wir aber den Unterschied zwischen x und x^* berücksichtigen. Der Zusammenhang zwischen dem „Ruheort" x und dem „wirklichen" Ort des Teilchens x^* ist in Abb. 353b dargestellt. Die Teilchen sind an den Stellen hohen Druckes zusammengeschoben. Aus der in x *immer* sinusförmigen Druckverteilung (353a) wird eine über der wirklichen Raumkoordinate x^* nicht sinusförmige Verteilung (353c). Der „mittlere Druck" liegt nicht mehr in der Mitte zwischen Maximal- und Minimaldruck bei p_0, sondern er ist niedriger:

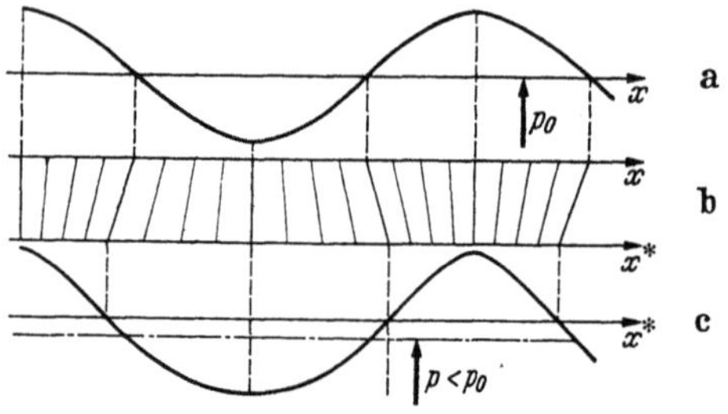

Abb. 353. Verteilung der räumlichen Spannungsmittelwerte in und um einen Schallstrahl mit nach rechts abnehmender Amplitude.

$$\bar p < p_0 \qquad \text{oder} \qquad \bar\sigma_y < p_0.$$

Auf eine senkrecht zur Schallfortpflanzungsrichtung x liegende mit hin- und herschwingende Wand ist aber der Druckmittelwert immer p_0. Wir haben also im Schallstrahl keinen allseitig gleichen mittleren Druck (Abb. 353) und somit eine stationäre Strömung in Richtung abnehmender Schallamplitude. Damit ist die bei Ultraschallversuchen beobachtete Flüssigkeitsströmung oder der „sogenannte Quarzwind" bei Erregung von Ultraschall in Luft durch einen Schwingquarz erklärt.

Namen- und Sachverzeichnis.

Ableitwiderstand R_u (Einfluß auf Lautstärke u. Sprachklarheit) 130.
Abschirmung durch Kapselung von Spulen 32.
Abstimmung kleiner Antennen mit dem Sperrkreis 48.
Alexandersonsche Hochfrequenzmaschine 6.
Algebra der Zahlentripel 230.
Amplitudenbilanz 113.
Amplitude des Senders (Konstruktion im Schwingliniendiagramm) 115.
Anfachung des Senders (Konstruktion im Schwingliniendiagramm) 115.
Anfangsbedingungen 13, 16.
Anlaufstrom, Der 76.
Anode, Anodenspannung, deren Nullpunkt 65.
Anodengleichrichtung 127.
Anpassung beim Endverstärker oder Kraftverstärker 103.
— eines dynamischen Lautsprechers an eine Röhre 69.
Antennenformel 2.
Antennenhöhe (effektive) 198.
Antennen, kleine, und ihre Abstimmung mit Hilfe des Sperrkreises 48.
—, Messung von deren Kapazität u. Induktivität 27.
Antennenstrahlung 181.
Audion 128.
Audionwellenmesser, Der 131.
Aufheizeffekte durch Anodenrückheizung, Emissionsstrom, Querwiderstand von Oxydschichten bei Oxydfäden 75.
Aufladen des Schwingungskreises mit elektrischer oder magnetischer Energie 14.
Ausbreitung der Wellen auf schlecht leitendem Boden 200.
Austrittsarbeit der Elektronen 74.
Austrittsarbeiten (Tabelle) 75.
Aussteuerung in der Endstufe des Verstärkers (im Kraftverstärker) 103.

Bäumler (Strahlwerfer) 211.
Band (Frequenzband) 58.
Bandbreite eines Bandfilters 60.
Bandfilter 57.
Barium- und Thorfilmkathoden 75.
Barkhausen: Güte der Röhre 95.
Barkhausens Buch über Schwingungserzeugung (mit dem Lichtbogen) 6.
— Modulationsfaktor 107.
— Röhrenformeln 68.
Barkhausen-Schwingungen mit der Triode 135.
— mit dem Magnetron 147.
— Doppeltakterregung mit der Triode 145.
Belows Theorie der Raumladungszerstreuungsgitterröhren, Kennlinie 100.
Bestandteile der Sende- und Empfangsseite 9.
Betrag (Amplitude) einer komplexen Zahl (Abb. 29) 21.
Bewegungsgleichung d. Elektrons 81.
Bewegung von Elektronen in elektrischen Feldern 250.
Biot-Savartsche Gesetz, Das 183, 255.
Braun, Braunscher Sender, Detektor 4.
Braunsche Röhre 250.
Brechungsgesetz der Kraftlinien 252.
— für Magnetkraftlinien 269.
Bremsgitter 97.
Bündelung der Wellen durch Spiegel und Strahlwerfer 209.

Charakteristik (fallende) des Lichtbogens 6.
Clausius-Clapeyronsche Gleichung 73.
Cohärer = Fritter 4.
Coulombsches Gesetz 1.
— (magnetisches) 253.
Coulombsche Gesetz, Das 245.
Coulomb, Das 246.

Dämpfung 𝔡, Dämpfungsmaß d, Dämpfungsdekrement ϑ 15.
— eines Kreises durch eine angekoppelte Röhre 119.
Dämpfungen, kleine, und ihre Messung 30.
Dämpfungsmessungen mit d. Audionwellenmesser 133.
Demodulation 9.
— bei quadratischer Gleichrichtung 59.
Detektor 4.
Dielektrizitätskonstante 249.
— bei schnellen Schwingungen 249.
— in der Heavisideschicht 215.
Differentiation von Vektoren nach der Zeit 231.
Differentiationen von Vektorprodukten: $\operatorname{div}(\varphi\cdot\mathfrak{A})$, $\operatorname{div}[\mathfrak{A}\mathfrak{B}]$, $(\mathfrak{A}\nabla)\mathfrak{B}$, $\operatorname{rot}(\varphi\cdot\mathfrak{A})$, $\operatorname{rot}[\mathfrak{A}\mathfrak{B}]$ 243.
—, mehrfache: $\operatorname{div}\operatorname{rot}\mathfrak{B}$, $\operatorname{rot}\operatorname{grad}\Phi$, $\operatorname{rot}\operatorname{rot}\mathfrak{B}$ 242.
Diffusionspumpe 90.
Dipol... 1.
—, sein quasistationäres Feld 183.
Direktionskraft 12.
Divergenz 234.
Döhlersche Gleichrichtung für cm-Wellen 129.
Doppelfläche: der räumliche Winkel als Potential der Doppelfläche 240.
Dreiecks- und Sternschaltungen 51.
Drehspul-Spiegelgalvanometer 258.
Drehvektor 228.
Durchgriff als Verhältnis der Teilkapazitäten 83.
—, Bestimmung aus Strommessungen 91.
— $D = \left(\frac{\partial u_g}{\partial u_a}\right)_{i_a}$ der Röhre 68.
— (günstigster) für Transformatorenverstärker 95.
—, seine doppelte Rolle zur Herstellung der Verschiebungsspannung und zum Schutz gegen die Anodenrückwirkung 96.
Dynatron 98.
— mit Schwingungskreis in Stromresonanzschaltung 47.

Effektive Antennenhöhe 198.
Eichung des Wellenmessers mit Hilfe von Schwebungen 26.
— des Wellenmessers mit der Stimmgabel nach Weller 26.

Eigenfrequenz ω_e ungleich, Resonanzfrequenz ω_r: $\omega_e^2 = \omega_r^2 - \mathfrak{d}^2$ 22.
Elektrizitätslehre, Elektrostatik 245.
Elektrolytischer Trog zur Potentialflächenaufnahme 86.
Elektron, Zahlenwerte von Ladung e_1, Masse m, e_1/m 72.
Elektronen, Bewegungsgleichung im elektr. Felde 250.
Elektronenröhren 64.
Elektrostatik 245.
EMDE (Beweis für $L_{12} = L_{21}$) 271.
— und JAHNKE, Funktionstafeln 42.
Empfangsgüte = Sendegüte 204.
Empfang modulierter Wellen 125.
Empfänger, Gemischt erregter Generator, Mitnahmebereich, Entdämpfung durch Rückkopplung 121.
Empfängerbau, Beispiel aus dem Empfängerbau 119.
Endpentode, ihre Aussteuerung unter Berücksichtigung der Verzerrungen 108.
— (Zahlenbeispiel) 105.
Endstufe des Verstärkers 102.
Energie des elektrischen Feldes 251.
Energieentziehungsmethode beim Audionwellenmesser 132.
Entdämpfung durch Rückkopplung 123.
Erdalkalifilmkathoden 75.
Erdkapazitäten (ihre Rolle bei Brückenmessungen) 24.
Erregung eines angekoppelten Kreises mit dem Röhrensender, reelle und komplexe Behandlung 18.
— von gedämpften elektrischen Schwingungen 14.
— von ungedämpften elektrischen Schwingungen 17.
ESPE-Erdalkalifilmkathoden 75.

Federkonstante 12.
Feld einer Linearantenne 2.
Feldenergie (magnetische) 262.
Felder, statische, magnetische und elektrische 1.
Feldstärke 246.
—, Darstellung der, durch Kraftlinien 248.
Feldstärke und Verschiebung 248.
— (magnetische) 253.
Feldstärkemeßgeräte 199.
Flächenvektor 228.
Folgen des Senders (Folgen, Reißen, Springen) 117.
Formelzusammenstellung aus der Vektoranalysis (siehe Differentiationen von Vektorprodukten u. mehrfache Differentiationen) 243.
Formfaktor $F = \bar{i}/i_{\max}$ beim Sendeverstärker 109.
Frequenz 3.
— FEDDERSEN 3.
— Funken (oszillierender) 3.
— des Senders (Berechnung auf Grund der Phasenbilanz) 117.
— Eigenfrequenz ω_e ungleich Resonanzfrequenz ω_r: $\omega_e^2 = \omega_r^2 - \mathfrak{d}^2$ 22.
Frequenzen einer Schwebung 58.
— einer modulierten Welle 58.
Frequenzmessungen mit dem Audionwellenmesser 134.
Frequenzvervielfachung in der GOLDSCHMIDT-Maschine 7.
— mit gesättigten Drosseln 8.
Fritter von MARKONI 4.
Funkenmikrometer von HERTZ 4.
Funktionstafeln von JAHNKE und EMDE 42.

Gasgehalt der Röhre 90.
Gaskonstante R und molekulare Gaskonstante k 72.
Gedämpfte Schwingung 14.
Gegeninduktivitäten, allgemeiner Beweis, daß $L_{12} = L_{21}$ (EMDE) 271.
— und ihre Berechnung 54.
— und ihre Messung 279.
Generator, gemischt erregt 120.
Gitter 67.
Gittergleichrichtung 129.
Gitterkennlinie gashaltiger Röhren 90.
Gitterkondensator C_g (Einfluß auf Lautstärke und Sprachklarheit) 130.
Gitterströme, Verlauf der Gitterkennlinie 89.
Gitterverspannung (negative) und Gitterwiderstand 77.
Gitterwiderstand und negative Vorspannung 77.
Gitter- oder Audiongleichrichtung 128.
Gleichrichtung 127.
— (Anodengleichrichtung) 127.
— mit Röhren 25, 71.
— und Krümmung der Kennlinie 71.
— und Klirrfaktor (bzw. Modulationsfaktor) 107.
— DÖHLERsche für cm-Wellen 129.
GOLDSCHMIDTsche Hochfrequenzmaschine 6.
Gradient 234.
GREENscher Satz, GREENsche Funktionen 241.
Gruppengeschwindigkeit 217.
Güte der Röhre 95.
Gummimembranapparat zur Veranschaulichung des Potentialgebirges 88.

Habanngenerator 146.
Heaviside-Schicht 214.
HEINRICH HERTZ 1, 3.
Heizmaß = $\frac{\text{Sättigungsstrom}}{\text{Heizleistung}}$ 74.
HERTZ: Über die Ausbreitung der elektrischen Kraft 4.
HERTZsche Ableitung der Antennenstrahlung 195.
HINSCH, Erdalkalifilmkathoden 75.
Hochfrequenzmaschinen 6.
Hochfrequenzströme, Herstellung 3.
Hochfrequenzverstärker mit Sperrkreiskopplung 70.
HOHAGE (Röhrenvoltmeter) 127.
Hohlrohrwellen 218.
Hysteresis-Verluste 42.

Imaginärer Teil einer komplexen Zahl (reeller Teil, Betrag, Phase) (Abb. 29) 21.
Induktion und Magnetfeld $\mathfrak{B} = \mu\mathfrak{H}$ 259.
Induktionsgesetz 259.
Induktivität s. Selbstinduktion.
Influenzkonstante,
$$\varepsilon_0 = \frac{1}{4\pi \cdot 9 \cdot 10^{11}} = 8{,}83 \cdot 10^{-14} \frac{\text{Coul}}{\text{Vcm}}$$ 247.
Inselbildung 91.
Ionisationsmanometer 90.

JAHNKE und EMDE, Funktionstafeln 42.

Kabelstück 282.
Kapazität 248.
— (Formel) 23.
— (scheinbare Röhrenkapazität) 97.

Kapazität, Vergrößerung der Röhrenkapazität durch die Raumladung 84.
Kapazitäten der Röhre C_{gk}, C_{ga}, C_{ka} 83.
— Röhrenkapazitäten und deren Messung 93.
Kapselung von Spulen 32.
Kathode (Feld an der Kathode, Ladung auf der Kathode) 65.
Kennlinie der Diode 66.
— der Triode 67.
Klirrfaktor 105.
—, Messung des 107.
— und Gleichrichtung 107.
— und Stromaussteuerung 108.
Koerzitivkraft 267.
Komplex, Rechnen mit Komplexen, Amplituden und Vektoren 273.
Komplexe Faktoren, Richtwiderstände 277.
— Zahl, reeller und imaginärer Teil, Amplitude (Betrag) und Phase (Abb. 29) 21.
Komplexer Ansatz zur Lösung der Differentialgleichung für die gedämpfte Schwingung 15.
Kontaktpotentiale 76.
Kontinuitätsgleichung 81.
Kopplung der Verstärkerstufen 70.
— (induktive) 29.
—, kritische, und ihre Bedeutung für den Zwischenkreissender 57.
Kopplungen (Übersicht, ohmsche, induktive, kapazitive) 51.
Kopplungsfaktor, Der, $k^2 = \frac{L_{12}^2}{L_1 \cdot L_2}$ 52.
Kraft des Magnetfeldes auf bewegtes Elektron, $K = e_1 [\mathfrak{v} \cdot \mathfrak{B}]$ 258.
Kraftfluß (magnetischer) 253.
Kraftformel $K = I [\mathfrak{l} \cdot \mathfrak{B}]$ 257.
Kraftlinien, Kraftfluß 246.
Kraftlinienbrechungsgesetz (magnetisch) 269.
Kraftröhre 248.
Kraftverstärker 102.
Kristalldetektor 4.
Krüger (Strahlwerfer) 211.
Krümmung der Kennlinie und Gleichrichtung 72.

Ladungseinheit, Die (elektrostatische) 246.
Langmuir, monomolekulare Thorschichten auf Wolframdrähten 75.
Langmuirsche Formel: $i = cu^{3/2}$ 77.
— Raumladungsformel für ebene Anordnung 81.
— Raumladungsformel für zylindrische Anordnungen 82.
Lautsprecher (dynamischer) 69.
Lebensdauer von Wo-Glühdrähten in Abhängigkeit von der Temperatur 74.
Lechersystem 171, 282.
—, Das, als Schwingungskreis 284.
Leistung: Erzielung maximaler Senderleistung 112.
— Maximale Leistung des Senders bei gegebenem Wirkungsgrad 113.
— der Röhre (maximale) 94.
Lichtbogengenerator mit Schwingungskreis in Spannungsresonanzschaltung 47.
Lichtbogensender 5.
Lichtgeschwindigkeit 3.
Löschfunkensender (Wien) 5.
Löschfunkenstrecke (Wien) 5.
Loschmidtsche Zahl 72.

MacLeod-Manometer 90.
Magnetfeld stromdurchflossener Leiter 253.
Magnetische Maxwellsche Spannungen, Die 262.
— — — Beispiele hierzu 264.
Magnetisierungskurve 267.
Magnetismus 253.
— im Eisen 267.
Magnetomotorische Kraft, magnetische Spannung 253.
Magnetron 146.
Marconi 4.
Maßsystem, elektromagnetisches und technisches 259.
Maximale Leistung der Röhre 94.
Maxwellsche Geschwindigkeitsverteilung 76.
— Gleichungen 254, 260.
— Spannungen 250.
— —, ihr Tensor 252.
Mehrdeutiges magnetisches Potential 255.
Mehrdeutigkeit magnetischer Potentiale auf verschiedenen Wegen 270.
Meissner-rückgekoppelter Röhrengenerator 18.
Meissnersche Rückkopplung 71.
Messung kleiner Dämpfungen 30.
Messung kleiner Gegeninduktivitäten mit dem Potentiometer mit Phasenausgleich 271.
— der Resonanzfrequenz u. Dämpfung eines Kreises mit Audionwellenmesser 132.
— der Resonanzfrequenz eines Kreises, von Selbstinduktionen und Kapazitäten von Kreisen und Antennen 27.
— der Dämpfung 28.
— der Selbstinduktion 24.
Meßfehler und Dämpfung des Wellenmessers 28.
Messungen von Gegeninduktivitäten 52.
Mitnahme, Mitnahmebereich 121.
Modulationsdrossel von Pungs 8.
Modulation von Hochfrequenzströmen 9.
Modulationsfaktor (Barkhausen) 107.
— s. auch Klirrfaktor.
Modulierte Wellen, Empfang 125.
— — — Einfluß des Gitterkondensators C_g und des Ableitwiderstandes R_g auf Lautstärke und Sprachklarheit 130.
— Welle (Frequenz der modulierten Welle) 58.
Möller-Detels Formierprozeß der Erdalkalikathode 75.
Multiplikative Mischung 101.

Nabla = ∇ 237.
Negativer Widerstand des Lichtbogens (Abb. 10) 5.
Oberer Knick der Kennlinie, seine Abrundung 82.
Ohmsche Gesetz, Das 272.
— —, magnetisches 267.
Oktode 101.

Pendel, Federpendel 12.
Pentode 97.
Permeabilität (verschiedene Definitionen) 267.
Pfister (Strahlwerfer) 211.
Phase des Anodenstromes zum Strom im Schwingungskreis 18.
— einer komplexen Zahl (Abb. 29) 21.
Phasenbilanz 113.
Phasengeschwindigkeit 217.
Physik der Röhre 72.
Piranische Tabelle über Wolframdraht: Temperatur,

Sättigungsstromdichte, Heizmaß, Lebensdauer, Lichtwirkungsgrad, Heizspannung, Heizstrom 74.
PLENDL (Strahlwerfer) 211.
POISSONsche Gleichung 81.
Potential: Bedingung, daß ein Vektor ein Potential hat 236.
— Bedeutung des Potentialbegriffes 237.
— Aufgaben der Potentialtheorie 239.
— des Dipols 1.
— -Flächen und Kraftlinien in der Röhre 86.
— — — Diagramme hierzu 87.
— (mehrdeutiges eines stromdurchflossenen Leiters) 245.
Potentiometer, Messung kleiner Gegeninduktivitäten mit, und Phasenausgleich 53.
Potentialminimum in der Nähe der Kathode 66.
Potentialverlauf zwischen Kathode und Potentialminimum 78.
POULSEN-Lampe 6.
POYNTINGscher Vektor 2, 265.
Prellgitter-Verstärker 98.
Produkte (skalares oder inneres und vektorielles oder äußeres) von Vektoren 229.
Pumpapparatur 90.
PUNGSsche Modulationsdrossel 8.

Quasistationär 10.
Quarzwind 288.
Quecksilberdampffalle (durch flüssige Luft gekühlt) 90.

Rahmenempfang 199.
Randwertaufgaben (GREENscher Satz) 241.
Raumladung 65.
— (LANGMUIRsche Formel) 77.
Raumladungszerstreuungsgitter 99.
R-C-Glied. Einfluß auf Lautstärke und Sprachklarheit beim Audionempfang 130.
Reeller Teil einer komplexen Zahl (imaginärer Teil), Betrag und Phase (Abb. 29 21.
Relais (die Röhre als trägheitsloses Relais) 67.
Remanz (magnetische) 267.
Resonanz als Siebmittel 31.
Resonanz, Spannungs- und Stromresonanz 46.
Resonanzen eines Transformators 61.
Resonanzerscheinungen 280.
— Amplituden- und Phasenresonanzkurven 18.
Resonanzfrequenz ω_r ungleich Eigenfrequenz ω_e: $\omega_e^2 = \omega_r^2 - \mathfrak{d}^2$ 22.
Resonanzkurvenspitze, Form der 23.
Resonanzschärfe und ihre Verbesserung 28.
Retardierte Potentiale 187.
Reziprozitätssatz: Empfangsgüte = Sendegüte 204.
RICHARDSON 65.
RICHARDSONsche Gleichung 73.
Richtwiderstände 277.
Rogowskigürtel 261.
Röhre, Die, als Generator mit der $E = U_g/D$ und dem inneren Widerstand R_i 68.
Röhrengenerator, fremderregt und selbsterregt 17.
Rohrwellen, Hohlrohrwellen 218.
Rotation 233, 234.
—, Berechnung eines Vektorfeldes, wenn seine — gegeben ist 243.
Rückgekoppelte Generator, Der 113.
Rückkopplung 17.
— $\mathfrak{R}_k = \mathfrak{U}_{st}/\mathfrak{J}_a$ 115.
— von MEISSNER 71.
Rückkopplungsfaktor $\mathfrak{R} = \mathfrak{U}_g/\mathfrak{U}_a$ 114.
Rückkopplungsgerade 115.
Rückkopplungsschaltungen 118.
Rückwirkungswiderstand 30, 281.
—, Elimination des, bei der Messung kleiner Dämpfungen 30.
RUKOPsche Reißdiagramme (Konstruktion im Schwingliniendiagramm) 117.

Sättigung (magnetische) 267.
Sättigungsstrom von Elektronenröhren 65.
Sättigungsstromdichte in Abhängigkeit von der Temperatur des Glühfadens 74.
Schallwelle im Rohr 287.
Schattenstellung der Schirmgitterdrähte hinter den Steuergitterdräthen 98.
Schattenwirkung der Gitterstäbe 89.
Scheerung 233.
Scheinbare Röhrenkapazität, $C_{sch} = C_{kg} + (V + 1)\, C_{ga}$ 97.
Schema einer drahtlosen Nachrichtenübermittlung 9.
Schirmgitterröhren 96.
SCHOTTKY, Theorie der Emission, Kontaktpotentiale 76.
Schutznetz 96.
SCHULZEs Theorie der Raumladegitterröhrenkennlinie 101.
Schwebungen 25.
—, Frequenz der Schwebung, Phasenumkehr bei der Schwebung 58.
Schwinglinie 114.
Schwingung (elektrische), Schwingungsgleichung 13.
—, Anschauliche Ableitung der elektrischen 14.
—, Aufladen des Schwingungskreises mit elektr. oder magnetischer Energie 14.
Schwingungsgleichung 12.
Schwingungskreis 12.
— in Parallelschaltung 44.
Sekundärelektronen 98.
Selbstinduktion (Formel) 23.
—, Messung der 24.
Sendegüte = Empfangsgüte 204.
Sender (der Röhrensender) 71.
Sendeverstärker 108.
Siebmittel, Resonanz als 31.
Spannung 247.
Spannungen in den Röhren: Gitter-, Anoden-Spannung und deren Nullpunkt 65.
Spannungsaussteuerung $\mathfrak{u} = \frac{\mathfrak{U}_a}{U_a}$ beim Sendeverstärker 109.
Spannungsresonanz 280.
Sperrkreis zum Ausschalten von Störsendern 47.
— als Kopplungselement 48.
— als Abstimmungsmittel für kleine Antennen 48.
Spiegel (Kurzwellenantenne im Zylinderspiegel) 209.
Spiegelgalvanometer 258.
Springen des Senders, Konstruktion im Schwingliniendiagramm (Folgen, Reißen, Springen) 117.
Sprungentfernung 215.
Stationär, quasistationär, nichtstationär 10.

Steilheit $S = \left(\frac{\partial i_a}{\partial u_g}\right)_{u_a}$ der Röhre 68.
Stern- und Dreieckschaltungen 51.
Steuergitter, Das 67, 83.
Steuerspannung und Lage der Ersatzanode 85.
Stoßkreis im WIENschen Tonfunkensender 5.
Strahlung der Antenne 181.
Strahlungswiderstand der Antenne 187.
Strahlwerfer 211.
Streuresonanz eines Transformators 62.
Stromaussteuerung u. Klirrfaktor (bzw. Modulationsfaktor) 108.
— $j = \mathfrak{J}/i$ beim Sendeverstärker 109.
Stromlauf, Äquivalenz von, und Doppelfläche 256.
—, Äquivalenz von, und magnetischer Doppelfläche 244.
Stromresonanz 280.
Stromverzweigungen 272.
Stromwege 258.

Technisches Maßsystem 259.
Telephonie, drahtlose 6.
Telephoniesender 126.
THOMSON-Waage 251.
Thor und Bariumfilmkathoden 75.
Temperaturgeschwindigkeit der Elektronen 66.
Tensor 233.
— der MAXWELLschen Spannungen 253.
Tonfunkensender (Tof) 5.
Trägheitsmoment 12.
Transformator, Der 271.
Transformatoren und ihre Resonanzen 61.
Transformatorenverstärker 70.
Triode 67.

Unipolare Leitung 66.
Unipolarmaschine 269.

Vektoranalysis, Vektorfelder 232.
Vektordiagramme für den Schwingungskreis in Parallelschaltung 45.
Vektoren, Darstellung komplexer Amplituden durch 278.
—, Darstellung von Schwingungen durch 22.
Vektorfeld, Berechnung des Vektorfeldes, wenn seine Rotation gegeben ist 243.
Vektorrechnung, Vektoralgebra 227.
Vektorpotential 188, 254.
—, Beispiele 256.
Verdampfung d. Elektronen 73
Verluste 32.
— durch Hysteresis 42.
— (dielektrische) 43.
— schlechte Isolation 44.
— durch Wirbelströme in Spulen 34.
— in graden Drähten 39.
Frequenzvervielfachung in der GOLDSCHMIDT-Maschine 7.
Verschiebung, dielektrische 248.
Verschiebungsspannung DU_a 96.
Verschiebungsstrom und sein Magnetfeld (HEINRICH HERTZ) 260.
Verstärker (mehrstufige), Schaltbilder 70.
Verstärkerarten (Vorverstärker, Endverstärker, Sende verstärker) 72.
Verstimmung, Resonanzkurve in Abhängigkeit von, und Dämpfung 23.
Verstimmungsmethode beim Audionwellenmesser 132.
Verzerrungen (Klirrfaktor, Modulationsfaktor) 105.
Vierpolgleichungen 283.
Vorverstärker 94.

WAGNERsche Doppelbrücke 24.
WEHNELT 65.
— (Erdalkalioxydkathoden) 75.
Wellen, elektromagnetische 1.
Wellenausbreitung 170.
— auf schlecht leitendem Boden 200.
Wellengruppe 216.
Wellenlänge 3.
Wellenmesser 23.
Wellenwiderstand $\mathfrak{Z}$ 181.
— des Blechstreifenlechersystems $\mathfrak{Z} = \sqrt{\frac{\mu_0}{\varepsilon_0}}\frac{a}{b} = 378\,\text{Ohm}\,\frac{a}{b}$ 176.
WELLER, Wellenmessereichung 27.
WHEATSTONE-Brücke 279.
WHEATSTONsche Brücke 24.
Widerstandsverstärker 70.
— (günstigster Kopplungswiderstand) 95.
Widerstand, Innerer, $R_i = \left(\frac{\partial u_a}{\partial i_a}\right)_{u_g}$ der Röhre 68.
Widerstandserhöhung durch Wirbelströme in Spulen 34.
— in graden Drähten 39.
Widerstand, Begriff des Gleichstromwiderstandes, Blindwiderstandes, komplexen Widerstandes 29.
WIEN (Löschfunken) 5.
Wirkungsgrad bei maximaler Senderleistung 112.

Zahlenbeispiel: Abstand des Potentialminimums von der Kathode 80.
— zur Abstimmung einer kleinen Antenne mit dem Sperrkreis 51.
— BRAUNsche Röhre 250.
— Entdämpfung durch Rückkopplung 125.
— Gitterwiderstand und Vorspannung 77.
— zum MACLEOD-Manometer 91.
— Berechnung des dynamischen Lautsprechers 69.
— Berechnung der Mitnahmebereichbreite 123.
— zur Widerstandserhöhung von graden Drähten 42.
— Resonanzschärfe und Spulenwiderstand 31.
— Abhängigkeit des Sättigungsstromes von der Temperatur 74.
— Berechnung von Selbstinduktion und Kapazität eines Schwingungskreises für $\lambda = 40$ m 16.
— für Schirmgitterröhren 97.
— Spiegelgalvanometer 258.
— zu den Transformatorresonanzen 63.
— zur Amplitudenbilanz 118.
— zur Dämpfung eines Kreises durch eine angekoppelte Röhre 119.
Zahlenwerte über das Elektron, LOSCHMIDTsche Zahl, Gaskonstante, molekulare Gaskonstante 72.
ZENNECK, Wellenausbreitung auf schlecht leitendem Boden 100.
— (Heavisideschicht) 214.
Ziehtheorie 55.
Zirkulation 239.
Zwischenkreissender 57.
ZWOROKYNS Prellgitterverstärker 99.

Europaplatz 3, 69115 Heidelberg, Germany
Germany

MIX
Papier aus verantwortungsvollen Quellen
Paper from responsible sources
FSC® C105338
FSC
www.fsc.org

If you have any concerns about our products,
you can contact us on
ProductSafety@springernature.com

In case Publisher is established outside the EU,
the EU authorized representative is:
Springer Nature Customer Service Center GmbH
Europaplatz 3, 69115 Heidelberg, Germany

Printed by Libri Plureos GmbH
in Hamburg, Germany